工业和信息化部"十二五"规划教材
国家级优秀教学团队教学成果

大学计算机组成原理教程（第3版）
——计算思维与系统能力培养相融合

李 东 柏 军 主编
张 策 程丹松 张英涛 副主编

电子工业出版社
Publishing House of Electronics Industry
北京·BEIJING

内 容 简 介

本书是工业和信息化部"十二五"规划教材，是国家级优秀教学团队的教学成果，全书共 9 章，内容包括：绪论、计算机中信息的表示与运算、处理器、控制器、总线技术、存储系统、8086/8088 汇编语言程序设计、计算机外部设备、输入/输出接口。图灵机模型、数制及其转换、相联存储器等内容以附录形式给出，涵盖计算机组成与汇编程序设计的主要内容。本书的内容深度适宜，与技术发展保持同步；行文流畅，深入浅出，文理兼容；例题涵盖 2009 年到 2013 年计算机专业硕士研究生入学全国统一考试全部试题的详尽解答，实用性强。本书为任课老师免费提供教学课件等资源。

本书可作为高等学校计算机科学与技术、软件工程、物联网工程、信息与计算科学等理工科专业的"计算机组成原理""微机原理""计算机组成原理与汇编语言程序设计"等课程的教材，也可供准备参加计算机专业硕士研究生入学全国统一考试的考生和计算机/软件相关行业的工程技术人员以及其他自学者学习参考。

未经许可，不得以任何方式复制或抄袭本书之部分或全部内容。
版权所有，侵权必究。

图书在版编目（CIP）数据

大学计算机组成原理教程：计算思维与系统能力培养相融合 / 李东，柏军主编. —3 版. —北京：电子工业出版社，2020.12
ISBN 978-7-121-40148-0

Ⅰ. ① 大… Ⅱ. ① 李… ② 柏… Ⅲ. ① 计算机组成原理—高等学校—教材 Ⅳ. ① TP301

中国版本图书馆 CIP 数据核字（2020）第 244111 号

责任编辑：章海涛
印　　刷：北京七彩京通数码快印有限公司
装　　订：北京七彩京通数码快印有限公司
出版发行：电子工业出版社
　　　　　北京市海淀区万寿路 173 信箱　邮编：100036
开　　本：787×1 092　1/16　　印张：23　　字数：634 千字
版　　次：2012 年 7 月第 1 版
　　　　　2020 年 12 月第 3 版
印　　次：2025 年 8 月第 4 次印刷
定　　价：59.80 元

凡所购买电子工业出版社图书有缺损问题，请向购买书店调换。若书店售缺，请与本社发行部联系，联系及邮购电话：（010）88254888，88258888。

质量投诉请发邮件至 zlts@phei.com.cn，盗版侵权举报请发邮件至 dbqq@phei.com.cn。
本书咨询联系方式：192910558（QQ 群）。

前　言

本书自 2012 年 7 月出版以来，受到了广大读者，特别是高校教师和学生的广泛好评。国内几十所高校将其选为计算机科学与技术、软件工程、物联网工程、信息安全、网络工程、教育技术、信息管理与信息系统等专业必修课教材，产生了非常好的社会影响，因此入选"工业和信息化部'十二五'规划教材"。

"计算机组成原理"课程的教学内容主要包括：计算机的发展历程，计算机的基本组成与工作原理，计算机的分类与性能评价，多核处理器；信息在计算机中的表示与运算方法，计算机指令与指令集，CISC 与 RISC，处理器的基本组成，控制器的组成与工作原理，存储器与存储系统，总线系统，汇编语言程序设计，输入/输出系统，CPU 和主存储器的内部组成和工作原理，辅助存储器，计算机的外部设备（如键盘、鼠标、显示器、硬盘、光盘）、输入/输出接口等。

通过本书的学习，读者不仅可以了解和掌握计算机的工作原理以及汇编语言程序设计的基本方法，更重要的是，通过了解计算机科学与技术两方面的发展过程和内在规律，提升解决问题的能力，培养计算思维、系统思维和创新意识。

本书内容新颖、全面，实用性强，特点如下。

(1) 内容全面，深度适宜，与技术发展保持同步

本书内容包括：计算机的发展历程，计算机的基本结构，计算机中信息的表示与运算，处理器，控制器，总线技术，存储系统，8086/8088 汇编语言程序设计，计算机外部设备，输入/输出接口。本书涵盖计算机组成原理与汇编语言程序设计的全部内容，其中 Unicode 字符集、多核处理器和铁电存储器等都属于前沿的计算机技术。

(2) 提高解决问题能力，培养工程素养、计算思维和创新意识

本书对计算机的结构与组成技术进行了深入分析，引出"计算思维是指运用计算机科学的基础概念进行问题求解、系统设计及人类行为理解等涵盖计算机科学之广度的一系列思维活动。计算思维的核心是抽象和自动化"的概念和"计算思维就在我们身边"的结论，从而帮助学生克服计算机的神秘感，透过现象看本质，把握计算机技术发展的规律，提高解决问题的能力，培养工程素养、计算思维和创新意识。

(3) 论述流畅，形式灵活，深入浅出

本书倾注了作者多年的教学经验，逐句逐字亲自撰写、反复修改而成。内容的展开符合学生的认知习惯，行文通俗易懂，技术主线明确，课程要求的核心内容、主要内容以正文的形式出现，一些非核心内容以课后习题的形式出现，让学生"做中学"。

(4) 习题丰富，形式多样

每章提供丰富的习题，题型有简答题、填空题、选择题、设计题，还提供了学习型习题。读者可通过阅读习题掌握新的知识，并应用这些知识独立解决问题。

(5) 内容实用性强

本书例题涵盖 2009 年到 2013 年计算机专业硕士研究生入学全国统一考试全部试题。读者不仅可以从本书中得到对这些试题的详尽解答，还可以根据不同章节试题或例题的多少来了解考试的重点和难点。

本书由李东和柏军主编并负责统稿，张策、程丹松、张英涛为副主编。其中，第 1～3 章和附录由李东编写，第 4 章由程丹松编写，第 5 章、第 6 章和第 9 章由柏军编写，第 7 章由张策编写，第 8 章由张英涛编写，何辉和石代锋参与了部分章节的编写。哈尔滨工业大学的史先俊、刘松波、宋颖慧、徐冰、黄庆成、王伟、吴锐、张宇、孙春奇、舒燕君等为例题和习题的编写提供了协助。吉帅、聂建宏、王文邦、郑钰、范晟铭、潘辉等协助完成了书中图、表的绘制以及书稿的校对工作。

东北林业大学的赵更寅老师为本书的再版提供了改进意见，在此深表感谢！

本书在编写过程中得到了哈尔滨工业大学软件学院和计算机学院的领导、同事的大力帮助和积极鼓励。哈尔滨工业大学计算机学院刘宏伟教授、哈尔滨工业大学（威海）计算机学院季振洲和李斌教授对本书的编写给予了大力支持，在此深表感谢！

本书的授课学时建议为 48 学时，为任课老师免费提供教学课件，免费下载地址为 http://www.hxedu.com.cn。

由于编者水平有限，书中疏漏和错误在所难免，恳请读者批评指正。读者有反馈意见或同行教师希望交流教学心得与体会，欢迎联系：Lee@hit.edu.cn。

作　者

目 录

第1章 绪论 1
1.1 计算机的发展历程 1
1.2 冯·诺依曼计算机模型 5
1.3 计算机的组成结构 7
1.3.1 计算机的基本组成 7
1.3.2 计算机体系结构、计算机组成与计算机实现 10
1.3.3 计算机系统的层次结构 13
1.4 计算机系统的分类 15
1.4.1 综述 15
1.4.2 弗林分类法 16
1.5 计算机的性能评价指标 18
1.6 微处理器与微型计算机 23
1.6.1 微处理器与微型计算机的产生与发展 23
1.6.2 多核微处理器 25
1.7 中国计算机事业的发展历程 28
1.8 计算机的特点及应用 31
1.8.1 计算机的特点 31
1.8.2 计算机的应用 32
1.9 计算机的发展 35
1.9.1 计算机发展的动力 35
1.9.2 计算机的发展趋势 37
习题1 39

第2章 计算机中信息的表示与运算 45
2.1 数据的表示 45
2.1.1 定点数的表示 45
2.1.2 浮点数的表示 49
2.2 定点数的运算 54
2.2.1 逻辑运算 54
2.2.2 移位运算 55
2.2.3 加法与减法运算 57
2.2.4 乘法运算 60
2.2.5 除法运算 67
2.2.6 算术逻辑单元 70
2.3 浮点数的运算 75
2.3.1 浮点数加、减运算 75
2.3.2 浮点数乘、除运算 77

2.4 面向错误检测与纠错的数据编码 78
2.5 字符与字符串 83
2.6 面向存储与传输的数据编码 87
习题 2 90

第 3 章 处理器 93

3.1 处理器的指令集 93
    3.1.1 指令集概述 93
    3.1.2 指令的操作码与操作数 94
    3.1.3 寻址方式 95
    3.1.4 指令的基本功能与指令集设计 100
    3.1.5 指令的格式 104
    3.1.6 面向多媒体处理的增强指令 107
3.2 处理器的组成与工作过程 109
    3.2.1 处理器的基本功能和基本组成 109
    3.2.2 计算机的工作过程 112
    3.2.3 采用流水线技术的处理器 113
3.3 CISC 和 RISC 120
    3.3.1 RISC 产生的背景 120
    3.3.2 RISC 的定义 122
    3.3.3 指令级并行技术 123
3.4 Intel 80x86 系列微处理器 131
    3.4.1 Intel 8086/8088 微处理器 131
    3.4.2 Intel 80286、80386 和 80486 微处理器 139
    3.4.3 Intel Pentium 系列微处理器 141
3.5 ARM 系列微处理器 145
    3.5.1 ARM 微处理器概述 145
    3.5.2 ARM 微处理器的模式、工作状态和寄存器组成 146
    3.5.3 ARM 微处理器的存储器组成和寻址方式 149
    3.5.4 ARM 微处理器的指令集 151
习题 3 157

第 4 章 控制器 160

4.1 控制器概述 160
4.2 硬布线控制器 166
4.3 微程序控制器 168
习题 4 173

第 5 章 总线技术 175

5.1 总线概述 175
5.2 总线的设计与实现 178
5.3 总线控制 181
    5.3.1 总线仲裁 181

  5.3.2 总线通信控制 185
 5.4 总线的性能指标 189
 5.5 总线标准 191
  5.5.1 微型计算机系统总线标准 191
  5.5.2 微型计算机局部总线标准 194
  5.5.3 I/O 总线标准举例 195
 习题 5 198

第 6 章 存储系统 199
 6.1 存储器的分类与性能评价 199
  6.1.1 存储器的分类 199
  6.1.2 存储器的性能评价 200
 6.2 存储器访问的局部性原理与层次结构的存储系统 200
  6.2.1 存储器访问的局部性原理 200
  6.2.2 层次结构的存储系统 201
 6.3 半导体存储器 203
  6.3.1 随机访问半导体存储器 RAM 203
  6.3.2 只读存储器 ROM 209
 6.4 主存储器 213
  6.4.1 主存储器组成 213
  6.4.2 提高主存储器访问带宽的方法 216
  6.4.3 奔腾微机主存储器 219
  6.4.4 存储芯片的发展 220
 6.5 高速缓冲存储器 Cache 223
  6.5.1 Cache 的工作原理 223
  6.5.2 地址映像与变换 226
  6.5.3 替换算法 233
  6.5.4 写入策略 235
  6.5.5 两级 Cache 与分裂型 Cache 236
  6.5.6 Cache 的性能评价 236
 6.6 虚拟存储器 239
  6.6.1 多道程序下的内存管理 240
  6.6.2 段式存储管理 242
  6.6.3 页式存储管理 243
  6.6.4 页式虚拟存储器 244
 习题 6 252

第 7 章 8086/8088 汇编语言程序设计 255
 7.1 引言 255
 7.2 顺序程序设计 260
 7.3 分支结构程序设计 271
 7.4 循环结构程序设计 274
 7.5 字符串操作程序设计 281

  7.6 宏、条件汇编与重复汇编 285
  7.7 子程序设计 291
  7.8 8086/8088 微处理器的其他指令与应用 298
  习题 7 302

第 8 章 计算机外部设备 305

  8.1 输入设备 305
    8.1.1 键盘 305
    8.1.2 鼠标 307
  8.2 输出设备 309
    8.2.1 阴极射线管显示器 309
    8.2.2 平板显示器 313
    8.2.3 打印机 315
  8.3 辅存设备 317
    8.3.1 硬盘 317
    8.3.2 光盘 320
    8.3.3 U 盘和固态硬盘 321
  习题 8 322

第 9 章 输入/输出接口 324

  9.1 I/O 技术的发展 324
  9.2 I/O 接口的组成与工作原理 326
  9.3 中断系统 330
    9.3.1 中断的处理过程 330
    9.3.2 中断屏蔽 334
    9.3.3 中断控制器 8259A 336
    9.3.4 8086/8088 微处理器的中断系统 338
  9.4 DMA 技术 339
  9.5 通道技术 343
  习题 9 344

附录 A 图灵机模型 346

附录 B 历年图灵奖获得者 347

附录 C 数制及其转换 349

附录 D EBCDIC 码 352

附录 E 8086/8088 指令格式 354

附录 F 相联存储器 356

参考文献 358

第 1 章 绪 论

  计算思维（Computational Thinking）是指运用计算机科学的基础概念进行问题求解、系统设计及人类行为理解等涵盖计算机科学之广度的一系列思维活动。计算思维的核心是抽象（Abstraction）和自动化（Automation）。其中，"抽象"是指用符号（如数字）来表示客观事物，"自动化"是指让计算机解决问题而不需要人的干预。

——周以真（Jeannette M. Wing）教授，美国卡内基·梅隆大学

1.1 计算机的发展历程

  利用工具来放大脑力和体力是人类具有智慧的象征，也是人类不懈追求的目标。如果说机械的发明是扩展了人手的功能，交通工具的使用是扩展了人腿的功能，望远镜和显微镜极大地开阔了人们的视野，那么计算工具的发明与利用就是扩展和提高了人脑的功能。

  在电子计算机出现以前，人类就曾发明和使用了许多辅助计算工具。例如在远古时期，人们用石头、木棒、刻痕或结绳来延长自己的记忆。公元前 7 世纪，算筹开始用于辅助计算。公元 8 世纪，我们的祖先又发明了算盘，并提出了基于算盘的珠算。

  算盘及珠算的发明是人类计算工具史上的一大飞跃，它的科学性和实用性经受住了长期实践的考验。时至今日，珠算仍在被使用，这是中华民族对人类文明的一大贡献。15 世纪后，算盘及珠算传至日本，并影响欧洲，激励了各国对计算工具的研究。

  在电子计算器或电子计算机普及前，计算尺也是工程技术人员广泛使用的一种计算工具。计算尺是在木质的尺子形状的材料上，印上各种刻度和数字标记，通过拉动中间可移动的部分，找出不同位置上刻度（数字标记）的对应关系，来完成一次计算过程。

  1642 年，年仅 19 岁的法国科学家帕斯卡（Blaise Pascal，1623—1662 年）发明了第一台机械计算器 Pascaline。这台手摇转动的齿轮进位式计算器是帕斯卡为他担任税收官员的父亲设计的，能够完成 6 位数字的加减法运算。Pascaline 的最大贡献是解决了自动进位的关键问题，体现了计算思维的核心概念——自动化。

  德国科学家莱布尼茨（Baron Gottfried Wilhelm von Leibnitz，1646—1716 年）对 Pascaline 进行了改进，于 1673 年研制出具有加、减、乘、除功能的手摇式机械计算机，并提出了"可以用机械代替人进行烦琐重复的计算工作"的重要思想。遗憾的是，由于当时技术水平的限制，不能提供大量廉价而精密的机械零件，使得两个世纪后才出现商品化的手摇计算机。

  上述计算工具的特点是：机器要由人按照一定的步骤来操作，每一步运算都由操作者供给操作数，决定进行什么样的操作并安排计算结果。人们常说的"算盘珠子不拨不动"就是这类计算工具的生动写照。计算工程中频繁的人工干预极大地限制了计算速度，并将人束缚

于机器上。人们期待一种能够实现自动运算的计算工具，从计算过程中解放出来。

最早研究自动计算工具的科学家是英国剑桥大学教授巴贝奇（Charles Babbage，1792—1871年）。1822年，他设计制造出"差分机（Difference Engine）"。"差分机"是为计算航海数据表而设计的，只能运行一个算法，即用多项式计算有限差分。有趣的是，它的数据输出方法是用钢锥将结果刻在铜板上，可以看作一次性写存储介质（如穿孔卡片和光盘）的雏形。

虽然"差分机"运行得很好，但巴贝奇对它只能完成一种算法很不满意。1833年，巴贝奇开始了研制"差分机"的更新换代产品，并命名为"分析机（Analytical Engine）"。按照巴贝奇的设计，"分析机"由"存储部分""计算部分""输入与控制部分"和"输出部分"组成。"存储部分"为1000排、每排50个的齿轮阵列。这些齿轮的不同位置表示不同十进制数。

当时用于提花机上编织复杂图案的穿孔卡片略加修改后被用来向"分析机"输入计算步骤和数据。巴贝奇的这个妙想就属于计算思维的核心概念——抽象。

"分析机"设计蓝图的最大亮点是，将自动计算装置在组成上划分成存储部件、计算部件、输入部件（卡片穿孔设备）、控制部件（穿孔卡片及其阅读设备）、输出部件。

"分析机"的另一个亮点是通用性，即从穿孔卡片上读取指令，依据指令进行运算。这样人们可以通过在穿孔卡片上编制不同的指令在同一台计算机器上完成不同的运算。

由于种种原因，"分析机"没有最终研制出来，但是它奠定了现代计算机的基本组成结构和主要功能。因此，巴贝奇被誉为"计算机之父"。

1854年，英国数学家布尔（George Boole）出版了《布尔代数》，为计算机采用二进制进行信息的表示和运算奠定了理论基础。19世纪末20世纪初，一批基于上述研究成果的手摇计算机、电动计算机和卡片式计算机被相继发明，如IBM（International Business Machine）公司推出的"插销继电器计算机"，为人们解决烦琐的数据处理问题提供了很大的帮助。

但是这些辅助计算工具存在诸多不足，难以满足科技发展对计算能力的需求。

第一，计算速度慢，约3000次运算/小时。例如，准确预报24小时的天气情况大约需要200多万次的运算。若使用上述辅助计算工具，费时5个多月，这就失去了预报的意义。在地球物理勘探中，测量数据的处理往往需要上亿次的计算，上述辅助计算工具更是无法胜任。

第二，运行可靠性差，容易出现计算错误。因为在使用这些辅助计算工具时，操作者要参与整个计算过程，人的主观因素直接影响了计算的正确性。

第三，这些辅助计算工具只具有计算功能，而人们在生产实践、科学研究和社会生活中大量需要的是机械控制、信息处理等工作，上述辅助计算工具在这些任务面前就无能为力了。

1937年，致力于研究数学机械化的英国数学家图灵（Alan Mathison Turing，1912—1954年）在《关于可计算的数及其对判定问题的应用》学术论文中提出了一个被后人称为"图灵机（Turing Machine）"的计算模型（见附录A），这就是现代计算机的理论模型。

鉴于图灵对计算科学的杰出贡献，美国计算机协会（Associative of Computing Machine，ACM）于1966年设立了"图灵奖（A.M. Turing Award）"，以纪念这位杰出的科学巨匠。至今已有几十位科学家荣获了"图灵奖"，这些获奖者的工作代表了计算科学在各时期最重要的成果，影响着计算科学发展的方向（见附录B）。第一位华裔"图灵奖"获得者是美国普林斯顿大学的姚期智（Andrew Chi-Chih Yao）博士，他荣获了2000年度的"图灵奖"。

1938年，德国大学生朱斯（Konrad Zuse）成功制造出第一台二进制计算机Z-1。此后，他继续研制Z系列计算机，其中Z-3型计算机是世界上第一台通用程序控制机电式计算机，它的开关元件为继电器，采用浮点计数法和带数字存储地址的指令形式。

1944年，美国哈佛大学的研究生艾肯（H. Aiken）成功研制一台机电式计算机Mark-I。

至此，计算机走过两条技术道路：一是机械式（Mechanical），二是机电式（Electro-mechanical）。后来，电子（Electrical）计算机从这两条道路上汲取了很多思想。

1946年2月14日，第一台通用电子计算机ENIAC（Electronic Numerical Integrator And Computer）诞生。这是人类文明史上的一个重要里程碑。从此，电子计算机把人类从繁重的脑力计算和烦琐的数据处理工作中解放出来，使人们能够将更多的时间和精力投入具有创造性的工作中。电子计算机的发明是20世纪最杰出的科学成就之一。

从第一台电子计算机的诞生，短短的几十年时间，电子计算机得到了迅速的发展和普及。目前，电子计算机已经深入到我们社会生活的每个角落，不仅改变了人类工作和学习的方式，还改变着人类的观念和思维。

电子计算机的发展经历了四代，目前正在向着第五代计算机发展。

（1）第一代电子计算机（1946—1958年），电子管（Vacuum Tube）计算机

它的特征是采用电子管作为逻辑元件，能够处理的数据类型只有定点数，用机器语言或汇编语言来编制程序。第一代电子计算机的应用仅仅用于科学计算。

第一台电子计算机ENIAC是由美国宾夕法尼亚大学莫尔学院的物理教授莫克利（J.W. Mauchley）和工程师埃克特（J.P. Eckert）领导的科研小组研制成功的。它使用了约18800个电子管和1500个继电器，以及几十万枚电阻和电容，体积为460 m^3，自重30 t，功耗为140 kW，占地面积约为170 m^2。其计算速度约为每秒5000次加减运算。然而，ENIAC在1946年2月正式试算时就创造了奇迹：用短于炮弹实际飞行的时间，求出了16英寸海军炮的弹道。

1946年，莫克利和埃克特开始研究EDVAC（Electronic Discrete Variable Automatic Computer，离散变量自动电子计算机），但是最终没有成功。与此同时，ENIAC项目的顾问、美籍匈牙利科学家冯·诺依曼（von Neumann）与他的同事在普林斯顿大学高等研究院IAS（Institute of Advanced Study）设计自己的EDVAC（IAS）。为了实现自动连续地工作，冯·诺依曼在IAS机的设计中提出了"存储程序（Stored Program）"思想。这对后来计算机的发展产生了深远的影响。所以，采用该机结构的计算机被称为"冯·诺依曼计算机"，目前绝大多数电子计算机都是"冯·诺依曼计算机"。因此，冯·诺依曼被誉为"现代计算机之父"。

1946年，莫克利和埃克特离开莫尔学院，创办了电子控制公司ECC（Electric Control Corp.），这是世界上第一家计算机公司。1947年，ECC研制UNIVAC-I（UNIVersal Automatic Computer-I）计算机。这台计算机首次采用磁带（Magnetic Tape）作为外存储器，采用奇偶校验和双重运算线路来提高系统可靠性。但是，UNIVAC-I的重要意义在于它是第一款批量生产的计算机，是计算机产业的起点。UNIVAC-I当时的售价为25万美元，共生产了48套系统。从此，计算机的研究不再只是学术机构的技术行为，产业和市场的需求越来越成为计算机技术发展的主要动力。

1954年，第一个高级程序设计语言Fortran问世。Fortran语言奠定了高级程序设计语言在程序设计中的地位，并成为世界上应用最广泛、最有生命力的高级程序设计语言。Fortran语言的设计者巴克斯（John Backus）也因此荣获了1977年的图灵奖。

（2）第二代电子计算机（1958—1965年），晶体管（Transistor）计算机

它的特征是采用晶体管代替电子管作为逻辑元件，用磁芯（Magnetic Core）作为主存储

器，采用磁带、磁鼓（Magnetic Drums）、纸带（Paper Tape）、卡片穿孔机和阅读机（Card Punch and Readers）作为输入/输出设备；在软件方面有了很大发展，相继出现 Algol、COBOL 等一系列高级程序设计语言。其中，Algol 60 语言的诞生更是标志着对计算机程序设计语言的研究正式成为一门专门的学科，它的设计者诺尔（Peter Naur）荣获 2005 年"图灵奖"。

为了提高计算机系统的利用率、吞吐率，人们开发了管理程序（Monitor）和批处理系统（Batch System），这就是操作系统（Operating System，OS）的雏形。

除了科学计算，第二代电子计算机开始应用于数据处理和工业过程控制。

第二代电子计算机代表性的是 IBM 公司生产的 36 位计算机 IBM 7094 和美国数字设备公司 DEC（Digital Equipment Company）生产的 18 位计算机 PDP-1。与第一代电子计算机相比，第二代电子计算机具有体积小、重量轻、耗电低、可靠性高等优点，计算速度可达几万到几十万次/秒。

（3）第三代电子计算机（1965—1970 年），集成电路（Integrated Circuits，IC）计算机

它的特征是采用集成电路代替分立的晶体管元件，半导体存储器逐渐取代磁芯存储器，控制单元设计开始采用微程序控制技术。软件方面，操作系统日益成熟和功能逐渐强化，也是第三代电子计算机一个显著的特点。多道程序、并行处理、多处理机、虚拟存储器（Virtual Memory）、系列计算机（Family of Computers）和图形用户界面 GUI（Graphical User Interface）等技术的提出，大大推动了计算机科学与技术的发展。

具有代表性的第三代计算机有 IBM 公司的大型计算机（Mainframe）System 360 系列、美国控制数据公司 CDC（Control Data Corporation）的超级计算机（Supercomputer）CDC-6600、CDC-6700。它们的计算速度可达每秒几百万次，甚至每秒几千万次。

20 世纪 60 年代中期，计算机技术出现了一个引人注目的新方向——低成本的小型计算机（Mini-Computer）。当 32 位计算机大行其道时，美国 DEC 公司推出了比 PDP-1 更便宜的 8 位的小型计算机 PDP-8。出人意料的是，这款计算机在市场上深受欢迎。其后，DEC 公司推出了 16 位小型计算机 PDP-11。从此，小型计算机以成本低廉、适用面广、性能价格比高的特点，成为计算机市场的重要角色。

（4）第四代电子计算机（1971 年后）

它的特征是采用大规模集成电路和半导体存储器，UNIX 操作系统逐渐成为主流，计算机的性能有了快速提高。由美国人西蒙·克雷（Seymour Cray）创办的克雷（CRAY）公司于 1976 年推出了世界上首台计算速度超过每秒 1 亿次的超级计算机 Cray-1。第四代计算机的另一个重要代表是微处理器（Microprocessor）、微型计算机（Microcomputer）/个人计算机 PC（Personal Computer），它们推动了电子计算机的普及。

第三代以后的电子计算机从本质上使用的都是集成电路，只不过集成度越来越高，所以有人将集成电路的集成度作为划分第三代以后电子计算机代次的依据。由集成度为 1～10 个等效逻辑门的小规模集成电路 SSI（Small Scale Integration）和集成度为 10～100 个等效逻辑门的中规模集成电路 MSI（Medium Scale Integration）构成的电子计算机被称为第三代电子计算机；由集成度为 100～10000 个等效逻辑门的大规模集成电路 LSI（Large Scale Integration）和集成度为 10000 个以上等效逻辑门的超大规模集成电路 VLSI（Very Large Scale Integration）构成的电子计算机被称为第四代电子计算机。

（5）第五代电子计算机

沿用按集成度划分的思路，有人提出在超大规模集成电路 VLSI 量纲中，进一步将由集成度为 1 万～100 万个等效逻辑门的超大规模集成电路 VLSI 构成的电子计算机称为第四代电子计算机，将集成度为 100 万～1 亿个等效逻辑门的集成电路定义为巨大规模集成电路 ULSI（Ultra Large Scale Integration），称基于 ULSI 的电子计算机为第五代电子计算机。

但是这种"第五代电子计算机"的定义并没有得到广泛的认同，更多的人认为第五代电子计算机应该是具有广泛知识、能推理、会学习的智能计算机。理想的智能计算机拥有由各种类型专家系统组成的知识库，具有理解、联想、推理、学习、判断和决策的能力。智能计算机应能够理解人类的自然语言，能直接接收语言、文字、图形或图像等输入信息，在经过相应处理后，利用知识库中的知识和规则进行推理，从而使问题得到解决。在解决问题的同时，智能计算机的知识库也将自动更新或补充。

人类一直在努力地进行对自身智能的研究。1949 年，美国科学家维纳（N. Wiener）采用开关网络来模拟动物神经系统。20 世纪 80 年代，该思想发展成为"神经网络计算机"。但是这种计算机与人的大脑毫无相似之处，所以它只是在有限的应用领域（如非程序化和自适应的数据处理）具有一些效果。美国科学家西蒙（Herbert A. Simon）在 20 世纪 50 年代提出了 PSSH（Physics Symbol System Hypothesis，物理符号系统假说）：人的大脑是一个物理符号系统，计算机也是一个物理符号系统，所以可以用计算机来模拟人的大脑。按照 PSSH，人们研制出了棋艺水平接近国际大师的国际象棋机器人，如 1998 年由 IBM 公司研制的"深蓝（Deep Blue）"战胜了国际象棋世界冠军卡斯帕罗夫。但是"深蓝"的智能仍然是有限的，它与人类的较量还是负多胜少，它的胜利主要得益于计算机处理能力的提高。IBM 公司研制"深蓝"的团队由许峰雄博士领导，他也因此被誉为"深蓝之父"。

日本曾于 20 世纪 80 年代初提出 FGCS（Fifth Generation Computer System，第五代计算机系统）计划，并于 1982 年 4 月成立"新一代计算机技术研究所（Institute for New Generation Computer Technology）"。该研究所当时制订了一个为期 10 年（1982—1991 年）的"智能计算机研究计划"，但是该计划并没有取得预期的成果。1992 年，日本提出了"RWC（Real World Computing）"计划，后来研制出当时世界上计算速度最快的计算机——地球模拟器（Earth Simulator）。美国自然不会甘居人后，也提出了对"更新一代计算机"的研究设想。"更新一代计算机"不再只是采用传统的电子器件，而是更多地采用光电子器件、超导器件、生物电子器件、量子器件。

2011 年 2 月 16 日，IBM 公司推出人工智能计算机"华生（Watson）"，在美国著名的益智节目"Jeopardy（危险边缘）!"中战胜了两位前冠军参赛者，以绝对优势赢得了历史上第一次人机智力问答比赛的胜利，标志着智能计算机达到了一个新的水平。在长达 4 年的研发过程中，IBM 美国研究院、中国研究院、日本研究院、以色列研究院的 30 位研究员参与其中。

在第五代计算机的研究中，中国也应该占有一席之地，有志于计算机事业的中国青年应该积极投身到该领域中。

1.2 冯·诺依曼计算机模型

在 ENIAC 设计与研制的过程中，他们的设计者曾向冯·诺依曼进行过咨询。ENIAC 投入使用后,冯·诺依曼曾亲自到现场参观,对 ENIAC 表现出强烈的兴趣。在对 ENIAC 存在的不足(ENIAC 是专用计算机,其功能由电路连线来决定,改变功能需要人为地改变电路连线)进行深入思考的基础上,冯·诺依曼等人于 1946 年 6 月发表了一篇旨在构建一台通用计算机的技术报告《关于电子计算装置逻辑结构初探》。这份报告提出了基于"存储程序"控制的 EDVAC 的设计方案。

"存储程序"的思想是:计算机的用途和硬件完全分离;硬件采用固定性逻辑,提供某些固定不变的功能;通过编制不同的程序(Program)满足不同用户对计算机的应用需求。

依照这个思想,在计算机上求解一个问题,需要将求解该问题的过程分解成一系列简单、有序的计算步骤,一个步骤由计算机提供的一条计算机指令(Instruction)完成。然后将这些有序的计算步骤一一对应计算机能够识别并可执行的指令——汇总在一起,形成所谓的程序,并存储在计算机中。计算机通过逐条、顺序执行程序中的指令来完成问题的求解。"**存储程序**"思想体现了计算思维的核心概念——**自动化**。

根据《关于电子计算装置逻辑结构初探》设计的"冯·诺依曼计算机"的特点如下。

① 具备五大功能。数据存储、操作判断与控制、数据处理、数据输入与输出。对应五个功能部件:存储器(Memory)、控制单元(Control Unit,CU)、算术逻辑单元(Arithmetic Logic Unit,ALU)、输入单元(Input Unit)和输出单元(Output Unit),如图 1-1 所示。图 1-1 中有两股信息在流动。一股是控制流(操作命令),它从 CU 发出,分散流向各部件;另一股是数据流(包括指令和地址),在 CU 的控制下,从一个部件流到另一个部件。

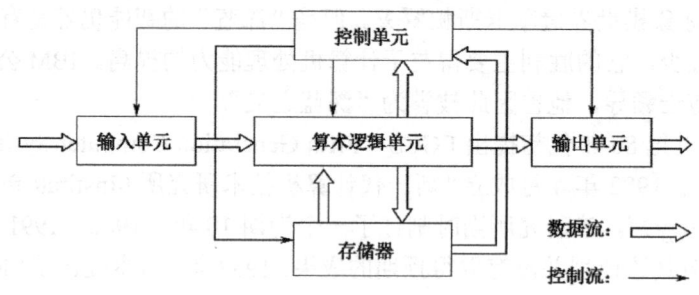

图 1-1 冯·诺依曼计算机结构

② 存储器由一组一维排列、线性编址的存储单元组成,每个存储单元的位数是相等且固定的,存储单元按地址访问。这是最简单、最易于实现的信息存储与查找方案,如同一排平房,房间大小都是一样的,按照房间号查找房间,房间号逐间递增。

③ "程序"由一条一条的指令有序排列而成,而指令由操作码和地址码两部分组成。操作码规定了该指令的操作类型(功能),地址码指示存储操作数和运算结果的存储单元地址。操作数的数据类型由操作码来规定,操作数可能是定点数、浮点数、双精度浮点数、十进制数、逻辑数、字符或字符串等。

④ 指令和数据均采用二进制表示,并以二进制形式进行运算。二进制的计算规则是最简单的,加法仅有 4 种:0+0=0,0+1=1,1+0=1,1+1=10。

把纷繁复杂的信息抽象成 0 或 1,这是计算机的根,是计算机的哲学,是计算思维的核心概念"抽象"的具体体现——信息符号化,符号数字化。

⑤ 为了简化计算机的控制与组成,程序(指令)与数据是同等地、不加区分地存储在同一个存储器中,但可以从时间和空间上将它们区分开。在取指周期,从存储器流向控制器的

是指令；在执行周期，存储器与运算器交换的是数据。

⑥ 为了实现"逐条、顺序执行程序中指令"，冯·诺依曼提出了一个极易实现的解决方案：设置 PC（Program Counter，程序计数器），指示下一条将要执行的指令的地址。在一般情况下，每执行完一条指令，PC 自动加 1，指向下一条指令的存储单元。

当然，为了赋予计算机更多的"灵性"，PC 的值也可以通过执行特殊的指令来修改，从而达到改变指令执行顺序的目的。这样，执行指令的顺序就不受限于指令存储的顺序了。

不过，冯·诺依曼计算机的结构还是存在一些问题，后来人们对它进行了改进和发展。

例如，由于以 ALU（算术逻辑单元）为中心，输入单元、输出单元与存储器之间的数据传送都要经由 ALU，这使得 ALU 无法专注于运算，低速的输入、输出和高速运算不得不相互等待，串行工作。因此，很快"冯·诺依曼计算机"被改进成以存储器为中心（如图 1-2 所示）。这样，输入设备、输出设备可以与运算器并行工作，输入设备也可与输出设备并行工作，提高了设备的效率和利用率，同时使得计算机的五个功能单元的互连更加简单。

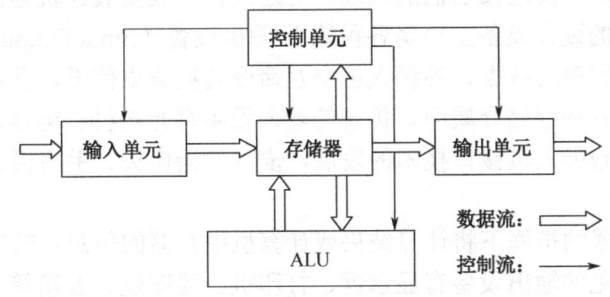

图 1-2　现代冯·诺依曼计算机结构

时至今日，冯·诺依曼计算机结构经历近 70 年，依然占据统治地位。这是为什么呢？

冯·诺依曼的最大贡献是确定了计算机五个部件的互连结构。考虑到 ALU 既需要从存储器中读取数据又需要将运算结果写回存储器，请读者自行设计一个计算机五个部件的互连结构。看看能否比图 1-2 更简单。

抽象地看，"冯·诺依曼计算机"是"以一个部件为中心，实现五个部件互连的星形结构"。这样实现的"五个部件互连"最简单、连接链路最少。由于外围的四个部件只能与中心部件进行数据通信，而且有些数据通路还是单向的，因此冯·诺依曼计算机需要的数据传送功能也是最少的、最简单的。

综上所述，"冯·诺依曼计算机"可以概括为：用最简单、最易于实现的思想（二进制及其运算规则）表示数据并实现运算，用最简单的互连结构组成一台计算机。

这不仅体现了计算思维，还很好地体现了"简单就是美"的工程哲学理念！

1.3　计算机的组成结构

1.3.1　计算机的基本组成

1. 概述

从组成的角度看，计算机由 CU、ALU、存储器、输入单元和输出单元组成。在具体实现时，通常将 CU 和 ALU 集成在一起，构成 PU（Processing Unit，处理单元），也被称为 Processor（处理器）。

一台计算机通常只拥有一个 PU，而 PU 又是计算机的核心部件，所以这样的处理单元又被称为 CPU（Central Processing Unit，中央处理单元或中央处理器）。事实上，一台计算机可以拥有多个 PU，这样的计算机被称为"并行计算机（Parallel Computer）"或"高性能计算机（High Performance Computer）"。追求更高的计算性能是科学研究的永恒主题。

2. 硬件（Hardware）

从功能的实现载体看，计算机由硬件和软件（Software）两部分组成。

硬件指的是构成计算机的物理实体，如处理器、存储器、输入/输出控制器等芯片及其集成这些芯片的印制电路板——主板（Mainboard）。其中，主板上的存储器是可以被处理器直接访问的，被称为"主存储器（Main Memory，简称主存）"。其他硬件还包括软盘驱动器、硬盘驱动器、光盘驱动器及连接它们的线缆。上述硬件一般安装在机箱内部的机架上，被统称为主机。主机之外的硬件设备主要是各种输入/输出设备（Input/Output Devices）。

输入设备用以将程序与数据、各种人机交互命令转换成电信号，并在控制器的指挥下，按一定的地址存储在各种存储介质中。传统的输入设备有光电机、键盘、鼠标、触摸屏等。近年来，随着声图文智能人机接口技术的发展，麦克、摄像头、手写板逐渐成为受欢迎的输入设备。

输出设备在控制器的指挥下将计算结果或计算机中存储的信息，转换成人们能够识别的形式呈现给用户。常见的输出设备有显示器、打印机、绘图仪、音箱等。

计算机系统中还有一个重要的硬件就是辅助存储器（Secondary Memory，简称辅存）。

辅存是计算机系统不可或缺的存储介质。在计算机系统关机（或断电）后，存储在主存储器中的信息将消失。这样的存储器被称为"易失性存储器（Volatile Memory）"。所以需要长久保存的程序和数据必须存储在"非易失的存储器（Non-volatile Memory）"即辅存中。

常见的辅存有硬盘（Hard Disk，HD）、软盘（Floppy Disk，FD）、光盘（Optical Disk Memory，ODM）、磁带等。辅存的容量比主存的容量要大得多，每位的平均价格也要低得多，但是它的访问速度明显慢于主存。所以，为了保证速度很快的处理器有较高的工作效率，计算机的设计者规定处理器只与速度较快的主存交换信息，而不直接访问辅存，辅存中的信息要装入主存后才能供处理器使用。

辅存位于机箱外部，故又被称为"外存（External Memory）"。相应地，位于机箱内部的主存也被称为"内存（Internal Memory）"。

在有些场合，除主板及其上芯片之外的硬件器件被称为外部设备（简称外设）。外设包括输入设备、输出设备、辅存。

因为计算机中所有的操作和命令都有一定的时间顺序，所以主板需要设置一个定时部件。定时部件有时钟 CLK（Clock）和时序信号发生器 TSG（Timing Signal Generator）。

3. PU 的组成

PU 是计算机系统的核心，由 ALU、CU 及一些暂存单元——寄存器（Register）组成。

ALU 能完成"加""减""乘""除"等算术运算和"与""或""非""异或"等逻辑运算。但它并不是只靠一套电路"智慧地"完成各种运算，而是用不同的电路完成不同的运算，即由加法器完成算术运算，由逻辑运算器完成逻辑运算，由移位器（Shifter）完成移位运算，由求补器（Complementer）来完成"取反/求补码"运算。

CU 是 PU 的指挥机构，由程序计数器（PC）、存放当前指令的指令寄存器（Instruction Register，IR）、解释指令的指令译码器（Instruction Decoder，ID）、发出各种命令信号的控制信号发生器（Control Signal Generator，CSG）及相应的控制逻辑组成。CU 依据指令译码器产生的一系列操作命令/信号来指挥、协调 PU 乃至计算机系统的各部件的工作。

PU 内部的寄存器有若干存放数据的数据寄存器、若干存放操作数地址的地址寄存器和一个存放各种"标志（Flag）"的标志寄存器（Flag Register，FR）。

有些文献将这些寄存器称为"寄存器文件（Register File）"或"寄存器堆"。有的计算机中，寄存器既可以存数据，也可以存地址，被称为通用寄存器（General Purpose Register，GPR）。

常用的数据寄存器是用于存放加法的一个操作数及运算结果的累加寄存器 ACC（Accumulator）。同样是一串"0101"，如果存储在数据寄存器中，则计算机将其理解为一个数；如果存储在地址寄存器中，则计算机将其理解为一个操作数的地址。

引入"标志"来表示/区分计算过程的各种状态是计算思维的一个具体体现。例如，当加法运算的结果为零时，ZF（Zero Flag，零标志）被置为 1，否则为 0。运算结果的符号被复制到 SF（Sign Flag，符号标志）中。SF 为 1，表示运算结果为负数，否则为正数。当运算结果中"1"的个数为零或偶数时，PF（Parity Flag，奇偶标志）被置为 1，否则为 0。类似的还有 CF（Carry Flag，进位标志）和 OF（Overflow Flag，溢出标志）等。这些标志分别占据标志寄存器中的不同位置，后继指令可以根据 ZF、SF、PF 的值来选择不同的操作。

访问主存是 PU 经常执行的操作。为了实现这个操作，PU 内部设置了专门存放访存地址的寄存器 MAR（Memory Access Register）、专门存放与主存交换数据的寄存器 MDR（Memory Data Register）。有的文献称 MDR 为 MBR（Memory Buffer Register）。

在用户看来，只要把主存地址送入 MAR，启动读命令，在一个访存周期内，目标数据就会从主存被读入 MDR；或者只要把主存地址送入 MAR 并把目标数据送入 MDR，启动写命令，在一个访存周期内，目标数据就会从 MDR 被写到主存中。

图 1-3 为计算机系统硬件的基本组成。

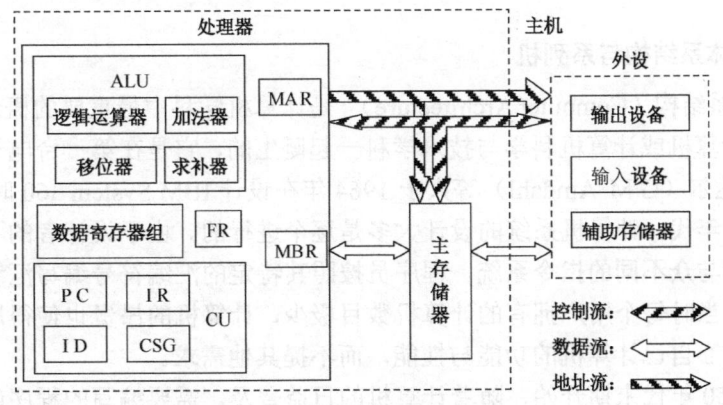

图 1-3 计算机系统硬件的基本组成

4. 软件（Software）与软件/硬件的等价性原理

广义上，软件是"计算机程序、过程、规则及与这些程序、过程、规则有关的文档，以

· 9 ·

及从属于计算机系统运行的数据"。狭义上，软件指的是发挥电子计算机功能的各种程序及相应数据。

通常，软件分为系统软件和应用软件，也可以更详细地分为系统软件、应用软件、支持软件、测试与维护软件。

系统软件是指构成一个计算机系统所必需的基本软件，与具体用户无关。常见的系统软件有操作系统和数据库管理系统。在互联网时代，某些网络基础软件（如网络浏览器、电子邮件等）也可以算是系统软件。

应用软件是由用户根据各自的应用需要而安装的、解决专用领域特殊问题的软件，如 AutoCAD、3DS Max、Protel、MATLAB 等。

支持软件是指用于帮助和支持软件开发的软件，如汇编程序、高级语言编译器、文本编辑器、设计工具软件、项目管理软件、配置管理软件等。

测试与维护软件是指用于软件故障诊断、错误隔离、系统调试及检测系统可靠性的软件。

除了软件和硬件，还有一个概念就是"固件（Firmware）"。对于那些不再需要改动且经常被调用的软件，为了使其有更快的执行速度，可以将其存储在访问速度较快的、具有非易失性的只读存储器（Read Only Memory，ROM）芯片中。这相当于将软件"固化"在硬件（ROM 芯片）中。如果需要修改或升级软件，只需要更换一块 ROM 芯片即可。这种吸收软件、硬件各自优点，性能介于软件和硬件之间（执行速度快于软件，灵活性优于硬件），以硬件形式出现的软件，被称为"固件"。

在器件成本不断下降的今天，固件越来越多地被采用，以提高计算机的性能。

事实上，计算机是面向算法的机器，而程序/软件是某个算法的实现。一种算法可以由硬件或固件实现，也可以由软件实现。例如，数组运算在微机上由软件实现，而在大型计算机或超级计算机上则由硬件实现，即硬件和软件在逻辑功能上是完全等价的。软件的功能在原理上可以由硬件实现，硬件的功能在原理上也可以由软件实现，即"软件/硬件的等价性原理（The Principle of Equivalence of Hardware and Software）"。

1.3.2 计算机体系结构、计算机组成与计算机实现

1. 计算机体系结构与系列机

"计算机体系结构（Computer Architecture）"是计算机学科中最重要的概念之一。但这一概念并不是同计算机或计算机科学与技术学科一起诞生的，它是在第一台电子计算机诞生近 20 年后，由安达尔（G.M. Amdahl）等人于 1964 年在设计 IBM System 360 时提出的。

20 世纪 50 年代，计算机系统的设计大多是逐个进行的。由于设计者的不同，计算机一般具有自己的、与众不同的指令系统，程序员按照其特定的汇编符号编写汇编程序并在特定的机器上运行。当时每个用户拥有的计算机数目极少，计算机的昂贵也使得用户很少更换计算机。用户只关心自己计算机的功能与性能，而不提其他需求。

从 20 世纪 50 年代末期开始，随着计算机的日益普及，需要编写的程序越来越多，程序也越来越大，程序的开发成本越来越高、开发周期越来越长。这时，人们希望别的部门开发的程序能够拿到自己部门的机器上运行，为原来机器开发的程序能够不加修改地在新买的机器上运行。因此，为了保证优秀的软件能够长期使用，保护用户的投资，降低软件开发人员

的重复工作量，使用户或软件开发人员能够把更多的资金或精力投入到新的软件上，程序可移植性（Portability）的概念被提了出来。所谓可移植性，是指在一台计算机上能够运行的程序，不加修改或只需少许加工就可以在另一台计算机上正确运行，并给出相同的结果。不具备可移植性的程序就不能在其他计算机上运行，不能被其他用户共享。

这时计算机的发展进入到第二代阶段，计算机的应用领域也从传统的科学计算领域，逐渐扩大到数据处理、过程控制和事务管理等领域，计算机生产厂商不断增多，计算机的型号五花八门，既有面向科学计算的超级计算机，又有面向大规模数据处理和事务管理的大型计算机，还有低端用户的中、小型机。

因此，产品多样性和软件难于移植的矛盾摆在计算机设计师的面前。那时，IBM 公司投资 50 亿美元计划开发一个大型计算机系统，总设计师安达尔雄心勃勃，决心一举解决这个矛盾。

首先，安达尔计划让新的计算机系统功能齐全、无所不能。用户只要购买了一台新机器，就可以满足他对计算机所有的需求。为此，这个新系统被命名为 System 360（S/360），寓意它能够满足全方位（360°）的应用。

其次，安达尔希望 S/360 长盛不衰，十年、二十年甚至上百年后仍然受到用户的喜爱。用户一旦购买了 S/360，就没必要购买其他厂商的机器。由于用户始终使用 S/360，也就不用为程序难于移植到其他机器上而发愁了。

只要肯投入，付得起高价钱，实现第一个计划并不是一件难事。但由于新技术的不断提出、新材料的不断涌现、计算机厂商之间的竞争日益激烈，计算机系统更新换代的速度越来越快，计算机系统的生命周期越来越短。在这种情况下，如何实现安达尔的第二个计划呢？

通过对用户和市场进行深入的分析，安达尔定下了解决问题的哲学：一切为用户着想，而计算机系统最直接的用户就是程序员。程序员最大的期望就是一劳永逸，即一旦掌握某一机器的属性及其编程方法，就永远只对这一机器编程，不愿意再学习其他机器的属性及其编程方法。但同时他们想拥有性能不断提升的新机器来充分施展其软件的功能。

这样，不变的机器属性及其编程方法与对不断提升的机器性能的期望构成了一对矛盾。为此，安达尔提出了一个新的概念——"计算机体系结构"来解决这一矛盾，并将其定义为程序员所看到的机器的属性，即机器的概念性结构和功能特性。在当时，程序员主要指汇编程序员。

安达尔认为：计算机的设计/制造者可以利用新技术、新材料来设计制造性能更高的新机器，但只要新机器保持原机器的体系结构，程序员就无须学习新的机器属性及机器语言，对原有的软件自然不用做任何修改就能在新机器上运行。

安达尔还考虑到：用户对性能的需求是多方面的，但是对软件可移植性的要求是一致的，所以可以通过生产具有相同体系结构但不同档次的机器来同时满足用户这两方面的要求。

可见，安达尔真是全心全意为用户着想。

安达尔将同一厂商生产的具有相同体系结构的机器定义为系列计算机（简称系列机）。系列机可以是不同年代生产的机器，也可以是相同年代生产但不同档次的机器。安达尔设计的 IBM S/360 就是计算机历史上的第一个系列机。

若将软件兼容（Software Compatibility）定义为同一个程序可以不加修改地在具有相同体系结构的各档机器上正确运行，唯一区别仅仅在于运行时间长短不同，则安达尔就是以软件兼容（统一机器语言）的方式来解决程序的可移植性问题的。

通过提出"计算机体系结构"概念，安达尔解决了 IBM S/360 的软件可移植性问题。

计算机体系结构和系列机的提出，一举打破了 20 世纪 50 年代计算机"手工作坊式"的设计生产方式，使得已有的软件资源得到了充分的利用，有效地减少了开发软件的投资与工作量，很好地解决了软件开发环境要求相对稳定。而新技术、新材料不断涌现之间的矛盾使得程序员能够把更多的时间和精力投入到完善软件功能、提高软件质量的工作中，并为积累和重用软件，提高软件生产率奠定了基础。同时，计算机厂商可以不断地采用新技术、新材料，为市场提供性能更高、价格更低的新机器，更好地满足用户不断增长的应用需求。计算机产业从此走向了供需两旺、蓬勃发展的新时期。

IBM 公司在 20 世纪 70 年代后期和 90 年代先后推出了与 System/360 兼容的 System/370 系列和 System/390 系列。

系列机的概念一经提出，各计算机厂商纷纷效仿，分别提出了各自不同的系列机产品。

DEC 公司在 PDP-11 系列后，又推出了 VAX-11 （Virtual Address eXtension of PDP11）系列计算机。CDC 公司的 6600、7600、CYBER 系列超级计算机也曾一度非常显赫。CRAY 计算机公司一直研制并生产着 CRAY 系列超级计算机。英特尔公司从 1980 年开始推出的 Intel 80x86 系列微处理器更是创下了产量最大的系列机的纪录。

所以，计算机体系结构和系列机概念的提出是计算机发展史的一个重要里程碑。"计算机体系结构"概念至今仍在计算机科学与技术领域中处重要的地位，按"系列机"的思想设计计算机仍是所有计算机厂商所必须遵循的原则。

同时，这一概念也影响了软件开发，导致软件工程领域出现了一个新的概念——软件体系结构。欲了解这一概念及相关技术，请学习"软件体系结构"课程或相关书籍。

2. 计算机组成（Computer Organization）与计算机实现（Computer Implementation）

伴随计算机体系结构概念的提出，两个与之相关联的概念也相继提出，它们是：计算机组成和计算机实现。

计算机组成是计算机体系结构的逻辑实现。一种计算机体系结构可以有多种不同的计算机组成，如实现加法，不同的计算机可以选择不同的逻辑电路。计算机组成设计的任务是按照所要求的性能价格比，最佳、最合理地用各种器件和部件组成计算机，以实现设计规定的体系结构。

计算机实现是计算机组成的物理实现。一种计算机组成也可以有多种不同的计算机实现。计算机实现的设计内容包括：中央处理器、主存储器等部件的物理结构、封装技术和制造工艺；信号传输的频率、电气属性；电源、冷却、微组装技术和整机装配技术等。

计算机实现是计算机体系结构和组成的基础。先进的计算机实现技术尤其是器件技术的发展，一直是推动计算机体系结构和组成发展的最活跃的因素。著名的摩尔定律（Moore's Law）揭示的就是这一现象。

3. 计算机体系结构、计算机组成与计算机实现三者的关系

根据"软件/硬件的等价性原理"，计算机的功能可以由硬件来实现，也可以由软件来实现。一台具体的计算机系统所具有的功能到底由硬件承担多少，由软件承担多少，这是计算机体系结构设计要解决的首要问题。

软硬件功能的分界是计算机的全部指令的集合——指令集（Instruction Set）。加大软件所承担的比例，可以减少硬件成本，但是解题时间会延长。随着大规模集成电路的迅速发展，硬件成本不断下降，加大硬件所承担的比例或将软件固化成为当今计算机技术发展的重要趋势。

在计算机体系结构设计工作——确定指令集——完成后，就可以开展计算机组成设计工作，即确定指令的逻辑实现方案，如取指令、译码、取操作数、运算、写回结果等具体操作的定义、划分及其排序方式等。此后，应该考虑这些操作的具体实现电路、器件的设计与装配等。这些就属于计算机实现的设计工作。

例如，主存的最小编址单位、CPU能够访问的最大主存容量以及采用的寻址方式的选择与确定属于计算机体系结构，而主存所采用的逻辑结构及管理策略属于计算机组成，主存的器件设计、电气性能则属于计算机实现。

系列机都具有相同的体系结构。但是，由于系列机中不同型号的机器面对的目标用户不同，这些目标用户对机器的性能、价格的要求不同，因此需要采用不同的计算机组成或实现技术来实现相同的体系结构。另外，新推出的系列机也会采用新的组成或实现技术来提高其性能或降低其成本。

例如，低档的计算机系统采用单总线结构，而较高档的计算机系统采用双总线结构甚至三总线结构来提高系统的通信能力或系统的可靠性。这些都属于相同的计算机体系结构，为了不同的设计目标，采用了不同的计算机组成。

同一型号的处理器可以采用不同的主频来实现，这就属于相同的计算机组成采用了不同的计算机实现，以满足不同用户在价格或性能上的不同要求。

1.3.3 计算机系统的层次结构

计算机系统是一个由硬件和软件组成的复杂系统。为了实现高性能、低成本、适于大批量生产、使用方便、易于维护的设计目标，计算机系统的分析、设计和制造逐渐从一门艺术转变成一项工程，即将工程的思想、观点、方法、技术、工具等应用于计算机系统的分析、设计和制造。实践证明，只有把一门艺术转变成一项工程才能做到其产品生产的"多快好省"。软件开发技术从编制程序发展到软件工程，也说明了相同的道理。

工程的一个最重要的思想就是引入"分工与协作"。因此，计算机系统的设计和制造需要划分成不同的模块。在定义好各模块之间的接口后，不同的设计人员可以同时开始计算机系统不同模块的设计工作。这样可以调动尽可能多的人力资源来加快设计的进程。同时，这种做法使得计算机系统中某一模块的实现技术出现新的改进时，设计人员在遵循原定的接口的前提下，可以对该模块进行重新设计与实现，并将新的模块直接替换旧的模块，而不会影响到系统中其他模块的正常工作。

目前，主流的计算机系统的划分方法是从计算机程序设计语言的角度，按计算机系统提供的功能，将其划分成一个"层次结构（Hierarchy）"，如图1-4所示。

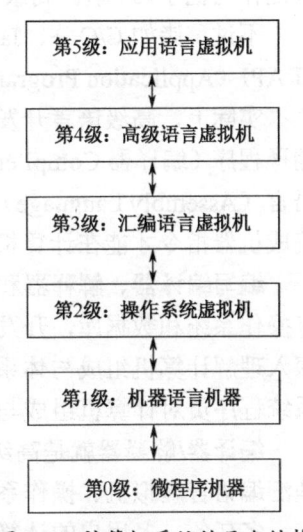

图1-4 计算机系统的层次结构

第 1 级机器是机器语言机器，即由 CPU、主存、I/O 等组成的物理的计算机，只能运行以二进制形式表示的计算机程序。这样的计算机使用起来很不方便。为此，人们在它上面安装了操作系统，从而得到第 2 级机器——操作系统虚拟机。操作系统是最重要的系统软件之一，它负责管理和调度整个计算机的资源。通过学习后继课程"操作系统"，读者将了解、掌握操作系统，甚至可以自行研发新的操作系统。

之所以称为虚拟机（Virtual Machine），是因为用户在使用计算机时看到的就是软件的界面，他并不了解也不必了解计算机内部的结构及工作原理。软件的界面就是计算机具有功能的具体体现。虚拟机的实现有解释（Interpretation）和翻译（Translation）两种途径。在计算机专业内，"翻译"常称为"编译（Compile）"。

所谓解释，是指在执行某一层机器的源程序时，其中的指令/语句是逐条地、实时替换成用下一层机器语言编写的等效程序段，然后立即在下一层机器上运行。虚拟机（解释程序）是边解释边执行，不保留目标代码，下次执行时需要重新解释。

所谓编译，是指某一层机器的源程序，在运行前，先一次性完整地转换成用下一层机器语言编写的程序，然后在下一层机器上运行。虚拟机（编译程序 Compiler，也叫编译器）是先编译后执行，下次执行时不需要重新编译。

根据需要了解计算机组成与结构程度的不同，计算机用户可以分为：系统程序员（System Programmer）、应用程序员（Application Programmer）、最终用户（End User）和系统管理员（System Administrator）。

最终用户不需了解任何的计算机组成与体系结构，只需了解应用软件（如网络浏览器、游戏、财务软件）的功能和使用即可，大多数计算机用户属于最终用户。最终用户面对的是应用语言虚拟机，即最高级虚拟机——第 5 级机器，使用应用语言（如操作数据库管理软件的 SQL 语言、操作 AutoCAD 软件的绘图命令）操作的软件。在用户看来，使用计算机就是使用应用语言。今天，应用语言已经变成软件界面上的操作"菜单（Menu）"或"按钮（Button）"。

应用软件是应用程序员使用高级语言（High Level Language，HLL）（如 Fortran、C/C++、Java 等）编写的。应用程序员只需具备基本的计算机组成与体系结构的概念即可，这些概念只是作为他学习、掌握高级语言的基础。应用程序员面对的是高级语言虚拟机（第 4 级机器）。

不过，诸如 C/C++、Java 这样的高级程序设计语言大量使用操作系统提供的应用程序接口 API（Application Program Interface），这也是应用程序员需要了解的。

实际上，高级语言开发的应用软件并不能直接在计算机上运行，高级语言源程序必须由翻译程序（编译器 Compiler）或解释程序（也叫解释器 Interpreter）转换成目标计算机的汇编语言（Assembly Language）源程序，汇编语言源程序还要经过"汇编程序（Assembler）"汇编成机器指令才能在计算机上运行。

编写编译器、解释器和汇编程序的程序员就属于系统程序员。此外，现代计算机都安装有操作系统和数据库，开发操作系统或数据库的程序员也属于系统程序员。系统程序员必须深入理解计算机组成与体系结构，才能开发出系统软件。而系统软件的质量依赖于开发它的系统程序员对计算机组成与体系结构的理解程度。

编译器/解释器就是高级语言虚拟机，汇编程序就是汇编语言虚拟机。系统程序员面对的是汇编语言虚拟机、操作系统虚拟机或者机器语言机器。

多任务、多用户的计算机系统需要引入系统管理员来管理用户账户、分配计算机资源，安装、配置和维护系统的软件和硬件。他主要面向操作系统虚拟机，需要深入了解操作系统的功能与特性，需要理解计算机组成与体系结构的基本概念和基本原理。

因为编译器、解释器和汇编程序都运行在物理计算机（第 1 级机器）上、服从操作系统的调度，所以汇编语言虚拟机就是第 3 级机器，操作系统虚拟机是第 2 级机器。

如果处理器的控制器是以微程序方式实现的（控制器有微程序、硬连线两种实现方式，将在第 4 章中介绍），则在第 1 级机器以下还有一层：第 0 级微程序机器。如果存在这一级机器，计算机的设计者就可以通过改变指令的微程序，轻松地改变计算机的指令集。

在上述计算机的层次结构中，上一层机器向下一层机器发出操作命令，下一层机器执行操作命令，并向上一层机器返回操作结果。至于下一层机器如何完成这些操作，它的内部结构如何，上一层机器并不关心。

因此，面向不同层次机器的程序员看到的计算机的属性是不同的。例如，面向机器语言计算机的程序员看到的计算机属性是机器语言计算机的属性；面向高级语言虚拟机的程序员看到的计算机属性是该高级语言的语法、语义和语用，即高级语言所具有的功能特性。高级语言虚拟机的属性与机器语言计算机的属性是无关的，即同一个高级语言虚拟机的属性可以建立在不同的机器语言计算机之上，所以面向高级语言虚拟机的程序员可以对机器语言计算机的属性"视而不见"，或者他根本不想关心。

这又引出了计算机与软件工程领域另一个重要的概念——透明性（Transparency）。计算机系统中客观上存在的事物或属性，从某个角度去看好像不存在，这种现象被称为"透明性"。

在计算机系统的层次结构中，底层机器的属性对上一层机器的程序员是透明的。例如，计算一个用高级语言表示的算术表达式，在 CPU 内部是通过执行多条指令来完成的，这些指令需要访问寄存器或内存单元，多次使用运算器。这些客观存在的事物和操作对于高级语言程序员来说是看不见的，他根本不想去看，不关心。所以，低层机器的属性对于高级机器的程序员就是透明的。类似的例子还有，计算机用户很轻松地使用操作系统，而不需关心和了解操作系统的设计与实现。可见，"透明性"的提出促进了社会分工，提高了劳动生产率。

计算机体系结构设计，可理解为：**决定哪些事物对汇编程序员透明，哪些事物对汇编程序员不透明**。

【例 1-1】（2010 年硕士研究生入学统一考试计算机专业基础综合考试试题）

下列存储器中，汇编语言程序员可见的是（　　）。

A．存储器地址寄存器（MAR）　　B．程序计数器（PC）
C．存储器数据寄存器（MDR）　　D．指令寄存器（IR）

答：根据计算机体系结构与透明性的概念，PC 对汇编语言程序员是可见的，因为程序员需要依据 PC 的值计算相对转移的偏移量。而 MAR、MDR 和 IR 属于计算机组成的范畴，对汇编语言程序员是透明的，即不可见的。故选择 B。

1.4 计算机系统的分类

1.4.1 综述

根据数据表示原理的不同，电子计算机分为模拟式和数字式。

模拟式电子计算机所处理的电信号在时间上是连续的，称为模拟电信号。用电信号的电位大小来模拟数值，不同的电位值对应不同的数值。模拟计算机的处理过程均由模拟电路来实现，处理速度快，但是电路结构复杂，处理的精度低，抗干扰能力差，目前已很少使用。

数字式电子计算机所处理的电信号在时间上是离散的，称为数字量。例如在电子线路中，用电平的"高/低"或脉冲的"有/无"来表示数值"1/0"，这样可以用一组触发器的输出电平或一串脉冲来表示一个二进制的数值。不同的电平组合表示不同的数值，增加组合位数就能增大数的表示范围和精度。

数字式电子计算机将信息数字化，具有许多独特的好处。例如，数字化信息便于利用各种存储器和寄存器保存，使计算机可以具有极大的存储量，从而可以对海量数据信息进行处理。数字信息还可以用来表示各种物理量和逻辑变量，以及文字、符号、图像等，因而计算机除了可以进行数值计算，还可以用于逻辑判断、文字编辑、图像处理等。目前广泛使用的计算机都是数字式电子计算机，为了简便起见，人们将数字式电子计算机直接称为电子计算机，简称计算机。

将数字技术和模拟技术相结合而实现的计算机，称为模拟、数字混合式计算机。

依据性能的高低，计算机可以分为超级计算机、大型计算机、中型计算机、小型计算机、工作站（Workstation）和微型计算机。超级计算机是指其所处年代性能最强的计算机。

按照结构集成的不同方式，微型计算机分为单片机（Single Chip Microcomputer）和单板机（Single Board Microcomputer）。

单片机是指组成计算机系统的处理器、存储器、输入/输出接口、定时器和计数器都集成在一个芯片上。单片机主要应用于工业控制领域。

单板机是指组成计算机系统的处理器、存储器、输入/输出模块是以分立芯片的形式集成在一个印制电路板（主板）上。常见的各类台式机、服务器、笔记本计算机都属于单板机。

计算机按其设计目的又可分为专用计算机和通用计算机。

专用计算机能以最佳的性能、最高的设备利用率来满足特定用户的使用需求，但是它的适应性差。一旦用户的使用需求发生变化，专用计算机的性能和效率都会明显下降。

相比之下，通用计算机的适应性就要好得多，它的应用领域较广，但是对于具体的应用领域，其性能和效率都很难达到最佳。

根据计算机的用途不同，计算机可以分为个人计算机、工业控制计算机（简称工控机）、军用计算机（即加固型计算机或抗恶劣环境计算机）和嵌入式计算机（Embedded Computer）。目前，嵌入式计算机的发展十分迅速。手机、汽车、家电、机器人都有嵌入式计算机。

在一些安全攸关（Safety-critical）领域，如航空/航天或铁路调度，还需要使用容错计算机（Fault-tolerant Computer）或可信计算机（Trusted Computer）。

1.4.2 弗林分类法

计算机的工作过程是执行一串指令，来对一组数据进行处理。据此，弗林（M.J. Flynn）于1966年提出按照指令流和数据流的多倍性对计算机进行分类。所谓指令流 IS（Instruction Stream），是指机器执行的指令序列，指令被译码后形成控制流 CS（Control Stream），数据流 DS（Data Stream）是指由控制流调用的数据序列（包括输入数据和中间结果），多倍性

（Multiplicity）是指在系统最受限制的元件上，同时处于同一执行阶段的指令流或数据流的最大可能个数。按照指令流和数据流分别具有的多倍性，弗林将计算机分为以下 4 类：

- 单指令流单数据流 SISD（Single Instruction Stream，Single Data Stream）。
- 单指令流多数据流 SIMD（Single Instruction Stream，Multiple Data Stream）。
- 多指令流单数据流 MISD（Multiple Instruction Stream，Single Data Stream）。
- 多指令流多数据流 MIMD（Multiple Instruction Stream，Multiple Data Stream）。

图 1-5 为这 4 类计算机的基本结构（没有包括 I/O 设备）。

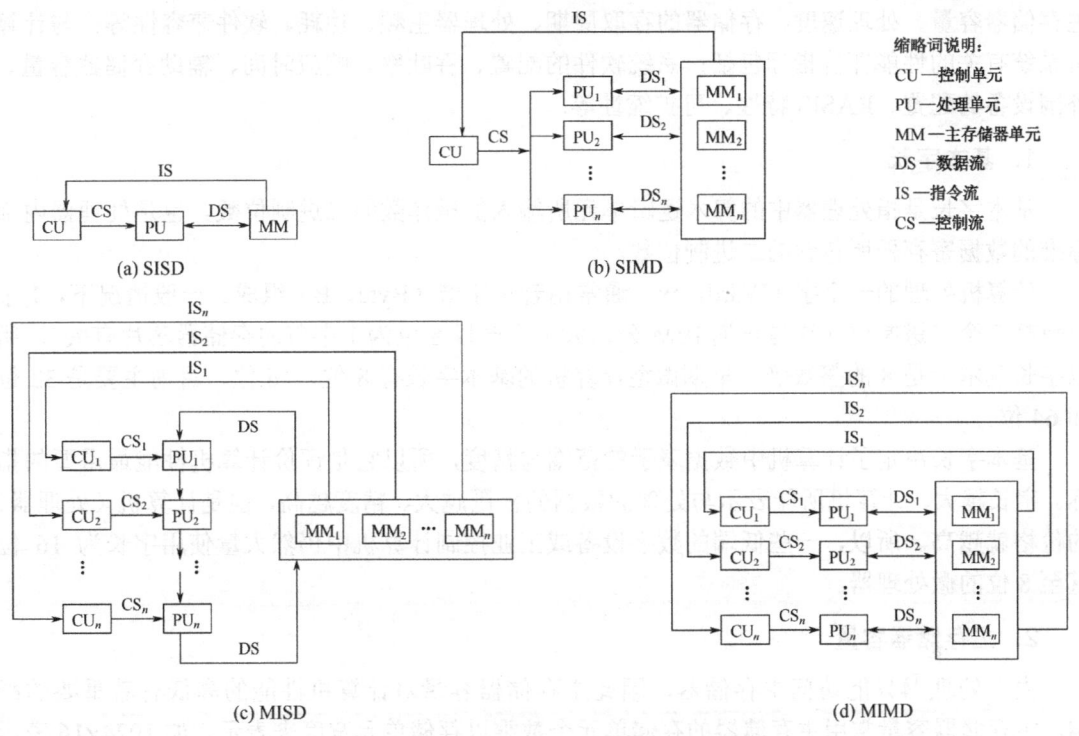

图 1-5 弗林分类法的各类计算机的基本结构

SISD 计算机就是传统的计算机，只有一个控制单元，该控制单元一次只对一条指令进行译码并且只对一个操作单元分配数据。尽管这类计算机也可以设置有多个并行工作的存储器或者操作单元，但只要是一次只对一个操作单元分配数据，它就属于 SISD 计算机。

SIMD 计算机设有一个控制单元和 n 个操作单元，该控制单元一次只对一条指令进行译码，但是这条指令同时向 n 个操作单元分配数据。

MISD 计算机设有 n 个控制单元和 n 个操作单元，分别对 n 条指令进行译码。这 n 条指令在 n 个操作单元上对同一数据流及其中间结果分别进行不同的处理，一个处理单元的输出作为另一个处理单元的输入。这类计算机目前没有实用价值，很少见。

MIMD 计算机是指各种多处理器系统，设有 n 个控制单元、n 个操作单元和 n 个局部存储器。这 n 个局部存储器构成一个共享主存空间。

如果访问任何一个局部存储器中任意一个存储单元所花费的时间是一样的，则这样的多处理器系统被称为"一致存储器访问（Uniform Memory Access，UMA）"的多处理器系统，否则称为"非一致存储器访问（Non-Uniform Memory Access，NUMA）"的多处理器系统。

如果局部存储器只能由与其对应的控制单元和操作单元访问，那么一个控制单元和操作单元只有通过基于计算机网络的"消息传递（Message Passing）"才能获得其他控制单元和操作单元对应的局部存储器中的数据，这样的 MIMD 计算机被称为多计算机系统。

1.5 计算机的性能评价指标

评价计算机系统性能的指标非常多，与计算机主机有关的性能评价指标包括：基本字长、主存储器容量、处理速度、存储器的存取周期、处理器主频、功耗、软件兼容性等；与计算机系统有关的性能评价指标包括：系统软件的配置、吞吐率、响应时间、辅助存储器容量、外围设备的配置、RASIS 特性、可扩缩性等。

1. 基本字长

基本字长是指处理器中的算术逻辑单元所输入的操作数的二进制位数，也是处理器内部标准的数据寄存器所包含的二进制位数。

计算机处理的一个字（Word，W）通常由若干字节（Byte，B）组成。一般情况下，1 字节包括 8 个二进制位（这与早期 IBM 公司大量生产以 8 位为 1 字节的存储器芯片有关），所以字长基本上是 8 的整数倍。早期微型计算机的基本字长有 8 位、16 位，目前主要是 32 位和 64 位。

基本字长决定了计算机中数据表示的范围与精度，所以它是评价计算机性能最重要的指标。字长越大，计算机所能表示与处理的数据的范围越大、精度越高，但是计算机（处理器）的价格就越高。所以，一些低端的数字设备或工业控制计算机中仍然大量使用字长为 16 位甚至 8 位的微处理器。

2. 主存储器容量

由于处理器只能访问主存储器，因此主存储器容量对计算机性能的高低有着重要的影响。主存储器容量常用主存储器的存储单元个数乘以存储单元宽度来表示，如 1024×16 表示主存储器有 1024 个单元，每个单元的宽度是 16 位的。计算机系统主存储器的最大存储单元个数取决于处理器地址总线的线数/宽度。

目前，微型计算机都采用以字节作为最小的编址单位，即每个存储单元都是 8 位的，所以表示主存储器容量时，存储单元宽度可用 B（字节的第一个英文字母）表示。同时，在表示存储单元个数时，为了简便，1024（2^{10}）记为 1K（Kilo），1024K（2^{20}）记为 1M（Mega），1024M（2^{30}）记为 1G（Giga），1024G（2^{40}）记为 1T（Tera），1024T（2^{50}）记为 1P（Peta），1024P（2^{60}）记为 1E（Exascale），1024E（2^{70}）记为 1Z（Zetta），1024Z（2^{80}）记为 1Y（Yotta）。现代微型计算机的主存储器容量一般为 GB、TB。

计算机系统的实际主存储器容量的确定主要考虑的是它对计算机价格的影响。增加主存储器容量有助于提高解题速度，但是计算机系统的价格也会相应升高。一般来说，如果继续增大主存储器容量已经不能明显地提高解题速度，则不宜继续增大主存储器容量。

3. 处理速度

计算机处理速度是用户最为关心的性能指标。目前常用的指标有：百万条指令每秒 MIPS

（Million Instructions Per Second）、百万次浮点操作每秒 MFLOPS（Million Floating Point Operation Per Second）和每条指令的平均时钟周期 CPI（Cycles Per Instruction）。

MIPS 源于美国人吉伯森（Gibson）提出的以指令的平均执行时间来评价处理器性能的观点。指令的平均执行时间就是各种不同指令执行时间的某种加权平均。一种自然的权就是指令的使用频率，吉伯森和弗林分别在 IBM 7090 和 IBM S/360 上统计的指令使用频率如表 1-1 所示。指令平均执行时间的倒数就是每秒平均执行的指令条数（以 MIPS 为单位），目前常以 MIPS 作为评价处理器综合性能的指标。

表 1-1 指令使用频率（单位：%）

指令类型	吉伯森	弗林
存/取	31.2	45.1
变址	18	
转移	16.6	27.5
比较	3.8	10.8
定点加/减	6.1	
定点乘	0.6	7.6
定点除	0.2	
浮点加/减	6.9	
浮点乘	3.8	3.2
浮点除	1.5	
移位/逻辑运算	6.0	4.5
其他	5.3	1.3

CPI = 一个程序的 CPU 时钟周期数/该程序的指令条数。它是一个衡量计算机组成设计优劣、计算机性能高低的有效指标，当今微处理器的 CPI 普遍小于 1。

以上指标都是针对计算机的综合性能而制定的。在用户决定购买或使用哪种机器最适合他们的应用需求时，往往是运行一些具有代表性的典型应用程序来做出判断的，这样的典型应用程序被称为"基准程序（Benchmark）"。

可选择的基准程序很多，不同的基准测试程序侧重的目标是不同的：有的测试定点运算能力，有的测试浮点运算能力，有的测试网络通信能力，等等。

目前，国际上流行的基准测试程序有测试整数、浮点数与三角函数等运算性能的 Whetstone 和测试整数与逻辑运算性能的 Dhrystone、SPEC（Standard Performance Evaluation Corporation）系列、测试方程组求解能力的 LinPACK 等。

另外，一台计算机运行不同的基准程序可能得到不同的测试结果，其中测试到的最高速度被称为"峰值速度"或"峰值性能（Peak Performance）"。

4．存储器的存取周期

对存储器进行一次完整的读/写操作所需的全部时间，也是连续对存储器进行存（写）/取（读）的最小时间间隔，称为存储器的存取周期。半导体存储器的存取周期通常在十几到上百纳秒（10^{-9}s，ns）之间，磁盘的存取周期一般在 10 毫秒（10^{-3}s，ms）以上。

5．处理器主频

处理器的工作是在主时钟的控制下进行的，主时钟的频率称为处理器的主频。主频的倒数称为时钟周期。执行一个程序所需的处理器时间可用"该程序的指令条数×CPI×时钟周期"估算。可见，提高主频有助于缩短程序的执行时间。原先微处理器的主频在几兆赫（MHz）到几百兆赫之间，随着器件技术的迅速发展，主流微处理器的主频已达上千兆赫兹（GHz）。但事实上，处理器性能的提高并不能与主频的提高一起线性增长。相反，主频的提高却带来了功耗增加、产生热量高等一系列问题。

6．功耗

随着主频和片内晶体管数量的不断提高，微处理器的功耗也不断升高，现代通用微处理器功耗的峰值已超过 100 W。随着节能意识的不断增强，人们越来越重视降低微处理器的功耗。例如，IBM 公司的 POWER6 处理器是其上一代 POWER5 处理器的 2 倍，但运行和散热所消耗的电能基本相同。

事实上，超过 150 W 的功耗，无论是目前芯片的封装还是主板的供电能力，都难以为继。在移动计算领域，功耗更是压倒一切的性能指标。

7. 软件兼容性

软件兼容可分为向上（下）兼容和向前（后）兼容。

"向上（下）兼容"是指为某档机器编制的软件，不加修改就可以正确运行在比它更高（低）档的机器上；"向前（后）兼容"是指为某个时期投入市场的某种型号机器编制的软件，不加修改就可以正确运行在比它早（晚）投入市场的相同型号机器上。

一个计算机系列，从开始设计到最后被淘汰，往往持续 10 年以上。在这段时间，计算机体系结构不可能是一成不变的，总是要在满足用户新的需求、改正原有的设计失误中不断更新变化。但是这种变化不能是随意的，必须满足软件兼容性的要求，即在同一系列中的所有机型之间必须做到"向后兼容"（为某个年代投放市场的机器编制的程序应能够不加修改地正确运行于在它之后投放市场的机器上），力争做到"向上兼容"（为某档机器编制的程序应能够不加修改地正确运行于档次比它高的机器上），对于"向下兼容"或"向前兼容"不做要求。

8. 系统软件的配置

常见的系统软件有操作系统、数据库系统、文本编辑器、高级语言程序开发环境、互联网浏览器等。不同的系统软件，其性能也不同，价格差别也很大。

9. 吞吐率（Throughput Rate）、响应时间（Response Time）、周转时间（Turnaround Time）

吞吐率是指计算机系统在单位时间内完成的任务数，响应时间是指从用户输入命令或数据到获得第一个结果的时间间隔，周转时间是指从提交作业到作业完成的时间间隔。

计算机系统结构的设计目标是追求高性能、低成本。但同样一台计算机，从不同角度看，会得到不同的性能评价结论。例如，从用户的角度看，响应时间短的计算机好；从计算机系统管理员的角度看，系统吞吐率高的计算机好。

10. 辅助存储器容量

常用的辅助存储器有硬盘、磁带、光盘。辅助存储器容量决定了计算机系统所能够存储的信息总量。辅助存储器的组成形式有：单一的硬盘、硬盘阵列、磁带库、光盘。单一硬盘的容量可达几百 GB 甚至数 TB，磁带库的容量则在几千 TB 以上。

11. RASIS 特性

可靠性（Reliability）、可用性（Availability）、可服务性/可维护性（Serviceability）、完整性（Integrality）和安全性（Security）统称为 RASIS 特性。其中，可靠性用"平均无故障时间（Mean Time To Failure，MTTF）"或"平均故障间隔时间（Mean Time Between Failure，MTBF）"来衡量，可服务性/可维护性用"平均修复时间（Mean Time To Repair，MTTR）"来衡量，可用性 A=MTBF/(MTBF+MTTR)。（信息）完整性是指信息在计算机系统中，不应被未经授权者修改和破坏，始终保证数据的一致性。（信息）安全性是指通过采取某些安全保密措施，计算机系统中信息不会泄露给未经授权者。

12. 可扩缩性（Scalability）

可扩缩性也称为可伸缩性。如果一个计算机系统在保持软件兼容性的同时，不仅可以通过向上扩展（增加资源）来提供更高的性能和更强的功能，还可以通过向下收缩（减少资源）来降低价格，则称这个计算机系统具有可扩缩性。

13. 外围设备（简称外设）的配置

为了拓展计算机系统的功能，需要为它配置相应的外设。通常，计算机系统要尽可能满足用户配备不同类型、不同数量外设的需求。所以，主机与外设的接口应该设计成可扩缩的。

以上讨论的性能指标可以称为绝对的性能指标，即不需参照的性能指标。还有一些性能指标是相对的，即需要对应一定的参照，如加速比（Speedup）。加速比是指解决某个问题，在原有的计算条件（算法、程序或者硬件平台）下所花费的时间与在新的计算条件下所花费的时间的比值。

【例1-2】 MBR 的位数取决于（　　），MAR 的位数取决于（　　）。
I. 机器字长　　　II. 指令字长　　　III. 存储字长　　　IV. 主存地址空间大小
A. I、II　　　　B. II、III　　　　C. II、IV　　　　D. III、IV

答：MBR 的位数取决于存储字长，MAR 的位数取决于主存地址空间大小，主存容量常指实际的主存储器容量，一般小于主存地址空间大小。故选 D。

【例1-3】（2011年硕士研究生入学统一考试计算机专业基础综合考试试题之选择题）
下列选项中，描述浮点数操作速度指标的是（　　）。
A. MIPS　　　　B. CPI　　　　C. IPC　　　　D. MFLOPS

答：只有选项 D 带"F（意味着浮点数）"，故选 D。

【例1-4】 下列关于计算机性能的说法中，正确的是（　　）。
A. 指令条数少的代码序列执行时间一定短
B. 同一程序在时钟频率不同的系列机上运行，时钟频率提高的倍数等于执行速度提高的倍数
C. 执行不同程序，测得的同一台计算机的 CPI 可能不同
D. 执行不同程序，测得的同一条机器指令的 CPI 可能不同

答：功能复杂的指令要比功能简单的指令执行时间长，所以指令条数少的代码序列执行时间不一定短；程序执行过程中，需要访存和 I/O，处理器时钟频率的提高不能直接导致访存和 I/O 时间的缩短；执行不同程序（包含的指令类型和指令条数不同），测得的同一条机器指令的 CPI 原则上是相同的，但同一台计算机的 CPI 可能不同，故选 C。

【例1-5】 某计算机有 I1、I2、I3 和 I4 四条指令，其 CPI 分别为 1、3、4 和 5。某程序先被编译成目标代码 A，A 包含这四条指令的条数分别是 3、6、9 和 2。采用优化编译后，该程序得到的目标代码为 B，B 包含这四条指令的条数分别是 10、5、5 和 2。问：哪个目标代码包含的指令条数少？哪个目标代码的执行时间短？A 和 B 的 CPI 分别是多少？

答：A 包含的指令条数为：3+6+9+2=20。B 包含的指令条数为：10+5+5+2=22。
所以，A 包含的指令条数少。
A 的时钟周期数为：3×1+6×3+9×4+2×5=67；
B 的时钟周期数为：10×1+5×3+5×4+2×5=55。

可见，B 的时钟周期数少，执行时间短。

程序的 CPI =程序总的时钟周期数/程序包含的指令条数。

所以，A 的 CPI =67/20=3.35，B 的 CPI =55/22=2.5。

【例 1-6】 已知某程序编译得到的目标代码 A 包含四类指令 I1、I2、I3 和 I4，其 CPI 分别为 2、3、4 和 5，它们在目标代码中所占比例分别为 40%、20%、30%、10%。采用优化编译后，该程序得到的目标代码为 B，B 中 I3 的指令条数减少了 20%，其他指令的条数没有变化。请问：

（1）A 和 B 的 CPI 分别是多少？

（2）设机器的主频为 1GHz，基于 A 和 B 测得的机器 MIPS 分别是多少？

答：优化编译后，目标代码中各类指令所占比例如下。

I3：[30×(1-20%)] / { [30×(1-20%)] + 40 + 20 + 10}×100% ≈ 25.53%

I1：40/(40 + 20 + 24 + 10) ×100% ≈ 42.55%

I2：20/(40 + 20 + 24 + 10) ×100% ≈ 21.28%

I4：10/(40 + 20 + 24 + 10) ×100% ≈ 10.64%

（1）A 的 CPI = 2×40% +3×20%+4×30%+5×10% = 3.1。

B 的 CPI = 2×42.55% +3×21.28%+4×25.53%+5×10.64% ≈ 3.04。

（2）基于 A 测得的机器 MIPS = 1G/3.1 =1000M/3.1 ≈ 322.58 MIPS。

基于 B 测得的机器 MIPS = 1G/3.04 ≈ 328.95 MIPS。

【例 1-7】 某计算机有甲、乙、丙三类指令，其 CPI 分别为 1、2、5。编译器使用不同的优化编译技术对某应用程序进行编译，得到两个功能等价但指令序列不同的目标代码 A 和 B。已知 A 中甲类指令有 5 条，乙类指令有 3 条，丙类指令有 1 条；B 中甲类指令有 3 条，乙类指令有 2 条，丙类指令有 2 条。问：在理想情况下，哪个目标代码运行的时间短？

答：A 的执行时间=5 条甲类指令×CPI$_甲$+3 条乙类指令×CPI$_乙$+1 条丙类指令×CPI$_丙$

=5×1+3×2+1×5=16 个时钟周期；

B 的执行时间=3 条甲类指令×CPI$_甲$+2 条乙类指令×CPI$_乙$+2 条丙类指令×CPI$_丙$

=3×1+2×2+2×5=17 个时钟周期。

所以，目标代码 A 运行的时间短。

【例 1-8】（2013 年硕士研究生入学统一考试计算机专业基础综合考试试题）

表 1-2 例 1-8 数据

指令类型	所占比例	CPI
A	50%	2
B	20%	3
C	10%	4
D	20%	5

某计算机主频为 1.2 GHz，指令分为 4 类，它们在基准程序中所占比例及 CPI 如表 1-2 所示，其 MIPS 是（　　）。

A. 100　　　B. 200

C. 400　　　D. 600

答：该计算机指令集的 CPI=2×50% + 3×20% + 4×10% + 5×20% = 3。

该机的运算速度=主频/CPI=1.2GHz/3=400MIPS。故选 C。

【例 1-9】（2012 年硕士研究生入学统一考试计算机专业基础综合考试试题）

假定基准程序 A 在某计算机上的运行时间为 100 s，其中 90 s 为 CPU 时间，其余为 I/O 时间。若 CPU 速度提高 50%，I/O 速度不变，则运行程序 A 所耗费的时间是（　　）。

A. 55 s　　　　B. 60 s　　　　C. 65 s　　　　D. 70 s

答：执行时间=CPU 时间+I/O 时间=90/(1+50%)+10=90/1.5+10=60+10=70 s。故选 D。

1.6 微处理器与微型计算机

1.6.1 微处理器与微型计算机的产生与发展

微处理器的发展历史主要是 Intel 公司的发展历史。

1968 年 7 月 18 日，Intel 公司由戈登·摩尔（Gordon Moore）、集成电路的发明人鲍勃·诺伊斯（Bob Noyce）和旧金山风险投资人洛克（Arthur Rock）共同创立。Intel 公司创立不久，安迪·格鲁夫（Andy Grove）也加入创业者的行列。Intel 公司开始只生产半导体存储芯片，这种存储芯片是当时流行的磁芯存储器的替代产品。

真正成就 Intel 公司辉煌的产品——微处理器的开发始于 1969 年。当时，一家名为 Busicom 的日本公司要求 Intel 公司为一款新型袖珍计算器设计生产一个简单的专用处理芯片，摩尔就将这个任务交给了工程师霍夫（Marcian Hoff），并希望他设计成标准化的产品，以便卖给更多的用户。霍夫很快实现了摩尔的目标，设计出来的产品不仅可以应用于袖珍计算器，还可以用来控制交通信号灯以及家用电器。

发展到这个地步，对 Intel 公司来说，已不只是技术上的突破，而是商业上的一大拓展。于是，摩尔请更资深的工程师费根（Federico Faggin）接手领导设计标准化的 4 位处理芯片。1971 年 11 月，Intel 公司推出编号为 4004 的处理芯片，其名中的第一个"4"表示 4 位的字长，最后一个"4"表示它是该公司推出的第 4 款专用芯片。4004 采用"P 型金属氧化物半导体（P-Mental-Oxide-Semiconductor，PMOS）"工艺，含有 2300 个晶体管，时钟频率为 108 kHz，寻址空间为 640 B，售价为 200 美元。这就是世界上第一个微处理器。

费根同时开发出另外 3 款芯片：4001、4002、4003，分别是随机存取存储器 RAM（Random Access Memory）、只读存储器 ROM 和寄存器。这 4 块芯片合起来就可以组成一台微型计算机。由于微处理器采用大规模集成电路技术，因此微型计算机属于第四代计算机。

自 Intel 4004 问世以来，微处理器和微型计算机如雨后春笋般蓬勃发展起来，逐渐占领了计算机市场，有力地推动了计算机的普及。目前，各种类型的微处理器和微型计算机在国民经济的各领域和人们的日常生活中得到了广泛的应用。微处理器和微型计算机之所以发展如此迅速，其主要原因就是其性能价格比在各类计算机系统中处于领先地位。另外，微型计算机具有维护方便、小巧灵活的特点，也受到了人们的青睐。

至今，微处理器和微型计算机的发展经历了五代。

第一代（1971—1972 年）：4 位微处理器和微型计算机。例如，以 Intel 4004 为处理器加上 1 片 320 位的 RAM、1 片 256 字节的 ROM 和 1 片 10 位的寄存器，通过总线连接在一起就构成了世界上第一台微型计算机 MCS-4，可使用机器语言或汇编语言进行编程，能够进行十进制的算术运算。第一代微型计算机虽然不够完善，由于价格较低，一经问世就赢得了市场。于是，Intel 公司对它进行了改进，正式生产了通用的 4 位微处理器 4040。这些微处理器让 Intel 公司获得了巨大的成功。

第二代（1972—1977 年）：8 位微处理器和微型计算机。1972 年 4 月，Intel 公司推出了第一个 8 位微处理器 8008，包含 3500 个晶体管，时钟频率为 108 kHz，寻址空间为 16 KB。1974 年，集成了 4900 个晶体管、时钟频率为 2 MHz、寻址空间为 64 KB 的 Intel 8080 问世，随即以 8080 为中央处理器的微型计算机 Altair 问世。

1975 年，年仅 19 岁的哈佛大学大二学生比尔·盖茨（Bill Gates）创立了面向微型计算机软件开发的微软（Microsoft）公司，开始了他"让每一个家庭，每一张桌子上都有一台计算机"的事业。微软公司开发的第一个软件就是为 Altair 编写了 BASIC 语言的解释程序。

1974 年，摩托罗拉（Motorola）公司推出了集成了 6800 个晶体管的 8 位的微处理器 M6800。

4004 的设计者费根离开 Intel 公司，成立了 Zilog 公司。1976 年，Zilog 公司推出了集成有 10000 个晶体管的 Z-80。Z-80 完全兼容 8080，而性能明显优于 8080。所以 Z-80 迅速走红，成为当时最受欢迎的微处理器。

之后，Intel 公司和摩托罗拉公司分别推出了性能更高的 Intel 8085 和 M6809。从 1973 年起，主流微处理器（如 Intel 8080、M6800、Z-80）开始采用开关速度更快的"N 型金属氧化物半导体（N-Mental-Oxide-Semiconductor，NMOS）"工艺。尽管 8080 与 8008 具有相同的指令集，但是性能提高了近 10 倍。

从第二代微处理器来看，Intel 公司的 8080 与 8085、摩托罗拉公司的 M6800 和 Zilog 公司的 Z-80 构成三足鼎立之势，垄断了市场。

第二代微处理器的特点是软件日益丰富，除了汇编程序，通常配有 BASIC、FORTRAN 及 PL/M 等高级语言的解释程序和编译程序。面向微型计算机的操作系统也被开发。价格低廉、使用方便的软件极大地推动了微型计算机的普及。

第三代（1978—1983 年）：16 位微处理器和微型计算机。1978 年 6 月，Intel 公司发布了第一个 16 位微处理器 8086，包含 29000 个晶体管，时钟频率为 4 MHz，数据总线为 16 位，地址总线为 20 位。1979 年，8086 的变型产品 8088 问世，8088 与 8086 的不同主要体现在数据总线降为 8 位。同年，摩托罗拉公司推出了集成有 68000 个晶体管的 M68000。Zilog 公司相继推出了集成有 37500 个晶体管的 Z-8000。Intel8086/8088、M68000 和 Z-8000 都是早期 16 位的微处理器的典型代表，它们的主频为 4～8 MHz，平均指令执行时间为 0.5 μs。

20 世纪 80 年代后，Intel 公司推出了性能更高的 16 位微处理器 80286，摩托罗拉公司推出了 M68010。后期的 16 位微处理器主频超过 10 MHz，平均指令执行时间为 0.2 μs，集成度超过 10 万个晶体管/片。

这时，面向微型计算机的操作系统、数据库系统日趋完善，各种高级语言的解释程序和编译程序也相继开发，微处理器还被用来构成多处理器系统。微型计算机从性能上开始超过小型计算机，在市场上成为小型计算机的竞争对手。由于价格低廉、实时性能优异，微处理器还被广泛应用于实时数据处理和工业控制等领域。

第四代（1984 年以后）：32 位微处理器和微型计算机。1984 年，摩托罗拉公司率先推出了首个 32 位微处理器 M68020。1985 年，Intel 公司发布了它的第一个 32 位微处理器 80386，包含 45 万个晶体管，内部设置了一级高速缓冲存储器（Cache）。这时期的微处理器的时钟频率一般为 20～40 MHz，平均指令执行时间为 0.1 μs。1989 年，Intel 公司发布了它的第二个 32 位微处理器 80486，将第四代微处理器的性能又大大提高一步。

Intel 公司的第三个 32 位微处理器是在 1993 年推出的。当时，为了防止竞争对手跟风搭车，也因为数字无法登记注册为商标，所以 Intel 公司决定放弃以 586 来命名新的微处理器，而采用了一个响亮的名字"Pentium"。"Pent"在拉丁文中表示"第五"的意思，"ium"是结尾音，可使整个词听起来很响亮。Pentium 的时钟频率为 150 MHz，平均指令执行时间为 0.05 μs。随后，Intel 公司推出了 Pentium 的增强型产品 Pentium Pro 和 Pentium MMX。

1997 年，Intel 公司发布了它的第四个 32 位微处理器 Pentium II。1999 年，Pentium III 问世。2000 年，Pentium 4 投入市场。

第五代（1992 年以后）：64 位微处理器和微型计算机。1992 年，美国 DEC 公司率先推出了首个 64 位的微处理器 Alpha 21064，其名意味着：21 世纪的 64 位微处理器。最新的 Alpha 微处理器为 21364。

2001 年，Intel 公司和 HP 公司联合推出了基于 IA-64 体系结构的 64 位的微处理器——安腾（Itanium）。2002 年推出安腾-2，2003 年推出改进的安腾-2。

1995 年，IBM 公司和摩托罗拉公司联合发布了它们的第一款 64 位的微处理器 PowerPC 620。2007 年 7 月，IBM 公司推出新一代 64 位微处理器——Power 6。

多年以来，单个微处理器芯片内部的晶体管数目一直在以每 18～24 个月增加 1 倍的速度增长着。这个规律是由摩尔于 1965 年发现并预测的，故称为"摩尔定律（Moore's Law）"。摩尔于 1975 年对摩尔定律做了一次修改，最终确定为"每隔 18 个月，微处理器内部的晶体管数目增加 1 倍，同时计算性能翻一番，而价格保持不变"。

微处理器按照摩尔定律发展了 30 多年。进入 21 世纪，微处理器的发展趋势已经变缓，由原先的 18 个月一代变为约 40 个月一代。

1.6.2 多核微处理器

进入 21 世纪，处理器领域风起云涌，似乎在一夜之间，处理器就进入了多核时代。

IBM 公司于 2001 年推出了集成了 2 个 Power 3 核的 Power 4 双核处理器。2004 年，IBM、AMD 和 SUN 公司分别推出双核处理器 Power 5、Opteron 和 UltraSPARC IV。

Intel 公司不甘落后，在 2005 年 10 月推出了双核处理器 Paxville DP，在 2006 年 5 月发布了升级版的双核处理器 Dempsey，7 月发布了基于 Core 微架构的 Woodcrest 处理器，12 月推出了四核处理器 Clovertown。

多核处理器（Multi-core Processor），也称为片上多处理器 CMP（Chip MultiProcessor），是指在一个芯片中集成两个或多个处理内核的处理器。相对而言，传统的处理器被称为单核（Single-core）处理器。多核处理器中的内核首先是一个完整的处理单元，能够独立执行指令；其次，它们往往具有设计简单、功耗低的特点。

在多核处理器运行过程中，操作系统将每个执行内核作为一个独立的逻辑处理器。通过在并行执行的内核之间分配任务，多核处理器可在特定的时钟周期内执行更多的任务。

在多核处理器发展之前，商业化处理器一直致力于单核处理器的发展。但应用对处理器性能需求的增长速度远远超过处理器的发展速度。单核处理器越来越难以满足要求，其局限性也日渐突出。单核处理器的局限性主要表现在如下三方面。

① 仅靠提高频率的办法，难以实现性能的突破。当处理器的工作频率提高到 4 GHz 时，几乎接近目前集成电路制造工艺的极限。

② 单一处理器内部器件的增加，导致以下两方面的后果：一是不断增加的芯片面积提高了生产成本，二是设计和验证所花费的时间变得更长。处理器的性价比已经令人难以接受，速度稍快的处理器的价格要高很多。

③ 功耗与散热问题日渐突出。目前，通用处理器的峰值功耗已经高达上百瓦，如 AMD 的 Opteron 是 90 W，英特尔的安腾-2 已经超过 100 W。相应地，主板上向处理器供电的电流接近 100 A，与发动汽车时蓄电池供出的电流差不多。功耗增加的原因主要是处理器工作频率不断上升。

随着功耗的上升，超快单核芯片的冷却代价越来越高，要求采用更大的散热器和更有力的风扇，以降低其工作温度。否则，过高的温度将导致处理器的性能和稳定性下降。

所以，Intel 和 AMD 的产品采用多核技术的真正原因，不是因为多核技术是一种突然出现的一种优秀创意，而是因为利用多核技术既可以继续提高处理器性能，又可以暂时避开功耗和散热难题。因此，要了解多核处理器，首先要从并行性（Parallelism）谈起。

所谓并行性，是指问题或者任务中具有可以同时进行计算或操作的特性，包括同时性（Simultaneity）和并发性（Concurrency）两重含义。同时性是指两个或者多个事件在同一时刻发生，并发性是指两个或者多个事件在同一时间间隔内发生。

能够实现并行性的计算机被称为并行计算机。依照弗林分类法给出的四类计算机模型，能够用来构建并行计算机的只有 SIMD 型和 MIMD 型计算机。

根据 SIMD 型构建的并行计算机一般包括以下三种。

（1）向量处理器（Vector Processor）

向量处理器采用的是时间重叠技术（流水线）来实现并行处理。具体来说就是将一个功能单元划分成若干不同的子单元。按照一定的顺序，这些子单元组成一个处理流水线，分别完成这个功能的部分处理任务。这样，这些子单元就可以在同一个时刻，对多个操作数进行并行处理。Cray-1、Convex C1 和国产的 YH-1 等就属于向量处理器。

（2）阵列处理器（Array Processor）

阵列处理器由大量的相对较简单的处理单元组成，这些处理单元可以在同一时刻，对多个操作数或操作数的位片进行并行处理。美国 Burroughs 公司生产的 ILLIAC-IV、英国 ICL 公司生产的 DAP 和国产的 150-AP 等属于阵列处理器。

（3）相联处理器（Associative Processor）

相联处理器是以相联存储器为核心，配上必要的中央处理部件、指令存储器、控制器和 I/O 接口，构成以"存储器操作并行"为特征的计算机。

相联存储器是一种按照内容访问、具有信息处理功能的存储器，可以按所给内容的部分或全部特征，同时对存储器中所有存储单元进行并行访问。这里的 "访问"不仅是读/写存储单元，还包括对各存储单元的有关字段内容并行地进行比较、符合（判断是否相等、是否大于/大于或等于/小于/小于或等于、是否在区间内/区间外以及是否是最大值/最小值/次大值/次小值等）、分解等处理，最后将内容与该特征相符的所有存储单元在一次存储器访问中全部都找出来。所以，相联处理器是基于存储器操作并行的 SIMD 型并行计算机。

根据 MIMD 型构建的并行计算机一般包括以下 3 种。

（1）共享存储多处理器系统（Shared Memory Multi-Processors）

共享存储多处理器系统是指多个处理器通过互联网络共享一个统一的主存储器空间，并通过这个主存储器空间来实现处理器之间的协调。这个统一的主存储器空间可以是一个庞大的存储器单元，但在更多情况下是由多个存储器模块组成的。

在共享存储多处理器系统中，不同的处理器可以执行相同或不同的指令流，可以直接访问到所有的主存储器单元，处理器之间的通信是通过共享主存储器来实现的。

组成共享存储多处理器系统的处理器可以是普通的标量处理器（如 SGI 的 Power Challenge），也可以是高性能的向量处理器（如 Cray 的 Cray X-MP、Cray Y-MP，Fujitsu 的 VPP500，NEC 的 SX-3，Hitachi 的 S-3800，Convex 的 C3，国产的 YH-2 等）。

共享存储多处理器系统存在的一个主要问题是可扩展性差。当处理器规模增加时，由于处理器需要同时访问共享全局变量而导致的主存储器竞争急剧增加，反而使并行计算效率下降。因此，共享存储多处理器系统主要适合中小规模的并行处理问题。

所以从理论上看，多核处理器就是一种共享存储多处理器系统。

（2）分布存储多计算机系统（Distributed Memory Multi-Computers）

在分布存储多计算机系统中，各计算节点是独立的计算机系统，即计算节点由一个独立的处理器及其私有的主存储器空间组成。计算节点通过互联网络相互连接，从而构成了一个并行计算系统。由于每台处理器只能够访问到局部的存储器，对其他存储器的访问必须以消息传递的方式实现，故被称为分布存储多计算机系统。

分布存储多计算机系统克服了共享存储多处理器系统的缺点，具有良好的可扩展性，是目前实现超大规模科学与工程计算最重要的工具。

分布存储多计算机系统目前主要有两种实现形式：一种是通过专用的高性能互联网络来实现各个计算节点的互联，另一种是采用常规的计算机网络系统来实现各计算节点的互连。前者一般被称为紧耦合的多计算机系统，后者则被称为工作站机群系统。

（3）多线程处理器/计算机系统

由于指令之间存在着相关性（如分支指令、后一条指令需要前一条指令的运算结果、两条指令同时访问一个存储单元等），所以在一个正在执行的程序（也叫进程（Process））中找到大量可以并行执行的指令是困难的。

为此，计算机科学工作者引入线程（Thread）的概念。所谓线程，是指程序内部的一段功能/操作相对独立的指令序列。线程内部的指令是顺序执行的，但是不同线程是可以并行执行的。这就是线程级并行（Thread Level Parallelism，TLP），支持 TLP 的处理器就是多线程（Multiple Thread，MT）处理器。

在多线程的意义下，普通的程序被认为是单线程的。当然，普通的程序也可以通过特殊的编译器编译成多线程的程序。

同样在多线程的意义下，处理器可以分为单线程处理器和多线程处理器。这两种处理器都可以分别成为多核处理器的内核。

目前主流的多线程处理器主要有两种：多线程芯片（Chip MultiThreading，CMT）与同时多线程处理器（Simultaneous MultiThreading，SMT）。

其中，CMT 芯片是 SUN 公司的发明，它是片上多处理器（CMP）和多线程（MT）技术的综合。CMT 芯片具有多个普通的（单线程）处理器，这些处理器同时工作，分别执行不同线程的指令。不过，运行在 CMT 芯片上的程序必须是多线程的程序。

而 SMT 是具有多个功能部件（如多条指令流水线）的单核处理器，允许在一个时钟周期内，在不同的功能部件上执行来自不同线程的不同指令。这有利于提高一个核内多个功能部件的利用率。也就是说，被鱼贯发射到同一条指令流水线的指令可以来自不同的线程。

这样，SMT 处理器可以同时运行多个用户的程序，每个用户都感觉在独立使用一个普通的单核处理器（逻辑处理器）。这些逻辑处理器通过资源动态分割共享一个物理处理器。运行在 SMT 处理器上的程序可以是多线程的程序，也可以是普通的单线程的程序。

综上所述，SMT 的处理器资源利用率比 CMP 的处理器资源利用率高。特别是在线程级并行不够时，CMP 处理器会存在资源浪费，而在 SMT 处理器中，这个问题不太突出。另外，SMT 处理器的灵活性要优于 CMP。

相比 SMT，CMT 的最大优势体现为模块化设计的简洁性，不仅复制简单，设计也非常容易，指令调度更加简单，同时不存在 SMT 中多个线程对共享资源的争用。因此，当应用程序的线程级并行性较高时，CMT 性能一般要优于 SMT。另外，随着集成电路工艺的发展，芯片的线延迟会超过 CMOS 门延迟占主导地位。在克服线延迟方面，短连线分布式的 CMP 芯片比长连线集中式的 SMT 处理器更容易提高芯片的运行频率，从而在一定程度上起到性能优化的效果。

目前，多核处理器的主要发展趋势：一是增加核数，二是将通用处理器和协处理器（GPU 或流处理器）集成在一起形成异构多核。核数多于 8 的多核处理器被称为"众核（Many_core）处理器"。但是相对于多核处理器中的核，众核处理器一般选用的是更简单的核。IBM 公司的 CELL 就是一款异构多核处理器。

多核处理器的时代已经到来，但是构建基于多核处理器的计算机还面临着计算机整体架构、I/O、操作系统、应用软件等方面的挑战。例如，多核处理器在实际应用中并没有带来性能的明显提升，其原因是程序并没有提供足够多的线程让多核处理器中的每一个核都"奔腾"起来。

可见，计算机硬件技术应该与软件技术协同发展。在关注多核处理器发展的同时，应该研究与其相适应的"多核程序设计"模式。有兴趣的同学可以学习"多核程序设计"或者"并行程序设计"课程。

1.7 中国计算机事业的发展历程

新中国计算机科学与技术的发展始于 1956 年国务院制定的《1956—1967 年科学技术发展远景规划纲要》，其中的第 41 项为"计算技术的建立"。为了落实这一规划纲要，中国科学院数学所所长华罗庚教授组织闵乃大、夏培肃、王传英成立了新中国第一个电子计算机科研小组，并于 1956 年 6 月 19 日成立了以华罗庚为主任的"计算技术研究所筹备委员会"，这就是今日中国科学院（简称中科院）计算技术研究所的前身。该委员会成立后，立即开展了国产 103 机和 104 机的研制。这两台机器都属于电子管计算机（第一代计算机），其中 103 机是仿制苏联的 M-3 小型数字电子计算机。103 机于 1958 年 8 月 1 日仿制成功，结束了我国没有计算机的历史。

104 机是我国科学家在当时苏联专家的帮助下，自行研制的大型通用数字电子计算机。该机使用了 4200 个真空管和 4000 多只二极管，每秒钟可以完成 1 万次浮点数运算，功耗为

70 kW。它的磁芯体内存只有 2048 字，字长 39 位。它还有 2 台磁鼓和 1 台 1 英寸磁带机作为外存。104 机于 1959 年 4 月 30 日清晨调通，并算出第一个课题："五一"节的天气预报。104 机于 1959 年 10 月 1 日宣布完成，为新中国"十年大庆"献上了一份厚礼。

1956 年，清华大学和哈尔滨工业大学分别成立计算机专业，揭开了我国计算机教育事业的序幕。1958 年，哈尔滨工业大学和东北大学（原名东北工学院）分别研制成功国产第一台数字式电子计算机和模拟电子计算机。

1960 年 4 月，夏培肃教授领导的科研小组研制出我国第一台自行设计的电子计算机——107 机，这是一台小型通用计算机。1964 年，我国第一台自行设计的大型通用数字电子管计算机 119 机在中国科学院计算技术研究所研制成功，平均浮点运算速度为 5 万次/秒。

从 20 世纪 60 年代开始，我国的计算机科学工作者自行设计并成功研制出了一批晶体管计算机（第二代计算机），如哈尔滨军事工程学院研制的 441B 机、中科院计算技术研究所研制的 109 乙机和 109 丙机、华北计算技术研究所研制的 108 机、108 乙机、121 机和 320 机等。

期间，我国自主研制的存储设备也取得了显著的成果。1964 年，天津大学许镇宇教授主持研制成功"立式双浮动磁鼓存储器（48 磁头浮动，锥形磁鼓也浮动）"。1966 年，哈尔滨工业大学的陈光熙教授以挤压方法代替传统的冲压成型方法，生产出外径为 0.5 mm 的磁芯，进而成功研制了超小型磁芯存储器。

进入 20 世纪 70 年代，我国的集成电路计算机（第三代计算机）相继研制成功。1971 年，中科院计算技术研究所和华北计算技术研究所分别研制出 111 计算机和 112 计算机。1973 年，北京有线电厂和北京大学合作研制出 150 计算机，华东计算所研制出 655 计算机，其中 655 机是我国首台具有百万次浮点计算能力的机器。

中国软件领域奠基人之一、中国科学院院士、北京大学教授杨芙清先生主持研制了中国第一台百万次集成电路计算机 150 机操作系统和第一个全部用高级语言编写的操作系统，为中国操作系统的早期发展做出了重大贡献。中国最早的两位计算机软件博士生导师之一、培养出我国第一位软件学博士的南京大学教授徐家福先生于 1965 年主持研制出中国第一个 ALGOL 编译系统。1977 年，他倡导并主持研发系统程序设计语言，在 655 机上设计并实现了基于自编译语言的软件自动产生系统 NDHD。为表彰他们对中国计算机事业的创建、开拓和发展做出的卓越贡献，中国计算机学会（CCF）将 2011 年度 CCF 杰出贡献奖授予这两位先生。

1976 年，国产 DJS-100 系列小型多功能计算机投入批量生产（DJS 分别是电子、计算机、数字式三个词的汉语拼音字头，这是国家计算机产品系列的型号名），与美国 NOVA 小型机兼容的 DJS-130 生产了上千台，该机曾装备在郑州铁路局的调度系统中。

1977 年，200 万次大型集成电路计算机 DJS-183 问世。与 IBM System 360/370 兼容的 DJS-200 系列计算机于 1979 年研制成功。

1981 年，北京大学的王选教授带领的团队成功研制了我国自行设计的计算机——激光汉字编辑排版系统，彻底改造了我国沿用上百年的铅字印刷技术。国产激光照排系统使我国传统出版印刷行业仅用了短短数年时间，从铅字排版直接跨越到激光照排，走完了西方用几十年才完成的技术改造道路，被公认为自毕昇发明活字印刷术后中国印刷技术的第二次革命。为了纪念王选的成就，CCF 于 2006 年将"中国计算机学会创新奖"更名为"CCF 王选奖"，以奖励那些为中国计算机事业做出重大贡献的人士/成果。铁道科学研究院电子计算技术研究所朱建生等研制的"中国铁路客票发售和预订系统 V5.0"获得当年的二等奖。2007 年，北京中科辅龙计算机技术股份有限公司唐卫清研究员等人完成的"PDSOFT 计算机辅助工厂设计系统"获得一等奖。中国科学院计算技术研究所的徐志伟研究员撰写的科普著作《电脑启示录》（上、中、下三篇）获得二等奖。

1983 年，中科院计算技术研究所研制了我国第一台大型向量计算机——757 机，它的计算速度达到 1000 万次/秒。同年，国防科技大学研制出我国第一台运算速度达到 1 亿次/秒的超级计算机"银河（YH）-1"，标志着我国的计算机技术达到了世界先进水平。

我国的微型计算机的研究开始于 1974 年。DJS-050 系列、DJS-060 系列是我国最早的微型计算机，它们属于 8 位微型计算机，其中 DJS-050 系列与 Intel 8080 兼容、DJS-060 系列与 Motorola M6800 兼容。1981 年，骊山微电子公司成功研制了 16 位微型处理器 LS77。1984 年，电子工业部和电子科技大学（原名为成都电讯工程学院）分别成功研制了与 IBM PC/XT 兼容的"长城 0520 系列"和与 Apple 机兼容的"紫金-II 系列"16 位微型计算机。

1988 年 5 月到 1989 年 9 月，金山公司的求伯君独自开发了 WPS 1.0，填补了我国中文字处理软件的空白。

1992 年，国防科技大学成功研制了峰值速度达到 4 亿次浮点运算/秒的通用超级计算机"银河-2"。1997 年，峰值速度为 130 亿次浮点运算/秒的"银河-3"问世。

自 20 世纪 80 年代以来，中科院计算技术研究所、国防科技大学、江南计算技术研究所、联想公司等单位先后研制成功了"曙光 1000""曙光 2000""曙光 3000""曙光 4000""银河-4""神州/神威"系列大型/超级计算机、联想深腾 1800 和 6800 等。

1989 年，西安交通大学成功研制了面向人工智能语言 LISP 的 LISP-M1 智能计算机。

2008 年 6 月 24 日，由中科院计算技术研究所国家智能计算机研究开发中心、曙光信息产业（北京）有限公司、上海超级计算中心联合研制并由曙光公司定型制造的集群超级计算机——曙光 5000A 系统问世，它的峰值速度达到 230 万亿次浮点运算/秒。这标志着我国成为世界上第二个可以研发生产超百万亿次超级计算机的国家。

在 2008 年 11 月 17 日公布的全球高性能计算机 500 强（TOP500）排行榜中，曙光 5000A 位列世界超级计算机第十位，是我国高性能计算机的最好成绩（曙光 4000 也曾经以 11 万亿次/秒的速度位列世界超级计算机第十位）。

2009 年 10 月 29 日，我国首台千万亿次超级计算机系统——"天河一号"由中国国防科学技术大学研制成功。该计算机峰值性能为 1206 万亿次双精度浮点数操作，LINPACK 实测性能为 560.3 万亿次，列"TOP500"第四位。我国成为继美国之后世界上第二个能够研制千万亿次超级计算机的国家。

天河一号采用 6144 个 Intel 通用多核处理器和 5120 个 AMD 图形加速处理器，内存容量为 98TB，点对点通信带宽为 40 Gbps，磁盘总容量达到 1 PB，综合技术水平进入世界前列。

同时，具有我国自主知识产权的高性能微处理器的研发也取得了明显的进展。中国科学院计算技术研究所研制的"龙芯"系列微处理器、北京大学研制的"众志"微处理器、清华大学研制的"THUMP"微处理器和西北工业大学研制的"龙腾 R1"微处理器等，已被应用到我国的科技和经济工作中。

在 2013 年 11 月 18 日公布的 TOP500 强排行榜中，国防科学技术大学研制的"天河二号"以峰值计算速度为 5.49 亿亿次/秒、持续计算速度为 3.39 亿亿次/秒的双精度浮点运算速度再次夺得全球第一。"天河二号"服务阵列采用由国防科学技术大学研制的新一代"飞腾-1500" CPU，这是当前国内主频最高的自主高性能通用 CPU。

1.8 计算机的特点及应用

1.8.1 计算机的特点

1. 能在程序的控制下自动连续地工作

目前，市场上能见到的计算机采用的都是"冯·诺依曼"体系结构，而"冯·诺依曼"体系结构最核心的特征就是"存储程序"，即控制计算机工作的指令被事先编制好并按执行顺序排列形成所谓的"程序"，程序被存储在计算机控制单元能够直接访问的存储器中。一旦计算机启动，控制单元就顺序地访问存储器，读出指令，逐条解释执行指令。除了执行"输入指令"，不再需要人们的干预。这是电子计算机的一个基本特点。

2. 运算速度快、计算精度高

计算机采用电子器件作为处理单元，所以运算速度快。随着器件技术的不断发展，计算机的处理速度从几千次每秒发展到几万次每秒、几百万次每秒、几亿次每秒。目前，计算机的计算速度已达 1000 万亿次每秒量级。

计算机的计算精度主要取决于机器的字长。只要增加字长，提高计算精度在理论上几乎没有限制。目前，最新的微处理器的字长为 64 位，借助软件还能实现双倍字长、多倍字长的运算，从而达到更高的精度。

3. 具有逻辑判断能力

计算机的工作原理是基于逻辑的，所以它还具有逻辑判断能力。例如，计算机能够判断一个数是正数还是负数，能够判断一个数是大于、等于，还是小于另一个数。有了逻辑判断能力，计算机在工作时就能对运算结果的性质进行判断，并根据判断结果选择下一步的处理方法。有了逻辑判断能力，计算机除了能够进行数值运算，还能够对各种信息进行逻辑运算，使得计算机能够模拟人类智能。

4. 通用性强

现代计算机都是数字式的，用数字逻辑部件来处理数字信号，即处理功能逻辑化，这就使得计算机具有统一的逻辑基础。不管是什么信息，只要数字化，计算机就能对其进行算术运算或逻辑运算。

对于不同的问题，计算机只是执行的程序不同而已，计算机的内部组成与结构是不变的，所以说计算机的通用性极强。只要为计算机编制好了应用程序，同一台计算机能够应用于不同的领域，解决不同的问题。目前，计算机除了在科学计算领域，还被广泛地应用于信息检索、图像处理、语音处理、工业控制等领域，渗透到社会生活的方方面面。

5. 具有很强的"记忆"功能

计算机系统通常都设置有容量很大的存储器，能够长期保存用户的程序和数据。在需要时，计算机可以迅速地将存储的内容读出使用或对其进行更改。这是计算机的又一个基本特点。计算机的许多功能都是在此特点的基础上发展起来的。计算机能够存储程序，所以才能够自动地连续工作；计算机存储容量大，可存储的应用程序多，存储的信息量大，计算机的用途才广；通过存储不同的程序来实现不同的功能使计算机具有通用性；计算机访问存储器的速度快，才能支持计算机运算器满负荷、高速的工作。

1.8.2 计算机的应用

1. 科学与工程计算（或数值计算）

科学与工程计算是指利用计算机来完成科学研究和工程设计中所需的数学计算，这是计算机最早的、最重要的应用领域。计算机具有计算速度快、计算精度高、存储容量大、能够连续运算的特点，所以不仅提高了计算的效率，还解决了一些原先靠人工无法解决的科学计算问题。例如，在建筑设计中为了确定构件的尺寸，需要求解由弹性力学导出的一系列复杂方程。过去由于计算工具和计算方法的限制，只能通过简化，得到这些方程的近似解。而电子计算机的使用，不但能够求解这些方程，而且引起了计算方法上的突破，导致了"有限元法"的诞生。

2. 数据处理（或信息处理）

数据处理是指利用计算机来对在生产组织、企业管理、市场分析、情报检索等过程中出现的大量数据进行收集、存储、归纳、分类、整理、检索、统计、分析、列表、图形化等处理。这些处理的特点是算法比较简单，一般只需要进行简单的算术运算和逻辑运算，但是数据量极大。在引入电子计算机以前，这些繁重而单调的数据处理工作是由人工完成的，极易出错。而采用计算机来进行数据处理，不仅速度快，而且质量高。

数据处理从简单到复杂已经历了三个发展阶段。

第一阶段：电子数据处理（Electronic Data Processing，EDP），以文件为对象，实现文件内部的单一数据类型的简单数据处理。

第二阶段：管理信息系统（Management Information System，MIS），以数据库为对象，实现一个部门的多种数据类型的综合数据处理。

第三阶段：决策支持系统（Decision Support System，DSS），以数据库、模型库和方法库为基础，实现多种数据类型、多种数据来源的高层次数据处理，帮助管理者、决策者制定正确、有效的企业运营策略。

3. 过程控制

过程控制是指利用计算机及时采集、检测工业生产过程中的状态参数，按照相应的标准或最优化的目标，迅速对控制对象进行自动调节或控制，也称计算机控制。计算机控制的引入，不仅改善工人的劳动条件，降低了工人的劳动强度，提高控制的及时性和精确性，还通过提高工厂的自动化水平来提高劳动生产率和产品质量，降低产品成本，缩短生产周期。目前，计算机过程控制已广泛地应用在冶金、化工、船舶等领域。

有一类重要的过程控制称为实时控制。所谓实时控制，是指要求响应速度极快的一类过程控制，如核电站中一些关键设备的临界故障处理、航天/航空中的运动控制等。

4. 辅助技术（或计算机辅助设计与制造）

利用计算机来辅助和改善人们的工作是当今计算机一个重要的应用。

对汽车、飞机、船舶、建筑、大规模集成电路、新型药物的设计，既追求设计目标优化，又希望缩短设计周期，还要减轻设计者的劳动强度。随着计算机技术的发展与普及，一个新的学科方向——计算机辅助设计 CAD（Computer Aided Design）应运而生。波音公司设计的 B-777 全部是在计算机上完成的，号称"无纸设计"。

在 CAD 技术的发展过程中，一些新的技术分支不断派生，如 CAM（Computer Aided Manufacture，计算机辅助制造）、CAT（Computer Aided Test，计算机辅助测试）、CIMS（Computer Integrated Manufacturing System，计算机集成制造系统）等。

计算机辅助技术还可以应用在教育活动中，如让计算机来演示教学内容、协助教师组卷与判卷、代替教师回答学生提问等，即 CAI（Computer Aided Instruction，计算机辅助教学）。今天，基于计算机和网络技术的"慕课（Massive Open Online Course，MOOC）"正在引发一场高等教育的变革。

5. 智能模拟

智能模拟是用计算机软/硬件系统来模拟人类的某些智能行为，如感知、思维、推理、学习、理解和问题求解等，它是在计算机科学、控制论、仿生学和心理学等学科的基础上发展起来的一门交叉学科。智能模拟的核心是人工智能（Artificial Intelligence，AI），包括：专家系统、模式识别、问题求解、定理证明、机器翻译、机器学习、人工生命、自然语言理解等。人工智能始终是计算机科学与技术领域的一个重要的研究方向。

人工智能的一个重要成果就是机器人（Robot），机器人的视觉、听觉、触觉、决策等，都需要人工智能理论与技术的支持。目前，国际上已研发出大量的工业机器人、家用机器人、会下棋的机器人、会踢足球的机器人、会跳舞的机器人，等等。可以相信，随着人工智能理论与技术的不断发展，未来的机器人将会在我们的生产和生活中发挥越来越大的作用。

6. 网络通信

计算机技术与现代通信技术相结合构成了计算机网络（Computer Network）。计算机网络，特别是因特网（Internet），不仅解决了一个单位、一个城市、一个国家乃至全世界的计算机之间的相互通信、软硬件资源共享等问题，还大大改变了人们的工作习惯和思维习惯，改变着人类的文化。计算机网络的飞速发展还催生了一些新的学科和应用领域，如物联网、电子商务、数字图书馆、网络存储、海量信息检索等。

7. 图形图像处理

计算机应用到图形图像处理导致出现了两个新的学科分支——计算机图形学（Computer Graphic，CG）和图像处理（Image Processing），以及两个新的产业方向——游戏制作、动漫制作。目前，计算机已广泛应用在影视制作、电子游戏、社会安全监控、虚拟现实等中。其中，虚拟现实（Virtual Reality，VR）是利用计算机系统来生成一个极具真实感的模拟环境。通过虚拟现实，人们可以进行训练、娱乐、学习等活动。现在开发的虚拟现实系统已被用来培训驾驶员、宇航员、技术工人，还有人研究基于虚拟现实的旅游。虚拟现实的发展及应用必将深刻地影响着人们的思维方式和生活方式。

8. 物联网（The Internet of Things，IOT）

"物联网"是在"互联网"的基础上，将其用户端延伸和扩展到任何物品与物品之间，进行信息交换和通信的一种网络概念。其定义是：通过射频识别（Radio Frequency Identification Devices，RFID）、红外感应器、全球定位系统（GPS）等传感设备，按约定的协议，把任何物品与互联网相连接，进行信息交换，以实现智能化识别、定位、跟踪、监控和管理的一种网络。

最早提出物联网的设想和概念的是比尔·盖茨。在1995年出版的《未来之路》中，盖茨描述了未来的住房：当你走进去时，所遇到的第一件事是有一根电子别针夹住你的衣服，这根别针把你和房子里的各种电子服务接通了……凭你戴的电子别针，房子会知道你是谁，你在哪儿，房子将用这一信息尽量满足甚至预见你的需求……当你沿大厅的路走时，你可能不会注意到前面的光渐渐变强，身后的光正在消失……

早期，这样的网络被称为传感网或感知网，中国科学院于1999年启动了"感知中国"项目，开展针对传感网的研究。

2005年，国际电信联盟ITU正式提出"物联网"的概念。物联网是互联网发展的延伸，互联网是物联网的基础。物联网的发展又将极大地促进互联网的发展。建设物联网的目的是实现人、物理世界与信息世界的完全融合。物联网的特性如下。

① 全面感知：利用RFID、传感器及其他各种感知设备采集对象信息，人们可通过物联网随时随地（anywhere，anytime）地掌握所关心物品（anything）的精确位置及其周围环境。

② 可靠的传输：利用以太网、无线网、移动网将感知的信息进行实时、可靠的传送。

③ 智能化控制：对物体实现智能化的控制和管理，达到了人与物、物与物的沟通或互动。

例如，上海浦东国际机场和上海世博会安装了无锡传感网中心的安全防护设备。该设备由10万个微小传感器组成，散布在墙头、墙角及路面上。传感器能根据声音、图像、震动等信息分析判断，爬上墙的究竟是人还是猫狗，防止人员的翻越、恐怖袭击等。

通过在汽车和汽车点火钥匙上植入感应器，物联网还可应用在交通安全中。当喝了酒的司机掏出汽车钥匙时，钥匙能通过气味感应器察觉到一股酒气，立即用无线信号通知汽车"不要发动"，汽车会意地"罢工"，并"命令"司机的手机给其亲友发短信，通知他们司机所在的位置，请亲友们来处理，杜绝了"酒后驾车"。

物联网也是一种层次结构。早期的物联网分为感知层、网络层和应用层。最新的观点认为，物联网分为四层，从下往上依次为感知层、网络层、管理服务层、应用层。

感知层是实现物联网全面感知的基础。由RFID标签（又叫电子标签）和读写器、摄像头、GPS、传感器和传感器网络等组成，感知和识别物体，采集和捕获物体的标识、运动和位置等信息。

网络层由各种有线或无线的通信网络与计算机互联网有机结合而成，实现信息的传输和交换、网络的接入与会聚。作为物联网的基础设施，网络层的运行必须是可靠的。

管理服务层通过中间件平台，完成数据存储与处理、数据挖掘与智能决策，屏蔽掉感知层和网络层的工作细节，为应用程序员提供一个统一而简洁的信息服务接口。

应用层是将物联网技术与行业技术相结合，实现广泛的智能化应用，如灾害预报与防治、精细化农业、智能交通、智能物流、智能医疗、智慧城市等。

智能交通中应用物联网的一个例子是"路桥不停车收费（ETC）系统"：安装电子标签和IC卡的车辆在通过路桥时，系统会自动识别车型、车号，计算通行费，并直接从IC卡上扣除费用。交易完成后，电动栏杆升起，放行车辆。

提出物联网的概念，无疑是一个创新。那么，创新来源何处呢？答案很简单——**提出自己的需求，发现别人的需求，全心全意为人民服务！**美国苹果公司的成功也有力地证明了这个道理。

当前，跨越商业和IT行业的服务计算，如软件即服务SaaS（Software as a Service）、基础设施即服务IaaS（Infrastructure as a Service）、平台即服务PaaS（Platform as a Service）等，已成为IT行业的热门研发领域。请读者查阅相关资料，了解各种XaaS（X as a Service）的概念与技术。

总之，科学技术以人为本。计算机替代人们完成相当一部分重复性的脑力劳动，使人们有更多的时间进行创造性的工作。随着计算机性能的不断提高、应用的日益普及，新的学科分支或应用领域还将不断涌现。

1.9 计算机的发展

1.9.1 计算机发展的动力

电子计算机的诞生不仅是计算工具的一次革命，更重要的是，它作为科学技术发展史上的一个里程碑，引发了一场新的技术革命——信息革命。信息革命把人类社会生产力提高到一个新的水平，使信息资源成为当今世纪最重要的资源，成为世界各国争夺的第一目标。目前，世界各国（和地区）都投入一大批优秀人才，把最先进的技术应用于计算机科学与技术领域的研究。在竞争中，计算机科学与技术得到了飞速的发展。

计算机发展的动力主要来源于应用的需求与技术的推动两方面。

1. 应用的需求

应用的需求可分为求解疑难问题和改善人机接口两方面。

20世纪90年代，美国提出了科学与工程领域的7个重大挑战问题（Grand Challenges）。

- ❖ 量子化学、统计力学、相对论物理。
- ❖ 天体物理学。
- ❖ 计算流体动力学和湍流。
- ❖ 材料设计与超导性。
- ❖ 生物学、药物学、基因测序、遗传工程、蛋白质折叠、酶活力、细胞建模。
- ❖ 医药、人体器官与骨骼的建模。
- ❖ 全球天气和环境建模。

这些重大挑战问题像"海绵吸水"一样吸干了目前任何高性能微处理器和超级计算机所能提供的计算能力。

和谐的人机接口一直是计算机科学工作者努力的目标。手写输入、语言输入、图形/图像的输入、输出等就是这方面的研究成果。

2. 技术的推动

技术的推动可分为软件的推动和硬件的推动两方面。

软件技术的推动则表现在以下几方面。
- ❖ 新的应用问题和应用领域的出现。
- ❖ 软件工程的发展降低了产品价格,缩短了软件开发周期,保护用户的投资。
- ❖ 不断消除软件系统中的"瓶颈",使软件中的各模块平衡工作。
- ❖ 市场需求的刺激,产品不断细化。
- ❖ 其他学科研究成果的应用。
- ❖ 人们对自身"智能"的探索。

硬件技术的推动来源于器件的进步和体系结构与组成技术的进步。其中,器件的进步一直是推动计算机科学与技术不断发展、计算机性能不断提高的最直接的因素。

从第一台电子计算机诞生至今只有 60 多年的时间,但是电子计算机经历了真空管、晶体管分立元件、小规模集成电路、大规模集成电路、超大规模集成电路五代。元器件的进步还使得计算机系统的设计与应用环境发生了深刻的变化,元器件的小型化使计算机的存储容量大幅增加、计算速度急剧提高。目前,超级计算机的运算速度已超过 1 亿亿次/秒,主存储器容量超过 1 万亿字节。

但是研究表明,半导体器件技术的发展已接近其物理极限。例如,Pentium 4 的主频已达 2 GHz,集成电路线宽已是 0.18 μm,虽然预计未来还可以生产出主频达到 10 GHz、集成电路线宽低于 0.1 μm 的微处理器,但是进一步发展,恐怕就要另辟蹊径了。

不过,计算机的发展前途还是一片光明的。因为计算机科学工作者最善于学习和利用其他学科/领域的新成果、新技术。这也是电子计算机几十年来取得惊人发展的原因。

一个很有前途的方向就是发展光学计算机。光学计算机用不同波长的光代表不同的数据,用光束代替电子进行计算和存储,以大量的透镜、棱镜和反射镜来实现数据的传输。光学计算机具有电子计算机无法比拟的许多优势。首先在速度方面,电子的传播速度只能达到 593 km/s,而光子的速度是 30×10^4 km/s。其次在超并行性、抗干扰性和容错性方面,光学计算机都优于电子计算机。光还具有光路间可交叉,也可与电子信号交叉而不互相干扰的特点。

1990 年,贝尔实验室宣布成功研制世界上第一台光学计算机,尚待解决的困难是没有与其匹配的存储器件。目前,光学计算机有全光型和光电混合型。

也有学者认为:由于硅半导体在工艺上已经成熟,是最经济的器件,还有潜力可挖,在今后相当长的时间内仍将是计算机的主流器件,因此把提高电子计算机性能的希望寄托于超导现象的研究。

此外,以 DNA 计算机为代表的生物化学计算机的研究也取得了突破性的进展。研究表明:DNA 含有大量的遗传密码,可通过生物化学反应进行遗传信息的传递,这是生命现象的基本特征之一。DNA 计算机的原理如下。

① 利用 DNA 存储遗传密码的原理存储数据。有关科学家认为:DNA 的存储容量非常巨大,1 m³ 的 DNA 溶液可以存储 1×10^{20} 位的信息,相当于目前世界上所有计算机存储容量的总和。

② DNA 单元之间可以在某种酶的作用下瞬间完成生物化学反应,而且数以万亿计的 DNA 单元能够同时/并行地进行生化操作,以此实现人们需要的计算。乐观的科学家认为:

DNA 计算机的计算速度极快，在几天内完成的运算量相当于目前世界上有史以来所有计算机完成的运算量的总和。

③ 反应前的基因代码可以作为计算的输入，反应后的基因代码可以作为计算的输出。生物化学计算机是人类一直梦寐以求的愿望，可以实现现有计算机无法真正实现的模糊推理和神经网络计算，是智能计算机乃至"人造大脑"最有希望的突破口。

1994年11月，美国《Science（科学）》杂志上刊登了南加利福尼亚大学伦纳德·阿德拉曼（L. Adleman）博士利用 DNA 溶液成功求解出多个城市间最短回路问题的论文，这是第一个 DNA 计算机的报道。2001年，以色列魏茨曼（Weizmann）研究所成功研制了一台全自动运行的 DNA 计算机。该机可以在生物体内存储和处理信息，具有普通计算机的大部分功能，标志着 DNA 计算机的研制向实用化迈出了一大步。2002年，日本开发出全球第一台能够投入商业应用的 DNA 计算机，该机可进行基因诊断。

量子计算机是目前研究的另一个热点，以处于量子状态的原子作为处理与存储的对象，利用原子的量子特性来实现计算和信息传输。

1.9.2 计算机的发展趋势

现代科学技术的水平和发展速度告诉我们，无论是在元器件方面，还是在体系结构方面，电子计算机的发展前景都是十分乐观的。随着信息时代的到来，计算机的地位日益突出、作用越来越大、发展日新月异。目前而言，计算机科学与技术的研发重点主要集中在"高""开""多""智""网"和"虚"六方面。

（1）高：高速度

提高计算机的速度是计算机科学与技术研究与开展永恒的主题。人们曾经追求的"3T"计算机（1 TFLOPS 的运算速度、1 TB 的主存储器容量、1 TB/s 的 I/O 带宽）已基本实现，现在的目标是"3P"计算机（1P=1024T）。

我国的"天河二号"属于一台"3P"计算机，包含 16000 个运算节点，每节点配备 2 个时钟频率为 2.2 GHz 的 Xeon E5 12 核心的 CPU（Intel Ivy Bridge 微架构）、3 个时钟频率为 1.1 GHz 的 Xeon Phi 57 核心的协处理器（基于 Intel 众核架构），累计 32000 个 Xeon E5 主处理器和 48000 个 Xeon Phi 协处理器，共 312 万个计算核心。其峰值计算速度达到 5.49 PFLOPS（PetaFLOPS，FLOPS 即 FLoating-Point Operations Per Second 的缩写，Peta 指拍（即 10^{15}），1 PetaFLOPS 等于千万亿次/秒的浮点运算）、持续计算速度为 3.39 PFLOPS，在 2013 年 11 月位列世界第一。

"天河二号"的每个节点拥有 88 GB 内存，内存总容量为 1.408 PB，外存为 12.4 PB 的硬盘阵列（相当于存储每册 10 万字的图书 600 亿册）。整个系统由 170 个机柜组成，包括 125 个计算机柜、8 个服务机柜、13 个通信机柜和 24 个存储机柜，占地面积为 720 m^2。

（2）开：开放（Open）

开放是指计算机系统具有开放性，不同厂商、不同时期的产品能够无障碍地相互操作、相互通信。这使得计算机系统的灵活性和通用性得到极大的增强。

（3）多：多媒体（Multimedia）

多媒体是指未来的计算机将能够通过声、图、文等媒介与人类交互。现在，人们已经可以通过语音、手势、图像来控制计算机；未来，人们还可以通过表情、语气、眼神来操作计算机。

（4）智：指人工智能

让计算机具有智能是计算机科学工作者不懈的目标。经过多方面的努力，计算机在知识表示、机器学习、定理证明、专家系统、博弈等方面已经取得了长足的进展。首届中国最高科学技术奖的两位获奖者之一吴文俊院士的主要研究成果就是几何定理机器证明，医学专家系统已有效地解除了患者的病痛。

目前，微软亚洲研究院的周明研究员研究的"计算机对对联"，厦门大学的周昌乐教授研究的"计算机作诗"都是人工智能领域的新的、有趣的研究方向。

（5）网：指计算机网络

进入20世纪90年代以来，计算机网络（特别是因特网）得到了迅猛的发展。"计算机就是网络，网络就是计算机"的观点已被人们接受。目前，计算机网络的基本工作模式是客户机（Client）/服务器（Server）模式（简称C/S模式）。在C/S模式下，网络上的计算机根据所担任的角色不同，被分为客户机或服务器。客户机的任务是提出请求，接收结果，它本身不做太多的计算；服务器的任务是接受请求，进行处理，并返回结果，即提供服务。

目前，大多数客户机都是通用计算机，这些计算机的特点是：配有高性能的微处理器，而网络功能不是很强。这就导致高性能微处理器的计算功能没有得到充分的利用，而计算机的网络功能满足不了用户的需求，显然很不经济。为此，在Java语言（一种与运行平台无关的程序设计语言）出现后，SUN公司率先提出了"网络计算机（Network Computer，NC）"的概念。网络计算机的特点是具有很强的网络功能，采用较简单的微处理器，配置较简单的操作系统，存储器系统的容量也没必要很大。由于NC的定位是客户机，因此它的工作模式主要是下载Java程序来执行。为此，网络计算机必须安装Java语言解释执行程序——JVM（Java Virtual Machine）。

网络计算机具有结构简单、价格低廉、功能时尚等特点，一经提出就受到广泛的欢迎。目前已有很多厂商推出了多款NC产品。例如，北大众志公司的基于"北大众志-863" CPU系统芯片的网络计算机NC-I30/I40、NC-A15/A25。

（6）虚：虚拟化（Virtualization）

虚拟化是指以用户/应用程序容易获得的方式来表示计算机资源的过程，而不是根据这些资源的实现、地理位置或物理包装的专用方式来表示计算机资源，即提供计算能力、存储资源等的逻辑视图而不是物理视图。

虚拟化是计算机层次结构概念的延伸与发展，代表着计算机系统的发展方向——通过共享有限的资源，为用户提供更好的服务，而用户将在感觉不到具体计算部件、存储部件甚至计算机程序存在的情况下，享受计算机的服务。2008年，Google公司和IBM公司提倡的"云计算"就是这方面的例子。

网络技术和虚拟化技术的发展，推动着微型计算机PC向着融合了3C（Computer、Communication、Consumer）技术的掌上计算机和可穿戴计算机发展，进入"风（Phone）起云（云计算）涌"的"移动互联网（Mobile-Internet，MI）"时代——用户借助智能手机就能完成原先需要使用PC才能完成的事情。例如，Apple公司推出的智能手机iPhone结合了照相机、个人数码助理PDA、媒体播放器MP3/MP4以及无线通信和无线上网的功能。而iPad

的功能定位介于 iPhone 和笔记本电脑之间，除手机的功能，还提供浏览互联网、收发电子邮件、观看电子书、播放音频或视频等功能。在 iPhone 后，联想公司推出了"乐 Phone（LePhone）"智能手机。主流的智能手机操作系统有 Apple 公司的 iOS、Google 公司的 Android。

习 题 1

1-1 第一台电子计算机_____于 1946 年 2 月在美国诞生，它是由_____和_____领导的科研小组研制成功的。_____被誉为"计算机之父"，_____被誉为"现代计算机之父"。

1-2 为了纪念帕斯卡在发展计算机器方面的杰出贡献，1971 年，瑞士计算机科学家沃思（Niklaus Wirth）将其发明的一个程序设计语言命名为 Pascal。Pascal 语言在 20 世纪 70~80 年代被广泛应用于大学的计算机教育。Pascal 语言的特点是什么？

1-3 第一个高级程序设计语言是_____，其诞生标志着对计算机程序设计语言的研究正式成为一门专门的学科。你喜欢的程序设计语言是_____。

1-4 为了编制控制"分析机"运行的穿孔卡片上的指令，巴贝奇雇用了英国著名诗人拜伦（Byron）爵士的女儿爱达（Ada Augusta Lovelace）来完成这一任务。从某种意义上说，爱达是世界上首位程序员。20 世纪 80 年代，美国国防部将其研发的一种通用程序设计语言命名为 Ada，以纪念这位计算机事业的先驱。请查阅相关资料，说明 Ada 语言的提出背景及其特点。

1-5 现代计算机的理论模型是由_____提出的，被称为_____。

1-6 冯•诺依曼计算机在体系结构上的特点是什么？

1-7 冯•诺依曼计算机采用二进制表示指令与数据，并采用二进制运算。二进制的起源可追溯到中国古代的八卦图。莱布尼茨曾对它进行过深入的研究，并将研究成果应用到了他研制的计算机上。1842 年，在巴贝奇研制"分析机"的过程中，他的助手爱达女士也曾建议用二进制存储代替十进制存储。迄今为止，计算机中的所有信息仍以二进制方式表示的原因是_____。

A．运算规则简单　　　　B．物理器件的限制
C．运算速度快　　　　　D．软件兼容

1-8 解释下列概念：计算机系统、硬件、软件、存储程序、主机、虚拟机、主存储器、辅助存储器、透明性、吞吐率、响应时间、软件兼容性、可伸缩性、C/S 模式、计算机体系结构、计算机组成、计算机实现。

1-9 请在计算机硬件系统框图（如图 1-6 所示）中，根据数据流和控制流的走向，填写各部件的名称。

1-10 尽管冯•诺依曼在 1946 年就完成了 EDVAC 的设计，但可惜的是直到 1952 年才完成 EDVAC。英国剑桥大学的 Maurice Vincent Wilkes 在 1946 年 5 月阅读了冯•诺依曼关于 EDVAC 的设计方案，相信"存储程序"是计算机发展的正确方向。之后，Wilkes 详细了解了 ENIAC 并参加了 EDVAC 设计的讨论；1946 年 10 月，Wilkes 开始 EDSAC 的设计与实现工作，并于 1949 年 5 月成功完成了 EDSAC（Electronic Delay Storage Automatic Calculator）的建造。所以 EDSAC 是事实上的第一台冯•诺依曼结构的电子计算机。为此，Wilkes 于 1967 年荣获图灵奖。你对此有何感想？

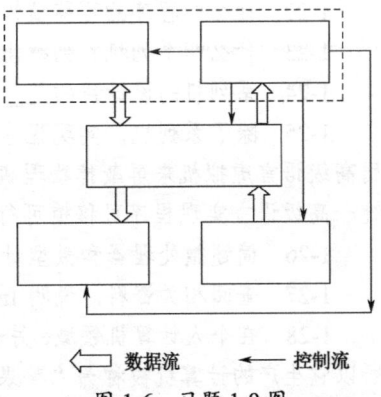

图 1-6　习题 1-9 图

1-11　查阅相关资料，说明最近三届图灵奖获得者的名字及其成果。

1-12　事实上，在第二次世界大战期间，英国政府为了破译德军的密码，委托图灵设计制造了一台名为 COLOSSUS 的电子计算机。该机于 1943 年投入运行。但英国政府将其列为最高机密，所以该机没有对外发布。在第二次世界大战结束后，也没有对该机进行进一步的发展。英国人认为 COLOSSUS 才是世界上第一台电子计算机。英国失去计算机技术领先地位的原因是什么？

1-13　按照采用的逻辑器件分，电子计算机的发展经历了哪几代？每一代的特征是什么？

1-14　"超级计算机之父"西蒙·克雷一生致力于研制世界上最快的计算机，由他主持研制完成的 CDC6600、CDC7600、Cray-1、Cray-2、Cray-3 一直是当时世界上最快的计算机。现代的多核处理器、精简指令系统计算机 RISC（Reduced Instruction Set Computer）都可以从 CDC6600 中找到启发。请查阅相关资料，了解西蒙·克雷的生平事迹。

1-15　计算机软件分为_____、_____、_____和_____。

1-16　将功能固定的软件存储在 ROM 中，被称为_____。

1-17　简述控制器 CU 的功能和基本组成。

1-18　早期微处理器中仅表示程序运算状态的标志位寄存器已经无法满足面向多用户、多任务的操作系统的要求，所以在现代位处理器中，标志位寄存器已经发展成为"PSW（Program Status Word，程序状态字）"寄存器。请查阅文献资料，了解奔腾处理器 PSW 寄存器的内容。

1-19　画图说明计算机系统硬件的基本组成以及计算机系统的层次结构。

1-20　目前，物联网的层次结构有两种分法。第一种分为四层，从下往上依次为感知层、网络层、管理服务层、应用层。第二种分为三层：感知层、网络层、应用层。请评价这两种划分方法。如果你要设计、开发一个物联网系统，倾向于选择哪一种？

1-21　程序计数器 PC 是冯·诺依曼计算机在组成上最明显的特征之一。请说明 PC 的功能。多年来，计算机科学家一直致力于研制不带程序计数器的计算机——非冯·诺依曼计算机的研究，相继研制出数据流计算机、面向函数程序设计的归约机、智能推理机、模拟人脑神经元结构的连接机等。请查阅文献，了解非冯·诺依曼计算机的研究进展。

1-22　什么叫程序的可移植性？实现程序的可移植性有哪些技术途径？

1-23　什么叫系列机？列举出你所知道的系列机。

1-24　系列机的设计目的是_____。第一个系列机是_____。

1-25　除了系列机，实现程序可移植的另一个技术途径是统一高级语言。统一高级语言是采用高级语言虚拟机来屏蔽掉物理机器的属性，Ada 语言和 Java 语言的提出都带有类似的目的。用统一高级语言实现程序可移植可行吗？为什么？

1-26　简述微处理器和微型计算机发展的五个阶段及各个阶段的特征。

1-27　查阅相关资料，说明 Intel 公司最新一代微处理器的研发进展。

1-28　在个人计算机领域，另一家著名的计算机公司是 Apple 公司，它的注册商标是"苹果"，所以它生产的计算机被称为"苹果计算机（Apple Computer）"，俗称为"苹果电脑"。Apple 公司是在 1976 年 4 月 1 日由斯蒂夫·乔布斯（Steve Jobs）和斯蒂夫·沃兹尼亚克（Steve Wozniak）创立的。在当年开发并销售个人计算机 Apple I。1977 年发售最早的个人计算机 Apple II。1984 年推出革命性的 Macintosh 计算机。2001 年推出 iPod 数字音乐随身听。2003 年推出最早的 64 位个人计算机 Apple PowerMac G5。至今，苹果计算机仍然在个人计算机市场占据重要的位置。请查阅相关文献，评价苹果计算机的优点。

1-29　简述摩尔定律的内容。摩尔定律是商业规律还是科学规律？

1-30 _____是中国电子计算机事业的奠基人。目前，国内研发计算机系统的单位有_____、_____、_____等，有影响的人物有_____、_____、_____等。

1-31 超级计算机指的是一个特定的时间点上运算速度最快的计算机。请登录"国际最快的500台计算机网站www.top500.org"和"国内最快的100台计算机网站www.samss.org.cn"，了解目前国外和国内最快的电子计算机的名称及其处理速度。

1-32 近60年来，计算机迅速发展的主要原因是什么？

1-33 随着计算机性能的不断提高，计算模拟已成为继理论分析、实验验证之后的第三者科学研究手段，例如在航空、航天和船舶领域出现了"数字风洞"和"数字水洞"。查阅相关资料，说明用计算机模拟自然现象的例子。

1-34 对计算机进行分类是计算机科学领域的基础工作，目前已经提出了很多种分类的方法。例如，1972年，美籍华人冯泽云（Tse-yun Feng）提出用最大并行度（Degree of Parallelism），即在单位时间内计算机能够处理的最大二进制位数，来对计算机进行分类。1977年，Handler提出根据计算机指令执行的并行度和流水线来对计算机进行分类。1978年，Kuck提出用指令流、执行流及其多倍性对计算机进行分类。请查阅文献了解这些计算机分类法，尝试提出自己的分类法。

1-35 美国政府商务部使用过"PDR（Processing Data Rate，数据处理速率）"来评价处理器的性能，并以此作为控制高性能计算机产品出口的标准。数据处理速率PDR等于每条指令传送的平均字节数乘以处理速率，单位是百万字节/秒。

每条指令传送的平均字节数 = 定点指令的字节数 + 0.4×定点操作数长度 + 0.15×浮点操作数长度。

处理速率 = 1/[0.85×定点加法指令的执行时间（μs） + 0.09×浮点加法指令的执行时间（μs） + 0.06×浮点乘法指令的执行时间（μs）]。

美国政府商务部在1980年10月，规定出口到中国的计算机系统的数据处理速率PDR不得超过32，当时DEC公司的VAX 11/782计算机系统的PDR为101。1981年12月，这一标准被改成了不得超过64。你知道为什么吗？请谈谈对美国政府限制对华出口高技术的看法。

1-36 IBM公司曾提出用每秒所完成操作的数目来表示处理器的性能，其单位是KOPS(Kilo-Operations Per Second)。请提出一个能够表示处理器性能的技术指标。

1-37 在计算机性能指标中，_____决定了计算机中数据表示的范围与精度。系统管理员最关心的性能指标是_____，用户最关心的性能指标是_____。

1-38 计算机性能的统计方法：_____、_____和_____。

1-39 程序在速度为100 MIPS的计算机上运行所花的时间一定长于在速度为500 MIPS的计算机上运行所花的时间。对吗？

1-40 什么叫软件兼容？对系列机而言，软件兼容的基本要求是什么？

1-41 软件和硬件在_____上是等价的，在性能上是不等效的。这称为软/硬件的等价性原理。在计算机系统的层次结构中，位于硬件以上的所有层次统称为_____。

1-42 一家著名美国计算机公司及其出品的微处理器也以MIPS命名，不过是Microprocessor without Interlocked Pipeline Staged的缩写。该公司推出的MIPS R4000是最早的64位微处理器之一。请查阅相关资料，了解该公司的最新产品。

1-43 在研制ENIAC的同时，爱肯在哈佛大学也开始了新型电子计算装置Mark-Ⅰ的研究，并相继开发了Mark-Ⅱ、Mark-Ⅲ和Mark-Ⅳ。在Mark-Ⅲ和Mark-Ⅳ中，爱肯将存储系统设计成两个分离的指令存储器和数据存储器。当时，人们就把这种分离的存储器结构称为哈佛结构

（Harvard Architecture）。相应地，冯·诺依曼设计的单一的存储器结构称为普林斯顿结构（Princeton Architecture）。请比较两种存储器结构的优缺点。

1-44 开发并行性的方法主要有：时间重叠、资源重复和资源共享。时间重叠是将相邻处理过程在时间上错开，轮流重叠地使用同一套硬件的各部分，如生产流水线，这是投入少、收益较高的方法；资源重复是通过重复设置硬件资源来提高性能或可靠性，如阵列机、多核处理器和容错计算机，这是高投入、高收益的方法；资源共享是利用软件的方法让多个用户按照一定的顺序轮流使用同一套资源，这是着眼于提高资源利用率的方法。分布式系统（Distributed System）就是基于资源共享而提出的。请查阅文献，了解容错计算机和分布式系统的基本原理。

1-45 多核处理器是一个重大的技术创新。请分析这个创新的产生背景、要解决什么问题、是如何解决这些问题的。谈谈你对这个创新的看法。

1-46 机器学习（Machine Learning）是研究计算机怎样模拟或实现人类的学习行为，以获取新的知识或技能，重新组织已有的知识结构使之不断改善自身的性能。它是人工智能的核心，是使计算机具有智能的根本途径。哈尔滨工业大学计算机系的洪家荣教授当年在这方面的研究取得了世界瞩目的成果。斯坦福大学公开课中有一门课程是"机器学习"。有兴趣了解的读者可以学习这门课程，了解机器学习最新的研究成果。

1-47 1950年，计算机逻辑和AI研究的奠基人图灵在论文《电脑能思考吗》中提出了著名的"图灵测试"——在不知情的条件下，通过某种特殊的方式，一个人与一台机器相互问答，假若在相当长的时间内这个人分辨不出与之交流的对象是人还是机器，那么这台机器便可认为是能思考的。谈谈你对这个问题的看法。

1-48 利用工具来增强脑力和体力是人类具有智慧的象征，也是人类不懈追求的目标。计算机/软件的科学工作者的重要使命是研究和开发计算工具。这既包括硬的计算工具（如计算机），也包括软的计算工具（如程序设计语言和操作系统）。具有里程碑意义的程序设计语言的设计者几乎都获得了图灵奖，如ALGOL 60语言的设计者Perlis（1966年首届图灵奖）和Naur（2005年图灵奖），第一个ALGOL 60编译器的实现者Dijkstra（1972年图灵奖），Fortran语言的设计者Backus（1977年图灵奖），APL语言的设计者Iversion（1979年图灵奖），OCCAM语言的设计参与者Hoare（1980年图灵奖），C语言的设计者Ritchie（1983年图灵奖），Pascal语言的设计者Wirth（1984年图灵奖），ML语言的设计者Milner（1991年图灵奖），SIMULA 67语言的设计者Dahl和Nygaard（2001年图灵奖），Smalltalk语言的设计者Kay（2003年图灵奖），CLU语言和Argus语言的设计者Liskov（女，2008年图灵奖）等。中国的计算机/软件科学工作者在这方面也卓有建树。其中较著名的有南京大学徐家福教授、中国科学院计算技术研究所仲萃豪研究员、北京大学杨芙清教授等于1978年设计的XCY语言（系统程序设计语言）和中国科学院软件研究所唐稚松院士于1979年起设计的一个广谱的结构程序语言XYZ语言（Xiliehua Yuyan Zu，系列化语言族）。XCY语言规模适度，简明易用，主要用于书写系统程序。DJS-240机的操作系统完全用XCY语言书写。XCY语言本身的编译程序也是用XCY语言书写的。XYZ语言将时序逻辑理论与软件工程技术有机地结合起来，提高了软件开发的自动化水平和生产率。其中，时序逻辑语言XYZ/E是世界上第一个可执行的时序逻辑语言。请查阅资料，了解上述程序设计语言的特性，并提出你对程序设计语言的新要求。

1-49 随着环境保护的呼声日益高涨，"绿色计算机"的概念被提出。所谓绿色计算机，是指符合环保概念的计算机主机和相关产品（含显示器、打印机等外设），具有省电、低噪声、低污染、低辐射、材料可回收及符合人体工程学特性等特点。衡量一台计算机是否绿色的一个指标是效能比——每消耗 1 W 电力能提供多少百万个浮点操作（MFLOPS/W），该值越大越好。目前，即便是关注性能的超级计算机也重视效能比，我国"天河一号"的能效比是 431.7 MFLOPS/W，天河二号"的效能比是 1.935 GFLOPS/W。请登录 http://www.green500.org/，查找世界上效能比最高的计算机。并试着提出一个衡量计算机是否绿色的新指标。

1-50 有学者提出，在信息技术高度发展的今天，人类进入了"大数据（Big Data）"时代。所谓"大数据"，是指蕴藏着特定知识或信息，而又无法依靠现有计算平台在合理时间内获取、管理、处理、分析的巨量资讯数据。大数据具有 4V 特点：Volume（量大）、Velocity（激增）、Variety（纷杂）、Veracity（客观）。请查阅相关资料，了解目前"大数据"领域的研究与应用状况，并谈谈你对"大数据"的看法。

1-51 在 2008 年开始的国际金融危机的背景下，以制造和硬件为重点的 IT 公司遭遇重创，但是 IBM 公司 2008 年的全年收入为 1036 亿美元，较上一年增长 5%，利润增长超过了 18%。IBM 公司 2008 年财报显示硬件部门的收入下降，最大的利润增长贡献部门来自软件和服务部门。IBM 之所以有效避过国际金融危机的冲击，而且保持利润的高增长，完全得益于几年前开始酝酿的战略调整。

进入 2008 年，IBM 公司开始把自己的业务范围从"商业机器"延伸到了"医疗、食品、能源、淡水"等领域。2008 年年底，IBM 公司宣布：2009 年 IBM 将在全球推出全新战略理念"智慧的地球（A Smarter Planet）"。

"智慧的地球"的基本要素是：更透彻的感应和度量，更全面的互连互通，更深入的智能洞察。IBM 公司称世界不仅在变得更小、扁平，还将变得更"智慧"。

如果把 IBM 公司从专注"硬件"变身为"软件+硬件"视为第一次产业转型，从"软件+硬件"变成"软件+硬件+服务"视为第二次产业转型，那么这次将是 IBM 的第三次产业转型。IBM 中国研究院院长李实恭说："IBM 将关注人从出生到结束的一切活动，包含此过程中的教育、娱乐、生活等的民生需要，IBM 变得更有'生命感'了。"

进入 21 世纪以来，人类已经意识到人类真正需要的是一个环境友好的、以人为本的、和谐的地球。在这样的理念下，IT 可以做什么？IT 人应该怎么做？

1-52 我国计算机学者徐志伟研究员于 2008 年年底提出了"为人民计算（Computing for the Masses）"的概念。所谓"为人民计算"，是指以全民普及为目标的计算机技术的研究与应用。事实上，普及计算能力、为大众服务一直是计算机科学技术和产业发展的目标。个人计算机的发明是"为人民计算"发展历程中的一个里程碑。请举例说明代表"为人民计算"理念的计算机技术。你还希望"为人民计算"做什么？

1-53 我国计算机学者张尧学院士于 2004 年年底提出了"透明计算"的概念，即通过网络，把存储、运算、管理进行逻辑或物理分离，将应用和系统软件以及硬件分开，实现个人在任意地点的"不知不觉、用户可控"的统一体验，有简化用户使用、降低成本等好处。实现"透明计算"后，用户可以在不感知"操作系统"存在的情况（操作系统透明化）下，自由选择和使用各种软件（服务）。2012 年 10 月，中南大学成立了"中南大学—英特尔透明计算实验室"。透明计算的核心思想是什么？请查阅相关文献，了解"透明计算"的研究进展。

1-54 拟态章鱼是自然界最为奇妙的"伪装大师"，能扭曲身体和触手，改变颜色，模仿至少 15 种动物的外表和行为。受拟态章鱼的启发，中国工程院院士邬江兴带领科研团队融合仿生学、认知科学和现代信息技术，提出拟态计算新理论，并于 2013 年 9 月成功研制出世界首台结构动态可变的拟态计算机。通常的计算机"结构固定不变、靠软件编程计算"，而拟态计算机的结构动态可变,"靠变结构、软硬件结合计算"。针对用户不同的应用需求,拟态计算机可通过改变自身结构提高效能。测试表明,拟态计算机典型应用的能效,比一般计算机可提升十几倍甚至上百倍。请查找资料,撰写高效能计算机研究进展综述,并设想未来计算机的发展趋势和新的应用领域。

1-55 据中国互联网络信息中心 CNNIC 统计,截至 2011 年 12 月底,中国网民达到 5.13 亿人,手机网民达到 3.56 亿人,占全国网民总数的 69.4%,手机网民人数已超过 PC 网民数。手机的功能也日益多样化,给中国的企业和年轻人参与世界 IT 技术的竞争提供了机会。例如,2013 年 6 月,在第 13 届挑战杯大学生课外学术科技作品竞赛(黑龙江赛区)上,东北农业大学的学生展示了一款用手机检测西瓜成熟度的作品。用户用手机接收手拍西瓜发出的声音,手机内的软件分析出声音的波长和频率,以此判断西瓜的成熟度。你对未来的手机功能有什么期待?

1-56 "早上好,你是吉林大学今天第 361 个起床的人!你击败了全校其他 67832 人。"这是吉林大学学生王祯晗早上收到的早起签到回复。吉林大学学生张天译、徐昊天、张宗达为实现"中国梦"而独立研发的励志正能量传播平台——"还睡呀"微信平台于 2013 年 4 月 15 日正式上线。只要发送数字"1"到"还睡呀"微信平台,就能知道自己是全校第几位起床的人。为了鼓励大家早起,排在起床排行榜前边的同学还可以领到免费豆浆作为奖励。

"很多大学生都有睡懒觉的习惯,美好的光阴往往就这么蹉跎掉了,我们想通过这样一种喜闻乐见的方式——起床签到排行榜,把赖床的同学从床上'薅'起来。"张天译说,"中国梦不是喊口号,需要我们踏踏实实地从每一天、每一分钟做起。如果每个同学都能早起一分钟,实现'中国梦'就近了很多步。"

"还睡呀"微信平台不仅有早起签到功能,还有一分钟讲堂和实用信息等基本功能。一分钟讲堂主要包含由学校知名教授讲述的知识、优秀学子的经验及小故事等。实用信息则包含了每日校内通知及订餐电话等生活信息。

"让更多的同学充满正能量地生活是我们共同的追求",张天译和他的研发团队表示,接下来他们会根据同学们的需求,不断地丰富该微信平台的功能。

你了解手机 App 吗?你开发过 App 吗?若开发过,请介绍它的功能与架构。

1-57 "钥匙!"只需对着储物柜喊一声,柜子就会乖乖地把钥匙送到你面前。这种好像神话般的事情,已经在郑州大学的大学生手中变成了现实。智能储物柜的发明者之一、郑州大学学生潘世豪说,智能储物柜借鉴物联网理论,能把物品分类分层放好。当你需要柜子里的任何物品时,只要对着柜子上的语音识别系统喊一声,柜子就会自动把它送到你面前。你对未来物联网技术改善我们的生活有什么期待?

第 2 章　计算机中信息的表示与运算

计算机归根到底是机器，还是机械。机器如何能够实现人脑的智慧呢？本章将向你揭示其中的奥秘。请尽情领略"计算思维"和"数学机械化"的魅力吧！

2.1　数据的表示

2.1.1　定点数的表示

1. 原码表示法

在实际生活中，我们遇到的数据一般是十进制的、带正/负号的、带小数点的。但遗憾的是，到目前为止，计算机能直接处理的还只是由 0 和 1 组成的二进制数。因此，在计算机中，十进制数必须转换成二进制数（转换方法见附录 C），并且用 0 表示正号，用 1 表示负号。这样的符号"数字化"的二进制数称为机器数。相对而言，带+/–号的数称为真值。

为了简化设计与制造，计算机不直接表示小数点，而是默认小数点位于数值的前部或者后部。这样表示的数据称为定点数（Fixed Point Number），小数点被默认位于数值前部的叫定点小数，被默认位于数值后部的叫定点整数。一般的计算机只选择实现一种定点数。

在早期采用定点小数的计算机里，大于 1 的数据必须先通过适当的比例因子转换成小于 1 的数据，并保证运算的中间结果也是小于 1 的，在输出结果时再将数据按比例放大、还原。采用定点小数的计算机是最节省硬件的。

在定点数的表示格式中，最高位（Most Significant Bit，MSB）被当成符号位（Sign Bit）。也就是说，定点数的最高位为 0，表示它是正数；为 1，表示它是负数。

在机器实现中，定点数的小数点是不实现、不保存的。但是，为了便于人们阅读时区别定点小数和定点整数，在定点数的书面表示中，一般在定点小数的符号位后加上一个"．"，在定点整数的符号位后加"，"。

这样就得到了计算机中定点数最直观的表示方法：符号－绝对值表示法（Sign-Magnitude Representation）。在我国，这种表示法称为原码表示法。例如：

$X = + 1011010B$，$[X]_原 = 0, 1011010B$；
$Y = - 1011010B$，$[Y]_原 = 1, 1011010B$；
$Z = + 0.1101010B$，$[Z]_原 = 0. 1101010B$；
$K = - 0.1101010B$，$[K]_原 = 1. 1101010B$。

事实上，一个二进制数据的具体原码表示依赖于机器的字长，机器字的最高位为符号位。例如，$Y = -1011010B$，机器字长是 8 位时，$[Y]_原 = 1,1011010B$；机器字长是 16 位时，$[Y]_原$

= 1,000000001011010B。

【例2-1】 设机器字长为8位，$X = -0101010B$，$Y = +1010101B$，求$[X]_原$和$[Y]_原=?$
答：$[X]_原 = 10101010B$，$[Y]_原 = 01010101B$。

【例2-2】 设机器字长为8位，$X = 0$，求$[X]_原=?$
答：对于零（0）而言，其原码中的符号位取0、取1都是可以的。
所以$[0]_原 = 10000000B$ 或者$[0]_原 = 00000000B$。

从例2-2可以看出，零（0）的原码表示有两种形式：正零和负零。这就给计算机实现"判断一个数是否等于零"（这是程序中一个常见的操作）带来麻烦。后面将会看到：这个问题可以通过引入补码（Complement）来解决。

由于需要拿出一位二进制数位来表示符号，因此原码表示的n位定点整数的表示范围是$+(2^{n-1}-1) \sim -(2^{n-1}-1)$。例如，8位定点整数的表示范围是$-(2^7-1) \sim +(2^7-1)$，即$-127 \sim +127$，16位定点整数的表示范围是$-(2^{15}-1) \sim +(2^{15}-1)$，即$-32767 \sim +32767$。

原码表示的n位定点小数的表示范围是$-(1-2^{-(n-1)}) \sim +(1-2^{-(n-1)})$。

从理论上，n位二进制数有2^n个码点（Pattern），能够表示2^n个数据，但是原码表示的n位定点整数的表示范围是$-(2^{n-1}-1) \sim +(2^{n-1}-1)$，只表示了$2^n-1$个数据，其原因就是零（0）的原码占去了两个码点。

由于n位二进制数需拿出1位作为符号位，因此能够表示的最大数的绝对值是$(2^{n-1}-1)$。为了能够表示绝对值更大的数据，在数据都是正数的情况下，可以把符号位省略，n个二进制数位全部用来表示数据的数值。这样表示的整数称为无符号数（Unsigned integer）。n位无符号数的表示范围是$0 \sim +(2^n-1)$。例如，8位无符号数的表示范围是$0 \sim 255$，16位无符号数的表示范围是$0 \sim 65535$。

从这个意义上，定点数可分为带符号数和无符号数。原码表示法和下面将要介绍的补码、反码表示法都是针对带符号数的。

原码表示法简单明了，易于和真值转换，乘、除法运算的规则比较简单（见2.2节），但是最主要的缺点是加、减运算的实现比较复杂，即在执行用户指定加、减运算时，不能简单地直接进行加、减运算。它需要先判断两个操作数的符号及其绝对值的相对大小，再执行所需要的运算。例如，两数相加时，先比较符号位。若同号则做加法，否则做减法。在做减法时，先比较两个数绝对值的相对大小，然后用绝对值大的数减去绝对值小的数，结果的符号取绝对值大的操作数符号。比如，用户指定(+5)–(–3)，最终机器执行的是5+3；用户指定(+5)+(–3)，最终机器执行的是5–3。

由此可见，在采用原码表示法导致加、减运算既复杂又费时，而且用户指定的加法运算有时却使用减法器。那么，能否找到一个与负数等价的正数来代替该负数，然后用加法来代替减法呢？可以！机器数采用补码表示就能实现这个愿望——ALU中只设加法器，只做加法操作。

2. 补码表示法

引入补码表示法的目的是将加、减运算统一为加法运算，简化计算机的控制与实现。在介绍补码前，先介绍"模（Module）"的概念。

在我们日常使用的钟表中，假设当前时间是3点，而钟表快了2小时，它的时针已经指到了5点，就需要将时针调回到3点，即时针指向的数字5要变成3。

实现这个目的的方法有两个：一是将时针逆时针拨 2 格（真的减去 2），二是将时针顺时针拨 10 格（加上 10）。为什么时针从 5 加上 10 却等于 3 呢？这是因为钟表上"小时数"都是以 12 为"模"的，即"小时数"等于用 12 去除然后取余数，所以 5+10=15(mod 12)= 3。

由此可见，在"模为 12"的意义下，"减去 2"与"加上 10"是等价的。我们称(–2)相对于"模为 12"的补为 12 –|–2|=10。

在计算机中，定点整数的补码是以 2^n 为模的。对于一个 n 位的定点整数 X，如果 X 是一个正数，则它的补码与原码完全相同；如果 X 是一个负数，则它的补码等于 $2^n-|X|$。

例如，在机器字长为 8 位的情况下，[+1]_补 = 00000001B，[+127]_补 = 01111111B，[–1]_补 = 2^8 –1=11111111B，[–127]_补 = 2^8 –127=10000001B。

注意：设机器字长为 8 位，超出部分自动丢失。[+0]_补 = 00000000B，[–0]_补 =$2^8 - 0$ = 00000000B。可见，补码表示法中，零（0）的表示形式就统一了。

那么，原码中用于表示负零的那个码点 10000000B 不就空闲了吗？不用担心，它在定点整数补码表示中被指定用来表示 -2^{n-1}，即–128（$n=8$）或–32768（$n=16$）；在定点小数补码表示中被指定用来表示–1。

在实际应用中，补码往往是从原码转换来的。转换的口诀是：正数的补码就是它的原码；负数的补码是将其原码，除符号位外，每位取反（0 变成 1，1 变成 0），然后在最低位（The Least Significant Bit，LSB）加 1 而得。

感兴趣的读者可以用数学的方法证明这个口诀。

【例 2-3】 设机器字长为 8 位，$X=-46$，求[X]_补 =?

答：[X]_原 = 10101110B。

除符号位外，对[X]_原每位取反得到 11010001B，在最低位加 1 得到 11010010B。

所以，[X]_补 =11010010B。

【例 2-4】 设机器字长为 16 位，Y = – 116，求[Y]_补 =?

答：[Y]_原 = 1000 0000 0111 0100B，则[Y]_补 =1111 1111 1000 1100B。

简洁起见，在书写上述运算结果时，常采用十六进制表示（二进制转换成十六进制的方法见附录 C）。所以，[Y]_补 =1111 1111 1000 1100B = FF8CH。

观察上面两道例题的结果，一个负数的原码从它的低位算起，遇到第一个"1"时，原码与补码是相同的；超过这个"1"直至符号位之间的那段数位，原码与补码是相反的。这是一个很有价值的结论，可用于简化求补码电路的设计。

采用补码表示的 n 位定点整数的表示范围是：$-2^{n-1} \sim +(2^{n-1}-1)$。

例如，8 位定点整数的补码表示范围是 $-2^7 \sim +(2^7-1)$，即–128～+127；16 位定点整数的补码表示范围是 $-2^{15} \sim +(2^{15}-1)$，即–32768～+32767。

至于补码表示的 n 位定点小数的表示范围，请读者自行求解。

需要补充说明的是：由原码求补码的口诀也同样适合由补码求原码。因为一个数的原码和它的补码是互为补码的。

无论是寄存器还是内存单元都是定长的，如 32 位或 16 位。一个用 8 位补码表示的定点整数要存入长度更长的存储单元时，需要进行"符号位扩展"，即空出的高位用补码的最高位（符号位）填充。

类似地，ALU 也只能对两个等长的操作数进行运算。当两个操作数不等长时，短的操作数在参与运算前，也要做"符号位扩展"。

【例2-5】 （2012年硕士研究生入学统一考试计算机专业基础综合考试试题）

假定编译器规定 int 和 short 类型长度分别为 32 位和 16 位，执行下列 C 语言语句：
```
unsigned short x=65530;
unsigned int   y=x;
```
得到 y 的机器数为_____。

A．0000 7FFAH   B．0000 FFFAH   C．FFFF 7FFAH   D．FFFF FFFAH

答：x（值为 65530）的机器数为 1111 1111 1111 1010B。

对于无符号数，unsigned short 类型数据赋给 unsigned int 类型数据，不需要做符号位扩展。则 y 的机器数为 0000 0000 0000 0000 1111 1111 1111 1010B=0000FFFAH。故选 B。

3．反码表示法

反码通常作为由原码求补码或者由补码求原码的中间过渡。

对于正数，反码与原码和补码相同，直接在二进制数值前面加上符号位"0"即可。对于负数，反码就是将负号"−"替换成"1"，然后将二进制数值逐位取反而得到。

在反码中，零有两个编码：定义为[+0]$_{反}$=000…00B，[−0]$_{反}$=111…111B。

回顾求补码的过程可知：对于一个负数，求反码与求补码的差别仅在于"末位是否加 1"。所以，补码又被称为"2 的补码（Twos Complement）"，反码为"1 的补码（Ones Complement）"。

4．移码表示法

原码、补码和反码的共同特点是将符号作为最高位，与其数值部分一起编码。正号用"0"表示，负号用"1"表示。这就给比较不同符号的数据之间的相对大小带来麻烦。例如，采用原码时，正数 01010101B 大于负数 11010101B。但是，机器认为"1"比"0"大，所以 11010101B>01010101B。可见，机器比较的结果与真实情况不符。

如果给每个二进制整数的真值加上一个常数 2^n（n 为二进制真值的位数），使得正数的最高位变成"1"、负数的最高位变成"0"，那么机器比较得到的两个数之间的相对大小就是其真实的相对大小。这样得到的编码被称为"移码（Biased Representation）"。

移码的定义为[X]$_{移}$=2^n+X。其中，X 是 n 位二进制整数的真值，即 $-2^n \le X \le 2^n-1$。

由于移码在编码中只是加上了一个常数，并没有改变数据之间原本的大小顺序，因此移码主要用于需要对定点整数（如将介绍的浮点数的阶码）进行大小比较的场合。

例如，X＝0101011B，[X]$_{移}$=2^7+X=10000000B+0101011B=10101011B；Y＝−0101011B，[Y]$_{移}$=2^7+Y=10000000B+(−0101011B)=01010101B；比较其大小，10101011B>01010101B，所以 X>Y。

特别地，X＝0000000B，[X]$_{移}$=2^7+X=10000000B+0000000B=10000000B；Y＝−0000000B，[Y]$_{移}$=2^7+Y=10000000B+(−0000000B)=10000000B；所以，[+0]$_{移}$= [−0]$_{移}$。在移码中，零（0）有唯一的编码。

进一步观察，同一个真值的移码与其补码的差别仅仅是最高位相反。如果将补码符号位中的"0"改为"1"，或者将"1"改为"0"，即可得到该真值的移码。

应该指出：移码表示仅仅是针对定点整数而言的，定点小数没有移码的定义。

2.1.2 浮点数的表示

1. 浮点数的基本表示方法

在实际工作中，我们遇到的数据往往是带有小数点的。例如，圆周率π是3.1415926，某人的体重是67.5 kg，等等。但是，到目前为止，我们研究的计算机能够直接处理的数只是定点数，要么是定点小数，要么是定点整数。

如何用定点数来表示小数点位置"浮动的"实际数据——浮点数（Float-point number）呢？这就是摆在早期计算机科学工作者面前的一个实际问题。

解决这个问题的思路很简单，就是把它转换成易于机器实现的定点数来表示。问题的答案就是数学家提出的科学计数法（Scientific Notation）。

采用科学计数法，浮点数 N 将被表示成 $N = M \times R^E$。其中，M 称为尾数（Mantissa），是一个带小数点的实数；R 称为基值（Radix），是一个常整数；E 称为阶码（Exponent），是一个整数。

在计算机中，基值 R 一般取为2，也可取8或16，是在设计、制造计算机系统时确定的，编码时隐藏（也称为默认），不出现在编码中。所以，计算机中的浮点数由阶码 E 和尾数 M 两部分组成，如图2-1所示。其中，尾数 M 采用带符号位的定点小数表示，阶码 E 采用带符号位的定点整数表示。

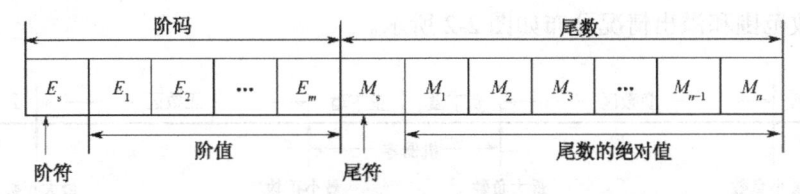

图 2-1 浮点数的编码格式

浮点数的符号就是尾数的符号（简称尾符 M_s）。尾符为0，浮点数为正数；尾符为1，浮点数为负数。表示尾数绝对值的位数 n 决定了浮点数的精度。n 值越大，浮点数的有效数字就越多。尾数可以用原码、补码或者反码表示。

设表示阶值的位数为 m，它与阶符 E_s 共同决定了浮点数绝对值的大小。在尾数一定的情况下，阶码每加1或减1，浮点数的绝对值就增加为原先的 R 倍或减少为原先的 $1/R$，R 为基值。

为了充分地利用尾数所占的二进制数位来表示最多的有效数字，浮点数一般采用"规格化形式（Normalized Form）"。所谓"规格化形式"，是指尾数绝对值的最高位（第一位）必须为1，也就是说，尾数的绝对值必须大于或等于 $1/R$，这样尾数就有 n 个有效数字了。

事实上，计算过程中的浮点数不一定符合"规格化"的要求，这就需要移动尾数小数点的位置，以保证最终结果是规格化的。尾数的小数点每向左或向右移动1位，就应该给阶码加1或减1，以保证浮点数的数值不变。这个处理称为"规格化（Normalizing）"。

但在计算机中，小数点的位置是固定的，所以只能移动尾数。"规格化"在计算机内部的操作就是：尾数每向左/向右移动1位，阶码就减1/加1。

在规格化的过程中，当浮点数的阶码小于最小阶码时，称发生"下溢（Underflow）"。这时阶码（采用移码表示）为全0，又由于发生"下溢"的浮点数的绝对值很小，因此机器强制把尾数置成全 0，这样的浮点数称为机器零。即除符号位外，该浮点数的阶码和尾数都是 0，便于实现"判断一个数是否为零"。机器零是一个合法的浮点数编码，尽管它不符合规格化表示的要求。

当浮点数的阶码"大于最大阶码"即全 1 的阶码（采用移码表示）在加 1 后变成了全 0，计算结果的绝对值超出了定长的浮点数所能表示的最大绝对值，称为发生"上溢（Overflow）"。

总之，浮点数的溢出是由阶码溢出导致的。发生"下溢"时，浮点数被置成机器零，机器正常运行，不认为出错。发生"上溢"时，机器认为发生"溢出"错误，将停止运算，发出"中断处理"请求信号。

设浮点数表示格式的基值为 R，有 1 位尾符，尾数绝对值的位数为 n，阶值的位数为 m，则可表示的最小尾数值为 $1/R$，最大尾数值为 $1-2^{-n}$，最小阶码值为 -2^m，最大阶码值为 2^m-1；可表示的最小正数为 $\frac{1}{R} \times R^{-2^m}$，最大正数为 $(1-2^{-n}) \times R^{2^m-1}$，最大负数为 $-\frac{1}{R} \times R^{-2^m}$，最小负数为 $-(1-2^{-n}) \times R^{2^m-1}$；可表示的规格化尾数个数为 $2^n \times \frac{R-1}{R}$；加上不同符号、不同阶码的表示和机器零，可表示浮点数的个数为 $2^{m+n+2} \times \frac{R-1}{R} + 1$。

综上所述，科学计数法不仅解决了"在只支持定点数的计算机中，实现浮点数的表示与运算"问题，还极大地扩大了计算机的表数范围和表数精度（相对于同样机器字长的定点数）。浮点数的表数范围和溢出情况分布如图 2-2 所示。

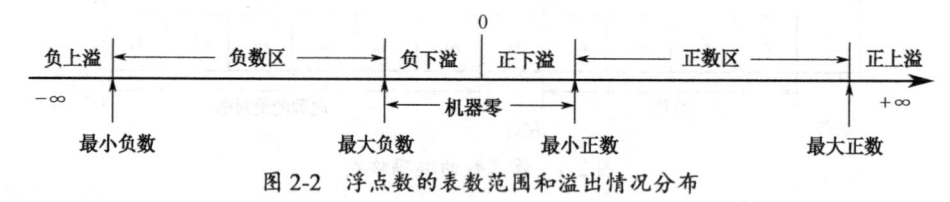

图 2-2 浮点数的表数范围和溢出情况分布

上述浮点数表示法所表示的数据是离散的实数。浮点数表示法本质上是编码表示，与定点数表示法相比，它只是扩大了表示数据的范围，并没有增加表示数据的个数。

计算机总是用定长的二进制数位来表示一个数据，浮点数也不例外。通常，浮点数的表示长度有 32 位和 64 位两种。为了区分，称 32 位的浮点数为实数（Real Number）或单精度（Single-precision）浮点数，称 64 位的浮点数为长实数（Long Real Number）或双精度（Double-precision）浮点数。

至于在 32 位或 64 位中，尾数绝对值的位数 n 和阶值的位数 m 各占多少，这就需要计算机体系结构的设计者权衡表数精度和表数范围的需求，综合划分了。

【例 2-6】 设机器字长为 16，请将-26 分别表示成二进制定点数和规格化的浮点数。其中，浮点数的阶码占 5 位（含 1 位阶符），尾数占 11 位（含 1 位数符）。

解：设 $X = -26 = -11010B$，采用科学计数法表示为 $X = -0.11010B \times 2^{0101B}$，所以按照定点整数的编码格式：

$[X]_原$=1,000000000011010，$[X]_补$=1,111111111100110，$[X]_反$=1,111111111100101。

按照规格化浮点数的编码格式：

$[X]_原$=0,0101;1.1101000000，$[X]_补$=0,0101;1.0011000000，$[X]_反$=0,0101;1.0010111111。

【例 2-7】 请写出-53/512 对应的、分别用原码和补码表示的规格化浮点数（设浮点数格式同上例，阶码用移码表示）。

解：$-53/512 = -0.000110101B=(-0.110101B)\times 2^{-11B}$

用原码表示的尾数为：1.1101010000；

用补码表示的尾数为：1.0010110000；

用原码表示的阶码为：1,0011，用补码表示的阶码为：1,1101。

用移码表示的阶码为：0,1101。

因此，对应的尾数用原码表示的规格化浮点数为：0,1101；1.1101010000，

对应的尾数用补码表示的规格化浮点数为：0,1101；1.0010110000。

【例 2-8】下列关于机器零的说法，正确的是____。

A．两个相等的整数相减的结果就是机器零

B．计算机使用"000…000"来唯一地表示机器零

C．机器零有"+0.0"和"-0.0"之分

D．计算机可以表示的最小的浮点数是机器零

答：机器零是浮点数意义下的一个概念，不适用于定点整数或定点小数。两个相等的整数相减得零，而不是机器零，故 A 错。可表示的最小浮点数通常是一个规格化的浮点数，故 D 错。机器零有"+0.0"和"-0.0"之分，故 B 错，则正确的是 C。

【例 2-9】下列关于浮点数的说法，错误的是（　　）。

A．无论基数取何值，当尾数（以原码表示）小数点后第一位不为 0 时即为规格化

B．当补码表示的尾数的最高位与尾数的符号位（数符）相同时表示规格化

C．在长度相同的情况下，定点数所表示数的范围要低于浮点数所表示数的范围

D．由于在浮点数的运算中需要比较阶码的大小，所以阶码通常采用移码表示

答：基数取 2 时，尾数（以原码表示）小数点后第一位不为 0 时即为规格化；取 4 时，小数点后 2 位不为 00 时即为规格化。依此类推。故错误的是 A。

【例 2-10】下列关于浮点数基数的说法，错误的是（　　）。

A．当基数为 8 时，阶码变化 1，尾数移动 3 位

B．在长度相同的情况下，基数越大，所能表示数的个数越多

C．在长度相同的情况下，基数越大，所能表示数的精度越高

D．在长度相同的情况下，基数越大，所能表示数的范围越大

答：在长度相同的情况下，基数越大，所能表示数的个数越多、所能表示数的范围越大，但是所能表示数的精度降低。所以，C 是错误的。

2. 浮点数表示的工业标准——IEEE 标准 754

本质上，浮点数的表示涉及尾数的长度、阶码的长度和阶码的基值这三个主要问题。早期不同的机器在浮点数表示的这三个问题上的选择是不一样的，而且在发生一些特殊情况时缺乏对软件处理的支持。

为了便于软件的移植，美国电气与电子工程师协会（Institute of Electrical and Electronic Engineers，IEEE）为采用软件对浮点数运算时发生特殊情况进行处理提供支持，并鼓励开发出面向数值计算的优秀程序，于 1985 年推出了"浮点数表示及运算标准"，即 IEEE 标准 754。目前，几乎所有的微处理器都采用这一标准。

由于该标准的成功，它的设计者 Kahan 因此荣获了 1989 年的图灵奖。

在 IEEE 标准 754 中，浮点数的最高位为尾数符号位 S，然后次高位字段为以移码表示的阶码 E，低位字段为尾数 F（$F=b_0b_1b_2\cdots b_{P-1}$），其中 P 为尾数的位数，基值为 2。1985 年发布的标准有以下 4 种格式的浮点数。

- ❖ 基本的单精度格式（也称为短实数）：E 占 8 位，F 占 23 位，共 32 位。
- ❖ 基本的双精度格式（也称为长实数）：E 占 11 位，F 占 52 位，共 64 位。
- ❖ 扩充的单精度格式：$E \geq 11$ 位，$F \geq 31$ 位。
- ❖ 扩充的双精度格式：$E \geq 15$ 位，$F \geq 63$ 位。

目前，计算机上广泛采用的是基本的单精度与双精度格式。单精度格式的阶码 E 的表数范围为 1～254 之间（偏移 127），对应的实际阶码值为 -126～+127。双精度格式的阶码的表数范围在 1～2046 之间（偏移 1023），对应的实际阶码值为 -1022～+1023。当同时出现最小的尾数（全 0）和最小的阶码 E_{min}（全 0）时，对应的浮点数表示 0，这样使得 0 有了精确的表示，也使得 0 的判断易于实现。

IEEE 标准 754 还引入了"隐藏位技术"，即规定：规格化尾数在小数点前隐藏一个"1"。这样的好处是：尾数的有效数字增加 1 位，即对于基本的单精度与双精度格式，它们尾数的有效数字分别是 24 位和 53 位。因此，绝对值最小的规格化数分别为 $\pm 2^{-126}$ 和 $\pm 2^{-1022}$（对应 $E=1$，$F=0$），绝对值最大的规格化数分别为 $\pm(2-2^{-23})\times 2^{127}$ 和 $\pm(2-2^{-52})\times 2^{1023}$。

IEEE 标准 754 有 5 种实体：正/负零，非规格化浮点数，规格化浮点数，正/负无穷大，非数 NaN（Not a Number）。其中，当阶码 E 等于最大的阶码 E_{max}（为全 1），F 为全 0 时，表示的数为无穷大（∞），符号由符号位 S 决定。$S=0$ 为 +∞，$S=1$ 为 -∞。当阶码 $E=E_{max}$ 尾数却不是 0 时，表示的是一个"NaN"。

表 2-1 给出了与 IEEE 标准 754 基本的浮点数格式对应的五种实体。

表 2-1 与 IEEE 标准 754 基本的浮点数格式对应的五种实体

	单精度（32 位）			双精度（64 位）		
	阶码 E	尾数 F	数值	阶码 E	尾数 F	数值
零 0	全 0	全 0	$(-1)^s 0$	全 0	全 0	$(-1)^s 0$
非规格化数	全 0	非全 0	$(-1)^s(0.F)2^{-126}$	全 0	非全 0	$(-1)^s(0.F)2^{-1022}$
规格化数	[1, 254]	F	$(-1)^s(1.F)2^{E-127}$	[1, 2046]	F	$(-1)^s(1.F)2^{E-1023}$
无穷大	全 1（255）	全 0	$(-1)^s\infty$	全 1（2047）	全 0	$(-1)^s\infty$
非数 NaN	全 1（255）	非全 0	NaN	全 1（2047）	非全 0	NaN

"非数"是 Kahan 的一个创新，其功能是：当浮点运算发生一些特殊情况时，软件可以根据"非数"的内容进行相应的处理，以减少特殊情况下的软件处理工作量。

"非数"有"发信号的非数（Signaling NaN）"和"静默的非数（Quiet NaN）"两种，其中"发信号的非数"在出现无效运算时将发出异常信号，"静默的非数"只记录发生的特殊情况而不发出异常信号。当出现形如 $(+\infty)\pm(-\infty)$、$0\times\infty$、$0\div 0$、$\infty\div\infty$、$\sqrt{x}$（当 $x<0$ 时）等特殊情况时，将产生"静默的非数"。

"非数"的有效部分是尾数，用于区分"发信号的非数"和"静默的非数"，并指明各种异常条件。不过标准对这部分的内容没有定义，不同的实现方案可有不同的尾数。

为了避免出现下溢，IEEE 标准 754 允许用非规格化形式表示绝对值很小的数，即允许阶

码 E 为全 0（对于基本的单精度/双精度格式，相当于实际阶码为-126/-1022），而尾数 F 不等于 0。这种非规格化形式也叫"逐渐下溢（Gradual Underflow）"，这时小数点前就不存在那位隐含的"1"，而只是 0。

"逐渐下溢"使 IEEE 标准 754 的表数能力得到增强。对于基本的单精度格式，$\pm 2^{-126} \sim 0$ 之间分别均匀地补入了 2×2^{23} 个数，对于基本的双精度格式，可以在 $\pm 2^{-1022} \sim 0$ 之间分别均匀地补入 2×2^{52} 个数。相反，如果只允许采用规格化数形式，则在绝对值最小的规格化数与 0 之间就不存在任何可表示、可区分的数了。

【例 2-11】（2011 年硕士研究生入学统一考试计算机专业基础综合考试试题）
float 型数据通常采用 IEEE 标准 754 单精度浮点数格式表示。若编译器将 float 型变量 x 分配在一个 32 位浮点寄存器 FR1 中，且 x=-8.25，则 FR1 的内容是_____。
A. C104 0000H　　　B. C242 0000H　　　C. C184 0000H　　　D. C1C2 0000H
答：IEEE 标准 754 的单精度浮点数格式：1 位数符、8 位阶码、23 位尾数。
$\quad$ x=-8.25=$(-1)^1$1000.01B
$\qquad$ =1,*0111 1111*,1000.0100 0000 0000 0000 0000B
$\qquad$ =1,*1000 0010*,$\boxed{1}$.0000 1000 0000 0000 0000 000B
$\qquad$ =1,100 0001 0, 000 0100 0000 0000 0000 0000B
$\qquad$ =C1040000H。故选 A。

【例 2-12】（2012 年硕士研究生入学统一考试计算机专业基础综合考试试题）
float 类型（IEEE 标准 754 单精度浮点数格式）能表示的最大正整数是（　　）。
A. $2^{126}-2^{103}$　　　B. $2^{127}-2^{104}$　　　C. $2^{127}-2^{103}$　　　D. $2^{128}-2^{104}$
答：IEEE 标准 754 单精度浮点数为：$1.F \times 2^{E-127}$。其中 1.F 的最大值为 $2-2^{-23}$，E 的最大值为 254，则它能表示的最大正整数是：$(2-2^{-23}) \times 2^{254-127} = (2-2^{-23}) \times 2^{127} = 2^{128}-2^{104}$。故选 D。

【例 2-13】（2013 年硕士研究生入学统一考试计算机专业基础综合考试试题）
某数采用 IEEE 标准 754 单精度浮点数格式表示为 C640 0000H，则该数的值是（　　）。
A. -1.5×2^{13}　　　B. -1.5×2^{12}　　　C. -0.5×2^{13}　　　D. -0.5×2^{12}
答：C640 0000H = 1100 0110 0100 0000 0000 0000 0000 0000B
$\qquad$ = 1,*1000 1100*,100 0000 0000 0000 0000 0000B
$\qquad$ = 1,*1000 1100*,$\boxed{1}$.100 0000 0000 0000 0000 0000B。
该数的值是：$(-1)^1$1.1B$\times 2^{1000\ 1100B-127}$=$-1.5 \times 2^{140-127}$=$-1.5 \times 2^{13}$。故选 A。

【例 2-14】 已知 C 语言程序中，变量 i、j 和 k 数据类型分别为 int、float 和 double（int 用补码表示，float 和 double 分别用 IEEE 标准 754 单精度和双精度浮点数据格式表示），它们可以取除 $+\infty$、$-\infty$ 和 NAN 以外的任意值。若在 32 位机器中执行下列关系表达式，则结果恒为真的是（　　）。
（I）i==(int)(float)i　　（II）i==(int)(double)i　　（III）k==(float)k
（IV）j==(double)j　　（V）(j+i)-j==i　　（VI）j== -(-j)
A. I、II 和 III　　B. II、III 和 V　　C. II、IV 和 VI　　D. III、IV 和 VI
答：位数长的数据类型向位数短的数据类型转换会丢失精度，而位数短的数据类型向位数长的数据类型则不会。
由于尾数只占字长的一部分，因此 int 型数据向 float 型转换时可能丢失有效数位，再回到 int 型数值可能改变，所以（I）不恒为真。

double 型占 64 位，int 型数据向 double 型转换时不会丢失有效数位，再回到 int 型数值不变，所以（II）恒为真。

double 型数据向 float 型转换时可能丢失有效数位，所以（III）不恒为真。

float 型数据向 double 型转换时不会丢失有效数位，所以（IV）恒为真。

C 语言中，类型不同的数据在一起运算时，将做类型提升（Type Promotion），转换成相同类型后再运算。（V）中 int 型数据向 float 型转换时可能丢失有效数位，故（V）不恒为真。

浮点数取负就是简单地将数符取反，所以（VI）恒为真。故选 C。

【例 2-15】 （2010 年硕士研究生入学统一考试计算机专业基础综合考试试题）

假定变量 i、f 和 d 数据类型分别为 int、float 和 double（int 用补码表示，float 和 double 分别用 IEEE 标准 754 单精度和双精度浮点数据格式表示），i=785，f=1.5678e3，d=1.5e100。若在 32 位机器中执行下列关系表达式，则结果为真的是_____。

（I）i==(int)(float)I   （II）f==(float)(int)f

（III）f==(float)(double)f   （IV）(d+f)-d==f

A. 仅 I 和 II   B. 仅 I 和 III   C. 仅 II 和 III   D：仅 III 和 IV

答：在 32 位机器上，int 型和 IEEE 标准 754 单精度浮点数都占 32 位，双精度浮点数占 64 位。所以（I）中，整数 785 先转换成 float 型，再转换回来，值保持不变。故（I）执行结果为真。同理，（III）执行结果为真。

而（II）中，1.5678e3 转换成整型数据，将丢失精度，再转换回 float 型，值就发生变化。故（II）执行结果为假。（IV）中，左侧的操作数将提升双精度浮点数，结果也是双精度浮点数，而右侧的数据仍然为单精度浮点数，肯定不相等。故（IV）执行结果为假。总之，结果为真的关系表达式只有（I）和（III）。故选择 B。

2.2 定点数的运算

在计算机的数据运算中，参与运算的数据被称为操作数（Operand）。本节主要介绍操作数是定点整数的运算方法，浮点数的运算方法将在 2.3 节介绍。

计算机中的运算分为算术运算和逻辑运算，差别是：算术运算把操作数作为一个数值，而逻辑运算把操作数作为一个由若干逻辑值组成的串，每个逻辑值的取值要么是"真（1）"、要么是"假（0）"。常见的算术运算有移位运算、加/减运算、乘/除法运算等。

2.2.1 逻辑运算

逻辑运算的特点是按位进行，每一位运算后得到一个独立的结果，对其他位没有影响。因此，逻辑运算不存在进位、借位、溢出等问题。

常见的逻辑运算有逻辑非（NOT）、逻辑加（OR）、逻辑乘（AND）和逻辑异或（XOR）。

1. 逻辑非

逻辑非运算也叫"按位取反"或"按位求非"运算，就是对数据的每一位进行取反，将

1 变成 0，0 变成 1。例如，X=0101 0101B，NOT X=$\overline{X}$ = 1010 1010B。

实现"逻辑非"的电路称为"非门"，如图 2-3(a)所示。

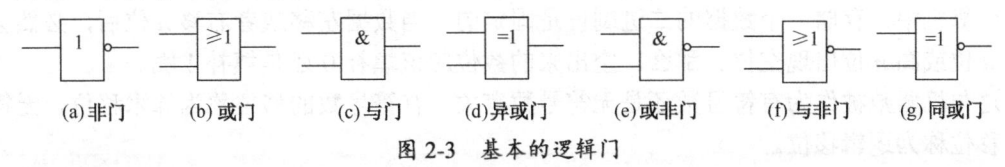

(a)非门 (b)或门 (c)与门 (d)异或门 (e)或非门 (f)与非门 (g)同或门

图 2-3　基本的逻辑门

2. 逻辑加

逻辑加，也称为"按位求逻辑或"运算，它的运算符是"OR"或"∨""+"。其运算规则是：1∨1=1，1∨0=1，0∨1=1，0∨0=0。例如，X=0101 0101B，Y = 1110 0010B，X OR Y =X+Y= 1111 0111B。

逻辑加（或运算）可以用来将操作数的特定位置成 1。例如，若把 X=0000 0000B 的第 1、3、5、7 位置成 1，则用第 1、3、5、7 位为 1、其余位为 0 的 Y = 1010 1010B 去与 X 做逻辑加运算即可达到目的。

实现"逻辑加"的电路称为"或门"，如图 2-3(b)所示。

3. 逻辑乘

逻辑乘，也称为"按位求逻辑与"运算，它的运算符是"AND"或"∧""·"。其运算规则是：1∧1=1，1∧0=0，0∧1=0，0∧0=0。例如，X=0101 0101B，Y = 1110 0010B，X AND Y = X·Y=01000000B。

逻辑乘可以用来测试操作数特定位是否为 1。例如，若知道 X=1010 1010B 的最高位是否为 1，则可以用最高位为 1、其余位为 0 的 Y = 1000 0000B 去与 X 做逻辑乘运算。若结果不等于零（仍等于 Y），则 X 的最高位为 1，否则 X 的最高位为 0。

实现"逻辑乘"的电路称为"与门"，如图 2-3(c)所示。

4. 逻辑异或

"逻辑异或"的运算符是"XOR"或者"⊕"，其运算规则是：当两个操作数相异时，结果为"真（1）"，否则为"假（0）"，即 1⊕1=0，1⊕0=1，0⊕1=1，0⊕0=0。这个运算规则与忽略进位的"二进制加法"相同，所以"逻辑异或"也称为"按位加"运算。

例如，X=0101 0101B，Y= 1110 0010B，那么 X XOR Y = X ⊕ Y = 10110111B。

逻辑异或可以用来比较两个数是否相同。若两个数"异或"后的结果为全 0，则两个数相同，否则不同。实现"逻辑异或"的电路称为"异或门"，如图 2-3(d)所示。

实际电路中常见的逻辑门还有与非门、或非门和同或门等，如图 2-3(e)、(f)和(g)所示。请读者自行推导它们运算规则。

2.2.2　移位运算

1. 概述

移位运算（Shift），也称为移位操作，是指在小数点位置固定不变的情况下，将一个二进制数据左移或者右移 n 位。移位运算在计算机中是很常用的。

对于一个定点数,将其左移 n 位,相当于该数乘以 2^n;将其右移 n 位,相当于该数除以 2^n。后面将介绍如何用加法和移位来实现二进制数的乘法和除法。

计算机中,存储一个数据的二进制位是固定的。当数据左移或者右移 n 位后,必然会使其低 n 位或高 n 位出现空位。那么,空出来的数位应该填补 0 还是填补 1 呢?

这与机器数被作为有符号数还是无符号数有关。有符号数的移位称为算术移位,无符号数的移位称为逻辑移位。

2. 算术移位规则

首先,算术移位的基本规则是:符号位保持不变,左移或者右移移出的空位填补 0。

根据这个基本原则,考虑到正数的原码、补码和反码与其真值相同,所以对于正数,算术移位出现的空位填补 0。同样,对于负数,若以原码表示,算术移位出现的空位也是填补 0;若以反码表示,算术移位出现的空位则是填补 1。

下面讨论补码表示的负数的空位填补原则。

2.1 节曾介绍过补码的一个特点:一个负数的原码从它的低位算起,遇到第一个"1"时,原码与补码是相同的。超过这个"1"直至符号位之间的那段数位,原码与补码是相反的。

所以,右移移出的空位位于符号位后,填补的内容应与原码相反,即补 1。左移移出的空位是由它的低位产生的,填补的内容应与原码相同,即补 0。

总之,不同码制下机器数移位后的空位填补规则如表 2-2 所示。

【例 2-16】 设机器字长为 8 位,分别写出 X 的值为 +18 和 –18 时,三种码制下左/右移 1 位、2 位和 3 位的结果及其真值,并分析结果的正确性。

答:(1)X= +18 = +10010B,则 $[X]_原$ =$[X]_补$ =$[X]_反$ =00010010B。

移位的结果如表 2-3 所示,可以看出:移丢 0,没关系。左移移丢 1,结果出错;右移移丢 1,结果精度受损。

(2)X= – 18 = – 10010B,则 $[X]_原$ =10010010B,$[X]_补$ =11101110B,$[X]_反$ =11101101B。

移位的结果如表 2-4 所示,可以看出:对于原码,移丢 0,没关系。左移移丢 1,结果出错;右移移丢 1,结果精度受损。对于反码,正好与原码相反,移丢 1,没关系。左移移丢 0,结果出错;右移移丢 0,结果精度受损。对于补码,右移与原码相同,左移与反码相同。

3. 逻辑移位规则

逻辑移位处理的是无符号数,所以基本规则是:无论左移还是右移,移出的空位都填补 0;无论移丢 0 还是移丢 1,对结果的正确性和精度都没有影响。

表 2-2 不同码制机器数移位后的空位填补

	码 制	填补值
正数	原码、补码和反码	0
负数	原码	0
	补码	0(左移) 1(右移)
	反码	1

表 2-3 对 X= +18 进行移位操作的结果

移位操作	机器数 $[X]_原=[X]_补=[X]_反$	对应的真值
移位前	00010010	+18
左移 1 位	00100100	+36
左移 2 位	01001000	+72
左移 3 位	00010000	+16
右移 1 位	00001001	+9
右移 2 位	00000100	+4
右移 3 位	00000010	+2

表 2-4 对 $X=-18$ 进行移位操作的结果

移位操作		机器数	对应的真值
移位前	原码	10010010	−18
左移 1 位		10100100	−36
左移 2 位		11001000	−72
左移 3 位		10010000	−16
右移 1 位		10001001	−9
右移 2 位		10000100	−4
右移 3 位		10000010	−2
移位前	反码	11101101	−18
左移 1 位		11011011	−36
左移 2 位		10110111	−72
左移 3 位		11101111	−16
右移 1 位		11110110	−9
右移 2 位		11111011	−4
右移 3 位		11111101	−2
移位前	补码	11101110	−18
左移 1 位		11011100	−36
左移 2 位		10111000	−72
左移 3 位		11110000	−16
右移 1 位		11110111	−9
右移 2 位		11111011	−5
右移 3 位		11111101	−3

2.2.3 加法与减法运算

如前所述，计算机通过引入补码将带符号定点数的加、减运算都统一成加法运算，所以参与加、减运算的操作数都必须表示成补码形式。实际上，采用补码进行计算（包括乘、除运算）还有一个好处：结果的符号位不用单独处理，它是在运算过程中自然形成的。这是原码计算所不具有的，大大简化了硬件设计。设 n 为机器数字长，则

补码的加法公式是 $[X+Y]_{补} = [X]_{补} + [Y]_{补} \pmod{2^n}$

补码的减法公式是 $[X-Y]_{补} = [X]_{补} + [-Y]_{补} \pmod{2^n}$

其中，$[-Y]_{补}$ 的求法是，将 $[Y]_{补}$ 的各位（连同符号位）逐位取反，末位加 1，即 $[-Y]_{补} = -[Y]_{补}$。感兴趣的读者可以尝试证明这个结论。

【例 2-17】 设机器数字长为 8 位，若 $X=+10101B$，$Y=+11B$，求 $X+Y=$？

答：$[X]_{补} = 0\ 0010101B$，$[Y]_{补} = 0\ 0000011B$，所以 $[X+Y]_{补} = [X]_{补} + [Y]_{补} = 0\ 0010101B + 0\ 0000011B = 0\ 0011000B$，则 $X+Y=+11000B$。

【例 2-18】 设机器数字长为 8 位，若 $X=-0101010B$，$Y=-1010B$，求 $X+Y=$？

答：$[X]_{补} = 1\ 1010110B$，$[Y]_{补} = 1\ 1110110B$，所以

$$[X+Y]_{补} = [X]_{补} + [Y]_{补} = 1\ 1010110B$$
$$+\ 1\ 1110110B$$
$$\boxed{1}\ 1\ 1001100B$$

在模 2^8 的意义下，超出字长的数位丢弃。即 $[X+Y]_{补} = 1\ 1001100B$，则 $X+Y=-110100B$。

【例2-19】 设机器数字长为8位，若$X=+1110101B$，$Y=+0001100B$，求$X+Y=$？

答：$[X]_{补}=0\ 1110101B$，$[Y]_{补}=0\ 0001100B$，所以

$$[X+Y]_{补}=[X]_{补}+[Y]_{补}=0\ 1110101B$$
$$+\ 0\ 0001100B$$
$$1\ 0000001B$$

即$[X+Y]_{补}=1\ 0000001B$，则$X+Y=-1111111B$。

明明参加运算的两个操作数都是正数，但是加法运算的结果却是一个负数。这就是目前计算机在实现计算时特有的一个现象——"溢出（Overflow）"。导致"溢出"的原因是计算机字长是固定的，数值最高位产生的进位1被符号位（字长最高位）吸收了。这个1的属性本来是数值，却被作为符号。

【例2-20】 设机器数字长为8位，若$X=-1101100B$，$Y=-0110000B$，求$X+Y=$？

答：$[X]_{补}=1\ 0010100B$，$[Y]_{补}=1\ 1010000B$，所以

$$[X+Y]_{补}=[X]_{补}+[Y]_{补}=1\ 0010100B$$
$$+\ 1\ 1010000B$$
$$0\ 1100100B$$

即$[X+Y]_{补}=0\ 1100100B$，则$X+Y=+1100100B$。

两个负数相加得到一个正数。这也是发生了"溢出"。

从上面两个例子可以看出：当两个同号的操作数相加时，如果它们绝对值相加的结果超出了操作数数值部分所能表示的最大值，则发生"溢出"，表现为：结果的符号与操作数的符号相反。如果是两个异号的操作数相加，则绝对不会发生"溢出"。

事实上，"溢出"的定义是相对的，只要字长再增加1位，原先的"溢出"就不会出现。读者可以尝试以机器数字长为9位来计算上面两个例子。

更进一步，如果操作数采用双符号位，即便发生"溢出"，也能够保存结果。

【例2-21】 设采用双符号位，若$X=+1110101B$，$Y=+0001100B$，求$X+Y=$？

答：$[X]_{补}=\underline{00}\ 1110101B$，$[Y]_{补}=\underline{00}\ 0001100B$，所以

$$[X+Y]_{补}=[X]_{补}+[Y]_{补}=00\ 1110101B$$
$$+\ 00\ 0001100B$$
$$01\ 0000001B$$

即$[X+Y]_{补}=\underline{01}\ 0000001B$。双符号位取值不同，表示发生了"溢出"。

但是最高符号位仍表示结果的符号，结果的绝对值"溢出"，占用了符号位的低位。

【例2-22】 设采用双符号位，若$X=-1101100B$，$Y=-0110000B$，求$X+Y=$？

答：$[X]_{补}=\underline{11}\ 0010100B$，$[Y]_{补}=\underline{11}\ 1010000B$，所以

$$[X+Y]_{补}=[X]_{补}+[Y]_{补}=11\ 0010100B$$
$$+\ 11\ 1010000B$$
$$10\ 1100100B$$

即$[X+Y]_{补}=\underline{10}\ 1100100B$。双符号位取值不同，发生"溢出"。

但是最高符号位仍表示结果的符号。将结果还原回原码可以看出，绝对值"溢出"到符号位的低位。

【例2-23】 设采用双符号位，若$X=-0101010B$，$Y=-1010B$，求$X+Y=$？

答：$[X]_{补} = \underline{11}\ 1010110B$，$[Y]_{补} = \underline{11}\ 1110110B$，所以

$$[X + Y]_{补} = [X]_{补} + [Y]_{补} = 11\ 1010110B$$
$$+\ \underline{11\ 1110110B}$$
$$11\ 1001100B$$

即$[X + Y]_{补} = \underline{11}\ 1001100B$。双符号位取值相同，表示运算正确，则$X+Y = -110100B$。采用双符号位的补码称为模4的补码，也称为变形补码。

变形补码不是为了判断"溢出"而设计的，它的用途是"容忍溢出"。无论是否发生"溢出"，最高符号位总是表示结果的符号，次高符号位总能够容纳"溢出的结果"。变形补码主要应用于后面将要介绍的定点数补码乘法运算和浮点数的加法运算。

为了节省时间和空间，实际的加法器还是采用单符号位补码。这时判断"溢出"的手段是将数值最高位产生的进位与符号位产生的进位进行"异或"，"异或"的结果直接赋给"溢出标志OF"。OF为1，表示"溢出"。

【例2-24】（2009年硕士研究生入学统一考试计算机专业基础综合考试试题）

一个C语言程序在一台32位机器上运行。程序中定义了三个变量x、y和z，其中x和z为int型，y为short型。当x=127，y=-9时，执行赋值语句z=x+y后，x、y和z的值分别是____。

A. x = 0000 007FH，y = FFF9H，z = 0000 0076 H

B. x = 0000 007FH，y = FFF9H，z = FFFF 0076 H

C. x = 0000 007FH，y = FFF7H，z = FFFF 0076 H

D. x = 0000 007FH，y = FFF7H，z = 0000 0076 H

答：在32位机器上，int型占32位，short型占16位。参与运算的数据以补码形式表示、存储。y= -9，则$[y]_{原码}=1000\ 0000\ 0000\ 1001B$，$[y]_{补码}=1111\ 1111\ 1111\ 0111B=FFF7H$。

x是32位，而y是16位，而运算器只处理长度相等的操作数。故在x+y运算前，y被将"符号位扩展"成32位，即参与运算时，$[y]_{补码}$"被扩展"成1111 1111 1111 1111 1111 1111 1111 0111B = FFFF FFF7H。最后，x+y的结果是0000 0076H，故选D。

【例2-25】（2013年硕士研究生入学统一考试计算机专业基础综合考试试题）

在某字长为8位的计算机中，已知整型变量x、y的机器数分别为$[x]_{补}$=1 1110100，$[y]_{补}$= 1 0110000。若整型变量z=2×x + y/2，则z的机器数为____。

A. 1 100 0000   B. 0 010 0100   C. 1 010 1010   D. 溢出

答：$[x]_{补}$=1 1110100，$[2x]_{补}$=1 1101000，$[y]_{补}$=1 0110000，$[y/2]_{补}$=1 1011000。

$[z]_{补}$=1 1101000 + 1 1011000 = 1 100 0000。故选A。

【例2-26】（2011年硕士研究生入学统一考试计算机专业基础综合考试试题，11分）

假定在一个8位字长的计算机上运行如下类C程序段：

```
unsigned int x = 134;
unsigned int y = 246;
int m = x;
int n = y;
unsigned int z1 = x - y;
unsigned int z2 = x + y;
int k1 = m-n;
int k2 = m + n;
```

若编译器编译时将 8 个 8 位寄存器 R1~R8 分别分配给变量 x、y、m、n、z1、z2、k1 和 k2。请回答下列问题（提示：带符号整数用补码表示）。

(1) 执行上述程序段后，寄存器 R1、R5 和 R6 的内容分别是什么？（用十六进制表示）

(2) 执行上述程序段后，变量 m 和 k1 的值分别是多少？（用十进制表示）

(3) 上述程序段涉及带符号整数加/减、无符号整数加/减运算，这四种运算能否利用同一个加法器及辅助电路实现？简述理由。

(4) 计算机内部如何判断带符号整数加/减运算的结果是否溢出？上述程序段中，哪些带符号整数运算的执行结果会发生溢出？

答：(1) x=134=128+6=10000000B+110B=10000110B，R1 的内容是 10000110B=86H。（1分）

y = 246 =255-9=11111111B -1001B=11110110B

z1=x-y=10000110B+[-y]$_{补}$=10000110B+00001010B=10010000B=90H，R5 的内容是 90H。（1分）

z2=x+y=10000110B+11110110B =（1）01111100B=7CH（注：超出 8 位字长的进位将被丢弃）。故 R6 的内容是 7CH。（1分）

(2) C 语言中，变量之间的赋值是原封不动的复制。所以 m 的机器数与 x 的机器数相同，都是 10000110B。只不过它被解释为带符号整数（用补码表示）。

则 m 对应真值为-1111010B = -(64+32+16+8+2)= -122。（1分）

n 的机器数与 y 的机器数相同，同样被解释为带符号整数。

则 k1=m-n=m+[-n]$_{补}$=10000110B+[-11110110B]$_{补}$=10000110B+00001010B=10010000B。

k1 被解释为带符号整数，其真值为-1110000B = -(64+32+16)= -112。（1分）

(3) 能。（1分）n 位加法器实现的是模 2^n 无符号整数加法运算，超出 n 位字长的进位将被丢弃。对于无符号整数加法可以直接用加法器进行运算，而无符号整数减法可以转换成加上减数的补码，即 $a-b= a+[-b]_{补}$ (mod 2^n)，仍用同一加法器进行运算。（1分）

带符号整数均用补码表示。补码加/减运算公式为$[a+b]_{补}$= $[a]_{补}$+$[b]_{补}$ (mod 2^n)，$[a-b]_{补}$ = $[a]_{补}$+$[-b]_{补}$ (mod 2^n)，所以 n 位带符号整数加/减运算都可以在 n 位加法器上完成。（1分）

(4) 带符号整数加/减运算的溢出判断规则是：若加法器的两个输入端（加数）的符号相同，且不同于输出端（和）的符号，则结果溢出；或加法器完成加法操作时，若次高位的进位与最高位的进位不同，则结果溢出。（2分）

最后一条语句"k2 = m + n;"执行时会发生溢出。（1分）

注：若回答"双符号位（变形补码）溢出判断规则"，只给 1 分。因为加法器只认单符号位。

2.2.4 乘法运算

1. 原码一位乘法

乘法是一种很常见的运算。早期的计算机一般只设有加法器和移位电路，没有乘法指令，乘法是以软件编程的形式、借助加法指令和移位指令来实现的。现代的计算机一般设有专门的硬件乘法器，用户通过乘法指令直接完成乘法运算。本节将介绍若干乘法运算方法。**这些方法不仅可以帮助我们了解硬件乘法器的设计原理，更有助于培养计算思维。**

下面从分析人类笔算乘法入手，寻找实现乘法的计算机算法。在进行十进制数的乘法运算时,需要记住较复杂的口诀。而进行二进制数相乘,其口诀是最简单的:1×1=1,1×0=0,0×1=0,0×0=0。

设被乘数(Multiplicand)A=+0.1010,乘数(Multiplicator)B=−0.0111,求乘积(Product)$A×B$。

首先在笔算乘法中,乘积的符号是心算求得:若两个操作数同号则为正,否则为负。所以本例中,乘积的符号为负号。数值部分的运算如下:

```
      × 0.1010
      × 0.0111
      ──────
        1010        A×2⁰      A 不移位
       1010         A×2¹      A 左移 1 位
      1010          A×2²      A 左移 2 位
     0000           A×2³      A 左移 3 位
     ──────
     0.01000110
```

所以,$A×B$= − 0.01000110。

在计算机中,仿照这种手算算法,设计乘法运算器是不可行的。对于 N 位的操作数,乘法运算器首先需要设置 N 个保存中间结果的寄存器,其次需要一个 $2N$ 位的加法器,它要能够对 N 个数位同时做加法。可见,按照这种手算算法设计运算器,对器件的要求很高。为此,需要设计易于实现的乘法算法。将 $A×B$ 做如下变换:

$$A×B =A×0.0111$$
$$=0.0A+0.01A+0.001A+0.0001A$$
$$=0.0A+0.01A+0.001(A+0.1A)$$
$$=0.0A+0.01[A+0.1(A+0.1A)]$$
$$=2^{-1}\{0A+2^{-1}[A+2^{-1}(A+2^{-1}A)]\}$$
$$=2^{-1}\{0A+2^{-1}[A+2^{-1}(A+2^{-1}(A+0))]\} \quad (2.1)$$

从式(2.1)可知:乘法可以通过加法和移位(乘上 2^{-1} 相当于右移 1 位)来实现,这样实现起来就很简单了。所以,适于计算机实现的乘法算法如下:

引入"乘积"的中间结果"部分积",并设其初始值为零,则:

第 1 步,被乘数加上部分积 $A+0.0000=0.1010+0.0000=0.1010$。

第 2 步,部分积右移 1 位,得新部分积 $2^{-1}(A+0)=0.01010$。

第 3 步,被乘数加上部分积 $A+2^{-1}(A+0)= 0.1010+0.01010=0.11110$。

第 4 步,部分积右移 1 位,得新部分积 $2^{-1}(A+2^{-1}(A+0)=0.011110$。

第 5 步,被乘数加上部分积 $A+2^{-1}(A+2^{-1}(A+0))=0.1010+0.011110=1.000110$。

第 6 步,部分积右移 1 位,得新部分积 $2^{-1}[A+2^{-1}(A+2^{-1}(A+0))]=0.1000110$。

第 7 步,零加上部分积 $0A+2^{-1}[A+2^{-1}(A+2^{-1}(A+0))]= 0.0000+0.1000110=0.1000110$。

第 8 步,部分积右移 1 位,得新部分积 $2^{-1}\{0A+2^{-1}[A+2^{-1}(A+2^{-1}(A+0))]\}=0.01000110$。

上述算法的要点如下:

① 乘法通过加法和移位来实现。两个 5 位二进制数(最高位为符号位)相乘,共需要进行 4 次加法和 4 次移位。

② 部分积总是先加上被乘数或零,然后右移 1 位,得新的部分积。

③ 部分积是加上被乘数还是加上零，取决于乘数中当前考虑的数位。若该数位为 1，则加上被乘数然后右移，否则直接右移。

④ 乘数中的数位一旦被考虑过，将不再需要，可以通过右移丢弃。

⑤ 部分积加上被乘数的过程中，数值最高位产生的进位可能会占据符号位。但是因为乘法中符号位是单独处理，所以被乘数、乘数和部分积都被认为是无符号位数，而且做完加法之后肯定要右移 1 位，因此这里出现的"进位占据符号位"的现象不算"溢出"，右移后符号位 0 将还原。

由于二进制数据的原码表示与真值仅差一个符号位，而乘积的符号是单独通过逻辑异或运算求得的，因此根据上述讨论结果可以得到"原码一位乘法"的运算法则。

以定点小数为例，设 $[X]_原 = x_0.x_1 \cdots x_{N-1}$，$[Y]_原 = y_0.y_1 \cdots y_{N-1}$，则
$$[X \times Y]_原 = (x_0 \oplus y_0).(0.x_1 \cdots x_{N-1} \times 0.y_1 \cdots y_{N-1})$$

其中，$0.x_1 \cdots x_{N-1} X$ 的绝对值，记做 X^*；$0.y_1 \cdots y_{N-1}$ 为 Y 的绝对值，记做 Y^*。

"原码一位乘法"的运算法则如下：

① 乘积的符号由乘数和被乘数的符号位进行逻辑异或运算求得。

② 乘积的数值部分由乘数和被乘数的绝对值相乘而得。设 Z_i 为第 i 次部分积，则相乘的递推公式为

$$Z_0 = 0$$
$$Z_1 = 2^{-1}(y_{N-1} \times X^* + Z_0)$$
$$Z_2 = 2^{-1}(y_{N-2} \times X^* + Z_1)$$
$$\cdots$$
$$Z_i = 2^{-1}(y_{N-i} \times X^* + Z_{i-1})$$
$$\cdots$$
$$Z_{N-1} = 2^{-1}(y_1 \times X^* + Z_{N-2})$$

【例 2-27】 已知 $X = 0.1010$B，$Y = -0.0111$B，用原码一位乘法求 $X \times Y = ?$

解：因为 $X = 0.1010$，$Y = -0.0111$，所以 $[X]_原 = 0.1010$，$X^* = 0.1010$，$x_0 = 0$；$[Y]_原 = 1.0111$，$Y^* = 0.0111$，$y_0 = 1$。按照原码一位乘法的规则，$[X \times Y]_原$ 的数值部分计算过程如表 2-5 所示。

表 2-5 例 2-27 中乘积的数值部分计算过程

部分积	乘 数	注　　释
0.0000 + 0.1010	0111	开始时，部分积 $Z_0=0$。乘数中当前考虑的数位为 1，加上 X^*
0.1010 0.01010 + 0.1010	0 011	右移一位得新部分积 Z_1。乘数中当前考虑的数位为 1，加上 X^*
0.1111 0.0111 + 0.1010	10 01	右移一位得新部分积 Z_2。乘数中当前考虑的数位为 1，加上 X^*
1.0001 0.1000 + 0.0000	110 0	右移一位得新部分积 Z_3。乘数中当前考虑的数位为 0，加上 0
0.1000 0.0100	0110	右移一位得新部分积 Z_4

$[X \times Y]_原$的符号位为$x_0 \oplus y_0 = 0$，所以$X^* \times Y^* = 0.01000110$，则$[X \times Y]_原 = 1.01000110$，从而$X \times Y = -0.01000110B$。

下面给出计算机实现乘法所需的硬件及其操作步骤，如图2-4所示。

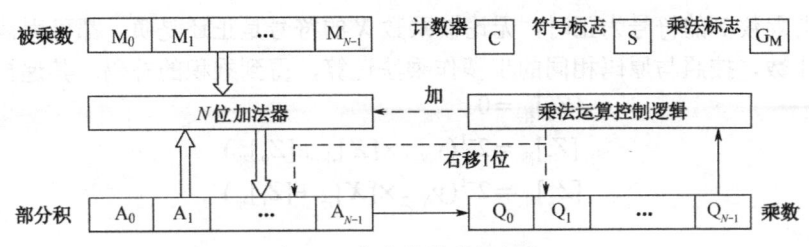

图2-4 乘法器的逻辑组成

图2-4中设置有三个标准字长为N的寄存器M、Q和A，分别用于存放被乘数、乘数和部分积；还设置有两个标志位G_M和S，$G_M=1$表示ALU正在进行的是乘法运算，S保存两个操作数符号位"异或"运算的结果，这样寄存器M和Q中存放的被乘数和乘数就可以去掉符号位（将符号位都置成0，用于保存加法运算的进位）。

强调：引入"标志"来表示/区分计算过程的各种状态是计算思维的一个具体体现。

运算时，控制逻辑首先判断Q寄存器（乘数）的最低位Q_{N-1}。若$Q_{N-1}=1$，则执行"寄存器A（部分积）加上寄存器M（被乘数）"，然后让Q寄存器、A寄存器一起右移1位；否则直接让Q寄存器、A寄存器一起右移1位。

这样操作的效果是：在丢弃Q寄存器中最低位Q_{N-1}（乘数中当前考虑的数位）数值的同时，腾出Q寄存器的最高位正好接纳从A寄存器移过来的新部分积的最低位。

这样操作的另外一个好处是，简化了控制逻辑的实现。因为乘数中，下一个要考虑的数位总是位于Q寄存器的最低位Q_{N-1}，所以控制逻辑只需判断Q寄存器的最低位。

上述操作将循环执行$N-1$次，最后得到的乘积被分别保存在寄存器A和Q中。循环执行次数是由一个计数器C来控制的。运算开始时，C被赋予$N-1$，然后每执行一次，C减1。当C的值为零时，发出信号，运算结束。

用一个统一的状态标志"零/0"来表示不同过程的终结是计算思维的一个具体体现。

原码一位乘法实现虽然比较简单，但是由于计算机都是采用补码进行加、减运算，如果为了做乘法运算而将操作数从补码转换成原码，运算结束后再从原码转换成补码，这样就增加了许多操作步骤，延迟了计算时间。为此，人们又研究了补码乘法方法，实现了基于补码的乘法器，这样进一步提高了乘法运算的效率。

2. 补码一位乘法

设被乘数X的补码为$[X]_补 = x_0.x_1x_2\cdots x_{N-1}$，乘数$Y$的补码为$[Y]_补 = y_0.y_1y_2\cdots y_{N-1}$。

（1）当被乘数X的符号任意而乘数Y的符号为正时

$$[X]_补 = x_0.x_1x_2\cdots x_{N-1} = 2 + X = 2^N + X \pmod 2$$

$$[Y]_补 = 0.y_1y_2\cdots y_{N-1} = Y$$

则

$$[X]_补 \times [Y]_补 = [X]_补 \times Y_补 = (2^N + X) \times Y = 2^N \times Y + X \times Y$$

由于$Y = 0.y_1y_2\cdots y_{N-1} = \sum_{i=1}^{N-1} y_i 2^{-i}$，则$2^N \times Y = 2\sum_{i=1}^{N-1} y_i 2^{N-i-1}$，且$\sum_{i=1}^{N-1} y_i 2^{N-i-1}$是一个大于或等于

1的正整数，根据"模"运算的性质，有 $2^N \times Y = 2 \pmod 2$。因此
$$[X]_{补} \times [Y]_{补} = 2^N \times Y + X \times Y = 2 + X \times Y = [X \times Y]_{补} \pmod 2$$
即 $[X \times Y]_{补} = [X]_{补} \times [Y]_{补} = [X]_{补} \times Y$。

所以，当乘数 Y 的符号为正时，无论被乘数 X 的符号是正还是负，都可用被乘数和乘数的补码为操作数，按照与原码相同的步骤作乘法运算，得到乘积的补码。其递推公式如下：

$$[Z_0]_{补} = 0$$
$$[Z_1]_{补} = 2^{-1}(y_{N-1} \times [X]_{补} + [Z_0]_{补})$$
$$[Z_2]_{补} = 2^{-1}(y_{N-2} \times [X]_{补} + [Z_1]_{补})$$
$$\cdots$$
$$[Z_i]_{补} = 2^{-1}(y_{N-i} \times [X]_{补} + [Z_{i-1}]_{补})$$
$$\cdots$$
$$[Z_{N-1}]_{补} = 2^{-1}(y_1 \times [X]_{补} + [Z_{N-2}]_{补})$$

注意：上面补码乘法中用到的加法和移位必须按照补码的规则进行。

（2）当被乘数 X 的符号任意而乘数 Y 的符号为负时

$$[X]_{补} = x_0.x_1x_2\cdots x_{N-1} = 2 + X = 2^N + X \pmod 2$$
$$[Y]_{补} = 1.y_1y_2\cdots y_{N-1} = 2 + Y \pmod 2$$

则
$$Y = [Y]_{补} - 2 = 1.y_1y_2\cdots y_{N-1} - 2 = 0.y_1y_2\cdots y_{N-1} - 1$$
$$X \times Y = X \times (0.y_1y_2\cdots y_{N-1} - 1) = X \times 0.y_1y_2\cdots y_{N-1} - X$$

因此
$$[X \times Y]_{补} = [X \times 0.y_1y_2\cdots y_{N-1}]_{补} - [-X]_{补}$$

由于 $0.y_1y_2\cdots y_{N-1}$ 可以视为一个正数，因此

$$[X \times Y]_{补} = [X]_{补} \times 0.y_1y_2\cdots y_{N-1} + [-X]_{补}$$

也就是说，当乘数 Y 的符号为负时，无论被乘数 X 的符号是正还是负，都可把乘数 Y 补码的符号位改成 0，当成一个正数，与被乘数补码相乘。乘法运算的步骤与原码乘法相同。乘积出来后加上 $[-X]_{补}$ 进行校正，就得到 $X \times Y$ 的补码了。其递推公式如下：

$$[Z_0]_{补} = 0$$
$$[Z_1]_{补} = 2^{-1}(y_{N-1} \times [X]_{补} + [Z_0]_{补})$$
$$[Z_2]_{补} = 2^{-1}(y_{N-2} \times [X]_{补} + [Z_1]_{补})$$
$$\cdots$$
$$[Z_i]_{补} = 2^{-1}(y_{N-i} \times [X]_{补} + [Z_{i-1}]_{补})$$
$$\cdots$$
$$[Z_{N-1}]_{补} = 2^{-1}(y_1 \times [X]_{补} + [Z_{N-2}]_{补})$$
$$[X \times Y]_{补} = [Z_{N-1}]_{补} + [-X]_{补}$$

综上所述，补码一位乘法是把乘数 Y 补码的符号位设成 0，当成一个正数，与被乘数补码相乘。乘法运算的步骤与原码乘法相同。乘积出来后，如果 Y 是负数，则加上 $[-X]_{补}$ 得到 $[X \times Y]_{补}$；否则乘积就直接等于 $[X \times Y]_{补}$。这样的补码一位乘法也称校正法。

【例 2-28】 已知 $X = 0.1010B$，$Y = -0.0111B$，用校正法求 $X \times Y = ?$

解：被乘数补码为 $[X]_{补} = 0.1010$，乘数补码为 $[Y]_{补} = 1.1001$。由于 Y 是负数，因此将其符号位去掉，故参与运算的乘数是 0.1001，结果加上 $[-X]_{补}$ 进行校正，则 $[-X]_{补} = 1.0110$。

考虑到运算时可能出现部分积的绝对值大于 1 的情况，所以被乘数和部分积采用双符号位。计算过程如表 2-6 所示。结果为$[X\times Y]_{补}$=1.10111010，所以 $X\times Y$= –0.01000110B。

表 2-6　例 2-28 的计算过程

部　分　积	乘　数	注　　释
00.0000 + 00.1010	1001	开始时，部分积 Z_0=0。乘数中当前考虑的数位为 1，加上$[X]_{补}$
00.1010 00.0101 + 00.0000	0 100	右移一位，得到新部分积 Z_1。乘数中当前考虑的数位为 0，加上 0
00.0101 00.0010 + 00.0000	10 10	右移一位，得到新部分积 Z_2。乘数中当前考虑的数位为 0，加上 0
00.0010 00.0001 + 00.1010	010 1	右移一位，得到新部分积 Z_3。乘数中当前考虑的数位为 1，加上$[X]_{补}$
00.1011 00.0101	1010	右移一位，得到新部分积 Z_4
+ 11.0110		加上$[-X]_{补}$进行校正
11.1011	1010	得到$[X\times Y]_{补}$的结果

由上例可见，采用补码进行乘法，乘积的符号是在计算中自然得到的，这是补码运算的一个共同特点，也是与原码乘法的一个重要区别。

上述校正法的运算过程与乘数的符号有关。虽然可以将被乘数与乘数交换位置，使得乘数尽可能为正，以避免校正操作，但是当被乘数与乘数均为负数时，校正操作就不可避免了。所以校正法的控制逻辑比较复杂。为此，英国计算机专家布斯（A.D.Booth）于 1956 年提出了不用考虑操作数符号、可以用统一的规则进行计算的"布斯算法"。

3．布斯算法

设被乘数 X 的补码$[X]_{补}=x_0.x_1x_2\cdots x_{N-1}$，乘数 Y 的补码为$[Y]_{补}=y_0.y_1y_2\cdots y_{N-1}$，按校正法的原则，$[X\times Y]_{补}$可以统一表示成

$$[X\times Y]_{补} = [X]_{补}\times 0.y_1y_2\cdots y_{N-1} + y_0\times[-X]_{补}$$

当乘数 Y 的符号为正时，$y_0 = 0$，不需校正，否则需要校正。

由于在 mod 2 的意义下，$[-X]_{补}=-[X]_{补}$（证明留作习题），因此

$$\begin{aligned}
[X\times Y]_{补} &= [X]_{补}\times 0.y_1y_2\cdots y_{N-1} - y_0\times[X]_{补}\\
&= [X]_{补}\times(-y_0 + y_1\times 2^{-1} + y_2\times 2^{-2} + \cdots + y_{N-1}\times 2^{-(N-1)})\\
&= [X]_{补}\times[(y_1-y_0) + (y_2-y_1)\times 2^{-1} + \cdots + (y_{N-1}-y_{N-2})\times 2^{-(N-2)} + (0-y_{N-1})\times 2^{-(N-1)}]\\
&= [X]_{补}\times[(y_1-y_0) + (y_2-y_1)\times 2^{-1} + \cdots + (y_{N-1}-y_{N-2})\times 2^{-(N-2)} + (y_N-y_{N-1})\times 2^{-(N-1)}]
\end{aligned}$$

其中，$y_N = 0$。

这样，设部分积的初值 Z_0=0，可得递推公式为

$$\begin{aligned}
Z_0 &= 0\\
Z_1 &= 2^{-1}[Z_0 + (y_N - y_{N-1})[X]_{补}]\\
Z_2 &= 2^{-1}[Z_1 + (y_{N-1} - y_{N-2})[X]_{补}]
\end{aligned}$$

$$Z_i = 2^{-1}[Z_{i-1} + (y_{N-i+1} - y_{N-i})[X]_{补}]$$

$$Z_{N-1} = 2^{-1}[Z_{N-2} + (y_2 - y_1)[X]_{补}]$$

$$[X \times Y]_{补} = Z_N = Z_{N-1} + (y_1 - y_0)[X]_{补}$$

以上每步操作都是由 $y_i - y_{i-1}(i = N, N-1, \cdots, 3, 2)$ 的值决定原部分积是加上$[X]_{补}$、$[-X]_{补}$或0（判断原则如表2-7所示），然后右移1位，得到新的部分积。如此重复 $N-1$ 步，第 N 步由 $y_1 - y_0$ 的取值决定原部分积是加上$[X]_{补}$、$[-X]_{补}$或0，但不移位，从而得到最后结果$[X \times Y]_{补}$。

注意：布斯算法属于补码乘法算法，符号位是参与运算的。

【**例2-29**】 已知 $X = 0.1010B$，$Y = -0.0111B$，用布斯算法求 $X \times Y = ?$

解：被乘数补码为$[X]_{补}=0.1010$，乘数补码为$[Y]_{补}=1.1001$。校正数为$[-X]_{补}=1.0110$。

计算过程如表2-8所示，其中乘数的符号位也参与运算。最后结果$[X \times Y]_{补}=1.10111010$，所以 $X \times Y = -0.01000110B$。

表2-7 y_i-y_{i-1} 的取值对操作的影响

$y_{i-1}y_i$	y_i-y_{i-1}	操 作
00	0	加上0，即直接右移1位
01	1	加上$[X]_{补}$，再右移1位
10	–1	加上$[-X]_{补}$，再右移1位
11	0	加上0，即直接右移1位

表2-8 例2-29的计算过程

部分积	乘数	附加位	注 释
00.0000 +11.0110	11001 y_{i-1}	0 y_i	开始时，部分积$Z_0=0$ $y_{i-1}y_i$ 为10，加上$[-X]_{补}$
11.0110 11.1011 + 00.1010	0 1100	1	右移一位，得到新部分积Z_1 $y_{i-1}y_i$ 为01，加上$[X]_{补}$
00.0101 00.0010 + 00.0000	10 110	0	右移一位，得到新部分积Z_2 $y_{i-1}y_i$ 为00，加上0
00.0010 00.0001 + 11.0110	010 11	0	右移一位，得到新部分积Z_3 $y_{i-1}y_i$ 为10，加上$[-X]_{补}$
11.0111 11.1011 + 00.0000	1010 1	1	右移一位，得到新部分积Z_4 $y_{i-1}y_i$ 为11，加上0
11.1011	1010 1		第5步运算结束后，不再右移

【**例2-30**】（2010年硕士研究生入学统一考试计算机专业基础综合考试试题）

假定有4个整数用8位补码分别表示为r1=FEH，r2=F2H，r3=90H，r4=F8H。若将运算结果存放在一个8位的寄存器中，则下列运算会发生溢出的是（   ）。

A. r1*r2   B. r2*r3   C. r1*r4   D. r2*r4

答：r1=FEH=1111 1110B，其对应的原码=1000 0010B，对应的真值为-2。
r2=F2H=1111 0010B，其对应的原码=1000 1110B，对应的真值为-14。
r3=90H=1001 0000B，其对应的原码=1111 0000B，对应的真值为-112。
r4=F8H=1111 1000B，其对应的原码=1000 1000B，对应的真值为-8。
8位补码乘法所能表示的范围是-128～+127，显然r2*r3超过这个范围。故选B。

2.2.5 除法运算

1. 笔算除法分析

以定点小数除法为例，设被除数（Dividend）X=+0.1010B，除数（Divisor）Y=–0.1101B。求 X÷Y 的商（Quotient）和余数（Remainder）。

首先在笔算除法中，商的符号是心算求得：若两个操作数同号则为正，否则为负。所以本例中，商的符号为负号。数值部分以操作数的绝对值进行运算，具体运算步骤如下：

```
              0.1 1 0 0
      1101 | 1010 0
              110 1
              0011 10
                11 01
              0000 010
                 0 000
              0000 0100
                   0000
              0000 0100
```

所以，商为 0.1100B，余数为 0.00000100B。

从上面例子可以看出，笔算除法的规则：每次上商都由心算来比较余数（被除数）和除数的大小（皆指绝对值，下同）。余数大，则上商"1"，否则上商"0"。另外，每做一次减法，余数保持不动，低位补 0，再减去右移后的除数。

若用计算机来实现上述规则是很困难的。首先，计算机不会心算；其次，"余数不动，减去右移后的除数"要求加法器的位数必须是除数的 2 倍，实现代价太高。

为此，计算机将根据"余数（被除数）减去除数"所得新余数的符号来比较它们的大小。若新余数的符号为正，则上商"1"，否则上商"0"。

"余数不动，除数右移 1 位"可以变换成"余数左移 1 位，除数不动"，这样就可以使用相同的加法器来实现减法运算。不过最后得到的余数必须乘以 2^{-n} 才是真正的余数（n 为操作数中数值部分的位数）。

另外，除法的基本要求是：除数不能为零，商的位数应等于操作数的位数。

2. 原码恢复余数除法

原码除法的一个特点就是：符号位单独处理，操作数的绝对值相除。

设被除数 X 的原码 $[X]_原 = x_0.x_1x_2 \cdots x_{n-1}$，除数 Y 的原码 $[Y]_原 = y_0.y_1y_2 \cdots y_{n-1}$，则

$$[X \div Y]_原 = (x_0 \oplus y_0) \times (0.x_1x_2 \cdots x_{n-1} \div 0.y_1y_2 \cdots y_{n-1})$$

下面介绍原码除法的实现步骤。假设上商 1，将被除数（或"当前余数"）减去除数，如果得到的"新余数"大于 0，则表明假设成立，上商 1；否则，假设不成立，应该上商 0。

为了降低成本，计算机只设置一个存放余数的寄存器。而上述运算结束时，这个余数寄存器中保存的是"新余数"的值，原先的被除数（或"当前余数"）已被"新余数"覆盖。

相对于上商 1 得到的"新余数"，上商 0 得到的"新余数"称为"伪新余数"，而要计算

下一位商，使用"伪新余数"是不行的。

通过观察笔算除法可看出，上商 0 的"新余数"必须是原先的余数，所以需要将目前余数寄存器中的"伪新余数"加上除数，恢复为原先的余数。这才是上商 0 的"新余数"。

无论上商 1 还是上商 0，为了正确地计算下一位商，都需要将"新余数"左移 1 位（实现在"新余数"后面添上一位"0"），从而得到新的用于计算下一个商的"当前余数"。

重复上述处理，直至得到 n 位的商。

下面通过一个例子来说明原码除法的操作过程。

【例 2-31】 设被除数 X= +0.1010B，除数 Y= –0.1101B。求 $X÷Y$=?

解： $[X]_原$=0.1010B，$[Y]_原$=1.1101B，所以商的符号等于 0⊕1=1。

记 X 的绝对值为 X^*=0.1010B，Y 的绝对值为 Y^*=0.1101B，则商的绝对值等于 $X^*÷Y^*$。由于要做"余数（被除数）减去除数"的操作，而在计算机中这个操作是通过"余数（被除数）加上负的除数的补码"来完成的，因此需要先给出$[-Y^*]_补$。因为$[Y^*]_补$=0.1101B，所以$[-Y^*]_补$=1.0011B。表 2-9 给出了计算机实现的 $X^*÷Y^*$ 的计算过程，其中操作数采用双符号位。

表 2-9 例 2-31 采用"恢复余数除法"的计算过程

操 作	被除数（当前余数）	填 商	注 释
	00.1010		
加上$[-Y^*]_补$	+ 11.0011		
	11.1101	0	余数为负，上商 0
加上$[Y^*]_补$	+ 00.1101		
	00.1010		恢复余数
左移 1 位	01.0100	0	
加上$[-Y^*]_补$	+ 11.0011		
	00.0111	01	余数为正，上商 1
左移 1 位	00.1110	01	
加上$[-Y^*]_补$	+ 11.0011		
	00.0001	011	余数为正，上商 1
左移 1 位	00.0010	011	
加上$[-Y^*]_补$	+ 11.0011		
	11.0101	0110	余数为负，上商 0
加上$[Y^*]_补$	+ 00.1101		
	00.0010		恢复余数
左移 1 位	00.0100	0110	
加上$[-Y^*]_补$	+ 11.0011		
	11.0111	01100	余数为负，上商 0
加上$[Y^*]_补$	+ 00.1101		
	00.0100		恢复余数（最终余数）

所以，$X^*÷Y^*$ 的商是 0.1100B，余数 0.0100B×2^{-4}=0.00000100B。

由于这个原码算法中，一旦上商 0，就需要恢复余数后才能计算下一位商，故称其为"恢复余数除法"。由于它在计算过程中需要恢复余数，因此运算速度变慢，而且恢复余数的次数事先是未知的，所以不能预先确定运算步数，这样控制逻辑就会变得复杂。

能否找到能够预先确定运算步数的算法呢？这就引出了"加减交替除法"。

3．原码加减交替除法

在运用"恢复余数除法"中人们发现，可以用"分而治之（Divide and Conquer）"的思想将余数 R_1 分成"正余数"和"负余数"。

若 $R_1 \geq 0$，则上商 1，然后将余数左移 1 位（相当于在余数后添上个 0，这等价于将余数乘 2 倍），再减去除数 Y^*，从而得到用于判断下一位商的余数 R_2，即 $R_2=2R_1-Y^*$。

若 $R_1<0$，则上商 0。这时先恢复原先的余数（执行"余数 R_1 加上除数 Y^*"），再将恢复好的原先余数左移一位（等价于 2 倍的余数 R_1 与除数 Y^* 之和），再减去除数 Y^*，从而得到余数 R_2。不难看出，$R_2=2(R_1+Y^*)-Y^*=2R_1+Y^*$。

由上述分析可看出，在得到当前的商后，要计算下一位商而执行的操作如下。

❖ 若当前商为 1，则其后操作是余数左移 1 位（2 倍的余数）减去除数。
❖ 若当前商为 0，则其后操作是余数左移 1 位（2 倍的余数）加上除数。

这就是不再需要"恢复余数"、能够预先确定运算步数的、速度更快的"加减交替除法"。

总结"加减交替除法"的步骤如下：先将被除数（或"当前余数"）减去除数，如果得到的"新余数"大于零，则上商 1，否则上商 0；再将"新余数"左移 1 位，得到新的"当前余数"；若上商 1，则将"当前余数"减去除数，否则将"当前余数"加上除数得到"新余数"；根据"新余数"的符号决定下一位商；重复上述处理，直至得到 n 位的商。

下面用"加减交替除法"重新计算例 2-31。计算过程如表 2-10 所示，最后一步由于不再需要计算新的商，因此不再将余数左移 1 位。但是本例中最后上商是 0，所以还需加上除数，以恢复原先的余数。

表 2-10　例 2-31 采用"加减交替除法"的计算过程

操　作	被除数（当前余数）	填　商	注　释
	001010		
加上 $[-Y^*]_\text{补}$	＋11.0011		减去除数
	11.1101	0	余数为负，上商 0
左移 1 位	11.1010	0	
加上 $[Y^*]_\text{补}$	＋00.1101		加上除数
	00.0111	01	余数为正，上商 1
左移 1 位	00.1110	01	
加上 $[-Y^*]_\text{补}$	＋11.0011		减去除数
	00.0001	011	余数为正，上商 1
左移 1 位	00.0010	011	
加上 $[-Y^*]_\text{补}$	＋11.0011		减去除数
	11.0101	0110	余数为负，上商 0
左移 1 位	10.1010	0110	
加上 $[Y^*]_\text{补}$	＋00.1101		加上除数
	11.0111	01100	余数为负，上商 0
加上 $[Y^*]_\text{补}$	＋00.1101		加上除数
	00.0100		恢复余数（最终余数）

可以看出,"加减交替除法"与"恢复余数除法"的结果是相同的。X*÷Y*的商是 0.1100B,余数为 0.00000100B。

最后介绍"除法溢出"的定义。对于计算机的定点小数除法而言,商也必须是定点小数。这就要求被除数的绝对值必须小于除数的绝对值。也就是说,第一次上商必须是 0,否则视为"溢出"。

同理,定点整数除法必须遵循如下原则:结果也必须是定点整数。这就要求被除数的绝对值必须大于或等于除数的绝对值。也就是说,第一次上商必须是 1,否则认为商等于 0。

【例 2-32】下列关于原码加减交替除法(也叫不恢复余数除法)的说法,正确的是( )。
  A. 当某一步的余数为负时,停止计算
  B. 当某一步的余数为正时,改为进行加法计算
  C. 整个运算过程中不会做恢复余数操作
  D. 仅当最后一步的余数为负时,需要将恢复为原先正的余数
  答: A 和 B 明显是错的。由于 D 是正确的,因此 C 是错误的,故选 D。

2.2.6 算术逻辑单元

通常,CPU 中包含的 ALU(算术逻辑单元)是指面向定点数的算术逻辑单元,它的功能是对定点数进行各种算术运算或逻辑运算。面向浮点数的运算部件,早期是以协处理器的形式单独存在的,如 Intel 8087、80287 和 80387。随着集成电路技术的发展,用于浮点运算的协处理器也被集成到 CPU 中,并被改称为浮点部件。由于组成浮点部件的阶码运算器和尾数运算器都是定点运算器,考虑篇幅的限制,所以本书只介绍面向定点数的 ALU。

1.3.1 节中已经介绍了,ALU 内部由加法器(也叫算术运算单元 AU)、逻辑运算器(也叫逻辑运算单元 LU)、移位器、求补器组成。ALU 外部逻辑电路如图 2-5 所示,A 和 B 为源操作数输入缓冲寄存器,SUM 为运算结果(目的操作数)输出缓冲寄存器,对源操作数进行何种运算由操作命令信号控制,运算结果的属性会输出到零标志 ZF、溢出标志 OF、符号标志 SF 和进位标志 CF 等标志位中。

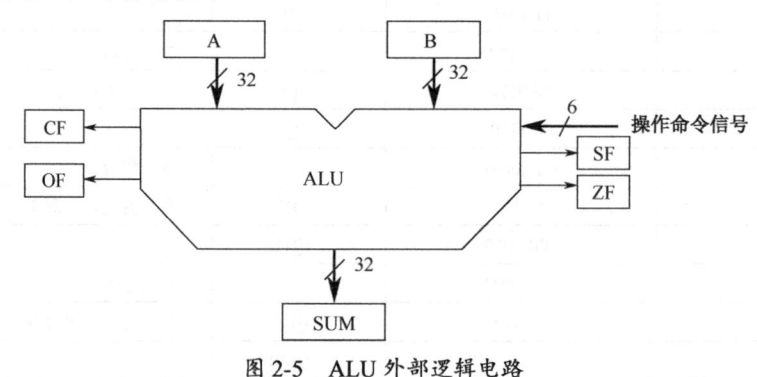

图 2-5 ALU 外部逻辑电路

1. 串行加法器

构成加法器的基本逻辑单元是全加器(Full Adder,FA)。全加器接收 2 个"本位加数"A_i、B_i 和低位传来的进位 C_{i-1},输出"本位和"$S_i = A_i \oplus B_i \oplus C_{i-1}$ 以及向高位的进位 $C_i =$

$A_iB_i+(A_i+B_i)C_{i-1}$，如图 2-6 所示。由于 A_i 与 B_i 皆为 1 时，$C_i=1$，因此称 A_iB_i 为本地进位，记为 G_i；当 $(A_i+B_i)=1$ 时，C_{i-1} 将传递给 C_i，因此称 $(A_i+B_i)C_{i-1}$ 为传递进位，(A_i+B_i) 为传递条件，传递条件记为 P_i，则 $C_i= G_i+ P_iC_{i-1}$。

因此，从收到 C_{i-1} 到产生 C_i 需要 2 级门延迟，从 A_i、B_i 和 C_{i-1} 就绪到产生和数 S_i 需要 3 级门延迟。

图 2-6 全加器逻辑

由一个 FA 实现的加法器称为串行加法器。使用串行加法器进行加法运算时，数据是逐位、串行输入 FA 的。n 位数据的加法需要进行 n 个操作，每次产生的进位信号要存入"进位触发器"，以完成下一位运算，每次产生的"本位和"依次存入一个移位寄存器。

串行加法器具有器件少、成本低的优点，但速度慢，早期曾出现在少数专用运算器上。

2．并行加法器

全加器的个数与操作数的位数相同的加法器称为并行加法器。n 位的并行加法器由 n 个全加器顺序连接而成，如图 2-7 所示。事实上，图 2-7 中的并行加法器只能"串行"工作，因为高位的运算需要等待来自低位的进位信号，而进位信号是从低位逐步传播到高位。故此，这种并行加法器称为行波进位加法器 CRA（Carry Ripple Adder）。

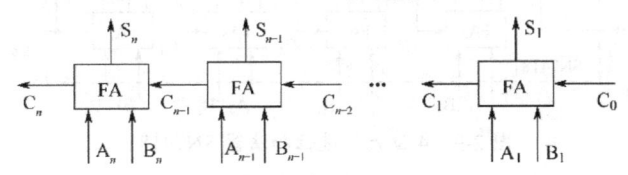

图 2-7 n 位并行加法器

以 4 位 CRA 为例，它的 4 个进位信号可以表示为

$$\begin{aligned} C_1 &= G_1 + P_1C_0 \\ C_2 &= G_2 + P_2C_1 \\ C_3 &= G_3 + P_3C_2 \\ C_4 &= G_4 + P_4C_3 \end{aligned} \quad (2.2)$$

因为从下一级进位信号输入到 FA 输出本地进位信号，需要经过 2 级门延迟，所以一个 n 位的 CRA 从 C_0 输入到输出 C_n 的时间为 $2n$ 级门延迟，输出 S_n 的延迟为 $2n+1$ 级门延迟。可见，尽管 CRA 结构简单，所需元器件较少，但是计算的时间较长，其原因是各全加器是串行工作。

为了让各全加器"并行"工作，需要引入并行进位链—能够并行生成与传递加法器中所有进位信号的逻辑电路。常见的并行进位链有单重分组和多重分组两种。

式(2.2)可以变为

$$\begin{aligned} C_1 &= G_1+P_1C_0 \\ C_2 &= G_2+P_2C_1 = G_2+P_2G_1+P_2P_1C_0 \\ C_3 &= G_3+P_3C_2 = G_3+P_3G_2+P_3P_2G_1+P_3P_2P_1C_0 \\ C_4 &= G_4+P_4C_3 = G_4+P_4G_3+P_4P_3G_2+P_4P_3P_2G_1+P_4P_3P_2P_1C_0 \end{aligned} \quad (2.3)$$

这样，上一级进位信号的产生就不再依赖于下一级进位信号，而且 4 个进位信号只需要经过"与门"和"或门"两级门延迟就可同时生成。实现上述表达式的逻辑电路称为先行进位（Carry Look Ahead，CLA）链或超前进位链，如图 2-8 所示。

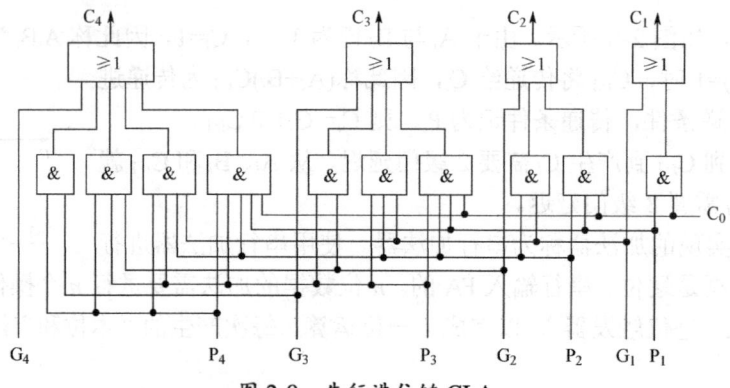

图 2-8 先行进位链 CLA

4 位 CLA 与 4 个全加器可以组成一个 4 位的先行进位加法器，SN74181 就是这样一种 4 位 ALU 芯片，其内部的 4 个进位信号是同时产生的，如图 2-9 所示。

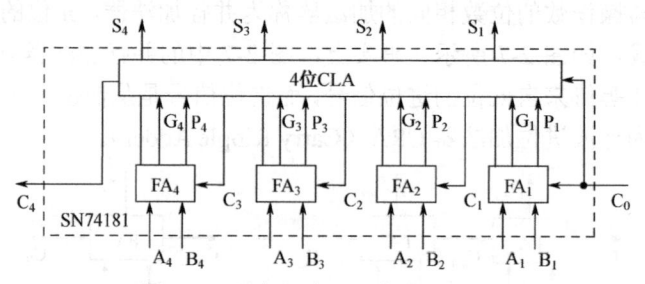

图 2-9 4 位先行进位加法器 SN74181

当需要一个 16 位的加法器时，可用 4 片 SN74181 串行连接而成，如图 2-10 所示。若称 1 片 SN74181 为 1 组，则这样的并行进位链属于所谓的"单重分组进位"——组内并行进位，组间串行进位。

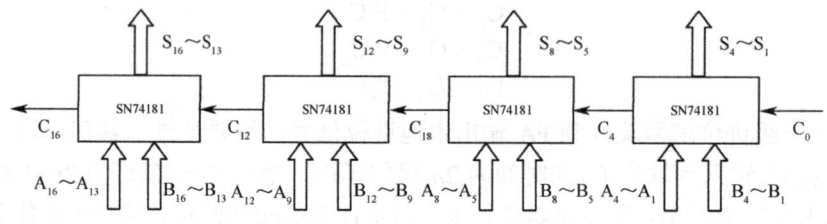

图 2-10 16 位单重分组加法器

若想加快运算速度，就要考虑组间并行进位，即让 C_4、C_8、C_{12} 和 C_{16} 同时产生。

根据式(2.2)，$C_4 = G_4 + P_4 C_3 = G_4 + P_4 G_3 + P_4 P_3 G_2 + P_4 P_3 P_2 G_1 + P_4 P_3 P_2 P_1 C_0$。

$G_4 + P_4 G_3 + P_4 P_3 G_2 + P_4 P_3 P_2 G_1$ 记为 D_1，$P_4 P_3 P_2 P_1$ 记为 T_1，则 $C_4 = D_1 + T_1 C_0$。

同理，$C_8 = D_2 + T_2 C_4$，$C_{12} = D_3 + T_3 C_8$，$C_{16} = D_4 + T_4 C_{12}$。进一步采用带入展开的方法，可得：

$$\begin{aligned}
C_4 &= D_1 + T_1 C_0 \\
C_8 &= D_2 + T_2 D_1 + T_2 T_1 C_0 \\
C_{12} &= D_3 + T_3 D_2 + T_3 T_2 D_1 + T_3 T_2 T_1 C_0 \\
C_{16} &= D_4 + T_4 D_3 + T_4 T_3 D_2 + T_4 T_3 T_2 D_1 + T_4 T_3 T_2 T_1 C_0
\end{aligned} \quad (2.4)$$

对比式(2.3)和式(2.4)的右侧可以看出，除了所用的字母不同，其逻辑是完全相同的，完全可以用相同的逻辑电路来实现。不过，它们的功能毕竟是不同的，前者是为了得到组内的进位信号，后者是为了得到组间的进位信号，所以称实现式(2.4)的逻辑电路为成组先行进位（Block Carry LookAhead，BCLA）链。

SN74182 就是一个 BCLA 部件。1 片 SN74182 可实现串行连接的 4 片 SN74181 的组间并行进位，从而构成双重分组并行进位链——组内、组间都并行进位，如图 2-11 所示。

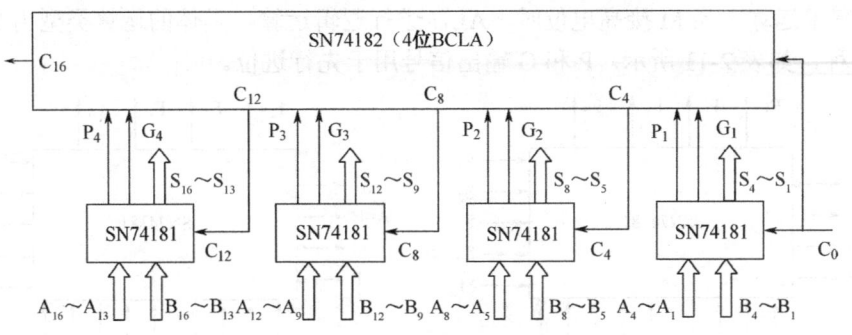

图 2-11　16 位双重分组先行进位加法器

需要说明的是，SN74181 为了配合 SN74182 工作，除了可以直接输出 C_{n+4}，还输出 D 和 T。只不过为了名称上的统一，输出 D 和 T 信号的管脚被命名为 P 和 G。

两个这样的 16 位 ALU（1 片 SN74182 加 4 片 SN74181）串行连接构成 32 位 ALU（2 片 SN74182+8 片 SN74181）。若这样的 16 位 ALU 称为一大组，则大组间是串行进位的。若想进一步加快速度，可考虑大组间并行进位。用 1 片 SN74182 可实现串行连接的两个这样的 16 位 ALU 的大组间并行进位，从而实现三重分组并行进位的 32 位 ALU（3 片 SN74182+8 片 SN74181）。请读者自行画出它的逻辑示意图。

【例 2-33】试比较单重分组和双重分组跳跃进位链。

答：单重分组跳跃进位链是将 n 个全加器分成若干小组，小组内的进位信号同时产生，小组间则仍然是串行进位，即"组内并行，组间串行"。

双重分组跳跃进位链将 n 个全加器先分成几个大组（如 2 个），每个大组分为若干小组。大组与大组之间的进位信号是串行产生的，但大组内各小组的最高位进位是同时产生的，各小组内其余的进位信号也是同时产生的，即"组内并行，组间也并行"。

双重分组比单重分组的速度快，但线路更复杂。

【例 2-34】 SN74181 和 SN74182 芯片分别是 4 位 ALU 部件和 4 位 BCLA（成组先行进位）部件，用它们构成 64 位快速 ALU 时，需要 SN74181 和 SN74182 的片数分别是（　　）。

A. 8、2　　　　　B. 8、3　　　　　C. 16、4　　　　　D. 16、5

答：D。

【例 2-35】欲组成 32 位的具有两级分组先行进位链的 ALU，需要 SN74181 和 SN74182 的片数分别是（　　）。

A. 8、4　　　　　B. 8、2　　　　　C. 16、4　　　　　D. 16、2

答：B。

【例 2-36】4 片 SN74181ALU 与 1 片 SN74182BCLA 组成的 16 位 ALU 具有（　　）功能。

A. 组内行波进位，组间行波进位　　　　B. 组内先行进位，组间先行进位
C. 组内先行进位，组间行波进位　　　　D. 组内行波进位，组间先行进位

答：B。

3. ALU 举例：SN74181 和 SN74182

SN74181 是典型的 4 位 ALU，其具体实现分为正逻辑和负逻辑两种，如图 2-12 所示。其中，$A_3A_2A_1A_0$ 和 $B_3B_2B_1B_0$ 为两个操作数输入，$F_3F_2F_1F_0$ 为运算结果输出，C_{-1} 为输入的最低位进位信号，C_{n+4} 为输出的最高位进位信号，M 为运算模式选择管脚。当 M 接低电位时，ALU 进行算术运算；当 M 接高电位时，ALU 进行逻辑运算。具体的运算类型由 $S_3S_2S_1S_0$ 决定，共 16 种，如表 2-11 所示。P 和 G 输出信号用于先行进位。

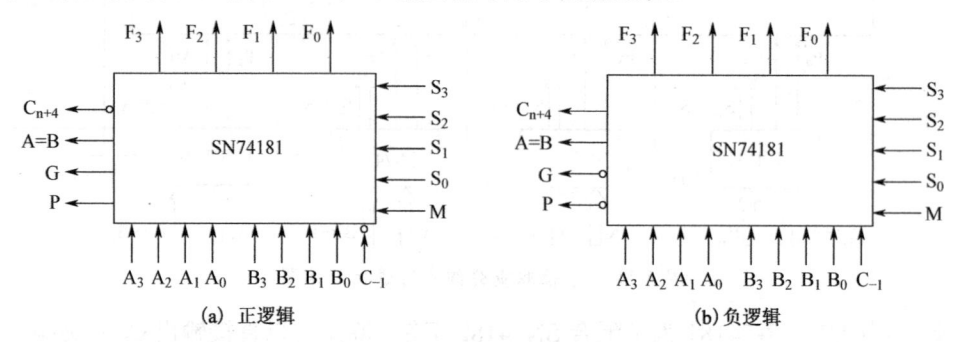

图 2-12 SN74181 管脚

表 2-11 SN74181 的功能表

运算类型选择输入 $S_3S_2S_1S_0$	正逻辑 逻辑运算	正逻辑 算术运算（$C_{-1}=1$）	负逻辑 逻辑运算	负逻辑 算术运算（$C_{-1}=0$）
0000	$F=\overline{A}$	$F=A$	$F=\overline{A}$	$F=A-1$
0001	$F=\overline{A+B}$	$F=A+B$	$F=\overline{AB}$	$F=AB-1$
0010	$F=\overline{A}B$	$F=A+\overline{B}$	$F=\overline{A}+B$	$F=A\overline{B}-1$
0011	$F=$逻辑0	$F=F-1$	$F=$逻辑1	$F=F-1$
0100	$F=\overline{AB}$	$F=A+A\overline{B}$	$F=\overline{A}+B$	$F=A+(A+\overline{B})$
0101	$F=\overline{B}$	$F=(A+B)+A\overline{B}$	$F=\overline{B}$	$F=AB+(A+\overline{B})$
0110	$F=A\oplus B$	$F=A-B-1$	$F=\overline{A\oplus B}$	$F=A-B-1$
0111	$F=A\overline{B}$	$F=A\overline{B}-1$	$F=A+\overline{B}$	$F=A+\overline{B}$
1000	$F=\overline{A}+B$	$F=A+AB$	$F=\overline{A}B$	$F=A+(A+B)$
1001	$F=\overline{A\oplus B}$	$F=A+B$	$F=A\oplus B$	$F=A+B$
1010	$F=B$	$F=(A+\overline{B})+AB$	$F=B$	$F=A\overline{B}+(A+B)$
1011	$F=AB$	$F=AB-1$	$F=A+B$	$F=A+B$
1100	$F=$逻辑1	$F=A+A^*$	$F=$逻辑0	$F=A+A^*$
1101	$F=A+\overline{B}$	$F=(A+B)+A$	$F=A\overline{B}$	$F=AB+A$
1110	$F=A+B$	$F=(A+\overline{B})+A$	$F=AB$	$F=A\overline{B}+A$
1111	$F=A$	$F=A-1$	$F=A$	$F=A$

注：1 表示高电平，0 表示低电平；A*=2A，即 A 左移 1 位

SN74181 的算术运算基于补码，减数的反码由内部电路产生，"末位加 1"则通过 $C_{-1}=0$（正逻辑）或 $C_{-1}=1$（正逻辑）来实现。

SN74182 是专门配套 SN74181 的 BCLA 部件，其主要管脚信号如图 2-13 所示。其中，P*和 G*信号分别是成组进位传递信号和成组进位产生信号，其作用类似 SN74181 中的 P 和

G，可用于实现更高一级的先行进位。

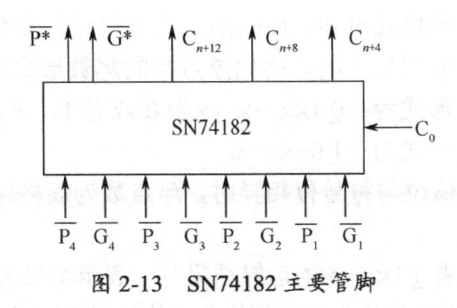

图 2-13　SN74182 主要管脚

2.3　浮点数的运算

2.3.1　浮点数加、减运算

尽管规格化的浮点数尾数是定点小数且数值最高位总是 1，但浮点数小数点的实际位置却是取决于它的阶码。而作加、减运算时小数点必须是对齐的，所以阶码不相等的两个浮点数不能直接进行加、减运算的。浮点数加、减运算的步骤如下。
① 对阶：使两个操作数的小数点对齐。
② 尾数求和：将对阶后的两个尾数按定点加、减运算规则求和、差。
③ 规格化：若运算结果是非规格化的，则要进行规格化后才能输出。
④ 舍入：为保证精度，要考虑尾数右移时丢失的数值位是否需要舍入。
⑤ 溢出判断。

1. 对阶（Exponent Matching）

让两个浮点数的小数点对齐，并不需要将浮点数还原为定点小数，只要将较小的阶码向较大的阶码看齐就行，这就是对阶。对阶的具体步骤是：先求阶差 N，再让阶小的浮点数尾数向右移 N 位；每移 1 位，阶码加 1，直至两个阶码相等。

注意：在尾数右移的过程中，可能会丢失数值，损失精度。

2. 尾数求和（Addition of the Mantissas）

无论两个尾数的符号是否相同，采用补码表示后都按定点加法运算规则求和。为了便于处理可能出现的"溢出"，参与运算的操作数采用双符号位。

【例 2-37】　设 X= +0.1110101B×2^{01B}，Y= – 0.1001100B×2^{11B}，求 $X+Y$？

解：先写出$[X]_补$ = 0 01 0 1110101B，$[Y]_补$ = 0 11 1 0110100B。

X 阶码的补码$[E_X]_补$=0 01B，Y 阶码的补码$[E_Y]_补$=0 11B。

求阶差 N。$[N]_补$ = $[E_X]_补$ – $[E_Y]_补$ = $[E_X]_补$ + $[-E_Y]_补$= 0 01B+1 01B =1 10B。

N 为负数，表示 X 的阶码小。按照"小阶向大阶看齐"的原则，将 X 的尾数向右移 2 位。得到的$[X]'_补$ = 0 11 0 0011101B。

X 尾数的补码$[M_X]'_补$=00 0011101B，Y 尾数的补码$[M_Y]_补$=11 0110100B。

求和结果为 11 1010001B。$[X+Y]_补$ = 0 11 1 1010001B，则 $X+Y$= –0.0101111B×2^{11B}。

3. 规格化（Normalizing）

由前面介绍的浮点数表示格式可知，原码形式的规格化浮点数的尾数 M 最高位为 1，即 $1 > M \geq 0.5$。由此可以推导出补码形式的规格化浮点数的尾数形式。

对于正尾数，其规格化形式为：0 1××…×（×为 0 或者 1，下同）。

对于负尾数，其规格化形式为：1 0××…×。

可见，当尾数的最高数值位与符号位相异时，浮点数为规格化浮点数。那么，例 2-25 的运算结果就是非规格化的。

当出现形如 0 0××…×或者 1 1××…×的运算结果时，表示结果的绝对值小于 0.5，可将其左移来实现规格化。这样的处理过程称为向左规格化，其处理规则是，尾数左移 1 位，阶码减 1。

另外，在采用双符号位的运算中可能出现两个符号位不相等的现象，比如 01××…×或者 10××…×。这在定点加、减运算中就算是溢出了，但在浮点加、减运算中表示结果的绝对值大于 1，最高符号位总是表示结果的符号，可将其右移 1 位以实现其规格化。这样的处理过程被称为向右规格化，其处理规则是，尾数右移 1 位，阶码加 1。01××…×向右规格化的结果是 00 1×…×，10××…×向右规格化的结果是 11 0×…×。

4. 舍入（Rounding）

在对阶和向右规格化的过程中，可能会出现尾数的低位被移出字长的现象。同时，这些被移出的数位又有可能在向左规格化的过程中被重新移回。为此在设计运算器时，存储运算结果的机器字通常要在标准浮点数尾数格式的后部增加若干位，以保存从尾数中移出的数位，这些附加的数位称为"保护位（Guard Bits）"。

在形成最终结果时，需要对"保护位"进行舍入处理，使数据符合标准浮点数尾数格式，并获得较高的精度。

设计舍入处理方法的原则是：数据误差尽可能小，误差范围对称，平均误差为零；简单、易于机器实现，处理时间短。常见的舍入处理方法有截断法、0 舍 1 入法、恒置 1 法、查表舍入法等。

① 截断法：将"保护位"简单地截去。这是一种偏倚的（Biased）舍入处理方法，最大误差接近于 2^{-m}（m 为尾数数值的位数）。统计平均误差为负且无法调节，有舍无入，有误差累积。该方法的优点是实现最简单，不增加额外的硬件，不需要额外的处理时间。

② 0 舍 1 入法：若"保护位"最高位为 0，则简单截去，否则在尾数数值的最低位加 1。其最大误差是最低位上的–1/2 到接近 1/2 之间，误差范围关于 0 对称。该方法实现较简单，增加硬件很少，是一种较理想的方法。其缺点是处理时间长，需要进行"末位加 1"运算并有可能产生进位。最坏情况下，可能需要从尾数最低位进位至最高位，甚至发生上溢而必须重新向右规格化。需要指出的是，"0 舍 1 入"是针对原码表示的数据而言的，对补码表示的数据则应改为"1 舍 0 入"。

③ 恒置 1 法（又称为"冯·诺依曼舍入法"）。无论当前尾数最低位和"保护位"为何值，恒置尾数最低位为 1。其最大误差是最低位上的–1 到接近 1 之间，误差范围关于 0 对称。其优点是实现简单，不增加硬件和处理时间。其缺点是最大误差最大。

④ 查表舍入法：采用存储逻辑思想，用只读存储器 ROM 存放舍入处理表。以尾数的低 K 位加上"保护位"的最高位为查表地址，以读出的数值替换尾数的低 K 位，从而完成舍入

处理。舍入处理表中的内容由设计者事先填好，通常设计成：当尾数的低 K 位全为 1 时，以截断法进行舍入，即仍输出 K 位的 1，其余情况按"0 舍 1 入法"设置处理结果。查表舍入法集中了上述舍入处理方法的优点，避免了"末位加 1"运算及进位传输时间。由于读 ROM 的时间要比加法时间短，因此该方法速度较快。其缺点是增加硬件，不过随着器件的价格与集成度的改善，使用会越来越多。

5. 溢出判断

判断是否溢出是为了检查结果的正确性。浮点数的溢出表现为阶码的溢出。溢出不会发生在对阶过程中，只会发生在尾数加、减运算或舍入处理过程中。

设阶码采用双符号位，如果阶码的符号位出现 10，则表示浮点数下溢，要置运算结果为浮点数的机器零；如果阶码的符号位出现 01，则表示浮点数上溢，则要置"溢出标志"，由 CPU 的中断处理机构来处理。通常所称"浮点数溢出"均指"上溢"。

【例 2-38】（2009 年硕士研究生入学统一考试计算机专业基础综合考试试题）

浮点数加、减运算过程一般包括对阶、尾数运算、规格化、舍入和判溢出等步骤。设浮点数的阶码和尾数均用补码表示，且位数分别为 5 位和 7 位（均含 2 位符号位），有两个数 $X=2^7\times29/32$，$Y=2^5\times5/8$，则浮点加法运算 $X+Y$ 的最终结果是_____。

A. 00111 1100010　　　　　　　　B. 00111 0100010
C. 01000 0010001　　　　　　　　D. 发生溢出

答：$X=2^7\times29/32$，则 $[X]_原$=00 111;00 11101B。$Y=2^5\times5/8$，则 $[Y]_原$=00 101;00 10100B。加法时，先对阶，小阶向大阶对齐，故 Y 的阶码加 2，$[Y]_原$ 调整为 00 111;00 00101B。

尾数运算的结果为 01 00010B，规格化为 00 10001B，阶码加 1，得 01 000。

没有需要舍入的。由于阶码的双符号位不一致，故判定为溢出，所以选 D。

注意：以 29/32 和 5/8 的形式表示尾数有助于计算二进制形式的尾数。计算它们的十进制数值，再转换成二进制数，会浪费大量的时间，且容易出错。

2.3.2 浮点数乘、除运算

两个浮点数相乘，其乘积的阶码是两个操作数阶码之和，尾数是两个操作数尾数之积。

两个浮点数相除，其商的阶码等于被除数的阶码减去除数的阶码，尾数是被除数的尾数除以除数的尾数得到的商。乘、除运算结果的符号是两个操作数符号异或的结果。

所以，浮点数的乘、除运算需要经过 5 个步骤：阶码加、减，尾数乘、除，规格化，舍入处理，判断溢出。

由于浮点数的阶码常用移码表示，而移码的特点是数值部分与补码相同、只是符号位相反，因此阶码加、减时先要将阶码转换成补码，利用补码加法器执行加法运算，所得结果再重新转换成移码。

浮点数的尾数是带符号位的定点小数，所以尾数乘、除采用前面介绍的定点数乘、除运算方法。结果的符号（尾数的符号）可以在这一阶段确定。

如果尾数乘、除的结果不符合规格化的要求，则需要对尾数进行规格化处理，方法与"浮点数加、减运算"一节中的一致。

在输出最终结果前，还要判断浮点数是否发生溢出。判断及处理原则与"浮点加、减运算"一节相同。

2.4 面向错误检测与纠错的数据编码

在计算机系统工作的过程中，由于受到外界的干扰（如电磁干扰、辐射、震动等）或者机器自身的缺陷（如设备老化、硬盘划伤等），以二进制表示的信息在处理、存储和传输的过程中，某些二进制位会发生"翻转"，即由 1 变成 0 或由 0 变成 1。

为了保证计算结果的正确性，计算机至少应该具有发觉"翻转"发生的能力，进而提示用户采取适当措施加以纠正。理想的情况是，计算机在发觉"翻转"发生后能自动纠正错误。

为此，人们提出了多种具有检错乃至纠错的信息编码。其基本思想是：按照某种规律给现有信息附加上一些冗余编码，附加了冗余编码的信息在通过一些简单电路的处理后就得出是否发生"翻转"的结论，甚至可以确定发生"翻转"的位置进而自动将其纠正。具有上述功能的编码被称为检验码（Check Code）。

根据功能的不同，检验码又分为检错码和纠错码。检错码是指能够发现差错的编码。纠错码是指不仅能够发现差错还能够确定差错位置的编码。设计检错/纠错码的原则是，尽可能用较少的冗余编码位来发现和确定更多的差错，以降低硬件电路的成本。但是在现有水平下，只有冗余编码位越长，其检错/纠错能力才能越强。

1. 奇偶检验码

奇偶检验的原理是：由于二进制表示的每一个数据代码所包含的 1 的个数是确定且固定的，要么是奇数，要么是偶数。只要数据在传输或存储的过程中没有发生数位"翻转"，它所拥有的 1 的奇/偶性保持不变。如果奇/偶性发生改变，则认为有奇数个数位发生了"翻转"。

根据实现方式的不同，奇偶检验分为奇检验（Odd Parity）和偶检验（Even Parity）。奇检验就是检测一个数据代码所拥有的 1 的个数是否是奇数，偶检验就是检测一个数据代码所拥有的 1 的个数是否是偶数。若是，则表示数据正确。否则，数据出错。

奇偶检验码就是给每个数据代码增加一个二进制位作为检验位（Parity Bit）。这个检验位取 0 还是取 1 的原则是，若采用奇检验，则代码中 1 的个数加上检验位共奇数个 1；若采用偶检验，则代码中 1 的个数加上检验位共偶数个 1。

设 n 位数据 D（$d_{n-1}d_{n-2}\cdots d_1 d_0$），它的偶检验位 P= $d_{n-1} \oplus d_{n-2} \oplus \cdots \oplus d_1 \oplus d_0$，奇检验位为 $\overline{P}$。当传送数据 D 时，先根据上述公式计算出检验位 C，并将其加入到数据中，如 C$d_{n-1}d_{n-2}\cdots d_1d_0$，然后发送。在接收端，计算 F=C$\oplus d_{n-1} \oplus \cdots \oplus d_0$。若 F=0，则传送正确，否则出错。

奇偶检验的缺点是，只能发现奇数个数位发生"翻转"的错误。当有偶数个数位发生"翻转"时，它就失去检错能力了。不过，长期实践表明，一个 8 位二进制数据（1 字节）若发生错误，绝大多数都是一个数位的"翻转"。

所以，奇偶检验用于检验 1 字节的代码在工程上是可行的。因此，奇偶检验，以其简单、易行，在计算机的信息传输和存储领域被广泛应用。

2. 海明码

根据信息编码理论，编码的纠错能力与编码的最小码距 L 有关。编码的最小码距是指在一种编码系统中,任意一个正确代码(或称合法代码)变成另一个正确代码必须改变的最少二进制数位。编码的检错、纠错能力与编码最小码距 L 的关系是

$$L-1=C+D \quad 且 \quad C \leqslant D$$

其中,C 为可以纠正错误的位数,D 为可以检测错误的位数。

可见,编码的最小码距 L 越大,它具有的检错、纠错能力就越强。当 $L=3$ 时,这种编码可以检测出两位错误,或者可以检测出并纠正一位错误。前面介绍的奇偶检验码的最小码距为 2,所以只具有一位检错能力而没有纠错能力。

在设计检验码时,最小码距选择为 3 是合理可行的。因为这时,一个合法代码至少有 3 位发生"翻转"(发生的概率极小)才会被误认为是另外一个合法代码,发生 1 位或者 2 位的"翻转"肯定会变成一个非法代码,从而被检测出来。

设欲检测的二进制信息有 n 位,将增加的检测位有 k 位,则得到的检验码有 $n+k$ 位。若希望具有检测出并纠正一位错误的能力(最小码距为 3),则必须能够辨别出错误发生在哪一位,所以 k 个检测位的状态组合应当能区别这 $n+k$ 位中任一位没错或有错,即能区别出 $n+k$ 种状态。**用编码来表示事物,这是典型的计算思维。**

由于 k 个检测位可以形成 2^k 种状态,因此增加的检测位数 k 必须满足 $2^k \geqslant n+k+1$。

基于上述分析,格雷(Marcel Golay)于 1949 年、海明(Richard Hamming)(也译为汉明)于 1950 年分别独立设计了一种具有纠错能力的编码,后来人们称其为海明码/汉明码。海明码的最小码距为 3,具有检测出并纠正一位错误的能力。

【例 2-39】(2013 年硕士研究生入学统一考试计算机专业基础综合考试试题)

用海明码对长度为 8 位的数据进行检/纠错时,若能纠正一位错,则校验码位数至少为_____。

A. 2　　　　　　B. 3　　　　　　C. 4　　　　　　D. 5

答:因为 $2^4 \geqslant 8+4+1$ 而 $2^3<8+3+1$。所以校验码位数值为 4 位。则选择 C。

一些典型信息位长度所需的海明码检验位数如表 2-12 所示。

表 2-12 海明码的检验位数

信息位	检验位
4	3
8	4
16	5
32	6
64	7
128	8

海明码的原理是,在表示数据的信息位中加入若干奇偶检验位,增加数据代码之间的码距,并把数据的信息位分成与检验位数目相同的小组,每个信息位同时分配到几个检验小组,当代码中的某一位发生变化时,就会引起其所在检验小组的奇偶检验位改变,不同代码位上的错误引起检验结果发生不同的变化。这样不仅能够发现代码上出现的错误,还能够确定发生错误的位置。

具体实现方法是,对 $n+k$ 位的信息数位进行编号,从左向右依次为 1, 2, …, $n+k$,检测位分别命名为 C_1, C_2, …, C_k(共 k 位)。这 k 个检测位被分别放置到 $n+k$ 位编号代码中的第 1, 2, 4, 8, …, 2^{k-1} 位上,目的是让它们分别承担包含不同数位所组成的"数位小组"的奇偶检验任务,使这些"数位小组"中 1 的个数为奇数或偶数。

C_1 负责的"数位小组" g_1,包括第 1, 3, 5, 7, 9, 11, 13, 15, …位;

C_2 负责的"数位小组" g_2,包括第 2, 3, 6, 7, 10, 11, 14, 15, …位;

C_3 负责的"数位小组" g_3,包括第 4, 5, 6, 7, 12, 13, 14, 15, …位;

C_4 负责的"数位小组" g_4,包括第 8, 9, 10, 11, 12, 13, 14, 15, 24, …位。

其余检测位负责的"数位小组"所包括的数位可类推。

这样的分组方法有如下特点。

① 每个小组有且仅有一个它独占的数位，即 g_i 小组独占的数位是第 2^{i-1} 位（$i= 1, 2, \cdots$）。

② 每两个小组共同占有一个数位，是其他小组所没有的，即 g_i 小组和 g_j 小组共同占有的数位是第 $2^{i-1}+2^{j-1}$ 位（$i,j = 1, 2, \cdots$）。

③ 每三个小组共同占有一个数位，是其他小组所没有的，即 g_i 小组、g_j 小组和 g_k 小组共同占有的数位是第 $2^{i-1}+2^{j-1}+2^{k-1}$ 位（$i,j,k = 1, 2, \cdots$）。

其余特点可类推。

例如，设信息位为 $b_4b_3b_2b_1$，检测位 C_1、C_2、C_3 的位置安排如下：

二进制数位序号	1	2	3	4	5	6	7
二进制数位名称	C_1	C_2	b_4	C_3	b_3	b_2	b_1

检测位的作用和计算方法如下（设采用偶检验）：

C_1 使第 1, 3, 5, 7 位中 1 的个数呈偶性，即 $C_1= b_4 \oplus b_3 \oplus b_1$；
C_2 使第 2, 3, 6, 7 位中 1 的个数呈偶性，即 $C_2= b_4 \oplus b_2 \oplus b_1$；
C_3 使第 4, 5, 6, 7 位中 1 的个数呈偶性，即 $C_3= b_3 \oplus b_2 \oplus b_1$。

若欲传送的信息位为 1001B，则其检测位为

$C_1= b_4 \oplus b_3 \oplus b_1 = 1 \oplus 0 \oplus 1 = 0$
$C_2= b_4 \oplus b_2 \oplus b_1 = 1 \oplus 0 \oplus 1 = 0$
$C_3= b_3 \oplus b_2 \oplus b_1 = 0 \oplus 0 \oplus 1 = 1$

则 1001B 对应的偶性海明码为 0011001B。

海明码的纠错方法是，根据接收到的（偶性）海明码

1	2	3	4	5	6	7
C_1	C_2	b_4	C_3	b_3	b_2	b_1

分别判断各"数位小组"是否为偶性，并据此形成新的检测位 $P_4P_2P_1$，其中 $P_4= 4 \oplus 5 \oplus 6 \oplus 7$，$P_2= 2 \oplus 3 \oplus 6 \oplus 7$，$P_1= 1 \oplus 3 \oplus 5 \oplus 7$。若 $P_4P_2P_1 = 000$，则表示传输过程中没有出错；否则，表示第 $P_4P_2P_1$ 位在传输过程中发生"翻转"。将其再一次"翻转"即可得到原来正确的信息。

例如，接收到的偶性海明码为 1001101B。通过计算新的检测位 $P_4= 4 \oplus 5 \oplus 6 \oplus 7 = 1 \oplus 1 \oplus 0 \oplus 1 = 1$，$P_2= 2 \oplus 3 \oplus 6 \oplus 7 = 0 \oplus 0 \oplus 0 \oplus 1 = 1$，$P_1= 1 \oplus 3 \oplus 5 \oplus 7 = 1 \oplus 0 \oplus 1 \oplus 1 = 1$，则 $P_4P_2P_1 = 111$，表示第 7 位在传输过程中发生"翻转"。计算机将其纠正即得到正确的海明码为 1001100B，从中提取出传输的信息位为 0100B。

再如，接收到的偶性海明码为 0101010B。通过计算新的检测位 $P_4= 4 \oplus 5 \oplus 6 \oplus 7 = 1 \oplus 0 \oplus 1 \oplus 0 = 0$，$P_2= 2 \oplus 3 \oplus 6 \oplus 7 = 1 \oplus 0 \oplus 1 \oplus 0 = 0$，$P_1= 1 \oplus 3 \oplus 5 \oplus 7 = 0 \oplus 0 \oplus 1 \oplus 0 = 1$，则 $P_4P_2P_1 = 001$，表示第 1 位在传输过程中发生"翻转"。但是这一位是检测位，而检测位出错不会影响传输的信息，所以检测位出错可以不纠正。

对于实际计算机而言，传输的信息位长度一般远远大于 4 位，读者可以根据上述原理，自行推出相应的海明码。

3. 循环冗余检验码

理论上，循环冗余检验码（Cyclic Redundancy Check，CRC）是一种 (n, k) 线性分组检验

码，它的码长是 n 位，有效信息是 k 位。因为 CRC 的编码和检码的电路比较简单，所以广泛应用于辅存与主机之间的数据传送以及计算机之间的数据通信领域。

(1) (n, k)CRC 的工作原理

设欲串行传送的信息 m 是一个 k 位长的二进制位串 $b_{k-1}b_{k-2}\cdots b_1b_0$，将其视为一个 $k-1$ 次二进制多项式的系数，则多项式

$$M(x) = b_{k-1}x^{k-1} + b_{k-2}x^{k-2} + \cdots + b_1x^1 + b_0x^0$$

被称为信息 M 的码字多项式。

设在 M 后部拼接上 r 位检验位后得到 n 位的 CRC，这里 $r=n-k$。这个 CRC 同样是一个二进制位串，也对应一个码字多项式。

每个特定的 (n,k)CRC 码都来源于一个特定的 R 次"生成多项式 $G(x)$"，CRC 的每个码字多项式都是这个"生成多项式"的倍数及其线性组合。换句话说，CRC 的码字多项式能够被其"生成多项式 $G(x)$"整除。

如果收到的 CRC 对应的码字多项式能够被"生成多项式 $G(x)$"整除，则表示传输过程中代码没有发生错误，去掉 CRC 中后 r 位检验码即得到 k 位长的信息 M；否则，表示代码出错，可根据余数可以判断出错位置。由于处理的是二进制数据，所以只要将出错位置的数值翻转（0 变 1 或 1 变 0）即可还原出正确的信息。

(2) CRC 的生成

在传送 k 位长的信息 M 前，先将其左移 r 位，得到 n 位的码字。该码字的后 r 位全为 0，用于接收（拼接）后面计算出来的 r 位检验码。然后将 n 位码字对应的多项式 $M(x) \times x^r$ 除以 r 次"生成多项式 $G(x)$"。除得的 r 位余数就是检验码。

最后将检验码拼接到信息 M 的后部即得到 CRC。

这里用到的除法是"模 2 运算"的除法，即二进制运算时不考虑进位和借位。做"模 2 除法"时上商的原则是，当部分余数的首位是 1 时，则上商 1，否则上商 0。求部分余数的原则是，执行模 2 减法，不计高位，得到部分余数。停止运算的原则是，在被除数逐位除完后，所得余数的位数比除数的位数少 1 位，这时停止运算，所得余数即为检验码。

下面通过一个例子来说明 CRC 码的生成算法。设欲串行传送的信息 M 是一个 4 位长的二进制位串 1100，选用的生成多项式 $G(x) = x^3 + x + 1 = 1 \times x^3 + 0 \times x^2 + 1 \times x^1 + 1 \times x^0$（也记为 1011）。计算 M 的 (7, 4)CRC。

首先，根据 $n=7$，$k=4$，计算检验码的位数 $r=7-4=3$。

然后将信息 M 左移 r 位，得到 n 位的码字 1100000。

从而得到码字多项式 $1 \times x^6 + 1 \times x^5 + 0 \times x^4 + 0 \times x^3 + 0 \times x^2 + 0 \times x^1 + 0 \times x^0$。

将上述码字多项式除以 $G(x)$，简洁起见，这个"模 2 除法"可以表示为

$$\frac{110000}{1011} = 1110 + \frac{010}{1011}$$

即余数为 010。将其拼接到信息 M 的后部，即得到 M 的 (7, 4)CRC 为 1100 010。

(3) CRC 的译码和纠错

对于根据同一个"生成多项式 $G(x)$"计算的 (n, k) CRC，余数与出错位置的关系（称为出错模式）是固定的，与传送的信息无关。不同的"生成多项式 $G(x)$"有不同的出错模式。表 2-13 给出了 $G(x)=1011$ 的 (n, k) CRC 的出错模式。

表 2-13　$G(x)=1011$ 的 (7, 4) CRC 的出错模式

CRC	b_6	b_5	b_4	b_3	b_2	b_1	b_0	余　数	出错位
正确	1	1	0	0	0	1	0	000	—
错误	1	1	0	0	0	1	1	001	0
	1	1	0	0	0	0	0	010	1
	1	1	0	0	1	1	0	100	2
	1	1	0	1	0	1	0	011	3
	1	1	1	0	0	1	0	110	4
	1	0	0	0	0	1	0	111	5
	0	1	0	0	0	1	0	101	6

在接收端收到传送过来的 CRC 后，用同样的"生成多项式 $G(x)$"去除 CRC。若整除，则表示代码正确，取 CRC 中的前 k 位为接收信息；否则说明出错，做纠错处理。

最直接的纠错方法是，根据余数确定出错位置并纠正之。但是这种办法的实现电路复杂，至少每个信息位都要设一个纠错电路。

让我们深入分析 CRC 的出错模式，看看有没有更好的办法。

以表 2-13 中错误码的第 1 行为例。在余数 001 后补一个 0，再除以 $G(x)=1011$，得到余数 010；再补一个 0，除以 $G(x)=1011$，又得到余数 100；重复同样的操作，会发现，依次出现的正是出错模式中各余数。在第 7 次操作后，余数又回到 001。这正是循环码名称的由来。

根据上述特点，CRC 的实际纠错方法是，当接收到的 CRC 码与 $G(x)$ 做模 2 除法得到的余数不为 0 时，置"出错"标志，然后对余数补 0 继续与 $G(x)$ 做模 2 除法，同时将 CRC 做循环左移。当余数等于 101 时，则说明出错位已经移到第 6 位，将其送异或门纠错（异或门的另一个输入为"出错"标志），再继续将 CRC 做循环左移。当移够一个循环（对于 (7, 4) CRC 共 7 次左移）后，就得到正确的 CRC 了。

可见，采用上述纠错方法只需要设置一个异或门就够了，大大降低了硬件成本。

（4）关于生成多项式

并不是随便选一个多项式就可以作为 CRC 的生成多项式。根据检错和纠错的要求，生成多项式应能满足下列要求：

❖ 任何一位发生错误都会导致余数不等于 0。
❖ 不同位出错时余数各不相同。
❖ 对余数继续做"模 2 除法"，余数会循环出现。

目前，生成多项式的选择主要靠经验。下面三个生成多项式，由于具有极高的检错率，被广泛采用。

$$CRC_{12} = X^{12} + X^{11} + X^3 + X^2 + X + 1$$
$$CRC_{16} = X^{16} + X^{15} + X^2 + 1$$
$$CRC_{CCITT} = X^{16} + X^{12} + X^5 + 1$$

在网络通信中，CRC 主要用于检测错误，而不是纠正错误。若接收端发现出错，只是简单地要求发送端重新发送。

2.5 字符与字符串

1. 十进制数的编码

在大多数计算机中，对十进制数据的处理一般是在将其转换成二进制数据后进行的。但是，也有的面向商业应用的计算机是直接采用硬件来处理十进制数据的，其优点是避免了将十进制数据转换成二进制数据的时间开销。对于这类计算机，就需要提供十进制数据的直接编码和处理技术。

十进制数据在计算机中主要有以下两种表示形式。

① 字符串形式，即每位十进制数被当成一个字符，用 1 字节的编码（如下面将介绍的 ASCII）来表示。这样，一个十进制数据将被表示成一个多字节的字符串。

以采用 ASCII 为例，字符形式的十进制数 0~9 的编码是 0110000B~0111001B，其中最高位（奇偶检验位）省略。这种编码的低 4 位是相应数字的二进制数值，高 4 位（含奇偶检验位）在数据的运算中不具有任何意义，所以该编码的空间利用效率较低。这种编码主要用于非数值计算场合。

② 压缩的十进制数串形式，即用 4 位二进制数（最大值能表示 15）来表示 1 位十进制数（最大值不超过 10）。这样用 1 字节就可以表示 2 位十进制数。这种形式比较简单，且便于进行算术运算。

在这种形式中，用 4 位二进制数的不同组合来表示 1 位十进制数。这种编码方式被称为"二-十进制编码"（Binary Coded Decimal，BCD）。

常用的 BCD 码为 8421 码。在这种编码中，表示 1 位十进制数的 4 位二进制数的权值由高到低依次为 2^3、2^2、2^1、2^0，即 8、4、2、1。它们的权值与二进制中各位的权值正好相等，所以 8421 码又称为"自然的二-十进制编码"（Natural Binary Coded Decimal，NBCD）。

BCD 码的主要用途是，在数据从十进制到二进制或二进制到十进制的转换过程中，作为中间表示。

2. EBCDIC

在 IBM System/360 机器问世之前，IBM 公司采用过一种 6 位的 BCD 码的变种来表示字符和数字。这种编码表示和操作数据的能力较弱，如它不能表示小写字母。

为了获得更强的信息处理能力，同时与早期的计算机和外设兼容，IBM System/360 的设计师决定将 6 位 BCD 码扩展为 8 位 BCD 码。新的编码方法被称为"扩展的 BCB 交换码"（Extended Binary Coded Decimal Interchange Code，EBCDIC）。IBM 公司在它的大型机和中型机中都采用这种编码。EBCDIC 的编码情况详见附录 D。

EBCDIC 的编码分成"区（Zone）位"和"数（Digit）位"两部分。通过检查一个输入字符的区位值，程序员可以判断该字符是否属于期待输入的字符。在 EBCDIC 编码中，大/小写字母的差别是在第 2 位上。这样，只需将这一位翻转就可以将大写字母转换为小写字母，或将小写字母转换为大写字母。

3. ASCII

就在 IBM 公司忙于研制革命性的 System/360 时，其他设备制造商也在研究系统间数据传输的更好办法。其中一个成果就是美国信息交换标准编码（American Standard Code for

Information Interchange，ASCII）。在早期，电传打字机（Teletype）使用的编码方案是 5 位默里（Murray）码。后来，国际标准化组织（International Standard Organization，ISO）提出了一种称为"第 5 号国际字母表（International Alphabet Number 5）"的 7 位编码方案。ASCII 码就是在它们的基础上发展起来的。

ASCII 码采用 7 位二进制数的不同编码来表示 128 个符号（见图 2-14），其中 95 个编码对应着 52 个大/小写英语字母、10 个数字、33 个标点/符号（如#和@）以及空格等可显示或打印的符号，另外 33 个编码表示那些不可显示的控制符号（如换行 LF、响铃 BEL）。目前，ASCII 码已被 ISO 和国际电报电话咨询委员会 CCITT（现改为国际电信联合会 ITU）接纳为国际信息交换标准代码。

由于字节（8 位二进制数位）是计算机中信息存储和处理的基本单位，因此一个 ASCII 编码总是存储在 1 字节中，该字节的最高位恒为 0。为了区别存储在 1 字节中的 ASCII 码，称 7 位二进制数的 ASCII 码为标准 ASCII 码。

为了检测在数据通信或存储过程中可能发生的错误，通常在标准的 ASCII 码的前面增加 1 位奇偶检验码，组成 8 位 ASCII 码。例如，英文大写字母 B 的标准 ASCII 码为 1000010B（42H），它的奇检验码为 11000010B（C2H）。

由于计算机硬件的可靠性不断提高，奇偶检验位的作用逐渐降低。20 世纪 80 年代，为了表示更多的符号，7 位标准 ASCII 码被扩充到 8 位，称为"ASCII 扩展码"。增加的 128 个字符主要是带重音符（用于法文）、带变音符（用于德文）的拉丁字母和制表符。"ASCII 扩展码"也称为拉丁-1 字符集（Latin-1 Character Set）。

从图 2-14 可以看出，同一个英语字母的大/小写编码仅差别在 b_5 位上，通过翻转就可以实现英语字母的大/小写的转换。数字 0~9 对应的字符编码的高 3 位都是 011，低 4 位依次为二进制的 0~9，即 0000B~1001B。当应用程序需要把字符 0~9 的编码转换成数值时，只需将其高 4 位清除 0 即可。

4．汉字编码

汉字的存储和输入要比英文复杂得多，而且汉字数量庞大。因此，在设计汉字编码时，既要考虑编码的紧凑性以减少存储量，还要考虑输入的方便性。另外，中文信息中常常包含英文字母，所以汉字编码还应包含英文符号的编码。

用于存储的汉字编码与用于输入的汉字编码是不同的，而且计算机对汉字的处理是由软件来实现的，中央处理器只提供对英文的直接处理。

汉字在计算机内存储、交换、检索时采用的汉字二进制编码称为**汉字机内码**。1980 年颁布的 GB2312 规定了 3755 个最常用汉字和 3008 个较常用汉字的机内码。其中，6763 个汉字被分成若干区，每个区包含 94 个汉字。一个汉字用两个字节来表示，首字节指明该汉字所在的区，尾字节指明该汉字在区中的位置。GB2312 规定：当连续存储的 2 字节的最高位都是 1 时，说明这 2 字节表示一个汉字，以区别于 ASCII 码。

计算机的键盘是为输入英文而设计的。要想利用键盘来输入汉字，就必须建立汉字与键盘按键的对应规则，用一组键盘按键来表示一个汉字。这个对应规则就称为**汉字输入编码**。常见的汉字输入编码有五笔字型码、微软拼音码、国标区位码等。

目前，最新的汉字机内码为于 2000 年颁布的国家标准 GB18030，全面兼容 GB2312，收录了 27484 个汉字，总编码空间超过 150 万个码点，为解决人名、地名用字的问题提供了方

		$b_6b_5b_4$						
		000	001	010	011	100	101	110	111
	0000	NUL	DLE	SP	0	@	P	`	p
	0001	SOH	DC1	!	1	A	Q	a	q
	0010	STX	DC2	"	2	B	R	b	r
	0011	ETX	DC3	#	3	C	S	c	s
	0100	EOT	DC4	$	4	D	T	d	t
	0101	ENQ	NAK	%	5	E	U	e	u
	0110	ACK	SYN	&	6	F	V	f	v
$b_3b_2b_1b_0$	0111	BEL	ETB	'	7	G	W	g	w
	1000	BS	CAN	(	8	H	X	h	x
	1001	HT	EM	)	9	I	Y	i	y
	1010	LF	SUB	*	:	J	Z	j	z
	1011	VT	ESC	+	;	K	[	k	{
	1100	FF	FS	,	<	L	\	l	|
	1101	CR	GS	-	=	M	]	m	}
	1110	SO	RS	.	>	N	^	n	~
	1111	SI	US	/	?	O	_	o	DEL

缩略词的含义如下。

NUL：空行（Null）
SOH：标题开始（Start of heading）
STX：正文开始（Start of text）
ETX：正文结束（End of text）
HT：水平制表（Horizontal tab）
DEL：删除（Delete）
VT：垂直制表（Vertical tab）
FF：换页（Form feed）
CR：回车（Carriage return）
SO：移出（Shift out）
SI：移进（Shift in）
DLE：数据链路转义（Data link escape）
DC1：设备控制 1（Device control 1）
DC2：设备控制 2（Device control 2）
DC3：设备控制 3（Device control 3）
DC4：设备控制 4（Device control 4）
BS：退格（Backspace）

CAN：取消（Cancel）
EM：记录媒体结束（End of medium）
FS：文件分隔符（File separator）
GS：组分隔符（Group separator）
LF：馈列/换行（Line feed）
ETB：信息块传送结束（End of transmission block）
ESC：转义符（Escape）
ENQ：查询（Enquiry）
ACK：确认（Acknowledge）
BEL：响铃（Ring the bell）（beep）
SYN：同步等待（Synchronous idle）
RS：记录分隔符（Record separator）
US：单元分隔符（Unit separator）
EOT：传送结束（End of transmission）
NAK：否定确认（Negative acknowledge）
SUB：替换（Substitute）
SP：空格（Space）

图 2-14　ASCII

案，为汉字研究和古籍整理等工作提供了统一的信息平台。新的汉字编码标准分别采用单字节、双字节和四字节等三种方式对字符进行编码。单字节部分使用 00H～7FH 的码点（对应 ASCII 码）；双字节部分的首字节的编码范围为 81H～FEH，尾字节的编码范围分别为 40H～7EH 和 80H～FEH；四字节编码以编码范围为 30H～39H 的第二字节作为对双字节编码扩充的后缀，这样扩充的四字节编码的编码范围为 81308130H～FE39FE39H。

无论是英文字符还是汉字字符，在输出时一般被作为一个由点阵组成的图形——字模。字模的点阵越大，字形就越细腻，但是占用的存储空间就越多。例如，8×8 的黑白字模占用

8B 存储空间，16×16 的黑白字模占用 32B 存储空间。常见的点阵有 16×16、24×24、32×32、48×48 等。一个字符对应的字模被称为**字模码**，一个字体的所有字符的字模组成一个字模库。要输出某种字体的一个字符，需要根据其在字模库中的存储地址读出对应的字模码，然后用字模码控制打印机的针头或显示器的像素（发光点），打印或显示出该字符。例如，汉字"大"的 16×16 字模与字模码如图 2-15 所示。

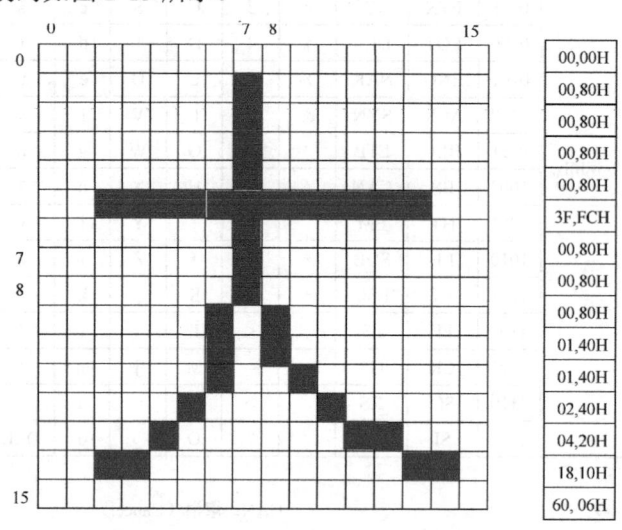

	00,00H
	00,80H
	00,80H
	00,80H
	00,80H
	3F,FCH
	00,80H
	00,80H
	00,80H
	01,40H
	01,40H
	02,40H
	04,20H
	18,10H
	60,06H

图 2-15　汉字"大"的 16×16 字模与字模码

5. Unicode 码

EBCDIC 码和 ASCII 码都是建立在拉丁字母表（Latin Alphabet）上的，而世界上绝大多数人并不使用这样的字母。所以 EBCDIC 码或者 ASCII 码在信息表达方面存在着很大的局限性。现在全世界都在使用计算机，不同国家分别设计并使用表达他们国家语言最有效的编码方案，而这些编码方案又相互不兼容。这就给全球化造成了障碍。

1991 年，旨在创建一个新的国际信息交换编码的 Unicode 联盟提出了"统一的字符编码标准"——Unicode 码。这是一种兼容 ASCII 码和拉丁-1 字符集的 16 位二进制数文字编码标准。其的设计思想是，赋予每个字符/符号一个永久的、唯一的 16 位编码码点。将所有语言中的每一个字符/符号的长度固定为 16 位有利于降低软件的复杂度。

由于编码长度有 16 位，因此 Unicode 码有 65536 个编码码点，但是全世界的语言一共用了大约 20 万个符号，码点还是稀缺的，必须严格控制使用。为此，Unicode 码还设计有一种能够再表示 100 万个字符的扩展方法，这就保证了它具有表示人类文明史上所有书写语言全部字符的能力。

Unicode 码的编码区间分为 6 部分：0000H～1FFFH 的 8192 个码点用于表示拉丁文、阿拉伯文、希伯来文、古埃及文、古斯拉夫文、希腊文、非洲文、东南亚等地区的文字，这部分又称为字母表；2000H～2FFFH 的 4096 个码点用于表示货币符号和各种数学符号，这部分又称为符号表；3000H～3FFFH 的 4096 个码点用于表示汉文、日文、韩文拼音字母及其标点符号；4000H～DFFFH 的 40960 个码点用于统一的汉文、日文、韩文和印度文字符的表示；E000H～EFFFH 的 4096 个码点则用于扩展编码；F000H～FFFFH 的 4096 个码点则用于保留编码。

尽管 Unicode 码的优点是显著的，但大多数厂商只是对它提供有限的支持。Unicode 码目前只是 Java 语言和 Windows XP 操作系统的默认字符集。Unicode 码是否被所有厂商接受取决于厂商是否积极地将其定位为国际化的厂商以及是否能够在生产出廉价的同时支持 Unicode 码和 EBCDIC 码或者 ASCII 码的硬盘。

对 Unicode 码的详细内容和最新进展感兴趣的读者，请访问 Unicode 码的官方网站 http://www.unicode.org。

6. 字符串

字符串是一个连续的有序字符队列，它们存储在连续的地址单元中。在采用 ASCII 时，一个字符占据 1 字节。**注意**：字符串中的"空格""回车"也属于字符。

字符串的表示通常有 3 种方法。

① 在字符串的最前端预留一个单元，用于存储字符串的长度。
② 为每个字符串分配一个伴随变量，专门表示字符串的长度。
③ 在字符串的最后存储一个特殊标记表示字符串结束。

C 语言采用第 3 种方法，在字符串的末尾还添加一个字符串结束符——"NUL"（其值为 0，在 C 程序中表示为'\0'）。所以在 C 语言中，字符串的长度等于其中的字符个数加 1。

通常，存储字符串是从字符串头（最高位）开始存储的。例如在 C 程序中，分配给字符串"China"的首地址为 A，则该字符串的存储结果如图 2-16 所示。

C	h	i	n	a	\0
A	A+1	A+2	A+3	A+4	A+5

图 2-16 字符串"China"的存储结果

2.6 面向存储与传输的数据编码

EBCDIC 码、ASCII 码或 Unicode 码都可以无二义性地在计算机内存中表示信息。内存中的二进制数字只是 1 或 0，而没有其他中间状态。然而，当数据被记录在某一种存储介质（磁带或者硬盘）上或者要进行远距离传输时，二进制信号就可能模糊而无法识别，特别是对于一个很长的二进制数字串。这种模糊主要是由于发送和接收两端定时系统的时间漂移而导致的。磁性介质，如磁带或者硬盘，也可能由于磁性材料的电器特性而失去同步信号。为了维持数据记录和通信设备的同步，就要加强信号在 1 和 0 状态之间转换，即需要研究专门面向存储与传输的编码方案。当然，在被记录或者传输前，EBCDIC 码、ASCII 码或者 Unicode 码需要转换成新的编码，这种转换是由数据记录设备或通信设备中的控制部件完成的。无论是用户还是计算机都不会感觉到这种转换的发生。

在发送和接收设备之间的传输介质（如铜线）上，二进制信息是采用"高"和"低"的脉冲信号来传输的。在磁性存储设备上，二进制信息是利用被称为磁通量翻转（Flux Reversals）的磁极变化来记录的。面向存储与传输的编码方法的设计与选择直接影响到记录密度与存取的可靠性。下面先简要介绍两种传统的编码方法——归零码与非归零码，再介绍目前常用的编码方法——非归零翻转码、相位调制码、频率调制码与有限游程。

1. 归零码 RZ（Return-to-Zero Code）

最直观的磁记录方法是归零码 RZ。在这种编码中，1 用"正向磁化（由高归零）"脉冲表示，0用"负向磁化（由低归零）"脉冲表示。这样，每记录一个二进制位，电流更变极性两次，即存在两个磁性方向转换区，这就降低了记录密度。目前，归零码已经不再使用。

例如，英文字母"G"对应的基于偶检验的ASCII码是01000111。它的归零码的形式及对应磁通量的翻转模式如图2-17所示。

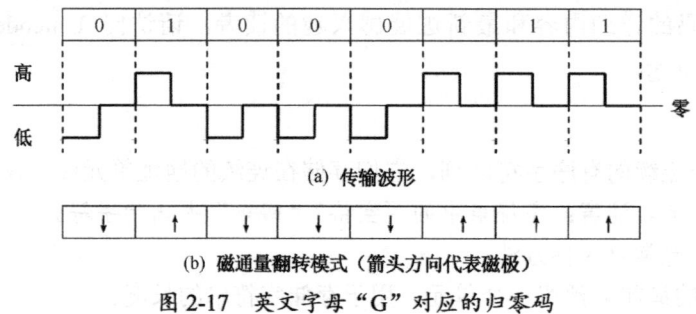

图2-17 英文字母"G"对应的归零码

2. 非归零码NRZ（Non-Return-to-Zero Code）

在非归零码NRZ中隐含认为：1用"高"脉冲表示，而0用"低"脉冲表示。也就是说，高电位表示1，低电位表示0。通常，高电位指的是+3 V或+5 V，低电位指的是–3 V或–5 V。当然，反过来表示在逻辑上也是等价的。

例如，英文单词"GO"对应的基于偶检验的ASCII码是01000111 11001111。它的非归零码的形式及对应磁通量的翻转模式如图2-18所示。

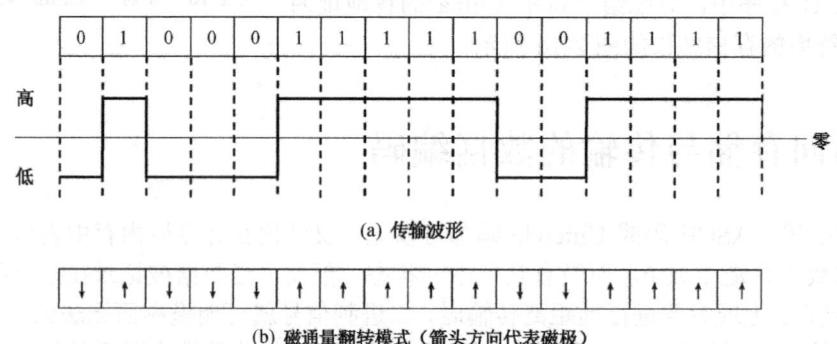

图2-18 英文单词"GO"对应的非归零码

可见，每位占据传输介质中一个随机长度的时间片或者硬盘上一个随机大小的空间段。这样的时间片或者空间段被称为"位元（Bit Cell）"。

从图2-18中可以看到，字符"O"的ASCII码中有一个很长的"1"串。如果传送更长的单词"OKAY"，我们还会遇到很长的0串：11001111 01001011 01000001 01011001。除非接收端严格地与发送端同步，否则它们是不可能准确地知道每一个位元的长度。时间的偏移会导致接收端收到的是10011 01001011 01001 010101，这在ASCII码中是：〈SUB〉ZU，这与所发送的内容有天壤之别。这个例子说明，在非归零码中，只要丢失一位，整个信息将变成乱码。

3. 非归零翻转码NRZI（Non-Return-to-Zero-Invert Code）

非归零翻转码NRZI主要解决的是同步丢失的问题。在这种编码中，无论是由高到低还是由低到高，只要遇到二进制数1，就会翻转；遇到0，则保持不变。基于偶检验的英文单词

"GO"的 NRZI 码如图 2-19 所示。尽管 NRZI 码解决了丢失二进制数 1 的问题，但是一个长的 0 串还是会引起接收端相位漂移而可能丢失二进制数。

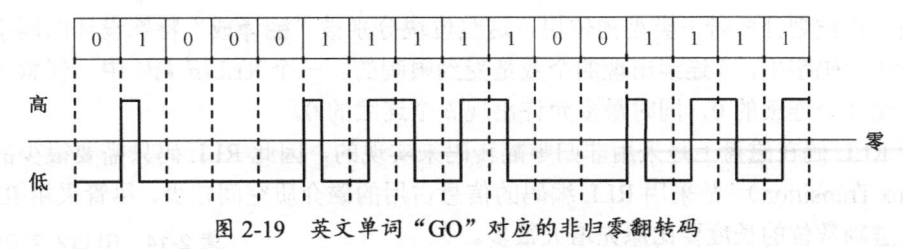

图 2-19 英文单词"GO"对应的非归零翻转码

因此，解决这个问题的根本办法是，在传输波形中插入足够多的翻转以保证传输信息的完整性。这是今天我们所有面向数据记录和传输的编码方法的核心思想。

4．相位调制码 PM（Phase Modulation）

相位调制码 PM，又称为曼彻斯特编码（Manchester Coding），是专门为解决同步问题而设计的。相位调制码为每一位——无论是 0 还是 1——都提供一个翻转。在相位调制码中，每个 1 使用一个"向上"的翻转来表示，每个 0 使用一个"向下"的翻转来表示。当然，在位元的边界还需要提供特别的翻转。英文单词"GO"对应的相位调制码如图 2-20 所示。

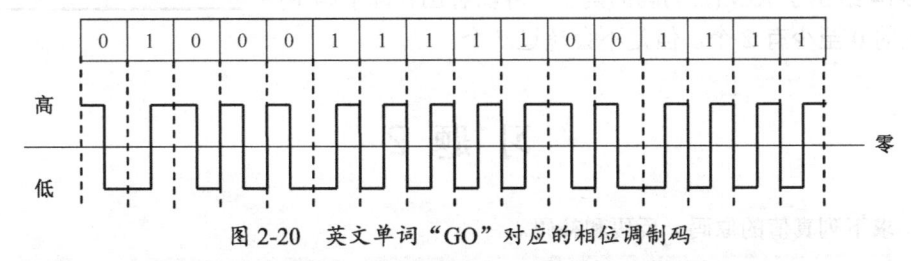

图 2-20 英文单词"GO"对应的相位调制码

PM 主要应用在数据传输领域，如局域网 LAN（Local Area Network）。在数据存储领域，PM 主要的问题是效率不高。若应用于磁带或磁盘，存储相同的信息，PM 要求 2 倍于 NRZ 的位密度，因为每半个位元需要一次磁通量翻转。

5．频率调制码 FM（Frequency Modulation）

与为每一位都提供一个翻转的相位调制码类似，频率调制码 FM 将起到同步作用的翻转设置在每一个位元的开始。为了表示二进制数 1，在位元的中心增加一个翻转。英文单词"GO"对应的频率调制码如图 2-21 所示。

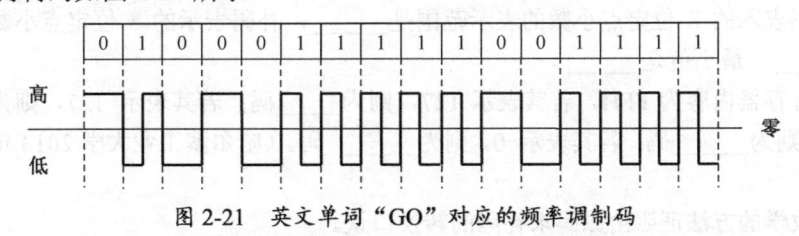

图 2-21 英文单词"GO"对应的频率调制码

从图 2-21 中可以看出，在数据存储领域，FM 比 PM 要好一点。然而有一种改进的频率调制码（Modified Frequency Modulation，MFM），它只在遇到连续的"0"时才进行位元边界翻转。也就是说，改进的频率调制码 MFM 在两个位元之间至多翻转一次。

6. 有限游程码 RLL（Run-Length-Limited Code）

有限游程码 RLL 是一种特殊的编码方法。在这种方法中，基于 ASCII 码或 EBCDIC 码的字符编码将被划分成若干类型的位块，这些位块分别被"翻译成"特殊设计的码字。在这些特殊设计的码字中，0 连续出现的个数是受到限制的。一个 RLL(d, k) 码中，任意一对 1 之间至少出现 d 个连续的 0，同时最多允许出现 k 个连续的 0。

由于 RLL 码在磁盘上是采用非归零翻转码来实现的，因此 RLL 码只需要很少的磁通量跃变（Flux Transition）。故采用 RLL 编码的信息占用的磁介质空间较少，尽管采用 RLL 码后信息的二进制数位的长度要比原先增大很多。

在磁盘系统中最常用的是 RLL(2, 7) 码。在这种编码中，一个 8 位 ASCII 码或 EBCDIC 码将被"翻译成"16 位的码字。

理论上，RLL 码的构造建立在霍夫曼编码（Huffman Coding）的"数据压缩"思想之上，将最常出现的信息位块用最短的编码码字来表示。这里假设 1 在任何一位出现的概率是相等的，所以 10 在任何两个相邻的数位出现的概率是 0.25，011 在任何三个相邻的数位出现的概率是 0.125。

表 2-14 给出了 RLL(2, 7) 码的码字。可以看出：每个码字中连续出现的 0 至少有 2 个，但是不会超过 7 个。

表 2-14 RLL(2, 7) 码的码字

原编码位块	RLL(2, 7) 码的码字
10	0100
11	1000
000	000100
010	100100
011	001000
0010	00100100
0011	00001000

习 题 2

2-1　求下列真值的原码、反码和补码。

$$+1110B, -1110B, +0.0001000B, -0.0001000B$$

2-2　在计算机中，为了扩大表数范围，可以用相邻存储单元中的两个机器字来表示一个机器数，这样的数据被称为双字长数或双精度数。如果是整数，特称其为长整数（Long Integer）。在这两个机器字中，存储单元地址较大的那个机器字被称为高位字，存储单元地址较小的那个机器字被称为低位字。高位字的最高位用于表示数据的符号，高位字的剩余位加上整个低位字用于表示数据的绝对值。设机器字长为 16 位，请分别求出这种情况下原码表示和补码表示的长整数的表数范围。

2-3　请写出补码表示的 n 位定点小数的表示范围。

2-4　原码表示的 8 位定点小数的表示范围是_____，补码表示的 8 位定点小数所能表示的最大值是_____，最小值是_____。

2-5　设寄存器内容为 FFH，若其表示 127，则为_____码；若其表示-127，则为_____码；若其表示-1，则为_____码；若其表示-0，则为_____码。（哈尔滨工业大学 2013 年研究生入学考试试题）

2-6　用数学的方法证明由原码求补码的转换口诀。

2-7　将十进制数 $-\dfrac{53}{512}$ 按照 IEEE 标准 754 分别表示成短实数和长实数。

2-8　计算机常常需要进行大量字节（几百甚至上千字节）的传输，如在主机与硬盘之间。如果传输信道受到外界的干扰较大，则不仅可以对每字节进行奇偶检验，还可以对全部字节的同一

位也进行奇偶检验。前者称为横向检验，后者称为纵向检验。对数据块代码同时进行横向检验和纵向检验，这种情况称为交叉检验或方阵检验。交叉检验可以发现偶数个数位发生"翻转"的错误，或者在有一位发生"翻转"时定位出错位置。

设有 4 个单字节数 1010101B、1101101B、1011001B 和 0111011B，采用奇检验，纵向检验码放在第 5 字节位置上，请设计它们的交叉检验码。

2-9 求出所有 NBCD 码的偶性汉明码。

2-10 设生成多项式为 $G(x)$=1011，接收到的 CRC 为 1010111。请问：传输是否有错？若有，纠错操作将在第几次左移后进行？最后得到正确的 CRC 是什么？

2-11 请写出通过逻辑运算把 X=0000 0000B 的高 4 位置成 1 的处理过程。

2-12 逻辑乘（与运算）还可以用来将特定位清成 0。例如，把 X=1111 1111B 的第 0、2、4、6 位清成 0，则可以用第 0、2、4、6 位为 0、其余位为 1 的 Y=10101010B 去与 X 做逻辑乘运算。请写出把 X=1111 1111B 的高 4 位清成 0 的处理过程。

2-13 逻辑异或还可以用来将特定位取反。例如，把 X=1111 1111B 的第 0、2、4、6 位取反，则可以用第 0、2、4、6 位为 1、其余位为 0 的 Y=01010101B 去与 X 做逻辑异或。请写出把 X=1010 1010B 的各位取反的处理过程。

2-14 设机器字长为 8，用补码加法求 $X+Y=$？
（1）$X=+$1110101B，$Y=-$0001100B；（2）$X=-$1110101B，$Y=-$0011100B。

2-15 由于移码与补码仅在符号位的表示上有差别，因此可以采用移码表示的数据来进行加、减运算。但是，需要对运算结果进行修正，修正量为 2^n，也就是将符号位取反。设机器数字长为 8 位，若 $X=-$0101010B，$Y=-$0010010B，试分别用补码与移码求 $X+Y=$？

2-16 已知 $X=0.1011B$，$Y=-0.0101B$，分别用校正法和布斯算法求 $X\times Y=$？

2-17 用加减交替除法计算 $X\div Y$。（1）$X=0.1010$，$Y=0.1101$；（2）$X=0.1101$，$Y=0.1010$。

2-18 设 $X=+0.1010100B\times 2^{011B}$，$Y=-0.1000011B\times 2^{001B}$，求 $X+Y=$？

2-19 若移码的符号位是 1，则该数为＿＿数；若移码的符号位是 0，则该数为＿＿＿数。

2-20 表示定点数时，若要求数值零在计算机中唯一表示成"全 0"，应采用＿＿＿码。

2-21 采用双符号位进行加法时，结果符号为 01、10 分别表示＿＿＿溢出、＿＿＿溢出。

2-22 当阶码用＿＿＿表示，尾数用＿＿＿表示时，机器零可用全 0 表示。

2-23 求证：在 mod 2 的意义下，$[-X]_补 = -[X]_补$。

2-24 设浮点数 $X=0.110101\times 2^{010}$，$Y=-0.101010\times 2^{100}$，若阶码取 3 位，尾数取 6 位（均不包括符号位），按补码运算步骤计算 $X+Y$ 和 $X-Y$。（哈尔滨工业大学 2013 年研究生入学考试试题）

2-25 在高级语言程序设计中，"直接比较两个浮点数（或者一个浮点数与零）是否相等"是一个错误。为什么？如何判断两个浮点数是否相等呢？

2-26 本章介绍的浮点数规格化的定义及相应的处理或操作都是针对基值 R 为 2 而言的。如果基值 R 为 8 或 16，规格化的定义会有何改变呢？

2-27 由于二进制数不够直观，且书写麻烦，因此在程序设计时一般采用十六进制数来表示 ASCII 码。例如，英文大写字母 A～Z 的 ASCII 码可写成 41H～5AH。请用十六进制数形式写出英文小写字母 a～z 的 ASCII 码。

2-28 在 C 语言和汇编语言中，英文字母的 ASCII 码可以作为一个整数参与运算。若一个字符变量的当前值是一个大写字母，如何将其变换成小写字母？

2-29 GB2312 在兼容 ASCII 码的同时，还为 ASCII 码表示的数字、字母、标点符号重新设计了两字节长的新编码。按新编码表示的字符称为"全角字符",按 ASCII 码表示的字符称为"半角字符"。请问:全角字符"ABC"和半角字符"ABC"各占几字节?

2-30 汉字的_____、_____、_____是计算机用于汉字输入、内部处理、输出三种用途的编码。

2-31 在 20 世纪 80~90 年代,曾经一度出现很多种汉字输入编码,如王码、郑码、认知码等,一派"万码奔腾"的景象。其实,对汉字输入编码的要求是规则简单、容易记忆、编码尽可能短,只要向着这些要求努力,你也可以提出自己的汉字编码方案。目前,你使用的是哪种汉字输入编码?你还知道哪些汉字输入编码?你有没有设计一种新的汉字输入编码的想法?

2-32 Unicode 码只兼容 ASCII 码,其表示汉字的编码与我国国家标准的汉字机内码不同。除了采用查表外,目前还没有一种算法能直接实现文本内容在两种码制之间的转换。Unicode 码兼容 ASCII 码的方法很简单,就是直接用 2 字节来表示原先的 1 字节,高位字节全为 0。请写出字符"A"的 Unicode 码。

2-33 请写出英文单词"GO"的有限游程码。

2-34 采用 7 位二进制数来对英语字母、数字、标点符号及一些控制符号进行编码的方案是很多,只不过目前主流的标准是 ASCII 码。请查找我国电子工业部曾经制定过的字符编码部级标准,或者尝试提出自己的字符编码方案。

2-35 音/视频编解码是计算机信息编码的重要研究领域之一。2010 年的中国计算机学会(CCF)"王选奖"授予了北京大学的高文教授和东北大学的刘积仁教授。高文教授多年来致力于音/视频研究、标准的制定和应用,他主持制定的"数字音频、视频编码标准(Audio Video Coding Standard,AVS)"是我国具有自主知识产权的第二代信源编码标准,也是数字音视频产业的共性基础标准。请查阅有关资料,了解 AVS 的最新研发进展。

第3章 处理器

> 思者，心之能也。
>
> ——戴震（清）

20 世纪 60 年代，集成电路设计与生产水平较低，主流的 32 位处理器的外在形式是一个集成有多个芯片的电路板。到了 70 年代，Intel 公司生产了一种简陋的 4 位处理器，电路简单，所以可以集成在一个芯片里。这种由单个芯片实现的处理器称为微处理器。

时至今日，普通微处理器的性能已经远远超过 20 世纪 70 年代一台亿次计算机的性能，而所有处理器都是以单个芯片的形式出现的，所以处理器与微处理器已经不再区分。目前，高档的微处理器内部往往集成了多个处理单元，这样的微处理器又称为多核处理器。

下面分别从软件编程和硬件实现的角度介绍处理器的性质，即处理器的指令集和基本组成。

3.1 处理器的指令集

3.1.1 指令集概述

处理器（广义上称其为计算机）是为人所用的。但是作为一种电子器件，人们无法直接操纵计算机，计算机也无法直接领会人的心思、动作和语言。因此，人们设计了一种特殊的语言来与计算机进行交流，指挥计算机完成人们希望完成的工作，这种特殊的语言就被称为"计算机指令（Instruction）"，简称"指令"。

更形象地，人们与计算机进行交流所用的"词汇"称为"指令"，所有由可以采用的"词汇"（一台计算机的全部指令）组成的集合称为"指令集（Instruction Set）"或"指令集体系结构（Instruction Set Architecture，ISA）"，这些"词汇"按照一定的顺序组合在一起就形成了控制计算机工作的程序。在国内，"指令集"常被称为"指令系统"。

目前的计算机绝大多数都是电子数字式计算机，所以计算机所能够直接识别的是由 0 和 1 排列组合而成的指令。为了便于区分，这种指令又专称为"机器指令"。早期，人们通过穿孔纸带来向计算机输入用机器指令编写的程序，有孔代表 1，没孔代表 0。但这很不方便，后来人们又设计出汇编语言来简化程序的编写和输入。

汇编语言就是基于英文的机器指令的助记符。例如，某个机器指令原来用 0101 来表示要执行加法运算，现在引入助记符 ADD 或 add 来表示 0101，方便了人们编写程序。

按汇编语言书写的程序称为汇编语言源程序，汇编语言源程序由汇编程序（Assembler）转换成机器指令，供计算机接收并执行。

汇编语言的提出是计算机技术的一大进步，体现了计算思维的一个重要概念——抽象。计算机程序设计语言的发展过程就是不断抽象的过程。通过抽象，程序设计语言具有了更好的可编程性、可移植性、可重用性。

下面以汇编语言的形式来介绍计算机指令与指令集。

从某种意义上说，计算机的指令集是计算机的逻辑表示，具体原因如下。

① 指令的功能直接反映了计算机的功能。例如，只具有定点加、减指令的计算机显然不适合科学计算。如果一台计算机是面向科学计算应用的，则它不仅应该具有定点的加、减、乘、除指令，还应该具有浮点的加、减、乘、除指令。如果一台计算机想具有实时控制和逻辑处理功能，就应该增加测试指令、逻辑运算指令和灵活的程序控制指令。

② 指令的功能决定了计算机的可编程性。例如要实现乘/除运算，在具有乘/除指令的计算机上，只需要一条指令就可完成，但是在只具有加/减指令的计算机上，就需要借助移位指令和加法指令来编制一个乘/除子程序来实现乘/除运算。这样就降低了程序开发的效率和程序的可读性。为此，我们说后一台计算机的可编程性要比前一台计算机的可编程性差。

③ 指令集所包含的操作直接决定了运算单元（算术逻辑单元 ALU）的规模和组成。也就是说，指令集规定出处理器的组成和规模。

④ 指令集本身对存储空间的占用方式，所指定的操作数类型及其存取方式，在很大程度上决定了主存储器的规模与组成。

⑤ 指令集中"输入/输出（I/O）指令"的处理能力规定了处理器 I/O 操作的功能和性能。

3.1.2 指令的操作码与操作数

冯·诺依曼型计算机的机器指令一直采用统一的逻辑格式：

指令操作码（Operation Code）	指令操作数（Operand）

指令操作码是一个二进制数的码点（Pattern），规定了指令所具有的功能。

指令操作数是指令所要处理的数据。通常，操作数是以数据所在存储单元的地址的形式给出的。因此，在有的文献中，指令操作数又称为"指令地址码"。

在一条指令中，操作数可能有一个、两个或三个，甚至更多。事实上，计算机是由人来设计的，人们对指令中操作数的个数并没有加以限制，只不过是一条指令中操作数的增多会导致该指令实现的复杂度增大，计算机的成本也就相应增加了。

在操作数中，作为处理单元输入的称为源操作数（Source Operand），用于存放处理结果的称为目的操作数（Destination Operand）。

当然，指令中操作数的个数也可以是零，即指令可以没有操作数，如停机指令。

计算机指令中所能表示的操作数的数据类型，即能够被计算机硬件直接辨识的操作数的数据类型，称为"数据表示（Data Representation）"。

在程序设计领域中还有一个概念叫"数据结构（Data Structure）"。数据结构是程序员在程序中所能够使用的数据类型及其之间的结构关系，如整数、浮点数、字符、数组、字符串、结构体、队列、链表、树和图等。这些数据类型可以由硬件来直接提供（如整数、浮点数），也可以在硬件的基础上由软件来实现（如结构体、队列、链表、树和图等）。其中，由硬件直接提供的数据类型就是"数据表示"。

由此可见,"数据表示"只是数据结构的组成元素,是数据结构的子集。数据结构中非数据表示部分要通过软件映像转换成数据表示,才能被计算机识别、接收和处理。

目前,计算机必备的基本数据表示有定点数(含有符号数和无符号数)、浮点数(含单精度浮点数和双精度浮点数)、字符、逻辑数(又称布尔型数据)。

应该指出,计算机指令中的定点数,其语义不一定就是数值,还可能是主存单元地址。主存单元地址用无符号定点整数来表示。

字符通常采用 ASCII 码表示,有些大型机采用 EBCDIC 码表示。

布尔型数据通常采用 1 表示逻辑真(True),用 0 表示逻辑假(False)。

"堆栈(Stack)"是一个重要的数据结构,广泛应用于子程序调用和中断服务等领域,中断的概念将在 3.2.1 节中介绍。堆栈的存取原则是后进先出(Last In First Out,LIFO)。对堆栈的操作都是针对栈顶单元进行的,有"压入(PUSH)"和"弹出(POP)"两种。

用专门的硬件设备来实现的堆栈被称为级联堆栈或硬件堆栈。为了降低硬件成本,大多数计算机(特别是微型计算机)常用软件来实现堆栈,即在内存中开辟一个堆栈区,并在处理器中设置指示栈顶单元地址的"堆栈指针寄存器 SP(Stack Pointer)"来管理这个堆栈。

相对于硬件堆栈,软件堆栈有三个优点。第一,可以有较大的深度;第二,可以设置多个堆栈;第三,除了专门的堆栈指令 PUSH 和 POP,还可以使用任何访问主存储器的指令来访问堆栈中的数据。

除了基本数据表示,有的大型计算机还引入若干较复杂的高级数据表示,如向量数据表示和带标志符数据表示。感兴趣的读者可以查阅相关参考书。

只有标量数据表示和标量指令的处理器叫标量处理器,这是最常见、最通用的处理器。带有向量数据表示和向量指令的处理器叫向量处理器,例如,我国于 20 世纪 80 年代研制的银河-1 超级计算机就装备有向量处理器。

3.1.3 寻址方式

寻址方式(Addressing)指的是指令按照何种方式寻找或访问到所需的操作数或信息。寻址方式分为指令寻址和数据寻址。指令寻址是为了找到下一条指令,数据寻址是为了找到本条指令所需的操作数。

1. 指令寻址

指令寻址较简单,分为顺序寻址和跳跃寻址两种。采用顺序寻址时,程序计数器 PC 中的值就是下一条指令的存储地址。每读取一次 PC 后,PC 自动加 1 指向下一条指令。而跳跃寻址则是先由当前指令改写 PC 的内容,然后计算机读取 PC,根据 PC 的值访问主存,取来下一条指令。跳跃寻址后,指令寻址依然是顺序的。

改写 PC 的指令有"跳转指令(Jump Instruction)"和"分支指令(Branch Instruction)"。"跳转指令"常称为"无条件转移指令","分支指令"常称为"条件转移指令"。

"跳转指令"或"分支指令"既可能是直接赋予 PC 一个新的值,也可能是在 PC 现有值的基础上增加或减少一定数量。后者也称为"相对寻址(Relative Addressing)"或"PC 相对寻址",其中增加或减少的数量称为"相对位移量(Relative Displacement)",它是一个带符号整数,用补码表示。计算相对位移量时,必须考虑取出当前"跳转指令"或"分支指令"后,PC 已经自动加 1 了。

2．字节次序

在按字节编址的计算机中,一个多字节长的数据将分配到与其等长的多个存储单元,并以其中最小的那个地址作为该数据的地址。那么,这个数据、这些字节将如何存放在这些存储单元中呢?这是计算机组成设计的一个细节问题——"字节次序"。例如,2 字节长的数据 0000000011111111B 的地址为 0,对于分配给它的地址 0 和地址 1 的两个存储单元,字节次序有如图 3-1 所示的两种。

字节地址 1	字节地址 0		字节地址 1	字节地址 0
00000000	11111111		11111111	00000000

(a) 小端次序　　　　　　　　　　　(b) 大端次序

图 3-1　两种字节次序

在图 3-1(a)中,低位字节存放在数据地址对应的字节空间中。这种存法称为"小端次序(Little-endian)",强调低位字节优先,它的存放顺序便于计算机从低位向高位的运算顺序。在图 3-1(b)中,高位字节存放在数据地址对应的字节空间中。这种存法称为"大端次序(Big-endian)",强调高位字节优先,它的存放顺序等同于人们从左到右的书写顺序。

Intel 公司的 80x86 系列计算机、DEC 公司的 VAX 系列计算机采用"小端次序"。IBM 公司的 S 360/370/390 系列计算机、Motorola 公司的 680x0 系列计算机以及 MIPS 和 SPARC 等大多数 RISC 计算机采用"大端次序"。

Alpha 系列计算机和 PowerPC 系列计算机,在加电启动时,由用户选择使用"小端次序"或者"大端次序",选择完毕,在计算机工作过程中就固定下来。

一般来说,"小端次序"在"从低位开始的数据处理(如算术运算)"和不同类型地址转换(如 32 位地址与 16 位地址之间的转换)方面有优势。"大端次序"有利于字符串的处理和十进制数向 ASCII 码转换,但总体上两者在性能上的差别并不大。但是,采用一种字节顺序的微处理器不能正确读出采用另外一种字节顺序的微处理器的数据,所以选择哪种"字节次序"主要是考虑系列机的兼容性要求。

为了提高软件在不同微处理器上的可移植性,现代微处理器的设计趋势是同时支持两种"字节次序",操作系统可以通过设置"机器状态寄存器"(Machine State Register, MSR)中的特定位,将微处理器的"字节次序"设置成当前运行程序所要求的"字节次序"。

3．数据寻址

(1) 立即数寻址(Immediate Addressing)

最直接的数据寻址就是在指令中直接给出操作数的数值。只要取到指令,就可以立即处理指令中的操作数,所以这种操作数称为"立即数"(Immediate),这种寻址方式称为"立即数寻址",简称"立即寻址"。

"立即数寻址"的不足在于指令/程序功能是固定的。要想改变指令/程序功能,就要重新编写程序。另外,由于指令的长度是有限的,指令能表示的立即数的大小是有限的,因此只能表示绝对值较小的数据。

（2）直接寻址（Direct Addressing）

为了克服"立即数寻址"的不足，人们通常将操作数放在主存中的数据区，而在指令中给出操作数的主存地址。这样，只要改变某个固定主存单元中的数值，就可以让同一条的指令处理不同的数据。而且由于主存空间较宽松，因此可以通过指定操作数的字长使其能够表示绝对值较大的数值。这种在指令中直接给出操作数主存地址的寻址方式称为"直接寻址"。

为了取来操作数，采用"直接寻址"的指令在执行时需要访问主存，所以执行时间较长。另外，由于指令长度的限制，指令能表示的主存地址的长度和个数就受到限制，因此"直接寻址"的操作数的个数一般不超过两个，所能寻址的范围较小。

（3）间接寻址（Indirect Addressing）

"间接寻址"指令给出的主存地址中存放的并不是操作数，而是操作数的主存地址。根据指令给出的主存地址访问主存只能读出操作数的地址，还需要根据这个地址再次访问主存，才能读到操作数。

"间接寻址"的优点是使用同一条指令可以访问/处理存放于不同主存单元中的数据，并扩大了操作数的寻址范围（相对于直接寻址而言）。

"间接寻址"在实现上可分为"一次间接寻址""二次间接寻址"和"多次间接寻址"。

（4）寄存器寻址（Register Addressing）

如果指令的操作数是寄存器名（寄存器编号），且指令要处理的数据就存储在该寄存器中，这种寻址方式就称为"寄存器寻址"。

由于空间的限制，处理器内部的寄存器数量很少，因此寄存器的地址长度很短，如8个寄存器的地址只有3位，32个寄存器的地址只有5位。这样，在采用"寄存器寻址"的指令格式内部可以放下两个或三个寄存器地址。

"寄存器寻址"的优点是增加了指令中操作数的个数，增强了指令的功能。"寄存器寻址"的另一个优势就是获取操作数的速度快。这种寻址方式只访问寄存器，不访问主存，而访问寄存器的速度要大大快于访问主存的速度。

（5）寄存器间接寻址（Register Indirect Addressing）

"寄存器间接寻址"是指存储在寄存器中的是操作数的主存地址。在读取寄存器后，要按照读取值访问主存，才能获得真正的操作数。

其优点是，通过改变寄存器中的主存地址，用相同的指令来处理不同的数据；指令较短，执行速度较快。

（6）基址寻址（Base Addressing）

在介绍"基址寻址"前，先区分"逻辑地址"和"主存物理地址"两个概念。

"逻辑地址"是指程序员编写程序时使用的地址。"主存物理地址"是指程序段/数据段在主存中的实际存放地址。

程序段/数据段的"逻辑地址"都是从零开始编址的。而程序段/数据段每次装入主存的起始地址是不确定的，所以每次运行时，某条指令或者某个数据的"主存物理地址"也是不确定的。但是，这条指令或者这个数据的"逻辑地址"是固定的。

因此，可以在处理器内部设置一个专门存放程序段/数据段在主存中起始地址的寄存器，称起始地址为"基地址（Base Address）"，简称"基址"，称该寄存器为"基址寄存器（Base Register）"。这样，在指令中只需给出"逻辑地址（也叫形式地址）"，执行时将"逻辑地址"

与基址寄存器中的值相加即可得到指令或数据的"主存物理地址",也叫有效地址(Effective Address,EA)。

习惯上,称指令中给出的"逻辑地址"为相对于基址的"位移量"(Displacement),位移量是一个带符号的整数,用补码表示。

(7)变址寻址(Indexed Addressing)

"变址寻址"是为了支持用循环结构处理数组或向量而提出的。它的寻址过程是,将数组或向量的起始地址作为操作数(形式地址)在指令中给出,将数组或向量的元素下标存放在专门的寄存器——变址寄存器中。指令执行时,用变址加法器将指令中的形式地址与变址寄存器中的内容相加,即可得到数组或向量元素的"有效地址"。

对数组或向量的访问既可能是顺序访问,也可能是随机访问。这样只需改变变址寄存器中的值,就可以随机地访问数组或向量的任一个元素。

例如,采用循环结构处理一个数组或向量的各元素,那么循环体中的数据处理指令可以采用"变址寻址"。只要在指令中给出数组或向量的起始地址,循环开始前将变址寄存器初始化为第一个或最后一个元素下标,每次处理结束后变址寄存器加1或减1。这样就可以用相同的指令来遍历处理数组或向量中的所有元素了。

为了支持同时处理多个数组或向量,很多处理器设置了多个变址寄存器。例如,Intel 8086微处理器中有两个变址寄存器:一个是存放源操作数变址值的寄存器 SI,另一个是存放目的操作数变址值的寄存器 DI。在这种情况下,"变址寻址"指令中除了要给出数组或向量的起始地址,还需要指明使用的是哪个变址寄存器。

变址寻址还可以与其他寻址方式结合使用,如与基址寻址结合可以得到"基址变址寻址",与"间接寻址"结合可以得到"先变址后间接寻址"或"先间接寻址后变址"。

(8)堆栈寻址

采用"堆栈寻址"的前提是处理器支持堆栈数据结构,设置"堆栈指针寄存器 SP"。

堆栈指令"PUSH A"指令的功能是将存储单元 A 中的数据压入栈顶单元,"POP A"指令的功能是将栈顶单元中的数据弹出、存入存储单元 A 中。

"堆栈寻址"无须声明"栈顶单元"这个操作数,只要声明采用堆栈寻址,机器就会根据 SP 的内容找到栈顶单元,然后对栈顶单元进行弹出或压入操作。这类寻址方式也称为"隐含寻址(Implied Addressing)",即指令隐含地使用一个特定的寄存器来保存操作数或操作数地址。例如,加法指令常常隐含使用累加器 ACC 存储一个源操作数,加法的结果(目的操作数)也是隐含地保存到 ACC 中。这样可以省略表示一个源操作数和目的操作数,缩短指令的长度,减少程序占用的存储空间。

根据堆栈的增长方向,基于主存实现的堆栈分为以下两种。

- ❖ 递增堆栈(Ascending Stack):也称向上增长堆栈。随着数据的压入,这种堆栈向高地址方向增长。
- ❖ 递减堆栈(Descending Stack):也称向下增长堆栈。随着数据的压入,这种堆栈向低地址方向增长。

根据 SP 所指示栈顶单元的属性,堆栈又分为以下两种。

- ❖ 满堆栈(Full Stack):SP 所指示栈顶单元存储的是最后压入数据。
- ❖ 空堆栈(Empty Stack):SP 所指示栈顶单元用于接受下一个要压入数据。

Intel 80x86 系列微处理器采用满递减堆栈，MCS-51 系列单片机采用满递增堆栈。以向上增长的空堆栈为例，"PUSH A"指令要执行的操作是：

① M(SP)← A　　　/*栈顶单元为空，可以直接存入数据*/
② SP←(SP)+1　　/*栈顶指针向上增1（设内存以字编址），新的栈顶单元依然为空*/

"POP A"指令要执行的操作是：

① SP←(SP)−1　　/*栈顶指针向下减1，离开空的栈顶单元，指向位于栈顶的数据*/
② A←M(SP)　　　/*将该数据弹出到 A，该单元为空，成为新的栈顶*/

若内存按字节编址，则上述操作中的±1 要相应地改为±2（以 16 位为例）。

【例 3-1】 设相对寻址的转移指令占 2 字节：第 1 字节为操作码，第 2 字节为相对位移量。现有一条该类型的转移指令在主存中的存储地址为 2008H，欲转移到 2000H 处。该转移指令第 2 字节的值是什么？

答：该转移指令第 2 个字节的值为 2000−(2008+2)=−10=F6H（相对位移量用补码表示）。

【例 3-2】 设变址寄存器为 X，形式地址为 D，若某指令的操作数采用"先变址再间址"的寻址方式，则该操作数的有效地址 EA 为（　　）。

A．(X)+D　　　　B．(X)+(D)　　　　C．((X)+D)　　　　D．((X)+(D))

答：真实计算机的寻址方式是可以根据基本寻址方式灵活组合的。"先变址再间址"（也称前变址）时，操作数的有效地址 EA 为((X)+D)；"先间址再变址"（也称后变址）时，操作数的有效地址 EA 为(X)+(D)。

【例 3-3】（2009 年硕士研究生入学统一考试计算机专业基础综合考试试题）

某机器字长 16 位，主存按字节编址，转移指令采用相对寻址，由 2 字节组成：第 1 字节为操作码字段，第 2 字节为相对位移量字段。假定取指令时，每取 1 字节 PC 自动加 1。若某转移指令所在主存地址为 2000H，相对位移量字段的内容为 06H，则该转移指令成功转移后的目标地址是（　　）。

A．2006H　　　　B．2007H　　　　C．2008H　　　　D．2009H

答：执行该转移指令时，PC 的值为 2000H+1+1=2002H。若成功转移，该指令的操作就是取 PC 的值加上相对位移量字段的内容，结果（2002H+06H=2008H）再写回 PC。故选 C。

【例 3-4】（2011 年硕士研究生入学统一考试计算机专业基础综合考试试题）

偏移寻址通过将某个寄存器内容与一个形式地址相加而生成有效地址。下列寻址方式中，不属于偏移寻址的是（　　）。

A．间接寻址　　　B．基址寻址　　　C．相对寻址　　　D．变址寻址

答：基址寻址、相对寻址和变址寻址都属于偏移寻址，故选 A。

【例 3-5】（2013 年硕士研究生入学统一考试计算机专业基础综合考试试题）

假设变址寄存器 R 的内容为 1000H，指令中的形式地址为 2000H；地址 1000H 中的内容为 2000H，地址 2000H 中的内容为 3000H，地址 3000H 中的内容为 4000H，则变址寻址方式下访问到的操作数是（　　）。

A．1000H　　　　B．2000H　　　　C．3000H　　　　D．4000H

答：变址寄存器 R 的内容为 1000H，指令中的形式地址为 2000H，则有效地址为 1000H+2000H=3000H。

地址 3000H 中的内容为 4000H，则变址寻址方式下访问到的操作数是 4000H。故选 D。

3.1.4 指令的基本功能与指令集设计

指令是被人们用来命令计算机完成某种工作的。那么，人们希望计算机能够完成哪些工作呢？正如计算机的名称所示，人们希望计算机完成的工作首先就是计算。狭义地说就是算术运算，如加、减、乘、除。广义地说，还包括逻辑运算。

为了在机器上实现人类的乘/除运算，人们定义了一种特殊的操作——移位。常用的移位操作有逻辑左移、逻辑右移、算术左移、算术右移等。由于移位还可以被运用来加快某些算术运算，所以移位也归到计算功能中。

计算机系统中的数据通常都存储在主存或辅存中，计算机既要将待处理的数据从主存中装入处理器，处理结束后将结果从处理器存回到主存，又要能够从辅存向主存输入数据，或从主存向辅存输出数据。所以要实现对数据的计算，计算机还要具有数据传送功能和输入/输出功能。

同时，计算机要能够改变程序的执行顺序，这就需要控制转移功能。

综上所述，按所要完成的功能，通用计算机系统的指令集可分为 5 类基本指令：算术/逻辑/移位指令（简称算逻指令），数据传送指令（简称数传指令），控制转移指令，输入/输出指令，处理器控制及调试指令。

1. 算术/逻辑/移位指令

常见的算术运算指令有定点加法指令（ADD）、定点减法指令（SUB）、定点乘法指令（MUL）、定点除法指令（DIV）、浮点加法指令（ADDF）、浮点减法指令（SUBF）、浮点乘法指令（MULF）、浮点除法指令（DIVF）、加 1 指令（INC）、减 1 指令（DEC）、比较指令（CMP）等，有的计算机还提供十进制算术运算指令。

使用这些指令时，要注意它们对处理器中状态标志位的影响，如溢出标志 OF、进位标志 CF 等。比如，比较指令实质完成的是一个减法操作，但它只影响标志位，而不写回结果，所以参与运算的两个操作数不会被破坏。它的用途是改变标志位（主要是零标志 ZF），为后续的控制转移指令提供判断的依据，以决定程序的走向。

常见的逻辑运算指令有"与"运算指令（AND）、"或"运算指令（OR）、"非"运算指令（NOT）、"异或"运算指令（XOR）。

有的计算机还具有位操作指令，如位测试（测试指定位的值）、位清除（将指定位的值置为 0）、位求反（对指定位求反）等。

移位指令分为算术移位指令（Shift Arithmetic）、逻辑移位指令（Shift / Logical Shift）和循环（Rotate）移位指令三类。每类又可分别包含左移（Left）和右移（Right）两种。算术移位的操作数为带符号数，在移位过程中必须保证符号位不变。算术左移指令的助记符为 SAL、算术右移的助记符为 SAR。逻辑移位的操作数为无符号数。循环移位通常可分为带进位（CF）循环移位和不带进位的普通循环移位两种类型。

2. 数据传送指令

数据传送指令主要是用于实现寄存器与寄存器之间、寄存器与主存单元之间、寄存器与堆栈之间以及堆栈与主存单元之间的数据传送。个别大型计算机还提供可编程型更好的主存单元与主存单元之间的数据传送指令。

具体来说，数据传送指令可分为如下3种。

① 一般传送指令。此类指令实现的是数据复制功能，即把源操作数的内容写入目的操作数。其汇编语言助记符通常为MOV。在有些计算机上，将主存单元的内容写入寄存器的数据传送指令，汇编语言助记符为LOAD；将寄存器的内容写入主存单元的数据传送指令，汇编语言助记符为STORE。

② 堆栈操作指令。一般有"压入栈顶PUSH"和"弹出栈顶POP"两条指令。压入栈顶指令的源操作数和弹出栈顶指令的目的操作数为寄存器号或主存单元的地址。

③ 数据交换指令。上述两类数据传送指令的数据流动是单方向的。要实现两个数据的交换，需要编写三条指令并额外占用1个存储单元。因此，大多数计算机提供"数据交换指令"来简化双向数据流动的实现，如Intel 80x86中的XCHG指令。其源操作数和目的操作数一般是寄存器，至多允许源操作数是主存单元。应该指出，交换指令的执行时间一般较长。

3. 控制转移指令

程序控制类指令用于控制程序的执行顺序，并使程序具有测试、分析和判断能力，因此它们是指令集中非常重要的一类指令。常见的程序控制类指令有跳转指令、分支指令（也称条件转移指令）、子程序（Subprogram）调用/返回指令等。

① 跳转指令JUMP。其功能是将指令操作数的内容写入程序计数器PC，从而改变指令执行的顺序。

② 分支指令BRANCH。其功能是将根据特定的条件（往往是上一条指令的执行结果），决定程序是顺序执行还是转移到一个新的位置执行，即有条件地改变指令执行的顺序。条件转移指令可能依据的条件有：为0、为正/负数、发生进位/借位、为奇数/偶数、发生溢出或以上条件的组合。

条件转移指令又分为"绝对转移"和"相对转移"两种。对于"绝对转移"，当条件满足时，计算机将把指令操作数的内容直接写入PC中。对于相对转移，当条件满足时，计算机将把指令操作数的内容与PC中的内容相加后，把结果写入PC。

常见的条件转移指令有：等于零转移BEQ、不等于零转移BNEQ、小于转移BLS、大于转移BGT、小于等于转移/不大于转移BLEQ、大于等于转移/不小于转移BGEQ、不带符号小于转移BLSU、不带符号大于转移BGTU、不带符号小于等于转移/不带符号不大于转移BLEQU、不带符号大于等于转移/不带符号不小于转移BGEQU、没有进位转移BCC、有进位转移BCS、没有溢出转移BVC、有溢出转移BVS等。

还有一种特殊的条件转移指令SKP（Skip），表示当条件满足时，将跳过下一条指令，执行SKP指令后面的第2条指令。例如，第x条指令为"SKP C"。若执行该指令时CF=1，则跳至$x+2$条指令。该指令隐含了转移目标地址为$x+2$。

③ 在程序设计时，有些具有特定功能的程序段会被反复地使用。为了提高程序的可重用性、可维护性和可读性，人们将这样的程序段独立出来，将其定义成一个子程序。这样，在需要执行特定功能时，在主程序中不再需要编写一个程序段，而是只需要编写一条调用子程序的指令即可。

调用子程序的指令格式为CALL　Subprogram_Name。其功能是：

① 把当前程序的断点（当前程序计数器PC中的值）保存到系统堆栈中。

② 由子程序名 Subprogram_Name 求得子程序的入口地址。

③ 把子程序的入口地址写入 PC，从而将程序控制转移至被调子程序。

调用子程序指令 CALL 一般与"返回指令 RETURN"一起配合使用。RETURN 指令的功能是把保存在堆栈中的程序断点（也称主调程序的返回地址）弹回到 PC 中。

4．输入/输出（I/O）指令

I/O 指令是为了完成主机与外设之间信息交换的各种操作而设置的，这些操作主要包括：启动 I/O 设备、停止 I/O 设备、测试 I/O 设备及数据的 I/O 等。例如，Intel 80x86 中的输入指令为 IN 指令，输出指令为 OUT 指令。

5．处理器控制及调试指令

常见的处理器控制指令包括各种置/清除标志位（如陷阱标志、中断允许标志、处理器工作状态标志位）指令、调试指令、停机指令、特权指令等。

调试指令用于硬件或软件的调试，如断点的设置及跟踪指令、自陷阱指令等。

对于面向多用户系统的处理器，为了保证信息安全，处理器的工作状态被分为核心态（Kernel mode /System mode）和用户态（User mode）。仅能在核心态（也叫管理态/管态）下运行的指令称为特权指令（Privileged instruction）。用户态（也叫目态）下的程序要想执行管态下的功能（由操作系统实现并提供用户使用）必须通过执行"访管指令"来实现。

访管指令是一条可以在目态下执行的指令，用户程序中凡是要调用操作系统功能的地方就安排一条访管指令。当执行到访管指令时，处理器就自愿地产生一个中断事件（访管中断），暂停用户程序的执行，陷入管态，让操作系统为用户服务。

此外，很多计算机指令集提供空操作指令 NOP 和等待指令 WAIT。

表 3-1 列出了通用计算机一般应具有的指令。

设计计算机指令集的基本原则如下。

- ❖ 完备性：通用计算机应具备上述 5 类基本指令。
- ❖ 兼容性：系列机必须保证向前兼容，即新机器的指令集必须兼容旧机器的指令集。也就是说，系列机的指令集只能增加，不能删减。
- ❖ 可编程性：指令码密度要高。高密度的指令是指那些可用来代替一串指令的、功能很强的指令。
- ❖ 高效率：按该指令集编制的程序在计算机上要有较快的解题速度，指令的使用频度/利用率要高。
- ❖ 指令集应为未来的发展留出足够的空间，即操作码字段预留一定数量的码点，以备今后扩充。

指令集设计的一般步骤如下。

① 根据计算机未来用途，同时根据指令集设计的一般原则，拟出初步的指令集设计。

② 编出针对这套指令集的编译器。

③ 通过模拟测试，研究这套指令集的操作码和寻址方式的效能。

④ 把使用频度高的指令串组合成一条指令，把使用频度低的指令换成指令串。

⑤ 得到更新后的指令集，回到第②步甚至第①步，重新开始，直到证明设计出来的指令集的效能很高为止。

表 3-1　通用计算机一般应具有的指令

指令类型	指令助记符	指令功能
算逻指令	ADD	计算两个操作数的和
	SUBTRACT	计算两个操作数的差
	MULTIPY	计算两个操作数的积
	DIVIDE	计算两个操作数的商
	ABSOLUTE	将操作数的符号位改写为 0
	NEGATE	改变操作数的符号位
	INCREMENT	给操作数增 1
	DECREMENT	给操作数减 1
	AND	对两个操作数进行按位"与"
	OR	对两个操作数进行按位"或"
	NOT（COMPLEMENT）	对操作数进行按位"取反"
	XOR	对两个操作数进行按位"异或"
	COMPARE	比较两个操作数
	LOGICAL SHIFT	逻辑移位
	SHIFT ARITHMETIC	算术移位
	ROTATE	循环移位
数传指令	MOVE	将一个字从源单元送入目的单元
	STORE	将一个字从处理器写回内存
	LOAD	将一个字从内存读入处理器
	EXCHANGE	在源单元和目的单元之间交换一个字
	PUSH	将一个字从源单元压入堆栈的栈顶单元
	POP	将一个字从堆栈的栈顶单元弹出到目的单元
控制转移指令	JUMP	跳转到目标指令
	BRANCH	根据特定的条件决定程序的执行是顺序执行还是转移到一个新的位置
	CALL	转移到子程序的入口
	RETURN	从子程序返回到主调程序的间断处
	SKIP	跳过一条指令
输入输出指令	INPUT	从操作数指定的 I/O 端口读入一个字
	OUTPUT	将一个字输出到操作数指定的 I/O 端口
处理器控制及调试指令	CLEAR/RESET	将目的单元的各位清为 0
	SET	将目的单元的各位置为 1
	HALT	停止程序执行
	WAIT	暂停程序执行直至某个条件满足
NOP 指令	NO OPERATION	指令不做任何操作

指令集最主要的"用户"是编译器。对编译器而言，理想的指令集应具有如下特征。

① 规整性：指相似的操作要有相同的规定，所有通用寄存器都被同等地对待，尽可能避免出现例外情况和特殊用法。例如，对字的操作同对字节的操作相同，操作后生成的条件码要一样；每个通用寄存器的用法要相同。

② 对称性：指源操作数和目的操作数的设置要对称。例如，有 A−B→A，就应该有 A−B→B；有 A+(B×C)→D，就应该有(A + B) ×C→D。

③ "独一"性或"全能"性：在实现某一功能时，指令集要么只有一种方案（唯一的选择），要么有多个方案，这些方案在复杂度上相差无几，可以随便选择。

④ 指令中各字段应具有正交性：即操作类型、数据类型以及寻址方式之间是相互独立的。例如，一个操作码能够处理一种数据类型，那么它也应能处理其他数据类型。一个指令

操作码的功能应该与它所处理的操作数无关,即不能通过操作数来解释操作码的功能。

⑤ 可组合性:指令集中所有的操作对所有的寻址方式和所有的数据类型都能适用。

【例3-6】(2011年硕士研究生入学统一考试计算机专业基础综合考试试题)

某机器有一个标志寄存器,其中有进位/借位标志 CF、零标志 ZF、符号标志 SF 和溢出标志 OF,条件转移指令 bgt(无符号整数比较大于时转移)的转移条件是( )。

A. CF+OF=1　　B. $\overline{SF}+\overline{ZF}$=1　　C. $\overline{SF+ZF}$=1　　D. $\overline{SF+ZF}$=1

答:无符号整数比较不涉及 SF、OF,只有选择 C。事实上,bgt 的转移条件是 CF 和 ZF 都为 0,故选 C。

3.1.5 指令的格式

指令的格式主要涉及指令中操作码的长度、指令"地址制"及采用的寻址方式、指令的长度三方面的问题。

① 指令中操作码的长度有定长和不定长两种选择。选择定长的操作码可简化指令译码器的设计与实现;选择不定长操作码(也称为扩展操作码)的目的是让常用指令拥有较短的操作码而不常用指令拥有较长的操作码(霍夫曼压缩编码),从而压缩程序所占的存储空间。

② 在一条指令中表现多少操作数地址,这是指令的"地址制"所要解决的问题。一般情况下,指令中地址的个数,可以取 4、3、2、1、0 个。

在四地址指令中,两个地址分别用于指示两个源操作数,一个地址用于指示目的操作数,最后一个地址用于指示下一条指令的存储单元。

三地址指令是在四地址指令的基础上,将下一条指令的地址省略掉,改用 PC 指示下一条指令的地址。二地址指令是在三地址指令的基础上,将一个源操作数同时作为目的操作数。

一地址指令是在二地址指令的基础上,隐含使用某个寄存器(如 ACC)作为一个源操作数或目的操作数。

停机指令、清除/置特定标志位的指令不需要操作数,即是零地址的。

地址制设计或改进的目的是压缩指令的长度,缩短指令的执行时间。在相同的指令长度内,减少地址个数可以扩大所能表示指令条数或操作数的寻址范围。

③ 指令的长度可以是固定或变化的。固定长度的指令便于存取和译码,但会限制操作数个数的增加和复杂寻址方式的使用;而变化长度的指令的特点正好相反。

IBM System 370 的指令字长有 16 位(半字)、32 位(一字)和 48 位(一字半)三种,指令操作码采用定长的 8 位,有一地址、二地址和三地址三种地址制,不同的操作数可以采用不同的寻址方式。

Intel 8086/8088 微处理器的指令字长有 8、16、24、32、40 和 48 六种,见附录 E。

MIPS 的指令集采用 32 位定长的指令字,6 位定长的操作码,有三种指令格式(如图 3-2 所示),分别对应寄存器型(R 型)、立即数型(I 型)和跳转型(J 型)指令。

R 型指令(操作码为 000000)是指三个操作数(两个源操作数和一个目的操作数)都是采用寄存器寻址的指令,具体功能由 Func 字段决定。若是双目运算,则寄存器 Rs 和 Rt 中的数据分别是第 1 和第 2 源操作数,结果存入 Rd;若是移位运算,则 Rt 中的数据是源操作数,移动由 Shamt 字段决定的位数后,结果存入 Rd。

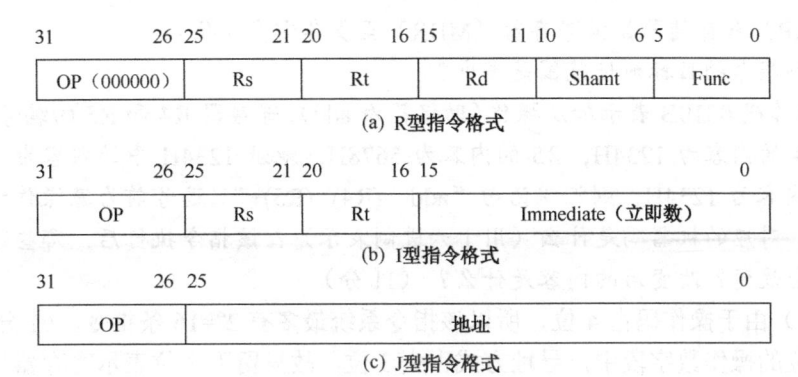

```
 31      26 25    21 20    16 15     11 10      6 5       0
┌─────────────┬────────┬────────┬────────┬────────┬────────┐
│ OP (000000) │   Rs   │   Rt   │   Rd   │ Shamt  │  Func  │
└─────────────┴────────┴────────┴────────┴────────┴────────┘
```
(a) R型指令格式

```
 31      26 25    21 20    16 15                          0
┌─────────────┬────────┬────────┬──────────────────────────┐
│     OP      │   Rs   │   Rt   │   Immediate（立即数）     │
└─────────────┴────────┴────────┴──────────────────────────┘
```
(b) I型指令格式

```
 31      26 25                                            0
┌─────────────┬────────────────────────────────────────────┐
│     OP      │                  地址                       │
└─────────────┴────────────────────────────────────────────┘
```
(c) J型指令格式

图 3-2 MIPS 的 3 种指令格式

源操作数是一个寄存器和一个 16 位立即数，目的操作数是一个寄存器的指令，称为 I 型指令。I 型指令的功能是双目运算时，寄存器 Rs 和 Rt 中的数据分别是第 1 和第 2 源操作数，结果存入 Rt；是装入（Load）/存回（Store）时，先将 Rs 的内容与立即数（需要做符号位扩展，下同）相加得到内存单元地址，然后将该地址单元中的数据装入 Rt 或者将 Rt 中的数据存回该地址单元。是条件转移（分支）时，则根据标志寄存器中的标志决定是否转移，转移的目标地址由 Rs 的内容与立即数相加而得；是寄存器跳转或寄存器跳转并链接时，转移目标地址就是 Rs 的内容。可见，I 型指令的寻址方式有寄存器寻址、立即数寻址、相对寻址和基址/变址寻址。（若问这样指令的寻址方式是什么，则以指令中显式出现的源操作数的寻址方式作为答案。）

只带有一个 26 位直接地址的无条件转移指令称为 J 型指令。转移目标地址由 PC 的高 4 位和指令中的 26 位地址直接拼接，并在末尾添上"00"而得。这种寻址方式属于直接寻址。

【例 3-7】（2010 年硕士研究生入学统一考试计算机专业基础综合考试试题）

某计算机字长为 16 位，主存地址空间大小为 128 KB，按字编址，采用单字长指令格式，指令各字段定义如图 3-3 所示。转移指令采用相对寻址方式，相对偏移量用补码表示。寻址方式定义如表 3-2 所示。

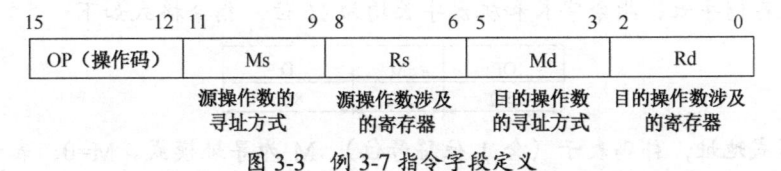

```
 15        12 11     9 8      6 5      3 2      0
┌────────────┬────────┬────────┬────────┬────────┐
│ OP（操作码）│   Ms   │   Rs   │   Md   │   Rd   │
└────────────┴────────┴────────┴────────┴────────┘
              源操作数的 源操作数涉及 目的操作数 目的操作数涉及
               寻址方式    的寄存器    的寻址方式    的寄存器
```

图 3-3 例 3-7 指令字段定义

表 3-2 例 3-7 中寻址方式定义

Ms/Md	寻址方式	助记符	含 义
000B	寄存器直接	Rn	操作数=(Rn)
001B	寄存器间接	(Rn)	操作数=((Rn))
010B	寄存器间接、自增	(Rn)+	操作数=((Rn))，(Rn)+1→Rn
011B	相对	D(Rn)	转移目标地址=(PC)+(Rn)

注：(X)表示存储器地址 X 或寄存器 X 的内容。

请回答下列问题。

(1) 该指令系统最多可有多少条指令？该计算机最多有多少个通用寄存器？存储器地址

寄存器(MAR)和存储器数据寄存器(MDR)至少各需多少位?

(2)转移指令的目标地址范围是多少?

(3)若操作码0010B表示加法操作(助记符为add),寄存器R4和R5的编号分别为100B和101B,R4的内容为1234H,R5的内容为5678H,地址1234H中的内容为5678H,地址5678H中的内容为1234H,则汇编语句"add (R4),(R5)+"(逗号前为源操作数,逗号后为目的操作数)对应的机器码是什么(用十六进制表示)?该指令执行后,哪些寄存器和存储单元的内容会改变?改变后的内容是什么?(11分)

答:(1)由于操作码占4位,所以该指令系统最多有 2^4=16条指令。(1分)

由于6位的操作数字段中,寻址方式占去3位,故只留下3位表示寄存器号,所以该计算机最多有 2^3=8个通用寄存器。(1分)

因为地址空间大小为128 KB,按字编址,所以共有64K个存储单元,地址位数为16位。因此,MAR至少为16位。(1分)

因为字长为16位,所以MDR至少为16位。(1分)

(2)因为地址位数与字长均为16位,所以PC和通用寄存器的位数均为16位。因此,转移目标地址位数为16位,所以能在整个存储空间进行转移,即转移目标地址的范围是0000H~FFFFH。(2分)(若答-32768~32767,也给1分)

(3)对于汇编语句"add (R4),(R5)+",操作码"add"用0010B表示,源操作数"(R4)"的寻址方式为"寄存器间接"用001B表示,目的操作数"(R5)+"的寻址方式为"寄存器间接、自增",用010B表示,R4和R5分别用100B和101B表示。则该指令对应的机器码为:0010 001 100 010 101 B=2315H。(2分)

该指令执行后,R5和存储单元5678H中的内容会改变。(1分)

R5中的内容由5678H变为5679H。(1分)

因为((R4))=5678H,((R5))=1234H,5678H+1234H =68ACH,所以存储单元5678H中的内容由1234H变为68ACH。(1分)

【例3-8】(2013年哈工大计算机专业硕士研究生入学考试试题)

某计算机存储字长、指令字长和机器字长均为16位,指令格式如下:

OP	M	D
5位	3位	8位

其中,D为形式地址,补码表示(含1位符号位)。M为寻址模式。M=0,表示立即寻址;M=1,表示直接寻址(此时D视为无符号数)。M=2,表示间接寻址(此时D视为无符号数);M=3,表示变址寻址(变址寄存器为Rx);M=4,表示相对寻址。

(1)写出各种寻址模式计算有效地址的表达式。

(2)当M=1、2、4时,能访问的最大主存区为多少机器字(主存容量为64K字)?

答:(1)立即寻址时,D=操作数;

直接寻址时,有效地址 EA=D;

间接寻址时,有效地址 EA=(D);

变址寻址时,有效地址 EA=(Rx)+D;

相对寻址时,有效地址 EA=(PC)+D。

(2)当M=1(直接寻址)时,寻址空间为 2^8=256字;

当 M=2（间接寻址）时，寻址空间为 2^{16}=64K 字；

当 M=4（相对寻址）时，寻址空间为 2^8=256 字。

【例 3-9】 含有 100 个元素的数组 A，其在内存中的首地址存放在寄存器\$s3 中。已知编译器给变量 f 分配的寄存器为\$s1，则"f=A[10]"编译后生成的汇编代码不可能是（　　）。

A．lw \$s1, 10（\$s3） B．lw \$s1, 20（\$s3）
C．lw \$s1, 30（\$s3） D．lw \$s1, 40（\$s3）

答："lw"是"Load a Word（装入一个字）"指令的助记符，"数字（寄存器号）"表示基址寻址，其中数字等于欲访问的数组元素与数组在主存中起始地址的距离，这个距离等于数组下标乘以数组元素的长度。本题中，数组下标为 10，数组元素的长度可以是 1、2 或 4，但基本上不可能是 3。故选 C。

3.1.6 面向多媒体处理的增强指令

一个优秀的计算机指令集，在实现基本功能的前提下，应该本着"一切为了用户"的理念，为应用提供更多、更好的支持。那么，应用的需求是什么呢？

首先，计算机指令集要有良好的可编程性，能够简化用户的程序设计。其次，按照所提供指令集开发出来的目标程序应该占用较少的存储空间，具有较短的解题时间。下面以计算机指令集设计对多媒体处理的支持来说明这个问题。

随着计算机的不断发展和普及，多媒体处理已成为目前计算机应用的一个热点领域，早期的多媒体处理大都是分离的，若想加速某一种媒体的处理，就需要引入针对该媒体的专用部件，如处理音频的音频卡、处理视频的视频卡、处理图形图像的图形加速卡等。后来，计算机的设计者开始把处理各种媒体所需的存储器和处理器结合起来，形成了多媒体协处理器或多媒体处理工作站。但是，这些满足不了个人计算机或桌面计算机对多媒体处理的需要。

20 世纪 90 年代，在器件技术发展的推动下，微处理器体系结构设计者在设计计算机指令集时开始考虑对多媒体处理应用的支持。HP 公司率先在 PA-RISC 处理器上增加了多媒体加速扩展（Multimedia Acceleration eXtension，MAX）指令，即 MAX-1。然后，在 MAX-1 的基础上增加新指令，形成了 MAX-2。SUN 公司在其 Ultra Sparc 微处理器中提供了可视指令集（Visual Instruction Set，VIS）。Intel 公司在其 Pentium 系列微处理器中增加了（MultiMedia eXtension，MMX）指令。其他公司的产品，如与 Pentium 兼容的 AMD 和 Cyrix 等实现了 MMX 指令。

MMX 技术的构想来源于 Intel 公司的设计师和应用软件开发人员的共同努力。面对应用软件对于微处理器性能不断提高的要求，设计师们对实际应用程序（如图形/图像处理、音乐合成、语音压缩、语音识别、MPEG 视频压缩/解压缩、游戏、视频会议等）进行了深入、广泛的分析。从上述应用程序中，设计师们找出了计算最密集的程序段。

这些来自不同应用程序的程序段有着以下共同的特点。

- ❖ 小整数类型。例如，8 位图形像素和 16 位音频样本。
- ❖ 短而高度重复的循环。例如，离散余弦变换 DCT 和快速傅里叶变换 FFT。
- ❖ 频繁进行的乘法及累加运算。例如，矩阵乘法和 FIR 滤波。
- ❖ 计算密集型算法。例如，三维图形生成和视频压缩。

❖ 高度并行的操作。例如，图像处理。

针对这些共性需求，Intel 公司的体系结构设计师在 1997 年推出的 Pentium 系列微处理器 P55C 上，通过设置 8 个 64 位 MMX 寄存器和 57 条新指令，首先实现了 MMX 技术，以简化和加速对多媒体数据的处理。

关于 57 条 MMX 指令，本书不再一一列举了，感兴趣的读者可查阅有关参考文献。

MMX 技术的提出极大地提高了 Intel 体系结构（Intel Architecture，IA）的自身信号处理能力（Native Signal Processing，NSP），使得没有数字信号处理器（Digital Signal Processor，DSP）的个人计算机也能够高质量、实时地处理多媒体信息。

MMX 技术引入了 4 种新的 64 位的数据类型：紧缩字节（Packed Byte）、紧缩字（Packed Word）、紧缩双字（Packed Double Word）、4 倍字（Quartic_word）。紧缩字节是指将 8 个短整型数据（长度为 1 字节）压缩存放在 1 个 64 位的长字中，紧缩字是指将 4 个整型数据（长度为 2 字节）压缩存放在 1 个 64 位的长字中，紧缩双字是指将 2 个长整型数据（长度为 4 字节）压缩存放在 1 个 64 位的长字中，4 倍字就是一个 64 位长的整型数据。紧缩在一个 64 位的 MMX 数据类型中的数据被称为"子字（Subword）"。

MMX 技术的核心就是用一条 MMX 指令对其 64 位操作数中的若干子字进行并行的计算，从而加快计算速度，这种计算方式称为"单指令多数据 SIMD"并行方式。为此，处理器中的 64 位算术逻辑部件 ALU 的进位链被设计成能够根据需要在其中适当位置断开，以便于对 64 位紧缩数据中的不同子字并行而又相互独立地执行相同的处理，即 ALU 能够并行地执行相同的 2 个 32 位运算、4 个 16 位运算或者 8 个 8 位运算。也就是说，每条 MMX 指令最多可以同时处理 8 个短整型数据（如图像像素），在理想情况下，有 2 条指令流水线的 Pentium 系列微处理器在一个时钟周期内就可以完成 16 个短整型数据的处理。

根据系列机的设计原则，MMX 技术必须与现行的 Intel 微处理器及基于 Intel 微处理器的操作系统和应用程序保持向下兼容。为此，新的处理器没有引入新的工作状态，MMX 技术的运行状态采用的是原先 Intel 体系结构的浮点状态。另外，MMX 技术没有引入新的寄存器组，而是借用浮点处理单元中的 8 个 80 位的浮点寄存器，以别名的方式定义了 8 个 64 位的 MMX 寄存器 MM0~MM7。因此，MMX 技术的本质是利用 64 位的浮点寄存器和浮点运算器，在单一指令执行周期内对其中的 MMX 数据进行 SIMD 型并行计算。

鉴于在通常的定点计算中会出现"返回效应"（Wraparound Effect），即定点整数运算发生溢出时，由于丢失子字的最高有效位，导致子字从最大值变为最小值或者从最小值变为最大值。如果这个子字表示的是图形像素的亮度，就有可能在一片白色区域中冒出一些黑点或者在一片黑色区域中冒出一些白点。为此，MMX 技术中的整数计算采用的是一种称为饱和运算（Saturation Arithmetic）的计算法则。

所谓"饱和运算"，是指若运算结果超出某种数据类型的最大值（上溢），则其将被饱和（截取）至该数据类型的最大值；反之，若运算结果超出某种数据类型的最小值（下溢），则其将被饱和至该数据类型的最小值，不影响"溢出"标志。

"饱和运算"对于色彩处理程序特别有用，它既避免在色彩处理中出现由极黑变白或由极白变黑的情况，又避免了溢出判断处理，缩短了运算时间。

在微处理器中增加面向多媒体处理的扩展指令集目前仍然是计算机体系结构设计的热点工作。1999 年，Intel 公司在 MMX 技术的基础上增加了 70 条旨在提高多媒体处理和浮点运算能力的新指令，并称其为 SSE（Streaming SIMD Extension）指令集。为了实现浮点运算的并行处理，SSE 技术引入了 8 个 128 位的浮点寄存器。

在 SSE 指令集中有 50 条是基于 SIMD 方式实现的浮点运算指令，12 条是实现改进视频处理和图像处理质量的新算法的多媒体处理指令，还有 8 条是主存储器中连续数据流优化处理指令。这后 8 条指令采用了新的数据预存/取策略，能够减少处理器处理连续数据流的中间环节，从而提高处理连续数据流的效率。

3.2 处理器的组成与工作过程

3.2.1 处理器的基本功能和基本组成

1. 处理器概述

从外观上看，处理器常常是矩形或正方形的块状物，通过密密麻麻的众多引脚（也称管脚）与主板相连。图 3-4 是 Intel Pentium 4 微处理器。在内部，处理器的核心是一片大小通常不到 1/4 英寸见方的薄薄的硅晶片（Die）。在这块小小的硅片上，密布着数以百万计的晶体管，它们分别构成算术逻辑单元 ALU、通用寄存器组、控制单元等。

图 3-4 Intel Pentium 4 微处理器

为了得到满意的成品率，在一个圆形的单晶硅切片上要同时生产上百个硅晶片。在通过了严格的测试后，合格的产品将送封装厂进行切割，划分成单个的硅晶片，最后这些硅晶片被分别封装成芯片。封装不仅保护处理器核心与空气隔离以避免污染物的侵害，而且还有助于芯片散热。更重要的是，通过封装为处理器引出与主板相连的引脚。

最常见的处理器封装是针栅阵列封装（Pin-Grid Array，PGA）。这种封装是正方形的，在中央区周围均匀地分布着 3～4 排甚至更多排引脚，引脚能插入主板 CPU 插座上对应的插孔。随着 CPU 总线宽度增加、功能增强，CPU 的引脚数目也不断增多，同时对散热、电气特性也有更高的要求，演化出了交错针栅阵列封装（Staggered Pin-Grid Array，SPGA）、塑料针栅阵列封装（Plastic Pin-Grid Array，PPGA）和反转芯片针栅阵列封装（Flip Chip Pin-Grid Array，FCPGA）等。

实现处理器内部各单元之间信号传输的线路称为片内总线（Internal Bus），实现处理器与主存和外设之间信号传输的线路称为片外总线（External Bus）。

除了电源引脚 Vcc 和接地引脚 GND，其余引脚用于信号传输。按照传输信号类别的不同，这些引脚分为数据总线（Data Bus，DB）引脚、地址总线（Address Bus，AB）、引脚和控制总线（Control Bus，CB）引脚。

若数据总线的宽度是 8 位，则数据总线引脚将命名为 D_0，D_1，…，D_7；若数据总线的宽度是 16 位，则数据总线引脚将被命名为 D_0，D_1，…，D_{15}。32 位的数据总线可类推之。

若处理器的访存地址宽度是 10 位（意味着最多可以访问 2^{10}=1K 个存储单元），则地址总线引脚将命名 A_0，A_1，…，A_9；若处理器的访存地址宽度是 20 位，则地址总线引脚将命名 A_0，A_1，…，A_{19}。32 位的地址总线可类推之。

常见的控制总线引脚有时钟 CLK、复位 Reset、总线请求 HRQ、总线允许 HLDA、读 RD、写 WR 等。

2．处理器的基本功能

通俗地说，处理器的工作就是周而复始地执行指令；严格地说，处理器的工作就是周而复始地解释（Interpret）指令。解释指令的过程是：取指令、分析指令、取源操作数、处理源操作数、写目的操作数（结果）。

① 取指令。处理器根据 PC 给出的主存地址访问主存，取出一个标准字长的指令，将其送入处理器内部专门存放当前指令的指令寄存器（Instruction Register，IR），然后 PC 加 1。

② 分析指令。处理器将指令寄存器 IR 中的操作码部分取出，送入指令译码器（Instruction Decoder，ID）进行译码。根据译码结果判断出指令的功能（即指令将要执行什么操作）、操作数的寻址方式以及操作数的数据类型，形成源操作数或目的操作数的物理地址。

③ 取源操作数。根据源操作数的物理地址访问主存，取出源操作数。源操作数将被送入处理器内部的数据寄存器，如累加器 ACC。

④ 处理源操作数。处理器将源操作数送入运算器，并根据指令译码结果启动运算器的相应操作对数据进行处理。处理结果存回通用数据寄存器或缓冲寄存器。

⑤ 写目的操作数。如果指令要求将结果（即目的操作数）写回寄存器或主存，那么处理器将根据目的操作数的地址，将目的操作数写入寄存器或主存。

3．处理器的基本组成与数据通路（Data Path）

处理器由算术逻辑单元 ALU、控制器 CU、寄存器组（也叫寄存器文件或寄存器堆）以及中断单元组成。其中，控制器 CU 的功能是：通过对指令的分析（译码），按照一定的时序，发出控制信号，使 CPU 完成相应指令的功能。控制器将在第 6 章详细介绍。

处理器内部设有大量的寄存器。高级程序设计语言的程序员，是无须了解这些寄存器的。中级程序设计语言（如 C 语言）的程序员，可能需要了解一些寄存器的知识。直接利用计算机指令的汇编语言程序员，就需要对处理器内部的寄存器有深入的了解。即便是汇编语言程序员，对处理器内部的某些寄存器也是不需关心的，如 MAR 和 MDR。也就是说，MAR 和 MDR 对汇编语言程序员是"透明的"。

因此，处理器内部的寄存器可以分为"用户可见的寄存器"和"用户透明的寄存器"，这里的"用户"是指汇编语言程序员。

"用户可见的寄存器"包括通用寄存器、数据寄存器、地址寄存器、程序状态字寄存器 PSW、程序计数器 PC 等。"用户透明的寄存器"包括 MAR、MDR、ALU 的输入缓冲寄存器 B 和 C 以及输出缓冲寄存器 SUM 等。

此外，指令中的立即数的长度（如 8 位）通常小于 ALU 的位数（如 16 位）。对于逻辑运算，需要做"0 扩展"；对于算术运算，需要引入一个符号位扩展单元做"符号位扩展"。

在指令执行过程中，数据所经过的路径及路径上的部件称为"数据通路（或数据路径）"。例如，通用寄存器、ALU 及符号位扩展单元、状态寄存器、Cache、"异常"和"中断"处理逻辑、MMU（存储管理单元）都属于数据通路。从这个意义上，处理器由控制器 CU 和数据通路组成。

4. 中断的基本概念

目前，中断（Interrupt）已经成为计算机/处理器不可或缺的功能。没有中断，很多现代计算机系统的功能（如多用户、多任务）都无法实现。

所谓中断，是指计算机在执行程序的过程中，当出现异常情况或特殊请求时，计算机会在适当时机暂停现行程序的运行，转向执行处理这些异常情况或特殊请求的程序（即中断处理程序或中断服务程序），处理结束后再返回到现行程序的间断处继续执行。

能够发出中断请求的部件或事件，称为"中断源"。为了区分不同请求信号，不同的中断源被赋予了一个不同的"中断类型号"。

处理器内部与中断有关的逻辑电路称为中断单元，实现中断的所有硬件和软件称为中断系统。图3-5显示了处理器的总线引脚与系统总线的互连结构。

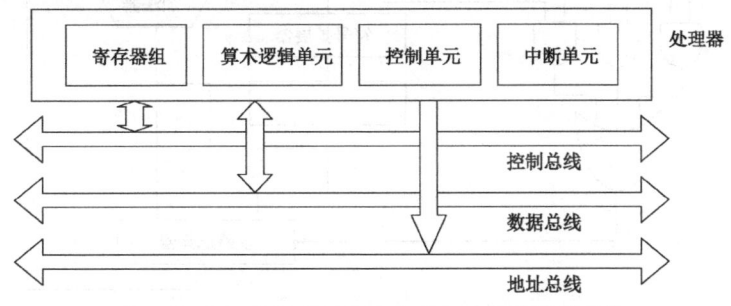

图 3-5 处理器的总线引脚与系统总线的互连结构

【例3-10】（2009年硕士研究生入学统一考试计算机专业基础综合考试试题）

下列选项中，能引起外部中断的事件是（　　）。

A. 键盘输入　　B. 除数为0　　C. 浮点运算下溢　　D. 访存缺页

答： 根据中断源位于处理器的内部还是外部，中断分为内部中断和外部中断。内部中断的例子有：除数为0、溢出（注意：浮点运算下溢不会产生溢出中断）、非法访问（如越界访问）、软中断指令（如访管指令）、非法指令等。外部中断的例子有来自外设的中断（如键盘输入）、来自定时器的时钟中断等。"访存缺页"属于故障，不是中断。故选A。

【例3-11】（2013年硕士研究生入学统一考试计算机专业基础综合考试试题）

某计算机采用16位定长指令字格式，其CPU中有一个标志寄存器，其中包含进位/借位标志CF、零标志ZF和符号标志NF。假定为该机设计了条件转移指令，其格式如下：

15　　11	10	9	8	7　　　　　0
00000	C	Z	N	OFFSET

其中，00000位操作码OP；C、Z、N分别为CF、ZF和NF的对应检测位。某检测位为1时表示需检测对应标志，需检测的标志位中只要有一个为1就转移，否则不转移。例如，若C=1，Z=0，N=1，则需检测CF和NF的值，当CF=1或NF=1时发生转移；OFFSET是相对偏移量，用补码表示。转移执行时，转移目标地址为(PC)+2+2×OFFSET；顺序执行时，下条指令地址为(PC)+2。请回答下列问题。

（1）该计算机存储器按字节编址还是按字编址？该条件转移指令向后（反向）最多可跳转多少条指令？

（2）某条件转移指令的地址为200CH，指令内容如下。若该指令执行时CF=0，ZF=0，

NF=1，则该指令执行后 PC 的值是多少？若该指令执行时 CF=1，ZF=0，NF=0，则该指令执行后 PC 的值又是多少？请写出计算过程。

15	11	10	9	8	7	0
00000		0	1	1	11100011	

（3）实现"无符号数比较小于等于时转移"功能的指令中，C、Z 和 N 各应是多少？

（4）该指令对应的数据通路如图 3-6 所示，要求给出图中部件①～③的名称或功能说明。

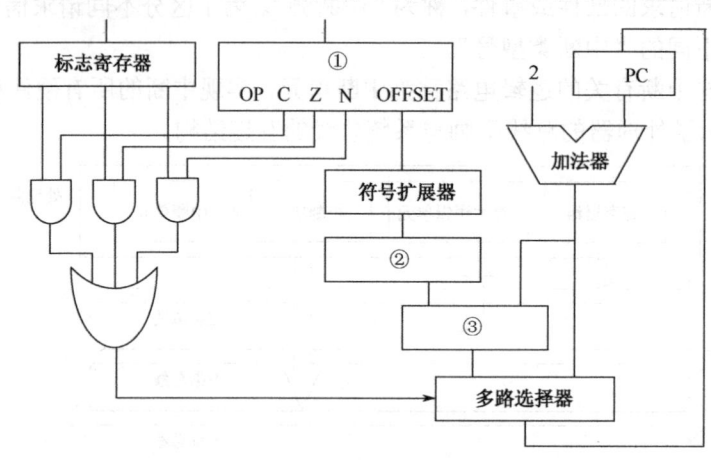

图 3-6　条件转移指令的数据通路

答：（1）该计算机采用 16 位定长指令字格式，而顺序执行时下条指令地址为(PC)+2，可见该计算机存储器按字节编址。

转移执行时，转移目标地址为(PC)+2+2×OFFSET。可见，相对偏移量 OFFSET 表示跳转的指令条数。OFFSET 用补码表示，可表示的最大负数是-128，即最多可以向后跳转 128 条指令。由于执行该条件转移指令时，(PC)已经加 2，即已经指向了下一条指令。所以该条件转移指令向后最多可跳转 128-1=127 条指令。

（2）某条件转移指令的 Z=N=1，当 ZF=0 和 NF=1 时，则该指令发生转移。
此时 OFFSET=11100011B，2×OFFSET=11000110B=C6H。
故执行后 PC 的值=(PC)+2+2×OFFSET=(200CH)+2+ C6H =200EH+ C6H
　　　　　　=200EH+FFC6H（符号位扩展）= 1FD4H

当 ZF=NF=0 时，该指令不转移，程序顺序执行。执行后 PC 的值=(200CH)+2 =200EH。

（3）"无符号数比较"做的是减法操作，小于或者等于，表示有可能发生借位或者结果为零，故需要检测 CF 和 ZF；无符号数运算与符号无关，不考虑 NF。
则实现"无符号数比较小于等于时转移"功能的指令中，C=Z=1，N=0

（4）部件①为指令寄存器，部件②为移位寄存器（用于左移一位），部件③为加法器（地址相加）。

3.2.2　计算机的工作过程

计算机的工作是由处理器的工作来驱动的，所以本节所讨论的计算机的工作主要关注的处理器的工作，而处理器的工作就是执行指令。

冯·诺依曼型计算机的主要特点是"存储程序"，即预先把程序和数据存入计算机，然后计算机把程序中的指令逐条取出并加以执行，从而实现自动计算。

下面以计算 1+2 为例来编制控制计算机/处理器工作的程序。

在编制程序时，我们有如下考虑：如果只是简单地计算 1+2，这样的程序是没有实际应用价值的。根据计算思维的"抽象"原则，程序要实现的是 X+Y⇒Z，X、Y 和 Z 是内存中的数据单元。本例中，X 和 Y 中保存的数据分别是 1 和 2。Z 将保存 X+Y 的结果，今后可以随时读出利用。综上所述，我们给出计算 X+Y 的程序流程：

① 从内存单元 X 中取数据送入累加器 ACC。
② ACC 加上内存单元 Y 中的数据，结果存回 ACC 中。
③ ACC 的值存入内存单元 Z。
④ 停机。

上述程序在某模型机上运行，用到的指令如表 3-3 所示。

表 3-3 某模型机的主要指令说明

指令名称	助记符	指令功能	操作码	指令操作数
数据读入	LOAD	将某个内存单元 X 中的数据取出并送入累加器 ACC	0001B	内存单元 X 的地址
加法	ADD	ACC 加上内存单元 Y 中的数据，结果存回 ACC	0010B	内存单元 Y 的地址
数据存回	STORE	将 ACC 的值存入内存单元 Z	0011B	内存单元 Z 的地址
停机	HALT	停止处理器工作	1000B	无操作数

程序编制完成后存入内存的结果如表 3-4 所示，其中假设分配给变量 X、Y 和 Z 的内存单元的地址分别是 1100B、1101B 和 1110B。

表 3-4 实现 X+Y⇒Z 的程序在内存中的存储结果

内存单元地址	汇编程序/数据	指令操作码	指令操作数
1000B	LOAD X	0001B	1100B
1001B	ADD Y	0010B	1101B
1010B	STORE Z	0011B	1110B
1011B	HALT	1000B	
1100B	X	0000B	0001B
1101B	Y	0000B	0010B
1110B	Z		

要执行程序时，管理程序先要将程序第一条指令的地址（本例中为 1000B）送入程序计数器 PC 中，再启动执行。

3.2.3 采用流水线技术的处理器

加快机器指令的解释过程是处理器组成设计的基本任务，为此可采取两种措施：一是努力提高指令内部的并行性，从而加快单条指令的解释过程；二是努力提高指令间的并行性，并发地解释多条指令以至多个程序段。前者的潜力已经深入挖掘了，目前计算机科学工作者主要关注的是后者。当然，提高机器的工作主频也能加快解释指令的速度，但这方面的内容不在本书的范围。

1. 一次重叠

提高指令间并行性的主要技术是指令重叠解释，即用不同的部件同时解释连续的指令。这种技术也称为指令流水。要了解指令流水，需要从分析指令的顺序解释开始。

指令的顺序解释是指各条机器指令是顺序串行地执行，执行完一条指令后才取出下条指令来执行，如图3-7所示。

| 取指i | 分析i | 执行i | 取指$i+1$ | 分析$i+1$ | 执行$i+1$ |

图 3-7　机器指令的顺序解释。

这里将一条指令的解释过程进一步细分为：取指令、分析指令（包括指令译码、计算操作数有效地址、取操作数以及形成下一条指令地址等）和执行（对操作数进行运算、写回结果等）三个阶段，并假设每条指令内部的各个微操作也是顺序串行执行。

顺序解释的优点是控制简单、节省设备。但缺点是处理器的处理速度慢。因为在前一条指令没有处理完之前，后一条指令的解释就不能开始。在任何时刻，处理器中只有一条指令被解释。这就导致机器各部件的利用率低。例如，在取指令周期和指令分析周期（需要取操作数），主存是忙碌的，而执行部件是空闲的。在执行周期，执行部件开始忙碌，主存却空闲。

指令的重叠解释是指在第 i 条指令解释完成前，就开始第 $i+1$ 条指令的解释，图 3-8 是一种可能的方式。显然，重叠解释不是加快一条指令的解释，而是加快相邻两条指令乃至一段程序的解释。

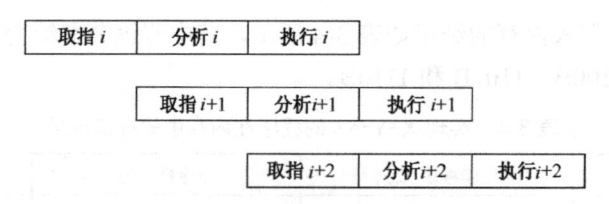

| 取指i | 分析i | 执行i |

| 取指$i+1$ | 分析$i+1$ | 执行$i+1$ |

| 取指$i+2$ | 分析$i+2$ | 执行$i+2$ |

图 3-8　指令重叠解释的一种实现方式

为了实现指令的重叠解释，在计算机组成设计上应提供怎么样的支持呢？

首先，为了实现"执行 i、分析 $i+1$、取指 $i+2$"重叠，必须在硬件上设置有可分隔的取指令部件、分析指令部件和执行指令部件，这些部件各自拥有自己独立的控制逻辑。为此，需要将原先处理器中的控制器分解成主存储器控制器（存控）、指令控制器（指控）和运算器控制器（运控）三部分。也就是说，指令解释速度的提高是以增加硬件为代价的。例如，在运算器本身就具有加法功能的基础上，指令控制器中还要另设专门的地址加法器，用于操作数有效地址的计算。

其次，取指阶段肯定要访问主存，分析阶段中取操作数也可能需要访问主存，执行阶段中写回结果也可能需要访问主存，这样会造成主存访问冲突（Collision）。因此，如果使用的是一次只能访问一个存储单元的单端口存储器来存储指令和数据，上述重叠是无法真正实现的。为此可以考虑采用以下3种方法来解决这个问题。

① 采用哈佛结构，设置两个独立编址且可并行访问的存储器来分别存放指令和数据。这种方法虽然解决了主存储器的访问冲突问题，但是增加了主存总线控制的复杂性及对机器语言程序员不透明性，增大了软件设计的工作量。

② 仍然让指令和数据混存，采用多体交叉主存储器结构来满足重叠带来的并行访问的要求。只要第 i 条指令的操作数与第 $i+1$ 条指令不是同存于一个存储体，则可以在一个主存储器周期（或稍微多一点时间）内取得这两者，从而实现"分析 i"和"取指 $i+1$"的重叠。当然，如果这两者正好共存于一个存储体内，则将出现"存储体碰头"而无法实现重叠。

由此可见，上述两种方法都有一定的局限性，因此目前常用的是第 3 种方法。

③ 在处理器内部增设指令缓冲寄存器组（简称"指缓站"）。把后继指令预先取到指缓站中，使得"取指"操作不再参与对主存储器的竞争。由于大量的中间结果保存在寄存器中，因此主存不会始终满负载地工作。一旦主存储器空闲，且指缓站未满，独立的取指部件就可以访问主存储器，预取下一条或下几条指令存放在指缓站中。这样，"取指 $i+1$"就可与"分析 i"重叠进行了。

因为"取指"访问的是处理器内部的指缓站，而访问时间很短，所以可把"取指"合并到"分析"阶段，从而将原来的"取指""分析"和"执行"重叠演变成"分析"与"执行"重叠。这就是指令解释的"一次重叠"，如图 3-9 所示。

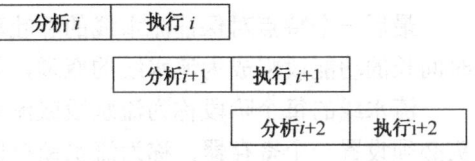

图 3-9 指令解释的一次重叠

但仅仅这样是不够的。因为对于绝大多数机器指令而言，"分析"和"执行"所需的时间并不完全相等，这样需要解决"分析"单元和"执行"单元的同步问题，保证任何时候都只有"执行 i"和"分析 $i+1$"一次重叠。为此，在安排每条指令的微操作时，尽量使"分析"和"执行"需要的时间相等，然后在两个部件之间设置请求－应答的互锁控制逻辑。当然，也可以用"分析周期"或"执行周期"中的较长者作为机器周期，使指令的重叠解释在统一的时钟控制下进行。

由于"一次重叠"的控制较简单，故低端的微处理器（如 Intel 8086/8088）采用这种方式。在一次重叠方式中，若"分析"周期和"执行"周期相等，如都是 Δt_1 时间，则从解释一条指令的全过程来看，需要 $T=2\Delta t_1$ 才能完成；然而，从机器的输出来看，都是每隔 Δt_1 就能给出一条指令的结果。与顺序解释相比，机器的最大吞吐率提高了 1 倍。

2. 流水线（Pipeline）技术

计算机的迅速发展源自计算机科学工作者永不停息的追求。尽管"一次重叠"已经把机器的最大吞吐率提高了 1 倍，但是计算机的先驱们还在思考如何进一步提高吞吐率呢。

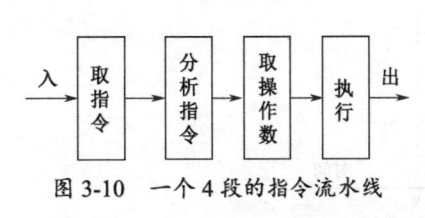

一个很直观的办法就是：推广上述技术的思想，将指令的解释过程进一步细分为取指令、分析指令、取操作数、执行 4 个阶段，并分别由独立的部件实现，如图 3-10 所示。虽然完成一条指令的时间仍是 T，但是每隔 $\Delta t = T/4$ 就"流出"一个结果。这样得到的吞吐率比顺序解释的吞吐率提高了 3 倍。

图 3-10 一个 4 段的指令流水线

后来，人们将这种思想用于提高执行部件的速度上，同样可以收到明显的效果。例如，在设计浮点加法器时，把浮点加法的过程分解成"求阶差、对阶、尾数相加、规格化"4 个子过程，让每个子过程都在各自独立的部件上完成。设各独立部件所需时间都为 Δt_2。若在输入端连续做几次加法，那么在第一个 Δt_2 时，第一次加法在"求阶差段"；在第二个 Δt_2 时，第一次加法在"对阶段"，第二次加法则进入"求阶差段"；在第三个 Δt_2 时，第一次加法在

"尾数相加段",第二次加法在"对阶段",第三次加法则在"求阶差段"……

由此可见,虽然每次加法操作所需时间都是 $T=4\Delta t_2$,但从加法器的输出端来看,却是每隔 Δt_2 给出一个加法结果。机器的最大吞吐率提高了 3 倍。

由于这种工作方式与工厂的装配流水线概念相类似,是将一个重复的时序过程分解成若干个子过程,而每个子过程都在其专用功能段上与其他子过程同时执行。因此,这种采用多个独立而有序的处理部件来解释指令的技术称为指令流水线,简称"流水线"。

流水线技术具有如下特点。
❖ 流水过程由若干有联系的子过程组成。
❖ 每个子过程用专用的功能段实现。
❖ 各功能段所需时间应尽量相等,这个时间一般作为时钟周期(节拍)。

最后一个特点对保证流水线的吞吐率是至关重要的。如果各功能段所需时间不相等,则时间长的功能段将成为流水线的瓶颈,导致流水线"堵塞"。

流水线的每个阶段称为流水段或流水功能段。在实现流水线时,每个流水段的末尾或开头必须设置一个寄存器,称为流水锁存器或流水闸门寄存器。这将增加硬件设备以及指令的执行时间。

【例 3-12】(2009 年硕士研究生入学统一考试计算机专业基础综合考试试题)

某计算机的指令流水线由 4 个功能段组成,指令流经各功能段的时间(忽略各功能段之间的缓存时间)分别为 90 ns、80 ns、70 ns 和 60 ns,则其 CPU 时钟周期至少是(　　)。

A. 90 ns　　　　B. 80 ns　　　　C. 70 ns　　　　D. 60 ns

答:指令流水线中的各功能段都是在统一的时钟控制下工作的。为了保证各功能段能够正确地完成所承担的工作,指令流水线的时钟周期必须选择指令流经各功能段的时间中最长的那个,即 90 ns。故选择 A。

3. 流水线的表示与分类

流水线的表示主要有连接图和时(间)空(间)图两种方法。图 3-10 是连接图的一个例子。为了简化,连接图中不画出流水锁存器。图 3-11 是 5 条指令在 4 段流水线上运行的时空图。横坐标表示时间,纵坐标代表流水线的各段,数字代表 5 条指令在流水线中流动的过程。

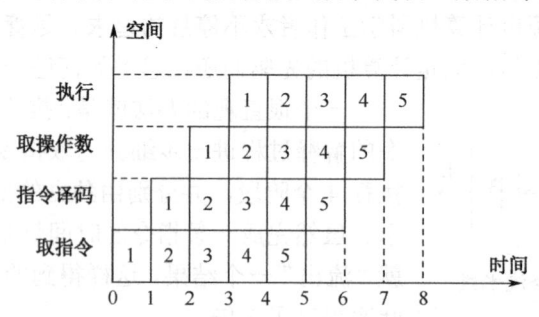

图 3-11　5 条指令在 4 段流水线上运行的时空图

按流水线能够完成的功能多少,流水线可以分为单功能流水线(Unifunction Pipeline)和多功能流水线(Multifunction Pipeline)。

① 单功能流水线:指只能完成一种固定功能的流水线,如前面介绍的浮点加法流水线。要完成多种功能,一般可采用多个单功能流水线,如美国的 Cray-1 有 12 条单功能流水线,

我国的 YH-1 有 18 条单功能流水线。

② 多功能流水线：指流水线的各段可以进行不同的连接，从而使流水线在不同的时间或者在同一时间完成不同的功能。例如，美国 TI 公司的 ASC 计算机采用多功能流水线，如图 3-12(a)所示，它由 8 段组成，当进行浮点加法运算时，各段的连接如图 3-12(b)所示；当进行定点乘法运算时，各段的连接如图 3-12(c)所示。

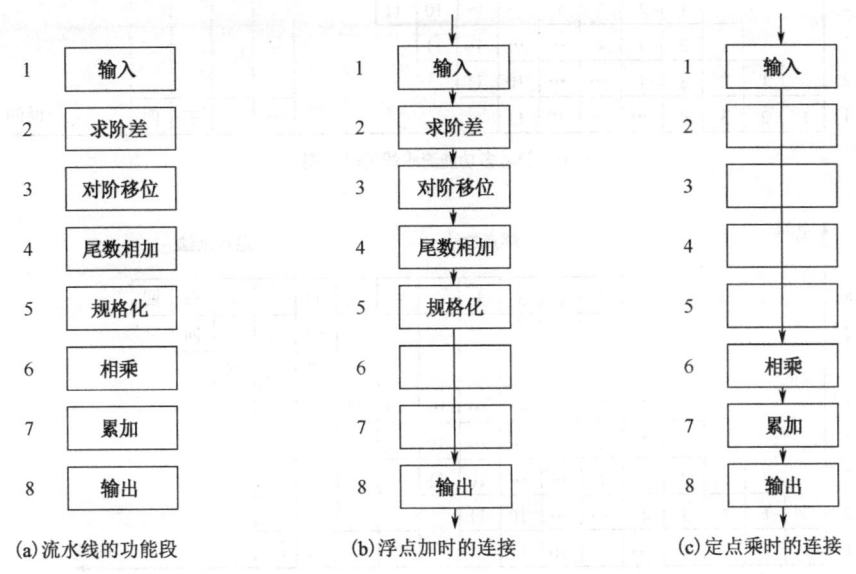

1	输入
2	求阶差
3	对阶移位
4	尾数相加
5	规格化
6	相乘
7	累加
8	输出

(a)流水线的功能段　　(b)浮点加时的连接　　(c)定点乘时的连接

图 3-12　TI 公司的 ASC 计算机中的 8 段流水线

按照同一时间各段之间的连接方式，多功能流水线可以分为静态流水线（Static Pipeline）和动态流水线（Dynamic Pipeline）。

① 静态流水线：指在同一时间内，流水线的各段只能按同一种功能的连接方式工作。例如，上述 ASC 的 8 段要么都按浮点加、减运算连接方式工作，要么都按定点相乘运算连接方式工作，不能在同一时间内有的段在进行浮点加、减运算，有的段又在进行定点乘运算。因此，在静态流水线中，只有当输入的是一串相同的运算操作时，流水的效率才得以发挥。如果流水线输入的是一串不同运算相间的操作，如浮加、定乘、浮加、定乘……一串操作，则这种静态流水线的效率会降到和顺序方式的一样。

② 动态流水线：指在同一时间内，流水线中的各段可以按不同运算的连接方式工作。例如，图 3-12 的各段可以做到在同一时间内，当某些段正在实现某种运算（如定乘）时，另一些段在实现另一种运算（如浮加）。这样，并不是相同运算的一串操作才能流水处理。显然，这对提高流水线的效率很有好处，却使流水线的控制变得很复杂。目前，绝大多数的流水线都是静态流水线。

从图 3-13 给出了静态和动态流水线的时空图，可以很清楚地看到它们工作方式的不同。

按照流水线的级别，流水线可分为部件级、处理器级、处理器间流水线。

① 部件级流水线：又叫运算操作流水线（Arithmetic Pipeline），是把处理器的算术逻辑部件分段，以便为多个同类型的数据进行流水操作。图 3-11 中的流水线就属于这一种。

② 处理器级流水线：又叫指令流水线（Instruction Pipeline），是把解释指令的过程按照流水方式处理。因为处理器要处理的主要时序过程就是解释指令的过程，这个过程也可分解

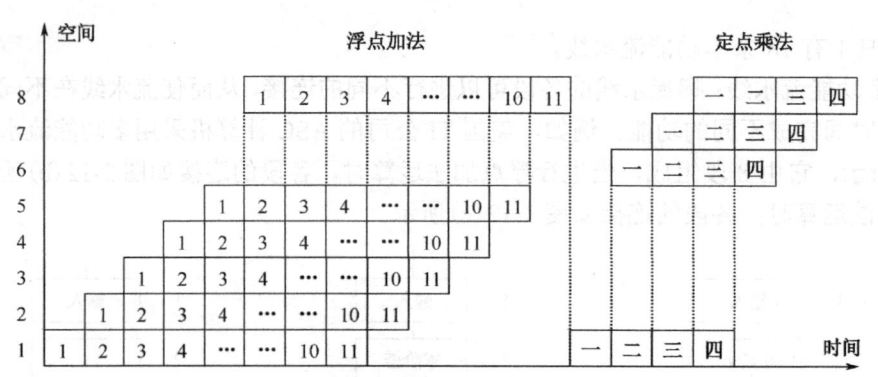

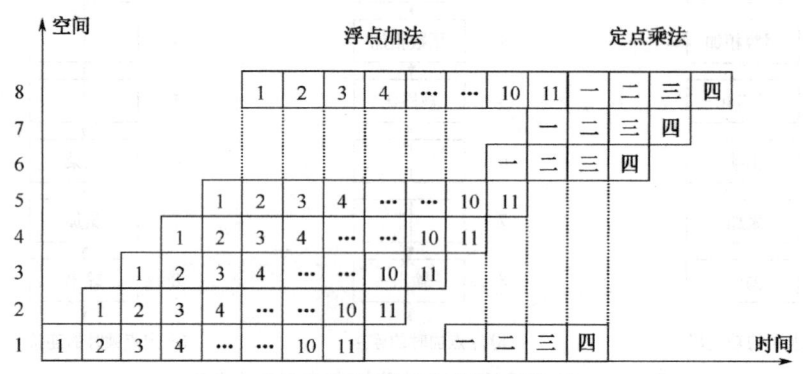

图 3-13 多功能流水线的时空图

为若干子过程。它们按照流水（时间重叠）方式组织起来，就能使处理器重叠地解释多条指令。图 3-10 中的流水线就属于这一种。

③ 处理器间流水线：又叫宏流水线（Macro Pipeline），把两个以上的处理器串行连接在一起，对同一数据流进行处理，每个处理器完成一个任务。第一个处理器对输入的数据逐个完成任务 1 的处理，其结果顺序存入存储器中。第二个处理器顺序从存储器中取出数据进行任务 2 的处理……以此类推。

如果把具有指令流水线的处理器称为流水线处理器（Pipelines Processor），则按照所具有的数据表示，流水线处理器可以分为标量流水处理器（Scalar Pipelining Processor）和向量流水处理器（Vector Pipelining Processor）。

① "标量流水处理器"不具有向量数据表示，仅对标量数据进行流水处理，如 IBM 360/91、Amadahl 470V/6 等。

② "向量流水处理器"具有向量数据表示，并通过向量指令以流水的方式对向量的各元素进行处理。所以，向量处理器是向量数据表示和流水技术的结合，如 TI-ASC、STAR-100、CYBER-205、CRAY-1、YH-1 等。

按照是否有反馈回路，流水线可以分为线性流水线（Linear Pipeline）和非线性流水线（Nonlinear Pipeline）。

① 线性流水线：指流水线的各段串行连接，没有反馈回路。

② 非线性流水线：指流水线中除有串行连接的通路外，还有反馈回路。图 3-14 是一个

非线性流水线，虽然它由 4 段 $S_1 \sim S_4$ 组成，但由于有反馈回路，从输入到输出可能依次流过 S_1、S_2、S_3、S_4、S_2、S_3、S_4、S_3 各段（图中 ⊕ 代表多路开关）。在一次流水过程中，有的段被多次使用。非线性流水线常用于递归（Recurrence）或组成多功能流水线。

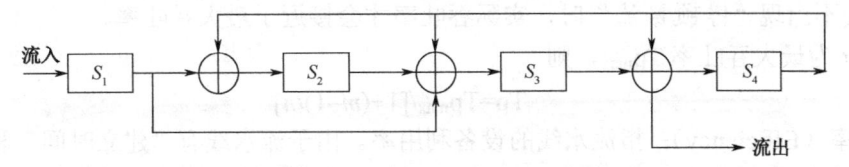

图 3-14　一个 4 段的非线性流水线

4．流水线的性能评价

评价流水线的性能指标主要有流水线的建立时间、排空时间，流水处理的总时间、加速比、吞吐率/最大吞吐率和效率。本节以线性流水线为例，分析流水线的性能。

① 流水线的建立时间 T_e：指第一个任务从流入到流出的时间。只有经过建立时间后，流水处理才进入稳定状态——每个时钟周期（拍）流出一个结果。

② 流水线的排空时间 T_d：指最后一个任务流入后到其流出的时间。经过排空时间后，流水线才完全进入空闲状态——每个流水段都停止工作。

③ 流水处理的总时间 T：指第一个任务从流入到最后一个任务流出的时间。

设某个流水线有 m 个流水段组成，每段的经过时间都是 Δt，共 n 个任务将经过流水线，则 $T_e = M \times \Delta t$，$T_d = (m-1) \times \Delta t$，$T = T_e + (n-1) \times \Delta t = n \times \Delta t + (m-1) \times \Delta t$，如图 3-15 所示。

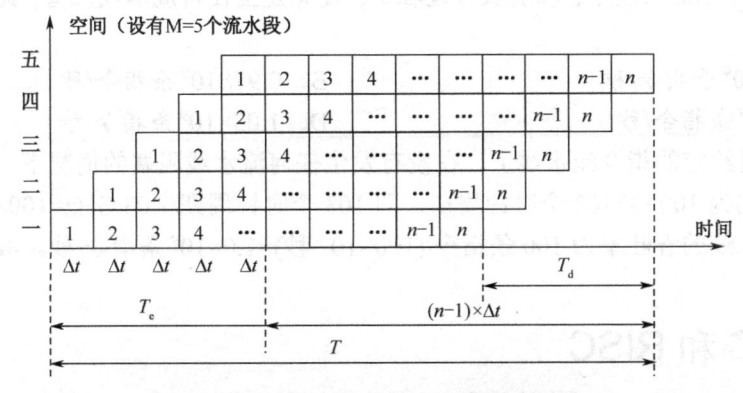

图 3-15　基于时空图的流水线性能分析

④ 加速比 Sp（Speedup）：串行处理所花时间与采用并行处理后所花时间的比值，是并行计算领域最重要的性能指标之一。在评价流水线时，加速比等于顺序串行处理所花时间与等效的流水处理所花时间的比值。

⑤ 吞吐率 Tp（Throughput）：指单位时间内流水线所完成的任务数或输出结果的数量。

基于上面相同的假设，加速比

$$Sp = (n \times m \times \Delta t)/T = (n \times m)/(m+n-1) = m/[1+(m-1)/n]$$

吞吐率

$$Tp = n/T = 1/\{\Delta t \times [1+(m-1)/n]\} = (1/\Delta t)/[1+(m-1)/n]$$

可见，理论上流水线的最大加速比等于流水线的段数 m。只有流水处理的任务数 n 远远大于流水线的段数 m 时，流水处理的加速比才会接近于流水线的最大加速比。

⑥ 最大吞吐率 Tp_{max}：流水线在连续流动达到稳定状态后所得到的吞吐率，通常由机器说明书给出。但实际上由于流水线有通过时间，输入的任务跟不上流水的需要，或者程序中转移指令等的影响，使实际吞吐率小于最大吞吐率。只有任务数 n 远远大于流水线的段数 m 而且流水线不出现"停顿/断流"时，实际吞吐率才会接近于最大吞吐率。

记 $1/\Delta t$ 为最大吞吐率 Tp_{max}，则

$$Tp=Tp_{max}/[1+(m-1)/n]$$

⑦ 效率（Efficiency）：指流水线的设备利用率。由于流水线有"建立时间"和"排空时间"，在连续完成 n 个任务的时间内，每段都不是在满负荷地工作。从时空图上看，所谓效率，就是 n 个任务占用的时空区和 m 个段总的时空区之比，即

$$E=(m\times n\times\Delta t)/(m\times T)= n/[n+(m-1)]=Tp\times\Delta t$$

所以，只有任务数 n 远远大于流水线的段数 m 时，E 才会趋近于100%。

另外，当 Δt 不变时，流水线的效率和吞吐率成正比。也就是说，为提高吞吐率所采取的措施，对提高效率也有好处。

直观上，如果流水线时空图中出现的空白区较多，则整个流水线的效率 E 是较低的。例如，静态流水线时空图中的空白区要比动态流水线时空图中的空白区多，所以静态流水线的效率低于动态流水线的效率。

【例3-13】（2013年硕士研究生入学统一考试计算机专业基础综合考试试题）

某 CPU 主频为 1.03 GHz，采用 4 级指令流水线，每个流水段的执行需要 1 个时钟周期。假定 CPU 执行了 100 条指令，在其执行过程中，没有发生任何流水线阻塞，此时流水线的吞吐率为（　　）。

A．0.25×10^9 条指令/秒　　　　　　B．0.97×10^9 条指令/秒
C．1.0×10^9 条指令/秒　　　　　　D．1.03×10^9 条指令/秒

答：在题目给定的指令流水线上，在没有发生任何流水线阻塞的情况下，执行 100 条指令所花费的时间为 100+3=103 个时钟周期，即 103 个时钟周期/1.03 GHz=100×10^{-9} 秒。

此时，流水线的吞吐率为 100 条指令/(100×10^{-9} 秒)=1.0×10^9 条指令/秒。故选 C。

3.3　CISC 和 RISC

3.3.1　RISC 产生的背景

在计算机的发展过程中，指令集的设计有两个截然相反的方向：复杂指令集计算机（Complex Instruction Set Computer，CISC）和精简指令集计算机（Reduced Instruction Set Computer，RISC）。

CISC 是指在指令集设计中不断引入新的高级数据表示与新的功能复杂的指令，或者是用一条新指令代替原先一串指令，使得指令的功能不断增强。指令集中的指令条数越来越多。

相反，RISC 是不断简化指令集，去掉功能复杂的指令，保留功能简单的指令。对于较复杂的功能则通过编制子程序来实现。指令集中的指令条数相对较少。

理论上，人们对计算机系统的功能需求是无止境的，计算机能够具有的指令条数是没有

上限的。但是，由于计算机系统成本的限制，计算机所能够具有的指令条数很少超过 1000 条。

不言而喻，计算机最少的指令条数是 1。

1956 年，有人从理论上证明，只要用一条"将主存中指定单元的内容与累加器中的内容求差，在把结果留在累加器中的同时将结果存回主存原先单元"指令，就可以编写出任意功能的程序。后来又有人提出，只要用一条"条件传送"指令 CMOVE 就可以做出一台实用的计算机。1982 年，以色列的本古久里安大学就研制出一台 8 位的 CMOVE 系统结构的计算机，称为单指令计算机（Single Instruction Computer，SIC）。

许多早期的计算机指令集中的指令条数都在 200 条以上，需要使用多种寻址方式、指令格式和指令长度，指令的执行时间差别很大。这就导致了处理器的设计难度增大、设计成本急剧升高、设计周期延长。

1975 年，IBM 公司 Thoms J.Watson 研究中心的 John Coke 负责研制一台名为 IBM 801 的计算机系统。由于投资的限制，Coke 在分析了各种指令的使用频率后，决定在 IBM 801 上只实现一些最常用的基本指令。不常用的复杂指令的功能则由以基本指令组成的程序串来完成。IBM 801 所实现的指令采用固定长度的格式，都能够在一个时钟周期内完成。去掉复杂指令所带来的性能损失，通过采用高速的器件技术——射极耦合逻辑电路（Emitter Coupled Logic，ECL）、更多的寄存器（32 个）、哈佛存储结构、所有计算都在寄存器内进行、只有"装入 Load"和"存储 Store"指令访问主存等来弥补。虽然 IBM 801 最终未能形成产品，但是 Coke 的设计思想为后来的 RISC 技术的发展奠定了基础，Coke 也因此获得了图灵奖。

1979 年，美国加州大学伯克利分校的 David Patterson 教授领导学生设计了一个实验性的微处理器，在设计时借鉴了 IBM 801 的设计思想，只为新的微处理器设计了 3 种数据表示和 31 条指令（12 条 ALU 指令、8 条 Load/Store 指令、7 条转移/调用指令，以及 4 条其他指令），指令长度均为 32 位，指令格式为两个源操作数和一个目的操作数的三地址格式，寻址方式只有变址和 PC 相对寻址两种。为了提高性能，研究小组中的 F.Baskett 提出了重叠寄存器窗口（Overlapping Register Windows）技术，以加快过程间的数据传递。该处理器于 1981 年研制成功并被命名为 Berkeley RISC，即后来的 RISC-I。RISC 概念便从此诞生了。据当时测试，RISC I 的运行性能不亚于当时著名的 VAX-11 计算机，甚至在某些方面还超过了 VAX-11，这在当时的计算机界引起了很大的震动。

在设计 RISC 时，Patterson 教授指出了计算机指令集中存在的"20 与 80"规律，为 RISC 技术提供了成立的依据。"20 与 80"规律是指：在当时的计算机指令集（即复杂指令集）中，大约 20%的指令占据了 80%的处理器时间，而大约 80%的指令只占据了 20%的处理器时间。

例如，Intel 8088 微处理器的指令种类大约为 100 种。按指令的使用频度排序，前 8 种指令的运行时间就已经超过了 80%，前 20 种（20%）指令的使用频度达到 91.1%，运行时间达到 97.72%，其余 80%指令的使用频度只有 8.9%，只占 2.28%的处理器运行时间。

在此之后，Patterson 教授又对精简指令集计算机做了进一步的研究，并于 1983 年推出了 RISC II。RISC II 的指令增加到 39 条，但它的设计错误只有 18 个，布线错误只有 12 个，控制部分只占整个 CPU 总面积的 10%，设计周期短，设计成本低。

几乎同时，美国斯坦福大学的 John Hennessy 教授研究小组也完成了（Microprocessor without Interlocked Pipeline Stages，MIPS）微处理器的研制，这是一个流水线型的微处理器。在当时解释指令的流水线各级之间的互锁是用硬件来完成的，从而导致了硬件复杂度的上升。而 MIPS 微处理器借助优化编译器，调整应用程序在编译后所得到的目标代码中指令的顺序，避免了指令在流水线中的冲突，从而省略了流水线中的互锁控制。继 MIPS 后，斯坦福大学的研究人员又研制出 MIPS-X 微处理器。

发表于 20 世纪 70 年代末至 80 年代初期的 IBM 801、RISC-I 和 MIPS 等微处理器，虽然均未形成商业产品，但是它们勾画出新一代微处理器的基本轮廓，RISC 正式确定了它的地位。但是，由于 RISC 技术尚处在探索之中，所以当时区分 RISC 与 CISC 依据的主要还是指令集中的指令条数。一般认为，RISC 的指令条数不超过 100 条。

Hennessy 教授很快成立了 MIPS 公司专门设计生产 RISC 微处理器，于是研究成果很快转化成现实的产品。1985 年，MIPS 公司的第一款产品 R2000 问世；1988 年，R3000 投放市场。R2000 和 R3000 在体系结构上是相同的，但是实现的工艺不同，R2000 的时钟周期为 60 ns，性能达到 12 MIPS；R3000 的时钟周期为 40 ns，性能达到 16 MIPS。此外，R2000 没有浮点处理部件，而 R3000 的某些型号具有片上浮点处理单元（Float Point Unit，FPU）。

同时，SUN 公司也设计了它的 RISC 微处理器 SPARC（Scalable Processor ARChitecture），这是一个典型的 RISC 微处理器，其特点是设置了大量的多端口寄存器，并构成彼此重叠的寄存器窗口。SPARC 突出了它在体系结构上的可扩展性，可以适应不同的实现技术与制造工艺。事实上，SUN 公司并不真正生产 SPARC 芯片，而是向其他厂商出售生产许可证，各公司生产的 SPARC 芯片尽管指令集是一样的，但是软件、硬件系统并不完全兼容，SUN 公司通过开发不同的 SUN OS 版本，来实现各 SPARC 产品之间的兼容性。

20 世纪 80 年代后期，以 MIPS 公司和 SUN 公司的 R2000/3000 和 SPARC 微处理器为核心构成的工作站系统以其较强的图形/图像处理能力、很高的性能价格比、采用开发式结构、支持 UNIX 平台、提供丰富的应用软件，深受用户的欢迎，很快就占领了市场，进而取代了以 CISC 为核心的传统工作站系统，成为市场的主流产品。

当时著名的 RISC 产品还有 AMD 公司的 AM29000、Motorola 公司的 MC88000、IBM 公司的 RS/6000、Intel 公司的 i860/960。

20 世纪 90 年代，指令级并行（Instruction-Level Parallelism，ILP）技术，如超标量流水线技术、超流水线技术、乱序执行（Out of Order）和推测执行（Speculation）等，得到了迅速的发展，并被应用于新一代 RISC 微处理器之中，而且 64 位的微处理器率先在 RISC 芯片上实现。期间著名的 RISC 产品有 DEC 公司的 Alpha21064/21264、MIPS 公司的 R10000、HP 公司的 PA-RISC、IBM 公司的 PowerPC。

3.3.2 RISC 的定义

严格来说，RISC 是一种计算机体系结构设计的思想或设计准则，而不是一种产品或实现技术。RISC 描述的是一类计算机系统的共同特性，但遗憾的是这个共性是模糊的，很难精确定义，同时 RISC 技术的内涵也在不断发展之中，所以时至今日，还没有一个关于 RISC 的定义被广泛地接受。

目前，绝大多数研究者认为，RISC 有以下特点。

① 采用指令流水线，大多数指令在单周期内完成。随着 RISC 的发展，一些复杂指令也出现在 RISC 中，它们并不能在单周期内完成。

② LOAD/STORE 风格，即只有装入指令 LOAD 和存储指令 STORE 可以访问主存储器。访问主存时间较长，只有采用 LOAD/STORE 风格，才能保证多数指令在单周期内完成。

③ 采用寄存器结构，设置大量的通用寄存器来减少访问主存的要求，提高解题速度。

④ 减少指令的数量和寻址方式的种类。为了简化译码器的设计，减小控制逻辑单元的设计复杂度，保证指令在单周期内完成，减少指令数量和寻址方式的种类就成为 RISC 的必然选择。RISC 通常只包含使用频度高的简单指令和一些必要且不复杂的指令。但是，随着 RISC 微处理器功能的不断增强，特别是随着浮点数据表示的引入，指令条数也越来越多，所以"指令条数不超过 100 条"已不再是区分 RISC 与 CISC 的依据。

⑤ 固定的指令格式和指令字长。这可减小设计复杂度，并保证指令在单周期内完成。

⑥ 采用硬联控制技术来解释指令，不用或少用微程序控制技术。由于 RISC 微处理器都采用提高主频来弥补由于精简指令所带来的性能下降，因此采用速度较快的硬联控制技术来解释指令成为必然，但是这导致了处理器的控制单元的设计复杂度上升。所以在设计周期和设计成本的限制下，"采用硬联控制技术来解释指令"决定了 RISC 的指令格式必须规整，指令条数不能太多。硬联控制和微程序控制将在第 4 章中介绍。

⑦ 注重编译优化技术。精简指令后，不可避免地会造成程序中存、取、转移、比较等不进行数据变换的非功能型操作的增加。如果不进行代码优化，即使提高了处理器的工作频率，也很难在性能上与 CISC 抗衡。所以，RISC 依靠优化编译，生成更加精巧的目标代码，以保证程序的运行效率。

RISC 和 CISC 各有利弊，现代微处理器设计更多的是体现了它们的融合。

3.3.3 指令级并行技术

1. ILP 概述

俗话说："人多力量大！"要想提高计算机系统的性能，一个行之有效的方法是引入更多的计算器件，就是提高计算机系统的并行性。引入更多数目的处理器来进行并行计算，这种并行性称为粗粒度并行性（Coarse-grained Parallelism）；在一个处理器内部引入更多的运算部件来进行并行计算，这种并行性称为细粒度并行性（Fine-grained Parallelism）。

目前，几乎所有的高性能微处理器都实现了细粒度并行性。我们使用计算机时已经不知不觉地享受了细粒度并行性带来的"澎湃"的信息处理能力。

粗粒度并行性则是目前所有超级计算机的必然选择，在天气预报、新药物设计、大型网络服务器等领域发挥作用。

20 世纪 60 年代，在体积微小的晶体管替代电子管成为计算机的逻辑元件后，计算机科学工作者就开始尝试在单个处理器（当时是一块电路板）上实现并行计算。

1963 年问世的超级计算机 CDC-6600 首先采用了多个功能部件来分别实现定点运算和浮点运算。1968 年生产的 IBM System 360/91 同时采用了多功能部件技术和流水线技术，并支持指令在流水线中的乱序执行，使各功能部件尽可能保持忙碌。1976 年推出的超级计算机 Cray-1 采用了多功能部件技术、流水线技术和流水线链接技术，用多个功能部件、多条流水线来同时对数据向量的元素进行并行处理。我国研制的 YH-1 计算机有 18 条单功能流水线。读者可以想象：向量的各元素在由多个功能部件和多条流水线构成的处理器内部"欢快奔腾"

的情景。

细粒度并行性有 SIMD 和 MIMD 两种实现方式。向量处理器和阵列处理器采用的是 SIMD，而在单微处理器内部实现的 MIMD 型细粒度并行也专称为 ILP（Instruction Level Parallelism，指令级并行）。ILP 的含义是，若程序中相邻的一组指令是相互独立的，即不竞争同一个功能部件、不相互等待对方的运算结果、不访问同一个存储单元，那么它们可以在处理器内部并行执行。

ILP 的实现是由计算机组成结构的设计人员和编译程序设计人员来共同完成的。应用程序员可以不考虑如何编写程序来适应指令级并行的要求，即对应用程序员来说，指令级并行是透明的。不过，如果应用程序员学习、掌握了指令级并行的知识，就能编写出适应指令级并行要求的程序，那么这个程序会在计算机上运行得更快。

2. 指令流水阻塞的原因

由于鱼贯进入流水线的指令之间存在着"相关（Dependency）"，因此实际运行中的指令流水线常常要暂停某一条指令的执行以保证其执行结果的正确。这种现象称为流水线阻塞或停顿（Stall）。指令之间存在的相关分为 3 种：结构相关（Structure Dependency）、数据相关（Data Dependency）、控制相关（Control Dependency）。

① 结构相关是指流水线中重叠执行的两条或多条指令同时要使用同一硬件设备，而这一设备无法同时被这些指令使用。这样，控制逻辑就要暂停后进入流水线的指令执行。结构相关也称结构险象/结构冒险（Structure Hazard）或硬件资源相关/硬件资源冲突。

例如，在具有"取指、译码/分析、执行、写回"4 个功能段的指令流水线中，"取指"要访问主存（或 Cache），"译码/分析"由于要取操作数也要访问主存（或 Cache），如果目的操作数是主存单元，则"写回"也要访问主存（或 Cache）。这样，位于"写回"段的第 i 条指令就会与位于"译码"段的第 $i+2$ 条指令和位于"取指"段的第 $i+3$ 条指令同时提出访问主存（或 Cache）的请求。这时，流水线就会暂停"译码"段和"取指"段的工作。

② 对于同时处于流水线中的两条指令，若后面指令的源操作数或者基址/变址值（某主存单元或寄存器）是前面指令的目的操作数，则在前面指令的写操作完成后，后面的指令才能读到正确的结果，这就是数据相关，即指令之间存在对同一主存单元或寄存器的"先写后读 RAW（Read After Write）"要求。数据相关也称数据险象/数据冒险（Data Hazard）。

例如，下面的程序段：

```
1  ADD  R1, R2, R3      // (R1)+(R2)→R3
2  SUB  R3, R4, R5      // (R3)-(R4)→R5
3  ADD  R3, R5, R7      // (R6)+(R5)→R7
```

其中，第 1 条指令的目的操作数 R3 是第 2、3 条指令的源操作数。若同时处于流水线中，则这些指令之间存在数据相关。

③ 控制相关是指已进入流水线的转移指令（尤其是条件转移指令）和其后续指令之间的相关。控制相关也称控制险象/控制冒险（Control Hazard）。

如果相关处理的结果不会改变指令执行的顺序，则称为局部相关（如结构相关和数据相关），否则称为全局相关（如控制相关）。

3. 结构相关的解决办法

结构相关主要表现在访问主存冲突上。解决访问主存冲突的方法如下：

① 采用交叉访问主存储器/Cache。
② 采用哈佛结构的主存储器/Cache。
③ 在处理器内部设置"先行指令预取缓冲队列"。
④ 指令集设计采用定长指令格式,指令字长等于机器字长。
⑤ 将指令集设计成"LOAD/STORE"风格。
⑥ 指令和数据在存储器中要"对齐(Aligned)"存放。
⑦ 采用多端口存储器(例如,具有一个读口和一个写口的双端口存储器)。

其中,"先行指令预取缓冲队列"是以"周期挪用"的方式访问主存,预先取出若干指令。并规定取指部件只访问"先行指令缓冲队列",不直接访问主存,从而消除了取指部件与分析部件或写回部件的访存冲突;第④点和第⑥点保证取指操作在一个存储周期内完成;在"Load/Store"风格的指令集中,运算指令的源操作数和目的操作数都是寄存器,即取操作数和写回结果是针对寄存器,不需访存,访存指令(Load 和 Store 指令)没有运算操作,从而降低了取指部件、分析部件或写回部件的访存冲突概率。

目前,设置"先行指令预取缓冲队列"、定长指令格式、"LOAD/STORE 风格"和"对齐"存放已经是现代高性能处理器的基本特征。

4. 数据相关的解决方法

解决数据相关的方法有基于软件的和基于硬件的两种。

基于软件的方法是指利用编译器,在生成目标代码时通过插入空指令 NOP 或者调整指令顺序,来避免相邻指令之间存在数据相关。这种方法也称"编译时(Compile-time)"方法。

基于硬件的方法,也称"运行时(Runtime)"方法,是在运行时,用硬件检测相邻指令之间是否存在数据相关。若存在,则利用硬件来解决,确保指令执行的正确性。

检测相邻指令之间是否存在数据相关的方法是,在每个流水段对应的锁存器中保存当前指令的源操作数和目的操作数,然后设置比较逻辑电路来检测是否存在前面指令的目的操作数等于后继指令的源操作数。若存在,则认为这两条指令之间存在数据相关。用硬件设备解决数据相关的最简单方法是"阻塞流水线",也称为"插入气泡"(Bubble),即推迟后续指令取源操作数,直至在先的指令写入完成为止。

阻塞流水线不可避免地降低流水线的吞吐率。能否在不降低吞吐率的情况下仍能保证数据相关的正确性呢?回答是肯定的,即"数据旁路(Bypassing)"法或"内部转发(Forwarding)"法,具体做法是设置相关专用通路(Forwarding Path),将运算结果经相关专用通路直接送入所需部件。

例如,在 ALU 的输出端到 ALU 的输入端之间增设"相关专用通路",如图 3-16 所示,就可在将第 k 条指令的运算结果写入寄存器的同时,也送入 ALU 的输入暂存单元 B 或 C,覆盖掉此前"分析"部件取来的第 $k+1$ 条指令的源操作数旧值。保证第 $k+1$ 条指令执行的正确性。

5. 控制相关的解决方法

设指令 i 是分支指令(即条件转移指令),有两个分支:一个是转移不成功(Not Taken)分支 $i+1$、$i+2$、$i+3$、…,另一个

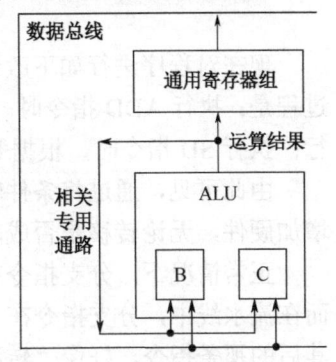

图 3-16 ALU 的相关专用通路

是转移成功（Taken）分支 p、$p+1$、$p+2\cdots$，转移条件是之前指令（如第 $i-1$ 条指令）运算结束后设置的标志位（专称为条件码）。

当指令 i 经过"取指"段进入"译码"段时，第 $i-1$ 条指令尚在执行中，条件码未确定，"取指"段就面临选择：取第 $i+1$ 条指令还是第 p 条指令呢？这就是控制相关，解决方法有猜测法、冻结（Freeze）取指/插入 NOP 指令、加快/提前形成条件码、延迟转移等。

猜测法属于基于硬件的解决办法：当译码器发现指令是条件转移指令时，立即通知取指部件"猜测"指令的跳转方向，并按猜测结果去取下一条指令进入流水线。

那么，最简单的"猜测逻辑"是"恒猜转移不成功"。当然也可以"恒猜转移成功"，或者稍复杂的"第一次猜转移成功。若猜对则继续，否则猜不成功"。

读者可以查阅相关文献了解更多的"猜测逻辑"，也可以提出自己的"猜测逻辑"。

无论如何，猜测法总有猜错的时候。那么，猜错了怎么办？没有什么办法，"取指"段将在下一个机器周期，根据确定的"条件码"重新取指，并禁止那些已经进入流水线的指令写任何存储单元/标志位，逐拍将其从流水线排出。

猜测法属于一种积极方法，也可以采用消极方法，就是"冻结取指"或插入 NOP 指令，直至条件码生成。这也是基于硬件的解决办法。"冻结取指"的机器周期数或插入 NOP 指令的条数，被称为"延迟损失时间片"。

基于硬件的加快/提前形成条件码的方法是，将指令内形成条件码的微操作尽可能提前。比如乘法指令，一旦检测到操作数为零/两操作数符号位不同，就可以提前在分析阶段，而不是按部就班地在执行阶段，置 ZF/SF 为 1。

基于软件的加快/提前形成条件码的方法是在程序设计时，将尽可能将形成条件码的指令/语句编写在程序段的前部。例如，在循环型程序中，将形成条件码的指令/语句放置在循环体的前部，这样就可以提前判断循环是否继续。

6. 延迟转移（Delayed branch）

1		ADD R1, R2
2		SD（R3），R1
3		JZ NEXT2
4	NEXT1	SUBR2, R3
		...
n	NEXT2	MOV R4, A

图 3-17 包含"为零转移指令 JZ"的程序

设一个包含"为零转移指令 JZ"的程序，在一个两段（"取指"和"执行"）指令流水线上执行，转移条件码 ZF 由前面的加法指令 ADD 设置，如图 3-17 所示。按照上述解决控制相关的办法，在执行"为零转移"指令，"取指"段要么"冻结"，要么顺序取来第 3 条指令。但是，如果"转移成功"，则会造成性能的损失。

现在对程序进行如下改造：将第 2 条指令 JZ 和第 1 条指令 SD 对调。这样，程序的执行过程是：执行 ADD 指令时，取来 JZ 指令；执行 JZ 指令（根据 ZF 修改 PC）时，取来 SD 执行；执行 SD 指令时，根据 PC 取来正确的指令。

由此可见，通过将条件转移指令（广义的称谓是分支指令）在程序中的位置提前，无须增加硬件，无论转移是否成功，都不会降低流水线的性能。

正常情况下，分支指令在"转移不成功"时，立即执行源程序中紧随其后的那条指令；而在流水线中，分支指令在"转移不成功"时，延迟了一个机器周期，才执行源程序中紧随其后的那条指令，好像"转移被延迟了"，故称这种解决控制相关的办法为"延迟转移"。

这是一种用软件（编译器）进行静态指令调度的技术，对系统程序员是不透明的，而对应用程序员是透明的。

编译器实现"延迟转移"是将位于分支指令前的、与此分支程序段无关的指令填写在分支指令后边。填写指令的位置称为"分支延迟槽"（Branch Delay Slot），其长度（即填入的指令条数）等于流水线中允许分支指令更改 PC 的流水段号减去取指段号（通常是 1），即延迟损失时间片。

实际应用时，如果找不到这么多满足条件的指令，则在延迟槽中填入 NOP 指令。

7. 超标量（Superscalar）和超长指令字（Very Long Instruction Word，VLIW）技术

超标量技术和超长指令字技术是目前最基本的两类指令级并行技术。前者的特点是采用普通的指令，设置多条并行工作的指令流水线；后者的特点是将若干普通指令组装在一起，形成一条"超级指令"。这条"超级指令"包含多个不同操作码，这些操作码分别处理不同的操作数。这些操作码一一对应地设置相应的功能部件。这样，只要取指令一次、分析指令一次，VLIW 技术就可以实现对多个不同的操作数，同时进行不同的处理/计算。

Intel 公司的 Pentium 微处理器的实现采用了超标量技术，它的执行部件中设置了两条相同的整数流水线（分别叫 U 流水线和 V 流水线）和一条浮点数流水线。浮点数流水线中又进一步采用多功能部件的思想，设置了加法器、乘法器和除法器。

目前，主流的微处理器都采用了超标量技术。图 3-18 就是 9 条指令在超标量流水线（3 条 4 段）上运行的时空图。

图 3-18　9 条指令在超标量流水线（3 条 4 段）上运行的时空图

超长指令字这个名词是于 1983 年由 Fisher 在研制 ELI-512 计算机时首先提出的。其后，Multiflow 公司在 1987 年以 ELI-512 为蓝本开发出商品化的 TRACE 系列计算机，先后推出了 TRACE7/200（指令字长为 256 位）和 TRACE28/200（指令字长为 1024 位）。1989 年，Cydrome 公司开发出商品化的 Cydra 5 计算机（指令字长为 256 位）。

Cydra 5 计算机的指令字分为 7 个操作段，每个操作段对应一个操作。每个操作段的格式包括：一个操作码、两个源寄存器描述码、一个目的寄存器描述码、一个判定寄存器描述码。在每个机器周期，Cydra 5 处理器同时向 6 个功能部件发出 6 种操作命令，向 1 个指令部件

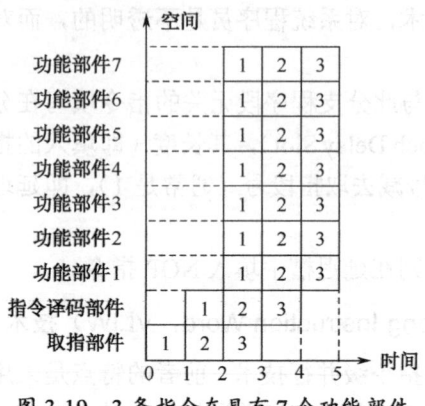

图 3-19　3 条指令在具有 7 个功能部件的 VLIW 处理器上运行的时空图

发出一个指令顺序控制命令。6 个功能部件分别是浮点加法器/整数算术逻辑部件、浮点/整数乘法器、存储器端口 1、存储器端口 2、地址加法器 1 和地址加法器 2/乘法器。

图 3-19 是 3 条指令在具有 7 个功能部件的 VLIW 处理器上运行的时空图。

8．超流水线（Superpipeline）

第 1 章介绍过一个评价处理器性能的技术指标 CPI，每条指令的时钟周期数。CPI 因指令的功能不同而不同，指令越复杂，CPI 越大。在采用指令流水线的处理器中，平均 CPI 约等于 1。在采用指令级并行技术的处理器中，平均 CPI 应小于 1。

一个程序在计算机上总的运行时间可以用下面公式估算：

$$T = n \times CPI \times S$$

式中，n 是程序中总的指令条数，CPI 是执行一条指令所需的平均时钟周期数，S 是内部时钟周期（Internal Clock Cycle）。

对于一个现有程序，程序中总指令条数 n 是固定的。超标量技术和超长指令字技术的核心是通过减少 CPI 来缩短 T。那么，能不能通过缩短 S 来缩短 T 呢？

答案是肯定的。如果能把执行一条指令的过程分得更细，把指令流水线中的流水段分得更多（也称为增加流水线的深度），那么由于每个过程要做的操作减少，就可以在外部时钟周期（External Clock Cycle）保持不变的情况下把流水线的内部时钟周期 S 缩短。这样设计的流水线称为超流水线。图 3-20 给出了采用 4 倍内部时钟频率（相当于 12 个流水段）的超流水线的时空图。

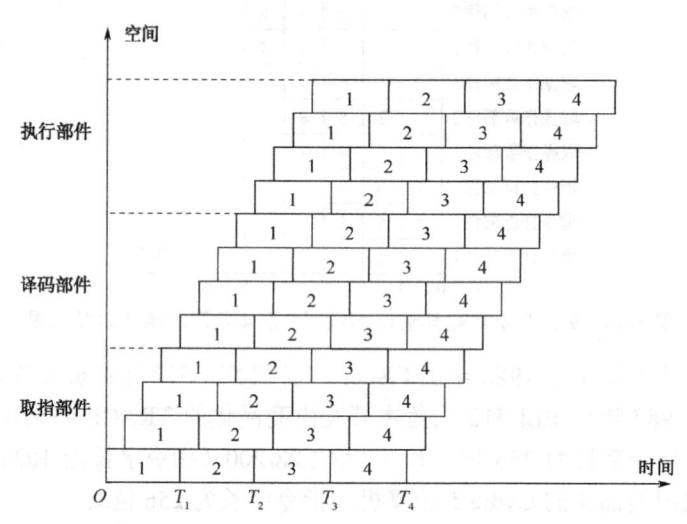

图 3-20　采用 4 倍内部时钟频率的超流水线的时空图

目前，大部分处理器的指令流水线拥有 4～12 个流水段，超流水线的流水段数目一般都大于或等于 8。

实践表明：增加流水线段数对性能提高的帮助是有限的。当段数增加到一定的程度后，流水线的吞吐率反而会下降。一般超流水线的段数为8～10，很少超过12。

有的微处理器设计中，设计者将超标量和超流水线结合，得到了所谓的"超标量超流水线"微处理器。读者可以自行画出"超标量超流水线"的时空图。

【例3-14】（2010年硕士研究生入学统一考试计算机专业基础综合考试试题）

下列选项中，不会引起指令流水阻塞的是（　　）。

A．数据旁路（转发）　　　　　　B．数据相关
C．条件转移　　　　　　　　　　D．资源冲突

答：数据相关、条件转移和资源冲突都会引起指令流水阻塞，而数据旁路（转发）是为了解决数据相关引起的指令流水阻塞。故选 A。

【例3-15】（2010年硕士研究生入学统一考试计算机专业基础综合考试试题）

下列选项中，能缩短程序执行时间的措施是（　　）。

Ⅰ．提高CPU时钟频率　　Ⅱ．优化数据通路结构　　Ⅲ．对程序进行编译优化

A．仅Ⅰ、Ⅱ　　　B．仅Ⅰ、Ⅲ　　　C．仅Ⅱ、Ⅲ　　　D．Ⅰ、Ⅱ、Ⅲ

答：程序执行时间 = 执行程序所花费的时钟周期总数×时钟周期的长度

$\qquad\qquad\quad = (\Sigma C_i)\times$时钟周期的长度

其中，C_i为执行程序中第 i 条指令所花费的时钟周期数。

提高 CPU 时钟频率，可缩短时钟周期的长度，故缩短程序执行时间；优化数据通路结构，可减少执行指令所花费的时钟周期数，也缩短程序执行时间；对程序进行编译优化，可减少完成程序功能所需要的指令条数或者选择花费时钟周期数少的指令来完成程序功能，同样能缩短程序执行时间。故选 D。

【例3-16】（2011年硕士研究生入学统一考试计算机专业基础综合考试试题）

下列给出的指令系统的特点中，有利于实现指令流水线的是＿＿＿＿。

Ⅰ．指令格式规整且长度一致　　　Ⅱ．指令和数据按边界对齐存放
Ⅲ．只有Load/Store指令才能对操作数进行存储访问

A．仅Ⅰ、Ⅱ　　　B．仅Ⅱ、Ⅲ　　　C．仅Ⅰ、Ⅲ　　　D．Ⅰ、Ⅱ、Ⅲ

答：Ⅰ有利于译码的时间相同，Ⅱ保证取指令或数据的时间可控，Ⅲ确保指令在一个机器周期内完成。这些都是实现指令流水线需要的，故选 D。

【例3-17】（2012年硕士研究生入学统一考试计算机专业基础综合考试试题）

在某16位计算机中，带符号整数采用补码表示，数据Cache和指令Cache分离。表3-5给出了指令系统中部分指令格式，其中 Rs 和 Rd 表示寄存器，mem 表示存储单元地址，(x) 表示寄存器 x 或存储单元 x 的内容。

表3-5　指令系统中部分指令格式

名　称	指令的汇编格式	指令功能
加法指令	ADD　Rs，Rd	(Rs)+(Rd)→Rd
算术/逻辑左移	SHL　Rd	2*(Rd)→Rd
算术右移	SHR　Rd	(Rd)/2→Rd
取数指令	LOAD　Rd,mem	(mem)→Rd
存数指令	STORE　Rs,mem	(Rs)→mem

该计算机采用5段流水方式执行指令，各流水段分别是取指（IF）、译码/读寄存器（ID）、执行/计算有效地址（EX）、访问存储器（M）和结果写回寄存器（WB），流水线采用"按序发射，按序完成"方式，没有采用转发技术处理数据相关，且同一个寄存器的读和写操作不能在同一个时钟周期内进行。请回答下列问题。

（1）若int型变量x的值为-513，存放在寄存器R1中，则执行指令"SHR R1"后，R1的内容是多少？（用十六进制表示）

（2）若某个时间段中，有连续的4条指令进入流水线，在其执行过程中没有发生任何阻塞，则执行这4条指令所需的时钟周期数为多少？

（3）若高级语言程序中某赋值语句为x=a+b，x、a和b均为int型变量，它们的存储单元地址分别表示为[x]、[a]和[b]。该语句对应的指令序列及其在指令流水线中的执行过程如图3-21所示。实现"x=a+b;"的指令序列为：

```
I1    LOAD    R1, [a]
I2    LOAD    R2, [b]
I3    ADD     R1, R2
I4    STORE   R2, [x]
```

则在这4条指令执行过程中，I3的ID段和I4的IF段被阻塞的原因各是什么？

（4）若高级语言程序中赋值语句为"x=2*x+a;"，x和a均为unsigned int类型变量，它们的存储单元地址分别为[x]、[a]，则执行这条语句至少需要多少个时钟周期？要求模仿图3-21画出这条语句对应的指令序列及其在流水线中的执行过程示意图。

指令	时间单元													
	1	2	3	4	5	6	7	8	9	10	11	12	13	14
I1	IF	ID	EX	M	WB									
I2		IF	ID	EX	M	WB								
I3				IF			ID	EX	M	WB				
I4							IF				ID	EX	M	WB

图3-21 语句"x=a+b;"对应的指令序列及其执行过程

答：（1）值为-513的x的机器码为$[x]_{补}$=1111 1101 1111 1111B，即指令执行前（R1）=FDFFH。右移1位后为1111 1110 1111 1111B，即指令执行后(R1)=FEFFH。

（2）理想情况下，5段流水执行n指令的时间是5+(n-1)，则执行这4条指令所需的时钟周期数为5+(4-1)=8。

（3）I3的ID段被阻塞的原因：因为I3与I1和I2都存在数据相关，需要等到I1和I2将结果写入寄存器后，I3才能读寄存器。

I4的IF段被阻塞的原因：因为I4的前一条指令I3在ID段被阻塞。

（4）实现"x=2*x+a;"的指令序列为：

```
I1    LOAD  R1, [x]
I2    LOAD  R2, [a]
I3    SHL R1         //或者 ADD R1, R1
I4    ADD R1, R2
I5    STORE R2, [x]
```

其中，第2条指令与第3条指令的前后顺序可以互换。

这5条指令在流水线的执行过程如图3-22所示。完成这条语句至少需要17个时钟周期。

指令	时间单元																
	1	2	3	4	5	6	7	8	9	10	11	12	13	14	15	16	17
I1	IF	ID	EX	M	WB												
I2		IF	ID	EX	M	WB											
I3			IF			ID	EX	M	WB								
I4					IF					ID	EX	M	WB				
I5										IF				ID	EX	M	WB

图 3-22　语句"x=2*x+a;"对应的指令序列及其执行过程

3.4　Intel 80x86 系列微处理器

3.4.1　Intel 8086/8088 微处理器

1. 微处理器概述

微处理器时代是从 1971 年由 Intel 公司推出 4004/4040 和 8008 开始的。这是第一代微处理器。这两种微处理器都是为专门应用而生产的，4040 主要应用于计算器，8008 主要应用于计算机终端设备。1974 年后，8008 发展成 8080/8085。Zilog 公司也推出了与 8080 兼容的增强型微处理器 Z80。

20 世纪 70 年代后期，8 位微处理器和微型计算机已经在事务处理、工业控制、教育、通信行业等领域得到了广泛的应用。推出更高性能的微处理器的市场需求日益高涨。为此，Intel 公司于 1978 年推出第一款 16 位微处理器 8086，采用 CMOS 工艺技术制造，内部约 29000 个晶体管。

由于 8086 是第一款 16 位微处理器，因此在问世之初，市场上缺乏与之配套的外围芯片，用 8086 来构建微型计算机的成本很高。为此，Intel 公司立即推出与 8086 兼容的准 16 位微处理器 8088。8088 的通用寄存器组、算术逻辑单元、指令集都是按照 16 位设计的，与 8086 完全相同。只不过 8088 的数据引脚是 8 位的。这样设计的目的是为了兼容当时已有的一整套 Intel 微处理器的外围芯片。所以本书将 8086 和 8088 一并加以介绍。

8086/8088 微处理器的浮点运算能力和 I/O 能力相对较弱，为了满足用户对高性能计算的要求，Intel 公司还推出了两款协处理器（Coprocessor）——数值运算协处理器 8087 和 I/O 协处理器 8089。为此，将只配置一个 8086/8088 的微处理器工作模式定义为最小模式。在这种模式中，所有总线控制信号都直接由 8086 或 8088 发出。相对而言，将包含协处理器的微处理器工作模式定义为最大模式。

2. 8086/8088 的流水线结构和存储结构

为了提高微处理器的性能，8086/8088 在设计上采用了一次重叠的指令流水处理技术，即将微处理器的组成分成总线接口部件（Bus Interface Unit，BIU）和执行部件（Execution Unit，EU），这样"取指操作"就可以与"执行操作"并行执行了。可以说，8086 是最早采用流水线结构的微处理器。

但是，这并不是 8086 的设计亮点，因为在此之前，流水线结构已经被高端处理器普遍采用了。8086 的设计亮点是"分段存储"。

如果沿用传统的设计思想，4 位微处理器的地址引脚是 4 位的，8 的微处理器的地址引脚是 8 位的，16 位微处理器的地址引脚就应该是 16 位的。如果真是这样设计的话，8086 可以访问的地址空间大小就只有 2^{16}（64K）个存储单元。这显然满足不了当时微处理器和微型计算机应用的要求。

为此，8086 的设计者决定让他们的 16 位微处理器可以访问 2^{20}（1M）个存储单元，即地址总线是 20 位。那么，用什么方法来扩大 8086 的地址空间呢？

8086 的设计者引入了一个称为"段（Segment）"的存储管理概念，即计算机系统是以"段"为单位给用户分配存储空间，一个段的最大空间是 2^{16}（64K）。这样，计算机就可以用常规的 16 位地址寄存器来管理用户的访存地址了。这种思路被称为"分段存储"。

在采用"分段存储"的微处理器和微型计算机中，程序/数据以"段"的形式出现在存储空间中。每个段的起始地址被称为段地址或段基址，段内单元相对于段起始单元的以字节为单位的距离称为"段内偏移地址（简称偏移地址）"。也就是说，一个物理存储单元是通过"段地址：偏移地址"来唯一确定的。

8086 的存储段有 4 种类型：代码段（Code Segment，CS）、数据段（Data Segment，DS）、堆栈段（Stack Segment，SS）、附加数据段（Extra Segment，ES）。相应地，8086 设置了 4 个段地址寄存器（简称段寄存器），即 CS、DS、SS、ES 分别存储程序的代码段、数据段、堆栈段、附加数据段的段地址。

对应代码段的偏移地址保存在指令指针寄存器 IP（Instruction Pointer）中。

对应堆栈段的偏移地址保存在堆栈指针寄存器 SP（Stack Pointer）中。

如果采用基址寻址方式访问数据段或附加数据段，则存储单元的偏移地址保存在基址指针寄存器 BP（Base Pointer）中。

如果采用变址寻址方式访问数据段或附加数据段，则存放源操作数的存储单元的偏移地址保存在源变址寄存器 SI（Source Index）中，存放目的操作数的存储单元的偏移地址保存在目的变址寄存器 DI（Destination Index）中。

那么，处理器内部的地址是 16 位的，而地址总线却是 20 位的。如何根据 16 位的段地址和 16 位的段内偏移地址来计算 20 位的物理地址呢？

首先，8086 定义由段地址和相对于该段的偏移地址共同描述的地址（段地址：偏移地址）为逻辑地址，而 20 根地址引脚输出的地址为物理地址。物理地址的计算方法：16 位的段地址左移 4 位，再加上 16 位的偏移地址，就得到 20 位的物理地址，如图 3-23 所示。在 8086/8088 中，段寄存器和偏移地址寄存器的使用有一些隐含的约定，这些约定如图 3-24 所示。

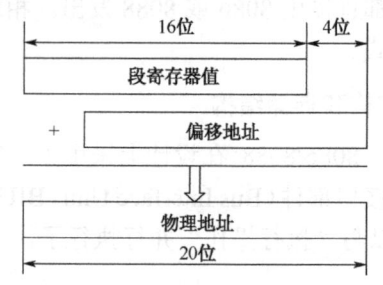

图 3-23　8086/8088 物理地址计算方法

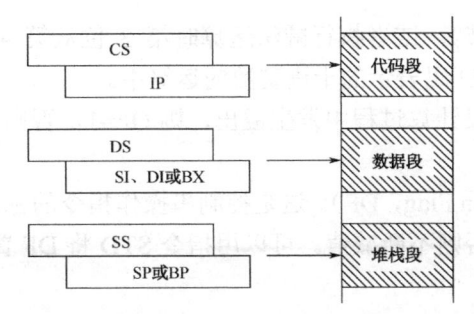

```
       ┌─────────────┐
       │     CS      │
       ├─────────────┤         ▨▨▨▨
       │     IP      │ ──────▶ 代码段
       └─────────────┘         ▨▨▨▨

       ┌─────────────┐
       │     DS      │
       ├─────────────┤         ▨▨▨▨
       │ SI、DI或BX  │ ──────▶ 数据段
       └─────────────┘         ▨▨▨▨

       ┌─────────────┐
       │     SS      │
       ├─────────────┤         ▨▨▨▨
       │   SP或BP    │ ──────▶ 堆栈段
       └─────────────┘         ▨▨▨▨
```

图 3-24　CS、DS 和 SS 与其他地址寄存器组合指向存储单元

从前面介绍可知，8086 微处理器的组成分为总线接口部件 BIU 和执行部件 EU。

BIU 负责完成微处理器与主存储器、I/O 端口之间的信息传送。具体来说，BIU 首先要从主存储器取来欲执行的指令，并将指令送给 EU 去译码、执行。在执行指令的过程中，BIU 要在控制单元的驱动下，访问指定的主存储器单元或者 I/O 端口，取来指令的源操作数或者写回指令的目的操作数。

BIU 主要由下列逻辑单元组成：4 个段寄存器（CS、DS、SS、ES），指令指针寄存器 IP，地址加法器，指令队列。这里，需要对指令队列做如下说明。

8086/8088 微处理器的指令队列是一个"先进先出"的队列，8086 的指令队列长 6 字节，8088 的指令队列长 4 字节。微处理器工作启动后，第一条指令由总线接口部件取入，直接通过指令队列送入执行部件执行。其后，在执行部件执行指令的过程中，一旦系统总线空闲，微处理器的总线接口部件就会从主存中预先取出下一条或下几条指令，保存在指令队列中，直至指令队列充满。当队列出现 2 字节的空缺时，总线接口部件就会自动执行总线操作来预取指令。当程序不是顺序执行（即发生转移）时，执行部件发出控制信号和新地址信息，总线接口部件清除指令队列中的内容，并从新的地址重新取来新指令。新指令将通过指令队列直接送入执行部件执行。

执行部件 EU 的功能是负责执行指令，具体来说，就是对指令进行译码并发出规定的控制信号、进行算术或逻辑运算、暂存少量的操作数和运算结果。

EU 主要由下列逻辑单元组成：算术逻辑单元 ALU，标志寄存器 FR，4 个通用的数据寄存器（AX、BX、CX、DX）；4 个专用的地址寄存器（BP、SP、SI、DI）。

根据功能的不同，8086/8088 的标志分为两类：状态标志和控制标志。状态标志表示前面操作执行后，算术逻辑单元所处的状态，这些状态常作为后继指令执行的条件。控制标志是人为设置的，每一个控制标志负责控制某一种特殊的功能。

状态标志有如下 6 个。

① 符号标志 SF。与计算结果的最高位相同，表示计算结果是正还是负。0 表示正，1 表示负。

② 零标志 ZF。如果计算结果为零，则 ZF=1，否则 ZF=0。

③ 奇偶标志 PF。当计算结果的低 8 位中 1 的个数为 0 或偶数时，则 PF=1，否则 PF=0。

④ 进位标志 CF。如果执行的加法运算在最高位产生进位，或者执行的减法运算引起最高位产生借位，则 CF=1，否则 CF=0。此外，带进位的循环移位也可能改变 CF。可以用指令 STC 将 CF 置为 1，用指令 CLC 将 CF 清为 0，用指令 CMC 将 CF 取反。

⑤ 辅助进位标志（Auxiliary-carry Flag，AF）。如果执行加法运算时第 3 位向第 4 位进

位(即低半字节向高半字节),或者执行减法运算时第 3 位从第 4 位借位,则 AF=1,否则 AF=0。AF 一般用于以 BCD 码表示的十进制数的运算中。

⑥ 溢出标志 OF。如果计算过程中发生溢出,则 OF=1,否则 OF=0。

控制标志有如下 3 个。

① 方向标志(Direction Flag,DF)。这是控制串操作指令的标志。如果 DF=0,则串操作过程中地址将不断增值,否则不断减值。可以用指令 STD 将 DF 置为 1,用指令 CLD 将 DF 清为 0。

② 中断标志(Interrupt Flag,IF)。8086/8088 将中断分为两类:可屏蔽中断、不可屏蔽中断。当不可屏蔽中断请求到来时,处理器必须立即响应。IF 是控制是否屏蔽可屏蔽中断请求的标志。如果 IF=0,则 8086/8088 不响应可屏蔽中断请求,否则可以响应可屏蔽中断请求。

③ 陷阱标志(Trap Flag,TF)。这是控制 8086/8088 是否进入单步执行状态的标志。如果 TF=1,则 8086/8088 进入单步执行状态或跟踪方式执行指令状态,即每条指令执行完后,微处理器暂停(进入陷阱),显示处理器内部各寄存器的值。进入单步执行状态便于程序的调试。如果 TF=0,则连续执行指令。

标志寄存器 FR 是 16 位的,9 个标志位的分布如图 3-25 所示,未定义的 7 个位保留。

15	12	13	12	11	10	9	8	7	6	5	4	3	2	1	0
				OF	DF	IF	TF	SF	ZF		AF		PF		CF

图 3-25　Intel 8086/8088 标志寄存器中各标志位的分布

8086/8088 微处理器(如图 3-26 所示)的 4 个通用数据寄存器(AX、BX、CX、DX)都是 16 位。每个通用数据寄存器还可作为两个 8 位的通用数据寄存器使用。AX 可以分成 AH 和 AL,AH 是高 8 位,而 AL 是低 8 位;BX 可以分成 BH 和 BL;CX 可以分成 CH 和 CL;DX 可以分成 DH 和 DL。

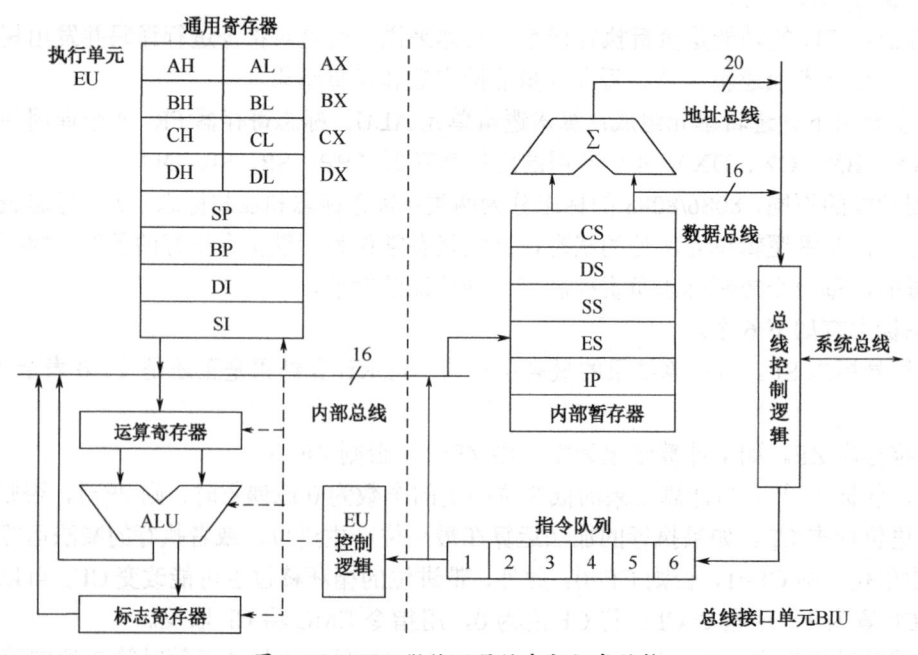

图 3-26　8086 微处理器的内部组成结构

① AX 寄存器，也称累加器。算术运算指令都是隐含使用 AX 作为一个源操作数和存储结果的目的操作数，所有的 I/O 指令都使用 AX 来与外设交换数据。

② BX 寄存器，也称基址寄存器。除了作为通用数据寄存器，BX 常与 DS 配合完成对数据段的基址寻址。

③ CX 寄存器，也称计数器。除了作为通用数据寄存器，CX 被循环指令 LOOP 和串操作指令隐含使用来记录循环次数或操作次数。

④ DX 寄存器，也称数据寄存器，主要用于存放数据。

3. 8086/8088 的引脚名称及其功能

8086/8088 的引脚名称如图 3-27 所示。

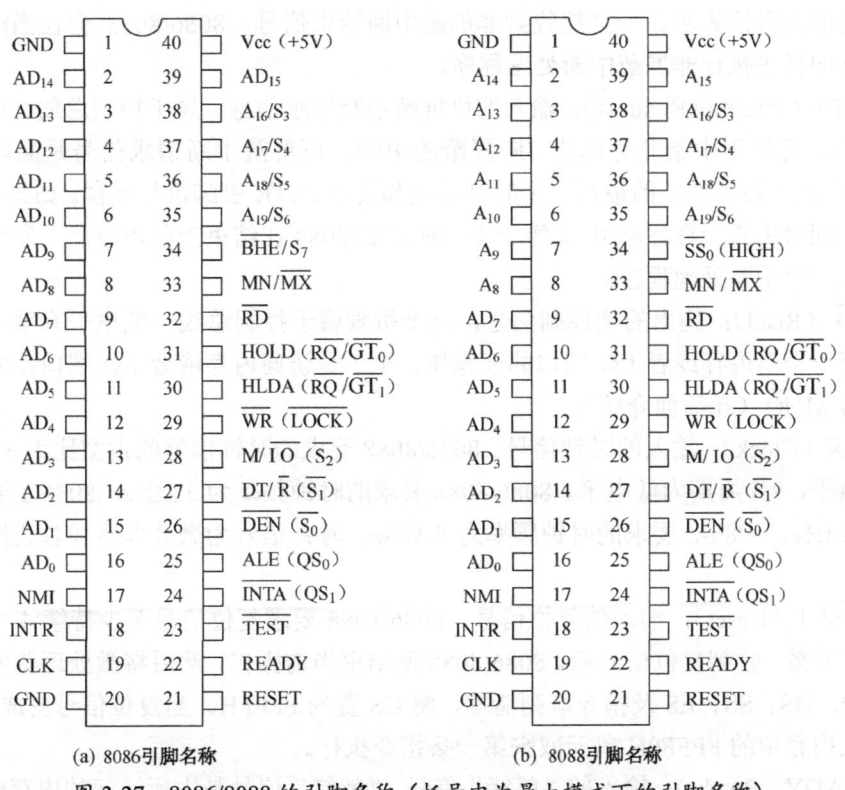

```
        8086引脚                              8088引脚
  GND ─┤ 1    40 ├─ Vcc(+5V)        GND ─┤ 1    40 ├─ Vcc(+5V)
  AD14─┤ 2    39 ├─ AD15            A14 ─┤ 2    39 ├─ A15
  AD13─┤ 3    38 ├─ A16/S3          A13 ─┤ 3    38 ├─ A16/S3
  AD12─┤ 4    37 ├─ A17/S4          A12 ─┤ 4    37 ├─ A17/S4
  AD11─┤ 5    36 ├─ A18/S5          A11 ─┤ 5    36 ├─ A18/S5
  AD10─┤ 6    35 ├─ A19/S6          A10 ─┤ 6    35 ├─ A19/S6
  AD9 ─┤ 7    34 ├─ BHE/S7          A9  ─┤ 7    34 ├─ SS0(HIGH)
  AD8 ─┤ 8    33 ├─ MN/MX           A8  ─┤ 8    33 ├─ MN/MX
  AD7 ─┤ 9    32 ├─ RD              AD7 ─┤ 9    32 ├─ RD
  AD6 ─┤10    31 ├─ HOLD(RQ/GT0)    AD6 ─┤10    31 ├─ HOLD(RQ/GT0)
  AD5 ─┤11    30 ├─ HLDA(RQ/GT1)    AD5 ─┤11    30 ├─ HLDA(RQ/GT1)
  AD4 ─┤12    29 ├─ WR(LOCK)        AD4 ─┤12    29 ├─ WR(LOCK)
  AD3 ─┤13    28 ├─ M/IO(S2)        AD3 ─┤13    28 ├─ M/IO(S2)
  AD2 ─┤14    27 ├─ DT/R(S1)        AD2 ─┤14    27 ├─ DT/R(S1)
  AD1 ─┤15    26 ├─ DEN(S0)         AD1 ─┤15    26 ├─ DEN(S0)
  AD0 ─┤16    25 ├─ ALE(QS0)        AD0 ─┤16    25 ├─ ALE(QS0)
  NMI ─┤17    24 ├─ INTA(QS1)       NMI ─┤17    24 ├─ INTA(QS1)
  INTR─┤18    23 ├─ TEST            INTR─┤18    23 ├─ TEST
  CLK ─┤19    22 ├─ READY           CLK ─┤19    22 ├─ READY
  GND ─┤20    21 ├─ RESET           GND ─┤20    21 ├─ RESET
```

(a) 8086引脚名称　　　　　　　　(b) 8088引脚名称

图 3-27　8086/8088 的引脚名称（括号中为最大模式下的引脚名称）

① GND 和 Vcc：地线和电源线。第 1 和第 20 号引脚为地线，第 40 号引脚为电源线。8086 和 8088 均采用单一的 +5 V 电压。

② $AD_{15} \sim AD_0$（对 8086）和 $AD_7 \sim AD_0$（对 8088）：复用的地址总线和数据总线，AD_i 分别表示 A_i 和 D_i。总线复用是指：在一个访存周期中，复用的总线先充当地址总线输出地址信号，然后充当数据总线传输数据信号。正是采用了总线复用技术，才在只具有 40 个引脚的芯片上实现了 20 位的地址、16 位的数据以及众多控制信号和状态信号的传输。

③ $A_{19}/S_6 \sim A_{16}/S_3$（Address/Status）：复用的地址总线和控制总线（输出的状态信号）。其中，S_6 为 0 表示当前 8086/8088 与总线相连，S_5 表示中断允许标志 IF 的当前值，S_4 和 S_3 组合在一起指明当前正在使用哪个段寄存器，具体组合规则如表 3-6 所示。

表 3-6　S_4 和 S_3 组合的含义

S_4S_3	含　义	S_4S_3	含　义
00	当前正在使用 ES	10	当前正在使用 CS，或未使用任何段寄存器
01	当前正在使用 SS	11	当前正在使用 DS

④ $\overline{BHE}$/S_7（Bus High Enable/Status）："高 8 位数据总线允许"信号和控制总线（输出的状态信号），这是 8086 的第 34 号引脚。由于 8086 的数据总线既可能传输 16 位的数据，又可能传输 8 位的数据，而数据总线总是 16 位，因此当 8086 的数据总线传输 8 位的数据时，需在第 34 号引脚上输出高电位，以免对高 8 位数据总线的使用。S_7 未定义任何实际意义。

⑤ NMI（Non-Maskable Interrupt）：输入的非屏蔽中断请求信号，属于控制总线。非屏蔽中断是不受中断允许标志 IF 影响、不能用软件来人为屏蔽的中断。非屏蔽中断请求信号用一个由低到高的上升沿表示。一旦接收到非屏蔽中断请求信号，8086/8088 会在当前指令执行结束后，立即转去执行非屏蔽中断处理程序。

⑥ INTR（Interrupt Request）：输入的可屏蔽中断请求信号，属于控制总线。可屏蔽中断就是普通的、可以用中断允许标志 IF 屏蔽的中断。可屏蔽中断请求信号是高电平有效。8086/8088 在执行每条指令的最后一个时钟周期都会对 INTR 引脚进行采样。如果 INTR 引脚为高电平，同时中断允许标志 IF 又等于 1，则 8086/8088 在结束当前指令后，发出中断响应信号，转入一个中断处理程序。

⑦ $\overline{RD}$（Read）：输出的读控制信号，这个引脚属于控制总线，低电平有效，表示微处理器要执行一个对内存或者 I/O 端口的读操作。至于是访问内存或者 I/O 端口，取决于另一个引脚信号 M/$\overline{IO}$（在后面介绍）。

⑧ CLK（Clock）：输入的时钟信号。8086/8088 要求的时钟信号的占空比为 33%，即 1/3 周期为高电平，2/3 周期为低电平。8086/8088 要求的时钟频率为 5 MHz，8086-1 要求的时钟频率为 10 MHz，8086-2 要求的时钟频率为 8 MHz。时钟信号为微处理器和总线控制提供定时手段。

⑨ RESET（Reset）：输入的复位信号。8086/8088 要求复位信号至少持续 4 个时钟周期的高电平才有效。收到复位信号后，8086/8088 便结束当前操作，然后将微处理器内部的标志寄存器、IP、DS、SS、ES 及指令队列清零，将 CS 置为 FFFFH。当复位信号变成低电平后，微处理器从内存中的 FFFF0H 单元取来第一条指令执行。

⑩ READY（Ready）：输入的"就绪"信号。"就绪"信号是由所访问的内存或者 I/O 端口发给微处理器的响应信号。"就绪"信号有效，表示所访问的内存或者 I/O 端口已经做好准备，可以进行数据传输。

⑪ $\overline{TEST}$（Test）：输入的"测试"信号，低电平有效，与指令 WAIT 结合起来使用。在执行指令 WAIT 后，8086/8088 就处于空转状态。8086/8088 退出空转状态的条件就是 $\overline{TEST}$ 有效。指令 WAIT 的用途是使微处理器与外部硬件设备同步。

⑫ MN/$\overline{MX}$（Minimum/Maximum Mode Control）：输入的"最小模式/最大模式"选择控制信号，第 33 号引脚。如果这个引脚固定接+5 V，则 8086/8088 就处于最小模式（只有单一的 8086/8088 微处理器）；如果这个引脚接地，则 8086/8088 就处于最大模式（除了 8086/8088 微处理器，至少还接有一个协处理器 8087 或者 8089）。

上述引脚信号在最小模式和最大模式下的定义都是相同的,第 24～31 号引脚在不同的模式下有不同的名称和用途。下面分别介绍。

在最小模式下,第 24～31 号引脚依次如下。

① $\overline{\text{INTA}}$(Interrupt Acknowledge):输出的中断响应信号,属于控制总线,表示微处理器决定中断当前程序的执行,响应来自外设的中断请求。该信号是位于连续周期中的两个负脉冲。第一个负脉冲通知外设,它的中断请求已经获得响应。外设在接到第二个负脉冲后,将它的中断类型号放到数据总线上。8086/8088 通过对数据总线的采样可以获得中断类型号,从而可以找到对应该中断的中断服务程序的入口地址。

② ALE(Address Latch Enable):输出的地址锁存允许信号,高电平有效。由于 8086/8088 的地址总线和数据总线复用,而访问的内存或者 I/O 端口期间又要求地址始终有效,因此在 8086/8088 的主板上设置了一个地址锁存器,负责持续地向内存或者 I/O 的地址总线输出地址。在一个访存周期中,复用的总线先充当地址总线输出地址信号,然后充当数据总线传输数据信号。这样在发出地址信号的同时,让 ALE 引脚为高电平,将地址信号打入地址锁存器。其后在发送数据信号期间,让 ALE 引脚保持低电平,使地址锁存器中的内容不会受到复用总线上信号的影响。注意,ALE 引脚不能被浮空。

③ $\overline{\text{DEN}}$(Data ENable):输出的数据允许信号,低电平有效。在采用 8286/8287 作为数据总线收发器时,该信号表示微处理器已经准备好发送或接收一个数据,通知收发器可以传送数据了。

④ DT/$\overline{\text{R}}$(Data Transmit/Receive):输出的数据收发信号,用于控制数据的传输方向。如果 DT/$\overline{\text{R}}$ 引脚为高电平,则表示数据总线收发器要发出数据,否则表示数据总线收发器要接收数据。

⑤ M/$\overline{\text{IO}}$(Memory/Input and Output):输出的"内存/输入与输出"信号,用于区分地址总线上的地址是用来访问内存还是用来访问 I/O 端口,属于控制总线。如果 M/$\overline{\text{IO}}$ 引脚为高电平,则表示访问内存,否则表示访问 I/O 端口。

⑥ $\overline{\text{WR}}$(WRite):输出的写数据信号,低电平有效,属于控制总线。该信号有效时,表示微处理器将往目标地址单元写入数据。

⑦ HOLD(HOLD request):输入的总线保持请求信号,高电平有效,属于控制总线。当系统中协处理器要求占用总线时,它需要通过这个引脚向主处理器提出请求。主处理器发回响应信号 HLDA 后,它才可以使用总线。

⑧ HLDA(HoLD Acknowledge):输出的总线保持响应信号,高电平有效,属于控制总线。若主处理器决定让出总线控制权,则发出总线保持响应信号,并使主处理器的地址/数据总线和控制总线处于高阻抗状态。协处理器收到 HLDA 信号后,获得总线控制权,此后一段时间内 HOLD 和 HLDA 信号都保持高电平。在使用完总线后,协处理器会把 HOLD 信号变成低电平,表示放弃对总线的占用。主处理器在收到低电平的 HOLD 信号后,也将 HLDA 信号变成低电平,表示恢复对总线的占用。

需要指出的是,在最小模式下,8086 和 8088 的第 34 号引脚的定义是不同的。对于 8086 而言,第 34 号引脚是 $\overline{\text{BHE}}$/S_7。对于 8088,对外只有 8 根数据引脚,没有所谓的"高 8 位数据总线",因而就不需要 $\overline{\text{BHE}}$ 信号,所以第 34 号引脚的定义改为 $\overline{SS_0}$。$\overline{SS_0}$ 和 M/$\overline{\text{IO}}$(在 8088 中,第 28 号引脚不是 M/$\overline{\text{IO}}$,而是 $\overline{\text{M}}$/IO)、DT/$\overline{\text{R}}$ 组合,决定当前总线周期的操作。具体对

应关系如表 3-7 所示，其中"无源状态"表示一个总线周期就要结束而新的一个总线周期尚未开始。

表 3-7　$\overline{M}/IO$、$DT/\overline{R}$、$\overline{SS_0}$ 组合代码及其对应的操作

$\overline{M}/IO$	$DT/\overline{R}$	$\overline{SS_0}$	含义	$\overline{M}/IO$	$DT/\overline{R}$	$\overline{SS_0}$	含义
0	0	0	取指令	1	0	0	发中断响应信号
0	0	1	读内存	1	0	1	读 I/O 端口
0	1	0	写内存	1	1	0	写 I/O 端口
0	1	1	无源状态	1	1	1	暂停

在最大模式下，第 24~31 号引脚依次如下。

① QS_1、QS_0（Instruction Queue Status）：输出的指令队列状态信号。这两个信号组合起来表示前一个时钟周期中指令队列的状态（如表 3-8 所示），以便外部跟踪 8086/8088 内部指令队列的动作。

② $\overline{S_2}$、$\overline{S_1}$、$\overline{S_0}$（Bus Cycle Status）：输出的总线周期状态信号，组合起来表示当前总线周期中所进行的数据传输过程的类型。最大模式系统中的总线控制器就是利用这些状态信号来产生对内存和 I/O 的控制信号。它们组合的含义如表 3-9 所示。

表 3-8　QS_1、QS_0 组合的含义

QS_1QS_0	含义
00	无操作
01	从指令队列的第 1 字节取走代码
10	指令队列为空
11	除了第一个字节外，还取走了后继字节中的代码

表 3-9　$\overline{S_2}$、$\overline{S_1}$、$\overline{S_0}$ 组合的含义

$\overline{S_2}\ \overline{S_1}\ \overline{S_0}$	含义
000	发中断响应信号
001	读 I/O 端口
010	写 I/O 端口
011	暂停
100	取指令
101	读内存
110	写内存
111	无源状态

③ $\overline{LOCK}$（Lock）：输出的总线封锁信号，低电平有效。当 8086/8088 微处理器发出这个信号后，协处理器就不能占用总线了。

$\overline{LOCK}$ 信号是由指令前缀 LOCK 产生的。LOCK 前缀后面的一条指令执行完毕，这个信号将被撤销。此外，在 8086/8088 微处理器发出两个中断响应脉冲之间，$\overline{LOCK}$ 信号引脚也自动地变成低电平，以防止协处理器在中断响应过程中占用总线而破坏一个完整的中断响应信号。

④ $\overline{RQ}/\overline{GT_1}$，$\overline{RQ}/\overline{GT_0}$（ReQuest/GranT）：总线请求信号输入/总线请求允许信号输出。这两个引脚分别供两个协处理器发送总线请求信号和接收由主处理器发来的总线请求允许信号。它们都是双向的，即总线请求信号和总线请求允许信号在同一个引脚上传输，但方向相反。

当两个协处理器同时发出总线请求信号时，$\overline{RQ}/\overline{GT_1}$ 的优先级要低于 $\overline{RQ}/\overline{GT_0}$ 的优先级。

3.4.2 Intel 80286、80386 和 80486 微处理器

1. Intel 80286 微处理器

1982 年，Intel 公司发布了 80286 微处理器。80286 是在 8086 的基础上设计的，数据字长仍然为 16 位，但是地址长度增加到 24 位，即可寻址 16 MB 的内存空间。80286 的最大工作频率为 20 MHz。

80286 由地址单元（Address Unit，AU）、总线单元（Bus Unit，BU）、指令单元（Instruction Unit，IU）和执行单元（EU）这 4 个主要模块组成。其中，AU、BU 和 IU 由 8086 的总线接口单元 BIU 分解而得。这样就提高了这些单元的并行性，提高了指令流水线的吞吐率，加快了微处理器的处理速度。

为了兼容 8086，80286 的工作模式分为实地址模式和受保护的虚地址模式两种。

在实地址模式下，80286 等价于 8086，即 80286 只使用地址总线的低 20 位，寻址能力为 1 MB。物理地址和逻辑地址的定义也与 8086 一样。

而在受保护的虚地址模式下，80286 才真正能够寻址 16 MB 的内存空间。与 8086 一样，80286 也是将存储空间分成若干段，一个段的最大空间是 64 KB，即段内偏移地址是 16 位的。逻辑地址由段地址和偏移地址组成。但是，80286 的段地址是 24 位的，而 8086 的段地址是 16 位的。

80286 的通用寄存器、段寄存器和指令寄存器与 8086 的完全一样，但是增加了一个机器状态字（Machine Status Word，MSW）寄存器。MSW 寄存器是一个 16 位的寄存器，80286 只定义了其中低 4 位，其中最低位为保护允许位（PE）。PE=0，表示 80286 处于实地址模式；PE=1，表示 80286 处于受保护的虚地址模式。在微处理器复位时，MSW 被置为 FFF0H，微处理器处于实地址模式。另外，80286 的标志寄存器比 8086 的标志寄存器多了 3 个标志。新增的标志位于标志寄存器高 3 位，其他 9 位标志与 8086 的相同。

由上述可知，80286 的段寄存器是 16 位的。那么，它如何存放 24 位的段地址呢？

在受保护的虚地址模式下，80286 的段寄存器不再存放段地址，而是存放一个指针（也称为段描述子）。段描述子和偏移地址一起组成逻辑地址。程序中每个段的段地址（24 位，3 字节）及其相应的特性（3 字节）构成段描述符（6 字节），多个段描述符集成在一起组成段描述符表，段描述符表存放于内存中的某区域。不同段的段描述子指向该段对应的段描述符在段描述符表中的起始位置。80286 的地址变换机构根据段描述子的值访问段描述符表，取出相应段描述符中的段地址，然后将段地址与偏移地址相加，就可得到 24 位的物理地址。

实际上，80286 只使用了段描述子中的低 14 位，所以可以管理 2^{14} 个段描述符，即 2^{14} 个段，而每个段描述符可以定义最大空间为 64 KB 的一个段，因此 80286 的逻辑地址的寻址能力为 $2^{14}\times 64$ KB=1024 MB=1 GB。但是，80286 的实际内存最大只有 16 MB，这么大的逻辑寻址空间只能放于辅助存储器（硬盘）上。实际工作时，微处理器只把当前需要的段调入主存，暂时不用的段存于辅存，这一切都是系统自动管理的。从用户看来，他/她好像在使用 1 GB 的内存，这样的内存被称为虚拟内存或虚拟存储器。

2. Intel 80386 微处理器

80386 是 Intel 公司于 1985 年推出的一款高性能微处理器，数据总线和地址总线都是 32

位的，可寻址的内存空间达到 4 GB。

80386 由总线接口单元（BIU）、指令译码单元（Instruction Decode Unit，IDU）、指令预取单元（Instruction Prefetch Unit，IPU）、执行单元（EU）、段管理单元（Segment Unit，SU）和页管理单元（Paging Unit，PU）6 个主要模块组成，其中 SU 的功能是将逻辑地址变换成线性地址（面向虚拟内存的地址），PU 的功能是将线性地址变换成物理地址。

除实地址模式和虚地址保护模式外，80386 还增加了一种"虚拟 8086"的工作模式。

① 80386 的实地址模式等价于 8086 的工作方式，只不过速度更快。

② 在虚地址保护模式下，80386 可以产生 32 位的地址，直接寻址能力为 4 GB（2^{32}B）。和 80286 一样，80386 的物理地址也是通过逻辑地址（即段描述子和偏移地址）来生成的。它也只使用了段描述子中的低 14 位，所以可以管理 2^{14} 个段描述符，即 2^{14} 个段。由于它的段内偏移地址是 32 位的，因此每个段的最大空间是 4 GB（2^{32}B），故 80386 虚拟内存的大小为 $2^{14}×4$ GB=64 TB。

在 80286 中虚拟内存的单位是段，每个段的最大空间是 64 KB，这样大小的段在辅存和主存之间进行调度是可行的，但是 80386 中每个段的最大空间是 4 GB，这样大小的段就很难在辅存和主存之间进行调度了。为此，80386 将 4 GB 以 4 KB 为一页分成 1G 个大小相等的"页（Page）"，以"页"为单位在辅存和主存之间进行调度。

由于对段进行了分页处理，因此 80386 的逻辑地址需要进行两次变换才能得到物理地址。第一次为段转换，由段管理单元将逻辑地址转换为线性地址；第二次为页转换，由页管理单元将线性地址转换为物理地址。

③ 虚拟 8086 方式是在虚地址保护模式下，80386 在多任务系统中执行 8086 任务的工作方式。当 80386 工作在虚拟 8086 方式时，所寻址的物理内存为 1 MB，段寄存器中的内容也不再是段描述子而是段地址，段地址左移 4 位得到 20 位的段起始地址，与 16 位的偏移地址相加得到 20 位的线性地址，线性地址再经过页管理单元的分页处理，就得到物理地址。

80386 共有 8 种寄存器，分别是通用寄存器、段寄存器、指令指示器、标志寄存器、控制寄存器、系统地址寄存器、调试寄存器和测试寄存器。

① 通用寄存器，共 8 个，是在 8086 和 80286 的 16 位通用寄存器的基础上扩展起来的 32 位寄存器，因此依次命名为 EAX、EBX、ECX、EDX、ESP、EBP、ES、EDI。它们的低 16 位仍然是 16 位寄存器，名称仍然为 AX、BX、CX、DX、SP、BP、SI、DI。其中，AX、BX、CX、DX 的低位字节和高位字节仍然可以作为两个 8 位寄存器使用，其名称仍然为 AH、AL、BH、BL、CH、CL、DH、DL。

② 80386 有 6 个 16 位段寄存器，分别是 CS、SS、DS、ES、FS、GS，其中 CS 和 SS 的定义与 8086 的相同，而 DS、ES、FS、GS 都用来表示当前数据段。在 80386 中，存储单元的逻辑地址仍然由段地址和偏移地址组成，只不过它的段地址和偏移地址都是 32 位的，段地址不是由段寄存器直接给出，而是与 80286 一样保存在段描述符表中，段寄存器给出的（只用了低 14 位）是对段描述符表的索引。

③ 80386 的指令指示器 EIP 和标志寄存器 EFLAGS 都是 32 位的。它们的低 16 位就是 80286 的 IP 和 FLAGS，可以单独使用。

④ 除了保留 80286 的所有标志，80386 在高位字的最低两位增加了两个标志——虚拟 8086 方式标志 VM 和恢复标志 RF。在处于虚地址保护方式时，VM 置 1，则 80386 进入虚拟

8086方式。RF 标志用于断点和单步操作。

⑤ 控制寄存器，有 4 个，分别是 CR0、CR1、CR2、CR3，它们都是 32 位的，用来保存处理器中的全局性状态，这些状态影响系统所有任务的运行。其中 CR1 为备用，CR0 的两个低位字节充当机器状态字寄存器 MSW，与 80286 的 MSW 寄存器相同。CR2 和 CR3 用来进行虚拟存储器的页式管理，主要是操作系统使用这些控制寄存器。

⑥ 系统地址寄存器，有 4 个，分别是全局描述符表寄存器（Global Descriptor Table Register，GDTR）、中断描述符表寄存器（Interrupt Descriptor Table Register，IDTR）、局部描述符表寄存器（Local Descriptor Table Register，LDTR）和任务寄存器（Task Register，TR）。它们主要用于在保护模式下管理生成线性地址和物理地址的 4 个系统表。

⑦ 调试寄存器，有 8 个，分别是 $DR_0 \sim DR_7$。程序员使用这些寄存器可以在调试过程中一次设置 4 个程序断点，其中 $DR_0 \sim DR_3$ 用来存放 4 个 32 位的断点线性地址，DR_6 是断点状态寄存器，DR_7 是断点控制寄存器。

⑧ 测试寄存器，有 2 个，即 TR_6 和 TR_7，都是 32 位，用于存储器测试。TR_6 为测试命令寄存器，存放测试控制命令。TR_7 为测试数据寄存器，存放存储器测试所得到的数据。

3. Intel 80486 微处理器

80486 是由 Intel 公司于 1989 年推出的新型 32 位微处理器，它的内部数据总线为 64 位，外部数据总线为 32 位，地址总线是 32 位的。

80486 由总线接口单元 BIU、指令译码单元 IDU、指令预取单元 IPU、执行单元 EU、段管理单元 SU、页管理单元 PU、浮点处理单元 FPU 和 Cache 这 8 个模块组成。

为了弥补 8086、80286 和 80386 在浮点处理能力上的不足，Intel 公司设计生产了与它们相对应的数值计算协处理器 8087、80287 和 80387。Intel 公司将 80387 作为浮点处理单元集成到 80486 内部，使其浮点处理能力显著提高。为了缩短微处理器和主存储器的速度差距，80486 在其内部设置了 8 KB 的片内 Cache，提高了微处理器访问主存储器的等效速度。

除了浮点处理单元 FPU，80486 的寄存器组成与 80386 的完全相同，不过 80486 对 80386 的标志寄存器的标志和寄存器的控制位进行了扩充。

80486 的 3 种工作方式及逻辑地址、线性地址和物理地址的定义也与 80386 的完全相同。Intel 公司首次在 80486 上采用了 RISC 技术，一个时钟周期就可以执行完一条指令。

由于微处理器的配套芯片组受成本的限制，它们的工作频率要低于微处理器的时钟频率，这就限制了微处理器的时钟频率的进一步提高。为了解决这个问题，Intel 公司在 80486 上采用了时钟倍频技术，该技术支持微处理器的内部时钟频率为外部时钟频率的 2～3 倍。

在数据总线上，80486 采用了"突发总线传输"技术。

从某种角度看，80486 就是以 80386 为核心、增加了浮点处理单元 FPU 和高速缓存的微处理器。80486 的型号包括 486SX、486DX、486DX2、486DX4 和 486SL 等。

3.4.3 Intel Pentium 系列微处理器

1. Pentium（奔腾）和 Pentium Pro（高能奔腾）微处理器

80286、80386 和 80486 在市场上取得了巨大的成功，为了延续"摩尔定律"的神话，Intel 公司于 1993 年推出了它的第五代微处理器——Pentium（奔腾）微处理器。

在组成结构上，Pentium 具有如下特点。

(1) 超标量流水线结构

Pentium 设置了两条独立的整数流水线——U 流水线和 V 流水线，分别拥有自己的 ALU，这样 Pentium 可以同时执行两条互不相关的指令。在理想情况下，每条流水线在一个时钟周期内可流出一条简单的整数指令，整个系统在一个时钟周期内可流出两条简单的整数指令。

(2) 片内的高速缓存 Cache

为了满足两条整数流水线对取指令和取操作数的需求，Pentium 设置了基于 Harvard（哈佛）结构的片内高速缓存，就是 Pentium 内部设置了 8 KB 的指令 Cache 和 8 KB 的数据 Cache。

(3) 转移预测

Pentium 内部设有 2 个长度皆为 32 字节的预取指令队列，并通过一个转移目标缓冲存储器（Branch Target Buffer，BTB）来保存以往的转移目标地址。在遇到转移指令时，借助 BTB 预测是否发生转移以及转移到哪一个分支，预测的根据是先前曾使用的分支将会再度使用。如果 BTB 预测不发生转移，则一个指令队列继续进行指令的预取，否则另一个指令队列根据预测的分支进行指令的预取。因此，无论转移是否发生，所需要的指令都事先预取到指令队列中。

如果 BTB 预测正确，则指令流水线正常执行，否则 Pentium 在刷新流水线后取来正确的指令执行，这个过程可能会产生 3 个时钟周期以上的延迟。

与其他转移预测方案相比，Pentium 的 BTB 对程序员透明，即不需要改写现有程序，程序员在编程时也无须考虑转移预测。

(4) 高性能的浮点处理单元

Intel 公司在 80486 中内置了浮点运算协处理器，而 Pentium 在 80486 的基础上更进了一步。Pentium 的浮点处理单元拥有自己的浮点寄存器组、浮点加法器和浮点乘/除法器，在一个时钟周期内就可以向它的 8 级指令流水线发出一条浮点指令。

(5) 增强的 64 位数据总线

Pentium 把数据高速缓存于总线部件之间的数据总线扩展为 64 位，并采用总线周期流水技术来提高总线的带宽，总线周期流水技术可以使两个总线周期同时进行。Pentium 还支持突发式读周期和突发式回写周期操作。

(6) 支持构建对称多处理器系统

对称多处理器系统是指利用多个相同的微处理器来构建一个高性能的并行计算机，这样并行计算机面临的一个主要问题就是多个局部 Cache 与共享主存之间的数据一致性问题。Pentium 在设计上考虑了这方面的需求，支持常用的数据一致性协议 MESI。

(7) 错误检测和功能冗余校验

Pentium 增加了以往只在大型计算机上使用的错误检测和功能冗余校验技术，以保证计算机网络中的数据完整性。

1995 年，Intel 公司又推出了 Pentium 微处理器的增强型 Pentium Pro。Pentium Pro 具有 64 位数据总线和 36 位地址总线，Pentium 具有 64 位的数据总线和 32 位的地址总线。Pentium Pro 的另一个改进是，在 Pentium 的 8 KB 指令 Cache 和 8 KB 数据 Cache 的基础上增加了 256 KB 的二级 Cache。

2. Pentium MMX 微处理器

1995 年，Intel 公司推出了 Pentium 微处理器的新产品 P55C——Pentium with MMX Technology（多能奔腾），其中采用了 MMX 技术。此后，该技术正式引入到所有 Intel 体系结构的微处理器中。

3. Pentium II 微处理器

1997 年 5 月，Intel 公司推出了 Pentium II 微处理器，是融合了 Pentium Pro 的先进特性与 MMX 技术的第六代微处理器，具有 64 位数据总线和 36 位地址总线，物理地址空间为 64 GB，虚拟地址空间为 64 TB。

Pentium II 系统采用了两级缓存结构。位于 Pentium II 内部的一级缓存（L1 Cache）容量为 32 KB，其中指令缓存和数据缓存各为 16 KB。位于 Pentium II 外部的二级缓存容量为 512 KB。

Pentium II 不仅继承了 MMX 技术，还引入了数据流分析、转移预测和推测执行等指令动态执行技术。同时，针对 Pentium Pro 执行 16 位程序时段寄存器更新慢的弱点，配备了可重新命名的段寄存器，加快了段寄存器写操作速度，并允许使用旧段值的指令和新段值的指令同时存在于指令缓冲池。

Pentium II 的片外总线采用了可并行工作的双重独立总线结构（DIBA），即具有纠错能力的 64 位前端总线 FSB（Front Side Bus）和具有可选纠错能力的 64 位专用的后端总线 BSB（Back Side Bus）。前者负责与主存和 I/O 通信，后者负责与二级缓存（L2 Cache）交换数据。这种将二级缓存总线独立出来的做法，显著地减轻了系统总线的负荷。微处理器内部的 BIU 同时与两条总线相连，并以 MESI 协议保证 Cache 的数据一致性。

Pentium II 的一个重大变化就是采用了具有专利保护的 Slot 1 接口标准和单边接触 SEC（Single Edge Contact）卡盒式封装技术。这是 Intel 公司排挤竞争对手的一个措施。原先 Pentium 和 Pentium MMX 微处理器使用的是 Socket 7 插座，Pentium Pro 使用的是 Socket 8 插座，AMD 和 Cyrix 等公司的兼容产品也使用相同的插座。但是，拥有专利权的 Intel 公司决定尽快废除 Socket 7 标准，只向主板厂家而不向微处理器厂家颁发 Socket 8 和 Slot 1 的使用许可证。这就导致了微处理器接口和主板结构的重大变化，加剧了 Intel 公司与其他微处理器厂家的对立与竞争。

Pentium II 的不足在于功耗较大。例如，Pentium-233MHz 的功耗为 17 W，而 Pentium II-233 MHz 的功耗为 34.8 W。后来，Intel 公司设计了 Pentium II 的节能改进版——Deschutes。在 1998 年 2 月的国际固体电路会议上，Intel 公司介绍了 Deschutes Pentium II 微处理器，并首次宣布了它的 Slot 2 接口标准。

值得一提的是，Intel 公司为了与 AMD、Cyris 等公司竞争低价位微型计算机的微处理器市场，推出了名为 Celeron（赛扬）的系列微处理器。这实际上是 Pentium II 的简化版，它的前端总线的时钟频率仅为 66 MHz，使用 Socket 370 或 Slot 1 插槽。最初的赛扬微处理器甚至没有二级缓存，后来又加上了 128 KB 的二级缓存。与同主频的 Pentium II 微处理器相比，赛扬微处理器一般便宜 100 美元左右。

4. Pentium III 微处理器

Intel 公司于 1999 年 1 月宣布了 Pentium III 处理器，2 月底，三款主频分别为 450 MHz、

500 MHz 和 550 MHz 的 Pentium III 处理器同时上市。

与 Pentium II 一样，Pentium III 的一级缓存为 32 KB、二级缓存为 512 KB。Pentium III 的封装虽然在形式上仍然为使用 Slot 1 插槽的单边接触卡盒，但是改善了操作保护并允许较大体积，称为 SECC2（Single Edge Contact Cartridge 2）。

Pentium III 与 Pentium II 的区别主要如下。

① Pentium III 首次实现了 Intel 公司研发的流式单指令多数据扩展（Streaming SIMD Extension，SSE）技术，引入了 70 条 SSE 指令和 8 个 128 位的单精度浮点数寄存器。Pentium III 保留了 57 条 MMX 指令，但是克服了不能同时处理 MMX 数据和浮点数的缺陷，极大地提高了浮点数运算能力。Pentium III 既可以同时处理四对单精度浮点数，又可以同时处理单精度浮点数和双精度浮点数。

② Pentium III 首次设置了处理器序列号（Processor Serial Number，PSN）。PSN 是一个 96 位二进制数，制造芯片时被编入到处理器内部的核心代码中，可以用软件读取但不能被修改。PSN 相当于处理器的标识符，可以用来加强资源跟踪、安全保护和内容管理，由于涉及个人隐私权的问题，PSN 受到一些组织和机构的指责，但是 Intel 公司顶住了压力，与微软公司联合开发了基于 PSN 的应用软件，为今后计算机安全打下基础。

③ 提高了前端总线的时钟频率。Pentium III 虽然采用的还是双重独立总线结构，但是它的前端总线的时钟频率至少为 100 MHz，于 1999 年年底推出了前端总线时钟频率为 133 MHz 的产品。

Pentium III 的上述改进，使得它在三维图像处理、语音识别、视频实时压缩等方面有了长足的进步，而且为维护互联网络的安全运行提供了手段。正如 Intel 公司的宣传口号所说，Pentium III 微处理器将带领我们"进入更精彩的互联网世界"！

5. Pentium 4 微处理器

Intel 公司于 2000 年 11 月 20 日推出 Pentium III 的后续产品"Pentium 4"微处理器。这是第一次改变自 1995 年投入市场的 Pentium Pro 以来一直沿用的"P6 结构"。Pentium 4 中采用了被称为"NetBurst"的新结构。Pentium 4 采用 0.18μm 工艺的半导体技术制造。

"NetBurst"的主要技术特征如下。

① 超流水线技术。将流水线的级数增加到 20 级，提高了工作频率。Pentium III 的流水线为 10 级，仅为 Pentium 4 的一半。

② 快速执行引擎（Rapid Execution Engine）。处理器中 ALU 的工作频率为处理器工作频率的 2 倍，提高了执行整数运算指令时的吞吐量。

③ 数据流单指令多数据扩展 2（Streaming SIMD Extensions2，SSE2）。新增 144 条指令，包括 128 位 SIMD 整数运算和 128 位 SIMD 双精度浮点指令。这些指令适用于数据流媒体处理、运行交互性游戏、视频及密码等信息处理。

④ 400 MHz 的前端总线。具备相当于 Pentium III 的 3 倍带宽，达到 3.2 GB/s。

⑤ 执行跟踪高速缓存（Execution Trace Cache，ETC）。ETC 代替了 Intel 微处理器的一级缓存，容量为 8 KB，采用将已经解码的指令存储到缓存的结构，可存储约 12000 条指令。

⑥ 先进的动态执行（Advanced Dynamic Execution）。它改进了基于乱序执行的推测执行以及分支预测机构，可以在比 Pentium III 大 3 倍的范围内浏览、选择要执行的指令，并以更

佳的顺序执行指令,这也是总体性能大大提高的主要原因。

⑦ 改进的浮点运算功能,使 Pentium 4 能提供更加逼真的视频和三维图形,带来更加精彩的游戏和多媒体感受。

2002 年年初,Intel 公司又推出了基于 NorthWood 内核、采用 0.13 μm 制造工艺的主频为 2.2 GHz 的 Pentium 4 处理器。基于 NorthWood 核心的 Pentium 4 处理器目前有两款主频,分别为 2.2 GHz 和 2.0 GHz,它们的二级缓存均达到了 512 KB。其中,基于 NorthWood 核心的 2 GHz 主频的产品被命名为 2.0(A)Ghz Pentium 4 处理器,以区别于原有的 2 GHz 处理器。

含超线程(HyperThread,HT)技术、主频为 3.20 GHz 的 Pentium 4 处理器至尊版在 2003 年 11 月 Intel 信息技术峰会 IDF 上首次亮相。该处理器实现了更快的帧速率和更出色的细节重现,有助于改善图形效果,这是实现逼真游戏体验的关键。该处理器采用 0.13 μm 工艺,具有 512 KB 二级高速缓存、2 MB 三级高速缓存和 800 MHz 系统总线速度。2 MB 三级高速缓存可在处理器中预装图形帧或视频帧,以便在访问内存和 I/O 设备时提供更高的吞吐率和更快的帧速率,从而可实现更逼真的游戏体验和更强大的视频编辑性能。

HT 技术使软件能够将一个处理器"看成"两个处理器。软件应用可写成具有多个代码段(称为"线程"),以充分利用这项技术。之前被首先应用于服务器和工作站中的 HT 技术,允许台式机的处理器同时执行两个单独的线程,显著提升了系统在同时运行两个或多个应用时的性能。当运行 Windows XP 等操作系统或某个 Linux 软件时,系统能够极大地提高处理多任务的工作量。迄今为止,许多视频编码和其他 CPU 密集型应用都进行了线程处理,在采用含 HT 技术的 Pentium 4 处理器的系统中可实现高达 25%的性能提升。

3.5 ARM 系列微处理器

3.5.1 ARM 微处理器概述

随着移动计算、多媒体数字娱乐、嵌入式计算机、智能卡系统的发展,体积小、功耗低、价格低、性能高的微处理器受到越来越多的重视。在这样的微处理器中,ARM(Advanced Risc Machines)是最受欢迎的产品之一。

1985 年 4 月 28 日,第一个 ARM 原型在英国剑桥的 Acorn 计算机有限公司诞生,由美国加州 San Jose VLSI 技术公司生产。此后,ARM 微处理器被应用在 Acorn 计算机有限公司的台式机中,成为英国计算机教育的基础。1990 年,ARM Limited 公司(简称 ARM 公司)成立。目前,ARM32 位嵌入式 RISC 微处理器已经在全世界范围内成为低功耗、低成本和高性能的嵌入式系统应用领域的主流产品。

事实上,ARM 公司并不生产芯片,只是一家设计公司,提供具有知识产权的 RISC 微处理器设计成果(也称为软核)。ARM 公司的优势在于它在全球范围内拥有 100 多个商业合作伙伴(包括著名的芯片生产厂家 Intel、Samsung、Motorola 等),从而导致市场上存在大量的基于 ARM 微处理器核的嵌入式系统开发工具和丰富的优秀应用软件,保证了基于 ARM 微处理器核的嵌入式系统设计能够很快地投入市场。所以,"ARM"不仅代表一个公司、一类微处理器、一种技术,还代表一种新型的产业发展模式——无芯片(Chipless)模式。

ARM 微处理器本身是 32 位的，但是配有 16 位指令集，允许软件编码为 16 位指令的程序。相对于等价的 32 位指令程序，16 位指令程序在保留 32 位系统的优势（例如，可以访问一个全 32 位的地址空间）的同时，减少存储器空间占用可达 35%。ARM 微处理器的 16 位指令集被称为"Thumb"指令集。

Thumb 指令可以操作数据寄存器中的 32 位数据，数据访问和取指使用全 32 位地址。

Thumb 状态与正常的 ARM 状态之间的切换是零开销的。如果需要，可逐个例程切换。这就允许设计者完全控制对软件的优化。

ARM 微处理器还提供了 Jazeller 技术。相对于软件形式的 Java 虚拟机，该技术可以加快 Java 程序的运行。与同等的不具备 Jazeller 技术的微处理器相比，具备 Jazeller 技术的 ARM 微处理器在执行 Java 程序时，降低功耗 80%。

ARM 微处理器的系列产品包括 ARM 7、ARM 9、ARM 9E、ARM 10、ARM 11、SecurCore。进一步的产品来自它的合作伙伴，如 Intel 公司的 Xscale 和 StrongARM。

ARM 7 系列包括 ARM 7TDMI、ARM 7TDMI-S、ARM 720T、ARM 7EJ 等，为低功耗的 32 位软核，适用于对价格和功耗敏感的数字消费类产品。它的结构特点是采用普林斯顿存储结构和 3 级流水线。

ARM 9 系列包括 ARM 920T、ARM 922T、ARM 940T 等，为高性能、低功耗的 32 位软核，适合高端的嵌入式系统应用，结构特点是哈佛存储结构和 5 级流水线。

ARM 9E 系列包括 ARM 966E-S、ARM 946E-S、ARM 926 EJ-S 等，为可综合的 32 位软核，广泛应用于硬盘驱动器和 DVD 播放器等海量存储器、PDA、MP3 等产品中，结构特点也是哈佛存储结构和 5 级流水线。

ARM 10 系列为高性能的硬宏单元，采用哈佛存储结构，具有 6 级流水线。ARM 10 系列包括 ARM 1020E、ARM 1022E。当需要完成高性能的浮点计算时，可引入向量浮点（Vector Floating Point，VFP）协处理器 VFP10 来辅助 ARM 10 器件。ARM 10 系列主要应用于数字机顶盒、智能电话、视频游戏机和高性能打印机等。

SecurCore SC100 是专门为安全需要而设计的，具有特定的抗窜改和反工程特性。

Intel 公司的 Xscale 微体系结构提供一种高性价比、低功耗的解决方案，支持 16 位 Thumb 指令和 DSP 扩充。

Intel 公司的 StrongARM SA-1100 微处理器是 32 位的微处理器。

3.5.2 ARM 微处理器的模式、工作状态和寄存器组成

ARM 微处理器共有如下 7 种模式：
① usr—用户模式，正常程序执行的模式。
② fiq—FIQ（Fast Interrupt Request）模式，支持高速数据传送或通道处理的模式。
③ irq—IRQ（Interrupt Request）模式，用于通用中断处理的模式。
④ svc—管理（Supervisor）模式，是操作系统保护模式。
⑤ abt—终止（Abort）模式，是实现虚拟存储器和存储器保护的模式。
⑥ und—未定义（Undefined）模式，支持硬件协处理器的软件仿真。
⑦ sys—系统（System）模式，运行特权操作系统任务的模式。

上述 7 种模式可通过程序中的指令来显式地改变,也可借助外部中断或发生异常来隐式地改变。

用户模式是一种权限受限的模式。在用户模式下,程序既不能访问某些被保护的系统资源,也不能改变模式(除非是发生异常)。大多数应用程序是在用户模式下运行。

其余 6 种模式属于特权模式。在特权模式下,程序有权访问系统资源和改变模式。在 6 种特权模式中,除了系统模式,其余 5 种模式属于异常模式。当发生特定的异常时,ARM 微处理器进入相应的模式。每种异常模式都有某些附加的寄存器,以避免出现异常时丢失用户模式下的处理器状态。

系统模式(仅出现在 ARMv4 及以上版本)不能通过发生异常来进入,用于运行需要访问系统资源的操作系统任务。它与用户模式拥有相同的寄存器组。当处理器工作在系统模式时,应避免使用异常模式的附加寄存器,以避免出现异常时发生处理器状态丢失。

ARM 微处理器有如下两种工作状态。① ARM,32 位工作状态,微处理器执行 32 位的 ARM 指令。② Thumb,16 位工作状态,微处理器执行 16 位的 Thumb 指令。

当操作数寄存器的状态位(位[0])为 1 时,执行 BX 指令进入 Thumb 状态,否则进入 ARM 状态。若处理器在 Thumb 状态发生异常,当异常处理完毕后,仍返回 Thumb 状态。

异常处理时,ARM 微处理器工作在 ARM 状态下。此时,ARM 微处理器把 PC 中的内容保存到相应异常模式下的链接寄存器(Link Register,LR),把异常向量地址写入 PC,开始执行相应的异常处理程序。

两种状态之间的切换不改变微处理器的模式和寄存器中的内容。

ARM 微处理器共有下列 37 个寄存器:30 个 32 位通用寄存器,1 个程序计数器 PC(32 位),6 个 32 位状态寄存器。这些寄存器被分成相互部分重叠的组(Overlapping Bank),每种处理器模式使用不同的寄存器组,如图 3-28 所示。这是典型 RISC 处理器中的"重叠寄存器窗口"技术,旨在减少进程切换的时间。

在 ARM 状态下,15 个通用寄存器($R_0 \sim R_{14}$)、1 个当前程序状态寄存器(Current Program Status Register,CPSR)和程序计数器 PC(R_{15})都是可见的。此外,每种异常模式都有一个程序状态保存寄存器(Save Program Status Register,SPSR)。

Thumb 状态下的寄存器组是 ARM 状态下寄存器组的子集。被屏蔽掉的寄存器是 $R_8 \sim R_{12}$。在 ARM 状态下,指令是字对准,所以程序计数器 PC 的最低两位为 0;在 Thumb 状态下,指令是半字对准,所以程序计数器 PC 的最低位为 0;在程序执行的过程中,程序计数器 PC 中存放的是下一条指令的地址。所以,在 ARM 状态下正在执行的指令的地址为 PC–8,在 Thumb 状态下正在执行的指令的地址为 PC–4。

15 个通用寄存器分为两类:不分组寄存器($R_0 \sim R_7$)和分组寄存器($R_8 \sim R_{14}$)。

不分组寄存器是真正的通用寄存器,没有任何隐含的特殊用途。在所有处理器模式下都可对其进行全 32 位的访问。而访问分组寄存器所用的名称就要取决于当前的处理器模式。

寄存器 $R_8 \sim R_{12}$ 各有两组物理寄存器。一组在 FIQ 模式下使用,名称为 $R_{8\_fiq} \sim R_{12\_fiq}$。另一组供除 FIQ 模式之外的模式使用,名称为 $R_{8\_usr} \sim R_{12\_usr}$。

寄存器 R_{13} 和 R_{14} 各有 6 组物理寄存器,一组用于用户模式和系统模式,另五组用于 5 种异常模式。在相应的模式下,这两个寄存器的名称为 R_{13_mode}、R_{14_mode}。其中,mode 的取值可以是 usr、fiq、irq、svc、abt、und 中的一个。

用户	系统	管理	终止	中断	快中断	未定义
R_0	R_0	R_0	R_0	R_0	R_0	R_0
R_1	R_1	R_1	R_1	R_1	R_1	R_1
R_2	R_2	R_2	R_2	R_2	R_2	R_2
R_3	R_3	R_3	R_3	R_3	R_3	R_3
R_4	R_4	R_4	R_4	R_4	R_4	R_4
R_5	R_5	R_5	R_5	R_5	R_5	R_5
R_6	R_6	R_6	R_6	R_6	R_6	R_6
R_7	R_7	R_7	R_7	R_7	R_7	R_7
R_8	R_8	R_8	R_8	R_8	R_{8_fiq}	R_8
R_9	R_9	R_9	R_9	R_9	R_{9_fiq}	R_9
R_{10}	R_{10}	R_{10}	R_{10}	R_{10}	R_{10_fiq}	R_{10}
R_{11}	R_{11}	R_{11}	R_{11}	R_{11}	R_{11_fiq}	R_{11}
R_{12}	R_{12}	R_{12}	R_{12}	R_{12}	R_{12_fiq}	R_{12}
R_{13}	R_{13}	R_{13_svc}	R_{13_abt}	R_{13_irq}	R_{13_fiq}	R_{13_und}
R_{14}	R_{14}	R_{14_svc}	R_{14_abt}	R_{14_irq}	R_{14_fiq}	R_{14_und}
R_{15}(PC)	R_{15}(PC)	R_{15}(PC)	R_{15}(PC)	R_{15}(PC)	R_{15}(PC)	R_{15}(PC)
CPSR	CPSR	CPSR	CPSR	CPSR	CPSR	CPSR
		SPSR_svc	SPSR_abt	SPSR_irq	SPSR_fiq	SPSR_und

图 3-28 ARM 的寄存器组成

寄存器 R_{13} 用于存放堆栈指针，故称为 SP。每种异常模式都有自己的 R_{13}。R_{13} 通常被初始化成指向相应异常模式所分配的堆栈。每个异常处理程序所做的第一项工作就是把程序将要用到的通用寄存器中的值保存到堆栈中，所做的最后一项工作是把堆栈中的数据恢复回相应的通用寄存器中，然后返回。这样可以避免由于进行异常处理而导致处理器状态丢失的情况发生。

在用户模式下，R_{14_usr} 作为链接寄存器 LR，在调用子程序（如执行"带链接分支指令 BL"）时，保存当前的程序断点（即程序计数器 PC/R_{15} 的值）。当出现中断或者异常时，或者当中断服务程序或异常处理程序执行 BL 指令时，相应的寄存器 R_{14_irq}/R_{14_fiq}/R_{14_svc}/R_{14_abt}/R_{14_und} 也用来保存 R_{15} 的值。程序返回所做的操作就是把 R_{14} 的内容重新写回 R_{15}。

在其他情况下，R_{14} 可作为通用寄存器使用。

在所有的微处理器的模式下都可以访问到当前程序状态寄存器 CPSR。CPSR 包含条件码标志（Condition Code Flag）、中断禁止位、当前处理器模式位等状态/控制信息。当发生异常时，SPSR 用于保存 CPSR 的内容。

ARM 微处理器的条件码标志包括：负标志 N（Negative）、零标志 Z（Zero）、进位标志 C（Carry）和溢出标志 V（oVerflow）。

影响条件码标志的指令主要有以下两类。① 比较指令 CMN、CMP、TEQ、TST；② 算术运算指令及一些逻辑运算指令和数据传送指令。

当运算结果是带符号数时，其符号位将被写入 N 标志位。当运算结果为零时，Z 标志置为 1，否则置为 0。

如果在加法指令以及比较指令 CMN 的执行过程中，产生进位，则 C 标志置为 1，否则置为 0；如果在减法指令以及比较指令 CMP 的执行过程中，产生借位，则 C 标志置为 0，否则置为 1；在结合移位操作的非加法/减法指令执行结束后，C 标志置为移出的最后 1 位；其他指令执行后，C 标志通常不改变。

如果在加法指令或者减法指令的执行过程中，产生溢出，则 V 标志置为 1，否则置为 0；其他指令的执行不改变 V 标志。

ARM 微处理器的控制位占用 CPSR 的最低 8 位，第 7 位是 IRQ 中断禁止位 I，第 6 位是 FIQ 中断禁止位 F，第 5 位是工作状态位 T，第 4 位到第 0 位是模式位 M[4:0]。

I 被置 1 则禁止 IRQ 中断，T 被置 1 则禁止 FIQ 中断。T=0，表示 ARM 工作状态；T=1，表示 Thumb 工作状态。

M[4:0]=10000B，表示"用户模式 usr"；M[4:0]=10001B，表示"FIQ 模式 fiq"；M[4:0]=10010B，表示"IRQ 模式 irq"；M[4:0]=10011B，表示"管理模式 svc"；M[4:0]=10111B，表示"终止模式 abt"；M[4:0]=11011B，表示"未定义模式 und"；M[4:0]=11111B，表示"系统模式 sys"。

此外，在 ARM v5 及以上版本中，CPSR 的第 27 位是"饱和计算标志 Q"。该标志用于指出在增强型 DSP 指令执行过程中是否出现溢出或饱和。类似地，SPSR 中也有 Q 标志。

3.5.3 ARM 微处理器的存储器组成和寻址方式

1. 存储器和存储器映射 I/O

ARM 微处理器的体系结构使用由 2^{32} 字节组成的一维线性地址空间。存储单元的地址可看成无符号数，其范围是 00000000H～FFFFFFFFH。

从逻辑上，存储器可以看成由 2^{30} 个字（字长为 32 位）组成。存储在其中的字的地址是字对准的，即字的地址能被 4 整除。若字的地址为 A，则该字存储在地址为 A、A+1、A+2、A+3 的存储单元内。

在 ARM v4 及以上版本，存储器可以看成由 2^{31} 个半字（含 2 字节）组成。存储在其中的半字的地址是半字对准的，即半字的地址能被 2 整除。若半字的地址为 A，则该半字存储在地址为 A、A+1 的存储单元内。

ARM 微处理器的体系结构允许用户选择大端次序或者小端次序的存储系统。

ARM 微处理器完成 I/O 功能的标准方法是使用存储器映射 I/O，即把特定的存储空间地址分配给 I/O 端口。通过访问这些地址的加载/存储（Load/Store）指令来完成 I/O。从存储器映射 I/O 地址的加载实现的是输入，从存储器映射 I/O 地址的存储实现的是输入。

2. ARM 基本寻址方式

① 寄存器寻址。将操作数先存于寄存器，然后在指令中给出寄存器编号。例如，指令

```
         ADD  R0, R1, R2           ;R0←R1 + R2
```

的功能是，将寄存器 R1 和寄存器 R2 的内容相加，结果写入寄存器 R0 中。

注意：指令中第一个寄存器是目的寄存器，第二个寄存器是源寄存器 1，第三个寄存器是源寄存器 2。

② 立即寻址。指令中的地址码部分就是操作数（也叫立即数）的值。在汇编语言中带前缀 "#" 的数据表示立即数。例如，指令

```
         ADD  R0, R0, #3           ;R0←R0 + 3
```

的功能是，寄存器 R0 的内容加上 3，结果仍然写入寄存器 R0 中。

对于以十六进制表示的立即数，应在"#"之后加上"0x"或"&"。

③ 寄存器移位寻址。这是 ARM 指令系统特有的一种寻址方式。源寄存器 2 中的操作数在与源寄存器 1 中的操作数结合之前，先要进行移位操作。可以采取的移位操作如下。

- ❖ 逻辑左移 LSL（Logical Shift Left），空出的位补 0。
- ❖ 逻辑右移 LSR（Logical Shift Right），空出的位补 0。
- ❖ 算术右移 ASL（Arithmetic Shift Left），若最高位为 0，则空位补 0，否则补 1。
- ❖ 循环右移 ROR（Rotate Right），从最低端移出的数位填回最高端空出的位。
- ❖ 扩展 1 位的循环右移 RRX（Rotate Right eXtended by 1 place），相当于带进位的循环右移 1 位。

例如，指令

```
ADD  R2, R1, R3, LSL #2            ; R2 ← R1+4 × R3
```

的功能是，寄存器 R3 的内容先要进行逻辑左移 2 位（相当于乘以 4），再与寄存器 R1 的内容相加，结果写入寄存器 R2。

④ 寄存器间接寻址。指令中的地址码部分给出的是寄存器编号，但是相应的寄存器中存放的不是操作数的数值而是操作数的地址。指令在执行时，先访问寄存器读出地址，再根据这个地址访问主存，才能获得真正的操作数。

在汇编语言中，通过给寄存器号加上方括号表示寄存器间接寻址。例如，指令

```
LDR  R0, [R1]                      ; R0 ← [R1]
STR  R0, [R1]                      ; R0 → [R1]
```

第一条指令 LDR（LoaD Register）是加载寄存器指令，其功能是，以寄存器 R1 中的内容为地址，访问主存储器，将获得的操作数装载到寄存器 R0 中。

第二条指令 STR（STore Register）是存储寄存器指令，其功能是，将寄存器 R0 中的操作数存回寄存器 R1 所指示的主存储器单元中。

⑤ 变址寻址。它是以指令中地址码部分给出的寄存器为基址寄存器，将基址寄存器中的内容与指令中给出的位移量相加，从而得到操作数的有效地址。在 ARM 微处理器中，位移量的最大绝对值为 4K。

汇编语言中通过给"寄存器号与位移量之和"加上方括号表示变址寻址。例如，指令

```
LDR  R0, [R1+#4]                   ; R0 ← [R1+ #4]
```

采用的是先变址的寻址方式，其功能是，以寄存器 R1 中的内容为基地址，基地址加上 4 得到操作数的有效地址，访问主存储器，将获得的操作数装载到寄存器 R0 中。

如果寻址后要更改基址寄存器的内容，这样的变址寻址称为"自动变址"。例如，指令

```
LDR  R0, [R1+#4]!                  ; R0 ← [R1+ #4], R1 ← R1+ 4
```

是自动变址的先变址寻址。自动变址用后缀"!"表示。

变址寻址的另一种变化就是先根据基址寄存器寻址，再更改基址寄存器中的值。这称为"后变址的寻址方式"。例如，指令

```
LDR  R0, [R1], #4                  ; R0 ← [R1], R1 ← R1+ 4
```

这里，位移量作为寻址后基址寄存器的修改量。

某种意义上，前面介绍的"寄存器间接寻址"相当于位移量为 0 的变址寻址。

变址寻址还有一种变化就是基址变址寻址。指令中指定一个寄存器作为基址寄存器，另

一个寄存器作为变址寄存器，两个寄存器中的值相加得到操作数的有效地址。例如，指令

```
LDR  R0, [R1 , R2]           ; R0 ← [R1+ R2]
```

的功能是，以寄存器 R1 中的内容为基址，以寄存器 R2 中的内容为变址，基址加变址得到操作数的有效地址，由此访问主存，读出操作数装载到寄存器 R0 中。

⑥ 多寄存器寻址。它能实现一次传送 16 个寄存器的任何子集（最多为 16 个寄存器）的值。使用多寄存器寻址时，寄存器子集中的寄存器号由小到大排列，连续的寄存器可以用短画线"–"连接，不连续的寄存器用逗号隔开。

在汇编语言中，通过给"寄存器子集"加上花括号表示多寄存器寻址。例如，指令

```
LDMIA  R1, {R0, R2, R5}       ; R0 ← [R1], R2 ← [R1+4], R5 ← [R1+8]
```

是加载多个寄存器（LoaD Multiple register，LDM）指令，其功能是，将寄存器 R1 所指示的主存中连续单元的内容依次装载到寄存器 R0、R2、R5 中。指令后缀有 IA、IB、DA、DB，分别表示：每次传送后地址加 1、每次传送前地址加 1、每次传送后地址减 1 及每次传送前地址减 1。

由于 ARM 微处理器一次数据传送的单位是 32 位（一个字），因此寄存器 R1 中给出的基址应该是字对准的。

⑦ 堆栈寻址。ARM 微处理器支持 4 种堆栈：满递增堆栈（FA）、空递增堆栈（EA）、满递减堆栈（FD）和空递减堆栈（ED）。压入堆栈用 PUSH 指令，弹出堆栈用 POP 指令。

⑧ 块复制寻址。它是多寄存器寻址的一种特殊形式，通常用于内存复制，即利用多寄存器传送指令将一块数据从内存中的一个位置复制到另一个位置。

在进行数据复制前，先设置好源数据指针和目标数据指针，再利用块复制寻址指令读取和存储。

与堆栈寻址操作类似，根据基址寄存器的增长方向（向上增长或向下增长）以及增长先后（在加载/存储数据之前或之后），复制是读取（LoaD，LD）还是存储（STore，ST），块复制寻址对应的多寄存器传送指令如表 3-10 所示。

表 3-10 块复制寻址对应的多寄存器传送指令

前	后	向上增长		向下增长	
		满堆栈	空堆栈	满堆栈	空堆栈
增加	之前	STMIB, STMFA			LDMIB, LDMED
	之后		STMIA, STMEA	LDMIA, LDMFD	
减少	之前		LDMDB, LDMEA	STMDB, STMFD	
	之后	LDMDA, LDMFA			STMDA, STMED

⑨ 相对寻址。它是基址寻址的一种变形，以 PC 中的内容为基准地址，由指令中地址码部分提供位移量，两者相加得到操作数的有效地址。实际上，位移量是下一条指令到操作数的距离。

3.5.4 ARM 微处理器的指令集

首先，ARM 指令的一个重要特点是条件执行，即几乎所有 ARM 指令均可包含一个可选的条件码（在句法说明中用 {cond} 表示）。带条件码的指令只有在条件满足时才会执行。ARM

的条件码如表 3-11 所示。

表 3-11 ARM 的条件码

操作码[31:28]	助记符后缀	标 志	含 义
0000	EQ	Z 置位	相等
0001	NE	Z 清 0	不等
0010	CS/HS	C 置位	大于或等于（无符号）
0011	CC/LO	C 清 0	小于（无符号）
0100	MI	N 置位	负
0101	PL	N 清 0	正或 0
0110	VS	V 置位	溢出
0111	VC	V 清 0	未溢出
1000	HI	C 置位且 Z 清 0	大于（无符号）
1001	LS	C 清 0 或 Z 置位	小于或等于（无符号）
1010	GE	N 和 V 相同	大于或等于（有符号）
1011	LT	N 和 V 不同	小于（有符号）
1100	GT	Z 清 0 且 N 和 V 相同	大于（有符号）
1101	LE	Z 置位或 N 和 V 不同	小于或等于（有符号）
1110	AL	任何	总是（通常省略）

（1）加载寄存器指令 LDR 和存储寄存器指令 STR

```
LDR   R1, [R6]              ; R1 ← [R6]
LDRNE R0, [R1 + #4]!        ;（有条件地）R0 ← [R1+#4], R1 ← R1+4
LDREQSH R0, [R1]            ;（有条件地）R0 ← [R1]，加载带符号的 16 位半字
LDRD  R11, [R6]             ; R11 ← [R6]，加载一个 64 位的双字
STR   R0, [R1]              ; R0 → [R1]
STRB  R1, [R3]              ; R1 → [R3]，存储 R1 的最低有效字节
STRH  R3, [R5, R6]!         ; R3 → [R5+R6]，存储 R3 的最低有效半字；R5 ← R5+R6
```

（2）加载多个寄存器指令 LDM 和存储多个寄存器指令 STM
采用的寻址方式是多寄存器寻址之上的堆栈寻址或块复制寻址。例如：

```
LDMIA R1, {R0, R2, R5}      ; R0 ← [R1], R2 ← [R1+4], R5 ← [R1+8]
LDMFD R11!, {R0, R2, PC}    ; R0 ← [R11], R2 ← [R11+4], PC ← [R11+8], R11←R11+8
STMDB R1, {R0, R2, R5}      ; R0 → [R1], R2 → [R1+4], R5 → [R1+8]
STMFD R13!, {R0, R2, LR}    ; R0 → [R13], R2 →[R13+4], LR → [R13+8], R11←R11+8
```

（3）寄存器与存储器之间的数据交换指令 SWP（SWaP）
该指令用于临界区管理中信号量（Semaphores）的实现。指令格式为：

```
SWP {cond} {B} Rd, Rm, [Rn]
```

其中，B 为可选后缀，若选，则交换字节，否则交换字。Rd 是接收来自存储器数据的目标寄存器，Rm 是存放将交换到存储器的数据的源寄存器。Rd 和 Rm 可以相同。Rn 的内容为要进行数据交换的存储器单元的地址，Rn 必须与 Rd 和 Rm 不同。

2．ARM 数据处理指令

（1）"灵活"的第二操作数
大多数 ARM 通用数据处理指令可以带一个"灵活"的第二操作数，在指令的句法描述

中以"Operand2"表示。这也称为寄存器移位寻址。

Operand2 有两种表示形式：#immed_8r 和 Rm{, shift}。其中，前者为数字常量表达式，后者为存储操作数的寄存器编号，shift 表示在数据处理前对寄存器中的数据作某种移位操作。注意：移位操作的结果作为指令的操作数，但 Rm 寄存器中的数据不变。

shift 的形式如下：
- ASR　n，算术右移 n 位（1≤n≤32）。
- LSR　n，逻辑右移 n 位（1≤n≤32）。
- LSL　n，逻辑左移 n 位（1≤n≤32）。
- ROR　n，循环右移 n 位（1≤n≤32）。
- RRX，带扩展的循环右移 1 位。
- type Rs，type 可选 ASR、LSR、LSL 或 ROR，Rs 寄存器中的最低字节为移位量。

（2）加法指令 ADD/ADC、减法指令 SUB/SBC、反减指令 RSB/RSC

加法（ADD）指令的格式：

```
ADD  Rd, Rn, Operand2           ; Rd ← Rn+Operand2
```

减法（SUBtract，SUB）指令的格式：

```
SUB  Rd, Rn, Operand2           ; Rd ← Rn-Operand2
```

带进位加法（ADd with Carry，ADC）指令的格式：

```
ADC  Rd, Rn, Operand2           ; Rd ← Rn+Operand2+Carry Flag
```

带进位减法（SUbtract with Carry，SUC）指令的格式：

```
SUC  Rd, Rn, Operand2           ; Rd←Rn-Operand2-Carry Flag
```

反减（Reverse SuBtract，RSB）指令的格式：

```
RSB  Rd, Rn, Operand2           ; Rd←Operand2-Rn
```

带进位反减（Reverse Subtract with Carry，RSC）指令的格式：

```
RSC  Rd, Rn, Operand2           ; Rd←Operand2-Rn-Carry Flag
```

注意：若指令码后面带后缀 S，则表示操作数带符号，ARM 微处理器将根据运算结果更新标志位 N、Z、C、V。例如：

```
ADD    R0, R1, R2               ; R0←R1+R2，不影响标志位
SUBS   R0, R1, #125             ; R0←R1+125，结果影响标志位
RSB    R0, R1, R2               ; R0←R2-R1，不影响标志位
ADDLS  R0, R1, R2               ; 在"C 清零或 Z 置位"的情况下执行 R0←R1+R2
RSCHIS R6, R3, R2, ASR #5       ; 在"C 置位且 Z 清零"的情况下执行 R6←R2/32-R3-Carry Flag
```

（3）逻辑与指令 AND、逻辑或指令 OR、逻辑异或指令 EOR 和位清零指令 BIC

逻辑与指令的格式：

```
AND  Rd, Rn, Operand2           ; Rn 中的值与 Operand2 按位与的结果赋予 Rd
```

逻辑或指令的格式：

```
OR  Rd, Rn, Operand2            ; Rn 中的值与 Operand2 按位或的结果赋予 Rd
```

逻辑异或（Exclusive OR，EOR）指令的格式：

```
EOR  Rd, Rn, Operand2           ; Rn 中的值与 Operand2 按位异或的结果赋予 Rd
```

位清零（BIt Clear，BIC）指令的格式：

```
BIC  Rd, Rn, Operand2           ; Rn 中的位与 Operand2 中相应位的反码进行按位与操作，结果赋予 Rd
```

注意：若指令码后面带后缀 S，则表示 ARM 微处理器将在计算 Operand2 时，更新标志

位 C，并根据运算结果更新标志位 N 和 Z。例如：

```
AND    R0, R1, #0x00FF        ; R0←R1 AND （0000 0000 1111 1111B）
ORRLS  R0, R1, R2,            ; 在"C清零或Z置位"情况下执行R0←R1 OR R2
EORS   R1, R1, R2             ; R1←R1 EOR R2，影响标志位 N 和 Z
BICEQS R0, R1, R2             ; 在"Z置位"的情况下执行：R1 中的位与 R2 中相
                              ; 应位的反码进行按位与操作，结果赋予 R0
```

（4）传送指令 MOV 和传送非指令 MVN

传送（MOVe，MOV）指令的格式：

```
MOV  Rd, Operand2             ; 将 Operand2 中的值赋予 Rd
```

传送非（MoVe Not，MVN）指令的格式：

```
MVN  Rd, Operand2             ; 将 Operand2 中的值进行按位逻辑非后赋予 Rd
```

（5）比较指令 CMP 和比较反指令 CMN

比较（CoMPare，CMP）指令的格式：

```
CMP  Rn, Operand2             ; Rn-Operand2，根据结果更新标志位，但不保存结果
```

比较反（CoMpare Negative，CMN）指令的格式：

```
CMN  Rn, Operand2             ; Rn+Operand2，根据结果更新标志位，但不保存结果
```

（6）测试指令 TST 和测试相等指令 TEQ

测试（TeST，TST）指令的格式：

```
TST  Rn, Operand2             ; Rn AND Operand2，根据结果更新标志位，但不保存结果
```

测试相等（Test Equivalence，TEQ）指令的格式：

```
TEQ  Rn, Operand2             ; Rn EOR Operand2，根据结果更新标志位，但不保存结果
```

（7）前导零计数指令 CLZ

前导零计数（Count Leading Zero，CLZ）指令的格式：

```
CLZ  Rd, Rm                   ; 统计 Rm 中的前导零的个数，结果赋予 Rd
```

（8）乘法指令 MUL 和乘加指令 MLA

乘法（MULtiply，MUL）指令的格式：

```
MUL  Rd, Rm, Rs               ; Rm×Rs，将 64 位乘积的低 32 位存入 Rd 中
```

乘加（MuLtiply Accumulate，MLA）指令的格式：

```
MLA  Rd, Rm, Rs, Rn           ; Rm×Rs+Rn，结果的低 32 位存入 Rd 中
```

（9）无符号长整数乘法指令、无符号长整数乘加指令、有符号长整数乘法指令和有符号长整数乘加指令

无符号长整数乘法（Unsigned MULtiply of Long，UMULL）指令的格式：

```
UMULL  RdLo, RdHi, Rm, Rs
```

其功能是，将 Rm 和 Rs 中的值解释为无符号整数，并将其相乘，将 64 位乘积的低 32 位存入 RdLo 中，而高 32 位存入 RdHi 中。

无符号长整数乘加（Unsigned MuLtiply Accumulate of Long，UMLAL）指令的格式：

```
UMLAL  RdLo, RdHi, Rm, Rs
```

其功能是，将 Rm 和 Rs 中的值解释为无符号整数，并将其相乘。再将 64 位乘积与 RdHi 和 RdLo 中的 64 位无符号整数相加，结果仍存回 RdHi 和 RdLo 中。

有符号长整数乘法（Signed MULtiply of Long，SMULL）指令的格式：

```
SMULL  RdLo, RdHi, Rm, Rs
```

其功能是，将 Rm 和 Rs 中的值解释为有符号的补码形式的整数，并将其相乘，将 64 位乘积

的低 32 位存入 RdLo 中，而高 32 位存入 RdHi 中。

有符号长整数乘加（Signed MuLtiply Accumulate of Long，SMLAL）指令的格式：

```
SMLAL  RdLo, RdHi, Rm, Rs
```

其功能是，将 Rm 和 Rs 中的值解释为有符号的补码形式的整数，将其相乘。64 位乘积与 RdHi 和 RdLo 中的 64 位有符号的补码形式的整数相加，结果仍存回 RdHi 和 RdLo 中。

（10）有符号乘法指令、有符号乘加指令和有符号长乘加指令

有符号乘法（Signed MULtiply of x and y，SMULxy）指令的格式：

```
SMULxy  Rd, Rm, Rs
```

其功能是，将 Rm 中的一个半字和 Rs 中的一个半字解释为有符号的补码形式的整数，并将其相乘，乘积存入 Rd 中。x、y 的取值可能为 B 或 T。x 取 B 表示以 Rm 中的低半字为一个乘数，x 取 T 表示以 Rm 中的高半字为一个乘数；y 取 B 表示以 Rs 中的低半字为一个乘数，y 取 T 表示以 Rs 中的高半字为一个乘数。

注意：SMULxy 指令不影响任何标志位。

有符号乘加（Signed MuLtiply Accumulate of x and y，SMLAxy）指令的格式：

```
SMLAxy  Rd, Rm, Rs, Rn
```

其功能是，将 Rm 中的一个半字和 Rs 中的一个半字解释为有符号的补码形式的整数，并将其相乘，乘积与 Rn 中的有符号整数相加，和存入 Rd 中。x、y 的取值原理同 SMULxy 指令。

注意：SMLAxy 指令不影响标志位 N、Z、C、V。若加法出现溢出，则置标志位 Q。

有符号长乘加（Signed MuLtiply Accumulate Long of x and y，SMLALxy）指令的格式：

```
SMLALxy  RdLo, RdHi,, Rm, Rs, Rn
```

其功能是，将 Rm 中的一个半字和 Rs 中的一个半字解释为有符号的补码形式的整数，并将其相乘，再将 32 位的乘积与 RdHi 和 RdLo 中的 64 位有符号的补码形式的整数相加，结果仍存回 RdHi 和 RdLo 中。x、y 的取值原理同 SMULxy 指令。

注意：SMLALxy 指令不影响任何标志位。

（11）有符号乘法指令和有符号乘加指令

有符号乘法（Signed MULtiply of Word and y，SMULWy）指令的格式：

```
SMULWy  Rd, Rm, Rs
```

其功能是，将 Rm 中的字和 Rs 中的一个半字解释为有符号的补码形式的整数，并将其相乘，48 位乘积中的高 32 位存入 Rd 中。y 的取值原理同 SMULxy 指令。

注意：SMULxy 指令不影响任何标志位。

有符号乘加（Signed MuLtiply Accumulate of Word and y，SMLAWy）指令的格式：

```
SMLAWy  Rd, Rm, Rs, Rn
```

其功能是，将 Rm 中的字和 Rs 中的一个半字解释为有符号的补码形式的整数，并相乘，48 位乘积中的高 32 位与 Rn 中的有符号整数相加，和存入 Rd 中。y 的取值原理同 SMULxy。

注意：SMLAxy 指令不影响标志位 N、Z、C、V。若加法出现溢出，则置标志位 Q。

（12）饱和加法指令、饱和减法指令、饱和乘 2 加指令、饱和乘 2 减指令

饱和加法（Q_flag ADD，QADD）指令的格式：

```
QADD  Rd, Rm, Rn            ; Rm 的值与 Rn 的值饱和加的结果赋予 Rd
```

饱和减法（Q_flag SUBtract，QSUB）指令的格式：

```
QSUB  Rd, Rm, Rn            ; 从 Rm 的值中饱和减去 Rn 的值，结果赋予 Rd
```

饱和乘 2 加（Q_flag Double and ADD，QDADD）指令的格式：

```
QDADD  Rd, Rm, Rn           ；先将 Rn 的值饱和乘 2，然后乘积与 Rm 的值做饱和加，结果赋予 Rd
```

饱和乘 2 减法（Q_flag Double and SUBtract，QDSUB）指令的格式：

```
QDSUB  Rd, Rm, Rn           ；先将 Rn 的值饱和乘 2，然后 Rm 的值饱和减去乘积，结果赋予 Rd
```

注意：这些指令的操作数都是有符号的补码形式的整数，执行结果不影响标志位 N、Z、C、V。若出现饱和，则置标志位 Q。例如：

```
QADD   R0, R1, R2
QDSUB  R0, R1, R6
```

3．ARM 分支指令

（1）分支指令 B 和带链接的分支指令 BL

分支（Branch，B）指令格式：

```
B  {cond} label                         ; PC←PC+label
```

带链接的分支（Branch with Link，BL）指令格式：

```
BL  {cond} label            ; R14←PC, PC←PC+label, R14 为链接寄存器 LR
```

例如，B LoopA，BLE LoopA，BL subA，BLGT subB。

（2）分支并可选地交换指令 BX 和带链接并可选地交换的分支指令 BLX

分支并可选地交换（Branch and optional eXchange，BX）指令的格式：

```
BX  {cond} Rm
```

其中，Rm 是含有转移目标地址的寄存器编号，其最低位不作为地址的一部分。

该指令在将 PC ← [Rm]的同时，判断 Rm 的最低位。若最低位为 1，则将 CPSR 中的标志 T 置位，将目标地址的指令代码解释为 Thumb 代码。

带链接的分支（Branch with Link and optional eXchange，BLX）指令有两种格式：

```
BLX  {cond} Rm
BLX  label
```

其中，Rm 的功能及用途与 BX 指令相同，label 的用途与 B 指令相同。

它们的功能都是在将下一条指令的地址复制到链接寄存器 LR 后转移到目标地址。不过，"BLX label" 指令始终会将处理器切换到 Thumb 状态。

所有的 ARM 分支指令的最大转移范围是当前指令的±32MB。

4．ARM 的杂项指令

（1）软件中断指令 SWI

软件中断（SoftWare Interrupt,SWI）指令的格式：

```
SWI  {cond} immed_24
```

其中，immed_24 表示软件中断向量，是一个 24 位的二进制无符号整数。该指令引起 SWI 异常，导致处理器进入管理模式，CPSR 保存到管理模式的 SPSR 中，执行转移到软件中断向量。该指令不影响条件码标志。

例如：

```
SWI  0x123456
```

（2）保存 CPSR 或 SPSR 指令 MRS

MRS 指令的格式：

```
MRS  {cond} Rd, psr
```

其中，psr 可以是 CPSR 或 SPSR。该指令将 CPSR 或 SPSR 保存到目标寄存器 Rd。Rd 不允许是 R15。该指令不影响条件码标志。

例如：

```
MRS  R4, CPSR
```

（3）用立即数或通用寄存器的内容加载 CPSR 或 SPSR 中指定区域指令 MSR

MSR 指令的格式有两种格式：

```
MSR  {cond} psr_field Rm
MSR  {cond} psr_field immed_8r
```

其中，psr 可以是 CPSR 或 SPSR，field 可以是 c（控制域屏蔽字节 PSR[7:0]）、x（扩展域屏蔽字节 PSR[15:8]）、s（状态域屏蔽字节 PSR[23:16]）或 f（标志域屏蔽字节 PSR[31:24]），Rm 是源寄存器，immed_8r 是一个 8 位的二进制无符号整数。

该指令与 MRS 指令配合使用，用于更新 PSR。若指定 f，该指令显式地更新标志位。

例如：

```
MSR  CPSR_f, R4
```

（4）断点指令 BKPT

断点（BreaKPoinT，BKPT）指令的格式：

```
BKPT  immed_16
```

其中，immed_16 是一个 16 位的二进制无符号整数。该指令引起处理器进入调试模式。调试工具可以使用它在程序运行到特定地址时调查系统状态。

例如：

```
BKPT  0xABCD
```

习题 3

3-1 移位操作可以被运用来加快某些算术运算，请举例说明。

3-2 为什么计算机不设置"处理器到辅存"的数据传送指令？

3-3 在二地址指令中，两个地址分别指示什么？三地址指令呢？

3-4 为什么要设置不同的寻址方式？列举出 5 种常用的寻址方式。

3-5 说明基址寻址和变址寻址的异同点。

3-6 设相对寻址的转移指令占两个字节：第一个字节是操作码，第二个字节是相对位移量（用补码表示）。CPU 每从存储器中取出一个字节时，即自动完成(PC)+1→PC。设当前 PC 的内容为 2000H，要求转移到 2008H 地址，则该转移指令第二个字节的内容应为＿＿＿。（2013 年哈尔滨工业大学研究生入学考试试题）

3-7 简述转移指令和子程序调用指令在功能上的异同点。

3-8 请分别按照"大端次序"和"小端次序"，写出数据 12345678H 在一个 32 位寄存器中的存放结果。

3-9 堆栈寻址属于"隐含寻址（Implied Addressing）"的一种，即指令隐含使用一个特定的寄存器来保存操作数或操作数地址。例如，加法指令常常隐含使用累加器 ACC 来存储一个源操作数，加法的结果（目的操作数）也是隐含地保存到 ACC 中。这样就可以省略表示目的操作数和一个源操作数。请评价隐含寻址的优缺点。

3-10 某计算机字长 16 位，主存空间为 64 KB，处理器含有 1 个 16 位基址寄存器、8 个 16

位通用寄存器（其中4个可以作为8个8位寄存器）。指令集有64条指令，都是两操作数指令，其中至少一个操作数来自通用寄存器，来自主存的操作数可以采用直接寻址、间接寻址、基址寻址和基于16位寄存器的寄存器间接寻址。操作数可以是字，也可以是字节。请设计出指令字长度最短的指令格式。

3-11 没有浮点指令的机器能进行浮点运算吗？没有乘/除法指令的机器能进行乘/除运算吗？

3-12 存储器中指令和数据是如何区分的？指令和数据均存储在内存中，处理器如何从时间和空间上区分它们？

3-13 某计算机采用一地址格式的指令系统，允许直接寻址和间接寻址。机器配有 ACC、MAR、MDR、PC、X、MQ、IR、变址寄存器 Rx 和基址寄存器 Rb，均为 16 位。

（1）若采用单字长指令，共能完成 105 种操作。则指令可直接寻址的范围是多少？
（2）若采用双字长指令，操作码位数及寻址方式不变，指令可直接寻址的范围是多少？
（3）若存储字长不变，可采用什么方法访问容量为 8 MB 的主存？需增设哪些硬件？

3-14 某机器字长为 32 位，指令为单字长，指令系统中具有二地址指令、一地址指令和零地址指令各若干条。已知每个地址长 12 位，采用扩展操作码方式，在短操作码所占的码点中留出一个，作为向更长操作码扩展的标志。问：该指令系统中的二地址指令、一地址指令和零地址指令各最多能有多少条？

3-15 MIPS 指令集的 J 型指令的跳转地址为何要在末尾添 "00"？请给出其 PC 实现方案。

3-16 请评价 RISC 的优缺点。

3-17 为了减少指令条数，典型的面向定点数的 RISC 计算机不设置"清除寄存器（置0）指令"和"寄存器之间的数据传送指令"，也不设置"将寄存器中操作数取反"的指令，而是通过将一个特定的寄存器(通常是R0)的值恒定为零/0，然后借助算术运算指令来实现上述功能。设 RISC 计算机的算术运算指令均为"采用寄存器寻址的三操作数指令"，格式为"OP   R1,R2,R3"。它们的两个源操作数 R1 和 R2 必须来自不同的通用寄存器，运算结果（目的操作数）可以存入第 3 个通用寄存器 R3，也可以存入与某个源操作数相同的通用寄存器。依据这样的设计，请写出实现上述三项功能的具体办法。

3-18 某计算机的指令长度在 1~4 字节之间变化，处理器与主存的数据传送宽度是 32 位，每次取出 1 字（32 位），计算机是如何知道其中包含几条指令的？

3-19 影响流水线性能的因素有____冲突，____相关和____相关。（2013 年哈尔滨工业大学研究生入学考试试题）

3-20 某指令流水线分为 5 级：取址、译码并取数、执行、访存、写结果。设完成各阶段操作的时间依次为 90 ns、60 ns、70 ns、100 ns、50 ns。试问：流水线的时钟周期应取何值？若第一条和第二条指令发生数据相关，第二条指令需推迟多少时间才能不发生错误？若相邻两条指令发生数据相关，而不推迟第二条指令的执行可采取什么措施？

3-21 流水技术适合大量重复的时序过程，只有在输入端能连续地提供任务，流水线的效率才能充分发挥。目前，绝大多数微处理器的执行部件都采用流水技术，这就希望程序中能够大量重复出现同样类型的指令。这点在程序设计时需要引起重视。请设计一段能够在静态多功能流水线上运行时间最短的循环程序实现 D[i]=(A[i]+B[i])/C[i]。

3-22 设有 2 个向量 A 和 B，各有 4 个元素，现要在动态双功能流水线上计算向量点积 A*B= a1*b1+a2*b2+a3*b3+a4*b4。设流水线中 1、2、3、5 段组成加法流水线，1、4、5 段组成乘法流水线，经过每个流水段的时间均为 1 个单位时间。流水线的输出结果可以直接返回到输入端或暂存于相应的寄存器中，其延迟时间和功能切换时间忽略不计。请画出流水线的时空图，图中标出相应的输入和输出，并计算流水线从开始工作到最后结果输出这段时间的吞吐率和效率。

3-23 现有一个三段的指令流水线，各段经过时间依次为 Δt、$2\Delta t$、Δt。请画出该流水线连续处理三条不相关指令的时空图，并计算流水线的吞吐率、加速比和效率。

第4章 控制器

我只是在一个正确的时间和正确的地点做了正确的事情而已。

——（美）巴菲特

4.1 控制器概述

1. 控制器的功能和基本组成

处理器的工作就是在控制器（CU）的指挥下，按照"取指令→分析指令→根据寻址方式计算操作数地址→取源操作数→处理源操作数→写目的操作数（即结果）"的顺序，周而复始地解释指令。

控制器的功能是，对指令进行分析（译码），按照一定的时序，根据当前处理器的状态（标志），向计算机的各部件（包括控制器本身）发出控制命令/信号（即微命令），从而完成指令的功能。部件接收微命令后进行的操作称为微操作。为了对微操作进行时序控制，处理器用时钟信号CLK来控制每个微命令的产生，如图4-1所示。

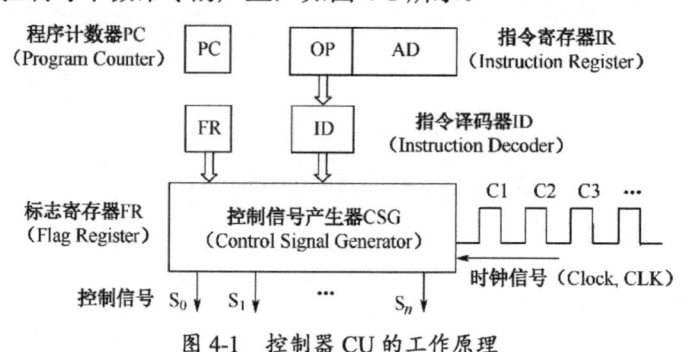

图 4-1 控制器 CU 的工作原理

当然，在解释指令的过程中，可能遇到中断请求或者异常情况。处理器还应具有发现并处理中断和异常的能力。例如，指令译码器遇到一个未定义码点，则发出"非法指令"（Illegal Instruction）异常信号。

2. 三级时序系统

处理器从主存取出一条指令并执行完该指令所需的时间叫指令周期（Instruction Cycle）。

广义上，在一个指令周期内，处理器要完成的操作有取指（Fetch）和执行（Execute）。"取指"是将一条指令从主存取入处理器，"执行"是对指令进行译码并完成其指定的操作。这两个操作是有严格的时间顺序的，即先"取指"后"执行"。

例如,"取指"阶段,需要发出的微命令(由于控制信号数量众多且不够直观,故常用其欲实现的功能来表示微命令)包括:

- ❖ MAR←(PC)　　　　　// PC 中的内容送至 MAR,MAR 将地址发到地址总线
- ❖ R←1　　　　　　　// Read(读)标志 R 置 1,将读命令送至控制总线
- ❖ PC←(PC)+1　　　　// PC 的内容增 1。严格来说,增量为指令的字节长度
- ❖ MDR←M(MAR)　　 // MDR 对数据总线进行采样,得到访存结果
- ❖ IR←(MDR)　　　　// MDR 的内容送入 IR
- ❖ CU←OP(IR)　　　　// IR 中的操作码部分(OP)送控制器 CU 进行译码

以加法指令 ADD　M(源操作数隐含存放在累加器 AC 中,相加结果仍存回 AC)为例,"执行"阶段,需要发出的微命令包括:

- ❖ MAR←AD(IR)　　　// IR 中的地址码部分(AD)送至 MAR
- ❖ R←1　　　　　　　// Read 标志 R 置 1
- ❖ MDR←M(MAR)　　 // MDR 对数据总线进行采样,得到一个源操作数
- ❖ AC←(MDR)+(AC)　 // MDR 的内容与 AC 的内容相加,结果存回 AC

实际的控制器,乃至计算机,会因为设计者的不同有不同的设计、实现方案。解题、考试时,应根据题目给出的已知条件、控制器的微命令进行增删,请看下面的例题。

【例 4-1】(2009 年硕士研究生入学统一考试计算机专业基础综合考试试题)

某计算机字长 16 位,采用 16 位定长指令字结构,部分数据通路结构如图 4-2 所示。

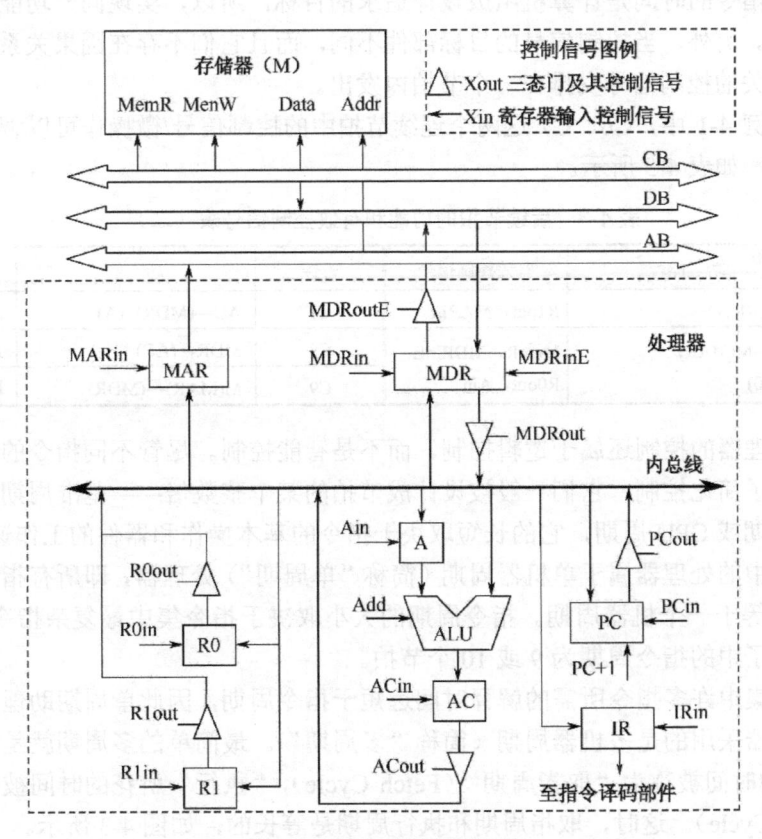

图 4-2　部分数据通路结构

所有控制信号为 1 时表示有效，为 0 时表示无效，如控制信号 MDRinE 为 1 表示允许数据从 DB 打入 MDR，MDRin 为 1 表示允许数据从内总线打入 MDR。设 MAR 的输出一直处于使能状态。加法指令"ADD(R1), R0"的功能为 (R0)+((R1))→(R1)，即将 R0 中的数据与 R1 的内容所指主存单元的数据相加，并将结果送入 R1 的内容所指主存单元中保存。

表 4-1 给出了上述指令"取指"和"译码"阶段每个节拍的功能和有效控制信号。请按表 4-1 中描述方式用表格列出指令"执行"阶段每个节拍的功能和有效控制信号。

答： 由已知条件可以看出，读/写控制信号省略了。

注意： 解释一条指令的微命令/控制信号有着严格的先后顺序，是不得随意更改的。

加法指令"执行"阶段每个节拍的功能和有效控制信号如表 4-2 所示。

表 4-1　功能和有效控制信号

时钟	功　能	有效控制信号
C1	MAR←(PC)	PCout, MARin
C2	MDR←M(MAR) PC←(PC)+1	MemR, MDRinE PC+1
C3	IR←(MDR)	MDRout, IRin
C4	指令译码	无

表 4-2　后续节拍的功能和有效控制信号（一）

时钟	功　能	有效控制信号
C5	MAR←(R1)	R1out, MARin
C6	MDR←M(MAR)	MemR, MDRinE
C7	A←(MDR)	MDRout, Ain
C8	AC←(R0)+(A)	R0out, Add, ACin
C9	MDR←(AC)	ACout, MDRin
C10	M(MAR)←(MDR)	MDRoutE, MemW

缩短解释指令的时间是计算机组成设计追求的目标。所以，实现同一功能可以设计更为紧凑的微操作。另外，当控制信号的目标部件不同，而且它们不存在因果关系时，可以考虑将若干互不相关的控制信号安排在一个节拍内发出。

例如，在例 4-1 中，C6、C7 这两个连续节拍中的控制信号/微操作可以调整、合并在一个节拍内执行，如表 4-3 所示。

表 4-3　后续节拍的功能和有效控制信号表（二）

时钟	功　能	有效控制信号	时钟	功　能	有效控制信号
C5	MAR←(R1)	R1out, MARin	C7	AC←(MDR)+(A)	MDRout, Add,
C6	MDR←M(MAR) A←(R0)	MemR, MDRinE R0out, Ain	C8	MDR←(AC)	ACout, MDRin
			C9	M(MAR)←(MDR)	MDRoutE,

目前，处理器的控制还属于逻辑控制，而不是智能控制。尽管不同指令的解释时间不尽相同，但是为了简化控制，它们一般被设计成节拍的某个整数倍——基准周期。这个基准周期称为机器周期或 CPU 周期，它的长短取决于指令的基本操作和器件的工作速度。

上述例子中的处理器属于单机器周期（简称"单周期"）处理器，即所有指令的指令周期都是相同的，等于一个机器周期。指令周期的大小取决于指令集中最复杂指令的执行时间。例如，上述例子中的指令周期为 9 或 10 个节拍。

由于指令集中许多指令所需的解释时间远短于指令周期，因此单周期处理器的效率很低，绝大多数处理器采用的是多机器周期（简称"多周期"）。最简单的多周期就是两周期，即把"取指"所花的时间被称为"取指周期"（Fetch Cycle），"执行"所花的时间被称为"执行周期"（Execute Cycle）。这时，取指周期和执行周期是等长的，如图 4-3 所示。

在多周期处理器中，机器周期变成了所有指令执行过程中的一个基准时间。那么，它的长度（即包含的节拍数）应取多少呢？

分析发现，指令的操作分为处理器内部的操作（如读/写寄存器、ALU 运算）和对主存的访问两类。前者的完成时间较短，而后者的完成时间较长。为了保证在一个机器周期至少能够完成一个指令的基本操作，一般选取处理器访问一次主存的时间（也称总线周期）作为机器周期。一个标准的、同步总线的总线周期包含 4 个节拍。

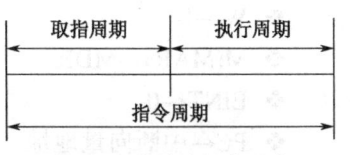

图 4-3 典型的指令周期

由于解释任何指令的第一阶段都是"取指"，因此选择主存周期作为基准周期是合理的。在存储字长等于指令字长的情况下，取指周期就等于一个机器周期。

事实上，不同指令要完成的功能不同，所以不同指令的指令周期也是不尽相同。

例如，无条件转移指令"JUMP TARGET"在取指周期中可以把转移目标地址 TARGET 写入程序计数器 PC，不再需要执行其他操作，所以无条件转移指令的执行周期可以省略。类似的还有空操作指令 NOP。

单地址格式的加法指令"ADD X"在执行周期中需要访问主存中地址为 X 的存储单元，从中取出操作数，将其与累加器 ACC 中的数据相加，再把结果存回 ACC。可见，该指令在取指周期和执行周期中的主要操作都是访问一次主存，取指周期和执行周期可以设计成相等。

另外，对于采用间接寻址的指令，在取指周期后还要有一个访问主存，读取操作数地址的周期——间址周期（Indirect Cycle）。

指令执行周期的末尾，通常安排一个"检测是否有中断请求"的微操作。若检测到中断请求信号，且处理器处于允许中断的状态——"开中断"状态，则处理器将在执行周期结束后进入中断周期（Interrupt Cycle）。图 4-4 是一个带间址周期和中断周期的指令周期。

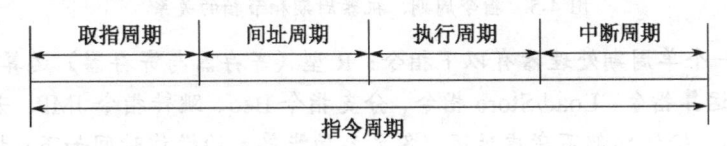

图 4-4 一个带间址周期和中断周期的指令周期

间址周期需要发出的微命令包括：
- MAR←AD(IR)
- R←1
- MDR←M(MAR)
- MAR←(MDR)

中断周期需要发出的微命令包括：
- MDR←(PC)   // PC 中的内容为程序断点
- MAR←(SP)   // 程序断点要保存到堆栈中
- SP←(SP)+1
- W←1   // "写（Write）"标志 W 置 1，将写命令送至控制总线上
- M(MAR)←MDR
- MDR←(PSW)   // 程序状态字寄存器 PSW 中的内容作为程序现场（部分）保留
- MAR←(SP)   // 程序断点要保存到堆栈中
- SP←(SP)+1

· 163 ·

- ❖ W←1　　　　　　　　// "写"标志 W 置 1,将写命令送至控制总线上
- ❖ M(MAR)←MDR
- ❖ EINT←0　　　　　　 // 将"中断允许"标志清为 0,关中断
- ❖ PC←中断向量地址　　// 转入中断服务程序（Interrupt Handler）

对于多周期的处理器,其控制器中应设置"指令工作阶段的标记"。例如,FE、IND、EXE 和 INT 分别是"取指周期""间址周期""执行周期"和"中断周期"标志。一个时刻,这些标志只能有一个为"1",表示处理器的工作状态。

有的计算机采用一个 2 位的指令周期码（Instruction Cycle Code,ICC）表示处理器的工作状态。ICC 为 00 表示"取指周期",01 表示"间址周期",10 表示"执行周期",11 表示"中断周期"。在每个周期的末尾,ICC 将被置成下一周期的状态值。

总之,一个机器周期包含若干节拍 C（即时钟脉冲）。在每个节拍内,处理器可同时执行一个或几个的微操作。指令周期、机器周期和节拍构成了控制器的三级时序系统,如图 4-5 所示。

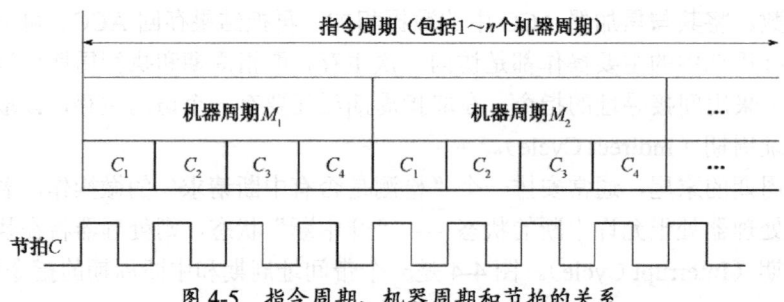

图 4-5　指令周期、机器周期和节拍的关系

【例 4-2】 一个单周期处理器有以下指令:R 型（寄存器与寄存器）运算指令、I 型（寄存器与立即数）运算指令、Load/Store 指令、分支指令 Beq、跳转指令 JMP。若多路选择器、控制单元、PC 和传输线路都不考虑延迟,各主要功能单元的操作时间如下:指令存储器和数据存储器为 300 ps,ALU 为 200 ps,寄存器文件为 100 ps,则其指令周期最少应该是多少?

答:在单周期处理器指令中,执行时间最长的指令为 Load,它的执行时间等于读指令存储器（取指）的时间、读寄存器堆（取形式地址）的时间、ALU（计算有效地址）的时间、读数据存储器（取操作数）的时间与写寄存器堆（将操作数写入目的寄存器）的时间之和,即等于 300+100+200+300+100=1000 ps（皮秒）=1 ns（纳秒）。

【例 4-3】 已知一个多周期处理器各主要功能单元的操作时间如下:指令存储器和数据存储器为 300 ps,ALU 为 200 ps,寄存器堆为 100 ps,不考虑多路选择器 MUX、控制单元 CU、PC、扩展单元和传输线路的延迟,则其机器周期应确定为多少?

答:多周期处理器的机器周期应确定为完成一次主存访问的时间,即等于 300 ps。

【例 4-4】（2011 年硕士研究生入学统一考试计算机专业基础综合考试试题之选择题）

假定不采用 Cache 和指令预取技术,且机器处于"开中断"状态,则下列有关指令执行的叙述中,错误的是（　　）。

A. 在每个指令周期中,CPU 都至少访问一次内存
B. 每个指令周期一定大于或等于一个 CPU 时钟周期
C. 在空操作指令的指令周期中,任何寄存器的内容都不会被改变

D. 当前程序在每条指令执行结束前都可能被外部中断打断

答：指令周期包含若干 CPU 时钟周期，CPU 在每条指令执行结束前检测是否有外部中断请求。在空操作指令的指令周期中，程序计数器 PC 中的内容会改变，故选择 C。

【例 4-5】（2013 年哈尔滨工业大学计算机专业硕士研究生入学考试试题）

某 CPU 的主频为 8 MHz，若已知每个机器周期平均包含 4 个时钟周期，其平均指令执行速度为 0.8 MIPS，其平均指令周期及每个指令周期包含几个机器周期？若改用主频周期为 0.4 μs 的 CPU 芯片，则其平均指令执行速度为多少 MIPS？若要得到 0.4 MIPS 的平均指令执行速度，则应采用主频周期为多少的 CPU 芯片？

答：（1）该机的平均指令周期=1/0.8 MIPS=1.25 μs。

CPU 的时钟周期=1/8 MHz=0.125 μs，则机器周期=4×0.125 μs=0.5 μs。

平均每个指令周期包含 1.25 μs/0.5 μs=2.5 个机器周期。

（2）若改用主频周期为 0.4 μs 的 CPU 芯片，则计算机的平均指令执行速度为(0.125 μs/0.4 μs)×0.8 MIPS =0.25 MIPS。

（3）要得到 0.4 MIPS 的平均指令执行速度，则应采用主频周期为(0.4 MIPS/0.8 MIPS)×8 MHz=4 MHz 的 CPU 芯片。

3. 控制方式

在实际的计算机中，有些指令在执行周期中需要完成较多的操作，如乘、除法指令，那么它的执行周期就要长于取指周期。这时，控制器如何控制执行周期的长短呢？这就是控制器控制方式所要解决的问题。

（1）同步控制

最简单的控制方式就是不加控制。以所有指令中最长的微操作序列为标准，确定指令周期，所以指令都采用相同的指令周期。

大多数指令采用这样的同步控制，意味着在指令周期中会有较多的空闲时间，会造成设备利用率低、指令执行速度慢等问题。为此，人们设计了不等长（即包含节拍数不同）的机器周期，如简单指令的执行周期包含 3 个节拍，复杂指令的执行周期包含 5 个节拍。

有的控制器采用中央控制和局部控制相结合的同步控制方法。首先，所有指令都是在同一个指令周期/机器周期的控制下执行的，这就是中央控制。对于少数复杂指令，在其某个机器周期中，根据需要，临时增加/插入若干附加的节拍，这就是局部控制。

当然，作为同步控制的一种实现，中央控制和局部控制所用的节拍都是相等的。

（2）异步控制

"异步"是采用"握手/应答"方式来决定机器周期的长短。随着机器周期的第一个时钟脉冲的发出，控制器发出第一个控制信号，将某个"指令执行阶段的标记"置为 1，表示该阶段开始。当最后一个微操作结束时，受控部件向控制器发回一个"结束"信号。收到"结束"信号后，控制器发出最后一个控制信号，将当前"指令执行阶段的标记"清零，结束一个机器周期。

（3）联合控制

同步控制虽然提高了机器效率，但实现复杂，成本较高。为此，现代控制器设计中采用的是联合控制，即同步控制与异步控制相结合的方式。例如，在功能部件（如 ALU）内部采用同步控制，在功能部件之间（如 CPU 与主存）采用异步控制。

另外，根据指令的复杂度，不同指令的指令周期设计成由数量不等的机器周期组成。这也是联合控制的一种形式。

4.2 硬布线控制器

根据逻辑功能的不同特点，数字电路可以分成两大类：一类称为组合逻辑电路（简称组合电路），另一类称为时序逻辑电路（简称时序逻辑）。

组合逻辑电路是指在任何时刻，输出状态只取决于同一时刻各输入状态的组合，而与电路以前的状态无关，且与其他时间的状态无关。其逻辑函数如下：

$$L_i = f(A_1, A_2, A_3, \cdots, A_n) \qquad (i=1,2,3,\cdots,m)$$

其中，$A_1 \sim A_n$ 为输入变量，L_i 为输出变量。

时序逻辑电路的特征是，任意时刻的输出不仅取决于当时的输入信号，还取决于电路原来的状态，或者说，与以前的输入有关。

组合电路可用一组逻辑表达式来描述。设计组合电路就是用逻辑门和导线来实现逻辑表达式。在满足逻辑功能的基础上，力求使电路简单、经济、可靠。

作为电子数字式计算机，控制器中的"控制信号发生器"的实现有两种方式：基于组合逻辑的硬布线控制/硬联控制（Hardwired Control）和基于存储逻辑的微程序控制（Microprogrammed Control），分别对应"硬布线控制器"和"微程序控制器"。

设计产生控制信号的组合逻辑电路的步骤是：① 写出指令周期中每个节拍内的应该发出的控制信号（也称为微操作）安排；② 列出所有控制信号的操作时间表；③ 根据时间表，写出每个控制信号的逻辑表达式；④ 根据逻辑表达式，设计组合逻辑电路。

1. 控制信号的节拍安排

安排控制信号，首先要严格遵循解释一条指令发出的/控制信号的先后顺序；其次，对于控制部件不同的控制信号，应安排在一个节拍内发出，以缩短时间；最后，对于一些占用时间短的微操作，其控制信号可以在一个节拍内，按照规定的先后顺序，依次发出。

（1）取指周期的控制信号节拍安排

```
C1: MAR←(PC), R←1
C2: MDR←M(MAR)
C3: PC←(PC)+1
C4: IR←(MDR),CU←OP(IR)
```

（2）算术左移指令"SHL"执行周期的控制信号节拍安排

```
C1:
C2:
C3:
C4: AC←R(AC), AC0←AC0
```

（3）取数指令"LDA M"执行周期的控制信号节拍安排

```
C1: MAR←AD(IR), R←1
C2: MDR←M(MAR)
```

```
C3:
C4: AC←(MDR)
```

(4) 存数指令"STA M"执行周期的控制信号节拍安排

```
C1: MAR←AD(IR)
C2: MDR←AC,W←1
C3:
C4: M(MAR)←MDR
```

(5) 无条件转移指令"JMP X"执行周期的控制信号节拍安排

```
C1:
C2:
C3:
C4: PC←AD(IR)
```

(6) 为零转移指令"JZ X"执行周期的控制信号节拍安排

```
C1:
C2:
C3:
C4: PC←ZF·AD(IR)+ ZF ·(PC)
```

(7) 加法指令"ADD M"执行周期的控制信号节拍安排

```
C1: MAR←AD(IR), R←1
C2: MDR←M(MAR)
C3:
C4: AC←(AC)+(MDR)
```

(8) 求补/取反指令"COM"执行周期的控制信号节拍安排

```
C1:
C2:
C3:
C4: AC← AC
```

2．列出控制信号的操作时间表

上述 7 条指令的控制信号的操作时间表如表 4-4 所示。FE 和 EX 分别是取指周期和执行周期的状态标志（暂时不考虑"间址周期"），"1"表示发出控制信号，"0"（省略填写）表示不发出控制信号。

3．根据时间表，写出每个控制信号的逻辑表达式

例如，"MDR←M(MAR)"的逻辑表达式为：

FE·C2·(SHL+LDA M+ STA M+ JMP X+JZ X+COM)+ EXE·C2·(LDA M)

= FE·C2+EXE·C2·(LDA M)= C2·[FE+EXE·(LDA M)]

其中，SHL、LDA M、STA M、JMP X、JZ X 和 COM 均为指令译码器的输出信号。

4．设计组合逻辑电路

根据逻辑表达式,画出所有控制信号的组合逻辑电路图,图 4-6 是控制信号 MDR←M(MAR) 的组合逻辑电路图。

表 4-4 控制信号的操作时间表

周期标志	节拍	控制信号	SHL	LDA M	STA M	JMP X	JZ X	ADD M	COM
FE 取指	C1	MAR←(PC)	1	1	1	1	1	1	1
		R←1	1	1	1	1	1	1	1
	C2	MDR←M(MAR)	1	1	1	1	1	1	1
	C3	PC←(PC)+1	1	1	1	1	1	1	1
	C4	IR←(MDR)	1	1	1	1	1	1	1
		CU←OP(IR)	1	1	1	1	1	1	1
EXE 执行	C1	MAR←AD(IR)	0	1	0	0	0	1	0
		R←1	0	1	0	0	0	1	0
	C2	MDR←M(MAR)	0	1	0	0	0	1	0
		MDR←AC	0	0	1	0	0	0	0
		W←1	0	0	1	0	0	0	0
	C3		0	0	0	0	0	0	0
	C4	AC←R(AC)	1	0	0	0	0	0	0
		AC0←AC0	1	0	0	0	0	0	0
		AC←(MDR)	0	1	0	0	0	0	0
		M(MAR)←MDR	0	0	1	0	0	0	0
		PC←AD(IR)	0	0	0	1	0	0	0
		PC←ZF·AD(IR)+$\overline{ZF}$·(PC)	0	0	0	0	1	0	0
		AC←(AC)+(MDR)	0	0	0	0	0	1	0
		AC←$\overline{AC}$	0	0	0	0	0	0	1

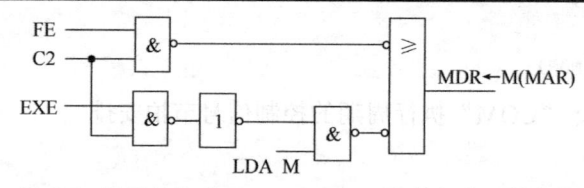

图 4-6 控制信号"MDR←M(MAR)"的组合逻辑电路

4.3 微程序控制器

在硬布线控制中，不同的控制信号用不同的组合逻辑电路来实时地生成。这种方法设计的电路不规整，不便于检查和纠错，设计周期长，实现成本高，增加指令或修改指令功能非常困难。唯一的优点是产生微控制信号的速度快。

细心的读者也许会问：既然每条指令需要发出的控制信号都是固定的，而且已经被分析出来，顺序安排在每个节拍中，那么把这些信息存储起来，在解释指令时调出，直接发出控制信号不就可以了吗？的确可以，这种被称为"微程序控制"的方法，在 1951 年就被英国剑桥大学的计算机教授 Wilkes 提出了（所以"微程序控制"也称"Wilkes 模型"）。只不过由于当时存储器速度太慢，用这种方法生成控制信号的时间要远远大于用组合逻辑电路生成控制信号的时间，所以当时没有被采用。

随着存储器速度的提高，"微程序控制"方法又受到计算机设计者的重视。IBM 公司于 1965 年推出的大型计算机 S/360 成为首台采用"微程序控制"的商售计算机。

微程序控制器的设计与工作原理如下。

① 依据指令的执行步骤中每个节拍需要发出的控制信号，编制微指令。一个节拍对应一条微指令。

② 按照编制解题程序的方法，把这些微指令编制成微程序。

③ 所有指令的微程序都编制完成后，将其存入控制器内部的专用只读存储器 ROM——控制存储器（Control Memory，CM，简称控存）中。

④ 机器运行时，控制器按顺序从控存中读出某条指令对应微程序的微指令，逐拍、逐条送入控存数据寄存器（CM Data Register，CMDR，微指令寄存器 μIR）。

⑤ CMDR 发出微命令/控制信号，使相应部件执行所规定的操作，完成对该指令的解释。

1. 微指令的格式与微程序的编制

微指令由"操作控制（控制命令）字段"和"顺序控制字段"组成。其中，"顺序控制字段"用来在当前微指令执行结束后，确定下一条微指令的地址（简称"微地址"或"下地址"）。

微程序控制器的组成，除了 IR、PC、FR 和时序系统，还增加了控存、微指令寄存器、微指令地址形成逻辑电路以及微指令地址寄存器（μAR）等部件，如图 4-7 所示。μAR 也称为控存地址寄存器（CM Address Register，CMAR）。

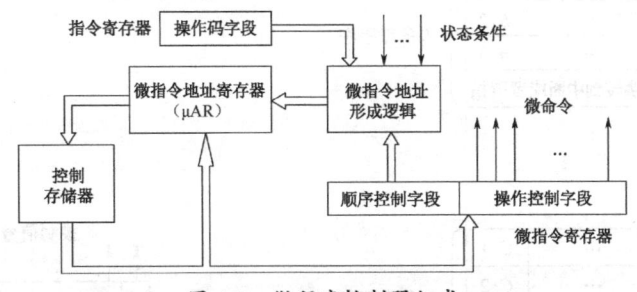

图 4-7 微程序控制器组成

在设计微程序时，通常把与执行指令有关的公共操作单独编制微程序，如取指周期微程序、间址周期微程序和中断周期微程序（完成中断隐指令的操作），然后为每条指令编制一个以其操作性质命名的微程序。微程序在控存中的典型分布如图 4-8 所示。

【例 4-6】 在微程序控制器中，一条指令对应几个微程序？若某机器有 n 条机器指令，通常需要编制几个微程序？

答：一条指令对应一个微程序。若某机器有 n 条机器指令，通常需要编制 $n+3$ 个微程序。

2. 操作控制字段的编码方式

操作控制字段的编码方式有以下两大类。

（1）直接表示法/直接控制法

根据控制信号的个数，决定操作控制字段的位数。字段中的一位对应一个控制信号（微命令），如图 4-9 所示。若某位为"1"，表示该信号有效，要发出该微命令，否则不发出。

直接表示法简单直观，生成微命令的速度最快，但微指令字长较长（通常达几百位），要求控存容量较大。另外，由于不少微指令仅包含很少几个微命令，因此一个很长的微指令中仅有少数几位为 1，编码空间利用率低。

（2）编码表示法

若两个微命令不会或不可同时发出，则称其为互斥的，否则为相容的。例如，某 ALU 有

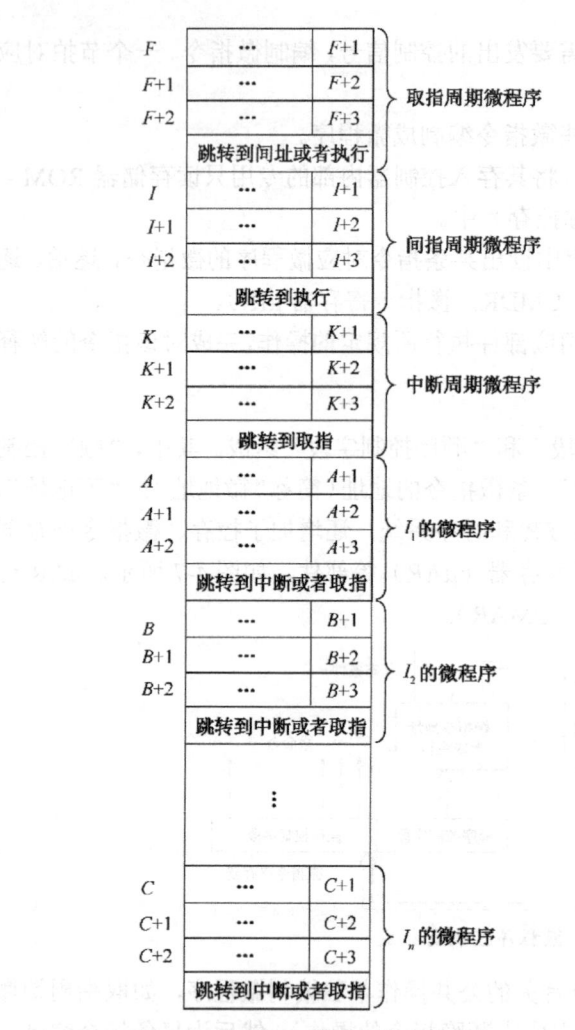

图 4-8　微程序在控存中的典型分布

图 4-9　直接表示法

15 种操作，它的外在接口既可以设计成接收 15 个互斥的微命令，也可以设计成接收一个 4 位控制编码。

为了缩短微指令字长，人们将操作控制字段分成若干子字段，把一组互斥的微命令，通过编码的方式放在一个子字段内。例如，7 个互斥的微命令只需要一个 3 位长的子字段即可。解释指令时，通过对各子字段分别进行译码得到相应的微命令。因此，直接表示法也称为不译法，编码表示法也称为译码法。

如果各子字段之间无关，则这种编码表示法称为"字段直接编码表示法"，否则称为"字段间接编码表示法"。直接编码表示法中，字段的个数等于一条微指令中最多可同时发出的微命令的个数，如图 4-10(a)所示。"字段间接编码"是指某个子字段表示若干微命令组，实际表示哪个微命令组由另一个专门的子字段的内容来决定，如图 4-10(b)所示。其目的还是缩短微指令字长。由于其译码电路复杂、译码时间长，缩短的字长有限，故实际很少采用。

相比直接表示法，编码表示法是通过时间来换取空间，即通过在运行时进行译码（需要付出时间）来缩短微指令字长，降低对控存容量的要求，但是需要增加译码电路。在实际工作中，考虑到字长、灵活性、译码时间，也可以将上述两种方法混合使用。

(a) 字段直接编码　　　　　　　　(b) 字段间接编码

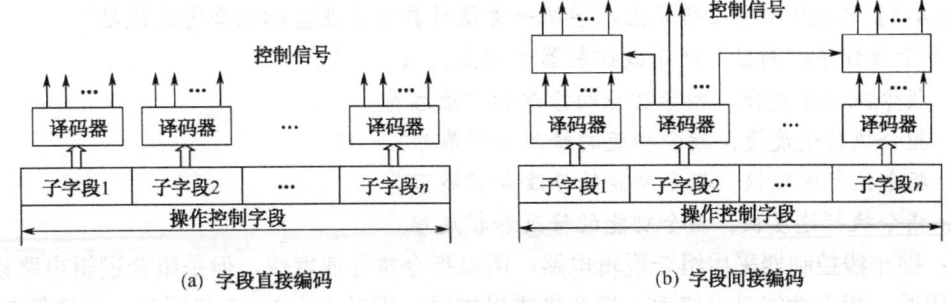

图 4-10　编码表示法

这就需要对"时间开销"和"空间开销"进行折中（Tradeoff）。

3．"下地址"的形成

由于解释指令有一些公共的操作，如取指、间址和中断，因此在编制微程序时，这些公共操作的微程序是单独编制、固定存放的，供各指令利用。

例如，开机加电后，第 1 条微指令的地址应该是取指周期微程序的首地址（也称"入口地址"），由专门的微地址形成电路产生。若当前微指令对应某条指令的微程序的最后一条，则其下地址也是取指微程序的首地址，同样是由该微地址形成电路直接给出的。

又如，当前微指令置"间址标志 IND"为 1，则下地址（即间址微程序的首地址）同样由一个专门的微地址形成电路直接给出。

再如，当前微指令置"执行标志 EXE"为 1，表示进入执行周期，则下地址（即某条指令对应微程序的首地址）由微地址形成部件根据指令操作码形成。该部件可以采用 ROM 实现，以指令操作码为访问 ROM 的地址，相应单元中存储该指令微程序的首地址。

以上三种情况都由硬件直接产生微程序入口地址，这时"下地址"字段不发挥作用。

"下地址"字段发挥作用，形成"下地址"的方法主要有以下 3 种。

（1）直接给出

例如，当前微指令的地址为 a，则其下地址字段的内容为 $a+1$。如果当前微指令执行结束后，要无条件地转移到 b（另一条微指令的存储地址），则其下地址字段的内容为 b。

（2）增量计数器法

将 μAR 设计成类似程序计数器 PC 的微程序计数器 μPC。在微程序执行的过程中，每取出一条微指令，μPC 自动加上一个增量（如 1）来给出下地址。这时，"下地址"字段的作用是支持分支/转移，存放转移目标地址，即"下地址"字段改为"转移控制字段 BCF"和"转移地址字段 BAF"。若条件满足，则用 BAF 来改写 μPC 中的若干位（通常是低位，因为转移目标是在当前微程序内），否则顺序执行。

（3）断定法

计数器法只能实现两路分支，要让一个微指令具有多路转移能力，就得采用断定法。

在断定法中，"下地址"字段分为"非测试字段"和"测试字段"。前者直接构成"下地址"的高位，用来指定下一条微指令在控存中的哪个区域；后者将送入"测试网络"。"测试网络"根据输入的"非测试字段"及测试信号（包括指令操作码、各种状态标志等），形成"下地址"的低位部分，用来指定下一条微指令在控存中某个区域的具体分支位置。

"测试字段"的位数决定了转移的路数，n 位最多可具有 $2n$ 路转移能力。

【例 4-7】（2009 年硕士研究生入学统一考试计算机专业基础综合考试试题）

相对于微程序控制器，硬布线控制器的特点是（　　）。

A. 指令执行速度慢，指令功能的修改和扩展容易
B. 指令执行速度慢，指令功能的修改和扩展难
C. 指令执行速度快，指令功能的修改和扩展容易
D. 指令执行速度快，指令功能的修改和扩展难

答：硬布线控制器采用组合逻辑电路，所以指令执行速度快。但是组合逻辑电路设计和实现较困难，指令功能难以修改，指令集难以扩展，所以 A、B、C 都不对。故选择 D。

【例 4-8】（2009 年硕士研究生入学统一考试计算机专业基础综合考试试题）

下列关于 RISC 的叙述中，错误的是（　　）。

A. RISC 普遍采用微程序控制器
B. RISC 大多数指令在一个时钟周期内完成
C. RISC 的内部通用寄存器数量相对 CISC 多
D. RISC 的指令数、寻址方式和指令格式种类相对 CISC 少

答：由于指令功能简单，RISC 要用比 CISC 更多的指令才能实现同样的功能。为了不延长处理时间，RISC 采用了硬联控制、指令流水线等技术来加快解释指令，故 A 是错误的。

【例 4-9】（2012 年硕士研究生入学统一考试计算机专业基础综合考试试题）

某计算机的控制器采用微程序控制方式，微指令中的操作控制字段采用字段直接编码法，共有 33 个微指令，构成 5 个互斥类，分别包含 7、3、12、5 和 6 个微指令，则操作控制字段至少有（　　）。

A. 5 位　　　　B. 6 位　　　　C. 15 位　　　　D. 33 位

答：7 个微指令需要 3 位编码，3 个微指令需要 2 位编码，12 个微指令需要 4 位编码，5 个微指令需要 3 位编码，6 个微指令需要 3 位编码。故需要 3+2+4+3+3=15 位编码，选 C。

【例 4-10】（2009 年硕士研究生入学统一考试计算机专业基础综合考试试题）

在冯·诺依曼计算机中，指令和数据均以二进制形式存放在存储器中，CPU 区别它们的依据是（　　）。

A. 指令操作码的译码结果　　　　B. 指令和数据的寻址方式
C. 指令周期的不同阶段　　　　　D. 指令和数据所在的存储单元

答：取指周期访存，计算机取来的是指令；译码/执行/写回周期，计算机访存取来的/写入的是数据。故选 C。

【例 4-11】（2013 年哈尔滨工业大学计算机专业硕士研究生入学考试试题）

假设某计算机指令周期由取指周期、间址周期、执行周期和中断周期组成，CPU 内有寄存器 PC、IR、MAR、MDR 等，且未采用内部总线方式实现。如果 CPU 在中断周期用堆栈保护程序断点，而且进栈时指针减 1，出栈时指针加 1，请分别写出组合逻辑控制和微程序控制在完成中断返回指令时，取指周期和执行周期所需要的全部微操作命令及节拍安排。

答：设进栈操作是先修改堆栈指针，再存入数据；出栈操作是先存入数据，再修改堆栈指针。

（1）采用组合逻辑控制时，完成中断返回指令所需要的全部微操作命令及节拍安排如下。

取指周期为：

```
T0: PC→MAR, 1→R
T1: M(MAR)→MDR, (PC)+1→PC
T2: MDR→IR, OP(IR)→ID
```

执行周期为:

```
T0: SP→MAR, 1→R
T1: M(MAR)→MDR
T2: MDR→PC, (SP)+1→SP
```

(2) 采用微程序控制时，完成中断返回指令所需的全部微操作命令及节拍安排如下。

取指周期为:

```
T0: PC→MAR, 1→R
T1: Ad(CMDR)→CMAR
T2: M(MAR)→MDR, (PC)+1→PC
T3: Ad(CMDR)→CMAR
T4: MDR→IR
T5: OP(IR)→微地址形成部件→CMAR
```

执行周期为:

```
T0: SP→MAR, 1→R
T1: Ad(CMDR)→CMAR
T2: M(MAR)→MDR
T3: Ad(CMDR)→CMAR
T4: MDR→PC, (SP)+1→SP
T5: Ad(CMDR)→CMAR
```

【例 4-12】 某计算机采用水平型直接编码微指令控制，共 183 个微指令、27 个互斥的可判定外部条件，控制存储器容量设计为 4K 字，请设计微指令格式和字长并说明理由。

答： 水平型直接编码微指令由操作控制字段、判别测试字段和下地址字段组成。其中，操作控制字段至少为 183 位，判别测试字段至少为 $\log_2 27=5$ 和下地址字段至少为 $\log_2 4K=12$，共 183+5+12=200 位。微指令字长设计成 200 位。

习 题 4

4-1 简述控制器的功能。

4-2 请比较硬布线控制器与微程序控制器的异同点。你认为，RISC 会采用哪种技术？

4-3 选择题

(1) 下列关于微程序、微指令的说法中，错误的是（　　）。

A. 一条机器指令对应一个微程序
B. 一个微程序有若干微指令顺序排列组成
C. 微指令在经过译码器后生成控制信号
D. 微程序存储在 ROM 中

(2) 相对于硬布线控制器，微程序控制器的特点是（　　）。

A. 指令执行速度较快，修改指令的功能或扩展指令集难
B. 指令执行速度较快，修改指令的功能或扩展指令集容易

C. 指令执行速度较慢，修改指令的功能或扩展指令集难

D. 指令执行速度较慢，修改指令的功能或扩展指令集容易

（3）通常情况下，微指令位数最长的编码方法是（　　）。

A. 直接表示法/直接控制法　　　　　B. 字段直接编码表示法

C. 字段间接编码表示法　　　　　　D. 混合表示法

4-4　本章正文中介绍的微指令都属于一次能定义并能同时执行多个相容微命令的微指令，被称为水平型微指令。它的优点是并行操作能力强、执行速度快、效率高、灵活。其缺点是微指令字太长，要求控存容量大；编程要全面了解处理器内部的组成与控制，不易掌握。所以，人们又设计了不直接面对控制信号的垂直型微指令。类似机器指令，垂直型微指令有操作码和地址码，实现一个由微操作码字段规定的、简单的功能。请查阅有关文献，比较水平型微指令与垂直型微指令的优缺点。

4-5　下列关于水平型微指令的说法中，正确的是（　　）。

A. 只有采用直接编码的微指令是水平型微指令

B. 直接编码、字段直接编码、字段间接编码及直接和间接混合编码的微指令都属于水平型微指令

C. 具有微操作码字段的微指令也属于水平型微指令

D. 解释水平型微指令不需要译码器

第 5 章　总线技术

条条大路通罗马。

——欧洲谚语

5.1　总线概述

　　计算机是由多个功能部件组合而成的，这些功能部件相互联系、交换信息、协同完成计算任务。功能部件之间的互连有两种方式：专用互连和共享互连。

　　专用互连是指两个功能部件之间有一个私用的、独享的物理信息通道，而共享互连是指若干功能部件通过某种手段共享一个物理信息通道。

　　就目前的技术而言，物理信息通道主要是基于电信号的电导线、基于电波的无线电和基于光信号的光导线。在目前的电子计算机中，功能部件的互连主要是以分时形式共享一组电导线来实现的。这样的一组电导线被称为总线（Bus）。因此，总线是计算机系统中各部件之间（甚至各系统之间）传递信息的一组共享的电导线。每根导线负责传输一个电脉冲信号，这个信号就代表一位二进制数据。若干根导线可以同时传输若干位二进制数据。

　　总线是计算机系统的骨架。可以说，总线结构是计算机组成技术的一个重大进步。采用总线结构的计算机系统在系统设计、生产、使用和维护上具有很多优越性。例如，实现了系统的模块化设计，简化了系统的组成，降低了成本，便于系统的扩充和升级，便于根据用户的需求配置不同档次的机器，便于故障诊断和维护，便于专业厂商依照总线标准生产与之兼容的质优价廉的硬件板卡和软件，等等。

　　自美国 DEC 公司于 1970 年在其小型计算机 PDP11/20 上采用单总线 Unibus 以来，各种标准、非标准的总线纷纷面世。如今，所有计算机系统毫无例外地采用总线结构。"总线"一词已不再局限于用来称呼共享的互连结构，专用的互连结构也泛称为总线。

　　总线由传输线、接口（Interface）和总线控制器组成。传输线包括信息线、电源线、地线等，有可能有若干备用/待扩充线。由于总线与其上所挂的部件是物理相连的，但是从逻辑上有连通和断开两种状态，所以总线上的部件需要通过三态门（Three-state Gate）和缓冲寄存器组成的接口与总线连接。

　　"三态门"的"三态"是指，其输出既可以是逻辑 1（高电平）或逻辑 0（低电平），又可以是高阻抗状态。处于高阻抗状态时，输出电阻很大，相当于"断开连接（开路）"。需要强调的是，三态门只能单向导通。

　　三态门的状态由"EO 使能"端控制，如图 5-1 所示（小圆圈表示"取反"）。当 EO 有效时（EO 端不带小圆圈时，输入 1 有

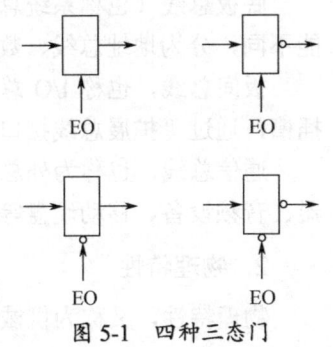

图 5-1　四种三态门

效,否则无效;EO 端带小圆圈时,输入 0 有效,否则无效),三态门为"导通状态",输出"0"或"1";当 EO 无效时,三态门的输出端为高阻抗。

总线具有以下 4 方面的特性。

1. 功能特性

功能特性是指总线中的每根传输线具有特定的功能。

(1)按照所传输信息的性质,总线分为地址总线、数据总线和控制总线

地址总线负责传输处理器欲访问存储单元的地址,它的数量决定了微处理器所能访问的存储单元的最大个数。例如,具有 32 位地址总线的微处理器所能访问的存储单元个数为 2^{32}。

数据总线上传输的是二进制数据。按照可以同时(并行)传送二进制数据的位数,数据总线可分为 8 位、16 位、32 位和 64 位的数据总线等。

控制总线上传输的则是各种控制/状态信号,如时钟信号 CLK、复位信号 RST、读命令信号 RD、写命令信号 WR、总线请求信号 BR 和总线允许信号 BG 等。

(2)按照连接部件,总线分为系统总线(也叫处理器总线)和输入/输出总线(即 I/O 总线)

系统总线用于计算机系统主要功能部件(如处理器、主存)的互连。这种总线的主要操作就是访问主存,它的特点是工作频率高、线宽大(可以同时传送多个字)。

根据计算机系统中处理器的数量,系统总线又可分为面向单处理器的系统总线和面向多处理器的系统总线。前者只有一个主部件(即能够发出访存地址的部件),被称为中央处理器(CPU)。后者可以有多个主部件,如由 Intel 公司提出的 Multibus 总线标准就是一个面向多处理器的系统总线标准。

I/O 总线负责连接主机和输入、输出设备。它的特点是工作频率较低、线路较长、线宽小(即一次传送一个字或者一字节甚至一位)。由于输入、输出设备千差万别,一个计算机系统中可能同时设有多种/多个 I/O 总线(如 PCI 总线、EISA 总线等)。

通常,总线上都连接三个以上部件。但是,随着高速外设(如视频设备、网络设备)的增加,系统总线的负荷增加,导致数据传输延迟增大。为此,有些计算机系统在某两个对数据传输速度要求高、数据传输量较大的部件之间,设置局部总线来满足它们的数据传输需求。尽管局部总线属于专用互连,严格来说不能称为总线,但是现在总线的概念已经泛化,只要是连接计算机部件的线路都被称为总线。所以有的文献上称专用互连的线路为专用总线(Dedicated Bus),共享互连的线路为非专用总线。

(3)按照在计算机系统的位置,总线分为片内总线、底板总线、板间总线和通信总线

片内总线位于处理器芯片内部,负责寄存器之间、寄存器与运算器的数据传输。

底板总线(也称系统总线)是主板上负责连接微处理器、主存和 I/O 接口的总线,按功能不同,分为地址总线、数据总线和控制总线。

板间总线,也称 I/O 总线,用于主板与 I/O 设备的互连。板间总线表现为主板上的扩展插槽,通过"扩展总线接口"连接到底板总线上。

通信总线,也称为外总线,负责计算机系统之间或计算机与外围设备(如打印机、显示器、音频设备、移动硬盘等)之间的连接。

2. 物理特性

物理特性,又称为机械特性,是指总线的物理连接标准,包括插头和插座的几何形状与

尺寸、引脚的数量与排列方式、固定方式等。实践表明，成功的总线物理特性设计是成就计算机普及的一个重要因素，因为计算机系统中各种插头都有唯一的、非常容易辨识的插座与之对应，想以错误的方式插入几乎是不可能的，这就避免了错误连接的发生。

根据所传数据的位数，通信总线可以分为串行总线和并行总线。

串行总线一次只传送一位，并行总线一次能传送若干位（如 8、16 或 32 位等）。一般，大多数总线是并行总线，但是也存在少数的串行总线，如常见的通用串行总线（Universal Serial Bus，USB）就是一个串行总线。

3. 电气特性

电气特性定义的是每根传输线上信号的传递方向和有效电平范围。

① 按照允许信息传输的方向，总线分为单向总线和双向总线。

图 5-2 是单向总线。当总线空闲（即所有部件都以高阻抗形式连接在总线上）且一个部件（称为源部件）要向另一个部件（称为目的部件）发送数据时，源部件通过地址总线发出地址，通过数据总线发出数据。其他部件接收地址并与自己的地址比较。若相符，则令 EO 端有效（图 5-2 中 EO 端输入 0）将"三态门"置为导通状态，接收总线上的数据。通信完成后，撤销 EO 端有效信号，将"三态门"的输出还原回"高阻抗"，将总线让出。

地址总线也是一种单向总线，只能是 CPU 发出地址，主存和 I/O 设备都是接收地址。所以，地址总线的"三态门"总是处于导通状态。

双向总线又分为全双工和半双工。全双工是指同一时刻允许信息分别沿两个方向传输，半双工是指同一时刻只允许信息沿一个方向传输而另一个方向的信息传输要等到下一时刻。图 5-3 是半双工双向总线，而全双工双向总线是分别设置两个方向不同的单向总线。全双工双向总线速度最快，但成本最高；单向总线速度最慢，但成本最低。

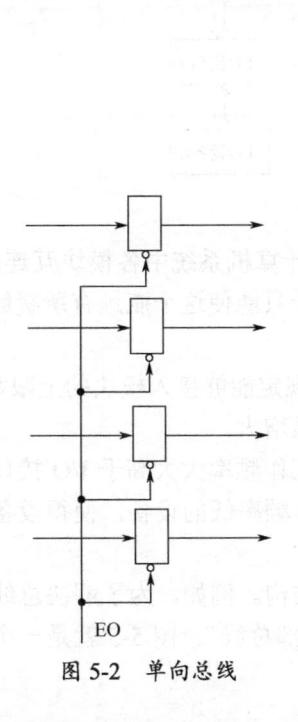

图 5-2 单向总线　　　　　图 5-3 半双工双向总线

通常,规定送入微处理器的信号为输入(IN)信号,从微处理器发出的信号为输出(OUT)信号。例如,地址总线为输出信号线,数据总线为双向信号线,控制总线中既有输出信号线,又有输入信号线,但大多数是单向的。

② 当总线中高电平被定义为"逻辑 1"时,称其为正逻辑;反之,将低电平定义为"逻辑 1",称其为负逻辑。大多数总线采用正逻辑,但是也有个别总线采用负逻辑,如 RS-232C(串行总线接口标准)的电气特性定义为:低电平(−3~−15 V)表示"逻辑 1",高电平(+3~+15 V)表示"逻辑 0"。

4．时间特性

时间特性是规定了每根传输线上信号在什么时间内才是有效的,即总线上各种信号的时序关系。时间特性可以用信号时序图来表示。

5.2 总线的设计与实现

为了保证计算机系统的兼容性,允许不同年代、不同厂商生产的设备能够无障碍地接入到计算机系统中,总线一般按照某种工业标准来实现。所以,总线的设计与实现主要关注的是采用何种总线结构,典型的总线结构有单总线结构和多总线结构。选择总线结构需要综合考虑通信带宽、成本及可靠性等因素。

单总线结构指 CPU、主存、I/O 接口的互连仅通过一个总线。这样的总线是典型的系统总线,如图 5-4 所示。最有名的单总线结构计算机是美国 DEC 公司的 PDP11/20 小型计算机。

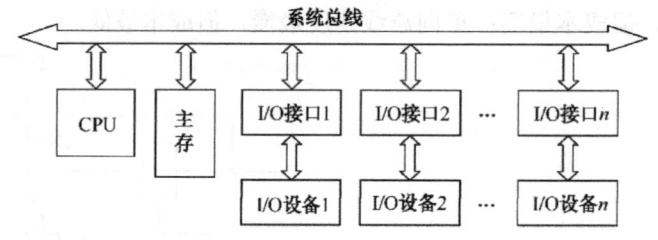

图 5-4　典型的单总线结构

单总线结构的优点是简单、成本低,缺点是总线成为计算机系统中各模块互连的瓶颈。事实上,共享的总线总是系统互连的瓶颈。优化的总线设计只能使这个瓶颈有所缓解。

单总线结构还存在两个主要缺点。

① 总线上能接入的模块是有限的,一般的总线标准都规定能够接入模块的上限数目。当接入模块的数目接近这个上限数目时,通信的延迟也会明显增大。

② 总线上各模块的工作频率都不尽相同,如 CPU 的工作频率大大高于 I/O 接口的工作频率。在单总线的情况下,工作频率高的设备就要等待工作频率低的设备,使得设备的利用率较低,这是用户很不愿意接受的。

为了克服上述缺点,目前计算机系统一般采用多总线结构。例如,为了解决总线是系统互连瓶颈的问题,总线结构可以设计成"系统总线+若干局部总线"。图 5-5 就是一个系统总线加两个局部总线构成的三总线结构。

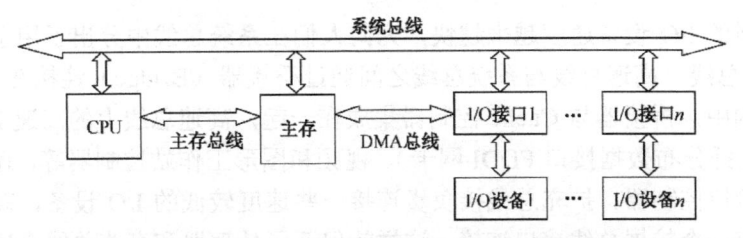

图 5-5 一个系统总线加两个局部总线构成的三总线结构

为了解决总线能接入的模块数目有限及各模块工作频率不同的问题，总线结构还可以设计成"层次总线"——系统总线+层次化的 I/O 总线，如图 5-6 所示。

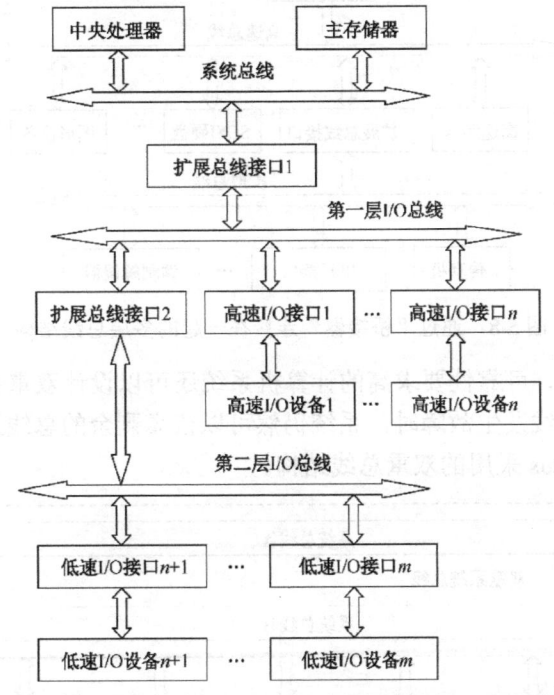

图 5-6 系统总线+层次化的 I/O 总线构成的三层总线结构

对带有高速缓存的计算机系统，其总线结构还可以设计成"系统总线+局部总线+I/O 总线"，如图 5-7 所示。在这样的总线结构中，I/O 接口与主存储器之间的数据传送不会影响处理器的工作。目前，这种总线结构在微型计算机中被广泛采用。

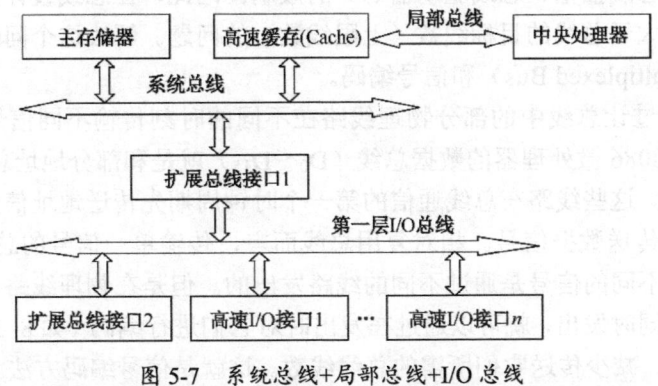

图 5-7 系统总线+局部总线+I/O 总线

· 179 ·

由于新出现的 I/O 设备速度越来越快，为此人们在系统总线中分出了用于连接那些高速 I/O 设备的高速总线，高速总线与系统总线之间通过桥接器（Bridge）连接在一起。如图 5-8 所示的总线结构中，桥接器与 Cache 控制器集成在一起，高速总线上的高速 I/O 设备有高速局域网卡（如光纤分布数据接口 FDDI 网卡）、视频和图形工作站控制器等，还有负责连接高速 I/O 总线的接口控制器。扩充总线接负责连接一些速度较低的 I/O 设备，高速总线与扩展总线之间仍然有一个扩展总线接口连接。这样就保证了处理器和高速总线有所改动时，不会影响到扩展总线。

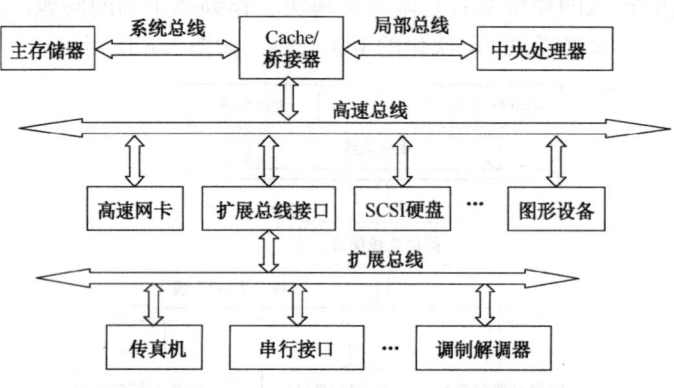

图 5-8 通过"桥接器"连接在一起的多层总线结构

一些工作环境恶劣、可靠性要求高的计算机系统还可以设计双重总线甚至三重总线。在多重总线中，当某条总线发生故障时，系统仍然可以依靠剩余的总线正常工作。图 5-9 就是著名的容错计算机 Stratus 采用的双重总线结构。

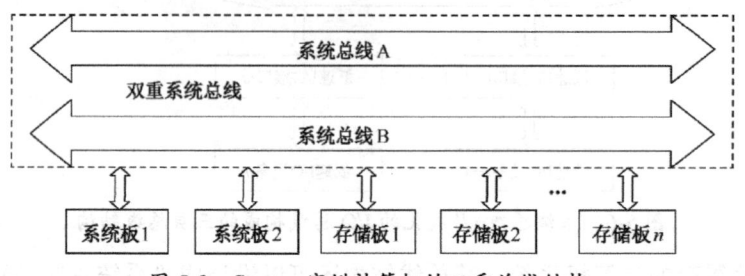

图 5-9 Stratus 容错计算机的双重总线结构

总线的线数是总线设计的一个重要的限制条件，关系到总线的物理尺寸、成本，受到总线上标准零件（如总线插槽、总线驱动器等）的限制。因此，在总线设计的过程中经常会遇到总线的逻辑线数大于总线的目标线数（上限线数）的问题。解决这个问题的办法主要有两种：复用总线（Multiplexed Bus）和信号编码。

复用总线是通过让总线中的部分物理线路在不同的时刻传输不同信号来减少总线物理线路总数。例如，8086 微处理器的数据总线（$D_0 \sim D_{15}$）就是和部分地址总线（$A_0 \sim A_{15}$）复用同一套物理线路。这些线路在总线通信的第一个时钟周期先传送地址信号，然后在第二个或第三个时钟周期传送数据信号。相对复用总线而言，传输单一信号的总线称为专用总线。

一般，总线上不同的信号是通过不同的线路发出的。但是在物理线路有限的情况下，如果这些信号不需要同时发出，就可以通过在发出时对它们进行编码（如 8-3 编码）、在接收时对它们译码的方式，减少传送它们所需的总线线数。这就是信号编码方法。例如，8086 微处理器在最大模式下面临着需要的控制信号增多而所具有的物理引脚固定的问题。Intel 公司的设计师们就采用了信号编码方法解决了这一问题。

5.3 总线控制

5.3.1 总线仲裁

目前，计算机的总线具有两个特性：发送的互斥性和接收的共享性。

互斥性是指一个时刻只允许一个功能部件向总线发送信息。这时称这个功能部件具有总线控制权。若有多个功能部件同时向总线发送信息，则称发生了总线冲突。这在以电信号为传输载体的总线上将会导致通信错误。

共享性是指同一时刻允许总线上其余的功能部件接收总线上传输的信息。当然，其余功能部件也可以有选择地拒绝接收总线上传输的信息。

为了协调总线上各部件对总线的争用、避免发生总线冲突，必须有一个总线控制器来对总线的使用进行分配和管理。

挂在总线的各类部件，如果拥有对总线的控制权，则称为总线的主部件或主模块（Master）。被主部件访问的部件称为总线的从部件或从模块（Slave）。

由于一个时刻只允许有一个主部件控制总线，因此严格来说，总线的各主部件应该称为"候选的主部件"。只有提出总线控制请求并获得总线控制权后，一个候选的主部件才真正成为总线的主部件。

当总线有多个候选的主部件同时申请使用总线时，由于在同一个时间内只能有一个申请者能够获得总线控制权，因此必须有一个总线控制机构按照某种策略（优先次序）对申请进行裁决，这就称为总线仲裁（Bus Arbitration）。

集中在一处的总线仲裁逻辑称为集中式总线仲裁。分散在总线的各部件中的总线仲裁逻辑称为分布式总线控制。

1. 集中式总线仲裁

在集中式总线仲裁中，候选主部件优先次序的确定有串行链接、定时查询、独立请求和固定时间片等方式。

（1）串行链接方式

如图 5-10 所示，所有部件通过一根公共"总线请求"信号线向总线仲裁器（Arbiter）发出使用总线的请求。在没有得到总线控制权前，部件发出的"总线请求"信号将始终保持。串行链接方式也称为菊花链（Daisy Chain）方式，串行链接方式的电路称为菊花链电路。

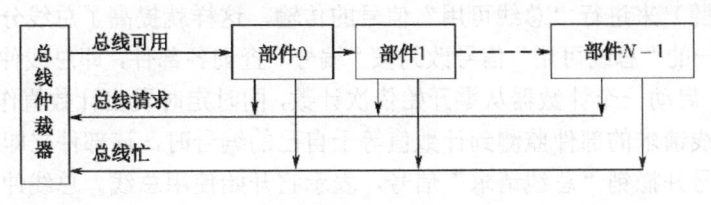

图 5-10 集中式串行链接

只要总线是空闲的,"总线请求"总是会得到总线仲裁器的响应,即发出"总线可用"信号。"总线可用"信号顺序地经过每个部件。如果某部件接收到"总线可用"信号,而它没有发出"总线请求"信号,那么它把"总线可用"信号传递给下一个部件。如果某部件收到"总线可用"信号,而它发出了"总线请求"信号,那么它将停止传递"总线可用"信号并撤销"总线请求"信号,然后发出"总线忙"信号,表示它已获得总线控制权。之后,这个部件就可以组织数据传输了。在数据传输期间,总线仲裁器在外来的"总线忙"信号触发下撤销"总线可用"信号。数据传输完毕,该部件撤销"总线忙"信号,交出总线控制权。这时,如果"总线请求"信号线存在"总线请求"信号,则总线仲裁器再一次发出"总线可用"信号,开始新一轮的总线分配。

串行链接方式的优点:一是选择算法简单,需要设置的总线仲裁控制线数少(只需要三根),而且不受总线所挂部件数目多少的影响;二是具有良好的可扩展性,即增加部件容易,只需简单地把部件连接到总线及其分配控制线上即可;三是易于通过重复设置总线仲裁控制线来提高总线分配的可靠性。

串行链接方式的缺点:总线仲裁对"总线可用"信号及其有关电路的失效很敏感,可靠性差;一旦有一个部件不能正常传递"总线可用"信号,则排在它之后的所有部件将永远得不到总线的使用权。

串行链接方式的另一个缺点是总线仲裁控制的灵活性差。总线上各部件获得总线使用权的优先次序完全取决于"总线可用"信号线连接部件的物理顺序。离总线仲裁器越近,部件的优先级就越高,而且这个优先级是固定的,不能通过软件来改变。如果优先级高的部件频繁地申请总线,优先级低的就很难获得总线的使用权。在计算机领域,这种现象被称为"饥饿"(Starvation)或"饿死"。

此外,"总线可用"信号是顺序地"流过"各部件,这就延长了总线仲裁的时间。

(2)定时查询方式

如图 5-11 所示,定时查询建立在串行链接方式的基础上,它的改进主要是解决串行链接方式的可靠性差和优先级固定的问题。

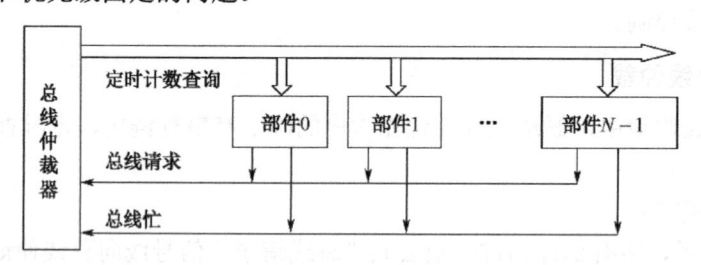

图 5-11 集中式定时查询

首先,定时查询方式改变了"总线可用"信号的传输方式,采用"广播"的方式(这正是总线思想的精髓)来进行"总线可用"信号的传输,这样就提高了总线分配的可靠性。

其次,将单一的"总线可用"信号改为按"编号"查询各部件,即总线仲裁器在收到"总线请求"信号后,启动一个计数器从零开始依次计数,同时定时发出计数值作为"总线可用"信号。当发出总线请求的部件监测到计数值等于自己的编号时,该部件立即向总线仲裁器发出"总线忙"信号并撤销"总线请求"信号,表示它开始使用总线。总线仲裁器在收到"总线忙"信号后,立即停止计数器计数。

数据传输完毕，该部件撤销"总线忙"信号。之后，若"总线请求"信号线上依然存在"总线请求"信号，总线仲裁器将开始一个新的总线分配过程。

在新的总线分配过程中，计数器可以从当前值开始继续计数，也可以从零开始计数。

前者称为"循环计数"，将为所有的部件使用总线提供均等的机会；后者称为"归零计数"，类似串行链接方式，提供一个固定的、偏向小编号部件的优先次序。

采用何种计数方案取决于设计者对总线部件优先级的考虑。

由于计数器的初始计数值可以由程序置定，因此定时查询方式最重要的优点是优先次序可由软件控制，灵活性强。其次，定时查询方式不会因为某一个部件的失效而影响其他部件对总线的使用，可靠性高。

不难推出，定时查询方式需要的控制线数为 $2+\lceil \log_2 N \rceil$，其中 N 为总线部件总数。所以定时查询方式的缺点主要是线数较多、成本较高，而且计数查询线的数目依赖于总线部件总数，或者说，总线上能容纳的部件数量受限于计数查询线的编址能力，可扩展性较差。

另外，定时查询方式的总线仲裁速度取决于计数器的工作频率，不会很高。

（3）独立请求方式

如图 5-12 所示，在独立请求方式中，总线上的每个部件都有一对专用的、私有的"总线请求"和"总线可用"信号线。不过由于发送必须是互斥的，因此所有候选主部件可以共享一根"总线忙"信号线，即 N 个部件共需要 $2N+1$ 根信号线。

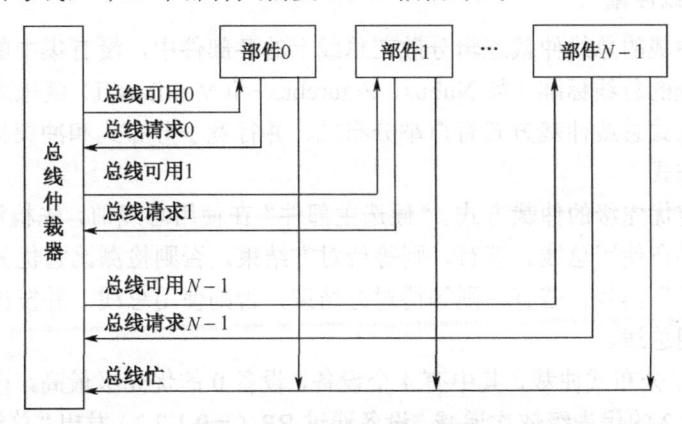

图 5-12　集中式独立请求

当一个部件欲使用总线时，将通过自己的"总线请求"信号线向总线仲裁器发出"总线请求"信号。只要当前总线是空闲的，即"总线忙"信号线上无信号，总线仲裁器就会根据某种仲裁算法（用硬件实现）对同时到来的"总线请求"信号进行仲裁，确定总线交由哪个部件使用，然后通过相应的"总线可用"信号线向该部件发回"总线可用"信号。

提出请求的部件在收到"总线可用"信号后，立即撤销其请求信号，并建立"总线忙"信号，表示总线已被占用。

数据传输完毕，该部件撤销"总线忙"信号。之后，若总线仲裁器依然收到"总线请求"信号，它将开始一个新的总线分配过程。

由于"总线可用"信号是由总线仲裁器直接发给提出请求的部件，因此独立请求方式的优点是总线分配速度快、性能最高。同时，总线仲裁器使用的仲裁算法可以使用软件可配置的预定算法（也称为静态优先级法）、自适应算法（也称为动态优先级法）、循环计数算法（也称为平等法）、先来先服务算法或者混合算法，所以灵活性最强。

不过，独立请求方式是成本最昂贵的一种总线分配方式。

上述三种集中式总线分配方式虽然各有其优、缺点，但是目前应用得最广的还是串行链接方式。这主要因为串行链接方式简单易行，总线仲裁器的结构与控制线的数目与总线上所挂部件的数目无关，而且各部件的参与总线分配的接口及其工作方式都是一样的，便于标准化实现。

也可以将不同的集中式总线分配方式结合在一起使用，以发挥各自的优点，抵消各自的缺点。例如，VME总线将"串行链接"和"独立请求"相结合，设置多个串行链接电路，每个串行链接电路具有独立的"总线请求"和"总线可用"信号线。总线仲裁器在收到的"总线请求"信号中做出选择。

（4）固定时间片方式

这种方式又叫时分多路复用，总线控制器按照固定长度的时间片依次让各部件使用总线。如果获得总线使用权的部件并不需要使用总线，那么这个时间片也不能供其他部件使用。

这种方法的优点是实现简单、硬件成本低，且能保证每个部件都公平地使用总线。但其平均等待时间长，因而限制了部件的速度，同时如果分到时间片的部件不使用总线，则会降低总线的利用率。

2. 分布式总线仲裁

分布式总线仲裁的总线仲裁逻辑分散在总线上的各部件中，没有集中的仲裁器。面向多处理器计算机系统的总线标准（如Nubus、Futurebus+和Multibus II）就采用分布式总线仲裁方式。常用的分布式总线仲裁方式有自举分布式、并行竞争分布式和冲突检测分布式。

（1）自举分布式

这是一种固定优先级的仲裁方式。"候选主部件"在使用总线前，先检测"总线忙"信号线，看是否有部件在使用总线。若有，则等待对方结束，否则检测比它优先级高的设备是否发出了"总线请求"信号。若有，则等待对方结束，否则使用总线，并发出"总线忙"信号阻止其他设备使用总线。

图 5-13 是自举分布式仲裁，其中有 4 个设备，设备 0 的优先级最高，设备 3 的优先级最低，设备 1 和设备 2 的优先级依次递减。设备通过 BR_i（$i=0,1,2,3$）发出"总线请求"信号线，由于设备 3 的优先级最低，其他设备不需要关注它的请求信号，因此 BR_3 被作为"总线忙"信号线。只要检测到 BR_3 上没有有效信号（即总线空闲），优先级最高的设备 0 就可以使用总线。而优先级最低的设备 3 使用总线的条件，除了总线空闲，还要求其他设备都没有发出"总线请求"信号。Nubus 和 SCSI 就采用自举分布式总线仲裁方式。

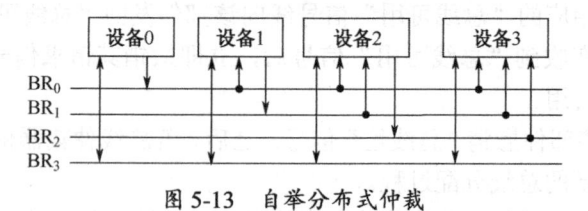

图 5-13 自举分布式仲裁

（2）并行竞争分布式

典型的分布式总线仲裁逻辑的组成如图 5-14 所示。当一个候选的主部件申请使用总线

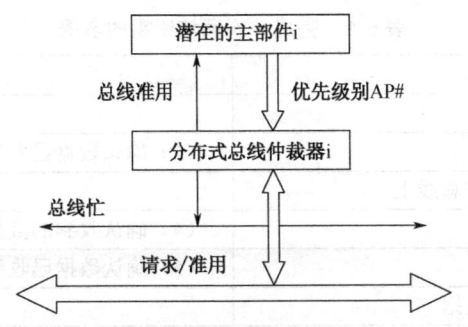

图 5-14　典型的分布式总线仲裁逻辑的组成

时,它先向自己的分布式仲裁器发出一个"优先级别 AP#"(一个 M 位的二进制数,可以表示 2M 个优先级)。然后分布式仲裁器将"AP#"发布到总线的"请求/准用"线上。其他候选的主部件也按照相同的方法把各自的"AP#"发布到总线的"请求/准用"线上。这些不同的"AP#"在"请求/准用"线上做"逻辑或"操作。随后,各分布式仲裁器分别读取"请求/准用"线上的操作结果并与自己的"AP#"进行比较。如果操作结果大于自己的"AP#",则说明有优先级比自己高的部件在申请总线,则暂时撤销自己的"AP#"。在这样的仲裁活动经过一段时间后,"请求/准用"线上保留下来的就是优先级最高部件的"AP#"。这时,分布式仲裁器一方面往"总线忙"信号线上发出"总线忙"信号,另一方面通过"总线准用"信号线通知总线主部件启动总线通信。Futurebus+采用并行竞争分布式总线仲裁方式。

(3) 冲突检测(Collision Detection)分布式

"候选主部件"首先查询是否有其他主设备正在使用总线。若没有,则发出"总线忙"信号,开始使用总线;否则,推迟一个随机的时间,再次查询。若两个"候选主部件"同时检测到总线空闲,则它们同时使用总线,发生冲突。因此,这种方式的特点是,在通信的过程中要侦听是否发生冲突,若发生,则两个主设备都将停止通信,分别推迟一个随机的时间,再次查询。

5.3.2　总线通信控制

在总线数据通信的过程中,发出数据的部件被称为源部件,接收数据的部件被称为目的部件。在源部件与目的部件之间完成一次通信一般需要 11 个步骤,如表 5-1 所示。

由表 5-1 可知,为了完成一次有效的通信,通信的双方需要"感知"对方的行动及行动的效果,这个"感知"是通过总线通信控制来实现的。

总线通信控制的方法主要分为两大类:无须感知和需要感知。无须感知表示通信双方是相互信任的、是心有灵犀的,每一个通信步骤都会在规定的时间内正确完成。如果通信双方不能够完全相互信任,那么就需要感知了。

基于"无须感知"观点进行总线通信控制的通信被称为同步通信,基于"需要感知"观点进行总线通信控制的通信被称为异步通信。

1. 同步通信 (Synchronous Communication)

同步通信是指参与通信的两个部件之间的信息传送是由定宽、定距的时标来控制的。

表 5-1 完成一次通信所需的步骤

源 部 件	目 的 部 件
（1）把数据送到总线上	
	（2）确认数据已发出
（3）确认数据稳定地出现在总线上	
	（4）确认收到的数据稳定，对总线进行采样
	（5）确认数据已收到
（6）确认目的部件已收到数据	
（7）撤销总线上的数据	
（8）确认总线上的数据已撤销	
	（9）确认收到的数据正确
	（10）确认本次数据通信结束
（11）开始新的一次数据通信，把数据送到总线上	

每隔一个时标，源部件就向总线发送一个数据，而不对目的部件是否收到数据进行确认；同样，目的部件每隔一个时标就对总线进行采样获取数据，而不确认数据是否已发出，也不向源部件确认收到的数据是正确的。

同步通信所需的时标可以由中央时标发生器广播给总线上的所有部件；也可以由每个部件自带一个时标发生器，但它们仍需要与中央时标发生器发出的时标同步。

采用同步通信，信号的传送速率高。时标在总线上的传输时滞会存在一定的同步误差，且时钟线上的干扰信号易起错误的同步。

图 5-15 是 8086 微处理器采用同步通信读取存储器中数据的时序图。在一个总线周期（T_1、T_2、T_3、T_4）内，微处理器先在 T_1 发出访存地址，再在 T_2 发出"读"命令，存储器在 T_3 将读出的数据放到总线，最后 8086 微处理器在 T_4 对总线进行采样获得数据。

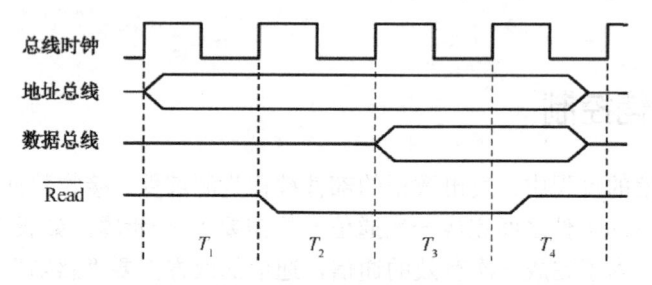

图 5-15 8086 微处理器进行同步通信的时序图

为了提高通信的可靠性，当然希望目的部件对数据是否被接收以及是否正确均能向源部件做出回答。如果时标的宽度能够容许目的部件对每一个字的传送做出回答，则时标的宽度的确定必须面向总线上速度最慢的部件，这将导致同步通信的数据传送速率低于下面将要介绍的异步通信。

一种解决办法是，目的部件在接收正常时不做回答，源部件也不等待回答信号。一旦目的部件发现错误，则在同步时标过去之后，向源部件发回一个出错信号，让源部件重新发送。这样就不会降低正常时总线的传输速率。但是在实现这种办法时，必须在源部件设置一个较大容量的发送缓冲区来保存已发送但未被确认和回答过的数据，以备重发。

2. 异步通信（Asynchronous Communication）

异步通信是指参与通信的两个部件需要"感知"对方的操作，这个"感知"是通过"握手（Handshaking）"信号来实现的。异步通信主要应用于工作速率不同的部件之间相互通信或者通信线路受到干扰的场合。

异步通信的"握手"协议有多种，大致可分为单边控制和双边控制两大类。单边控制是指通信过程要么由源部件控制，要么由目的部件进行控制。双边控制是指通信过程由源部件和目的部件共同进行控制。

图 5-16(a)是一个单边（源部件）控制的异步通信过程。通信过程由源部件启动，源部件首先将数据放到"数据"通信线上，然后通过"数据就绪（Data Ready）"信号线通知目的部件数据已经发出且稳定了。目的部件在收到"数据就绪"信号后，对"数据"通信线进行采样，将数据读入到内部的接收数据缓冲寄存器中。但是，目的部件不向源部件确认收到的数据是正确的。

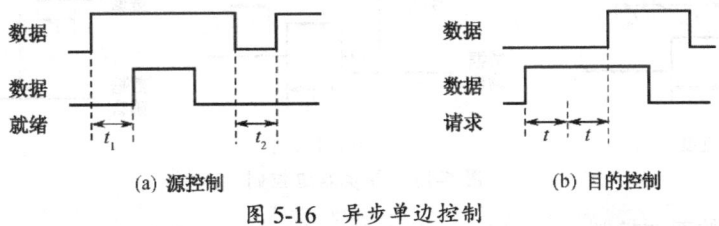

图 5-16 异步单边控制

(a) 源控制　　(b) 目的控制

为了防止"数据就绪"信号先于"数据"信号到达目的部件，"数据就绪"信号一般比"数据"信号延后一小段时间 t_1 发出，t_1 的长度要根据源部件与目的部件的间距来确定。

另外，连续的两个数据的发送也要间隔一个时间 t_2，通信双方都默认在 t_2 时间内源部件将完成把新的待发数据装入到输出数据寄存器中，以及总线仲裁器完成对总线的使用权进行重新分配。

这种由源部件控制的异步通信的主要优点是简单、高速；缺点是对"数据就绪"信号线的抗干扰性、可靠性要求高。因为"数据就绪"信号线上出现的"毛刺"脉冲，有可能被误认为是有效的信号，导致错误地接收；而"数据就绪"信号线失效将导致通信无法进行。另外，由于不同部件存在工作速率的差异，因此会导致高速部件的效率降低。

单边控制也可以由目的部件来实现。图 5-16(b)就是一个单边（目的部件）控制的异步通信过程。通信过程由目的部件启动，目的部件通过"数据请求"（Data Request）信号线向源部件发出数据传送请求，经过线路延迟 t 时间后，请求信号到达源部件。源部件响应这个请求将数据放到"数据"通信线。经过第二个线路延迟 t 时间后，"数据"信号到达目的部件。

由于单边控制不提供数据传送是否完成的标记，因此不能保证新的一次通信开始时数据线和控制线上所有信号都回复成初始状态，易于造成通信错误。所以，单边控制现在已经几乎不再使用了，取而代之的是双边控制。

双边控制分为"以源部件为主"和"以目的部件为主"两种实现方法。本书只介绍"以源部件为主"的双边控制。实现双边控制需要两条控制信号线："数据就绪"信号线和"数据确认（Data Acknowledge）"信号线。其中，"数据确认"信号线被目的部件用来通知源部件数据已经正确地收到了。

具体实现上，双边控制分为非互锁、半互锁和全互锁三种方式。

（1）非互锁的双边控制

这种方式默认通信双方及线路是可靠的、工作是及时的，所以可以将"数据就绪"信号和"数据确认"信号的持续时间设置成固定长度的，如图5-17(a)所示。源部件先将数据放到"数据"通信线上，等待 t_1 时间，然后向目的部件发出"数据就绪"信号。"数据就绪"信号经过 t_2 时间后被撤销。t_3 时间后，目的部件肯定收到"数据就绪"信号，对"数据"通信线进行采样，将数据读入内部的接收数据缓冲寄存器。此后，目的部件向源部件发出"数据确认"信号，该信号在持续 t_4 时间后就可以撤销。t_5 时间后，源部件肯定收到"数据确认"信号，随即撤销总线上的数据。经过 t_6 时间后，源部件确认总线上的数据已撤销并完成总线分配，开始新的一次数据通信。

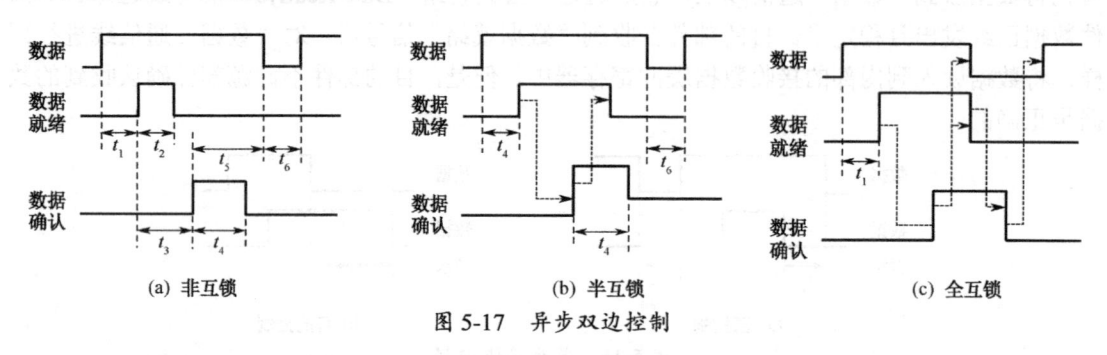

图 5-17 异步双边控制
(a) 非互锁　(b) 半互锁　(c) 全互锁

（2）半互锁的双边控制

这种方式默认：通信双方及线路是可靠的，源部件的工作是及时的，只有目的部件的工作不及时。所以"数据就绪"信号将一直持续，直至源部件收到目的部件返回的"数据确认"信号，即由"数据确认"信号的上升沿来触发"数据就绪"信号的撤销，如图5-17(b)所示。"数据确认"信号的持续时间仍设置成固定长度的。

但是，由于源部件不知道"数据确认"信号何时撤销，因此可能出现"新一次数据通信过早开始"的问题。下面介绍的"全互锁的双边控制"就是要解决这个问题。

（3）全互锁的双边控制

这种方式中，源部件和目的部件都认为对方是不可靠的、工作是不及时的。所以"数据就绪"信号将一直持续，直至源部件收到目的部件返回的"数据确认"信号。而目的部件在确认"数据就绪"信号撤销后才撤销"数据确认"信号，然后源部件在确认"数据确认"信号已撤销后才开始新的一次数据通信，即"数据就绪"信号的下降沿触发"数据确认"信号的撤销而"数据确认"信号的下降沿触发新一次数据通信的开始，如图5-17(c)所示。

3. 半同步通信

半同步通信是把同步通信和异步通信相结合：宏观上按同步通信组织通信，局部上用异步应答方式，实现通信双方速度的配合。

采用半同步通信时，每个操作只能在固定时钟确定的一定时刻发生（这是同步通信的特征），控制信号的时间宽度却是可变长的（这是异步通信的特征）。当然，时间宽度的长度必须是时钟周期的整数倍。这样就兼顾了同步通信和异步通信的优点。

例如，大多数情况下，在一个标准的总线周期（T_1、T_2、T_3、T_4）内很难完成对存储器中数据的访问，所以8086微型计算机的系统总线采用半同步通信。为此，在系统总线中增加一条 Ready 信号线。如果微处理器在 T_3 周期的前端检测到 Ready 信号，则进入 T_4 周期，否则在 T_3 周期后插入"等待周期 T_W"。如果微处理器在 T_W 周期的前端检测到 Ready 信号，则进入 T_4 周期，否则继续插入"T_W"。

【例 5-1】（2011 年硕士研究生入学统一考试计算机专业基础综合考试试题）

在系统总线的数据线上，不可能传输的是（　　）。

A. 指令　　　　B. 操作数　　　　C. 握手（应答）信号　　　　D. 中断类型号

答：在取指周期，指令是被作为数据从内存中取来。操作数肯定是通过数据总线传输的。中断源是通过数据总线将中断类型号送给 CPU 的。握手信号属于控制信号，故选择 C。

5.4　总线的性能指标

总线的功能就是实现计算机系统中各模块之间的信息交换，所以对总线性能的评价也是围绕着"信息交换"能力来进行的。总线的性能指标主要有以下 5 个。

1. 总线的位宽

总线的位宽是指总线一次同时传送的信息位数或所需的线数。例如，ISA 总线的数据总线的位宽是 16 位，地址总线的位宽是 24 位，EISA 总线的数据总线和地址总线的位宽都是 32 位，而 PCI 总线的数据总线和地址总线的位宽分别是 32 或 64 位。

2. 总线的工作时钟频率

控制总线中的时钟信号线所提供的时钟频率称为总线的工作时钟频率。例如，ISA、EISA 为 8 MHz，PCI 为 33.3 MHz，PCI-X 可达 66.6 MHz 甚至 133 MHz。处理器内部总线的频率也被称为内频，而系统总线的频率被称为外频。

3. 单个数据传送周期数

总线数据传输方式分为正常传输方式和突发传输方式（Burstmode）两种。

正常传输方式是指在一个传输周期内，一般是先送出地址，然后给出数据，在后面传输周期中，不断重复这种先送地址后送数据的传输方式。突发方式是指在大批量传输地址连续的数据时，除了第一个周期先送首地址、后给出数据，在以后的传输周期中，不需要再送地址（地址自动加 1）而直接送数据，从而达到快速传送数据的目的。

ISA 最快为 2 个周期传送一个数据，EISA 为 1.5 个周期，PCI 为 1 个周期。

无论采用哪种方式，使用一次总线的过程称为"总线事务（Transaction）"。

4. 总线的负载能力

总线的负载能力衡量的是总线上所能连接的部件数目。例如，ISA 总线的负载能力是 8，PCI 总线的负载能力是 3。

5. 总线的数据传输速率

总线的数据传输速率指的是总线在 1 秒钟能稳定传输数据的字节数，单位为 KB/s 或 MB/s。总线的数据传输速率取决于总线驱动器及接收器的性能、总线布线的长度、总线所挂模块的数量等。

总线能达到的最大数据传输速率称为总线带宽（Bandwidth）。

总线带宽=总线位宽×总线工作频率（Mb/s）=总线位宽×总线工作频率/8（MB/s）

ISA 总线的总线带宽为 16.66 MB/s，EISA 总线的总线带宽为 33.32 MB/s，PCI 总线的总线带宽为 133 MB/s。

注意：总线带宽一般以 MB/s 为单位，只有 I/O 总线可以 Mb/s 为单位。

此外，可以用总线波特率（Baud Rate）或总线比特率来衡量总线的数据传输速率。

波特率等于每秒通过信道传输的码元（波形）个数，用于表示传输线上信号的传输速度。单位是"波特（Baud）"，1 波特表示每秒传输 1 个码元。

比特率（Bit Rate）等于每秒通过信道传输的信息量（二进制位数），用于表示信道上信息的传输速度，单位是位/秒（bps）。

两相调制（单个调制状态对应 1 个二进制位）的比特率等于波特率，四相调制（单个调制状态对应 2 个二进制位）的比特率等于波特率的 2 倍，八相调制（单个调制状态对应 3 个二进制位）的比特率等于波特率的 3 倍。依此类推。

那么，一个给定配置的系统需要多高的总线数据传输速率才能满足要求呢？例如，给定的系统配置为分辨率为 1024×768、24 位真彩色的显示器，FDDI（Fiber Distributed Data Interface）网络接口，SCSI-II 总线模块，音频卡。

对于显示器，显示视频图像时，分辨率为 640 像素×480 像素，30 帧每秒，每个像素点的颜色用 24 位二进制数表示，这时它需要的数据传输速率为 27.7 MB/s；显示 CAD 图形时，分辨率为 1024 像素×768 像素，10 帧每秒，每个像素点的颜色用 24 位二进制数表示，这时它需要的数据传输速率为 23.6 MB/s。

对于 FDDI 网络接口，网络上的数据传输速率为 100 Mb/s，则该接口需要的数据传输速率为 12.5 MB/s。

SCSI-II 总线的最大数据传输率为 10 Mb/s（可以连接硬盘或光盘）。

对于音频卡，如果每个声道以 44.1 kHz 的频率采样，每个信号以 16 位二进制编码，则需要的数据传输速率为 0.176 MB/s。

为了满足上述设备的数据传输需求，总线带宽应该达到 50 MB/s。ISA 总线和 EISA 总线是满足不了要求的，应考虑采用 PCI 总线。

【例 5-2】（2009 年硕士研究生入学统一考试计算机专业基础综合考试试题）

假设某系统总线在一个总线周期内并行传送 4 字节信息，一个总线周期占用 2 个时钟周期，总线时钟频率为 10 MHz，则总线带宽是（　　）。

A. 10 MB/s　　　　B. 20 MB/s　　　　C. 40 MB/s　　　　D. 80 MB/s

答：总线带宽=平均传送的字节数/时钟周期×总线时钟频率
=(4B/2 时钟周期)×10 MHz 时钟周期/s = 20 MB/s

故选择 B。

【例 5-3】（2012 年硕士研究生入学统一考试计算机专业基础综合考试试题）

某同步总线的时钟频率为 100 MHz，宽度为 32 位，地址/数据线复用，每传输一个地址或数据占用一个时钟周期。若该总线支持突发（猝发）传输方式，则一次"主存写"总线事务传输 128 位数据所需要的时间至少是（　　）。

A. 20 ns　　　　B. 40 ns　　　　C. 50 ns　　　　D. 80 ns

答：总线的时钟频率为 100 MHz，则时钟周期为 1/(100 MHz)=10×10⁻⁹ s=10 ns。

由于总线宽度为 32 位，则 128 位数据需要传输 128/32=4 次。

第 1 个时钟周期发出地址，第 2 个时钟周期发出第 1 个 32 位数据字，第 3 个时钟周期发出第 2 个数据字，第 4 个时钟周期发出第 3 个数据字，第 5 个时钟周期发出第 4 个数据字，供需要 5 个时钟周期（即 50 ns），故选 C。

5.5 总线标准

5.5.1 微型计算机系统总线标准

总线的主要优点就是易于实现系统的扩充、升级和替换，便于根据用户的不同需求配置不同档次的机器，便于不同专业厂商依照总线标准生产与之兼容的质优价廉的硬件板卡和软件。因此，总线的设计与实现必须是标准化的。

与其他计算机标准一样，总线标准的形成主要有以下 3 种途径。

① 先由一个厂商提出，借助市场的力量，逐步形成事实上的标准。例如，IBM 公司的 PC 总线和 DEC 公司的 Unibus 总线、Qbus 总线。

② 先作为一项专利提出，经过专家评价和修改，进而纳入国家或行业的标准，如 Intel 公司的 S-100 总线、Multibus 总线。

③ 在国家或国际标准化组织的主持下，成立专门的技术委员会，研究、制定出一种新的标准，如 FutureBus 总线、FastBus 总线。

所以，总线的标准分为事实上的标准和法定标准两类。但是无论如何，总线的标准是各大计算机公司竞争的焦点。著名的总线标准有 S-100、ISA、Multibus、VME、MAC、EISA、STD、PC/104、Q 和 NuBus 等。

1. S-100

1975 年，美国一家名为 MITS 的小公司采用 8080 微处理器、利用总线技术生产了全球第一台微型计算机 Altair 单板机系统（比尔·盖茨和他的伙伴保罗正是因为开发 Altair 微型计算机的 BASIC 语言解释程序而创办了微软公司）。Altair 总线是第一条微型计算机扩展总线。由于它是针对 8080 微处理器设计的，因此数据总线由两组单向总线构成。

它的设计者 Roberts 选择了当时流行的边缘连接器，将设备连到电路板所需费用少。这种连接器有两排插头，每排 50 个，共 100 插头。所以这种总线被命名为 S-100。事实上，当时 Altair 仅使用了 86 个插头，剩余插头空闲不用。

不过，空闲的 14 个插头后来被用来扩展为 16 位总线，直接适应了 16 位的微处理器。原本无意的选择就成了富于远见的判断。可见，工程设计要为未来的发展留出余量。

Altair 总线确立了今天最流行的扩展总线设计的基础。S-100 总线标准后来经 IEEE（美国电气电子工程师协会）修改，命名为 IEEE-696 总线标准。TP801 单板机是采用 S-100 总线的较著名的微型计算机。

由于 S-100 总线采用大板结构，抗冲击和抗震能力差，且引脚多，可靠性相对较差，目前已基本上无人使用。

2. ISA

1981年，IBM公司在推出它的第一台微型计算机IBM PC/XT（以Intel 8088为处理器）时，定义了一个总线标准PC/XT总线，简称XT总线，后来称为8位的ISA（Industry Standard Architecture，工业标准体系结构）总线。该总线不仅是8088微处理器引脚的延伸（8位的数据线和20位的地址线），还包括了8282地址锁存器、8286发送/接收器、8288总线控制器、8259中断控制器、8237DMA控制器及其他逻辑的重新驱动、组合而形成的总线信号。它只支持一个主模块，能管理1024个I/O端口和1M内存单元。在XT总线母板上有5个扩展I/O设备插槽，每个插槽有62个信号触片用于连接插板两侧的引脚。1984年，IBM公司推出全16位微型计算机IBM PC/AT，其总线称为AT总线。

为了合理地开发外插接口卡，Intel公司、IEEE和EISA集团联合开发了与IBM/AT原装机总线意义相近的ISA总线（即16位ISA总线）。

8位ISA I/O扩展插槽由62个引脚组成，用于8位插卡；16位ISA I/O扩展槽由一个8位62线连接器和一个附加的36线连接器组成，用于8位插卡或16位插卡。由于它们都没有总线仲裁器，因此不能应用于多主部件系统。

作为一个开放式的总线标准，ISA总线一经推出就受到广泛的欢迎和支持，兼容这一标准的微型计算机产品纷纷被推向市场，人们所用的286、386和486微型计算机多数采用ISA总线，甚至586和奔腾机还为ISA总线标准保留了一个插槽。

3. Multibus

某些计算机系统，为了提高处理能力，引入了多处理器并行处理。这就要求给出一种支持多主部件的总线，Intel公司的Multibus总线应运而生。这种总线实际上包含了多种总线的概念，如系统总线、局部总线和I/O总线。这就是Multibus（多总线）得名的由来。

在Multibus总线中，每个处理器与其局部存储器和局部I/O连接在一个局部总线，构成一个系统模块。然后，每个系统模块与系统存储器和公用I/O连接在系统总线。系统模块需要经过总线仲裁后才能使用系统总线。

早期的Multibus总线支持8位、16位的微处理器，经扩充后支持32位的微处理器。前者称为Multibus I总线，后者称为Multibus II总线。

4. VME

为了与Intel公司竞争，Motorola公司于1981年推出了一种支持多处理器/多计算机的系统总线VME（Versa Module Eurocard）。VME结合了Motorola公司Versa总线的电气标准和在欧洲建立的Eurocard标准的机械形状因子，是一种开放式架构。

VME系统的总线分为四个子总线：数据传输子总线、数据传输仲裁子总线、优先中断子总线和通用子总线。数据传输子总线是一个高速异步并行数据传输总线，能传输数据和地址信号。主设备、从设备、中断模块和中断处理模块通过其进行两两交换数据。

数据传输仲裁子总线是为确保在特定的时间内只有一个模块占用数据传输总线而设定的，由它决定哪个主设备将优先使用总线资源。具体的判定方法包括优先权算法、轮询（Round-Robin）算法和其他排序算法。

优先权中断子总线是处理各模块中断请求的总线。各种中断请求在VME中被分成7个等级，根据等级的高低，它们依次对信号线进行中断工作。

通用子总线负责系统的一些基本工作，包括对时钟的控制、初始化、错误检测等任务的总线。它由两条时钟线、一条系统复位线、一条系统失效线、一条 AC 失效线和一条串行数据线构成。

1995 年，VME 总线的新一代架构 VME64 脱颖而出。相对于传统的 VME 系统，VME64 增加了传输带宽，拓展了地址空间，加入了对热插拔的支持。它的传输带宽达到了 80 Mb/s。1997 年又推出了 VME64 扩展集，把传输带宽提高到 160 Mb/s。

VME 技术的目前优势在于多年的技术积累，围绕其开发的产品遍及了工业控制、军用系统、航空航天、交通运输和医疗等领域，其完备的规范和得力的技术支持能满足大部分客户的具体要求。此外，它的模块性也是一个非常大的优势，因为对于很多的嵌入式系统来说，加入额外的 I/O 设备是经常发生的事，而 VME 能很好地满足这一需求。VME 提供了 21 个扩充插槽，而且新加入的模块并不影响系统的整体性能。

5．MCA

1987 年，IBM 公司在推出它的微型计算机 PS/2 时，介绍了新机器所采用的高性能 32 位系统总线——微通道总线（Micro Channel Architecture，MCA）。该总线提供 16 MB 寻址能力和 32 位数据总线，配有总线仲裁器，最多支持 16 个主部件。

MAC 总线是一个经过很好定义的总线标准，在性能和可靠性方面具有明显的优势。但是其不足在于它不是一个开放的标准，与以往的标准（如当时主流的 ISA 标准）不兼容。MAC 总线的提出标志着 IBM 公司放弃了 1981 年为 IBM PC 微型计算机制定的开放式技术路线，回到非开放式的老路上。后来，MAC 总线及相应的 IBM PC 微型计算机逐渐丧失了市场竞争力。

6．EISA

IBM 公司的 PC 总线和 AT 总线（即 ISA 总线）属于开放式系统结构，它们不仅成就了 IBM PC 微型计算机，还造就了一大批兼容机的生产厂商。当 IBM 公司退回到非开放式系统结构后，Compaq、HP、AST 等兼容机厂商联合起来，于 1989 年推出了 EISA（Extended Industry Standard Architecture，扩展工业标准结构）总线标准，与 MCA 总线相竞争。

EISA 总线既吸收了 MAC 总线的技术精华，又保持了与 ISA 总线的兼容（但是不与 MAC 总线兼容），支持多个总线主部件，是一种在 ISA 总线基础上扩充的开放的高性能 32 位总线标准。EISA 总线的主要特点如下：

① EISA 总线的时钟频率为 8.33 MHz。

② EISA 总线有 198 根信号线，在原 ISA 总线的 98 根线的基础上扩充了 100 根线，与原 ISA 总线完全兼容。

③ 具有分立的数据线和地址线。

④ 数据线宽度为 32 位，具有 8 位、16 位、32 位数据传输能力，最大数据传输率为 33 MB/s。

⑤ 地址线的宽度为 32，CPU 或 DMA 控制器等主控设备可对 2^{32}=4G 范围的地址空间进行访问。

7．STD

STD 总线是在 1978 年由 Pro-Log 公司作为工业标准推出的，其目标是兼容所有的 8 位微处理器。STD 总线产品在形式上是一种垂直放置无源背板的直插式板卡（包括 CPU 卡），具有高可靠性、小板结构、高度模块化、易于安装和低价格等特点，在空间和成本受到严格限制的、可靠性要求较高的工业自动化领域得到了广泛应用。故此，有人称 STD 总线为"蓝领"总线。STD32 总线标准先是由 STDGM 制定为 STD-80 规范，随后被批准为 IEEE 961 国际标准。

STD 总线经过修订和改进，利用总线复用技术和周期窃取技术，在保证同原有的 I/O 功能板兼容的条件下，提供了全 16 位数据传送能力，地址总线可以扩展到 24 位。为了适用于 32 位的微处理器，又定义了与原先标准兼容的 STD32 总线标准。

8．PC/104

PC/104 总线是超小型微机（也称为嵌入式 PC）所用的一种工业总线标准。采用这种标准的嵌入式 PC 有两个总线插头：P1，有 64 个管脚；P2，有 40 个管脚。这种总线有 104 个管脚，因而得名"PC/104"。它的特点是结构紧凑、体积小、功耗低。

9．Q 和 NuBus

对于应用于工业控制的计算机，由于物理尺寸的限制，大多采用总线复用技术。例如，DEC 公司推出的工业总线标准——Q 总线，就是采用数据总线和地址总线复用的方法来支持 16 位和 32 位微型化的小型计算机。美国 Apple 公司和 TI 公司推出的一种用于 Macintosh 计算机的 32 位高性能扩展总线——网络用户总线（NuBus），采用了数据总线、地址总线和控制总线复用 44 条信号线的实现方法。

5.5.2　微型计算机局部总线标准

局部总线就是在系统总线之外，为两个或者两个以上部件提供高速信息传输的通道。局部总线的设置主要有两个原因：一是在具有多个主部件的系统中，为了分流系统总线的负荷，在其中若干主部件之间设置局部总线；二是在单主部件的系统中，为了满足高速外设所要求的数据传输要求，在处理器和高速外设之间设置局部总线。目前所说的局部总线主要指第二种情形。常见的局部总线标准有 VL-BUS 总线、PCI 总线和 AGP。

1．VL-BUS

为了满足高速外设的数据传输需求，VESA（Video Electronic Standard Association，视频电子标准协会）于 1992 年提出了 VL-BUS 总线标准。它由处理器总线演化而来，将部分处理器信号线的定义加以扩充，数据总线为 32 位，采用处理器的时钟为总线时钟（可达 33 MHz），并在传统总线结构中的"总线控制器"与"处理器"之间嵌入一级简单的总线仲裁机构——局部总线控制器，从而将高速外设直接挂接到处理器总线，实现处理器与高速外设的高速数据交换。

VL-BUS 总线的优点是，协议简单，传输速率高，能支持多种硬件设备（如图形加速卡、网络适配器及多媒体控制卡等）。但是，它的规范性、兼容性和扩展性较差。

2．PCI

1991 年下半年，Intel 公司首先提出了 PCI（Peripheral Component Interconnect，外围部件

局部互连）总线的概念，并联合 IBM、Campaq、AST、HP、DEC 等 100 多家公司成立了 PCI 集团。PCI 是一种先进的局部总线，已成为局部总线的标准。

PCI 总线有 Cache 控制器和 DRAM 控制器等控制电路，并由所谓的"北桥"与挂有处理器的局部总线相连，通过所谓的"南桥"与挂有高速 I/O 设备（如图形控制器、IDE 设备、SCSI 设备、网络控制器等）的 I/O 总线相连。

PCI 总线中具有申请使用总线能力的设备称为主设备。在一次总线操作过程中，主设备操作的对象称为从设备。

PCI 总线的主要特点如下。

① PCI 总线与系统总线相隔离的结构使之独立于处理器，也就能支持多种系列的处理器。
② 具有与处理器和存储器子系统完全并行操作的能力。
③ 支持多主设备，允许任何 PCI 主设备和从设备之间实现点对点的数据传输。
④ 支持 10 台外设，总线时钟频率 33.33/66 MHz，最大数据传输率为 132 MB/s。
⑤ 时钟同步方式；与 CPU 及时钟无关。
⑥ 总线宽度为 32 位（5V）/64 位（3.3V）。
⑦ 能自动识别外设；特别适合与 Intel 的 CPU 协同工作。

总之，PCI 总线具有性能高、成本低、兼容性好、不受微处理器类型限制、适合各式机种、预留有扩展空间等优点。

Intel 公司推出的新一代 PCI 总线规范称为 PCI-Express，适用于 133 MHz 总线频率的台式机主板。

3. AGP

高速图形端口（Accelerated Graphics Port，AGP）是 Intel 公司为配合 Pentium II 微处理器而开发的一个技术标准，旨在提高对三维图形的处理能力。

AGP 是建立在 PCI 总线基础上的一种视频接口技术，巧妙地利用了时钟脉冲的上升沿和下降沿触发技术，在一个周期内触发两次，使数据传输能力增加 1 倍。

另外，当显示卡上的存储容量不够用时，AGP 采用了 DME（Direct Memory Execution，直接存储器执行）技术，申请系统主存储器的部分空间作为"显示存储器"。

多数微型计算机都配备有 AGP，但严格来说，AGP 不是一种总线，专门用来提高显示卡上帧缓冲存储器与系统主存储器之间的数据传输能力。它的原理是在帧缓冲存储器与系统主存储器之间建立一条直接的数据通道，使三维图形数据越过 PCI 总线，直接传送到显示卡，从而解决了由于 PCI 总线带来的通信瓶颈问题，或者降低了 PCI 总线的负担。

AGP 的数据通道是 32 位的，而且是在微处理器的总线时钟频率下工作，所以传输速率高达 16.8 Gb/s。但是除显示卡外，AGP 不允许其他设备在其上使用，应用范围狭窄。

5.5.3 I/O 总线标准举例

1. USB

USB 是由 Campaq、DEC、IBM、Intel、Microsoft、NEC、Northern Telecom 等 7 家计算机及通信产业厂商共同制定的一种外部设备总线规范。1996 年 1 月推出 1.0 版，1998 年 9 月

推出 1.1 版。2000 年 4 月推出 2.0 版。

USB 1.1 标准属于中/低速传输，传输率为 12 Mb/s。可接设备有键盘、鼠标、游戏杆、数字音箱、数字相机、调制解调器等。

USB 2.0 标准属于高速传输，传输率为 480 Mb/s，兼容 USB 1.1 设备。可接设备有宽带数字摄像设备、新型扫描仪、打印机、存储设备等。

补充协议 USB OTG 的特点是支持点对点通信，分为 USB HOST 和 USB DEVICE。其中，USB HOST 作为 USB 主控端，可读/写各种 USB 设备，如 U 盘、鼠标等。

USB 系统由 USB 主机（Host）、集线器（Hub）、连接电缆、USB 外设组成。连接电缆包含 4 根信号线：Data+/D+、Data-/D-、VCC 和 GND。其中 D+和 D-为采用差分信号传输机制的数据信号线，VCC 为电源线，GND 为地线。

USB 插座呈长方形，体积很小，主要有"A"型接口或"B"型接口，如图 5-18 所示。

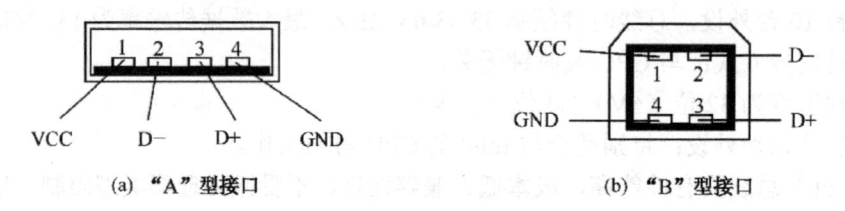

(a) "A"型接口　　　　　　　　(b) "B"型接口

图 5-18　USB 总线的"A"型接口与"B"型接口

USB 总线属于半双工的异步串行总线，数据采用 NRZI 编码。它的通信协议将通信逻辑分为三层：信号层、协议层和数据层。

底层信号层上传输的信息单位是包（Packet），中间层协议层上传输的信息流称为事务（Transaction），顶层数据层上传输的信息流称为传输（Transfer）。

USB 包由 5 部分组成：同步（SYNC）字段、包标识（PID）字段、数据字段、循环冗余校验（CRC）和包结束符（EOP）字段。

令牌包、数据包和握手包组成一个"事务"。若干事务完成一次"传输"。

近年，USB 逐步成为 PC 的标准接口，使用 USB 接口的外设与日俱增，如数码相机、扫描仪、游戏杆、磁带、软驱、图像设备、打印机、键盘、鼠标等。

USB 设备之所以会被大量应用，主要依赖于 USB 总线的以下优点。

① 即插即插，可以热插拔。
② 系统总线供电，可提供 5 V/500 mA 电源，低功率设备不需外接电源。
③ 支持多种设备，如鼠标、键盘、打印机等。
④ 扩展容易，可以通过"串行级联"方式连接外设。最多可接 127 个设备。
⑤ 数据传输速率高。USB 2.0 高达 480 Mb/s。
⑥ 方便的设备互连，如数码相机和打印机直接互连，不需 PC。

当然，USB 设备也有不足。例如，传输距离有限，USB 总线的连线长度最长为 5 m，即便用 Hub 扩展，最远不超过 30 m；USB 供电能力较弱；外设的工作电流大于 500 mA 时，设备必须外接电源。

2. FireWire

随着微型计算机对 I/O 总线传输带宽的要求越来越高，美国 Apple 公司推出了一种名为

FireWire 的串行 I/O 总线标准。1995 年，该标准被接纳为 IEEE-1394 标准。

FireWire 总线的连接电缆有 6 条芯线：一对双绞线用来传输数据，另一对双绞线用来传输选通信号，一条电源线和一条地线。

FireWire 的优点是，总线传输速率高、成本低、易于实现，一经推出就受到用户的欢迎。目前，FireWire 总线不仅应用于计算机系统，还应用于数码照相机、便携式数字娱乐产品等需要传送数字视频图像的领域。

FireWire 标准的通信协议是一个基于包的三层协议。这三层分别是物理层、链路层和事务层。物理层定义了可用的传输媒介及每种媒介的电气与信号特性。链路层定义了包的格式。事务层定义了收发双方的握手协议。

FireWire 总线的技术特点如下。

① 支持即插即用，无须关闭电源即可插或拔外围设备。

② 所有连接到 FireWire 总线的设备构成一个局部"对等网络"。任何两个设备间不通过主机即可直接通信。

③ 各设备采用级联方式互连。一个端口上最多可以连接 63 个设备。

④ 采用基于内存的地址编码方式，64 位地址宽度，支持 100 Mb/s、200 Mb/s 和 400 Mb/s 三种传输速率。

⑤ 支持同步和异步两种传输方式。同步传输用于传输实时性事务，异步传输则用于将数据传输到特定的地址单元。

【例 5-4】（2010 年硕士研究生入学统一考试计算机专业基础综合考试试题）

下列选项中的英文缩写均为总线标准的是（　　）。

A. PCI、CRT、USB、EISA　　　　B. ISA、CPI、VESA、EISA
C. ISA、SCSI、RAM、MIPS　　　　D. ISA、EISA、PCI、PCI-Express

答：A 中的 CRT 是阴极射线显示器的英文缩写，B 中的 CPI 是"每条指令平均时钟周期数"的英文缩写，C 中的 RAM 和 MIPS 分别是"随机访问存储器"和"每秒钟平均执行百万条指令数"的英文缩写。只有 D 中的英文缩写均为总线标准。

【例 5-5】（2012 年硕士研究生入学统一考试计算机专业基础综合考试试题）

下列关于 USB 总线特征的描述中，错误的是（　　）。

A. 可实现外设的即插即用和热插拔
B. 可通过级联方式连接多台外设
C. 是一种通信总线，可连接不同外设
D. 同时可传输 2 位数据，数据传输率高

答：USB 是串行总线，显然 D 是错误的。

【例 5-6】（2013 年硕士研究生入学统一考试计算机专业基础综合考试试题）

下列选项中，用于设备和设备控制器（I/O 接口）之间互连的接口标准是（　　）。

A. PCI　　　　B. USB　　　　C. AGP　　　　D. PCI-Express

答：PCI 及其升级版 PCI-Express 和 AGP 属于局部总线；用于设备和设备控制器（I/O 接口）之间互连的总线属于 I/O 总线。本题中，仅 USB 属于 I/O 总线。故选 B。

习 题 5

5-1 什么是总线？请分析总线的优缺点。

5-2 解释总线具有的分时性和共享性的含义。

5-3 什么是总线主部件？什么是总线从部件？

5-4 从传送信息的类型来看，系统总线可分为哪几类？

5-5 单总线结构存在哪些问题？解决这些问题的办法有哪些？

5-6 总线的通信控制有哪两种基本方式？请分析它们的优缺点。

5-7 什么是总线仲裁？根据总线仲裁部件所在的位置不同，总线仲裁有哪些方式？请分析它们的优缺点。

5-8 集中式总线仲裁有哪三种基本方式？请分析它们的优缺点。

5-9 在集中式总线仲裁技术中，（   ）方式对电路故障很敏感，（   ）方式响应速度最快。

A．串行链接　　　　B．定时查询　　　　C．独立请求　　　　D．固定时间片

5-10 串行链式总线总裁存在优先级固定的缺点，有的机器通过设置不同优先级的多根"总线可用"信号线，根据需要，允许相应的"总线可用"线工作来动态改变优先级。请按照这个思路设计一个串行链式总线总裁系统。

5-11 独立请求方式可以与串行链接方式相结合，构成分组串行链接方式。组内是串行链接方式，组间是独立请求方式。这种方式既可以灵活设置优先级，又可以连接较多的模块。请设计一个分两组的分组串行链接方式连接结构图。

5-12 在如图 5-14 所示的分布式总线仲裁方式中，总线上的各潜在的主部件的优先级是固定的。优先级别高的主部件如果频繁申请总线，可能导致优先级别低的主部件长时间得不到总线的使用权。请设计一个能够让优先级别低的主部件，也有机会使用总线的"较公平"的分布式总线仲裁方式。

5-13 请比较同步通信和异步通信的优缺点。

5-14 为什么要设置总线标准？请说出三种目前微型计算机中常用的总线标准。

5-15 总线的异步通信方式是（   ），半同步通信方式是（   ）。

A．不采用时钟信号，只采用握手信号

B．既采用时钟信号，又采用握手信号

C．只采用时钟信号，不采用握手信号

D．既不采用时钟信号，又不采用握手信号

5-16 在总线操作完成后，主部件将释放总线控制权，以便让总线上的其他部件能够获得总线控制权。常用的总线释放策略有以下三种。

（1）操作完成后立即释放。这种策略会导致主部件频繁进行总线申请，降低总线工作速度。

（2）有申请后释放：只有其他部件发出总线申请后，主部件才释放总线控制权。这种策略可以减少主部件申请总线的次数，特别是当某一个主部件频繁使用总线时。

（3）抢占时释放：优先级高的部件能够强迫优先级低的部件放弃总线控制权，即使当前总线操作尚未完成。这种策略主要应用于实时计算机系统。

请查阅相关资料，说明 PCI 总线采用的是什么总线释放策略。

第 6 章 存储系统

比大海更宽阔的是天空，比天空更宽阔的是人的胸怀。

——（法）维克多·雨果

6.1 存储器的分类与性能评价

存储器是具有"记忆"功能的器件，在计算机系统中负责存储指令和数据。因此，存储器是计算机系统中不可或缺的重要部件，处理器通过某种方式访问（读或写）存储器。

6.1.1 存储器的分类

按处理器是否直接访问，存储器可分为主存（也称内存）和辅存（也称外存）。

按掉电后信息是否丢失，存储器可分为易失性存储器（Volatile Memory）和非易失性存储器（Non-volatile Memory）。

按支持的访问类型来分，存储器可分为可读/写存储器和只读存储器。

按访问方式的不同，存储器可分为按地址访问的存储器、按内容访问的存储器（Content Addressed Memory，CAM）和指定位置访问的存储器。

- ❖ 按地址访问的存储器是最常见的，如内存条、硬盘、软盘等。
- ❖ 按内容访问的存储器，也叫相联存储器（Associative Memory，AM），是通过存储内容的片断来访问存储器的，这非常符合人类的思维习惯。但是相联存储器的访问速度随存储容量的增加而急剧下降，而且造价昂贵，所以相联存储器的容量一般很小，主要应用在处理器内部。相联存储器的组成与工作原理参见附录 F。
- ❖ 指定位置访问的存储器称为堆栈，访问位置为栈顶。

按实现介质来分，存储器有半导体存储器（Semiconductor Memory，SCM）、磁表面存储器（Magnetic Surface Memory，MSM）、光盘存储器和铁电存储器（Ferroelectric Memory，FeM）。

- ❖ 主机板上的内存条就是半导体存储器。
- ❖ 磁表面存储器的例子有软盘、硬盘和磁带。
- ❖ 光盘存储器的例子有 CD（Compact Disk）。
- ❖ 铁电存储器是由铁电材料与晶体管相结合构成的存储器，具有访问速度快和非易失的特点，且抗辐射、价格低，是一种很有前途的存储器。

按访问周期是否均等，存储器可分为随机访问存储器（Random Access Memory，RAM）和顺序访问存储器（Serial Access Storage，SAS）。
- ❖ 随机访问是指对存储器任何一个单元的访问周期都是均等的。半导体存储器属于随机访问存储器。
- ❖ 在顺序访问存储器中，存储单元的访问周期随其地址的增大而增加，如磁带。硬盘和软盘既带有一定的随机访问性质，又带有一定的顺序访问性质。

6.1.2 存储器的性能评价

存储器的性能主要考察的是容量（Capability）、速度和成本（Cost），以及易失/非易失性、功耗、可靠性等。

存储系统的容量以字节（Byte）或位（bit）为单位。常用的指标有兆字节（Million Bytes，MB）或千字节（KiloBytes，KB）、兆位（Million bits，Mb）或千位（Kilobits，Kb）。

一个存储系统通常由若干存储芯片组成。存储芯片的规格表示为：存储单元数目×存储字长，其中存储字长指一个存储单元内二进制数的位数。例如，1K×1位表示一个具有1024个存储单元的存储字长为1的存储芯片，2K×4位表示一个具有2048个存储单元的存储字长为4的存储芯片，1K×8位表示一个具有1024个存储单元的存储字长为8的存储芯片。

衡量半导体存储芯片速度的常用参数有访问时间T_a、访问周期T_c和存储器带宽。
T_a是指从读（或写）存储器开始到存储器发出完成信号的时间间隔。
T_c是指从一个读（或写）存储器操作开始到下一个存储器操作能够开始的最小时间间隔。$T_c > T_a$，因为T_c除了包括T_a，还包括操作信号翻转时间、存储单元的预充电时间、数据保持时间等。T_a和T_c的大小主要取决于存储器的制造工艺。

存储器带宽是每秒传送的二进制位的数目。例如，一个存储器芯片的T_c=100 ns，每个访问周期可以读/写16位，则该存储器的带宽=16 b/100 ns=160 Mb/s。提高存储器带宽是计算机组成设计的重点。

成本，也称价格，一般有两个指标：存储系统总的拥有成本和每存储位的成本。前者指的是构成整个计算机存储系统的所有存储器件及相关设备的购买总成本；后者等于存储芯片的容量（位）除以存储芯片的价格。

6.2 存储器访问的局部性原理与层次结构的存储系统

6.2.1 存储器访问的局部性原理

经过对处理器访问主存储器的情况进行统计发现，无论是取指令还是存取数据，处理器访问的存储单元趋向于聚集在一个相对较小的连续存储单元区域内。例如，程序中一般包含循环或子程序，当执行这些循环或子程序时，处理器只对存储在一个相对较小的连续存储单元区域内的指令进行反复访问。同样，在进行表格、数组、向量等常用数据结构的访问时，处理器也只是对一块连续存储单元区域进行顺序访问。

当然，这种对一小块聚集的指令或数据的访问只会持续一段时间，然后处理器的访存地址会转移到存储器的其他区域去，但在转到其他区域后，又将对一块相对聚集的程序或数据进行反复访问。这种现象称为存储器访问的局部性原理（Principle of Locality）。

访问局部性表现为时间局部性（Temporal Locality）和空间局部性（Spatial Locality）。

时间局部性是指将要访问的信息就是现在正在访问的信息，这主要是由程序中的循环和堆栈等造成的。空间局部性是指将要用到的信息就在正使用的信息旁边，这主要是由于指令通常是顺序执行的和数据是簇聚存放的所造成的。

对于一个程序，在某个时间段内访问的主存储器空间范围称为该程序的工作集（Working Set）。对大多数程序而言，工作集的变化是十分缓慢的，有时甚至是不变的。

6.2.2　层次结构的存储系统

用户对存储系统的要求一般是相同的，都希望容量大、速度快、价格低。

在现有的存储器工艺技术水平下，上述要求是无法满足的，容量、速度和成本这三个指标经常是相互矛盾的。容量大的存储器在速度上通常要比容量小的存储器慢。例如，硬盘的容量要大于半导体存储器的容量，但是硬盘的访问速度要明显慢于半导体存储器的访问速度。速度快的存储器在价格上通常要比速度慢的存储器贵。例如，半导体存储器的每位平均价格要远远贵于硬盘的每位平均价格。

但是一个令人欣喜的关系是：存储器的容量越大，每位的相对价格就越低。

要想找到一个能同时满足容量、速度和价格三方面要求的存储器是很难的。所以需要对这三方面进行折中，即存储系统既要有很大的容量，又要有满意的访问速度，而该存储系统的价格又不能太贵。

要达到上述目的就需要利用存储器访问的局部性原理，引入不同容量、速度和价格的存储器来构造一个层次结构的存储系统。图 6-1 是目前典型计算机存储系统的层次结构。其中，最重要的两个层次是采用高速缓冲存储器（Cache）的 Cache - 主存层次和基于虚拟存储器（Virtual Memory）的主存 - 辅存层次。前者能提高存储系统的等效访问速度，即弥补主存储器在速度上的不足；后者扩大了存储系统的容量，即弥补主存储器在容量上的不足。

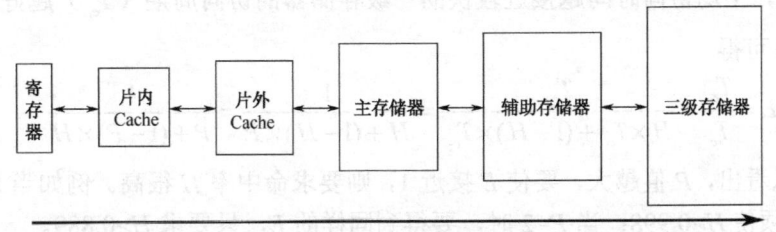

①　每位价格依次降低；②　容量依次增加；③　访问速度依次降低；④　处理器访问频度依次减小

图 6-1　目前典型计算机存储系统的层次结构

图 6-1 中的存储器从左向右：① 每位价格依次降低；② 容量依次增加；③ 访问速度依次降低；④ 处理器访问频度依次减小。其中，①、②、③是层次结构组成的原则，即逐级用容量较大、价格较低、速度较慢的存储器来补充和支援上一级容量较小、价格较高、速度较快的存储器。④则是层次结构得以成功的关键。由于访问局部性的存在，我们可以将处理器

频繁访问的小部分信息放在速度较快、容量较小、价格较贵的存储器中，而把信息的整体放在速度较低、容量较大、价格便宜的存储器中。

若要访问的信息在高一级存储器中找到，则称为命中（Hit），否则称为不命中（Miss）或失效。层次结构的性能常用命中率来评价。命中率是指对层次结构存储系统中的某一级存储器来说，要访问的数据正在这一级中的比率。

为简单起见，下面只分析一个两级的存储系统。第一级和第二级存储器分别用 M_1 和 M_2 表示。设执行一组有代表性的程序后，测得在 M_1 和 M_2 访问的次数分别为 R_1 和 R_2，则 M_1 的命中率

$$H = \frac{R_1}{R_1 + R_2} \tag{6.1}$$

这里假设采用的存储管理策略为：处理器对 M_1 和 M_2 的访问是同时启动的。若在 M_1 中取到了目标数据，则访存结束，否则直接从 M_2 读取，而不是等待目标数据从 M_2 送到 M_1 后再从 M_1 中读取。Cache - 主存层次一般采取这种策略。

此时，整个存储系统的平均访存周期 T_c 与 M_1 和 M_2 的访存周期 T_{c_1} 和 T_{c_2} 的关系为

$$T_c = H \times T_{c_1} + (1-H) \times T_{c_2} \tag{6.2}$$

相对命中率而言，还可以定义不命中率 F（或称为失效率、脱靶率）。显然，$F = 1-H$。

如果采用的存储管理策略为处理器只对 M_1 进行访问，在 M_1 中取到了目标数据，则访存结束，否则先把目标数据从 M_2 传送到 M_1，处理器再对 M_1 进行访问。主存 - 辅存层次就采用这种策略。此时，M_1 的命中率 $H = (R_1 - R_2)/R_1$，而整个存储系统的平均访存周期会相应延长为

$$T_c = H \times T_{c_1} + (1-H) \times (T_{c_1} + T_{c_2}) \tag{6.3}$$

由于辅存（磁盘）的访问速度比主存访问速度要慢四个数量级，即 $T_{c_1} \ll T_{c_2}$，T_{c_1} 同 T_{c_2} 比较可以忽略不计。为了简化计算，一般用式(6.2)计算层次结构存储系统的平均访存周期，而不考虑采用何种存储管理策略。

若将存储层次中，相邻两级访问周期的比值定义为访问周期比 P，则 $P = T_{c_2}/T_{c_1}$。进一步定义存储层次的访问效率 $E = T_{c_1}/T_c$。那么，设计存储系统所追求的目标就是 E 越接近 1 越好，也就是说，平均访问时间越接近较快的一级存储器的访问周期（T_{c_1}）越好。

由式(6.2)可得

$$E = \frac{T_{c_1}}{T_c} = \frac{T_{c_1}}{H \times T_{c_1} + (1-H) \times T_{c_2}} = \frac{1}{H + (1-H) \times P} = \frac{1}{P + (1-P) \times H} \tag{6.4}$$

从式(6.4)可以看出，P 值越大，要使 E 接近 1，则要求命中率 H 很高。例如当 $P=100$ 时，为使 $E>0.9$，必须使 $H>0.998$；当 $P=2$ 时，要得到同样的 E，只要求 $H>0.889$。

可见，在层次结构存储系统中，相邻两级存储器之间的速度差别不能太大，否则 E 不会太高，因为要使命中率提得很高是很难做到的。命中率与 M_1 的容量、信息块的替换算法、进程的管理和调度算法以及程序本身的特性等因素密切相关。

通常在 Cache - 主存层次中的 P 为 5～10，这是比较合理的。但在主存 - 辅存（磁盘）层次上，P 有时会高达 104，很不理想。这时，主存 - 辅存（磁盘）层次之间应增加一个速度、容量和价格介于其间的中间存储层次。目前，很多计算机系统在主存 - 辅存（磁盘）层

次间就增加一级 Cache。

以二层结构 M_1 和 M_2 为例，层次结构存储系统的平均字节价格 C 为

$$C = (C_1S_1 + C_2S_2)/(S_1 + S_2) \tag{6.5}$$

其中，C_1 和 S_1 分别为 M_1 的单位字节价格和容量，C_2 和 S_2 分别为 M_2 的单位字节价格和容量。

由式(6.5)可知，要使存储系统的平均字节价格接近第二级存储器（如辅助存储器）的字节价格，即 $C \approx C_2$，则要求 M_1 的容量要大大小于 M_2 的容量，即 $S_1 \gg S_2$，这在一般的计算机系统上都是满足的，所以存储系统的平均字节价格接近辅助存储器的字节价格。

当然，这个要求与提高 M_1 的命中率 H 和存储层次的访问效率 E 存在着一定的矛盾。

6.3 半导体存储器

根据存储的信息是否可以读/写，半导体存储器分为随机访问存储器（RAM）和只读存储器（ROM）。其中，随机访问存储器是可读、可写的，而只读存储器中的内容是事先写入的，不会因被读取而丢失。在工作时只能对其进行读操作，不能写入新的内容。

6.3.1 随机访问半导体存储器 RAM

根据存储原理的不同，RAM 分为静态 RAM(Static RAM，SRAM)和动态 RAM(Dynamical RAM，DRAM)两种。前者利用电流的"开/关"来表示信息 0/1，后者靠栅极电容上电荷的"有/无"来表示信息 0/1。

1. SRAM

（1）SRAM 的分类与工作原理

SRAM 中采用的开关元件有双极型和 MOS 型两种。

双极型 SRAM 的电路驱动能力强，开关速度快，存取周期短，速度快，但是成本高、功耗大，主要用于高性能计算机，在微型计算机中应用较少，本书不做详细介绍。

MOS 型三极管是一种由金属氧化层和半导体材料硅组成的场效应管，俗称 MOS 管。它的逻辑符号如图 6-2 所示。当控制端 W 为高电位时，MOS 管导通，即 R 点与 V_{CC} 同电位。

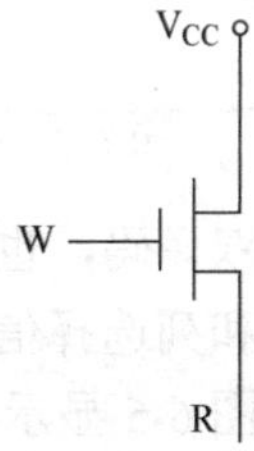

图 6-2 MOS 型三极管

W 所加的电位信号是脉冲信号，脉冲过去后，MOS 管就处于不确定状态。为了能稳定地"记忆"控制端 W 是否加过高电位，就要使用具有双稳态的触发器来构成存储电路。

MOS 型 SRAM 常用 6 个 MOS 管来构成一个存储基元（即存储一位二进制数的电路单元），如图 6-3 所示。T_1、T_2 组成双稳态的触发器，T_3、T_4 作为阻抗，T_5、T_6 作为存储基元的选中开关（即读/写控制门）。

当字线 W 为低电位时，表示存储基元未被选中，T_5、T_6 截止，存储基元与位线隔离，其状态保持不变。反之，给字线 W 加高电位，表示选中存储基元，位线 b'和 b 分别与 A 点和 B 点连通，可检测或更改存储基元的状态，即对其进行读/写。

写操作过程：若写入"1"，则给位线 b'加高电位、位线 b 加低电位，使 T_2 导通、T_1 截

止。由于 T_1、T_2 反向耦合,只要 V_{CC} 保持高电位,它们的状态就不会因位线 b'和 b 上信号撤销而改变。若写入"0",则给位线 b'加低电位、位线 b 加高电位,使 T_1 导通、T_2 截止。

读操作过程:若检测到位线 b'为高电位、位线 b 为低电位,则表示读出"1";否则,位线 b'为低电位、位线 b 为高电位,则表示读出"0"。

基于 MOS 管的 SRAM 具有非破坏性读出的特点,抗干扰能力强,可靠性高。但是"记忆"电路所用的 MOS 管较多,所以 SRAM 芯片的位密度较低且功耗较大。

(2) SRAM 的组成与地址译码

在半导体存储器内部,若干存储基元组成存储一个信息字的存储单元,大量的存储单元按行、列排列成一个存储单元阵列。再配上读/写控制电路、地址译码电路和控制电路,就构成了一个存储芯片。

对存储器的访问是针对一个特定的存储单元进行的,而这个存储单元的选择、确定是通过对输入的地址进行译码来实现的。半导体存储器的地址译码有两种方式:单译码和双译码。

单译码,也称线选法,只用一个译码电路来将地址信号变换成选中信号。这种选中信号称为字选择信号,一个字选择信号用来选中一个存储单元。图 6-4 显示了采用单译码的 16×4 位存储芯片的组成结构。

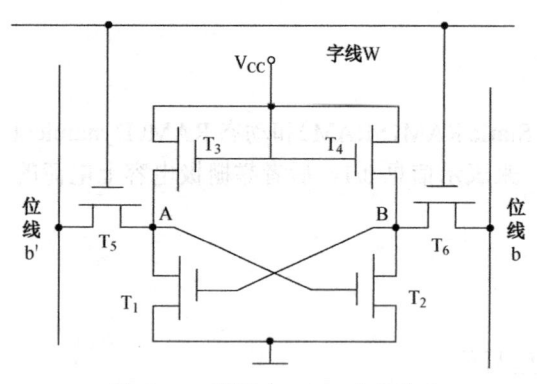

图 6-3 6 管静态 RAM 存储单元

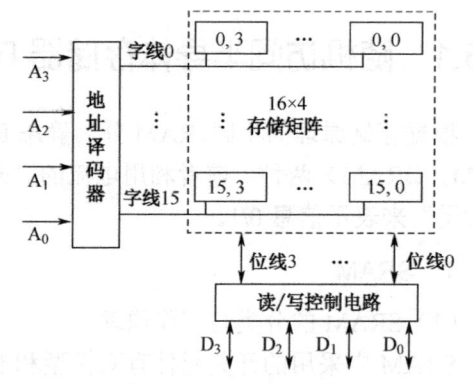

图 6-4 采用单译码的 16×4 位存储芯片的组成结构

双译码,也称重合法,用两个译码电路(称为 X 译码器和 Y 译码器),分别产生行选择信号和列选择信号,行选择信号和列选择信号同时有效的存储单元为被选中的存储单元。

图 6-5 显示了一个采用双译码的 256×1 位存储芯片的组成结构。

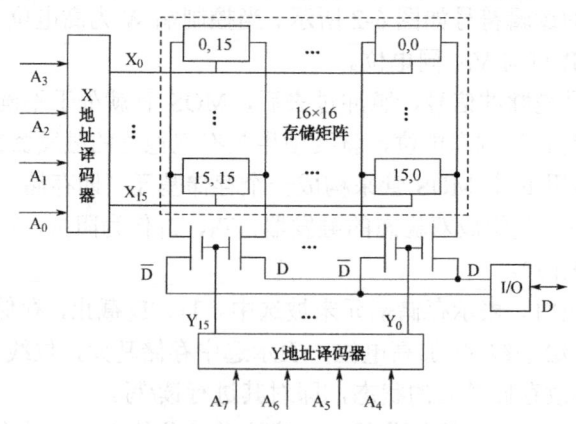

图 6-5 采用双译码的 256×1 位存储芯片的组成结构

单译码电路简单，但其需要的字选择信号线太多。例如一个具有 10 条地址线的存储器，若采用单译码，其内部需要布置 2^{10}=1024 条字选择信号线。而采用双译码，只需 $2×2^5$=64 条字选择信号线。因此，大多数半导体存储器采用双译码，单译码只适用于小容量的存储器。

（3）SRAM 芯片的外特性与读/写时序

SRAM 存储芯片的引脚主要有：地址信号引脚，A_0，A_1，A_2，…；数据信号引脚，D_0，D_1，D_2，…；芯片选择信号引脚 $\overline{CS}$ 或者 $\overline{CE}$；写命令信号引脚 $\overline{WE}$；电源引脚和接地引脚 V_{CC} 和 GND。

若地址信号引脚的数量为 m，则芯片内部存储单元的数量为 $2m$。数据信号引脚的数量等于存储字长。

典型的 SRAM 有 2114（1K×4 位）、6116（2K×8 位）、6264（8K×8 位）、62256（32K×8 位）等。图 6-6 和图 6-7 分别给出了 2114 的逻辑表示和引脚说明。

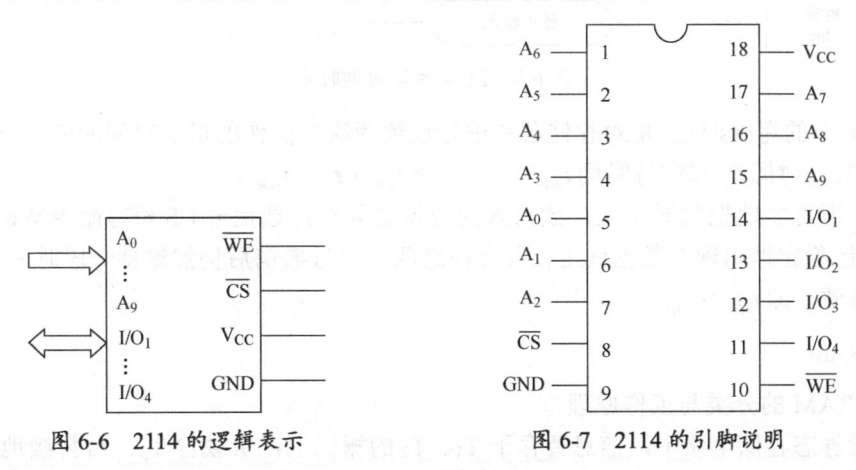

图 6-6　2114 的逻辑表示　　　图 6-7　2114 的引脚说明

2114 的读周期时序如图 6-8 所示。先向地址引脚提供目标地址，再向 $\overline{CS}$ 引脚提供低电位的选通信号，最后对数据线进行采样就可得到读出的数据。

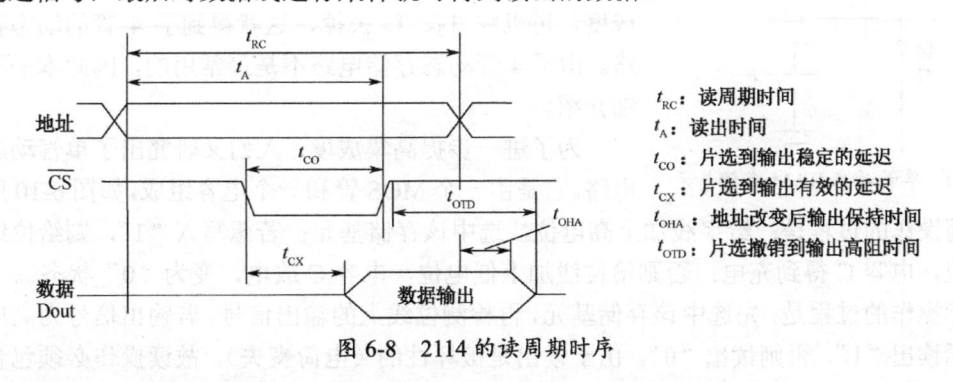

t_{RC}：读周期时间
t_A：读出时间
t_{CO}：片选到输出稳定的延迟
t_{CX}：片选到输出有效的延迟
t_{OHA}：地址改变后输出保持时间
t_{OTD}：片选撤销到输出高阻时间

图 6-8　2114 的读周期时序

由于在整个读周期中 $\overline{WE}$ 始终为高电平，故在图 6-8 中将其省略。

在图 6-8 中，读周期 t_{RC} 是指对存储芯片进行连续两次读操作的最小时间间隔，读时间 t_A 是指从地址有效到数据稳定输出的时间间隔。显然，$t_{RC} > t_A$。

地址有效后，目标数据即可由存储单元中读出。但是能否送到外部数据线，还取决于片选信号 $\overline{CS}$。为了保证数据能够可靠地按时输出，$\overline{CS}$ 必须在数据有效前 t_{CO} 时间有效，即地址有效后，$\overline{CS}$ 必须在 $t_A - t_{CO}$ 时刻有效，否则数据就不能在 t_A 时刻稳定地出现在数据线上。

应该说明的是，地址失效后，数据输出仍须维持 t_{OHA} 时间，以保证所读数据可靠。

2114 的写周期时序如图 6-9 所示。由于在写周期开始时，数据线上维持着前一个访存周期的数据，所以片选信号 $\overline{CS}$、写命令 $\overline{WE}$ 不能与访存地址同时有效，必须滞后 t_{AW} 时间，以避免将错误的信息写入存储器。在写命令 $\overline{WE}$ 撤销后，地址还需要维持 t_{WR} 时间才允许改变。

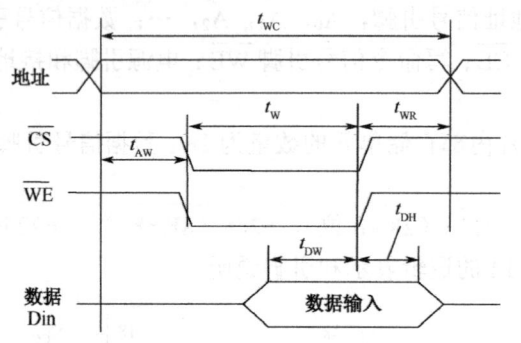

t_{WC}：写周期时间
t_{AW}：地址有效到写信号有效时间
t_W：写入时间
t_{WR}：写恢复时间
t_{DW}：数据有效时间
t_{DH}：写信号无效后输出保持时间

图 6-9 2114 的写周期时序

图 6-9 中的写周期 t_{WC} 是对存储芯片进行连续两次写操作的最小时间间隔，它包括滞后时间 t_{AW}、写入时间 t_W 和维持时间 t_{WR}，即 $t_{WC} \geq t_{AW} + t_W + t_{WR}$。

为了保证可靠地把数据写入，欲写入的数据必须在片选信号 $\overline{CS}$ 和写命令 $\overline{WE}$ 撤销前的 t_{DW} 时刻已经稳定地出现在数据线上，并且在这两个信号撤销后仍然维持一段时间 t_{DH}。此时地址仍然有效，即 $t_{WR} > t_{DH}$。

2．DRAM

（1）DRAM 的分类与工作原理

在 6 管静态存储电路中，信息暂存于 T_1、T_2 的栅极上，负载管 T_3、T_4 持续地给 T_1、T_2 补充电荷。由于 MOS 管的栅极电阻很高，泄漏电流很小，因此在一定时间内表示信息的电荷可以维持住。为了提高集成度，可以将 T_3、T_4 去掉，这就得到了 4 管的动态存储电路。由于 4 管动态存储电路不是最常用的，因此本书不做详细介绍。

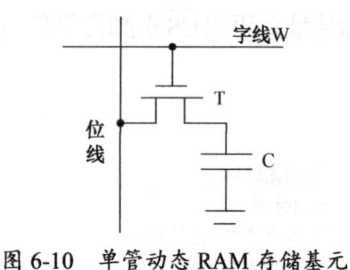

图 6-10 单管动态 RAM 存储基元

为了进一步提高集成度，人们又研究出了单管动态存储电路。它是由一个 MOS 管和一个电容组成，如图 6-10 所示。

写操作的过程是：给字线加上高电位，选中该存储基元；若想写入"1"，则给位线加上高电位，电容 C 得到充电；否则给位线加上低电位，电容 C 放电，变为"0"状态。

读操作的过程是：先选中该存储基元，再检测位线上的输出信号；若输出信号为高电位，则表示读出"1"，否则读出"0"。由于读出是破坏性的（电荷丧失），故读操作必须包含一个"重写/再生"环节。

（2）DRAM 芯片的组成与读/写时序

与 SRAM 相比，DRAM 在组成上的一个不同是：地址引脚只是地址宽度的一半。这是因为 DRAM 的集成度提高，片内存储单元的数量大幅度增加，需要的地址线也相应增加，但为了控制成本，封装芯片的尺寸不能增大，芯片的引脚数目也就没有增加，所以只好将 DRAM 芯片地址引脚的数目设计成地址宽度的一半。为此，访存地址被分为行地址和列地址依次发送。相应地，在芯片内部就要设置行地址锁存器和列地址锁存器。为了区分地址总线上的行地址和列地址，特地增加了两个控制线：$\overline{RAS}$ 和 $\overline{CAS}$，分别控制行地址和列地址的接收。

另外，DRAM 不再设置 CS 引脚，$\overline{CS}$ 的功能用 $\overline{RAS}$ 代替。

DRAM 芯片的主要引脚如下：地址信号引脚，A_0，A_1，A_2，…；数据信号引脚，D_0，D_1，D_2，…；地址选择信号引脚，$\overline{RAS}$ 和 $\overline{CAS}$；写命令信号引脚，$\overline{WE}$；数据输出允许信号引脚，$\overline{OE}$；电源引脚和接地引脚，V_{CC} 和 GND。典型的 DRAM 有 2116（16K×1 位）、2164（64K×1 位）等。图 6-11 为 2116 DROM 的组成结构。

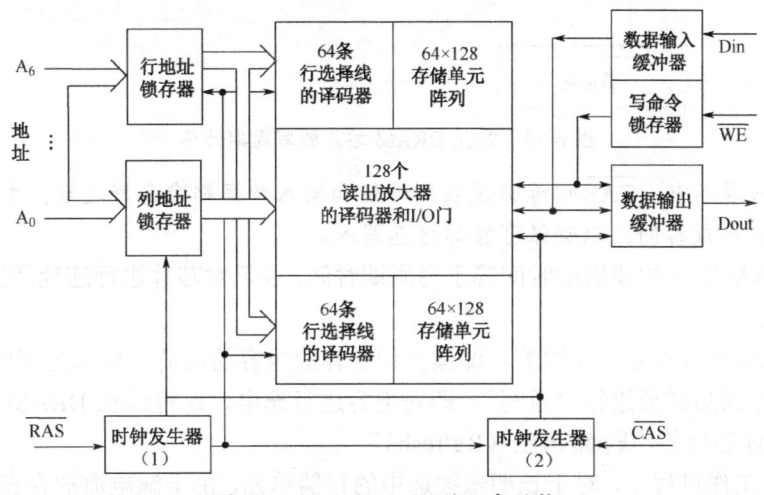

图 6-11　2116 DRAM 的组成结构

下面以 2116 DRAM 芯片为例，说明 DRAM 芯片的读写时序，如图 6-12 和图 6-13 所示。

访问 DRAM 时，先向地址引脚提供目标单元的行地址，再发出行地址选择信号（$\overline{RAS}$ = 0），将行地址打入行地址锁存器。为了使行地址可靠地输入，$\overline{RAS}$ 有效后，行地址仍须维持一段时间。

然后向地址引脚提供列地址，发出列地址选择信号（$\overline{CAS}$ = 0），将列地址打入到列地址锁存器中。同样，$\overline{CAS}$ 有效后，列地址仍须维持一段时间。

读命令（$\overline{WE}$ =1）或写命令（$\overline{WE}$ =0）可以在 $\overline{RAS}$ 发出后、$\overline{CAS}$ 发出前发出，以缩短访问周期。以读为例，行地址经译码后，从 128 行中选中一行。因 $\overline{WE}$ =1，则该行的 128 位数据全部送到 128 个读出放大器。列译码器从这些放大器中选一个将数据送入读出缓冲器。

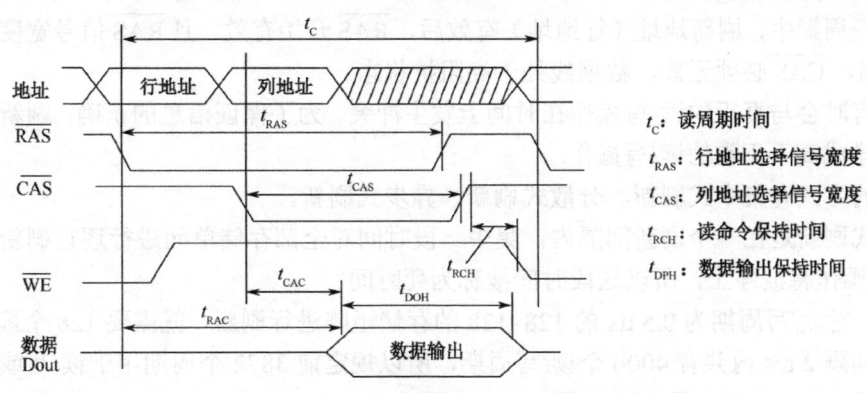

图 6-12　2116 DRAM 芯片的读周期时序

· 207 ·

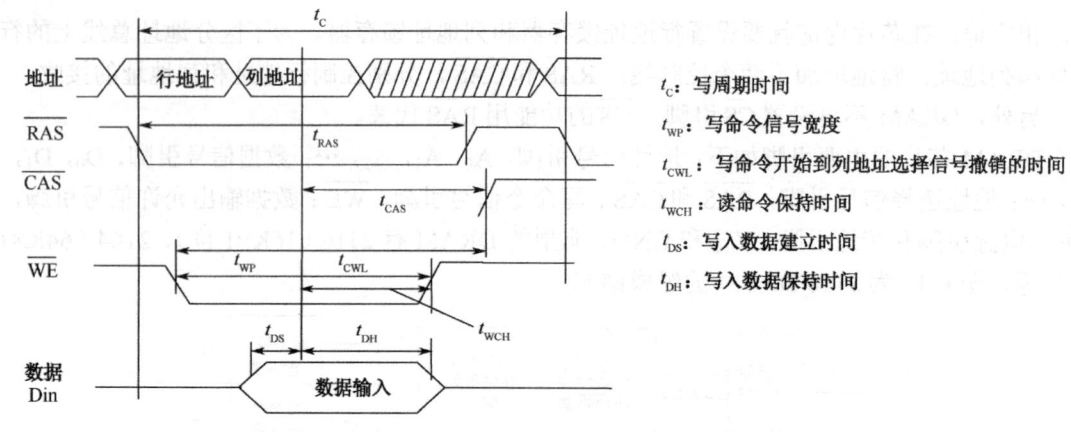

图 6-13　2116 DRAM 芯片的写周期时序

t_C：写周期时间
t_{WP}：写命令信号宽度
t_{CWL}：写命令开始到列地址选择信号撤销的时间
t_{WCH}：读命令保持时间
t_{DS}：写入数据建立时间
t_{DH}：写入数据保持时间

注意：在写周期中，$\overline{CAS}$ 信号必须在列地址和输入数据都准备好之后，才能发出。此后输入数据须维持一段时间，以确保可靠的信息写入。

一般，DRAM 芯片的读周期时间等于写周期时间，表示对芯片进行连续两次读/写操作的最小时间间隔。

DRAM 的读出过程是破坏性的，即读操作会释放电容的电荷，使原先存储的信息消失。所以在读操作结束后需要进行"重写"，即对电容进行充电。这将延长 DRAM 的读/写周期。

（3）DRAM 芯片的"刷新/再生（Refresh）"

在 DRAM 工作过程中，对于长期未被选中的存储单元，由于漏电流的存在，电容上的电荷会缓慢丢失。为保证存储信息的正确性，需要每隔一段时间给电容补充电荷，此过程称为"刷新"。刷新的时间间隔取决于漏电流的大小，而漏电流的大小与集成电路的制造工艺有关。典型的刷新间隔为 2 ms。

由于读操作之后必跟着一个重写操作，这个重写操作使电容的电荷恢复到原来的状态，因此当 DRAM 的某些存储单元长时间没有被访问，其信息要丢失时，只要对其进行一次读操作，就可使电容的状态得以恢复。所以刷新是采用"读"来实现的，只不过这个"读"是"假读"，不输出数据。

对 DRAM 芯片的刷新是逐行进行的，所以刷新操作无须提供列地址。行地址由芯片内部的"刷新计数器"提供。刷新一行所花时间称为刷新周期。例如对于 2116 DRAM，在 2 ms 内必须完成 128 个刷新周期。

在刷新周期中，刷新地址（行地址）有效后，$\overline{RAS}$ 开始有效，且 $\overline{RAS}$ 信号宽度必须大于 t_{RAS}。期间，$\overline{CAS}$ 必须无效，数据线处于高阻抗状态。

刷新有时会与真正的读/写操作在时间上发生冲突。为了保证信息的正确，刷新操作的优先级被安排成高于正常的读/写操作。

刷新的方式有集中式刷新、分散式刷新、异步式刷新。

集中式刷新是在一个刷新间隔内，集中一段时间对全部存储单元进行逐行刷新，期间正常的读/写操作将被停止，所以这段时间被称为死时间。

例如，对读/写周期为 0.5 μs 的 128×128 的存储矩阵进行刷新，就需要 128 个读周期。由于在刷新间隔 2 ms 内共有 4000 个读/写周期，所以规定前 3872 个周期用于读/写或维持，后 128 个周期（64 μs）用于刷新，如图 6-14(a) 所示。

图中:

(a) 集中式刷新的时间分配

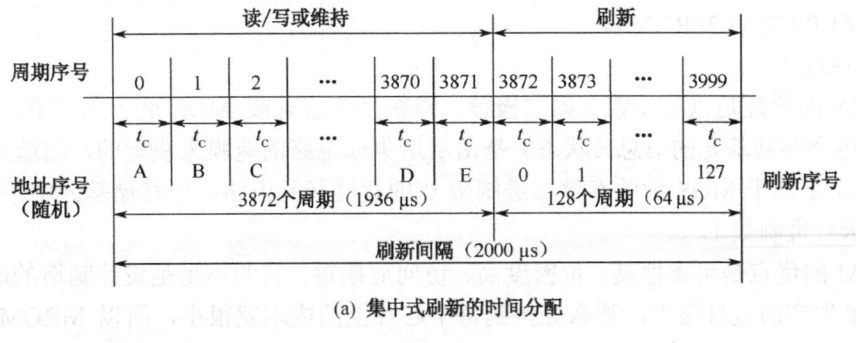

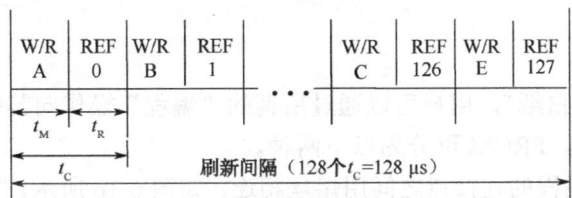

(b) 分散式刷新的时间分配

(c) 异步式刷新的时间分配

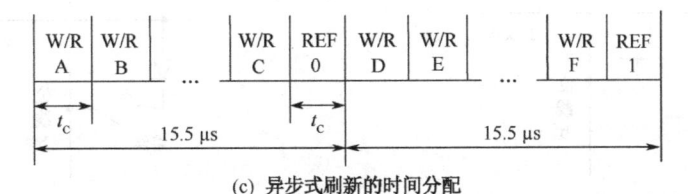

图 6-14 三种不同的刷新方式

分散式刷新是指对每行存储单元的刷新分散到每个读/写周期中进行，即延长原先的读/写周期，将新的读/写周期分成前后两段，前半段用来读/写或维持，后半段用来刷新。假如存储单元的读/写周期为 0.5 μs，则存储器的读/写周期为 1.0 μs，如图 6-14(b)所示。分散式刷新导致整个系统的性能下降，但它不存在死时间。

异步式刷新是将前两种方法结合起来，在一个刷新间隔内均匀地进行逐行刷新。例如，在 2 ms 内均匀地把 128 行刷新一遍，即每隔 2 ms÷128=15.5 μs 刷新一行，如图 6-14(c)所示。这样，原来大块的死时间被分散开，达到了缩短死时间的效果。

如果进一步将刷新安排在指令译码阶段，还可以掩盖死时间。

尽管需要"重写"与"刷新"导致读写周期延长，但由于位密度高、功耗低，DRAM 被广泛作为计算机的主存储器。而 SRAM 由于读写周期短，被用于对速度要求高、对容量要求不高的 Cache。

6.3.2 只读存储器 ROM

1. ROM 的分类

向 ROM 写入原始信息的过程称为"编程"。依据"编程"方法的不同，ROM 可以分为以下四类：掩膜型 ROM（Masked ROM，MROM），可编程 ROM（Programmed ROM，PROM），可擦除的可编程 ROM（Erasable PROM，EPROM），可用电擦除的可编程 ROM（Electrically

EPROM，EEPROM/E2PROM）。

（1）MROM

MROM 的原理是以晶体管（如二极管、双极型三极管或 MOS 管）的"有/无"来代表"0/1"，即每个存储基元的信息（状态）是由制造集成电路的掩膜来决定的，制造完毕无法改变。图 6-15 是基于 MOS 管的存储二进制数 0 的存储基元电路。当存储基元中不包含 MOS 管时，表示二进制数 1。

MROM 的优点是可靠性高、位密度高、访问周期短，它的不足是设计制造的成本高。但是如果批量生产的数目很大，那么分摊到每个芯片上的成本就很小，所以 MROM 较适用于市场占有率高的成熟产品。

（2）PROM

PROM 相当于"一张白纸"，用户可以通过所谓的"编程"操作向其中写入信息。

依据编程原理的不同，PROM 可分为以下两种。

① 熔丝烧断型：可编程的连接点之间用熔丝相连，如图 6-16 所示。"编程"就是选择某些熔丝将其烧断。

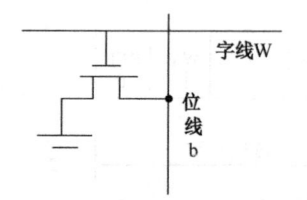

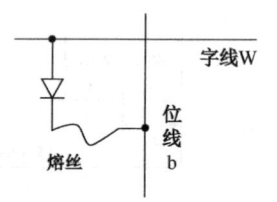

图 6-15　存储二进制数 0 的 MROM 存储基元　　图 6-16　熔丝烧断型 PROM 的存储基元

② PN 结击穿型：可编程的连接点之间是 PN 结，未编程之前 PN 结是不导通的。"编程"就是选择某些 PN 结将其击穿，使其导通。

烧断熔丝或者击穿 PN 结，都是不可逆的，所以 PROM 只允许一次编程。

如果写入的信息有错或者需要更改原有信息，只能将原有的 PROM 作废，重新选择一片 PROM 进行编程。所以，PROM 使用起来很不方便，目前已经淘汰。

为了克服 PROM 的不足，人们研制了可擦除的 PROM——EPROM。

（3）EPROM

最常用的 EPROM 是用浮栅雪崩注入型 MOS 管（Floating-gate Avalanche-injection MOS，FAMOS）来表示信息。其原理是：出厂时浮栅上不带电荷，源极和漏极之间没有沟道，故不导通，这种状态表示 1；当在源极和漏极之间加上较高电压时，导致 PN 结产生雪崩击穿，电荷就积累在浮栅上，MOS 管处于导通状态，这种状态表示 0。由于浮栅周围是二氧化硅，所以一旦积累有电荷就不易失掉。

EPROM 芯片上有一个石英窗口，将窗口置于 12 mW/cm^2 的紫外灯下，照射 10～25 min，EPROM 的浮栅上的电荷将全部释放，恢复到原来不带电荷的状态（"1"状态）。这样，EPROM 就可以重新进行编程。

在使用 EPROM 芯片过程中，应该用不透光的胶纸贴盖住石英窗口，同时避免阳光或灯光直接照射，以免引起芯片功能损伤。

EPROM 的缺点是：擦除时需要将芯片从系统中拔出，用特殊设备擦除，且时间较长；不能局部擦除或重写指定单元的信息。

（4）EEPROM

为了克服 EPROM 的不足，人们又进一步研制出可用电擦除的 EEPROM。它不仅可以联机擦除，还可以有选择地擦除或重写指定单元的信息。不过，EEPROM 的每个存储基元用 2 个 NMOS 晶体管，与 EPROM 相比，位密度低，工艺复杂，成本较高。

EEPROM 有三种基本操作：擦除、编程和读取。

❖ 擦除：给指定的存储单元加上擦除电压 V_{PP}（+12～+25 V），将其状态统一置成 1。
❖ 编程：给指定的存储基元加上编程电压 V_{PP}，将其状态由 1 改成 0。
❖ 读取：给指定的存储单元加上工作电压 V_{CC}（+5 V），将其状态从读出电路输出。

近年，一种被称为闪存（Flash Memory）的 EEPROM 迅速发展起来。闪存的原理与传统的 EEPROM 类似，只是它的存储基元采用 1 个 CMOS（Complementary MOS，互补金属氧化物半导体）晶体管，所以位密度较高，擦除、编程和读取的速度较快。

基于闪存的固态盘，以其体积小、携带方便、容量大、价格低、速度快，已经将原先的软盘淘汰。因为它是通过 USB 接口与主机相联，所以人们将其称为"U 盘"。

另外需要指出的是，虽然 EEPROM 可读可写，但是不可作为 RAM 使用：一是它允许编程的次数是有限的，如 10 万次；二是擦除和编程需要较长的时间。

2．ROM 芯片的外特性与读/写周期

ROM 存储芯片的主要引脚如下：地址信号引脚，A_0，A_1，A_2，…；数据信号引脚，D_0，D_1，D_2，…；芯片选择信号引脚，$\overline{CS}$ 或 $\overline{CE}$；数据输出允许信号引脚，$\overline{OE}$；工作电源引脚 V_{CC}、脱机编程电源引脚 V_{PP} 和接地引脚 GND。

典型的 EPROM 有 2716（2K×8 位）、2732（4K×8 位）、2764（8K×8 位）、27128（16K×8 位）等。其中，2716 的逻辑表示和引脚说明分别如图 6-17 和图 6-18 所示。

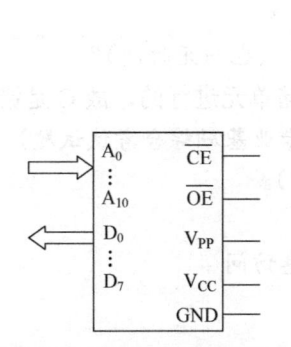

图 6-17　2716 的逻辑表示 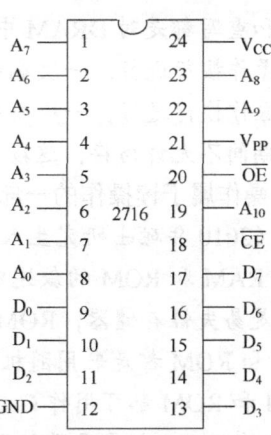　　　　图 6-18　2716 的引脚说明

对 EPROM 进行编程时，要给 $\overline{CE}$ 加上高电平（+5 V）、V_{PP} 加上+25 V。然后，通过地址引脚给定一个地址，通过数据引脚提供要写入的数据。这时，在 $\overline{OE}$ 引脚输入一个宽度为 50 ms 的+5 V 脉冲，就可以将数据写入目标单元。写入完成的 EPROM 在使用时，$\overline{OE}$ 引脚接地。

EPROM 的读周期时序如图 6-19 所示。为了保证数据能够可靠输出，片选信号 $\overline{CE}$ 必须在数据有效前 t_{CO} 时间有效。

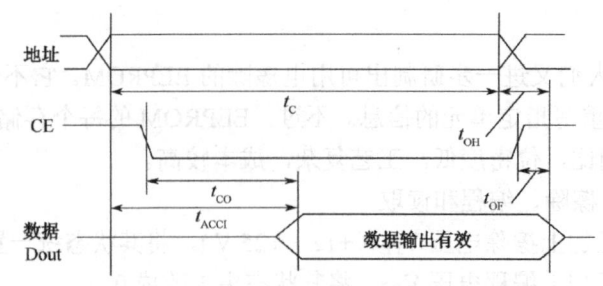

图 6-19 EPROM 的读周期时序

t_{ACC1}：地址有效到输出的延迟
t_{CO}：片选到输出的延迟
t_{OH}：地址断开后输出保持时间
t_{OF}：片选撤销到输出高阻时间
t_C：读周期

2716 有读、维持、编程、编程禁止、编程校验等工作模式，主要工作模式及相应引脚的信号如表 6-1 所示。

表 6-1　2716 的工作模式

操作	CE	OE	V_{pp}	V_{cc}	数据引脚
读	低	低	+5 V	+5 V	输出
维持	高	任意	+5 V	+5 V	高阻抗
编程禁止	低	高	+25 V	+5 V	高阻抗
编程	由低到高脉冲	高	+25 V	+5 V	输入

【例 6-1】某计算机系统的物理地址空间大小为 1 GB，按字节编址，每次读/写操作最多可以存取 64 位。则存储器地址寄存器 MAR 和存储器数据寄存器 MDR 的位数分别是多少？

答：$\log_2 2^{30}=30$，所以 MAR 有 30 位。

由于一次最多存取 64 位，则用来作为读/写数据缓冲的 MDR 的位数应该有 64 位。

【例 6-2】下列关于 DRAM 的"刷新"和"重写"的说法，错误的是（　　）。

A. 刷新和重写都是对 DRAM 中的存储电容重新充电
B. 刷新操作按行进行，一次刷新一行中全部存储单元
C. 重写操作按行进行，一次刷新一行中全部存储单元
D. 刷新期间不允许访存，这段时间称为"访存死区（也叫死时间）"

答：重写操作属于读操作的一部分，是针对一个存储单元进行的，故 C 是错误的。

【例 6-3】（2010 年硕士研究生入学统一考试计算机专业基础综合考试试题）

下列有关 RAM 和 ROM 的叙述中，正确的是（　　）。

I. RAM 是易失性存储器，ROM 是非易失性存储器
II. RAM 和 ROM 都是采用随机存取的方式进行信息访问
III. RAM 和 ROM 都可用作 Cache
IV. RAM 和 ROM 都需要进行刷新

A. 仅 I 和 II　　　B. 仅 II 和 III　　　C. 仅 I、II 和 IV　　　D. 仅 II、III 和 IV

答：Cache 是可读可写的，而 ROM 是只读的。所以"III、RAM 和 ROM 都可用作 Cache"不对。ROM 是非易失性存储器，掉电都不会丢失信息，不需要刷新，所以"IV、RAM 和 ROM 都需要进行刷新"不对。只有是 I 和 II 正确的，故选择 A。

【例 6-4】（2011 年硕士研究生入学统一考试计算机专业基础综合考试试题）

下列各类存储器中，不采用随机存储方式的是（　　）。

A. EPROM　　　　　B. CD-ROM　　　　　C. DRAM　　　　　D. SRAM

答：A、C、D 都是半导体存储器，半导体存储器都采用随机存储方式。故选择 B。

【例 6-5】（2012 年硕士研究生入学统一考试计算机专业基础综合考试试题）

下列关于闪存（Flash Memory）的叙述中，错误的是（　　）。

A. 信息可读可写，并且读、写速度一样快
B. 存储元由 MOS 管组成，是一种半导体存储器
C. 掉电后，信息不丢失，是一种非易失性存储器
D. 采用随机访问方式，可替代计算机外部存储器

答：Flash Memory 是一种 EEPROM，显然 A 是错误的。

6.4 主存储器

6.4.1 主存储器组成

在实际构造计算机的主存储器时，需要将 RAM 和 ROM 存储芯片按照某种模式组织起来。例如，主存储器的系统程序区存放的是不需要改动也不允许改动的系统程序，所以这部分存储空间应用 ROM 来实现；主存储器的系统程序工作区是系统程序在工作时写入并读出临时数据的区域，所以这部分存储空间应用 RAM 来实现。主存储器的用户程序区存放的是用户的程序与数据，这些信息是可读、可改写，所以这部分存储空间也应用 RAM 来实现。

为简单起见，本节在介绍主存储器组成时，用到的 ROM 芯片以 EPROM 为例，用到的 RAM 芯片以 SRAM 为例。

1. 主存储器的逻辑设计

设计一个主存储器，首先要考虑它的容量。目前的微处理器都是按字节编址的，所以主存储器的容量表示为：存储单元数×字节。

一个处理器对应的主存储器的最大存储单元数是由该处理器的地址总线的线数决定的。假设一个处理器的地址总线的线数为 n，则其对应的主存储器最大存储单元个数为 $2n$。实际设计时，为了降低成本，为计算机配备的主存储器容量往往小于 $2n$ 字节。

因为单片存储芯片提供的存储容量与字长一般不能直接满足实际需求，所以经常将若干存储芯片连接在一起组成特定机器的存储系统，即存储器扩展。按照扩展的目的不同，存储器扩展分为位扩展、字扩展和字位同时扩展。

位扩展的目的是为了扩大存储字长。例如为了构造一个 1K×8 位的主存储器，可将两片 1K×4 位的存储芯片并联（如图 6-20 所示）。

字扩展的目的是为了扩大存储单元的数量。例如为了构造一个 2K×8 位的主存储器，可将两片 1K×8 位的存储芯片串联（如图 6-21 所示）。

字位同时扩展既要扩大存储字长，又要扩大存储字的数量。例如为了构造一个 2K×8 位的存储系统，可将 4 片 1K×4 位的存储芯片先两两并联、再依次串联而得，读者可自行画出连接图。

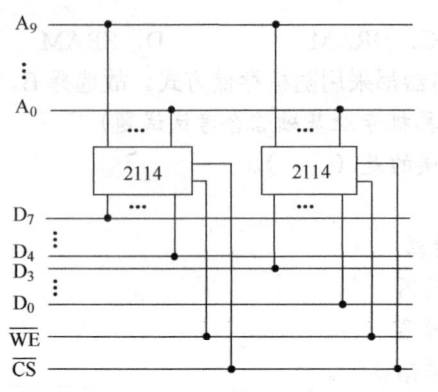

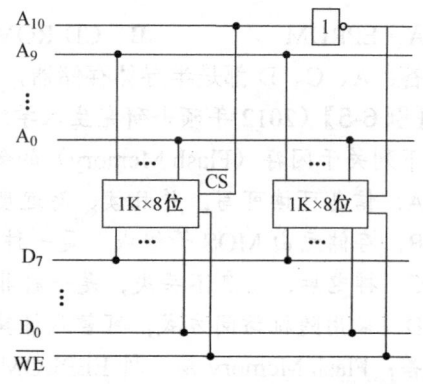

图 6-20　2 片 1K×4 位芯片组成 1K×8 位的存储器　　图 6-21　2 片 1K×8 位芯片组成 2K×8 位的存储器

2．主存储器与处理器的连接

数据线的连接：当处理器的数据线数大于存储芯片的数据线数时，需要进行存储器位扩展，使存储器的数据线数等于处理器的数据线数，然后一一相连。

地址线的连接：尽可能选择与处理器的地址线数相等的存储芯片。当处理器的地址线数大于存储芯片的地址线数时，要进行字扩展。这时可选择处理器的部分地址线（如地址线的低位）直接连到存储芯片的地址线上，剩余地址线（如地址线的高位）连接到译码器的输入端，再把译码输出信号与存储芯片的片选端 $\overline{CS}$ 相连。例如，3-8 译码器 74138 根据输入端 A、B、C 的 8 种不同组合状态，选择 8 个输出端中的一个输出有效信号。

控制线的连接：读/写控制线 $\overline{WR}$ 与存储芯片读/写控制端（$\overline{WE}$）相连。访存控制 $\overline{IO/WERQ}$ 与 3-8 译码器使能端 G_{2A} 和 G_{2B} 连接，译码器的另一个使能端 G_1 可以直接接电源。

【**例 6-6**】（2009 年硕士研究生入学统一考试计算机专业基础综合考试试题）

某计算机主存容量为 64 KB，其中 ROM 区为 4 KB，其余为 RAM 区，按字节编址。现要用 2K×8 位的 ROM 芯片和 4K×4 位的 RAM 芯片来设计该存储器，则需要上述规格的 ROM 芯片数和 RAM 芯片数分别是（　　）。

A．1、15　　　　B．2、15　　　　C．1、30　　　　D．2、30

答：现有 2K×8 位的 ROM 芯片，而 ROM 区需要 4 KB，则需要 2 片进行存储器的字扩展，选项 B 和 D 有可能对。而主存容量为 64 KB，其中 ROM 区为 4 KB，其余为 RAM 区，按字节编址，则 RAM 区为 64 KB−4 KB =60KB。现有 4K×4 位的 RAM 芯片，所以每个单元需要 2 片进行位扩展，构成 4K×8 位的存储模块，再进行字扩展，设置 15 个这样的存储模块来实现 60 KB 的 RAM 区，共需 RAM 芯片 2×15=30 片。故选 D。

【**例 6-7**】（2010 年硕士研究生入学统一考试计算机专业基础综合考试试题）

若干 2K×4 位芯片组成一个 8K×8 位存储器，则地址 0B1FH 所在芯片的最小地址是（　　）。

A．0000H　　　　B．0600H　　　　C．0700H　　　　D．0800H

答：先用两片 2K×4 位芯片以位扩展形式组成一个存储模块，共组成 4 个这样的存储模块。再以字扩展形式，将这 4 个存储模块组成 8K×8 位存储器。

访问这样一个存储器，需给出 13 位的地址，其中高 2 位用于模块选择，低 11 位用于访问 2K×4 位芯片。要计算地址 0B1FH 所在芯片的最小地址，先要确定该地址位于哪个芯片。0B1FH=0000 1011 0001 1111B，只取其中低 13 位，得 01 01100011111B。可见，该地址位于 01 模块，其最小地址为 01 00000000000B=0 1000 0000 0000B=0800H。故选 D。

【例6-8】（2011年硕士研究生入学统一考试计算机专业基础综合考试试题）

某计算机存储器按字节编址，主存地址空间大小为64 MB，现用4M×8位的RAM芯片组成32 MB的主存储器，则存储器地址寄存器MAR的位数至少是（　　）。

A．22位　　　　　B．23位　　　　　C．25位　　　　　D．26位

答：MAR的位数取决于主存地址空间的大小，与主存的实际大小无关。$\log_2 64M=26$，故选D。注意：CPU与主存储器连接时，多出的地址线不能浮空。

【例6-9】（2014年硕士研究生入学统一考试计算机专业基础综合考试试题）

某容量为256 MB的存储器由若干4M×8位的DRAM芯片构成，该DRAM芯片的地址引脚和数据引脚的总数是（　　）。

A．19　　　　　B．22　　　　　C．30　　　　　D．36

答：4M×8位的DRAM芯片有地址引脚$\log_2(4\times 2^{20})=22$个，数据引脚8个，共30个。故选C。

【例6-10】 设某处理器有18根地址线，8根数据线，并用IO/$\overline{M}$作为访存控制信号，RD/$\overline{WR}$为读/写信号。现有图6-22中的各种芯片及各种门电路（自定）。要求主存地址空间分配为：0～32767为系统程序区，32768～98303为用户程序区，最大16 KB地址空间为系统程序工作区。请说明选用存储芯片的类型、数量，并写出每片存储芯片的二进制地址范围，画出处理器与存储芯片的连接图。

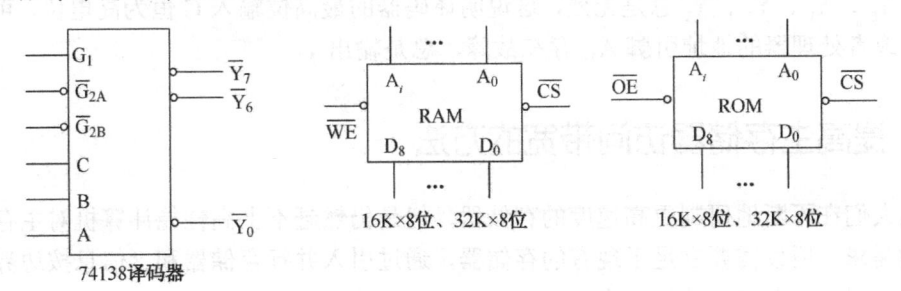

图6-22　例6-10用到的芯片说明

答：（1）已知0～32767为系统程序区，这是32 KB的只读地址空间，所以选用32K×8位的ROM芯片一片。32768～98303为用户程序区，这是64 KB的随机存取地址空间，选用32K×8位的RAM芯片两片。最大16 KB地址空间为系统程序工作区，这是16 KB的随机存取空间，选用16K×8位的RAM芯片一片。

一片32K×8位ROM芯片的范围是00 0000 0000 0000 0000 B～00 0111 1111 1111 1111 B。

两片32K×8位RAM芯片的范围是00 1000 0000 0000 0000 B～01 0111 1111 1111 1111 B。

一片16K×8位RAM芯片的范围是11 1100 0000 0000 0000 B～11 1111 1111 1111 1111 B。

（2）处理器与存储芯片的连接如图6-23所示。

【例6-11】 设某计算机采用8片8 KB的SRAM组成64 KB的存储系统，芯片的片选信号为$\overline{CS}$。请写出每一片芯片的地址空间。若在调试中发现：(1)无论往哪个芯片中存放8 KB的数据，以E000H为起始地址存储芯片中都有相同的数据；(2)对第2、4、6、8片的访问总不成功；(3)对第1～4片的访问总不成功。请分析原因。

答：各芯片的地址空间依次为：0000H～1FFFH，2000H～3FFFH，4000H～5FFFH，6000H～7FFFH，8000H～9FFFH，A000H～BFFFH，C000H～DFFFH，E000H～FFFFH。

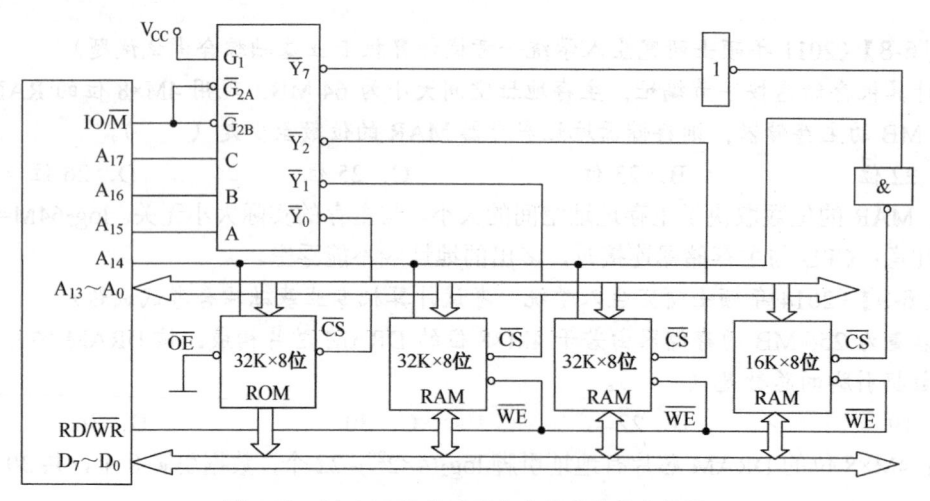

图 6-23　例 6-10 的处理器与存储芯片的连接图

分析原因：(1) 第 8 片的片选信号为 $\overline{CS}$ 总是有效（为低电平），可能是线路接地，也可能是译码器出错，$\overline{Y_7}$ 总为有效。

(2) $\overline{Y_1}$、$\overline{Y_2}$、$\overline{Y_5}$、$\overline{Y_7}$ 总是无效，说明译码器的最低位输入 A 恒为低电位，可能是其接地，或者处理器的地址引脚 A_{13} 存在故障，总是输出 0。

(3) $\overline{Y_0}$、$\overline{Y_1}$、$\overline{Y_2}$、$\overline{Y_3}$ 总是无效，这说明译码器的最高位输入 C 恒为高电位，可能是其接 V_{CC}，或者处理器的地址引脚 A_{15} 存在故障，总是输出 1。

6.4.2　提高主存储器访问带宽的方法

虽然人们在不断地研制更高速度的存储器，但是仍然赶不上高性能计算机对主存储器访问带宽的需求。所以需要立足于现有的存储器，通过引入并行存储器和"信息按边界对齐存储"技术来提高主存储器访问带宽。

1．并行存储器

常用的并行存储器有多端口 RAM（如双口 RAM）和多模块存储器。

（1）多端口 RAM

例如，双口 RAM 是具有两套独立的读/写控制逻辑的 RAM。双口是指两个独立的端口，左端口（L）和右端口（R）。它们分别具有各自的地址总线、数据总线和控制总线，可以对存储器中任何地址单元中的数据进行独立的存取操作。

当两个端口的访存地址不同时，这两个访问可以同时进行。当两个端口的访存地址相同时，发生访问冲突。这时由片内仲裁逻辑决定哪个端口先进行访问。

例如，每个端口设置 $\overline{BUSY}$ 控制线，对 $\overline{BUSY}$ 有效端口的读/写操作将被阻塞。初始化时，每个端口的 $\overline{BUSY}$ 控制线都是高电位。

当两个端口的访存地址相同时，片内仲裁逻辑决定其中一个端口优先，而将另一个端口的 $\overline{BUSY}$ 控制线置为低电位。一旦优先端口的访存操作完成，被阻塞端口的 $\overline{BUSY}$ 控制线复位为高电位，被延迟的访问得以进行。

双端口 RAM 常作为基于流水线处理器的计算机的主存储器。在某些计算机系统中，双端口 RAM 的两个端口被分别设定成面向 CPU 和 I/O 控制器。在多机系统中，常采用双端口 RAM 甚至多端口 RAM，实现多处理器对主存储器的共享。

(2) 多模块存储器

根据组成技术不同，多模块存储器可分为单体多字存储器和多体并行存储器两大类。

因为程序访问存在局部性，所以对相邻存储信息（如指令和数组元素）的使用往往是连续的。如果让多个存储器模块公用一套地址逻辑，则一个访存地址就可以把存储于多个存储器模块中相同地址单元的多个字一并读出，然后依次将它们送给以更高频率工作的处理器。通过这种方式将多个存储器模块组织在一起构成的存储器称为单体多字存储器。

典型的单体多字存储器如图 6-24 所示。它由 n 个容量相同、字长相同（w 位）的存储模块并联而成，公用同一个 MAR。这样，每个存储周期可以同时读出 n 个字（如 n 条指令），使访存带宽提高为单体存储器的 n 倍。

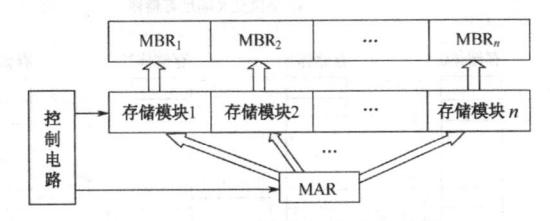

图 6-24 典型的单体多字存储器

多体并行存储器也由多个（如 n 个）容量相同、字长相同存储器模块组成，它与单体多字存储器的不同在于它的各存储器模块分别拥有独立的地址逻辑。只要连续访问的存储单元不在同一个存储器模块中，这些模块就可以相互错开 $1/n$ 周期启动、交叉（轮流）占用系统的地址总线、数据总线和控制总线，所以多体并行存储器也称为"模 n 交叉存储器"。

在理想情况下，模 n 交叉存储器的访存带宽可以达到单体存储器的 n 倍。如果连续访问的存储单元属于同一个存储器模块，则称发生访问冲突或存储器碰头。这时，多体并行存储器只能串行工作了。

由于模 n 交叉存储器提供的存储容量为单体存储器的 n 倍，因此系统的地址总线宽度要大于单体存储器的地址总线宽度，多出的那部分地址将用于生成不同存储体的体选信号。根据选择访存地址的高端或低端来生成体选信号，可以将模 n 交叉存储器分为高位交叉编址存储器和低位交叉编址存储器。

对于高位交叉编址存储器，访存地址的高 $\log_2 n$ 位作为"体号"，后面剩余的作为"体内地址"。相应地，对于低位交叉编址存储器，访存地址的低 $\log_2 n$ 位作为"体号"，前面剩余的作为"体内地址"。图 6-25 以 4 个存储体为例显示了不同编址方式的地址分配和逻辑实现。

由于指令和数据的存储及对它们的访问一般都是顺序的，因此采用低位交叉存储器可以将连续的指令和数据存储在不同的存储器模块中，有利于减少访问冲突。但是，低位交叉存储器的可靠性差。一旦一个存储体失效，整个存储空间将崩溃。

高位交叉存储器的优点是可靠性高。一个存储器模块失效只会影响存储空间的 $1/n$ 部分，不在这一部分的程序和数据照常工作。不过，高位交叉存储器的问题是发生访问冲突的概率高。连续的指令和数据往往存储在同一个存储器模块中，对它们的访问只能是串行访问。

因此人们提出了混合交叉策略，即将整个存储空间分成 m 部，每部含有 n 个存储器模块。访存地址的高 $\log_2 m$ 位作为"部号"，后面剩余的作为"部内地址"，这属于高位交叉。

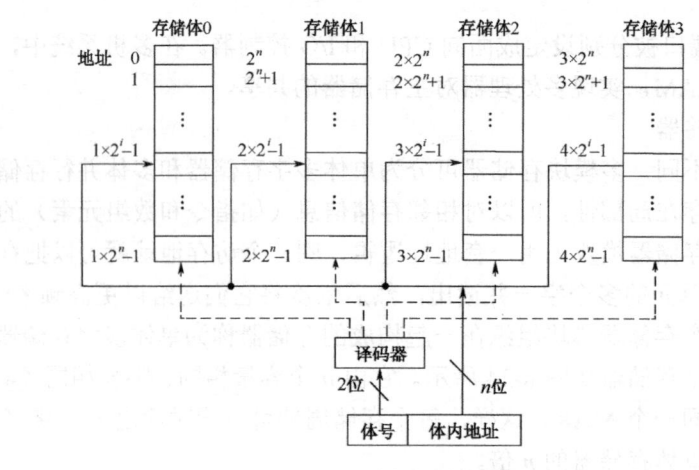

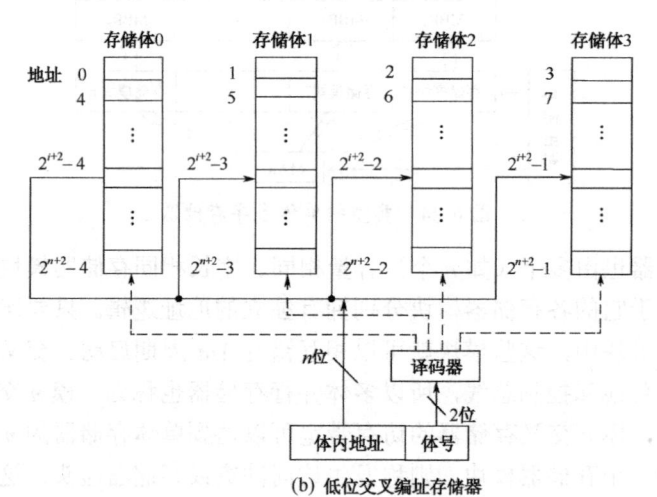

图 6-25 4 体交叉编址存储器

每部内的 n 个存储器模块采用低位交叉，即"部内地址"的低 $\log_2 n$ 位作为"体号"，前面剩余的作为"体内地址"。这样在保证一定的可靠性的同时，又减少了访问冲突。读者可以画出四体两部交叉编址存储器的逻辑示意图。

【例 6-12】 设 n 体交叉编址存储器中每个体的存储字长等于数据总线宽度，每个体存取一个字的存取周期为 T，总线传输周期为 t，T 与 t 的关系为（　　）。在交叉编址方式分别为高位交叉和低位交叉时，读取地址连续的 n 个字需要的时间分别是（　　）和（　　）。

A．$T = t$，$(n-1) \times T$，$T + n \times t$
B．$T = (n-1) \times t$，$(n-1) \times T$，$T + n \times t$
C．$T = n \times t$，$n \times T$，$T + n \times t$
D．$T = n \times t$，$n \times T$，$T + (n-1) \times t$

答：D 是正确答案。

2．"信息按边界对齐存储"技术

从上面的介绍可以看出，对于 n 体并行存储器，只要给出一个体内地址，就可以读出分布在 n 个体中的一行数据。这样，同一个信息只要分布在一行之内，就可以在一个存储周期中将其读出。一个不大的信息（如 2 字节长），如果跨行存储，也需要在两个存储周期内分别给出两个体内地址，才能读出。

以单体宽度为 1 字节、4 体并行存储器为例，保证双字节信息存储在一行之内的条件是其地址为偶数（即 2 的整数倍），4 字节信息存储在一行之内的条件是其地址为 4 的整数倍。当然，单字节信息可以存储在一行中的任意位置，即其地址为 1 的整数倍。

因此，通过规定信息的存储地址必须是其长度的整数倍，来将同一个信息的存储限制在 n 体并行存储器中一行之内，以提高主存储器访问带宽。这种技术称为信息按边界对齐存储。

【例 6-13】某类型为 float 的 C 语言程序变量 x=-1.5，存放于小端方式、按字节编址的主存中，地址为 0000 1000H。地址 0000 1000H 和 0000 1003H 中内容分别是什么？

答：根据 IEEE 标准 754，x=-1.5 =1 0111 1111 1000000 00000000 00000000B
$$= 1011\ 1111\ 1100\ 0000\ 0000\ 0000\ 0000\ 0000B$$
$$= B\quad F\quad C\quad 0\quad 0\quad 0\quad 0\quad 0H$$

在小端次序的主存中，变量占据 0000 1000H 到 0000 1003H 共 4 个字节单元，最低单元（0000 1000H）存放最低字节 00H，最高单元（0000 1003H）存放最高字节 BFH。

【例 6-14】（2012 年硕士研究生入学统一考试计算机专业基础综合考试试题）

某计算机存储器按字节编址，采用小端方式存放数据。假定编译器规定 int 和 short 型长度分别为 32 位和 16 位，并且数据按边界对齐存储。某 C 语言程序段如下：

```
struct{
    int  a;
    char b;
    short c;
} record;
record.a=273;
```

若变量 record 的首地址为 0xC008，则地址 0xC008 中的内容及 record.c 的地址分别为（　）。

A. 0x00、0xC00D　　　　　　　　B. 0x00、0xC00E
C. 0x11、0xC00D　　　　　　　　D. 0x11、0xC00E

注意：在 C 语言中，十六进制数用前缀 0x 表示。

答：record.a（值为 273=256+16+1=1 0001 0001B）的机器数为
$$0000\ 0000\ 0000\ 0000\ 0000\ 0001\ 0001\ 0001B = 0000\ 0111H$$

record 变量的首地址为 0xC008 就是其第一个成员变量 record.a 的地址。在采用小端方式存储数据的情况下，地址 0xC008 中的内容为 record.a 的低位字节，即 11H。

int 型数据长 32 位、占 4 字节，因此 record.a 存储在地址为 0xC008、0xC009、0xC00A、0xC00B 的 4 个单元中，满足"数据按边界对齐存储"的要求；char 型数据占 1 字节，所以 record.b 占用了地址为 0xC00C 的一个存储单元，满足"数据按边界对齐存储"的要求；record.c 为 short 型，占 16 位（2 字节），为了满足"数据按边界对齐存储"的要求，它必须在存储偶数地址单元中。而 record.b 的下一个单元的地址为 0xC00D，不是偶数，所以系统只能跳过这个单元，将 record.c 存储在偶数地址单元 0xC00E 中。故选 D。

6.4.3　奔腾微机主存储器

奔腾微处理器的数据总线宽度为 64 位，地址总线宽度为 36 位。对外的地址引脚为 $A_{35} \sim A_3$

和 8 字节能使信号 $BE_7 \sim BE_0$，比地址总线宽度为 32 位的 486 微处理器多出的 4 位地址 $A_{35} \sim A_{32}$ 并不作为物理地址使用，所以奔腾微处理器对应的物理存储空间仍是 $2^{32} = 4096 MB = 4 GB$。

考虑到系统软件兼容性，除了 128 KB 的系统程序区，存储空间被分成基本内存、保留内存和扩展内存三部分。图 6-26 是实际配备 16 MB 主存的奔腾 PC 物理主存空间分配图。

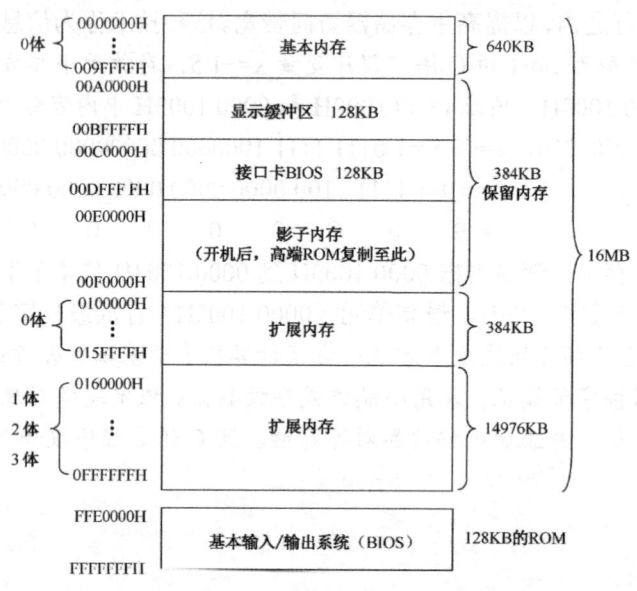

```
0体  { 0000000H
       ...        基本内存          640KB
       009FFFFH
       00A0000H
                  显示缓冲区 128KB
       00BFFFFH
       00C0000H                    384KB
                  接口卡BIOS 128KB  保留内存
       00DFFF FH
       00E0000H
                  影子内存
                  (开机后，高端ROM复制至此)        16MB
       00F0000H
0体  { 0100000H
       ...        扩展内存          384KB
       015FFFFH
1体
2体  { 0160000H
       ...        扩展内存          14976KB
3体    0FFFFFFH

       FFE0000H
                  基本输入/输出系统 (BIOS)   128KB的ROM
       FFFFFFFH
```

图 6-26 奔腾 PC 物理主存地址空间分配图

6.4.4 存储芯片的发展

1. 技术标准的发展

（1）快速页面模式内存（Fast Page Mode DRAM，FPM DRAM）

FPM DRAM 是一种在 486 时期被普遍应用的内存芯片，采用 72 线、5 V 电压，数据宽度为 32 位，基本速度在 60 ns 以上。

快速页面模式是指在一个读取周期内以"突发模式"传送来自同一行（也称为同一页）的 4 字节数据。从读取第 1 字节数据开始，行地址始终保持，依次发出 4 个不同的列地址。当开始传送第 4 个数据的时候，行地址和列地址相继失效，一个完整的读取周期方告结束。

1993 年，随着性能/价格比更高的 EDO DRAM 的出现，FPM DRAM 逐渐退出市场。

（2）扩充数据输出 DRAM（Extended Data Out DRAM，EDO DRAM）

EDO DRAM 是 Micron 公司的专利技术，采用 72 线或 168 线、5 V 电压，数据宽度为 32 位，基本速度在 40 ns 以上。传统的 DRAM 和 FPM DRAM 必须在行地址和列地址有效并稳定一段时间后，才能读/写数据，而下一个数据的地址必须等待当前读/写操作完成才能输出。通过在输出缓冲器流水线中增加了一站，EDO DRAM 不必等待当前读/写操作完成，只要规定的时间一到就可以输出下一个地址，从而缩短了整体的存取时间，存储带宽由 FPM DRAM 的最高 176 MB/s 提升到最高 264 MB/s。

（3）同步 DRAM（Synchronous DRAM，SDRAM）与双数据传输模式

内存的工作频率与处理器的工作频率不一致（不同步），所以处理器往往要等待若干时钟

周期才能与 EDO DRAM 完成数据交换。为此，人们研制了与处理器时钟同步的 SDRAM。同步还使存储控制器知道在哪个时钟脉冲期进行数据传输，所以数据传输可在脉冲上升沿就开始。

SDRAM 内存又分为 PC66、PC100、PC133 等不同规格，其中数字代表该内存能够同步的最大系统总线速度。比如，PC100 最高可以在系统总线为 100 MHz 的系统中工作。

双数据传输模式（Double Data Rate，DDR）是继 SDRAM 后产生的一种内存技术。原先的 SDRAM 采用的是单数据传输模式，即在一个时钟脉冲内，只在其上升沿进行一次操作（读或写）。DDR 则在上升沿进行一次操作，在下降沿再进行另一次操作。所以在一个时钟周期中，DDR 可完成 SDRAM 用两个周期才能完成的任务。理论上，同速率的 DDR 内存与 SDR 内存相比，性能超出 1 倍。

从外形上看，DDR SDRAM 与 SDRAM 相比差别并不大，它们具有同样的尺寸和同样的引脚距离。但 DDR 为 184 引脚，比 SDRAM 多出了 16 个引脚，主要包含新的控制、时钟、电源和接地等信号。DDR 内存采用的是支持 2.5 V 电压的 SSTL2 标准，而不是 SDRAM 使用的 3.3 V 电压的 LVTTL 标准。所以，DDR SDRAM 不向后兼容 SDRAM，需要专为它设计新的主板与系统。

DDR SDRAM 是在 SDRAM 基础上发展起来的，沿用 SDRAM 生产体系。对于内存厂商而言，只需对制造 SDRAM 的设备稍加改进，即可生产 DDR SDRAM，有效地降低了成本。

（4）增强型 DRAM（Enhanced DRAM，EDRAM）

EDRAM 在 DRAM 芯片的基础上增加了一个小容量的 Cache。图 6-27 给出了一个 1M×4 位的 EDRAM 芯片组成结构，其中包含一个 512×4 位的 SRAM 作为 Cache。

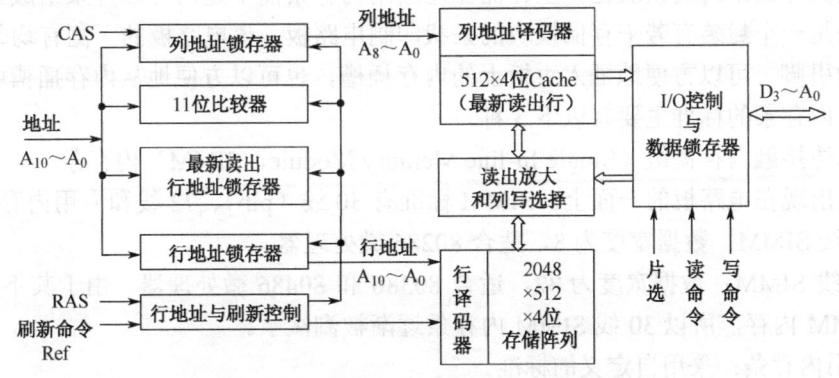

图 6-27 1M×4 位的 EDRAM 芯片组成结构

访问 1 MB 的存储空间需要 20 位的地址，但是为了降低对芯片引脚的占用，其中的高 11 位被作为行地址，低 9 位被作为列地址。这样，DRAM 存储阵列就被分成 2^{11}=2048 行，每行拥有 512×4 位的信息。

当访问这个 1M×4 位的 EDRAM 时，行地址通过 11 根地址引脚（$A_0 \sim A_{10}$）送入芯片内部，在"行选通 RAS"信号的作用下锁存在"行地址锁存器"和"最新读出行地址锁存器"中。经过一个读时间，目标行的 512×4 位信息就被读出到片内 Cache 中。随后，列地址被送入芯片内部，并在"列选通 CAS"信号的作用下锁存在"列地址锁存器"中。

当"读命令"信号有效时，9 位的列地址选中 512 个 SRAM 存储单元中的一个，将其中的 4 位信息读出到数据锁存器，进而送到数据总线上。

下一次访问时，输入的行地址首先与"最新读出行地址锁存器"中的内容进行比较。若相同，则表示 Cache 命中，由列地址从 Cache 中选择一个存储单元进行访问。否则，更新"最新读出行地址锁存器"中内容，并同时访问 DRAM，更新 Cache 中的内容，然后按照列地址访问 Cache。

通过在 DRAM 芯片中引入以 SRAM 实现的 Cache，可以加速对成块数据的访问。如果连续访问的内存地址高 11 位都相同，就说明目标数据都属于同一行，正保存在 Cache 中，只要改变列地址就可以连续地从 SRAM 中读出。

EDRAM 的结构还有两个优点：一是在访问 SRAM 的同时对 DRAM 进行刷新；二是数据输出路径（从 SRAM 到 I/O）与数据输入路径（从 I/O 到"列写选择和读出放大器"）是分开的，这就允许在写操作完成的同时启动对同一行的读操作。

（5）Rambus DRAM（RDRAM）

RDRAM 是美国的 RAMBUS 公司开发的一种内存芯片。与 DDR 和 SDRAM 不同，它的特点是缩小数据总线宽度（RDRAM 的数据存储位宽是 16 位，远低于 DDR 和 SDRAM 的 64 位），通过提高工作频率（400～800 MHz）来提高带宽。RDRAM 同样能在时钟的上升期和下降期各传输一次数据，内存带宽能达到 1.6 GB/s。

由于 RDRAM 与原有的制造工艺不兼容，增加了其制造成本，而且内存厂商要为生产 RDRAM 缴纳专利费用，这就导致 RDRAM 从一问世就因价格昂贵无法让普通用户接受。虽然 RDRAM 曾受到 Intel 公司的大力支持，但始终没有成为主流。

2．内存条

为了提高存储系统的模块化，主存储器逐渐用内存条而不是内存芯片来组成。

内存条是一个封装有若干存储模块的条状印制电路板，该电路板的一侧有均匀排列的金属触头作为引脚，可以方便地插入主板上的内存插槽，也可以方便地从内存插槽中拔出。

目前，内存条的标准主要有以下 3 种。

（1）单边接触内存模组（Single In-line Memory Module，SIMM）内存条

引脚只出现在电路板的一面上。SIMM 标准有 30 线（pin）、72 线和专用内存条三种。

- ❖ 30 线 SIMM：数据宽度为 8，适合 80286 微处理器。
- ❖ 72 线 SIMM：数据宽度为 32，适合 80386 和 80486 微处理器。由于其不兼容 30 线 SIMM 内存，所以 30 线 SIMM 内存条逐渐被淘汰了。
- ❖ 专用内存条：采用自定义的标准。

（2）双边接触内存模组（Dual In-line Memory Module，DIMM）内存条

电路板两面都有引脚。数据宽度为 64（无奇偶校验）或 72（带奇偶校验），只需要一片 DIMM 就可以构造一个 64 位数据宽度的主存储器。目前，DIMM 有以下 3 种。

- ❖ 标准 DIMM。每面 84 线，双面共 168 线，主要使用 SDRAM 模块，又称为 SDRAM 内存条。
- ❖ DDR-DIMM。每面 92 线，双面共 184 线。单条容量为 64 MB～2GB。
- ❖ DIMM 的新产品。双面共 200 线，数据宽度为 72 或 80，主要用于工作站和大型计算机。

（3）SODIMM

SODIMM 是一种小尺寸的 32 位内存条，仅有 72 线 SIMM 的一半，用于笔记本电脑。

例如，一个 EDRAM 存储模块的容量为 1M×4 位，8 片这样的存储模块可组成一个 1M×32 位（4 MB）的内存条，其组成结构如图 6-28 所示。4 个这样的内存条可组成 16 MB 的主存。

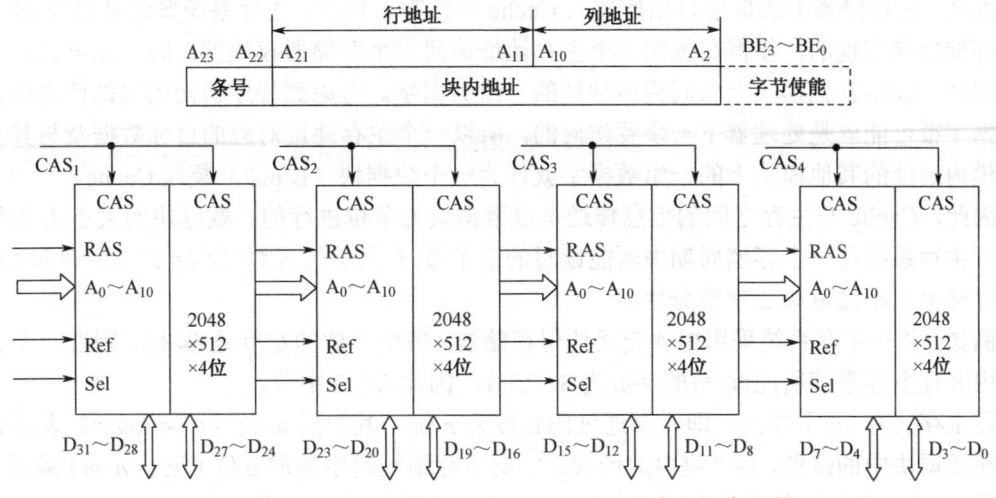

图 6-28 含 8 个存储模块的 1M×32 位内存条的组成结构

8 个存储模块公用片选信号 Sel、行选通信号 RAS、刷新信号 Ref 和地址信号 $A_0 \sim A_{10}$。每两个模块的列选通信号 CAS 连在一起，形成一个 1M×8 位的块组，共有 4 个块组。4 个列选通信号 $CAS_3 \sim CAS_0$ 分别连接微处理器送出的 4 个字节能使信号 $BE_3 \sim BE_0$，这 4 个信号的不同组合实现对内存条按字节、按半字（16 位）或按字的访问。当进行 32 位的读/写时，$BE_3 \sim BE_0$ 全部有效，对应访存地址的 A_1A_0 为 00（微处理器没有引脚 A_1A_0）。最高两位地址 $A_{23}A_{22}$ 作为内存条号，经译码后分别驱动 4 个内存条的选择信号 Sel。

6.5 高速缓冲存储器 Cache

为了满足用户对计算机系统高计算速度、大存储容量、低拥有成本的要求，绝大多数设计者采用先进设计方案和器件技术来制造处理器，使其具有更高的处理速度，而采用成熟的、低成本的技术来制造主存储器，以便用户可以用较低的成本拥有大容量的主存系统。这就导致主存储器的速度始终赶不上处理器的速度。

处理器每执行一条指令至少要访问主存一次，有的指令还要再次或多次访问主存，所以主存成为整个计算机系统的瓶颈。这个现象被称为"存储器墙"（Memory Wall）。为了解决这个问题，在主存与处理器之间增加一级高速缓冲存储器 Cache 是一种非常有效的办法。Cache 一般采用静态 RAM 实现，其容量一般为 32～256 KB，因此速度大大高于基于动态 RAM 的大容量的主存。1967 年，Gibson 在统计后提出设置 Cache 的思想。1969 年，Cache 在 IBM System 360/85 上首先采用。

6.5.1 Cache 的工作原理

Cache 的成功建立在存储器访问的"局部性原理"上。尽管 Cache 只能存放主存储器中的很少一部分信息的副本,但是由于"局部性原理"的存在,处理器经常访问的就是 Cache 中的这部分信息。Cache 的访问速度快,所以处理器访问信息的延迟大大缩短了。

那么,主存储器中的信息是如何装入 Cache 中的呢?目前,主存系统普遍是以模 M 交叉访问存储器来实现的,使得在按照一个主存地址访问一个存储器模块的同时,还可以在一个主存周期内读出其他模块上相同模内地址的一组数据字。考虑到程序访问的局部性原理,这组数据字很可能就是处理器下一步要访问的,所以一个主存地址对应的目标数据及与其具有相同模内地址的其他模块上的一组数据字就作为一个数据块(Block)装入 Cache。

因此,Cache 与主存之间的信息传送是以数据块为单位进行的,数据块的大小 L 正好等于并行主存系统在一个存储周期中所能读写的字节数,L 是 2 的幂数(设 $L=2^m$)。主存和 Cache 中的存储单元都按每块 L 字节分块。

例如,并行主存系统采用模 4 交叉访问存储器,每个分体的宽度是 64 位,则在一个存储周期内并行主存系统所能读/写的字数为 32 字节,因此 $L=32$ 字节。

设主存共有 $2n$ 个单元,即主存地址码长度为 n 位。其中后 m 位($m = \log_2 L$)表示目标数据在数据块中的位置,即"块内地址 N_{mr}"。则主存地址码中的前 c 位(记 $c=n-m$)就是"主存块号 N_{mb}",表示主存共分成 $M=2n/L=2n-m=2c$ 块。每块有一个块的编号。

在 Cache 中,存放数据块的存储区域称为"槽(Slot)"或"行(Line)"。由于处理器访存是针对一个数据字的,因此在 Cache 内部存储体的访问地址中需要设置"槽内偏移量 N_{cr}"来指明要访问的是数据块中的哪个字。

设 Cache 的总"槽"数为 S($S=2k$),每个槽有 L 字节。Cache 内部存储体的访问地址由两部分组成:k 位的 Cache 槽号 N_{cb} 和 m 位的槽内地址 N_{cr},如图 6-29 所示。

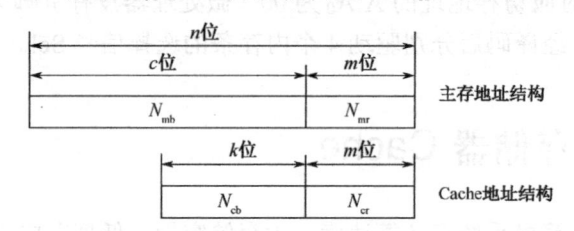

图 6-29 Cache 和主存储器的地址结构

因为 Cache 容量比主存容量要小得多,即 $S \ll M$,所以"槽"少"块"多,Cache 的某一个槽就要被主存中若干块分时共享,而不可能固定地长期存放主存的某一个块的内容。所以,一个槽中存放的内容是变化的。

处理器、Cache 和主存的组成结构可以有两种方案:旁视式(Look-aside)和透过式(Look-through),分别如图 6-30 和图 6-31 所示。注意:图中的 Cache 与主存之间的信息交换都以块为单位,Cache 与处理器之间的信息交换以字为单位。

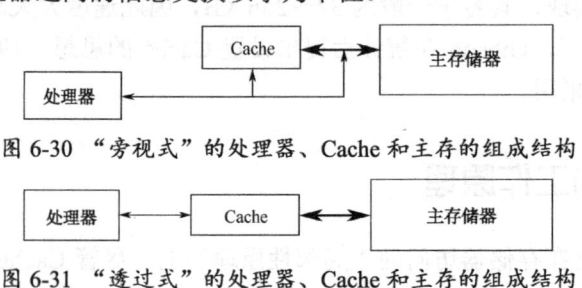

图 6-30 "旁视式"的处理器、Cache 和主存的组成结构

图 6-31 "透过式"的处理器、Cache 和主存的组成结构

旁视式的优点是 Cache 不命中时，不会在处理器和主存之间增加额外的传送时间。它的缺点是每次访存都要占用系统总线，增加了系统总线的负荷。

透过式的优点是降低了系统总线的负荷，这在多处理器系统中尤为重要。它的缺点是 Cache 不命中时，需要先将数据从主存取到 Cache，处理器再次访问 Cache 来取数据。

下面以处理器要读取主存储器中的一个数据字为例，说明 Cache 的工作原理。

旁视式 Cache 的内部结构如图 6-32 所示。当处理器从主存储器中读取一个数据字时，处理器通过地址总线同时向 Cache 和主存储器发出访存地址。Cache 在接收到访存地址后将其划分为主存块号 N_{mb} 和块内地址 N_{mr}，然后通过主存 - Cache 地址映像变换机构判断该主存块是否在 Cache 中。

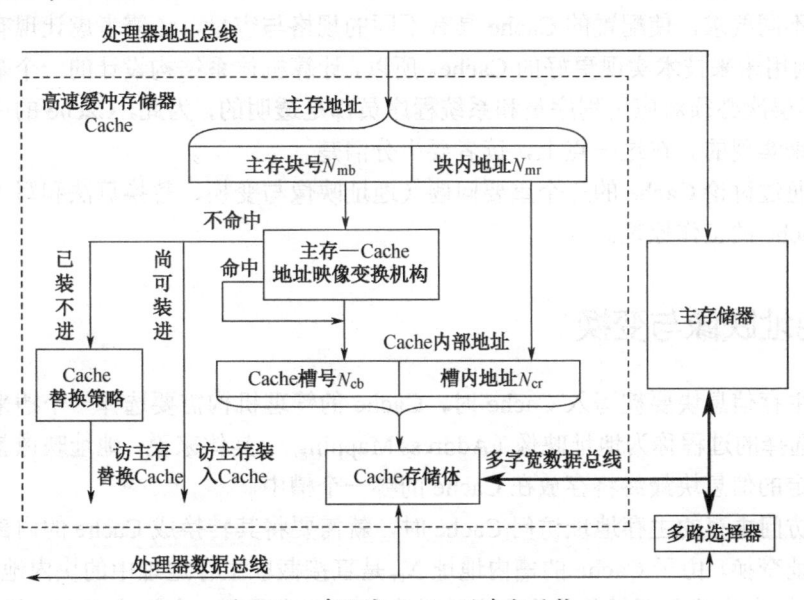

图 6-32　旁观式 Cache 的内部结构

若在，则表明 Cache 命中，生成有效的 Cache 内部地址，按此地址访问 Cache 内部存储体，读取目标数据，将其通过数据总线送给处理器，同时通知主存储器停止访存操作。

否则，说明 Cache 不命中，即 Cache 失效。这时，处理器当 Cache 不存在，在等待了一个标准的主存周期时间后，就会从主存储器中直接读到目标数据。

由于访问一次主存储器可以把包含有目标数据字的整个数据块全部读出，因此 Cache 不命中时，一方面访问主存操作照常进行，另一方面 Cache 地址映像变换机构将判断 Cache 存储体是否有空闲的存储空间，即空闲的槽。

若有空闲槽，则在把目标数据字送给处理器的同时，将一并读出的数据块通过主存与 Cache 之间多字宽的数据通路写入 Cache 存储体内的一个空闲槽中，并将地址映像信息记录在主存 - Cache 地址映像变换机构中，供下次访问 Cache 使用。由于对主存储器的访问具有局部性，在这以后的若干次存储访问中，处理器要读取的数据字位于刚刚取到 Cache 内的数据块中的可能性很大。这样，处理器下次再访问主存，基本上会在 Cache 中命中了。

若没有空闲槽，则 Cache 内部的控制机构将采用某种替换策略，从 Cache 存储体的全体槽中选择一个，将其中的数据块替换回主存，这样就可以腾出一个槽位来接纳即将从主存中读出的数据块。替换策略及其实现将在后继内容中详细介绍。

对于透过式 Cache，当处理器从主存储器中读取一个数据字时，它的访存地址只会被 Cache 接收。若该地址对应的数据字在 Cache 中，则访问 Cache 中的存储体，读取目标数据字，然后将其送给处理器。否则，处理器等待一个标准的主存周期，从主存储器中把包含目标数据字的整个数据块从主存读入 Cache，处理器再访问 Cache，用一个 Cache 访问周期读到目标数据字。

依据存储器访问的局部性原理，如果调度得当，Cache 的命中率可以很高，在这样一个由 Cache - 主存储器组成的存储器层次中，处理器好像是访问一个速度接近 Cache、容量等于主存容量的虚拟存储器。

早期的机器中并没有 Cache，虽然后来引入了 Cache，但同一类型的机器也会因用户对性能和价格的不同要求，使配置的 Cache 具有不同的规格与容量，还需考虑让现有机器能够直接、简单地利用未来技术实现更好的 Cache。所以，计算机体系结构设计的一个基本观点是：Cache - 主存层次必须对应用程序员和系统程序员都是透明的，为此，Cache 的所有操作过程都是由硬件来实现的。在这一点上，读者要十分清楚。

下面将通过讨论 Cache 的三个重要问题（地址映像与变换、替换算法和写入策略）来进一步说明 Cache 的工作原理。

6.5.2 地址映像与变换

当一个主存信息块要被写入 Cache 时，Cache 的管理机构需要选择一个槽来存放这个信息块，这个选择的过程称为地址映像（Address Mapping）。具体来说，地址映像就是确定主存中的一个特定的信息块最终将存放在 Cache 的哪一个槽中。

当按照访问主存的主存地址访问 Cache 时，就需要将其转换成 Cache 的内部地址。这个过程就是地址变换。由于 Cache 的槽内地址 N_{cr} 是直接截取主存地址中的块内地址 N_{mr}（后 m 位），因此地址变换的主要任务是将主存地址中的主存块号 N_{mb} 变换成 Cache 槽号 N_{cb}。

目前，地址的映像与变换都是借助地址映像表来实现的，这个地址映像表记录每个 Cache 槽的槽号与其中存放的主存块的块号之间的对应关系。地址映像的核心操作是填写这张表，地址变换的核心操作就是查找这张表。

由于地址映像与变换操作是 Cache 存储体之外的操作，若费时较长，将明显延长 Cache 访问周期，降低 Cache 的速度，因此对 Cache 地址映像与变换的第一个要求是速度要快。

为此，**Cache 地址映像与变换全部用硬件来实现**，这不仅能加快速度，还能使地址映像与变换对于应用程序员和系统程序员都是透明的。

地址映像与变换算法有 4 种：全相联映像（Fully Associative Mapping）、直接映像（Direct Mapping）、组相联映像（Set Associative Mapping）和段相联映像（Segment Associative Mapping）。

1. 全相联映像与变换

全相联映像是指 Cache 中的任何一个槽可以与主存中的任意一个信息块相联系，即任意一个主存信息块允许存放到 Cache 中的任何一个槽中。在全相联映像中，当一个主存信息块想进入 Cache 时，地址映像将为它寻找一个空闲的槽（槽号），若寻找成功，则主存信息块进驻（占据）这个槽。否则表明 Cache 已满，即所有的槽（槽号）都已经被占用。这时，就要通过替换算法在全部槽中选择一个将其中信息块替换回（写回）主存中。

全相联映像的地址映像表由 Cache 槽号 N_{cb} 及主存块号 N_{mb} 组成。当主存信息块被装入到 Cache 时，它的 N_{mb} 及其所在槽的 N_{cb} 将被记录在地址映像表中。

全相联映像的地址变换是通过查地址映像表来完成的，查表的输入是信息块的主存块号 N_{mb}，查表的输出是 Cache 槽号 N_{cb}，如图 6-33 所示。

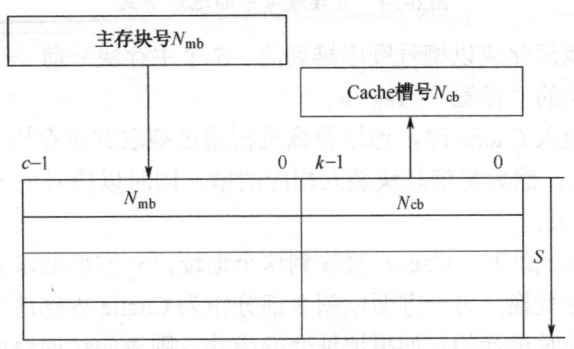

c 为主存块号的位数，k 为Cache槽号的位数，S 为Cache中槽的总数

图 6-33　全相联映像的地址变换

对"地址映像表"的查找是按照其存储内容来进行的，所以该表采用相联存储器来实现。当 Cache 接收到处理器发出的主存地址时，它将截取其中的主存块号 N_{mb}，并将其送入相联存储器进行查表。

若主存块号 N_{mb} 同表中某行中的 N_{mb} 相同，则表明这次访问命中，要访问的信息就存储在该行 N_{cb} 对应的槽中，读出这个 N_{cb}，与槽内地址 N_{cr} 拼接，即可得到 Cache 内部地址。按此地址访问 Cache 存储体，就可得到目标信息。

否则，表明 Cache 失效，目标信息块尚未装入 Cache。

由于加电后"地址映像表"中的内容是随机的，为了防止 Cache 误命中，还需要为每个表项设置一个有效位（Valid bit，V）。加电时，所有表项的有效位都要先清成 0。访问有效位为 0 的表项，无论相联比较是否成功，都算访问失效。只有在因访问失效而将主存信息块装入 Cache 后，信息块所对应表项的有效位才被置成 1。

全相联映像的优点是 Cache 的空间利用率最高。只要存在空闲的槽，主存块就可写入Cache。其主要缺点是查表费时较长。实际上，要实现一个容量为 $S×(c+k)$ 的相联存储器，不但成本很高，而且相联比较的延迟时间很长。

2. 直接映像与变换

为克服全相联映像的缺点，提高地址变换速度，直接映像算法应运而生。

对于主存中一个特定的信息块，直接映像是指它只能与一个特定的 Cache 槽相联系，即只能存放在一个特定的槽中，这个槽的槽号 N_{cb} 就是该信息块的主存块号 N_{mb} 后 k 位（k 为 Cache 槽号的位数）。地址映像的公式为：$N_{cb}=N_{mb} \bmod 2^k$。这是最简单的映像方法。

直接映像的地址格式如图 6-34 所示。

一个特定的主存信息块只能存放在一个特定的 Cache 槽中，所以地址映像表可以做得按 Cache 槽号 N_{cb} 顺序排列而成。访问这个表可以槽号为地址，所以地址映像表可采用按地址访问的存储器来实现。又因为槽号与主存块号的后 k 位是重复的，所以都可以省略，这样直

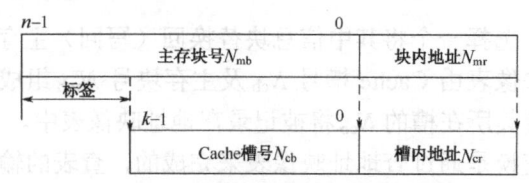

```
       n-1                              0
    ┌──────────────────────┬──────────────┐
    │   主存块号 N_mb       │ 块内地址 N_mr │
    └──────────────────────┴──────────────┘
    ├──标签──┤
          k-1            0
       ┌──────────────┬──────────────┐
       │ Cache槽号 N_cb│ 槽内地址 N_cr │
       └──────────────┴──────────────┘
```

n 为主存块号的位数，k 为Cache块号的位数

图 6-34 直接映像中的地址格式

接映像的地址映像表就简化成以槽号顺序排列的、S 个主存块号前 $n-k$ 位组成的一维表，这前 $n-k$ 位被称为主存块的"标签"(Tag)。

当一个主存块被装入 Cache 时，地址映像机构通过截取其主存块号 N_{mb} 的后 k 位获得存放它的 Cache 槽号 N_{cb}，然后将信息块装入相应的槽，同时以槽号为地址将 N_{mb} 的前 $n-k$ 位（标签）写入地址映像表。

当处理器发出访存地址时，Cache 接收到这个地址，一方面截取其中的标签，送入地址映像变换机构进行地址变换，另一方面以剩余部分作为 Cache 内部地址开始访问 Cache 存储体，这两部分工作是同时进行的。如果地址变换成功，则表明访问命中，将访问 Cache 存储体得到的信息送往处理器。否则表示访问不命中，取消访问 Cache 存储体所得到的结果，等待访问主存得到的信息块。

基于与全相联映像相同的原因，直接映像的地址映像表的每个表项也设置了一个有效位，仅当有效位为 1 时，访问才算命中。直接映像的地址变换如图 6-35 所示。

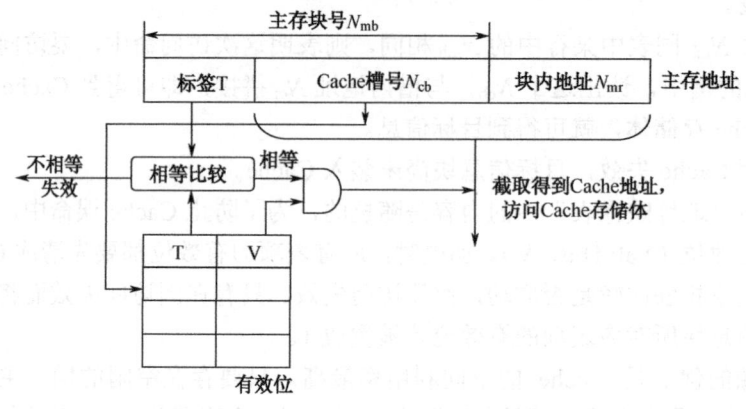

图 6-35 直接映像的地址变换

由于访问 Cache 存储体与地址变换同时进行，映像规则简单，易于硬件实现，且可采用按地址访问的存储器，因此直接映像的优点是速度快、成本低。缺点是 Cache 的空间利用率最低，因为每个主存块只能固定地存放到一个特定的、取决于块号中后部内容的槽中。若两个或两个以上的主存块号中的后部内容相同，则发生 Cache 块冲突，即主存信息块将进驻的 Cache 槽已经被另一个信息块占据，而按照映像规则，这个信息块只能进驻这个槽。这样就会导致某些槽竞争激烈，其余槽却无人问津，Cache 中空闲槽很多却无法使用，Cache 的利用率变得很低。

当发生块冲突时，后来的主存块将要把其目标槽中的前一个主存块"顶"回到主存中，然后才能将自己装入 Cache。由于存储器访问存在局部性，前一个主存块很可能还要被使用，它很可能还要重复同样的操作。这样，相应的主存块就会在同一个槽中不断地换入、换出，刚刚访问的块，过一会儿再访问时，却已经不在 Cache 中了，Cache 命中的概率大大降低。

所以，Cache 块冲突发生的概率要低、Cache 的空间利用率要高，是对 Cache 地址映像算法的第二个要求。当然，映像算法还应该满足实现简单、成本低等方面的要求。

综上所述，全相联映像和直接映像的优缺点正好相反。就块冲突发生的概率而言，全相联映像最低（只有在 Cache 中的槽全部被占用时才会发生），而直接映像最高。就空间利用率而言，全相联映像最高，而直接映像最低。就访问速度而言，全相联映像最低，而直接映像最高。就实现成本而言，全相联映像最高，而直接映像最低。

因为在全相联映像中，参与地址变换的位数最长（整个主存块号 N_{mb}）；而直接映像中，参与地址变换的位数最短（主存块号 N_{mb} 中的高 $n-k$ 位）。

显然，改进的思路是对这两种方法进行折中，既适当保持两者的优点，又尽量弱化两者的缺点。所以，改进的方法是将全相联中完全参与地址变换的主存块号 N_{mb} 的一部分取出（通常在低 k 位中取，而且这部分的长度小于 k 位），令其直接成为 Cache 内部地址中 Cache 槽号的一个组成部分。这样，参与地址变换的地址位数就小于全相联的情况，大于直接相联的情况。

如果取出的部分直接成为 Cache 槽号的高位，则相应的方法就称为组相联映像。反之，成为 Cache 槽号的低位，则相应的方法就称为段相联映像。

3. 组相联映像与变换

组相联映像是把 Cache 存储体分为若干组，每组有若干槽。假定分为 g 个组，每组中有 b 个槽。则主存储器中的信息块先按 $g \times b$ 块分区，然后区内按 b 的规模也分成 g 组。所以，主存中的一个区就等于 Cache 存储体的容量，主存中的组与 Cache 中的组拥有相同的块（槽）数。所谓组相联映像就是主存中的组与 Cache 中的组之间是直接映像，主存组中的块与 Cache 对应组内的槽是全相联映像。

在组相联映像法中，主存地址被划分为主存区号 q、区内的组号 g_m、组内块号 b_m 和块内地址 N_{mr} 四部分，Cache 内部地址被划分为组号 g_c（常称为组索引 Index）、组内块号 b_c 和槽内地址 N_{cr} 三部分，其中 $N_{mr}=N_{cr}$。

组之间是直接映像，所以 Cache 内部地址中的组号 g_c/组索引 Index 是直接从主存地址截取 g_m 而得的。由于只在组内是全相联，组相联的地址映像表可以按组分开，每个组用一个小的相联存储器来存储小组的地址映像表，这样可以减小相联比较的延迟。

组相联映像地址变换的示意图如图 6-36 所示，其中地址映像表中也设置有效位 V。

由于相联存储器的成本较高，因此组相联映像的地址变换采用按地址访问的存储器来实现相联比较，其中存储器是单体多字并行存储器。每组的地址映像表占用存储器中的一行，行中存储单元的个数就是组中块（槽）的个数。图 6-37 是一个块数 $b=2$ 的组相联地址变换示意图。可以看出，从存储器中读出的数据分 2 路进行相等比较，所以人们常用相等比较的路数来区分不同的组相联方法，即根据组内块数 b 将组相联方法俗称为 b 路组相联。

在实际应用中，组相联映像采用了一种更简化的实现方案：主存地址由四段改为三段构成，由高到低，依次是标签/标识（Tag）、组号/组索引（Index）和块内地址。Cache 的槽内地址和组索引都是直接截取主存地址中的块内地址和组索引而得的。这种组相联映像的实现方法称为位选择组相联映像，是目前主流的实现方法，如图 6-38 所示。

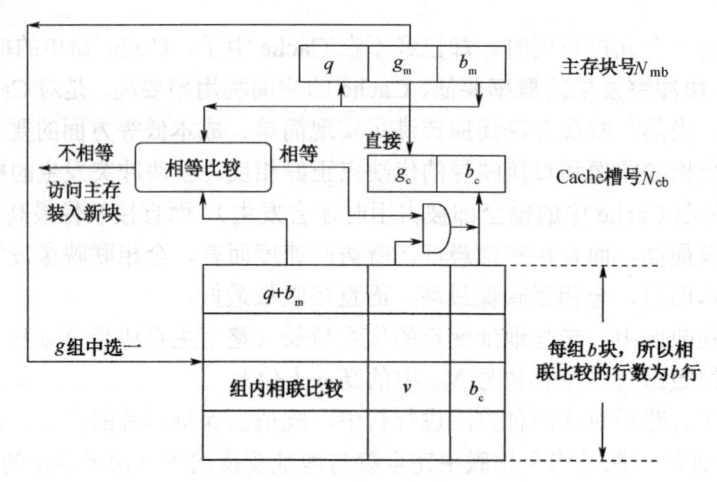

图 6-36 组相联映像的地址变换

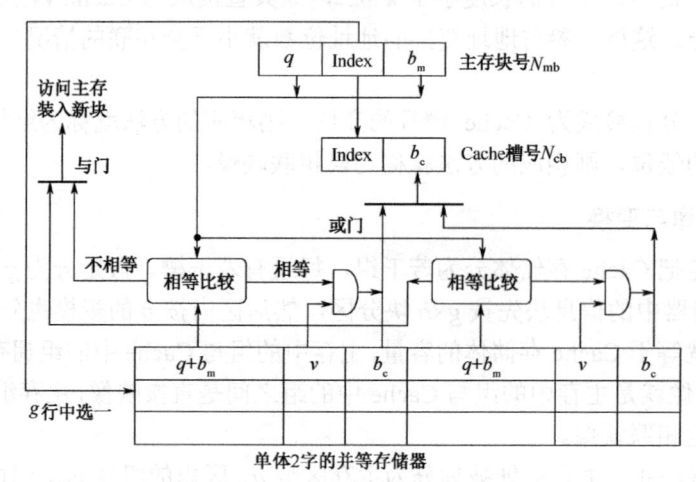

图 6-37 组相联映像地址变换

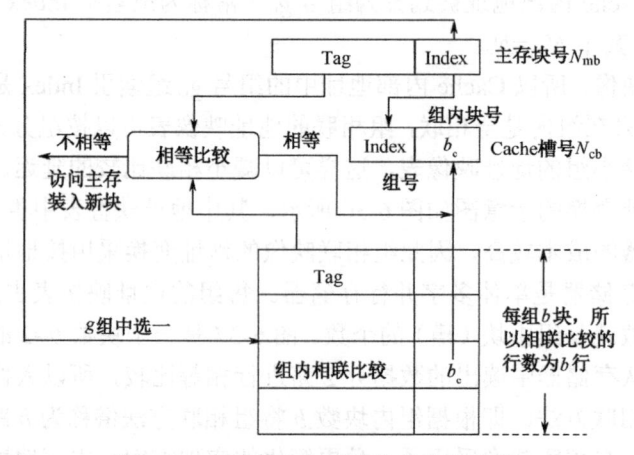

图 6-38 位选择组相联映像的地址变换

组相联映像在成本上比全相联映像要低得多,而在性能上接近于全相联映像,目前得到了广泛的应用。

设计组相联映像的核心工作就是确定组数 g 和组内块数 b 的值,主要考虑的因素包括

Cache 命中率、地址变换速度、映像表的复杂性与实现成本、块冲突概率和映像方案等。在 Cache 容量和块（槽）的大小都已经确定的情况下，Cache 的总槽数 s 就确定了，这时组数 g 和组内块数 b 成反比关系，bg=s，g 越大，b 就会相应地变小，g 越小，b 就会相应地变大。一般情况下，组内块数越多（b 越大），Cache 命中率就越高，块冲突概率越小，但所需的相等比较电路就越多，映像表越复杂，成本就越高，地址变换速度就越慢。

通常，组数 g 和组内块数 b 需要在典型的应用负载下通过模拟来确定。

表 6-2 是几种典型的计算机系统中 Cache 的组数 g 和组内块数 b 的设计结果。

表 6-2 几种典型的计算机系统中 Cache 的组数 g 和组内块数 b 的设计结果

计算机系统	组内块数 b	组数 g	计算机系统	组内块数 b	组数 g
DEC VAX-11/780	2	512	Intel 80486	4	512
Amdahl 470V/6	2	256	Intel Pentium	2	256
Honeywell 66/60	4	128	Intel Pentium Pro	指令 Cache：4 数据 Cache：2	256
Amdahl 470V/8	4	512	IBM PowerPC 601	8	1024
Amdahl 470V/7	8	128	IBM PowerPC 603	2	256
IBM S370/168-3	8	128	IBM PowerPC 604	4	512
IBM 3033	16	64	IBM PowerPC 620	8	512

实际上，直接映像和全相联映像是组相联映像的两个极端情况。当组的规模最小（b=1）时，就是直接映像，这时组数等于槽数（g=s）。当组的规模最大（b=s）时，即整个 Cache 是一个组（g=1），就是全相联映像。显然，直接映像的块冲突概率最高，组相联次之，全相联最低。但复杂程度的顺序正好相反。在 Cache 容量和块（槽）的大小都已经确定的情况下，组数 g 增加，性能向直接映像靠近；组数 g 减少，性能向全相联映像靠近。

4．段相联映像与变换

首先需要明确的是：组相联是把从主存地址中截取的部分映像成 Cache 槽号的高位，而段相联是把从主存地址中截取的部分映像成 Cache 槽号的低位。

在段相联映像中，Cache 存储体按照一定的规模被分为若干段，每段有若干槽，设每段有 b 个槽。同样，主存空间也按照 b 个块的规模划分成段，即主存中的段与 Cache 中的段拥有相同的块（槽）数。所谓段相联映像就是主存中的段与 Cache 中的段之间是全相联映像，主存段内的块与 Cache 段内的槽之间是直接映像。

这时，主存地址被划分为主存段号 Z_m、段内块号 b_m 和块内地址 N_{mr} 三部分，Cache 内部地址被划分为 Cache 段号 Z_c、段内块号 b_c 和槽内地址 N_{cr} 三部分，其中 $N_{mr}=N_{cr}$。

根据段相联映像的定义，一旦主存中的一个段与 Cache 中的一个段建立了相联关系，则主存段内的块与 Cache 段内的槽是直接相联的，即 $b_m=b_c$。所以，Cache 内部地址中的段内块号 b_c 和槽内地址 N_{cr} 是直接截取主存地址中的段内块号 b_m 和块内地址 N_{mr} 而得的。可见，段相联可抽象地看成主存段号 Z_m 和 Cache 段号 Z_c 的全相联。

设 Cache 共 k 段，每段有 b 个槽，则段相联地址映像表共 k 行，每行由主存段号 Z_m（即段标签）和 b 个槽中信息块所在 Cache 段的段号 Z_c 组成。

当一个主存信息块被装入到 Cache 时，段相联地址映像将根据其段内块号为它在 Cache 各段中寻找一个对应的、空闲槽，若寻找成功，则主存信息块进驻这个槽，它的主存段号 Z_m

被作为段标签,连同该槽所在 Cache 段的段号 Z_c,一同被记录在地址映像表中。否则表明 Cache 已满,即所有段中的对应的槽都已经被占用。这时就要通过替换算法在全部段中选择一个,将其中对应槽的信息块替换回(写回)主存。

当访问 Cache 时,一方面用主存地址中的段号 Z_m 与地址映像表中的各段标签做相联比较,另一方面以主存地址中的段内块号 b_c 为地址并行访问地址映像表中对应槽的段号 Z_c。若相联比较成功,则说明目标信息块存储在 Cache 中,就读出对应槽的段号 Z_c,生成 Cache 内部地址。否则,发出 Cache 块失效信号,访问主存储器。

当然,表中的每项都附加上一个有效位,用来区分主存段号与 Cache 段号建立起来的映像关系是否有效,即已经存放在 Cache 中的这个块是否是主存信息块的有效副本。当发生段失效时,要把本段内所有块的有效位全部清除,使原来本段内各槽与主存信息块建立起来的映像关系全部作废,以便与主存中新的段重新建立映像关系。

段相联映像地址变换示意图如图 6-39 所示。不难看出,段相联与组相联在本质上的差别就是主存块号 N_{mb} 中用于直接映像的部分,在段相联映像中构成了 Cache 槽号 N_{cb} 的后一部分,而在组相联映像中构成了 Cache 槽号 N_{cb} 的前一部分。

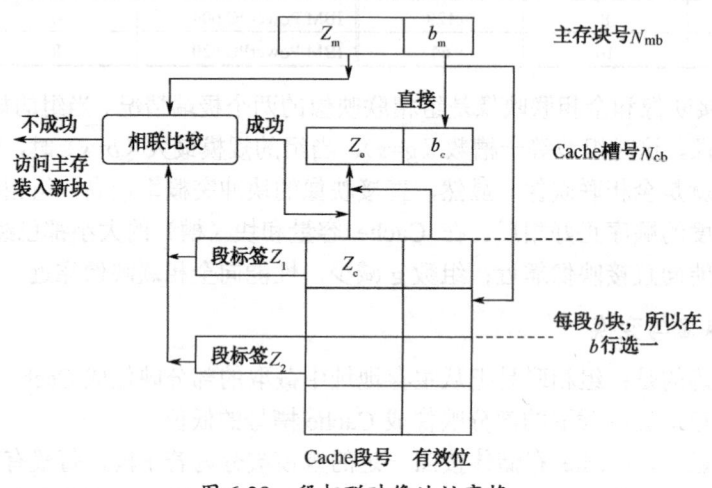

图 6-39 段相联映像地址变换

在段相联映像中,通常把段内块数定得较大,使得 Cache 存储体中段的数目较少(不超过 16),这样可减少相联比较的行数。采用段相联映像的主要优点是相联存储器的容量小,实现起来成本较低。

当然,段相联映像也有它的缺点,就是当发生段失效时,要把本段内各槽原先已经与主存储器中信息块建立起来的映像关系全部作废。由于段相联映像中每个段拥有的块(槽)的数目较大,因此这个损失很大。

【例 6-15】(2009 年硕士研究生入学统一考试计算机专业基础综合考试试题)

某计算机的 Cache 共有 16 块,采用 2 路组相联映射方式(即每组两块),每个主存块大小为 32 字节,按字节寻址,主存单元 129 所在主存块应装入到的 Cache 组号是(   )。

A. 0   B. 1   C. 4   D. 6

答:Cache 有 16=2^4 块,每个主存块大小为 32=2^5 字节,按字节寻址,则 Cache 地址长度为 4+5=9。其中低 5 位为块内地址。同理,主存地址中低 5 位也是块内地址(即倒数第 5~1

位)。

对于 2 路组相联映射（即每组两块），组内块号仅占 1 位，即 Cache 地址中倒数第 6 位为组内块号，则 Cache 地址中剩余部分，即前 3 位（或倒数第 9~7 位），为组号（Index）。

对于目前实用的组相联映射方法，n 位长的 Cache 组号是直接截取主存单元地址中块内地址字段之前的 n 位而得的。本题中，$n=3$，主存地址中的倒数第 8~6 位为组号。

地址 129=100 00001B，其中倒数第 8~6 位为 100B=4，则 Cache 组号为 4。故选 C。

6.5.3 替换算法

当一个新的主存块要写入 Cache，而允许这个主存块写入的各特定的槽都已被其他主存块所占用时，Cache 的控制机构则要选择一个特定的槽，并将其中主存块作为替换对象（Victim）写回主存去，以腾出空间接纳新的主存块。

对于直接映像方法，这个问题容易解决，因为只有一种选择，就是替换唯一的那个特定槽中原有的主存块。对于全相联映像、组相联映像和段相联映像则相对麻烦，因为全相联映像要在所有 Cache 槽中选出一个槽，组相联映像要在新信息块对应组的所有槽中选出一个槽，段相联映像则要从所有段中新的信息块对应的槽中选出一个槽，来进行替换。

Cache 替换算法的效果直接影响 Cache 的命中概率。理想的替换算法应该是把不再需要访问的信息块或者在"将来一段很长的时间内"不会被访问的信息块从 Cache 中替换回主存，而把那些近期将要被访问的信息块留在 Cache 中。但事实上，程序的访存行为很难甚至是不可能预测的。所以，理想的替换算法是不可能在实际应用中实现的，只能用于事后验证实际采用的替换算法的效果。

Cache 的访问要求有很高的速度，所以在 Cache - 主存层次中，替换算法都是用硬件实现的，故替换算法的设计在保证有高的命中率的同时，还应追求简单、快速、易于硬件实现。

可行的替换算法很多，这里主要介绍常见的三种。

1. 近期最少使用算法（Least Recently Used，LRU）

LRU 算法是选择近期最少使用的信息块作为替换的目标块。因为一般情况下，如果一个块中的任何内容最近都没有被访问，那么这个块在"将来一段很长的时间内"被访问的可能性很小，所以选择将它替换回主存比较合理。

理论上，用这种方法需要记录比较多的使用情况历史信息，但是这样实现起来比较复杂，所以实践中往往选择一些比较简便的实现方法。例如，为每个块（槽）设置一个计数器，当 Cache 复位时，计数器清 0。当一个块被访问时，其计数器置为最大值，其他计数器值减 1（若计数器值已经为 0，就保持 0）。需要替换时，选择计数器值最小的块。若有多个块的计数器值同为最小值，则随便选择其中一个替换。

对于 2 路组相联来说，还有一种更简便的实现方法，只要为每个槽附设一个"使用位"即可。当某一个槽中的数被访问时，把这个槽的"使用位"置 1，把同组中另一个槽的"使用位"清 0。需要替换时，就替换"使用位"为 0 的那个槽。

2. 先进先出算法（First In First Out，FIFO）

FIFO 算法是选择最先进入（存放时间最长）的块替换。这种算法的优点是易于用硬件实现，如用一个循环移位寄存器即可做到。这种算法最大的缺点是不能反映程序的局部性，因为最先进入的信息块往往是最经常需要访问的信息块。

3. 随机替换算法（Random）

这种算法不考虑各信息块的实际使用情况，随机选择一个槽来替换。这是最简单的一种替换算法。例如，有的计算机采用由硬件实现的伪随机数产生器来产生所替换槽的槽号，这样不仅能满足随机替换的要求，还使得替换行为可以再现，便于硬件设计的调整与调试。模拟研究表明，随机替换算法虽比根据使用情况的替换算法要差些，但差得不多。

例如，PDP-11/70 的 Cache 采用组相联映像，每组 2 块。当发生块冲突时，由一个 2 态的随机数发生器从组内的 2 块中随机选择 1 块替换出去。

【例 6-16】（2012 年硕士研究生入学统一考试计算机专业基础综合考试试题）

假设某计算机按字编址，Cache 有 4 个行，Cache 和主存之间交换的块大小为 1 个字。若 Cache 的内容初始为空，则采用 2 路组相联映射方式和 LRU 替换算法，当访问的主存地址依次为 0、4、8、2、0、6、8、6、4、8 时，命中 Cache 的次数是（　　）。

A. 1　　　　　B. 2　　　　　C. 3　　　　　D. 4

答：Cache 有 4 个行（即组），2 路组相联映射，则每行 2 块/槽。因为每块 1 个字，则 Cache 容量为 4×2×1=8 个字，Cache 地址长 3 位，前 2 位为组号/行号/行索引（Index），最后 1 位为块号/槽号，没有块内地址。

在组相联映射中，组间是直接相联，即主存地址的最后 2 位为组号，它将直接成为 Cache 地址中的行号。组内是全相联，即 1 个块进入 2 个槽中的哪个都可以。哪个槽空闲，就进入哪个，哪个槽最近最久没有被访问，就替换哪个。

① 主存地址为 0（即 0000B）的块，Cache 失效。它将被装入 Cache 第 0 行。由于 Cache 初始为空，它将进入第 0 槽，对应 Cache 地址为 000B。

② 主存地址为 4（即 0100B）的块，Cache 失效。它将被将装入 Cache 第 0 行。由于第 0 槽已被占用，它将进入第 1 槽，对应 Cache 地址为 001B。

③ 主存地址为 8（即 1000B）的块，Cache 失效。它将被装入 Cache 第 0 行。当前，第 0 行的两个槽都被占用，则根据 LRU 算法替换掉第 0 槽中主存地址为 0 的块，最后主存地址为 8 的块装入第 0 行第 0 槽。

④ 主存地址为 2（即 0010B）的块，Cache 失效。它将被装入 Cache 第 2 行。由于该行完全空闲，它将进入第 0 槽，对应 Cache 地址为 100B。

⑤ 再次访问主存地址为 0 的单元，Cache 失效。它将被装入 Cache 第 0 行。当前，第 0 行的两个槽都被占用，则根据 LRU 算法替换掉最近最久没有被访问的第 0 行第 1 槽中地址为 4 的数据字，将地址为 0 的数据字装入到 Cache 的第 0 行第 1 槽。

⑥ 主存地址为 6（即 0110B）的块，Cache 失效。它将被将装入 Cache 第 2 行。由于第 0 槽已被占用，它将进入第 1 槽，对应 Cache 地址为 101B。

⑦ 访问主存地址为 8、6，Cache 皆命中。

⑧ 再次访问主存地址为 4 的单元，Cache 失效。它将被将装入 Cache 第 0 行。当前，第 0 行的两个槽都被占用，但第 0 槽中主存地址为 8 的块刚刚被访问过，则根据 LRU 算法替换掉第 1 槽中主存地址为 0 的块，最后主存地址为 4 的块装入第 0 行第 1 槽。

⑨ 再次访问主存地址为 8 的单元，Cache 命中。

共命中 3 次，故选择 C。

6.5.4 写入策略

Cache 中的内容是主存中一小部分内容的副本，应该与主存中的内容保持一致。但在处理器操作过程中，如果有写入操作，Cache 的内容将发生变化。如何保持主存与 Cache 内容的一致性，这就是写入策略要解决的问题。

因为主存处于计算机系统信息传送的中心地位，除了处理器，还有其他设备（如输入、输出设备）也要直接在主存中读/写数据。如果处理器修改了 Cache 的内容，却没有同时修改主存中的内容，那么主存中没有及时修改的内容就不能被其他设备再用，否则会出错。反之，如果输入、输出设备修改了主存的内容，而 Cache 中的内容没有同时修改，那么 Cache 中没有及时修改的内容就应该作废，不能再用。

在多处理器系统中，这个问题更复杂。在多处理器系统中，系统总线上接有多台处理器，每台处理器本身都可以带有自己的 Cache，只要有一台处理器 Cache 中的内容修改了，其他处理器 Cache 的内容和主存中的有关信息也应该全部作废，不得使用。

这里介绍两种保持主存和 Cache 内容一致性的写入策略。

1. 写穿法（Write-Through，WT）

写穿法，也称为全写法，若写命中，则同时写 Cache 和主存。

对于有多个 Cache 的多处理器系统，每个 Cache 都要监视主存的写入操作。如果主存的某一块数据块被"写"，则凡在其他 Cache 中存放了这个主存块的，都应把这个块作废。

其优点是：始终能够保证主存与 Cache 内容一致。其缺点是：处理器的每次写操作都要写主存，增加了系统总线负荷，延长了等效写周期。由于写入操作占主存访问的 5%～30%，因此写穿法使 Cache 的功效降低，从而影响整个系统的速度。

弥补措施是：处理器可先把写入数和写入地址送入缓冲寄存器，以后由这些寄存器自动写入主存。

2. 写回法（Write-Back，WB）

采用写回法时，若写命中，则只写 Cache，不写主存。仅当写过的数据块要被替换掉时，才先将这个被修改过的块写回主存，然后才能从主存中调入新的数据块把这个块替换掉。为此，Cache 中每个槽都要设一个"脏位（Dirty bit，D）"。在一个槽中的数据块被"写"后，该槽的 D 位被置 1。在替换时，若数据块的 D 位为 0，则直接替换，否则先将其写回主存再替换。

其优点是：系统总线负荷较低，等效写周期较短。其缺点是：不能时时保证主存与 Cache 内容一致。主存中欲被其他部件访问的一部分内容可能是已经作废的，使用它们可能会引起错误。

从可靠性角度看，写穿法比写回法要好。从花费设备角度看，写回法比写穿法要好。从控制的复杂性角度看，写穿法不用设置"脏位"及相关判测逻辑，比写回法简单。

单处理器系统一般选择写回法，以减少 Cache 与主存之间的通信量。由于写穿法可以保证主存中的数据总是最新的，因此几乎所有的多处理器系统都选择写穿法。

在写不命中时，对于以上两种写入策略都有一个要不要把被写入的主存数据块取到 Cache 的问题。为此，写穿法有两种具体实现策略。

① 按写分配的写穿法（Write-Through-with-Write-Allocate，WTWA）。在写不命中时，除了写入主存，还把被写的主存块调入 Cache。用这个策略时，读和写操作都影响命中率。

② 不按写分配的写穿法（Write-Through-with-No-Write-Allocate，WTNTA）。在写不命中时，只写入主存，不把被写的主存块调入 Cache。

这两种策略效果差别不大，但是为了减少 Cache 与主存之间的通信量，采用"不按写分配"的较多。

对于写回法，在写不命中时，将把被写的主存块调入 Cache，即"按写分配"。具体做法是：为欲写的主存块在 Cache 中分配一个槽，将其复制到 Cache 后再修改。待该块被换出时，再更新主存中的相应块。因为一旦这个块被写，然后这个块多次被读/写的可能性很大，这么做不仅可以提高命中的概率，还可以显著减少写主存的次数。

6.5.5 两级 Cache 与分裂型 Cache

随着电子技术的不断发展，微处理器的性能迅速提高，设置在主板的 Cache 的速度已经无法与微处理器的速度相匹配。为此，人们开始在微处理器内部设置"片内 Cache"。目前，几乎所有的高性能微处理器都设置有片内 Cache。

片内 Cache 在专业上被称为第一级（Level 1，L1）Cache。相对而言，"主板 Cache 就是第二级（Level 2，L2）Cache。

当然，由于芯片面积的限制，L1 Cache 的容量要小于 L2 Cache。但是，L1 Cache 的速度要快于 L2 Cache。L1 Cache 和 L2 Cache 又构成了一个新的存储层次，采用与 Cache‑主存类似的映像算法、替换算法和写入策略。

上面讨论的 Cache 都是将指令和数据混合存放的，这样的 Cache 称为合一型的（Unified）。

但是，微处理器大都采用流水线来加快指令的解释，而流水线中的"取指"部件和"执行"部件很可能需要同时访问存储器，这就出现了访存冲突。解决冲突的一个办法是采用哈佛存储结构，将指令和数据分开存储。

微处理器内部的 L1 Cache 基本采用哈佛结构，分别设置指令 Cache 和数据 Cache，这样的 Cache 称为分裂型的（Split）。分裂型 Cache 的缺点是，存储空间的利用率低于合一型的 Cache。经常发生一个 Cache 放得很满而另一个 Cache 却比较空的现象。所以，目前只是在 L1 Cache 采用分裂型，而且有的 L1 Cache 设计成指令 Cache 和数据 Cache 的容量是不等的。

目前，最新的高性能微处理器已经支持 L3 Cache，分裂型的 L1 Cache 和 L2 Cache 被设置在微处理器内部。例如，在 Intel 公司于 2004 年推出的 Montecito 双核多线程处理器中，每个处理器核含有 16 KB 的 L1 指令 Cache、16 KB 的 L1 数据 Cache、1 MB 的 L2 指令 Cache、256 KB 的 L2 数据 Cache 和 12 MB 的 L3 Cache。

6.5.6 Cache 的性能评价

评价 Cache 的性能主要有四个指标：命中率、等效访问周期、加速比和效率。

Cache 命中率是指在 Cache‐主存层次中，要访问的数据正好在 Cache 中的概率。设处理器发出的访存次数为 R，其中在 Cache 中命中的次数为 R_c，则命中率 $H_c=R_c/R$。

设 Cache 的访问周期为 T_c，主存的访问周期为 T_m，则采用旁视式组成方案的 Cache‐主存层次的等效访问周期为

$$T_{ac} = H_c \times T_c + (1-H_c) \times T_m \tag{6.6}$$

采用透过式组成方案的 Cache‐主存层次的等效访问时间为

$$T_{ac} = H_c \times T_c + (1-H_c) \times (T_c + T_m) \tag{6.7}$$

Cache 系统的加速比 Sp 定义为 T_m/T_{ac}。提高加速比的最佳途径是提高命中率 H_c，降低等效访问时间 T_{ac}。

Cache‐主存层次的效率 E_c 定义为

$$\begin{aligned} E_c &= \frac{T_c}{T_{ac}} \\ &= \frac{T_c}{H_c \times T_c + (1-H_c) \times T_m} = \frac{1}{H_c + (1-H_c) \times P} \end{aligned} \tag{6.8}$$

其中，$P=T_m/T_c$ 为访问周期比。

效率 E_c 的值越接近 1 越好。从式(6.8)可以看出，要想提高 E_c，除了要提高命中率 H_c，P 不宜太大，即两级存储器的速度差不能太大。在 Cache‐主存层次中，P 为 5～10 较合理。

从以上论述可知，提高命中率 H_c 是改善 Cache 性能的核心。考虑到 Cache 的成功是建立在存储器访问的"局部性原理"上，所以人们提出了主存信息块的预取策略。具体来说，预取策略有以下 3 种。

- ❖ 按需预取：当 Cache 不命中时，只把包括目标数据的主存信息块取到 Cache 中。这是基本的预取策略。
- ❖ 恒预取：当处理器访问主存时，无论 Cache 是否命中，都把紧邻目标数据所在主存信息块的下一块取到 Cache 中。
- ❖ 不命中时预取：当处理器访问主存时，如果 Cache 不命中，则把包括目标数据的主存信息块以及紧邻它的下一块取到 Cache 中。

从实验模拟的结果看，采用"恒预取"可使 Cache 的不命中率降低 75%～85%，而采用"不命中时预取"可使 Cache 的不命中率降低 30%～40%。但是，"恒预取"增加的 Cache 与主存之间的通信量要比"不命中时预取"大得多。

【例 6-17】（2009 年硕士研究生入学统一考试计算机专业基础综合考试试题）

假设某计算机的存储器系统由 Cache 和主存组成。某程序执行过程中访存 1000 次，其中访问 Cache 缺失（未命中）50 次，则 Cache 的命中率是（　）。

A. 5%　　　　　　　B. 9.5%　　　　　　　C. 50%　　　　　　　D. 95%

答：Cache 命中率=访问 Cache 的总次数/访问主存的总次数=(1000-50)/1000=95%。

【例 6-18】（2010 年硕士研究生入学统一考试计算机专业基础综合考试试题，12 分）

某计算机的主存地址空间为 256 MB，按字节编址，指令 Cache 与数据 Cache 分离，均有 8 个 Cache 行，每个 Cache 行的大小为 64 B，数据 Cache 采用直接映射方式。现有两个功能相同的程序 A 和 B，其伪代码如下：

```
程序A                              程序B
int a[256][256];                  int a[256][256];
…                                 …
int sun_array1 ( )                int sun_array2 ( )
{                                 {
  int i, j, sum=0;                  int i, j, sum=0;
  for (i=0; i<256; i++)             for (j=0; j<256; j++)
      for (j=0; j<256; j++)             for (i=0; i<256; i++)
          sum+=a[i][j];                     sum+=a[i][j];
  return sum;                       return sum;
}                                 }
```

假定 int 类型数据用 32 位补码表示，程序编译时，i、j、sum 均分配在寄存器中，数组 a 按行优先方式存放，其首地址为 320（十进制数）。

请回答下列问题，要求说明理由或给出计算过程。

（1）若不考虑用于 Cache 一致性维护和替换算法的控制位，则数据 Cache 的总容量是多少？

（2）数组元素 a[0][31] 和 a[1][1] 各自所在的主存块对应的 Cache 行号分别是多少？（行号从 0 开始）

（3）程序 A 和 B 的数据访问命令中各是多少？哪个程序的执行时间更短？

答：首先要明确：C 语言的数组是按行存储的。Cache 行就是常说的"Cache 块"。

主存地址为 $\log_2 256M=28$ 位，其中块内地址占 6 位，行号（行索引）占 3 位，则标记（Tag）占 28-6-3=19 位。因此，每行的地址变换机构包含 1 位有效位和 19 位的标记，再加上每行的数据存储空间为 64B=64×8=512 位，共计 512+1+19=532 位。数据 Cache 共 8 行，则数据 Cache 的总容量为 8×532=4256 位=532B。

由于每个元素长度为 32/8=4B，而 a[0][31] 是数组的第 32 个元素，所以该元素相对于数组首地址（320）的距离为 4×(32-1)=124。则该元素的物理地址=320+124=444= 256+128+32+16+8+4 =0000000000 0000000001 10111100B，则行号=110B=6。

而 a[1][1] 是数组的第 256+2=258 个元素，所以该元素相对于数组首地址（320）的距离为 4×(258-1)=4×257=1028，则其物理地址=320+1028=1348=0000000000 0000000101 01000100B，则行号=101=5。

由于程序 A 中数组访问的顺序与存放顺序相同，因此程序共访问 256×256 次，即 256×256/16 =256×16 块（行），访问每块都是第一次访问不命中，后 15 次访问都命中。则命中率=(256×256-256×16)/(256×256)=(256-16)/256=(16-1)/16=15/16=0.9375=93.75%。

由于程序 B 中数组访问的顺序与存放顺序不同，相邻两次访问的元素相距 256×4 =1024B，而数据 Cache 的容量=64×8=512B，因此相邻两次访问的元素将放在同一个 Cache 行中，但它们的标记（Tag）不同。所以，每个元素访问都不命中，不命中后把数据块调入 Cache 却不在访问。下一次访问又不命中，不命中后把数据块调入 Cache 恰好把上一个数据块覆盖了。所以，命中率等于 0。

由上述分析计算可知，程序 A 的执行时间更短。

【例 6-19】 某计算机的主存采用体宽为 8 B 的 8 体交叉存储器，系统总线中数据总线的宽度为 64 位，读一个主存块的步骤：(1) 发送首地址到主存（一个总线时钟周期）；(2) 主存控制器接收到地址后，启动第一个模块准备数据，并每隔一个总线时钟启动下一个模块准备数据。每个存储模块花 4 个总线时钟准备好 64 位数据，总线上传输一个 64 位数据花 1 个总线时钟。请问：该计算机的 Cache 缺失损失（从主存中读一个主存块到 Cache 的时间）至少为多少总线时钟周期？

答：Cache 行的大小为 8×8 B=64 B。没有总线竞争时，Cache 缺失损失=1+4+1+(8-1)×1=13 个总线时钟周期，故 Cache 缺失损失至少是 13 个总线时钟周期。

【例 6-20】 下列关于 Cache 的说法中，正确的是（   ）。
A．采用直接映像时，Cache 不需考虑替换问题
B．如果选用最优替换算法，则 Cache 的命中率可以达到 100%
C．Cache 本身的速度越快，则 Cache 存储器的等效访问速度就越快
D．Cache 的容量与主存的容量差别越大越好。

答：由于主存块是在不命中时被装入 Cache，因此 Cache 命中率不可以达到 100%；命中率比 Cache 本身速度对 Cache 的等效访问速度影响更大。只有 A 是正确的。

【例 6-21】 下列关于存储系统层次结构的说法中，错误的是（   ）。
A．存储层次结构中，越靠近 CPU，存储器的速度越快，但价格越贵，容量越小
B．Cache - 主存层次的设置目的是为了提高主存的等效访问速度
C．主存 - 辅存层次的设置目的是为了提高主存的等效存储容量
D．存储系统层次结构对程序员都是透明的

答：Cache - 主存层次对所有程序员透明。主存 - 辅存层次只对应用程序员透明，对系统程序员不透明，故 D 是错误的。

6.6 虚拟存储器

由于处理器只访问内存，因此要想运行程序，就必须先将其加载到内存。所以，在支持多任务、多用户的计算机系统中，内存就成为各程序（操作系统称为"进程"）共享、竞争的资源。如何将有限的内存合理地分配给各进程，让它们各得其所，从而并发地运行于计算机系统中？这就是内存管理所要解决的问题。目前，主流的内存管理技术是虚拟存储器。

在详细介绍内存管理前，先区分两个重要的概念：逻辑地址和物理地址。

逻辑地址是程序员在程序中使用的地址，即程序逻辑空间中的地址。程序逻辑空间的编址总是从地址"零"开始的。

物理地址是程序在运行过程中发出的访问内存的地址。物理地址的确定既取决于逻辑地址，也取决于内存中程序所在区间的起始位置。

计算机运行程序时，必须完成从逻辑地址到物理地址的变换——重定位（Relocation）。

早期的计算机系统一次运行一个程序（当时称为"作业"）。因此，在这样的计算机系统中，除了存放操作系统（当时称为"监控程序"），内存中只存放一个用户程序。这就是所谓的单道程序（Uniprogramming）。

这时的内存管理十分简单，即将监控程序和作业（即用户程序）分别存储于内存的固定位置。例如，把内存空间一分为二，监控程序存储于内存的高端（即地址较小的那一部分），内存的低端就留给用户程序。监控程序所占的内存空间称为系统程序区，剩下的内存空间称

为用户程序区。

由于内存中程序所在区间的起始位置是固定的,因此可以通过一个装配程序 Loader 在程序运行之前,把用户程序中的逻辑地址一次性地全部翻译成物理地址。这种重定位的方法称为静态重定位。

不过在单道程序下,计算机系统的效率、吞吐率和设备利用率都很低,所以它很快就被多道程序(Multiprogramming)所取代了。

6.6.1 多道程序下的内存管理

多道程序是指在内存中同时存放多个作业。当处理器因为当前作业等待 I/O 而空闲时,操作系统将调度另一个就绪作业到处理器中运行,从而提高处理器的吞吐率和利用率。

那么,如何把有限的用户程序区分配给多个作业呢?其实很简单,就是把用户程序区划分成若干分区(Partition),一个作业分配一个分区。

1. 固定分区内存管理

如果分区是操作系统事先划分好的,而且在使用的过程中每个分区的大小、边界不再改变,那么这种划分方法称为固定分区(Fixed Partitioning)。

最简单的固定分区方法是等长分区(Equal-Size Partitions),即把用户程序区划分成大小均等的分区,如图 6-40(a)所示。基于固定分区的内存管理很简单,只要有空闲的分区,就可以将一个作业调入主存。不过,作业的大小不能超过分区的尺寸,这由程序员来保证。

固定分区最主要的缺点是内存的利用率较低。例如,当一个进驻内存的作业小于分区的尺寸时,就会造成分区内一块内存的浪费。这时,即便是一个小于这块内存的作业请求进驻内存,操作系统也给它分配一个新的分区,而不是将其插入这块内存。这样被闲置的、其他作业无法利用的内存空间称为内零头(Internal fragmentation)。

另外,分区的尺寸限制了作业的大小,进而限制了作业的功能,也是固定分区的缺点。

为了减少内零头的浪费并扩大单个分区的最大尺寸,人们提出了不等长分区(Unequal-size Partitions),即将用户程序区划分成若干大小不等的分区,如图 6-40(b)所示。

无论是等长分区还是不等长分区,都使存储管理出现了新的问题,即程序存储在哪一个分区在装入前是不确定的。这样无法实施静态重定位。那么,在这种情况下,如何进行地址变换呢?

由于程序终究要装入到一个且只能是一个分区中,因此物理地址等于逻辑地址加上该分区的起始地址。为此,可以在处理器内部增设一个存放分区起始地址的地址寄存器和一个地址加法器,然后在每次访存前,用地址加法器将逻辑地址与地址寄存器中的内容相加,结果就是物理地址。这种重定位的方法称为动态重定位。

分区的起始地址称为基地址,存放基地址的寄存器称为基址寄存器。指令中的逻辑地址与基地址相加得到物理地址,这种寻址方式称为基址寻址。

2. 可变分区内存管理

在固定分区中,每个分区的大小、边界在使用的过程中是不变。这虽然简单易行,但是存在一些不足。例如,无法避免内零头,多道程序的最多道数是固定的、有限的。

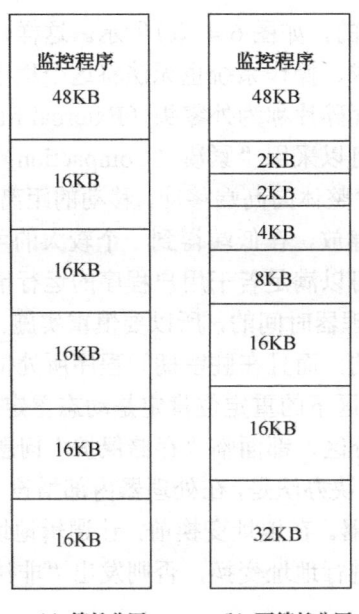

```
    监控程序              监控程序
     48KB                48KB

                          2KB
     16KB                 2KB
                          4KB
     16KB                 8KB

     16KB                16KB

     16KB                16KB

     16KB                32KB

   (a) 等长分区         (b) 不等长分区
```

图 6-40 两种不同的固定分区方法

为此，人们又提出了"分区的大小、边界在使用的过程中是变化的"内存管理策略。当第一个作业请求运行时，操作系统先将其装入用户区的最高端。再来一个作业，操作系统就在紧挨着上一个作业的剩余空间中给它分配一个大小恰好等于程序长度的空间。对新来的作业都是如此处理。这种内存管理策略称为动态分区（Dynamic Partitioning），如图 6-41 所示。

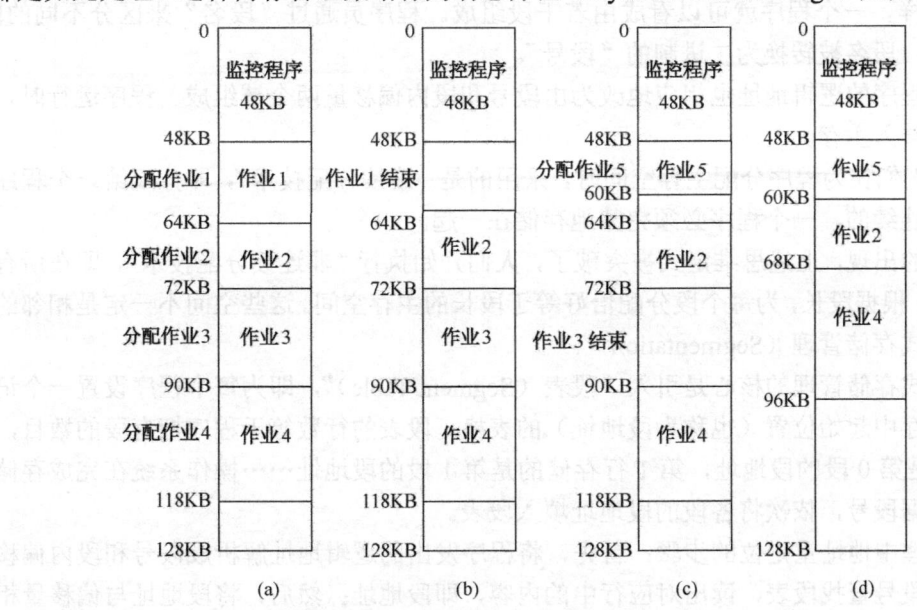

```
    0             0              0             0
  监控程序       监控程序        监控程序       监控程序
   48KB          48KB           48KB          48KB
  48KB          48KB           48KB          48KB
分配作业1 作业1  作业1结束    分配作业5 作业5        作业5
  64KB          64KB           60KB          60KB
分配作业2 作业2        作业2         作业2        作业2
  72KB          72KB           64KB          68KB
分配作业3 作业3        作业3   作业3结束        作业4
  90KB          90KB           72KB
分配作业4 作业4        作业4         作业4
                                               96KB
  118KB         118KB          90KB
  128KB         128KB          118KB         
                               128KB         128KB
   (a)           (b)            (c)           (d)
```

图 6-41 动态分区内存储管理的一个例子

动态分区的优点是，只要有大于等于作业长度的内存空间，就可以引入新的作业，即多道程序的道数是可变的，不像固定分区中受到分区个数的限制。

但是，随着作业相继运行结束并释放所占的内存，用户区中的可用空间会变得"支离破碎"，即这些可用空间不是连续的，如图 6-41(c) 所示。这样，即便这些可用空间的总和能够满足一个请求运行的作业的要求，操作系统也无法将这个程序装入内存。

这些可用但无法使用的内存碎片称为外零头（External fragmentation）。

为了提高内存的利用率，可以采用"紧凑（Compaction）"来消除外零头。所谓"紧凑"是指，把被外零头分隔开的程序整体向高端移动，移动的距离正好是外零头的长度。"紧凑"使得原先分离的程序变得连续存放，在低端得到一个较大的可用内存空间，如图 6-41(d) 所示。一般情况下，这个空间又可以满足若干用户程序的运行请求。

不过，"紧凑"是很耗费处理器时间的，所以要慎重实施。由于在动态分区下，用户程序在内存中的位置事先是不确定的，而且在驻留期间程序所处位置可能会变化（这种现象称为程序的浮动装载），因此动态分区下的重定位肯定是动态重定位。

无论是固定分区还是可变分区，都面临"存储保护"问题，即防止一个用户程序访问另一个用户的存储空间。常用的解决办法是，在处理器内部增设一个存储分区长度的寄存器（称为"界限寄存器"）和一个比较器。在地址变换前，让逻辑地址与"界限寄存器"中的内容相比较，若小于或等于，则允许进行地址变换，否则发出"非法访问"信号。

6.6.2 段式存储管理

随着程序设计技术的发展，程序变得由模块（Module）组成。这些模块可能是子程序/函数，甚至可能是一个小程序。一个模块经过编译后并就成为具有独立逻辑地址空间的一个"段（Segment）"。不同的模块就变成了不同的段。典型的分段就是将程序分为代码段、数据段和堆栈段。这样，一个程序就可以看成由若干段组成。程序员通过"段名"来区分不同的段，在机器内部，段名被转换为二进制的"段号"。

这样，程序的逻辑地址也相应地改为由段号和段内偏移量两个域组成。程序运行时，需要将这些段装入主存。

早期，人们在为程序分配主存空间时，采用的是"连续分配技术"，即分配给一个程序的空间必须是连续的，一个程序必须完整地存储在一起。

由于段的出现，上述思维定式被突破了，人们开始执行"非连续分配技术"，即在所有的可用空间中，根据段长，为每个段分配恰好等于段长的主存空间。这些空间不一定是相邻的。这就是"段式存储管理（Segmentation）"。

实现段式存储管理的核心是引入"段表（Segment Table）"，即为每个程序设置一个记录其各段在内存中起始位置（也称为段地址）的表格。段表的行数等于程序拥有段的数目，第 0 行存储的是第 0 段的段地址，第 1 行存储的是第 1 段的段地址……操作系统在完成存储分配后，将根据段号，依次将各段的段地址填入段表。

段式管理中地址重定位的步骤：首先，将程序发出的逻辑地址解析成段号和段内偏移量部分，根据段号查找段表，读出对应行中的内容，即段地址；然后，将段地址与偏移量相加得到物理地址。

不同程序各自拥有自己的段表，而这些段表由操作系统管理，分别存储在内存"系统区"的不同位置。那么，一个用户程序如何能够在众多的段表中找到自己的段表呢？

为此，欲采用段式管理的支持多任务的计算机系统需要进行"软硬协调设计"，即设计处理器时需要根据操作系统在多任务方面的设计目标，在处理器中设置若干段表基址寄存器，一个任务（当前运行的程序）分配一个段表基址寄存器。在程序运行前，操作系统先将该程序的段表在内存中的起始位置存入其对应的段表基址寄存器。这样，查段表所需的内存物理地址就可以通过段表基址寄存器中的内容与段号相加而得。

段式存储管理的地址变换的基本过程如图 6-42 所示。

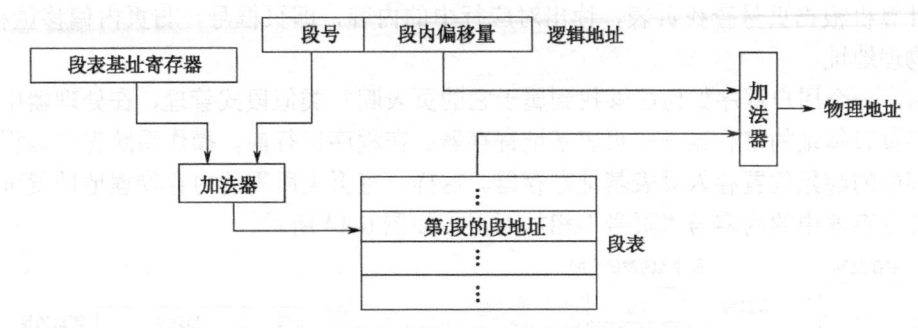

图 6-42　段式存储管理的地址变换的基本过程

一般情况下，一个段的段长，即最大的有效段内偏移量，要小于其二进制地址位数所能表示的最大值。若逻辑地址中的段内偏移量超出了段长，则属于"非法访问"。防止"非法访问"的办法是，在段表中增加一个"段长"字段，存储每一个段的段长；同时在处理器内部设置一个"比较器"。当操作系统在进行地址变换时，将段地址和段长一并读出。在段地址与段内偏移量相加的同时，将段内偏移量与段长送"比较器"进行比较。若段内偏移量大于段长，则发出"非法访问"信号。

段式存储管理突出的优点是，易于实现信息的共享和保护。

6.6.3　页式存储管理

在页式存储管理（Paging）中，程序和主存都按照相同的大小（称为页面尺寸）划分为一系列的页面。程序中的页面称为实页（Page），主存中的页面称为页框（Page Frame）。

页式存储管理沿用了"非连续分配技术"，一个实页可以存储于任意页框中，而且隶属于一个程序的各实页不一定存储在连续的页框，由于任何一个空闲的页框都可以存储一个实页，因此页式存储管理中没有无法利用的页框，即没有外零头。

但是，页式存储管理在本质上属于一种固定分区的存储管理。若程序的最后一个实页的实际长度小于页面尺寸（其实很常见），那么在分配给它的页框中会出现一小块空闲空间，这个空间就是内零头。从统计学的角度看，内零头的大小等于页面的一半。但是，由于一个程序只有一个内零头，因此页式存储管理突出的优点就是内存利用率比较高。

在页式存储管理中，程序的逻辑地址也相应地改为由"页号（Page Number）"和"页内偏移量（Offset）"两个字段组成。程序运行时，操作系统就根据其包含的实页数目分配相同数目的页框。记录一个程序各实页所在页框的"页框号（Frame Number）"的表格称为"页表（Page Table）"。页表的行数就等于该程序拥有页的数目，第 0 行存储的是第 0 页所在的页框号，第 1 行存储的是第 1 页所在的页框号……页表的每一行称为一个"页表项（Page Table Entry，PTE）"。严格地说，PTE 包括"页号"和"页框号"。不过，由于 PTE 是按照"页号"

的顺序存储,故"页号"省略了。

不同程序各自拥有自己的页表,而这些页表由操作系统管理,存储在内存的"系统区"。例如,操作系统为程序 A 所包含的 3 个页面分配了 3 个页框。在完成存储分配后,操作系统依次将各页在内存中的页框号填入对应进程(程序)A 的页表,如图 6-43 所示。

页式存储管理的地址变换过程是:程序发出的逻辑地址将被解析成页号和页内偏移量两部分,计算机根据页号查找页表,读出对应行中的内容,即页框号,与页内偏移量相拼接,就得到物理地址。

那么,一个用户程序如何能够找到属于它的页表呢?类似段式管理,在处理器中设置了记录程序页表基址的寄存器——页表基址寄存器。在程序运行前,操作系统先将该程序的页表在内存中的起始位置存入页表基址寄存器。这样,查页表所需的内存物理地址就可以通过页表基址寄存器中的内容与"页号"相加而得,如图 6-44 所示。

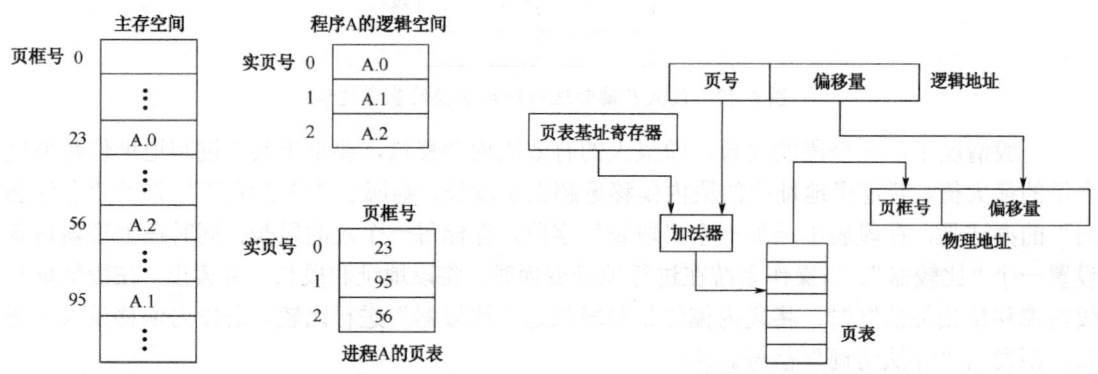

图 6-43 页式存储管理的例子

图 6-44 页式存储管理的地址变换的基本过程

由于对程序空间的分页是机械的,一个数据或者一条指令可能被切分在相邻的两页上,而不同的程序段或者程序与数据有可能存储在同一页上,因此页式存储管理不利于实现信息的共享与保护。

6.6.4 页式虚拟存储器

在计算机中,内存容量总是很难满足人们的需求。增加内存又导致计算机的价格升高,性能价格比下降,市场竞争力下降。容量大、价格低的内存一直是计算机设计者追求的目标。

在页式存储管理提出后,依据"存储器访问的局部性原理",操作系统的设计者大胆地突破了"程序运行时必须全部装入内存"传统的思维定式,提出:只把程序中当前正在使用的那部分代码/数据装入内存,程序的本身仍然存储在价格较低廉的辅存中;当程序执行需要使用其他部分的代码/数据时,由操作系统负责将其调入内存,并将使用过的代码/数据替换回辅存。这些操作不需用户(应用程序员)干预,即对用户透明。

依照新的思路,处理器执行程序所用到的指令和数据都能够在内存中访问到,而程序中指令和数据的地址长度扩大到对应计算机系统所能管理的最大辅存空间。这样就可以为用户提供一个虚拟的"容量等于辅存、速度接近内存而价格相对低廉的"存储空间了。

这个思路最早是由英国曼彻斯特大学的 Kilburn 等人在 1962 年提出的,并将其命名为虚拟存储器。简言之,虚拟存储器就是把内存作为辅存的 Cache。因此,相比内存地址和 Cache

地址，虚拟存储器也涉及两个地址的概念——虚地址和实地址。

虚地址是指程序中的逻辑地址，其长度取决于计算机系统所能管理的最大辅存空间；实地址是指虚地址经过地址变换后的得到的内存地址，其长度取决于计算机系统所能管理的最大内存空间。显然，虚地址的长度要远大于实地址的长度。

根据存储管理方法的不同，虚拟存储器分为页式虚拟存储器、段式虚拟存储器和段页式虚拟存储器。本书只介绍页式虚拟存储器。

1. 页式虚拟存储器的逻辑地址及页表格式

与页式存储管理的逻辑地址由页号和页内偏移量两个字段组成不同，页式虚拟存储器的逻辑地址由"虚页号"和"页内偏移量"两个字段组成。虚页号的长度要远大于页号的长度。

对于页式虚拟存储器，一个程序所有页中只能有一部分装入内存。为了区分这部分页，就在页表中增加一个标记，即增加一栏——存在位（Present bit，P）。

查页表时，不仅要读取页框号，还要检查存在位 P 的状态。若 P 为 1，表示相应的实页已经装入内存，则可将页框号送去生成物理地址。否则表示相应的实页未装入内存，向处理器发出"页面故障（Page Fault）/缺页故障"信号。

接到"页面故障"信号后，处理器先将现行程序"阻塞（Blocked）"，即暂停执行，然后启动操作系统的调页程序将目标页装入内存。当调页完毕，操作系统填写相应页表项的页框号并将 P 置 1，然后"唤醒（Resume）"被阻塞的程序，重新执行引起"页面故障"的指令。

2. 页式虚拟存储器的地址变换

页式虚拟存储器的地址变换的基本流程，如图 6-45 所示。

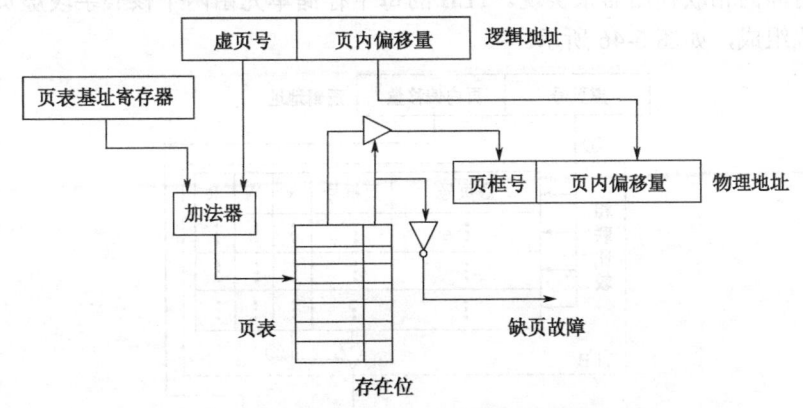

图 6-45 页式虚拟存储器的地址变换的基本流程

① 处理器截取逻辑地址中的虚页号，然后根据虚页号查页表。

② 读出相应的页表项。一方面，取出其中的页框号，与逻辑地址中的页内偏移量拼接，生成物理地址；另一方面，判断存在位 P 是否为 1，若是，则允许页框号与偏移量拼接生成物理地址，否则阻止页框号并发出"页面故障"信号。

③ 若接收到"页面故障"信号，操作系统启动调页程序，将目标页装入内存。

由于查页表也是一次内存访问，因此在没有按照物理地址访问内存前，为了生成物理地址就需要访问一次内存。这就使得虚拟存储器的访问速度顶多是内存速度的一半。因此，要实现虚拟存储器"速度接近内存"的设计目标就需要解决一个问题——将查页表引起的"内存访问"消除掉。

解决这个问题并不难，其思路仍然是依据"存储器访问的局部性原理"，把当前频繁访问的若干页表项存储在处理器内部的存储单元中，这样查页表就不再访问内存了。按照 IBM 公司的命名，这样的存储单元称为"转换旁视缓冲器（Translation Lookaside Buffer，TLB）"。由于读取 TLB 中的页表项速度很快，一些中文文献称 TLB 为"快表"，而把存储在内存中的完整的页表称为"慢表"。

采用 TLB 后，页式虚拟存储器的地址变换过程就改为：

① 处理器在去查慢表的同时，也根据虚页号查快表 TLB。

② 若目标虚页号出现在 TLB 中（称为 TLB 命中），则取消查慢表操作，并从 TLB 中读出其对应的页框号，与页内偏移量拼接生成物理地址，否则发出"TLB 未命中"信号，等待查慢表结果来更新 TLB。

③ 查慢表，读出其中的页框号，生成物理地址。同时，将虚页号和页框号一并写入 TLB。这样，下次再访问该页中的内容，TLB 就命中了。

在虚拟存储器的设计时，要求 TLB 对于所有程序员透明。

为了更好地利用存储器访问的局部性原理来加快地址变换的过程，TLB 一般有 8～16 行，可以同时存储 8～16 个页表项 PTE。若每页的容量为 1～4 KB，则 TLB 可以满足面向 8～64K 个内存单元的地址变换。

3. TLB 的组成与工作原理

由于一个虚页是否在 TLB 中，在 TLB 的哪行中，事先都是未知的，因此 TLB 只能采用按照内容来访问的相联存储器来实现。TLB 的每个存储单元由两个核心字段虚页号、页框号和若干标志位组成，如图 6-46 所示。

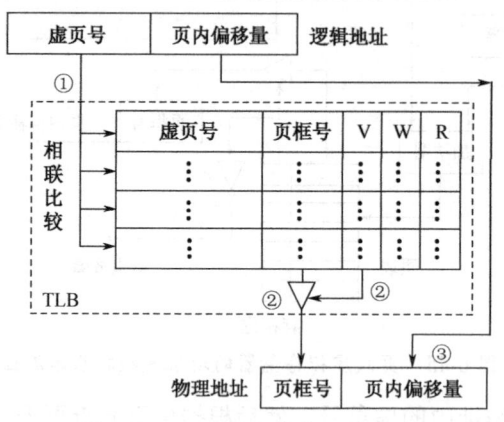

图 6-46 TLB 的组成与工作原理

常见的标志位如下。

① 有效位 V（Valid bit）：当 V 为 1 时，表示对应的 TLB 项可以用于实地址生成，否则对应的 TLB 项不能用于实地址生成。

② 读允许位 R（Read bit）：当 R 为 1 时，表示根据对应的 TLB 项生成的实地址可以对内存进行读操作，否则不能根据生成的实地址对内存进行读操作。

③ 写允许位 W（Write bit）：当 W 为 1 时，表示根据对应的 TLB 项生成的实地址可以

对内存进行写操作，否则不能根据生成的实地址对内存进行写操作。

在图 6-46 中，当接收到一个访存地址（即逻辑地址）时，虚拟存储器根据虚页号的长度从逻辑地址中取出虚页号字段，并以该字段的值去查找 TLB（即①）。由于 TLB 采用相联存储器来实现，查找 TLB 的过程就是相联比较的过程。若找到，则读出 TLB 中的页框号和有效位等标志位，否则发出"TLB 未命中"信号（即②）。若有效位为 1，则将页框号和逻辑地址中的页内偏移量拼接成物理地址，访问内存（即③）。否则，同样发出"TLB 未命中"信号，等待查慢表结果来更新 TLB。

更新 TLB 时，若 TLB 未满，则直接将查表所用的虚页号和从慢表读出的页框号一并写入 TLB；若 TLB 已满，则执行替换算法（如 LRU 算法）在 TLB 中选择一项作为"淘汰对象（Victim）"，然后将新的虚页号和页框号写入淘汰对象所在的存储单元，覆盖原先的内容。

由于在不同进程的访存地址中会出现相同的虚页号，因此在进程切换时，要采取措施，以避免错误地使用 TLB。一种做法是让 TLB 只供一个进程使用，在进程切换时，用一条特权指令将所有项的有效位全部清成 0。这种做法简单、易于实现，不过在进程执行初期会出现较多的"TLB 未命中"，而且这种做法破坏了"TLB 对所有程序员都是透明的"要求。

另一种做法是在 TLB 表项中增加"进程号 PID"字段，让 TLB 同时存放多个进程的地址映像信息。每次访存时，用访存进程的 PID 和虚页号一起去查 TLB。这样，在进程切换时，不必将 TLB 中的所有表项作废。新的地址映像信息将会随着"TLB 未命中"，逐渐替换进入 TLB。这种做法不仅不会降低地址变换速度，还满足了"TLB 对所有程序员都是透明的"要求。目前，大多数计算机都采用这种做法。

【例 6-22】（2013 年硕士研究生入学统一考试计算机专业基础综合考试试题）

某计算机主存地址空间大小为 256 MB，按字节编址。虚拟地址空间大小为 4 GB，采用页式存储管理，页面大小为 4 KB，TLB（快表）采用全相联映射，有 4 个页表项，内容如表 6-3 所示。对虚拟地址 03FF F180H 进行虚实地址变换的结果是（　　）。

表 6-3　TLB 的部分内容

有效位	标记	页框号	…
0	FF180H	0002H	…
1	3FFF1H	0035H	…
0	02FF3H	0351H	…
1	03FFFH	0153H	…

A．015 3180H　　　　　　B．003 5180H
C．TLB 缺失　　　　　　D．缺页

答：主存地址空间大小为 256 MB，按字节编址，则实地址长度为 28 位。
虚拟地址空间大小为 4 GB，则虚地址长度为 32 位。
采用页式存储管理，页面大小为 4 KB，则页内偏移量占 12 位。
在虚拟地址 03FF F180H 中，虚页号为 03FFFH，参加地址变换；180H 为页内偏移量，不参加地址变换。
虚页号 03FFFH 参加地址变换，对应页表项的有效位为"1"，页框号为 0153H。
页框号与页内偏移量拼接，得到实地址 0153 180H。故选择 A。

【例 6-23】（2012 年硕士研究生入学统一考试计算机专业基础综合考试试题）

下列关于虚拟存储的叙述中，正确的是（　　）。
A．虚拟存储只能基于连续分配技术　　B．虚拟存储只能基于非连续分配技术
C．虚拟存储容量只受外存容量的限制　　D．虚拟存储容量只受内存容量的限制

答：虚拟存储只能基于非连续分配技术，虚拟存储容量只受虚地址长度的限制，故选 B。

【例 6-24】（2010 年硕士研究生入学统一考试计算机专业基础综合考试试题）
下列命中组合情况中，一次访存过程中不可能发生的是（   ）。
  A．TLB 未命中，Cache 未命中，Page 未命中
  B．TLB 未命中，Cache 命中，Page 命中
  C．TLB 命中，Cache 未命中，Page 命中
  D．TLB 命中，Cache 命中，Page 未命中

答："TLB 未命中"表示最近没有访问目标数据所在的页面，该数据可能不在内存中（导致"Cache 未命中，Page 未命中"），也可能在内存中（会出现"Cache 命中，Page 命中"），所以 A 和 B 是有可能发生的。

"TLB 命中"表示最近访问过目标数据所在的页面，这个页面在内存中（导致"Page 命中"），但是 Cache 的装入和替换是以数据块为单位，数据所在的页面在内存中并不意味着该数据在 Cache 中，所以可能出现"Cache 未命中"，即 C 是有可能发生的。

"TLB 命中，Cache 命中"分别说明数据已经存在于内存，Page 不可能不命中。所以"D. TLB 命中，Cache 命中，Page 未命中"是不可能发生的。故选择 D。

4．驻留集的大小与页面的替换策略

驻留集（Resident Set）是指一个程序/进程/当前位于内存中的页面的集合，它的大小主要取决于操作系统分配给该程序的页框数目。当这些页框都被占满时，又发生了缺页故障，操作系统则从存储在这些页框中的实页中选择一个替换回辅存，以腾出一个页框接纳新调入的实页。

如果一个程序分配到的页框数过少，就会出现"一个页面刚刚被调出，又发生了针对它的缺页故障"的现象。最坏情况下，访问每个实页都发生一次缺页故障。例如，一条多字节的指令跨两个实页存储，碰巧它的两个操作数也分别跨两个实页存储。若该程序分配到的页框数小于 6，那么执行这条指令时，系统就会陷入"调出/调入"的循环操作中。这种现象称为"页面抖动/颠簸（Page thrashing）"。为了避免"页面抖动"，至少应给一个程序分配 6 个页框。

无论是虚拟存储器还是 Cache，替换策略都是相同的，如 LRU。在替换的具体实现中，为了降低替换开销，虚拟存储器通常只替换被执行过"写"操作的实页。为此，页表中专门设置一栏"脏位 D"。在某页被执行"写"操作后，该页对应页表项中的 D 被置为 1。若被选中的替换页的 D 为 1，则确实将其替换回辅存，否则表示该页（作为副本）与辅存中的页面（正本）完全一样，不需替换。

5．页面尺寸（Size of Page）的确定

确定页面尺寸是虚拟存储器设计中的一项重要内容。形象地说，确定页面尺寸就是确定在访存地址中的后部留出多少位作为"页内偏移量"。留出的位数为 n，则页面尺寸为 $2n$ B。例如留出 10 位，则页面尺寸为 1 KB；留出 12 位，则页面尺寸为 4 KB。

留出的位数多，页面的尺寸增大，则可以减少页表的行数，降低页表所占的存储空间，而且在有限的 TLB 下，能够访问更大的程序空间。不过，较大的页面的尺寸意味着较大的内零头，内存利用率下降。

留出的位数少，页面的尺寸减小，会降低内零头的大小，提高内存利用率，而且在有限

的内存空间下，能够划分出更多的页框。不过，较小的页面的尺寸意味着较长的页表。

大多数程序属于小程序，仅占一页。因此，较小的页面有利于缩短程序的启动时间。不过，大多数辅存设备都是按定长块管理并旋转读/写的，大尺寸的页面将存储在连续的若干块上。所以，较大的页面会获得更高的内存-辅存间数据块传输效率。

Pentium 处理器有两种页面尺寸：继承 80486 的 4 KB 和新设计的 4 MB。IBM 公司的 PowerPC 处理器的页面尺寸为 4 KB，DEC 公司的 Alpha 处理器的页面尺寸为 8 KB。早期的计算机系统（如 DEC 公司的 VAX 系列计算机、IBM 公司的 AS/400）的页面尺寸为 512 B。

6. Cache 与虚拟存储器的协同

大多数计算机系统都同时实现了 Cache 和虚拟存储器，那么它们之间是如何协同工作的呢？由于程序中的访存地址是虚地址，因此在同时实现了 Cache 和虚拟存储器的计算机系统中，第一步是进行"虚地址-Cache 地址"的变换。若变换成功，表示目标数据在 Cache 中，则直接访问 Cache。否则，进行第二步"虚地址-实地址"的变换。若变换成功，表示目标数据所在页面已装入内存中，则访问内存读出数据，并将一并读出的数据块写入 Cache。若变换过程中，出现了"页面故障"，表示目标数据所在页面尚未装入内存，则访问辅存，读出页面，装入内存。

由上述分析可知，在同时实现了 Cache 和虚拟存储器的计算机系统中，Cache 中的地址映像机构所完成的不是"内存地址-Cache 地址"的变换，而改为"虚地址-Cache 地址"的变换。这样的 Cache 称为"虚地址 Cache"。

【**例 6-25**】（2011 年硕士研究生入学统一考试计算机专业基础综合考试试题，12 分）

某计算机存储器按字节编址，虚拟（逻辑）地址空间大小为 16 MB，主存（物理）地址空间大小为 1 MB，页面大小为 4 KB；Cache 采用直接映射方式，共 8 行；主存与 Cache 之间交换的块大小为 32 B。系统运行到某一时刻时，页表的部分内容和 Cache 的部分内容分别如表 6-4、表 6-5 所示，表中页框号及标记字段的内容均为十六进制形式。

表 6-4　页表的部分内容

虚页号	有效位	页框号	...
0	1	06	...
1	1	04	...
2	1	15	...
3	1	02	...
4	0	—	...
5	1	2B	...
6	0	—	...
7	1	32	...

表 6-5　Cache 的部分内容

行号	有效位	标记	...
0	1	020	...
1	0	—	...
2	1	01D	...
3	1	105	...
4	1	064	...
5	1	14D	...
6	0	—	...
7	1	27A	...

请回答下列问题。

（1）虚拟地址共有几位，哪几位表示虚页号？物理地址共有几位，哪几位表示页框号（物理页号）？

（2）使用物理地址访问 Cache 时，物理地址应划分成哪几个字段？要求说明每个字段的位数及在物理地址中的位置。

（3）虚拟地址 001C60H 所在的页面是否在主存中？若在主存中，则该虚拟地址对应的物理地址是什么？访问该地址时是否 Cache 命中？要求说明理由。

（4）设该机配置一个 4 路组相联的 TLB，可存放 8 个页表项。若其当前内容（十六进制）如图 6-47 所示，则虚拟地址 024BACH 所在的页面是否在主存中？要求说明理由。

组号	有效位	标记	页框号	有效位	标记	页框号	有效位	标记	页框号	有效位	标记	页框号
0	0	—		1	001	15	0	—		1	012	1F
1	1	013	2D	0			1	008	7E	0	—	

图 6-47 TLB 的部分内容

答：（1）虚拟地址共有 24 位，其中高 12 位表示虚页号。（1 分）
物理地址共有 20 位，其中高 8 位表示页框号。（1 分）

（2）在 20 位的物理地址中，高 12 位为"标志（Tag）"字段，最低 5 位为"块内地址"字段，中间的 3 位为"Cache 行号"字段。（每答对一个字段给 1 分）

（3）在主存中。（1 分）
虚拟地址 001C60H 所在页面的页号为 001H，对应页表项的有效位为 1，则对应页框号为 04H，则该虚拟地址对应的物理地址是 04C60H。（1 分）
由于 Cache 采用直接映射方式，物理地址 04C60H 对应的 Cache 地址是 60H=01100000B，其中，高 3 位"011B=3"为 Cache 行号，该行号对应的有效位为 1，则对应"标记"105H 不等于 04CH（20 位物理地址的高 12 位），故访问该地址时 Cache 不命中。（2 分）

（4）虚拟地址 024BACH 所在页面的虚页号为 024H=0000 0010 0100，去查分为 2 组的 TLB，其"组号"字段为最低 1 位，即组号为 0，高 11 位为"标志（Tag）"字段，其值为 0000 0010 010=012H。（1 分）
由于在第 0 组中，存在"有效位为 1，标记为 012H"的项，因此访问该虚拟地址，TLB 命中，即该虚拟地址所在的页面在主存中。（1 分）

【例 6-26】（2013 年硕士研究生入学统一考试计算机专业基础综合考试试题）
某 32 位计算机，其 CPU 主频为 800 MHz，Cache 命中时的 CPI 为 4，Cache 块大小为 32 字节；主存采用 8 体交叉存储方式，每个体的存储字长为 32 位、存储周期为 40 ns；存储器总线宽度为 32 位，总线时钟频率为 200 MHz，支持突发传送总线事务。每次读突发传送总线事务的过程包括送首地址和命令、存储器准备数据、传送数据。每次突发传送 32 字节，传送地址或 32 位数据均需要一个总线时钟周期。请回答下列问题，要求给出理由或计算过程。

（1）CPU 和总线的时钟周期各为多少？总线带宽（即最大数据传输率）为多少？
（2）Cache 缺失时，需要用几个读突发传送总线事务来完成一个主存块的读取？
（3）存储器总线完成一次读突发传送总线事务所需的时间是多少？
（4）若在程序 BP 执行过程中，共执行了 100 条指令，平均每条指令需进行 1.2 次访存，Cache 缺失率为 5%，不考虑替换等开销，则 BP 的 CPU 执行时间是多少？

答：（1）CPU 主频为 800 MHz，则 CPU 的时钟周期为 1/800 MHz = 1.25 ns。
总线时钟频率为 200 MHz，则总线的时钟周期为 1/200 MHz= 5 ns。
总线带宽=32 位×200 MHz/8=800 MB/s。

（2）Cache 块大小为 32 B，而每次突发传送 32 B，则需要用一个读突发传送总线事务来完成一个主存块的读取。

（3）存储器总线完成一次读突发传送总线事务所需的时间

= "送首地址和命令"的时间+存储器准备数据的时间+传送数据 32 B/(32 位/8)次的时间
= 1 个总线时钟周期+40 ns+32/4 个总线时钟周期=5 ns+40 ns+8×5 ns= 85 ns。

（4）BP 的 CPU 执行时间=Cache 命中时执行指令的时间+Cache 缺失时访存时间
= 100 条指令×CPI×CPU 时钟周期+100 条指令×1.2×5%×85ns
= 100×4×1.25 ns+120×5%×85 ns=500 ns+510 ns=1010 ns。

【例 6-27】（2014 年硕士研究生入学统一考试计算机专业基础综合考试试题）

某程序中有循环代码段 P："for(i=0; i<N; i++)sum+=A[i];"，假设编译时变量 sum 和 i 分别分配在寄存器 R1 和 R2 中，常量 N 在寄存器 R6 中，数组 A 的首地址在寄存器 R3 中。程序段 P 起始地址为 0804 8100H。对应的汇编代码和机器代码如表 6-6 所示。

表 6-6　例 6-27 的信息表

编号	地址	机器代码	汇编代码	注释
1	0804 8100H	00022080H	loop: sll R4, R2, 2	(R2) << 2→ R4
2	0804 8104H	00832020H	add R4, R4, R3	(R4) + (R3)→ R4
3	0804 8108H	8C850000H	load R5, 0(R4)	((R4) + 0)→ R5
4	0804 810CH	00250820H	add R1, R1, R5	(R1) + (R5)→ R1
5	0804 8110H	20420001H	addi R2, R2, 1	(R2) + 1→ R2
6	0804 8114H	1446FFFAH	bne R2, R6, loop	if (R2) != (R6) goto loop

执行上述代码的计算机 M 采用 32 位定长指令字，分支指令 bne 的格式如图 6-48 所示。OP 为操作码；Rs 和 Rd 为寄存器编号；OFFSET 为偏移量，用补码表示。

31　　　　26	25　　　21	20　　　16	15　　　　　　　　　　　　0
OP	Rs	Rd	OFFSET

图 6-48　例 6-27 的分支指令 bne 的格式

请回答下列问题，并说明理由。

（1）M 的存储器编址单位是什么？

（2）已知 sll 指令实现左移功能，数组 A 中每个元素占多少位？

（3）表 6-6 中的 bne 指令的 OFFSET 字段的值是多少？已知 bne 指令采用相对寻址方式，当前 PC 内容为 bne 指令地址，通过分析表 6-6 中指令地址和 bne 指令内容，推断出 bne 指令的转移目标地址计算公式。

（4）若 M 采用如下"按序发射、按序完成"的 5 级流水线：IF（取指）、ID（译码及取数）、EXE（执行）、MEM（访存）、WB（写回寄存器），且硬件不采取任何转发措施，分支指令的执行均引起 3 个时钟周期的阻塞，则 P 中哪些指令的执行会由于数据相关而发生流水线阻塞？哪条指令的执行会发生控制冒险？为什么指令 1 的执行不会因为与指令 5 的数据相关而发生阻塞？

答：（1）指令长 32/8=4 字节，从表 6-6 中可看出一条指令占 4 个单元，所以 M 的存储器编址单位是字节。

（2）第 1 条指令表示数组元素下标 i（存于 R2 中）左移 2 位（即乘以 4），就可得到它的相对地址，所以数组 A 中每个元素占 4 个字节，即 32 位。

（3）OFFSET 字段的值是 FFFAH，即补码 1111 1111 1111 1010B，转换成原码为 1000 0000

0000 0110B,真值为-6。

执行 bne 指令时,PC 内容已增为 bne 指令地址+4,即 0801 8118。而转移目标地址为 0804 8100H。地址差距为 0804 8100H–0804 8118H=-18H=-32=(-6)×4。

故推断出 bne 指令的转移目标地址计算公式:(PC)+4+OFFSET×4。

(4)由于数据相关(即依赖前一条指令的执行结果)而发生流水线阻塞的指令是第 2、3、4、6 条。控制冒险只能发生在转移指令上(详见 3.3.3 节),即第 6 条指令的执行会发生控制冒险。指令 5 进入流水线的第 5 段 WB 时,由于指令 6 的执行引起 3 个时钟周期的阻塞,故指令 1 尚未进入流水线,所以不会与指令 5 发生数据相关。

【例 6-28】(2014 年硕士研究生入学统一考试计算机专业基础综合考试试题)

假设例 6-27 中的计算机 M 采用页式虚拟存储器,程序 P 开始执行时(R1)=(R2)=0,(R6)=1000。程序 P 的机器代码已调入主存但不在 Cache 中;数组 A 未调入主存,且所有数组元素在同一页,并存储于磁盘同一扇区。请回答下列问题,并说明理由。

(1)P 执行结束时,R2 的内容是什么?

(2)M 的指令 Cache 和数据 Cache 分离。若指令 Cache 共有 16 行,Cache 和主存交换的块大小为 32 字节,则其数据区的容量是多少?若仅考虑程序 P 的执行,指令 Cache 的命中率为多少?

(3)P 在执行的过程中,哪条指令的执行可能会发生溢出异常?哪条指令的执行可能产生缺页异常?对于数组 A 的访问,需要读磁盘和 TLB 至少多少次?

答:(1)P 执行结束(循环结束)时,R2 的内容应等于 R6 的内容,为 1000。

(2)"Cache 行"就是"Cache 块",所以指令 Cache 数据区的容量=16×32 B=512 B。

程序段 P 有 6 条指令,占 24 B,其起始地址为 0804 8100H,正好是一个主存块的起始地址,说明程序段 P 存储在一个块中。

由于开始执行时,程序 P 的机器代码已调入主存但不在 Cache 中,因此读取第 1 条指令时发生 Cache 缺失。然后机器将其所在主存块调入 Cache,之后读取指令都将 Cache 命中。

因此,程序段 P 在 1000 次循环过程(每次循环取 6 条指令)中只发生 1 次 Cache 缺失,指令 Cache 的命中率为(1000×6-1)/(1000×6)=99.98%。

(3)第 4 条指令的结果是累加值 sum,它的执行可能发生溢出异常。

第 3 条指令要读数组元素,而数组未装入主存,故第 1 次执行该指令会产生缺页异常。

由于所有数组元素在同一页,并存储于磁盘同一扇区,因此对于数组 A 的访问,只需读 1 次磁盘。第 3 条指令读数组元素要进行虚地址到实地址的地址变换,需要访问 TLB,第 1 次执行该指令时会访问 1 次 TLB,但肯定不命中。待数组装入主存后,该指令要重新执行,共 1000 次,每次都要访问 TLB。所以对于数组 A 的访问,需要读 TLB 至少 1001 次。

习 题 6

6-1 解释下列名词:主存、辅存、相联存储器、易失性、随机访问存储器、顺序访问存储器、访问时间 T_a、访问周期 T_c、双口 RAM、存储器访问的局部性原理、模 N 交叉存储器、Cache。

6-2 查找存储器中的数据都有哪些方法?

6-3　根据实现介质的不同，存储器分为哪几类？

6-4　存储器访问的局部性原理表现在哪两个方面？

6-5　在层次结构存储系统中，存储器的利用率 U 也是一个值得关注的性能指标。存储器的利用率 U 指的是用户程序中"活跃"部分所占的存储空间 S_a 与可利用的总的存储空间 S 的比值，即 $U=S_a/S$。由于主存储器的价格相对较贵，因此系统管理员希望提高主存储器的利用率。你有何措施能够帮助系统管理员提高主存储器的利用率？

6-6　什么是存储器带宽？若存储器的数据总线宽度为 64 位，存取周期为 50 ns，该存储器的带宽是多少？

6-7　计算机存储系统的层次结构中最重要的两个层次是什么？设置它们的目的是什么？

6-8　请分别比较 RAM 和 ROM、静态 RAM 和动态 RAM 的特点。

6-9　半导体存储器的地址译码有哪两种方式？

6-10　DRAM 为什么要"刷新"？"刷新"的方式有哪些？简述这些方式的实现要点。

6-11　依据"编程"方法的不同，ROM 可以分哪几类？

6-12　处理器字长为 32 位，地址总线宽度为 26 位，按字编址的寻址范围是多少？按字节编址呢？

6-13　双口 RAM 总能支持两个访问同时进行吗？为什么？

6-14　根据编址方法的不同，模 N 交叉存储器可以分为哪几类？它们的特点是什么？

6-15　N 体低位交叉存储器中每个体的存储字长等于数据总线宽度，每个体的存取周期为 T，总线传输周期为 t，那么 T 与 t 的关系是什么？读取地址连续的 N 个字需要多少时间？

6-16　低位交叉编址的存储器能够提高访存速度的原因是_____，其地址的高位部分用于_____，低位部分用于_____。

6-17　欲组成 4M×8 位的存储系统，选用 1M×4 位的存储芯片。共需几片？存储系统的地址总线是几位的？其中几位用于片选？几位用于片内地址？

6-18　设处理器有 16 根地址线、8 根数据线，用 MREQ 作为访存控制信号、WR 作为读/写控制信号，现有 1K×1 位、1K×4 位的 SRAM 芯片，1K×8 位、2K×8 位、8K×8 位的 PROM 芯片，74138 译码器以及各种门电路。现要求 6000H～67FFH 为系统程序区，6800H～6BFFH 为用户程序区。请说明你选用存储芯片的类型、数量，画出处理器与存储芯片的连接图。

6-19　提供的处理器与其他芯片同上题。要求主存中地址最小的 8 KB 空间为系统程序区，与其相邻的 16 KB 为用户程序区，地址最大的 4 KB 空间为系统程序工作区。请说明你选用存储芯片的类型、数量，画出处理器与存储芯片的连接图。

6-20　(2013 年哈尔滨工业大学研究生入学考试综合题) 设 CPU 有 16 根地址线、8 根数据线，并采用 $\overline{\text{MREQ}}$ 信号 (低电平有效) 和读写控制信号 $\overline{\text{R}}$/W。现有下列芯片：ROM (2K×8 位、4K×8 位、8K×8 位、32K×8 位)，RAM (1K×4 位、2K×8 位、8K×8 位、16K×1 位、4K×4 位) 及 74138 译码器和其他门电路 (门电路自定)。

请画出 CPU 与存储器的连接图，要求如下。

(1) 存储芯片地址空间分配：最小的 4 KB 地址空间为系统程序区，相邻的 4 KB 地址空间为系统程序工作区，与系统程序工作区相邻的是 24 KB 用户程序区。

(2) 指出选用的存储芯片类型及数量。

(3) 详细画出片选逻辑。

6-21　设处理器有 20 根地址线，16 根数据线，并用 IO/M 作为访存控制信号，RD 为读信号，

WR 为写信号。处理器通过 BHE 和 A0 来控制按字节和按字两种访问形式（如表 6-7 所示）。现有 74138 译码器，64K×8 位、32K×8 位、32K×16 位的 ROM 和 RAM 芯片。问：

（1）处理器按字节访问的地址范围是多少？

（2）处理器按字访问的地址范围是多少？

（3）详细画出处理器与存储芯片的连接图，门电路自定。要求处理器按字节访问时要区分奇偶存储体，且最大 64 KB 为系统程序区，与其相邻的 64 KB 为用户程序区。

表 6-7 题 6-21 的访问形式

BHE	A_0	访问形式
0	0	字
0	1	奇字节
1	0	偶字节
1	1	不访问

6-22 计算机中设置 Cache 的目的是什么？将指令 Cache 和数据 Cache 分开有什么好处？

6-23 Cache 和主存之间的地址映射方式有哪几种？其中地址变换速度最快的是哪一种？块冲突概率最低的是哪一种？

6-24 举出三种 Cache 中主存块的替换算法。

6-25 Cache 写策略有哪几种？其中最适合多处理器系统的 Cache 写策略是什么？单处理器系统一般采用的 Cache 写策略是什么？请说明原因。

6-26 设某计算机主存容量为 4 MB，Cache 容量为 4 KB，字块长度为 8 个字，字长为 32 位，试用直接映像、全相联映像和 4 路组相联映像（即 Cache 每组内共有 4 个字块）三种方式的 Cache 组织，要求：分别画出上述三种方式中主存地址字段的组成和各段的位数。

6-27 某计算机系统主存大小为 32K 字，Cache 大小为 4K 字，采用组相联地址映像，每组含 4 块，每块 64 字。假设 Cache 开始为空，CPU 从主存地址单元 0 开始顺序读取 4352 个字，重复此过程 10 遍。若 Cache 的速度是主存的 10 倍，采用 LRU 替换算法。请画出主存和 Cache 的地址格式，并求采用 Cache 后获得的加速比。

6-28 采用组相联映像的 Cache 存储器容量为 512 KB。容量为 16 MB 的主存采用模 8 交叉，每个分体宽度为 8 位。若采用按地址访问的存储器来构造相联目录表，实现主存地址到 Cache 地址的变换，并约定采用 8 个外相等比较电路。请设计此相联目录表，求出该表的行数、每行的总宽度及每个比较电路的位数。

第 7 章　8086/8088 汇编语言程序设计

> 诗是艺术的语言——最高的语言，最纯粹的语言。
>
> ——艾青

7.1　引言

1. 汇编语言的基本概念与学习汇编语言的重要性

计算机程序设计语言分为三个层次：高级语言、汇编语言和机器语言（计算机指令），其中汇编语言是一种面向机器（处理器）的程序设计语言，是机器语言的符号化表示。通常，汇编语言的执行语句与机器指令是一一对应的，即一个执行语句对应一条机器指令。

将某种语言编写的程序（也称为源程序）转换成另一种语言的程序（也称为目标程序）的过程称为翻译（Translation）。将高级语言源程序一次性全部翻译成汇编语言程序或机器语言程序的翻译程序称为编译程序或编译器（Compiler），将逐句翻译高级语言源程序并立即执行翻译结果的翻译程序称为解释程序或解释器（Interpreter）。

按照某种机器汇编语言的语法规则编写的源程序必须翻译成相应的机器语言才能在计算机上运行，这个过程称为汇编（Assemble）。从汇编语言到机器语言的翻译程序称为汇编程序（Assembler）。本书介绍的汇编程序是由美国微软公司开发的宏汇编程序（Marco Assembler，MASM）。

在甲机器上，将乙机器汇编语言源程序翻译成乙机器语言程序的翻译称为"交叉汇编（Cross-assemble）"。绝大多数汇编语言程序都是以交叉汇编的方式来实现的。

从机器语言到汇编语言的翻译称为"反汇编（Disassemble）"，我们从而可以学习、借鉴已有的程序及其算法。

学习汇编语言有助于我们加深对计算机组成、寻址方式和指令集的理解，帮助我们全面、客观地评价计算机/处理器的性能，指导新一代计算机/处理器的设计。

使用汇编语言可以直接操作、控制计算机的底层硬件。这对于系统软件（如操作系统）的实现是不可缺少的。

相对于高级语言源程序经过编译得到的目标程序，汇编语言源程序经汇编后的目标程序具有代码精练、占用存储空间小、执行速度快的特点，甚至可以降低机器的功耗。因此在对程序的执行时间和占用存储容量要求较高的领域（如实时控制、嵌入式计算和移动计算等），汇编语言的应用非常普遍。

编译器或解释器都涉及汇编语言/机器语言语句的生成，不掌握汇编语言就无法开发出编译器或解释器。

综上所述，学习、掌握汇编语言是十分重要的。

不同的机器有不同的汇编语言，不同的汇编语言有不同的语法规则，如 MIPS 系列微处理器的汇编语言、ARM 系列微处理器的汇编语言、PowerPC 系列微处理器的汇编语言，在微型计算机上更多的是 Intel 80x86 系列微处理器的汇编语言。

本书只介绍 8086/8088 汇编语言。学会这种语言后，读者应该有能力通过自学掌握其他的汇编语言。

2．8086/8088 汇编语言的基本语法

8086/8088 汇编语言语法中规定可以采用的字符有：
- ❖ 英文字母 A～Z/a～z。注意：汇编语言不区分字母大小写。
- ❖ 数字 0～9。
- ❖ 符号+、-、*、/、=、<、>、(、)、[、]、;、,、.、:、'、"、、_、@、$、&、#、?、!。

计算机的核心工作是对数据进行处理。与其他计算机程序一样，汇编语言程序处理的数据分为常量和变量。

（1）常量。

在汇编期间，常量的值完全确定。在程序运行期间，常量的值不会发生变化。8086/8088 汇编语言程序中合法的常量形式如表 7-1 所示。

表 7-1 常量的各种表示形式

数据类型	格式	X 取值范围	示例	注释
二进制整数	XXXXXXXXB	0, 1	01010101B	带符号数以补码表示
八进制整数	XXXO	0～7	765O	为了与 0 区分，可用 Q 代替 O
十进制整数	XXXXD	0～9	1234D，1234	为默认形式，后缀 D 可省略
十六进制整数	XXXXH	0～9，A～F	0FFFFH，1A2BH	当第一位数是字母时，前面加 0
字符	'X'，"XX"	ASCII 码（128 个）	'OK', "GOOD"	
十进制实数	XX.XXE±XX	0～9	12.34E-5	
十六进制实数	XXXXR	0～9，A～F	1A2B3C4DR	有效位数为 8、16 或 20

为了提高程序的可读性、降低发生错误的可能性，有经验的程序员常常使用符号常量。在汇编程序中，符号常量通过"EQU"或"="语句来定义。例如：

```
PI       EQU     3.1415926
ALPHT = PI* 36
```

符号常量及其数值保存在汇编程序管理的符号表中，在汇编过程中，一旦遇到符号就用它的数值替换。

"EQU"与"="在功能上是基本相同的，其差别是：一旦符号用"EQU"定义后就不允许对其再次定义，而用"="定义的符号可以对其多次定义。替换用"="定义的符号时，汇编程序将选择最近定义的那个数值。

（2）变量。

例如在高级语言中，变量名代表的是该变量的值（和类型）。而在汇编语言中，变量名代表的是该变量在计算机中的存储地址（和类型）。这正是冯·诺依曼计算机的重要特征——指令和数据不加区分地存储在存储器里，存储器按地址访问的直接体现。

因此严格来说，汇编语言中没有变量名，有的只是地址名——变量存储地址的标号。

由于 CPU 可以直接访问的存储器件只有寄存器和主存。因此，汇编语言源程序中的变量

只有寄存器变量和主存变量。前者是寄存器名（或寄存器编号），后者是主存地址。

在 8086/8088 汇编语言中，寄存器是以名区别的，如 AX（AH|AL）、BX（BH|BL）、CX（CH|CL）、DX（DH|DL）、SI、DI、BP、SP、CS、DS、ES、SS、IP 等。

在其他微处理器/汇编语言中，寄存器一般是以编号区别的，如 R0、R1、R2 等。

主存变量通常简称为变量。因此在下文中，如无特别声明，变量就指主存变量。

由于 8086/8088 采用分段存储结构，定位一个主存单元需要段地址和偏移地址，因此在 8086/8088 汇编语言中，变量名具有段地址、偏移地址和类型三个属性。其中，类型规定了按照地址（段地址：偏移地址）访问内存时应该读/写几字节。

变量的类型有：字节 BYTE（1 字节，用 DB 声明）、字 WORD（2 字节，用 DW 声明）、双字 DWORD（4 字节，用 DD 声明）、四字 QWORD（8 字节，用 DQ 声明）和十字节 TBYTE（10 字节，用 DT 声明）。

图 7-1 是一个实现字节型变量 X+Y⇒Z 的汇编语言源程序。

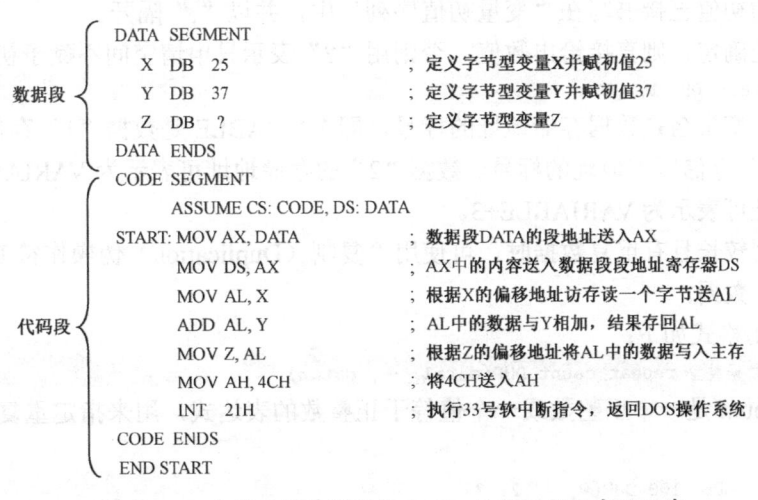

```
数据段 {
    DATA  SEGMENT
        X  DB  25        ;定义字节型变量X并赋初值25
        Y  DB  37        ;定义字节型变量Y并赋初值37
        Z  DB  ?         ;定义字节型变量Z
    DATA  ENDS

代码段 {
    CODE  SEGMENT
        ASSUME CS: CODE, DS: DATA
    START: MOV AX, DATA  ;数据段DATA的段地址送入AX
        MOV DS, AX       ;AX中的内容送入数据段段地址寄存器DS
        MOV AL, X        ;根据X的偏移地址访存读一个字节送AL
        ADD AL, Y        ;AL中的数据与Y相加，结果存回AL
        MOV Z, AL        ;根据Z的偏移地址将AL中的数据写入主存
        MOV AH, 4CH      ;将4CH送入AH
        INT 21H          ;执行33号软中断指令，返回DOS操作系统
    CODE  ENDS
    END START
```

图 7-1 一个实现字节型变量 X+Y⇒Z 的汇编语言源程序

从图 7-1 的程序可以看出：

① 编写汇编语言源程序并不难，它与高级语言源程序在结构上是相似的，都是先定义变量，再编写对变量进行处理的语句。只不过汇编语言的语句是计算机指令的助记符，功能较单一，而且一行只能书写一条语句/指令。汇编语言的语句是用"回车"来标志结束的，不需要在语句末尾加任何标点符号。

为了增加程序的可读性和可理解性，在汇编语言源程序中可以书写注释。在一个汇编语言语句中，";"后的字符为注释。注释的内容在汇编过程中将被忽略。

② 与 C 语言源程序由若干函数组成相似，8086/8088 汇编语言源程序由若干段组成，这是由 8086/8088 微处理器的存储空间采用分段管理决定的。

8086/8088 有 4 种段：数据段、附加数据段、代码段和堆栈段。

定义变量的段是数据段和附加数据段，待处理的数据和处理后的结果都保存在数据段/附加数据段中，数据段/附加数据段中的存储单元可读、可写（可改变）。

定义程序功能的段是代码段，即指令保存在代码段中。代码段中的存储单元只可读、不可写（不可改变）。在 7.6 节和 7.7 节介绍宏和子程序时再详细说明堆栈段。

③ 汇编语言的语句分为处理语句（也称为指令性语句）和说明语句（也称为指示性语句或伪指令）。本例中，"MOV　AL,X"和"ADD　AL,Y"就是指令性语句，"DATA　SEGMENT"和"DATA ENDS"就是伪指令。

在汇编时，伪指令不生成任何的目标代码，不占用目标程序的存储空间。前面介绍的符号常量定义语句也属于伪指令，"EQU"和"="为符号常量定义伪指令的伪操作符。

本例用到的伪指令有段定义伪指令、变量定义伪指令和段值设置伪指令。下面依次介绍。

④ 段定义伪指令由语句"段名　SEGMENT"开始，以语句"段名　ENDS"结束。例如，图7-1的程序中定义了两个段：一个段名为DATA，另一个段名为CODE。

⑤ 变量定义伪指令的格式为

```
变量名　变量类型　变量初值序列 [;注释]
```

其中，变量类型可以是DB、DW、DD、DQ或DT，[ ]表示可选部分。

变量名代表主存中一块存储区的首地址。在这块存储区中，可以连续存放类型相同的一组数据，它们的初值直接书写在"变量初值序列"中，并以","隔开。

若初值已经确定，则直接给出数值，否则用"?"表示只申请空间不赋予初值。例如：

```
        VARIABLE    DB    1,2,?,4
```

再次强调，变量名是数据存储地址的标号，即VARIABLE是数据"1"存储地址的标号或数据"1,2,?,4"存储区首地址的标号。数据"2"的存储地址可表示为VARIABLE+1，数据"4"的存储地址可表示为VARIABLE+3。

当初值序列较长且有重复数据时，可使用"复制（Duplication）伪操作符DUP"来复制某个（或某些）数据。

DUP的使用格式如下：

```
变量名　数据类型　repeat_count DUP(data1, …, datan)
```

其中，repeat_count是一个正整数或一个值等于正整数的表达式，用来指定重复操作的次数。例如：

```
        ARRAY       DB    100 DUP(0, 1, 2, ?)
        ARRAY       DB    20H DUP('ABCD')
        ARRAY       DB    10 DUP(0, 1, 2 DUP(3, 4), 5)
```

⑥ ASSUME为段值设置伪指令，它的功能是告诉汇编程序段寄存器CS、DS、ES和SS分别对应哪些段，以便在程序内建立段内寻址。因此，ASSUME伪指令总是放在代码段的最开始处。

注意：ASSUME伪指令仅仅告诉汇编程序段寄存器与程序段的对应关系，段地址的真正设定还需由指令性语句对段寄存器赋值来完成。不过，代码段的段寄存器CS的赋值由DOS的装入模块自动完成，因此程序中只需要对数据段的段寄存器DS或附加数据段的段寄存器ES赋值。

可见，一个段到底是数据段还是代码段与其名字无关，取决于程序把哪个段对应到哪个段寄存器。因此当源程序有多个段时，要小心编程，以免出错。

⑦ 指令性语句的一般格式如下：

```
[标号:] 指令操作符 [操作数] [,操作数] [;注释]
```

指令操作符（也叫指令助记符）是代表指令功能的英文动词的缩写。例如，数据传送指令操作符为MOV，加法指令为ADD，中断指令为INT。

操作数可以是寄存器变量或主存变量，也可以是立即数（采用立即寻址方式时给出的常数）。操作数之间用","隔开。操作数分为源操作数和目的操作数，前者表示欲处理数据的来源地址，后者表示处理结果的存储地址。两者的数据类型必须一致。在 MOV 指令中，第一个操作数是目的操作数，第二个操作数是源操作数。在双目运算指令（如 ADD）中，第一个操作数既是源操作数又是目的操作数，第二个操作数只是源操作数。

标号是后面紧跟":"的标识符，代表":"后语句的存储地址，供转移指令或循环指令作为操作数使用，也供汇编程序使用。

标号也具有段地址、偏移地址和类型三个属性，其中段地址是标号所在段的起始地址。由于标号只出现在代码段中，因此标号的段地址总保存在寄存器 CS 中。

当标号的定义与使用在同一段时，标号的属性为 NEAR（近），指示汇编程序为近标号分配一个字的空间（保存偏移地址）。当标号的定义与使用不在同一段时，标号的属性就应定义为 FAR（远），指示汇编程序要为远标号分配两个字的空间来保存段地址和偏移地址。

本例中使用的标号"START"供表示源程序结束的伪指令"END　标号"使用。END 伪指令告诉汇编程序：源程序到此结束，本语句后面的任何语句都将忽略。待程序的目标代码装入主存时，系统将 END 伪指令中标号的段地址和偏移地址分别装入 CS 和 IP，则程序将从该标号处开始执行。

⑧ 标号、段名和变量名统称为标识符，是一个由字母、符号或数字组成的字符串。这个字符串有三个限制：一是必须采用合法的字符；二是第一个字符必须是字母、"?""@"或"_"中的一个，不能是数字（即不能以数字开头）；三是不能使用汇编语言的保留字（如指令/伪指令操作符、寄存器名、运算符等）。语法上，标识符中对字符个数没有明确的限制，但只有前面的 31 个字符能够被汇编程序识别。

需要强调的是，标识符的命名应该有一些含义，以增强程序的可读性和可理解性，如年龄起名 AGE、成绩起名 GRADE、缓冲区起名 BUFFER 等。

⑨ 本程序使用了 3 种机器指令：MOV 指令、ADD 指令和 INT 指令。MOV 指令和 ADD 指令的使用说明分别如表 7-2 和表 7-3 所示。

表 7-2　MOV 指令的使用说明

语句格式	功　能	操　作　数	时钟周期数	字节长度	对标志位的影响
MOV dst, src	(dst)←(src)	men, acc	10	3	无影响
		acc, men	10	3	
		reg, reg	2	2	
		reg, men	8+EA	2～4	
		men, reg	9+EA	2～4	
		reg, data	4	2～3	
		men, data	10+EA	3～6	
		segreg, reg	2	2	
		segreg, men	8+EA	2～4	
		reg, segreg	2	2	
		men, segreg	9+EA	2～4	

注意：① MOV 指令可以将立即数送入通用寄存器（reg），却不能送入段寄存器（segreg），因此数据段 DATA 的段地址需要先送入 AX，再由 AX 转入 DS；② MOV 指令可以实现通用寄存器和主存单元之间的数据传送，却不能在两个主存单元之间或两个段寄存器之间传送数据。

表 7-3 ADD 指令的使用说明

语句格式	功 能	操 作 数	时钟周期数	字节长度	对标志位的影响
ADD dst, src	(dst)←(dst)+(src)	reg, reg	3	2	根据结果，设置 OF、SF、ZF、AF、PF、CF
		reg, men	9+EA	2～4	
		men, reg	16+EA	2～4	
		reg, data	4	3～4	
		men, data	17+EA	3～6	
		acc, data	4	2～3	

当寄存器 AH 中的值为 4CH 时，执行"INT 21H"指令将正常结束程序，返回 DOS 操作系统。INT 指令将在 7.8 节中详细介绍。

汇编语言源程序的设计流程如图 7-2 所示，其中连接程序（LINK）的功能是把要执行的程序与库文件或者其他已经翻译好的子程序（具有某种独立功能的程序模块）连接在一起，形成最终的执行程序。

注意：汇编语言源程序的后缀名必须是".asm"。

在上机编制汇编语言源程序时，还可以利用系统提供的调试工具 DEBUG。

7.2 顺序程序设计

1. 概述

顺序程序是指不含有转移指令或者分支指令的程序，语句执行的顺序就是它们排列的顺序。图 7-1 中的程序就是一个顺序程序。下面进一步完善这个程序。

由于两个字节型（8 位）的数相加，得到的和可能超过 8 位，因此保存结果的变量应该是字型（16 位），相应的加法指令也应改为 16 位的，即将 ADD 指令的操作数改为两个 16 位通用寄存器（AX 和 BX）。修改后的程序如图 7-3 所示。

图 7-3 的程序中同样是对寄存器清 0，可以用数传指令 MOV，也可以用逻辑异或指令 XOR，如表 7-4 所示。

XOR 指令（执行时间为 3 个时钟周期）比 MOV 指令（执行时间为 4 个时钟周期）快 1 个时钟周期。这就是汇编语言相对于高级语言的优势之一：可以编写出速度更快的程序。

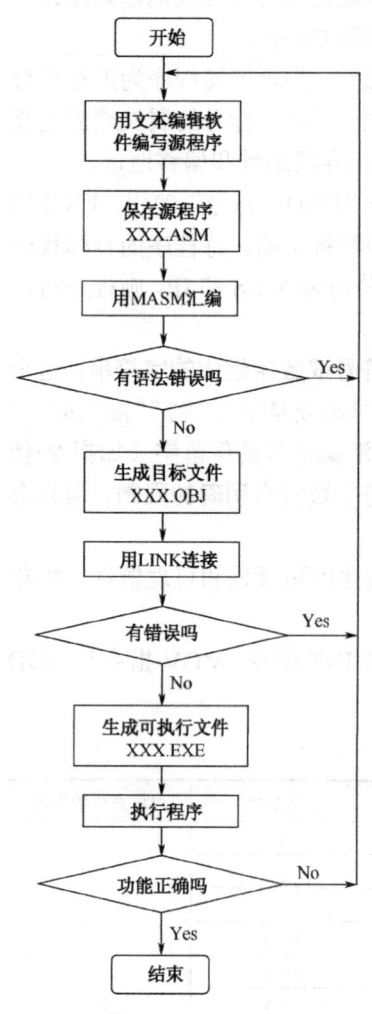

图 7-2 汇编语言程序的设计流程

2. 寻址方式的表示

在 8086/8088 汇编语言中，面向数据的有 7 种寻址方式，分别是立即寻址、寄存器寻址、直接寻址、寄存器间接寻址、寄存器相对寻址、基址变址寻址、相对基址变址寻址。

面向字符串的寻址方式将在 7.5 节中介绍。

```
DATA    SEGMENT
   X    DB      123
   Y    DB      145
   Z    DW      ?           ；两个字节型数据相加，结果可能是字型
DATA    ENDS
CODE    SEGMENT
        ASSUME CS: CODE, DS: DATA
START:  MOV AX, DATA
        MOV DS, AX
        MOV AX, 0           ；AX 遗留有上一个程序的数据，需要清 0
        MOV AL, X
        XOR BX, BX          ；用逻辑异或指令将 BX 清 0
        MOV BL, Y
        ADD AX, BX          ；AX 中的数据与 BX 中的数据相加，结果存回 AX
        MOV Z, AX
        MOV AX, 4C00H       ；与 "MOV AH, 4CH" 效果相同
        INT 21H
CODE    ENDS
        END START
```

图 7-3　两个字节型数据相加得字型数据的例程

表 7-4　XOR 指令的使用说明

语句格式	功 能	操 作 数	时钟周期数	字节长度	对标志位的影响
XOR dst, src	(dst)←(dst)⊕(src)	reg, reg	3	2	清除（置 0）CF、OF 根据结果，设置 SF、ZF、PF 对 AF 的影响无定义
		reg, men	9+EA	2～4	
		men, reg	16+EA	2～4	
		reg, data	4	3～4	
		men, data	17+EA	3～6	
		acc, data	4	2～3	

① 在前面的例子中，"MOV　AX, 0" 中的 "0" 是立即数，这个语句采用的是立即寻址。

注意：立即寻址只能用于源操作数。若有符号数，必须采用补码表示。

在 8086/8088 汇编语言中，立即数可以是 8 位或 16 位二进制数，但立即数的长度与目的操作数的长度一致。例如，当目的操作数为 8 位的寄存器或变量时，对应的立即数是 8 位的；当目的操作数为 16 位的寄存器或变量时，对应的立即数是 8 位的。

例如，"MOV　AX, 0" 中的 "0" 在汇编后占 2 个字节（16 位），而 "MOV　AL, 0" 中的 "0" 在汇编后占 1 字节（8 位）。

注意：立即寻址不能用于给段寄存器赋值。例如，"MOV DS, 0123H" 是错误的。

② "ADD　AX, BX" 中的 "BX" 是寄存器名，采用的是寄存器寻址，即操作数存储在指令说明的寄存器中。寄存器寻址的优点是速度快。

用于寄存器寻址的寄存器只能是通用寄存器，即 AX（AH|AL）、BX（BH|BL）、CX（CH|CL）、DX（DH|DL）、SI、DI、BP 和 SP。

注意：源寄存器和目的寄存器的长度应一致。例如，"ADD　AH, BX" 语句是错误的。

③ 如果已知数据在主存中的偏移地址，又称为有效地址（Effective Address，EA），则可以采用直接寻址。

有效地址 EA 可以直接用地址值（需用方括号括起来，以区别于立即数）表示，也可以用变量名（地址标号）表示，如"MOV AX,[2008H]"和"MOV AX,VAR"。

注意：EA 必须是一个 16 位的二进制数。根据 EA 计算物理地址的公式为(DS)×16+EA。

④ 为了提高程序的灵活性，常采用寄存器间接寻址，即把操作数的有效地址放在基址寄存器 BX、BP 或变址寄存器 SI、DI 中。这样就可以通过改变地址寄存器中的值，使用相同的指令来处理不同的数据了。

寄存器间接寻址的表示方法是在寄存器名外加"[ ]"。例如：

```
        MOV AX,[BX]
        MOV AX,[BP]
        MOV CX,[SI]
        MOV [DI],BX
```

注意：若数据在数据段中，寄存器间接寻址可以在 BX、SI 或 DI 中选择一个使用；若数据在堆栈段中，寄存器间接寻址只允许使用 BP。也就是说，以 BX、SI 或 DI 间接寻址时，隐含使用的段寄存器为 DS，以 BP 间接寻址时，隐含使用的段寄存器为 SS。

因此，寄存器间接寻址的物理地址计算公式为(DS)×16+(BX/SI/DI)或(SS)×16+(BP)。

⑤ 在读/写表格时，寄存器相对寻址是很有用的。这种寻址方式是在寄存器间接寻址的基础上加上一个 8 位/16 位位移量（Displacement），位移量可以是常量/符号常量或变量名（代表 16 位的偏移地址）。例如：

```
        MOV [SI+6], AX           ; 也可以写成 MOV  [SI]+6, AX
        MOV AX, [COUNT+SI]       ; 也可以写成 MOV  AX, COUNT[SI]
```

其中，COUNT 为代表位移量的符号常量。

寄存器相对寻址的物理地址计算公式为：(DS)×16+(BX/SI/DI)+8 位/16 位位移量，(SS)×16+(BP)+8 位/16 位位移量。

例如，DS=1120H，SI=2498H，AX=1234H，指令"MOV [SI+6],AX"的执行结果是：AX 的内容被写入物理地址为 11200+2498+6=1369DH 的主存单元。对于按字节编址的主存，低位字节 34H 被写入 1369DH 单元，高位字节 12H 被写入 1369EH 单元。

由于 BX 和 BP 是基址寄存器，故使用 BX 或 BP 的寄存器相对寻址特称为基址相对寻址。由于 SI 或 DI 是变址寄存器，故使用 SI 或 DI 的寄存器相对寻址特称为变址相对寻址。

⑥ 基址寻址和变址寻址结合就是基址变址寻址。它的有效地址是一个基址寄存器和一个变址寄存器的内容之和。例如：

```
        MOV AX,[BX][DI]          ; 也可以写成 MOV  AX, [BX+DI]
```

基址变址寻址的物理地址计算公式为：(DS)×16+(BX)+(SI/DI)或(SS)×16+(BP)+(SI/DI)。

由于两个寄存器中的内容（即地址）都可以修改，因此在处理数组或表格时，基址变址寻址比寄存器相对寻址更灵活。

⑦ 8086/8088 汇编语言中最复杂的寻址方式是相对基址变址寻址。它的有效地址是一个基址寄存器和一个变址寄存器的内容之和，再加上一个 8 位/16 位位移量。例如：

```
        MOV AX, MASK[BX][SI]     ; 也可以写成 MOV  AX, [MASK+BX+SI]
        MOV AH, TAB[BX][DI]      ; 也可以写成 MOV  AH, TAB[BX+DI]
```

其中，MASK 和 TAB 为符号常量或变量名。

直接寻址、寄存器间接寻址、寄存器相对寻址、基址变址寻址和相对基址变址寻址都属于面向主存的寻址方式。

【例 7-1】 编程实现将内存中分别存放于地址 SOURCE 和 DEST 的 4 个字互换。

答：为了实现两个数据的交换，8086/8088 提供了交换指令 XCHG（Exchange），该指令的使用说明见表 7-5。程序如下：

```
       DATA   SEGMENT
              SOURCE DW   1234H, 5678H
              DEST   DW   9ABCH, 0EF01H      ; EF01H 的最高位不是数字，故加前导 0
       DATA   ENDS
       CODE   SEGMENT
       ASSUME CS:CODE, DS:DATA
       START: MOV   AX, DATA
              MOV   DS, AX
              MOV   AX, SOURCE              ; 交换指令不能直接交换两个主存单元中的数据需要用 AX 来搭桥
              XCHG  AX, DEST                ; DEST←AX
              XCHG  AX, SOURCE              ; SOURCE←AX
              MOV   SI, 2
              MOV   AX, SOURCE[SI]          ; 寄存器相对寻址，SOURCE+2 为 "5678H" 的地址
              XCHG  AX, DEST[SI]
              XCHG  AX, SOURCE[SI]
              MOV   AH, 4CH
              INT   21H
       CODE   ENDS
              END START
```

表 7-5 XCHG 指令的使用说明

语句格式	功　能	操 作 数	时钟周期数	字节长度	对标志位的影响
XCHG opr1, opr2	(opr1)↔(opr2)	reg, reg	4	2	无影响
		reg, men	17+EA	2～4	
		reg, acc	3	1	

3. 表达式的使用

【例 7-2】 编程实现 32 位数据 X 和 Y 的加减法，结果分别存于 Result1 和 Result2。

答：要实现减法，需要利用 8086/8088 微处理器提供的减法指令 SUB。SUB 指令的使用说明如表 7-6 所示。但是，只使用 ADD 指令和 SUB 指令是无法完成 32 位数据的加减运算的，因为它们都是 16 位运算指令。

表 7-6 SUB 指令的使用说明

语句格式	功　能	操 作 数	时钟周期数	字节长度	对标志位的影响
SUB dst, src	(dst)←(dst)−(src)	reg, reg	3	2	根据结果，设置 OF、SF、ZF、AF、PF、CF
		reg, men	9+EA	2～4	
		men, reg	16+EA	2～4	
		reg, data	4	3～4	
		men, data	17+EA	3～6	
		acc, data	4	2～3	

为此，在 16 位 8086/8088 微处理器上需要用两个通用寄存器来存储 32 位数据，低 16 位的加减运算用 ADD 和 SUB 完成，高 16 位的加减运算用带进位的加法指令（ADd with Carry，ADC）和带借位的减法指令（SuBtract with Borrow，SBB）来完成。ADC 和 SBB 指令的使用

说明分别如表 7-7 和表 7-8 所示。

表 7-7 ADC 指令的使用说明

语句格式	功 能	操 作 数	时钟周期数	字节长度	对标志位的影响
ADC dst, src	(dst)←(dst)+(src)+CF	reg, reg	3	2	根据结果设置 OF、SF、ZF、AF、PF、CF
		reg, men	9+EA	2~4	
		men, reg	16+EA	2~4	
		reg, data	4	3~4	
		men, data	17+EA	3~6	
		acc, data	4	2~3	

表 7-8 SBB 指令的使用说明

语句格式	功 能	操 作 数	时钟周期数	字节长度	对标志位的影响
SBB dst, src	(dst)←(dst)−(src)−CF	reg, reg	3	2	根据结果设置 OF、SF、ZF、AF、PF、CF
		reg, men	9+EA	2~4	
		men, reg	16+EA	2~4	
		reg, data	4	3~4	
		men, data	17+EA	3~6	
		acc, data	4	2~3	

程序如下：

```
DATA    SEGMENT
        X        DD    12345600H    ; 32 位数据。低位字为 5600H,高位字为 1234H
        Y        DD    11223344H
        Result1  DD    ?
        Result2  DD    ?
DATA    ENDS
CODE    SEGMENT
        ASSUME CS: CODE, DS: DATA
START:  MOV   AX, DATA
        MOV   DS, AX
        MOV   AX, WORD PTR X           ; 把 X 的地址类型强制改为字型以读取 16 位数据
        MOV   DX, WORD PTR [X+2]       ; 把 1234H 装入 DX
        ADD   AX, WORD PTR Y
        ADC   DX, WORD PTR [Y+2]       ; 高 16 位相加时考虑进位标志 CF,故使用 ADC
        MOV   WORD PTR Result1, AX     ; 保存结果的低 16 位
        MOV   WORD PTR [Result1+2], DX ; 保存结果的高 16 位
        MOV   AX, WORD PTR X
        MOV   DX, WORD PTR [X+2]
        SUB   AX, WORD PTR Y
        SBB   DX, WORD PTR [Y+2]       ; 高 16 位相减时考虑借位标志 CF,故使用 SBB
        MOV   WORD PTR Result2, AX
        MOV   WORD PTR [Result2+2], DX
        MOV   AH, 4CH
        INT   21H
CODE    ENDS
        END   START
```

在例 7-2 的程序中，"X+2" "Y+2" 和 "WORD PTR" 都是表达式。

在汇编语言中可以使用两种表达式：数值表达式和地址表达式。数值表达式与地址表达式的区别在于前者的运算结果被作为一个数值，后者的运算结果被作为一个主存地址。

数值表达式是指常量与运算符（包括圆括号）组成的算式。运算符可以是：

① 算术运算符：包括+（正数）、-（负数）、+（加）、-（减）、*（乘）、/（除）、MOD（取余数）、SHR（右移）和 SHL（左移）。其中，右移/左移移出的空位补 0。

② 逻辑运算符：包括 AND（与）、OR（或）、NOT（非）和 XOR（异或），也是指令的助记符。不过它们出现在操作数字段上，不会与出现在操作符字段上的指令相混淆。

另外，数值表达式在汇编时就用求出的值来代替表达式。

③ 关系运算符：包括 EQ（等于）、NE（不等于）、LT（小于）、GT（大于）、LE（小于等于）和 GE（大于等于）。它们的运算结果是 0（表示不成立或者"假"）或者 0FFFFH（表示成立或者"真"）。

参与比较的对象可以是常数，也可以是同一段内的变量。若是常数，则按无符号数比较；若是变量，则比较它们的偏移地址。

例如，"MOV BX, ((SUM LT 10) AND 30) OR (SUM GE 100) AND 20)"语句，当符号常量 SUM 小于 10 时，被汇编成"MOV BX, 30"；当 SUM 大于等于 100 时，被汇编成"MOV BX, 20"；当 SUM 介于 10~100 时，被汇编成"MOV BX, 0"。

地址表达式是指运算对象，包括寄存器名、常量、变量、标号及方括号（表示读主存）与运算符组成的算式。地址表达式中的运算符除了可以是数值表达式中可用的三类运算符，还可以是属性取代符和属性分离符。

4. 属性取代符

8086/8088 汇编语言有 4 个属性取代符：PTR，:，SHORT 和 THIS。

（1）类型运算符 PTR

"类型 PTR 地址表达式"把地址表达式的属性临时设定为<类型>，该设置只在使用这个运算符的语句内有效。可选的类型有 BYTE、WORD 和 DWORD。例如：

```
MOV    AX, WORD PTR D_BYTE      ; 按照字类型访问字节型数据区 D_BYTE
ADD    BL, BYTE PTR [SI]         ; 从 SI 指向的数据区取一个字节
```

需要类型运算符 PTR 的原因如下。

① 为了实现用同一个地址标号访问不同类型的数据。例如，程序数据段定义了如下数据：

```
DAT_B DB 0ABH, 12H
```

则 DAT_B 是一个字节型的地址标号，它指向的第一个字节单元存储的是 ABH（10101011B）。DAT_B 指向的字节单元的下一个字节单元，即 DAT_B+1 指向的字节单元，存储的是 12H（00010010B）。要把 ABH 送入 AL，把 12H 送入 AH，可用如下语句：

```
MOV    AL, DAT_B
MOV    AH, DAT_B+1
```

如果想用一条语句实现上述目的，就可以使用类型运算符。例如：

```
MOV    AX, WORD PTR DAT_B
```

又如，程序数据段中定义了如下数据：

```
DAT_W DW 0ABCDH, 1234H
```

则 DAT_W 是一个字型的地址标号，它指向的第一个字节单元存储的是 CDH，下一个字节单元存储的是 ABH。也就是说，对于字型数据 0ABCDH，先存/取的是低位字节 0CDH，后存/

取的是高位字节 0ABH。

语句"MOV AX, DAT_W"执行后，(AH)=0ABH，(AL)=0CDH。

要单独操作 ABH，如把 ABH 送入 AL，用"MOV AL, DAT_W+1"是不行的（因为 DAT_W+1 指向的字节单元存储的是下一个字的低位字节 34H），而且语句本身就是错误的（因为源操作数和目的操作数类型不一致）。

因此要单独操作字型数据中的字节，就需要把其地址标号的属性改为 BYTE。例如，把 ABH 送入 AL，可用语句"MOV AL, BYTE PTR DAT_W+1"。

② 当汇编程序不能分辨出操作数的类型时，认为语句错误。这就要求程序员用 PTR 显式地说明/规定操作数的类型。例如"MOV [BX], 5"是错误的，正确的应该是"MOV BYTE PTR [BX], 5"或者"MOV WORD PTR [BX], 5"。

（2）段地址取代符":"

"段寄存器:地址表达式"表示计算物理地址时，以<地址表达式>为有效地址，以<段寄存器>中的值为段地址，如"DS: [2008H]"或"ES: VAR"。

在前面介绍直接寻址、寄存器间接寻址、寄存器相对寻址、基址变址寻址和相对基址变址寻址时，默认的段寄存器为 DS，如果数据存储在附加数据段，则需要通过段地址取代符将默认的段寄存器改为 ES，如"MOV AX, ES: [2008H]"。"ES:"也称为跨段前缀。

（3）短地址取代符 SHORT

正常情况下，汇编程序为表示有效地址的<地址表达式>分配 2 字节。而"SHORT 地址表达式"告诉汇编程序<地址表达式>的值为-128~+127，只需为它分配 1 字节。

例如，假设 AGAIN 为一个语句标号，则"JMP SHORT AGAIN"语句在汇编后产生 2 字节的目标代码，而"JMP AGAIN"产生 3 字节的目标代码。

（4）任意类型运算符 THIS

格式如下：

```
THIS 类型
```

THIS 常与等值伪指令 EQU 连用来定义一个新的属性为<类型>的变量名或标号，而该变量名或标号的段地址和偏移地址等于下一个变量名或标号。例如：

```
DATA_BYTE  EQU  THIS BYTE
DATA_WORD  DW   20H DUP(0)
```

上述语句的功能是为 DATA_WORD 所指向的字型数据区提供一个按字节访问的标号 DATA_BYTE。标号 DATA_WORD 和 DATA_BYTE 具有相同的段地址和偏移地址，但类型属性不同。前者是 WORD 类型，后者是 BYTE 类型。

5．属性分离符/数值回送操作符

8086/8088 汇编语言有 5 个属性分离符：SEG 和 OFFSET、TYPE、LENGTH、SIZE、HIGH 和 LOW。执行这些操作符后，会把结果（数值）回送到源程序。

（1）取段地址符 SEG 和取偏移地址符 OFFSET

"SEG 变量/标号"返回<变量/标号>地址属性中的段地址，"OFFSET 变量/标号"返回<变量/标号>地址属性中的偏移地址。

例如，假设 NAME 的段地址为 2468H，偏移地址为 1234H，则

```
MOV   AX SEG NAME              ；等价于 MOV   AX, 2468H
```

```
MOV     AX OFFSET NAME              ;等价于 MOV   AX, 1234H
MOV     AX OFFSET NAME+4            ;等价于 MOV   AX, 1238H
```

(2) 取类型符 TYPE

"TYPE 变量"返回变量所属类型的字节数。例如：

```
D_B     DB    12H
D_W     DW    1122H
D_D     DD    11112222H
...
MOV     AL, TYPE D_B                ;效果是 AL←1
MOV     AL, TYPE D_W                ;效果是 AL←2
MOV     AL, TYPE D_D                ;效果是 AL←4
```

"TYPE 标号"返回代表标号类型的数值。NEAR 为-1，FAR 为-2。

(3) 元素个数属性符 LENGTH

"LENGTH 变量"返回用 DUP 定义的数据项的个数，即 DUP 的重复数。若变量不是用 DUP 定义的，则返回 1。例如：

```
D_B1    DB    32 DUP(?)
D_B2    DB    12H, 34H, 56H
...
MOV     AL, LENGTH D_B1             ;效果是 AL←32
MOV     AL, LENGTH D_B2             ;效果是 AL←1
```

(4) 字节总数属性符 SIZE

"SIZE 变量"返回用 DUP 定义的变量所指向的数据区占用的字节数，即 SIZE 变量=LENGTH 变量×TYPE 变量。

例如，若 MULT_WORDS 定义为：

```
MULT_WORDS  DW  10 DUP(0)
```

则"LENGTH MULT_WORDS"返回 10，"SIZE MULT_WORDS"返回 20。

(5) 分离字节运算符 HIGH 和 LOW

"HIGH 变量"返回<变量>的高位字节，"LOW 变量"返回<变量>的低位字节。例如：

```
DATA    SEGMENT
        ORG     20H                 ;伪指令 ORG 通知汇编程序从有效地址 0020H 处
        CONST   EQU   0ABCDH        ;开始存放它下面的指令或数据
        DATA1   DB    10H DUP(0)    ;由于 EQU 语句不参与存储分配，因此
        DATA2   DB    20H DUP(1)    ;DATA1 的 EA=0020H, DATA2 的 EA=0030H
DATA    ENDS
        ...
        MOV     AH, HIGH CONST            ;等价于 MOV AH, 0ABH
        MOV     BH, LOW CONST             ;等价于 MOV BH, 0CDH
        MOV     CH, HIGH (OFFSET DATA1)   ;等价于 MOV CH, 00H
        MOV     CL, LOW (OFFSET DATA2)    ;等价于 MOV CH, 30H
```

6. 运算符的优先级

8086/8088 汇编语言运算符的优先级如表 7-9 所示。运算规则如下：① 优先级高的运算先执行；② 优先级相同的多个运算符，按照从左向右的顺序执行；③ 可以用"( )"改变运算顺序，"( )"内的运算先执行。

表 7-9 运算符的优先级

优先级	运 算 符	优先级	运 算 符
1（最高）	LENGTH, SIZE	6	+，-
2	PTR, OFFSET, SEG, TYPE, THIS	7	EQ, NE, LT, LE, GT, GE
3	HIGH, LOW	8	NOT
4	+，-（单项运算符）	9	AND
5	*, /, MOD, SHR, SHL	10（最低）	OR, XOR

7. 乘除法运算的实现

8086/8088 微处理器提供的乘法指令有两个：无符号数乘法指令（Unsigned Multiple，MUL）和带符号数乘法指令（Signed Multiple，IMUL），使用说明如表 7-10 和表 7-11 所示。

表 7-10 MUL 指令的使用说明

语句格式	功 能	操 作 数	时钟周期数	字节长度	对标志位的影响
MUL src	(AX)←(AL)*(src)	8 位 reg	70～77	2	根据结果设置 OF 和 CF，对 SF、ZF、AF 和 PF 的影响无定义
		8 位 men	(76～83)+EA	2～4	
	(DX,AX)←(AX)*(src)	16 位 reg	118～133	2	
		16 位 men	(124～139)+EA	2～4	

表 7-11 IMUL 指令的使用说明

语句格式	功 能	操 作 数	时钟周期数	字节长度	对标志位的影响
IMUL src	(AX)←(AL)*(src)	8 位 reg	80～98	2	根据结果设置 OF 和 CF。对 SF、ZF、AF 和 PF 的影响无定义
		8 位 men	(86～104)+EA	2～4	
	(DX,AX)←(AX)*(src)	16 位 reg	128～154	2	
		16 位 men	(134～160)+EA	2～4	

例如：

```
    MUL    VAR           ;实现(AX)/(AL)×(VAR)，其中 VAR 为 8/16 位内存变量的地址
    IMUL   VAR[SI]
    MUL    CX
```

但是，MUL/IMUL 的操作数（乘数）不能是立即数，如要实现"(AX)×20H"，使用"MUL 20H"是错误的。需要先将乘数存入一个通用寄存器中，再执行乘法指令。例如：

```
    MOV    BL 20H
    MUL    BL
```

再次强调：在使用乘法指令前，应事先把被乘数存入 AL（8 位操作数）/AX（16 位操作数）；被乘数与乘数的长度必须一致。

对于 MUL 指令，当乘积的高一半为 0 时，即字节运算的 AH 或字运算的 DX 为 0 时，则 CF 和 OF 为 0，否则 CF 和 OF 均为 1。对于 IMUL 指令，当乘积的高一半是低一半的符号位扩展时，则 CF 和 OF 为 0，否则 CF 和 OF 均为 1。这样可以通过检查标志位判断字节相乘的结果是字节还是字，或者字相乘的结果是字还是双字。

8086/8088 微处理器提供的除法指令也有两个：无符号数除法指令（Unsigned Divide，DIV）和带符号数除法指令（Signed Divide，IDIV），使用说明如表 7-12 和表 7-13 所示。

在使用除法指令前，应事先把被除数存入 AL（8 位操作数）/AX（16 位操作数）。

除法指令对 OF、SF、ZF、AF、PF 和 CF 的影响无定义。对于 DIV 指令，商和余数均为无符号数。对于 IDIV 指令，商和余数均为带符号数，且余数的符号等于被除数的符号。

表 7-12 DIV 指令的使用说明

语句格式	功 能	操 作 数	时钟周期数	字节长度
DIV src	(AL)←(AX)/(src)的商	8 位 reg	80～90	2
	(AH)←(AX)/(src)的余数	8 位 men	(86～96)+EA	2～4
	(AX)←(DX,AX)/(src)的商	16 位 reg	144～162	2
	(DX)←(DX,AX)/(src)的余数	16 位 men	(150～168)+EA	2～4

表 7-13 IDIV 指令的使用说明

语句格式	功 能	操 作 数	时钟周期数	字节长度
IDIV src	(AL)←(AX)/(src)的商	8 位 reg	101～112	2
	(AH)←(AX)/(src)的余数	8 位 men	(107～118)+EA	2～4
	(AX)←(DX,AX)/(src)的商	16 位 reg	165～184	2
	(DX)←(DX,AX)/(src)的余数	16 位 men	(171～190)+EA	2～4

具体选择哪一条乘/除法指令由程序员根据操作数的类型来决定。指令中的源操作数可以使用除"立即寻址"以外的任何一种寻址方式。例如：

```
    DIV    OPR              ; OPR 为 8/16 位内存变量的地址
    IDIV   OPR[DI]
    DIV    BL
```

与乘法指令一样，除法指令的操作数不能是立即数。例如，要实现"(AX)÷21H"，使用"DIV 21H"是错误的，可用如下语句：

```
    MOV    BL 21H
    IDIV   BL
```

注意：字节运算时被除数应为 16 位，字运算时被除数应为 32 位。为此在进行除法运算前，需要将与除数等长的被除数进行符号位扩展，以获得合法的被除数格式。

符号位扩展指令有"字节转换为字"指令（Convert Byte to Word，CBW）和"字转换为双字"指令（Convert Word to Double Word，CWD）。前者将 AL 的最高位（符号位）扩展到 AH，后者将 AX 的最高位扩展到 DX。例如，计算 56÷(-23)的程序段可以是：

```
    MOV    AL, 56
    MOV    CL-23
    CBW
    IDIV   CL
    MOV    Result, AL         ; 商（AL 中）存入字节型变量 Result
```

CBW 和 CWD 都是不带操作数的单字节指令，执行不影响标志位。

当遇到 16 位数据与 8 位数据相加/减或者 32 位数据与 16 位数据相加/减时，也需要对较短的数据进行符号位扩展。

【例 7-3】 编程计算(V−(X×Y+Z−540))/X。其中，X、Y、Z、V 均为 16 位带符号数，计算结果的商存入 F 单元，余数存入 F+2 单元。

答：编写的程序如下：

```
DATA  SEGMENT
      X    DW    25
      Y    DW    20
      Z    DW    140
      V    DW    50
      F    DW    2 DUP(?)      ; DUP 是重复伪指令
```

```
        DATA    ENDS
        CODE    SEGMENT
                ASSUME  CS:CODE, DS:DATA
        START:  MOV     AX, DATA
                MOV     DS, AX
                MOV     AX, X
                IMUL    Y               ; DX:AX←X×Y
                MOV     CX, AX          ; 将 DX:AX 暂存于 BX:CX
                MOV     BX, DX
                MOV     AX, Z           ; 准备计算 32 位的(X×Y+Z)
                CWD                     ; 将 AX 符号位扩展 DX:AX
                ADD     CX, AX          ; 进行 BX:CX←X×Y+Z
                ADC     BX, DX
                SUB     CX, 540         ; BX:CX←BX:CX-540
                SBB     BX, 0           ; 完成 32 位的减法
                MOV     AX, V
                CWD                     ; 将 V 符号位扩展 DX:AX
                SUB     AX, CX          ; V-(X×Y+Z-540)
                SBB     DX, BX          ; 结果存于 DX:AX
                IDIV    X               ; (DX:AX)/X
                MOV     F, AX           ; F←AX（商）
                MOV     F+2, DX         ; F+2←DX（余数）
                MOV     AH, 4CH
                INT     21H
        CODE    ENDS
                END     START
```

8. 算术移位和逻辑移位

对于二进制数，左移 1 位相当于乘以 2，右移 1 位相当于除以 2。因此，乘数或除数为 2 的幂的乘/除法运算，还可以用算术移位和逻辑移位来实现：算术移位用于实现带符号数乘/除法，逻辑移位用于实现无符号数乘/除法。

8086/8088 微处理器提供的算术移位和逻辑移位指令有：算术左移指令（Shift Arithmetic Left，SAL）、算术右移指令（Shift Arithmetic Right，SAR）、逻辑左移指令（Shift logical Left，SHL）和逻辑右移指令（Shift logical Right，SHR），如图 7-4 所示，使用说明如表 7-14 所示。

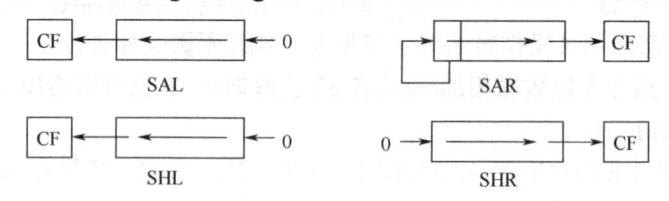

图 7-4　算术移位和逻辑移位指令的操作

例如，欲将 SI 指向的无符号数乘以 4，可以用如下语句：

```
        MOV     CL, 2
        SHL     [SI], CL                ; 逻辑左移 log₂4=2 位
```

欲将 DI 指向的有符号数除以 8，可以用如下语句：

```
        MOV     CL, 3
        SAR     [DI], CL                ; 逻辑右移 log₂8=3 位
```

表 7-14 算术移位和逻辑移位指令的使用说明

语句格式	功 能	操 作 数	时钟周期数	字节长度	对标志位的影响
SHL opr, 1 SHL opr, CL	逻辑左移	reg men reg men	2 15+EA 8+4/位 20+EA+4/位	2 2~4 2 2~4	
SAL opr, 1 SAL opr, CL	算术左移	reg men reg men	2 15+EA 8+4/位 20+EA+4/位	2 2~4 2 2~4	根据结果，设置 OF、SF、ZF、PF 和 CF 对 AF 的影响无定义 对其他标志位无影响
SHR opr, 1 SHR opr, CL	逻辑右移	reg men reg men	2 15+EA 8+4/位 20+EA+4/位	2 2~4 2 2~4	
SAR opr, 1 SAR opr, CL	算术右移	reg men reg men	2 15+EA 8+4/位 20+EA+4/位	2 2~4 2 2~4	

欲将 AX 中的带符号数乘以 3/2，可以用如下语句：

```
    MOV   BX, AX
    SAL   AX, 1       ；AX 中的数值扩大 2 倍
    ADD   AX, BX      ；AX 中的数值扩大 3 倍
    SAR   AX, 1       ；完成（AX）*3/2
```

若(AX)=0012H，(BX)=0034H，将它们装配成(AX)=1234H，可用如下语句：

```
    MOV   CL, 8
    SHL   AX, CL      ；AX 中的数据左移 8 位
    ADD   AX, BX
```

7.3 分支结构程序设计

编制面向实际问题的汇编语言程序，与编制高级语言程序一样，一般步骤如下。
① 分析需求，确定算法和数据结构。
② 根据算法画出流程图，并一步一步地将其细化，使流程图能够直接指导程序的编写。
③ 根据流程图编写程序，并上机调试。

结构化的程序（流程图）由三种结构组成：顺序结构、分支结构和循环结构。7.2 节介绍了顺序结构程序设计，本节将介绍分支结构程序设计，7.4 节将介绍循环结构程序设计。

在汇编语言程序中，程序的分支是通过转移指令来实现的。8086/8088 微处理器提供了两类转移指令：无条件转移指令 JMP 和条件转移指令 JX。它们的执行均不影响标志位。

1. 无条件转移指令 JMP

JMP 指令的格式为：JMP OPR。操作是：根据 OPR 更改 IP 寄存器或 CS 寄存器。这样，微处理器就从新的 CS:IP 处取指令执行，从而实现程序执行流的改变（跳转）。

根据是否改变 CS 寄存器，无条件转移可以分为段内转移和段间转移。

顾名思义，段内转移不改变 CS，只改变 IP；段间转移既改变 CS，又改变 IP。

段内转移有以下三种形式。

① 段内直接短转移。格式为：JMP SHORT OPR。其中，OPR 是 8 位补码形式的位移量（SHORT 属性）。操作：(IP)←(IP)+OPR。短转移的转移范围：-128～127 字节。

② 段内直接近转移。其格式为：JMP OPR，其中 OPR 是 16 位补码形式的位移量（NEAR 属性）。操作：(IP)←(IP)+OPR。近转移可以转移到段内任何位置。

③ 段内间接转移。格式为：JMP WORD PTR OPR。其中，OPR 代表转移目标指令的有效地址 EA，可以使用除立即寻址方式外的任何一种寻址方式。其内部操作：(IP)←(EA)。

段间转移应用于转移目标不在 JMP 指令所在段的场合，需要给出 4 字节的目标地址 CS:IP。段间转移也有以下两种形式。

① 段间直接（远）转移。格式为：JMP FAR PTR OPR。其中，OPR 是一个目的地址标号。FAR 属性表示既要取 OPR 的段地址，又要取 OPR 的有效地址。

其内部操作：(IP)← OPR 的有效地址，(CS)← OPR 的段基址。

② 段间间接转移。格式为：JMP DWORD PTR OPR。其内部操作：(IP)←(OPR)，(CS)←(OPR+2)。其中，OPR 是一个双字型变量的有效地址，可以采用任何一种面向主存储器的寻址方式，如"JMP DWORD PTR ALPHA[SP][DI]"。

在汇编时，对于相同的指令助记符 JMP，若是段内直接短转移，则生成的操作码为 11101011B（EBH）；若是段内直接短转移，则生成的操作码为 11101001B（E9H）；若是段间直接（远）转移，则生成的操作码为 11101010B（EAH）；若是段内间接转移或段间间接转移，则生成的操作码为 11111111B（FFH）。

2. 条件转移指令 JX 和比较指令 CMP

JX 的格式为：JX OPR。其中，OPR 是目的地址标号（SHORT 属性）。操作：满足条件则(IP)←(IP)+OPR，即跳转到目的地址处执行指令；否则 IP 不变（即执行下一条指令）。

X 为 1～3 个字母，表示转移条件。条件转移指令的长度为 2 字节，高位字节为操作码，低位字节为带符号的地址偏移量（以补码形式表示）。当条件满足时，执行时间为 16 个时钟周期，否则为 4 个时钟周期。

条件转移指令可以分为 3 类：判断单个标志位状态的条件转移指令（10 条）、比较无符号数的条件转移指令（4 条）和比较有符号数的条件转移指令（4 条）。

判断单个标志位状态的条件转移指令如下：

❖ CF=1 时转移的 JC（Jump if Carry），CF=0 时转移的 JNC（Jump if Not Carry）。
❖ ZF=1 时转移的 JE/JZ（Jump if Equal, or Zero）。
❖ ZF=0 时转移的 JNE/JNZ（Jump if Not Equal, or Not Zero）。
❖ SF=1 时转移的 JS（Jump if Sign），SF=0 时转移的 JNS（Jump if Not Sign）。
❖ OF=1 时转移的 JO（Jump if Overflow），OF=0 时转移的 JNO（Jump if Not Overflow）。
❖ PF=1 时转移的 JP/JPE（Jump if Parity, or Parity Even）。
❖ PF=0 时转移的 JNP/JPO（Jump if Not Parity, or Parity Odd）。

比较无符号数的条件转移指令如下：

- ❖ 高于/不低于且不等于（CF=0 且 ZF=0）转移的 JA/JNBE。
- ❖ 高于或等于转移/不低于（CF=0 或 ZF=1）转移的 JAE/JNB。
- ❖ 低于转移/不高于且不等于（CF=1 且 ZF=0）转移的 JB/JNAE。
- ❖ 低于或等于转移/不高于（CF=1 或 ZF=1）转移的 JBE/JNA。

其中，A 表示高于（Above），B 表示低于（Below），E 表示等于（Equal）。
比较有符号数的条件转移指令如下：

- ❖ 大于/不小于且不等于（ZF=0 且 SF⊕OF=0）转移的 JG/JNLE。
- ❖ 大于或等于/不小于（ZF=1 或 SF⊕OF=0）转移的 JGE/JNL。
- ❖ 小于/不大于且不等于（ZF=0 且 SF⊕OF=1）转移的 JL/JNGE。
- ❖ 小于或等于/不大于（ZF=1 或 SF⊕OF=1）转移 JLE/JNG。

其中，G 表示"大于（Greater）"，L 表示"小于（Less）"。

为了得到条件转移指令所需的条件，通常需要先执行比较（Compare）指令 CMP。

例如，设 X、Y 为 16 位变量，实现"先判断 X 是否大于 100，若是，则转移到 BIG，否则执行 X+Y。若结果溢出，则转移到 OVERFLOW，否则将结果的绝对值存入 RESULT。"程序段如下：

```
            MOV      AX, X
            CMP      AX, 100
            JG       BIG
            ADD      AX, Y
            JO       OVERFLOW
            JNS      NONNEG           ; 不是负数，直接存入 RESULT
            NEG      AX               ; 是负数，则变为正数
NONNEG:     MOV      RESULT, AX
            ...
BIG:        ...
            ...
OVERFLOW:   ...
            ...
```

CMP 的格式：CMP OPR1, OPR2。操作：(OPR1)–(OPR2)。该指令的操作数类型与减法指令 SUB 相同（见表 7-6）。说明：CMP 指令实质上就是做一次减法，只是不保存结果，利用的是减法操作对标志位的影响。

加法指令 ADD 并不区分操作数是有符号数还是无符号数。程序员判断运算结果是否溢出，所考查的标志位也不同。对于有符号数，考查 OF；对于无符号数，考查 CF。

当两个无符号数相加时，若最高位有进位，CF 被置 1，表示这两个无符号数之和超出了计算机标准字长所能表示的最大无符号数，否则 CF=0。

为了进行溢出处理，对于有符号数加法，可在加法指令后，编写 JO 指令；对于无符号数加法，可在加法指令后，编写 JC 指令。

当采用 ADC 指令和 ADD 指令的组合来完成双倍字长的整数加法时，ADD 指令所处理的低位字就被认为是无符号数，因为整个操作数只有一个符号位，位于高位字的最高位。这时，低位字相加，不用考查 OF。CF 的值参与到 ADC 指令的加法操作中。

在机器内部，减法指令是通过两个操作数的补码加法来实现的。不过，执行减法指令时，CF 应理解为与"进位"相反的"借位"。若最高位有进位，则 CF=0，否则被置 1。此外，减

法结果的符号取决于 CF，即 SF 的值与 CF 一致。CF=0 时，为正数，SF=0，否则 SF=1。

3．程序举例

【例 7-4】 求三个 16 位无符号数中的最大值。

答： 设三个 16 位无符号数为 X、Y、Z，存储最大值的变量为 MAX。

为了便于编写程序，最好先画出程序流程图。本例的程序流程图如图 7-5(a)所示。程序如图 7-5(b)所示。

```
DATA SEGMENT
        X DW 180
        Y DW 670
        Z DW 320
        MAX DW ?     ;预留出空间等待保存结果
DATA ENDS
CODE SEGMENT
        ASSUME CS: CODE, DS: DATA
START:  MOV AX, DATA
        MOV DS, AX
        MOV AX, X
        CMP AX, Y
        JA AXBIG     ;AX中值较大时，转到AXBIG
        MOV AX, Y
AXBIG:  CMP AX, Z
        JAE AXMAX    ;AX中值最大时，转到AXMAX
        MOV AX, Z
AXMAX:  MOV MAX, AX
        MOV AH, 4CH
        INT 21H
CODE ENDS
        END START
```

(a) 例7-4的程序流程图　　　　　(b) 例7-4的程序

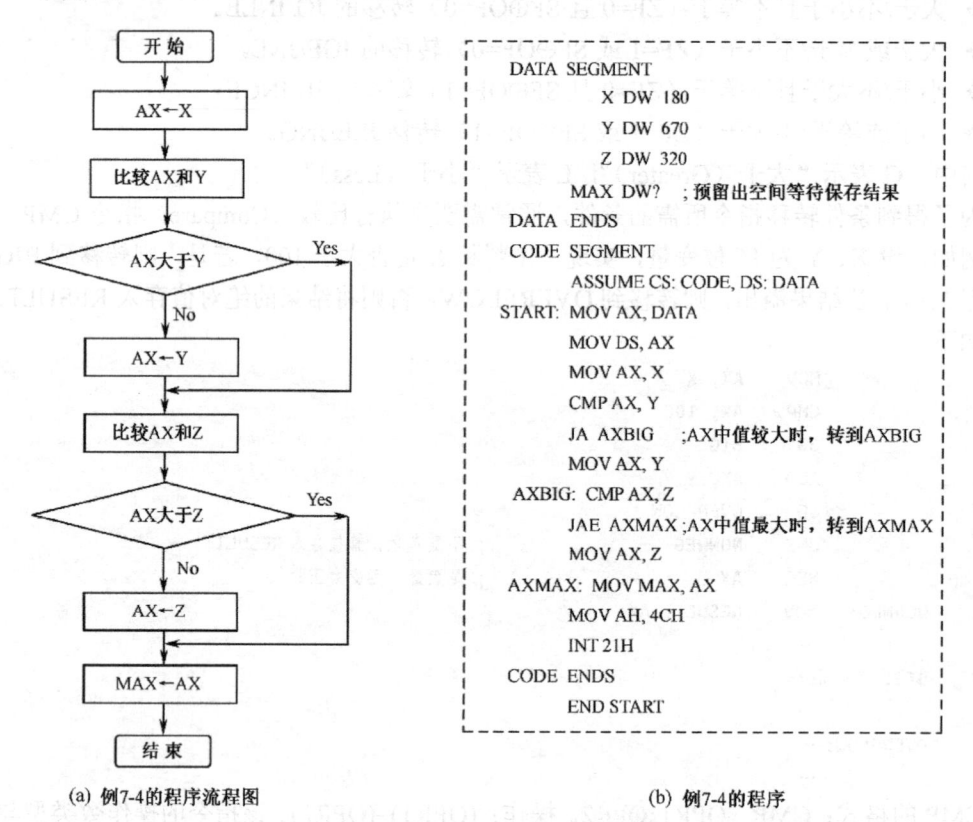

图 7-5　例 7-4 的程序流程图与程序

【例 7-5】 将三个带符号的 8 位二进制数 X、Y、Z，按升序排序后重新存回 X、Y、Z。

答： 本例的程序流程图如图 7-6(a)所示。程序如图 7-6(b)所示。

7.4　循环结构程序设计

1．循环控制指令

循环结构是程序中常用的结构。根据开始循环时是否知道循环次数，可将循环分为计数循环和条件判断循环。

① 计数循环的循环次数是已知的、确定的。在 8086/8088 汇编程序中，一般是将循环次数存入计数寄存器 CX，然后每循环 1 次，CX 减 1，当 CX 不为 0 时，继续循环，否则结束循环。这种循环结构常用 LOOP 指令来实现。

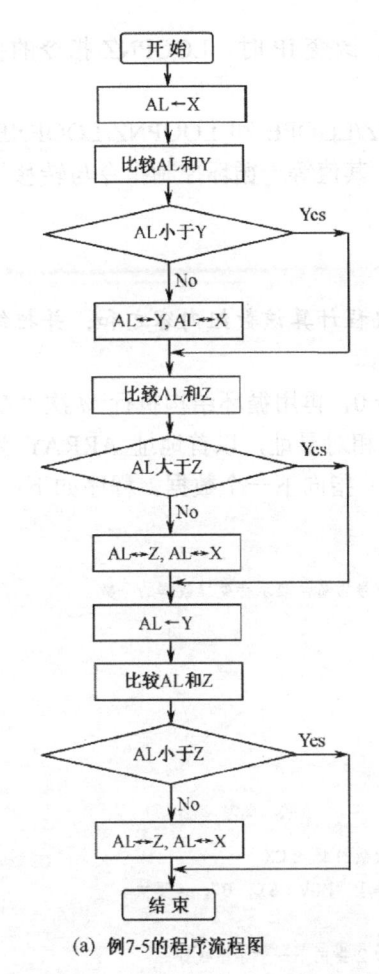

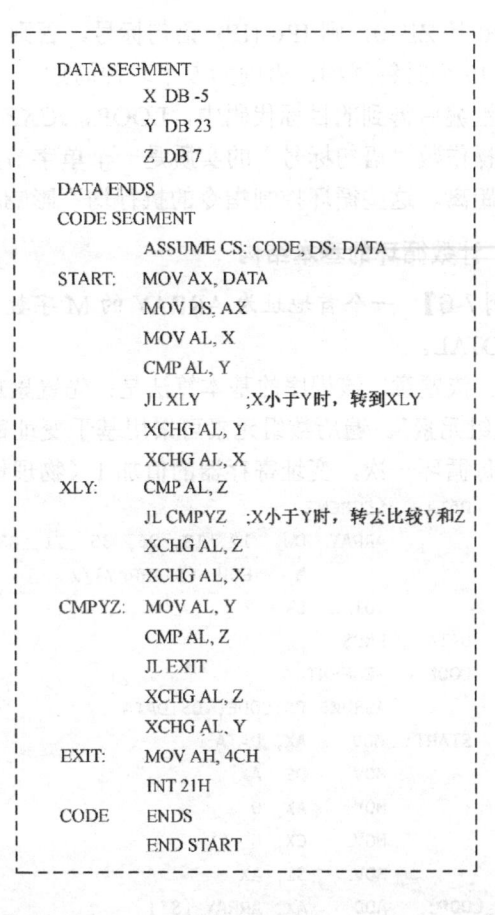

```
DATA SEGMENT
    X  DB -5
    Y  DB 23
    Z  DB 7
DATA ENDS
CODE SEGMENT
    ASSUME CS: CODE, DS: DATA
START:  MOV AX, DATA
        MOV DS, AX
        MOV AL, X
        CMP AL, Y
        JL XLY         ;X小于Y时，转到XLY
        XCHG AL, Y
        XCHG AL, X
XLY:    CMP AL, Z
        JL CMPYZ       ;X小于Y时，转去比较Y和Z
        XCHG AL, Z
        XCHG AL, X
CMPYZ:  MOV AL, Y
        CMP AL, Z
        JL EXIT
        XCHG AL, Z
        XCHG AL, Y
EXIT:   MOV AH, 4CH
        INT 21H
CODE    ENDS
        END START
```

(a) 例7-5的程序流程图   (b) 例7-5的程序

图 7-6 例 7-5 的程序流程图与程序

LOOP 指令的格式：**LOOP 语句标号**。操作：CX←(CX)–1，若 CX≠0，则 IP←(IP)+语句标号，否则 IP 不变（即执行 LOOP 指令的下一条指令）。改变 IP 时，LOOP 指令的执行时间为 17 个时钟周期，否则为 5 个时钟周期。

为了便于编制不同需求的计数循环，8086/8088 还提供了指令 JCXZ（Jump if CX register is Zero）。其格式为：**JCXZ 标号**。操作：若 CX=0，则 IP←(IP)+标号，否则执行 JCXZ 指令的下一条指令。

② 条件判断循环并不关心循环的次数，只关心进入循环的条件是否满足。因此这种循环可以通过上节介绍的条件转移指令或者下面介绍的条件循环指令来实现。

8086/8088 的条件循环指令有：

❖ 为零或相等循环指令 LOOPZ/LOOPE（Loop while Zero, or Equal）。
❖ 非零或不相等循环指令 LOOPNZ/LOOPNE（Loop while Nonzero, or Not Equal）。

LOOPZ/LOOPE 指令的格式：**LOOPZ/LOOPE 语句标号**。操作：CX←(CX)–1，若 CX≠0 且 ZF=1，则 IP←(IP)+语句标号，否则 IP 不变。改变 IP 时，LOOPZ 指令的执行时间为 18 个时钟周期，否则为 6 个时钟周期。

LOOPNZ/LOOPNE 指令的格式：**LOOPNZ/LOOPNE 语句标号**。操作：CX←(CX)–1，

若 CX≠0 且 ZF=0，则 IP←(IP)+语句标号，否则 IP 不变。改变 IP 时，LOOPNZ 指令的执行时间为 19 个时钟周期，否则为 5 个时钟周期。

在汇编后得到的目标代码中，LOOP、JCXZ、LOOPZ/LOOPE 和 LOOPNZ/LOOPNE 指令中的操作数"语句标号"的实质是一个单字节的补码，其值等于循环控制指令与转移目标语句的距离。这些循环控制指令的执行均不影响标志位。

2. 计数循环的基本结构

【例 7-6】 一个首地址为 ARRAY 的 M 字数组，请编程计算该数组内容之和，并把结果存入 TOTAL。

答：依题意，该程序的基本算法是：先置累加器 AX=0，再用循环结构执行 M 次"ADD AX, 数组元素"。遍历数组元素可采用基于变址寄存器的相对寻址，以首地址 ARRAY 为位移量，每循环一次，变址寄存器的值加 1（物理地址加 2）指向下一个数据。程序如下：

```
            DATA    SEGMENT
                    ARRAY   DW    12, 13, 26, 35, 71, 83
                    M       EQU   ($-ARRAY)/2       ; M 为符号常量，表示待处理数据的个数
                    TOTAL   DW    ?
            DATA    ENDS
            CODE    SEGMENT
                    ASSUME CS:CODE, DS:DATA
            START:  MOV     AX, DATA
                    MOV     DS, AX
                    MOV     AX, 0
                    MOV     CX, M                   ; 循环次数 M 送入 CX
                    MOV     SI, AX                  ; 效果等于"MOV SI, 0"，但更快
STARE_LOOP:         ADD     AX, ARRAY [SI]
                    ADD     SI, 2                   ; 地址加 2 指向下一个字型数据
                    LOOP    START_LOOP
                    MOV     TOTAL, AX
                    MOV     AH, 4CH
                    INT     21 H
            CODE    ENDS
                    END     START
```

在上面的数据段中，"$"表示汇编程序给数据"83"分配完空间后指向的下一个可用的有效地址，也称为位置计数器的当前值。

位置计数器是汇编程序维护的一个控制变量，用于记录正在汇编的指令或数据存放单元的有效地址。在汇编过程中，随着不断地为目标代码/数据分配存储空间，汇编程序不断地对位置计数器进行增 1 操作。当然，也可以通过伪指令"ORG 表达式"将表达式的值赋给位置计数器。

由于 ARRAY 表示存储"12,13,26,35,71,83"的数据区的首地址，因此($-ARRAY)等于这个数据区的字节长度，因为数据是字型（2 字节长），所以($-ARRAY)/2 等于数据区中包含数据的个数。

从例 7-6 可以看出，循环结构由两部分组成。

① 初始化。为循环做准备工作，如设置变量的初值、设置计数器等。

② 循环体，包括三部分：工作部分、修改部分和 LOOP 指令。其中，工作部分是循环体的核心，负责完成循环的基本数据处理；修改部分负责修改参数或参数地址，为下一次循环做准备；LOOP 指令负责修改计数器并检查循环条件。

3．条件判断循环的基本结构

条件判断循环的结构分为"先判断，后执行"和"先执行，后判断"两种。

前者用来判断是进入循环体还是跳过循环体，对应高级程序设计语言的 WHILE…DO 结构。后者是先进入循环体执行一次循环，再判断是继续循环还是退出循环，对应高级程序设计语言的 DO…WHILE 结构。

【例 7-7】 将位于数据段 TEXT 地址中的小写字母转换成大写字母，然后存回原地址，TEXT 内容结束标志为'$'。

答：题目中没有给出字母的个数，因此本例采用条件判断循环来实现。循环结束的条件就是取来的字母为'$'。由于字母的个数有可能是 0，因此本例题采用"先判断后执行"结构。

本例的核心算法：判断字母（ASCII 码）是否大于等于'a'且小于等于'z'，若是，则为小写字母，通过减 32（20H）可将其转换成大写字母。

读取字母，需要其所在存储单元的有效地址。尽管可以用前面介绍的取标号有效地址运算符 OFFSET，但是在本例中将引入功能更强的取有效地址指令 LEA（Load EA）。LEA 不仅可以取标号有效地址，而且它的操作数可以带下标。例如：

```
LEA    BX, TEXT              ;将标号 TEXT 的 EA 送 BX
LEA    BX, TABLE[SI]         ;将 TABLE+SI 所指存储单元的 EA 送 BX
```

另外，对于基址寻址、变址寻址或基址变址寻址的变量，在求取其有效地址时不能采用 OFFSET 运算，只能用 LEA 指令。例如，"MOV AX, OFFSET VAR[BP]"是错误的，正确的是"LEA AX, VAR[BP]"。

LEA 属于地址传送指令，还有两个地址传送指令是"指针送 DS 寄存器（Load DS with Pointer）"指令 LDS 和"指针送 ES 寄存器（Load ES with Pointer）"指令 LES。它们的使用说明如表 7-15 所示，其执行均不影响标志位。

表 7-15　地址传送指令的使用说明

语句格式	功　能	操 作 数	时钟周期数	字节长度
LEA reg, src	Reg←EA(src)	16 位 reg, 16 位 men	2+EA	2～4
LDS reg, src	reg←(src), DS←(src+2)	16 位 reg, 16 位 men	16+EA	2～4
LES reg, src	reg←(src), ES←(src+2)	16 位 reg, 16 位 men	16+EA	2～4

LDS 和 LES 指令是将内存变量的值作为地址（段地址与有效地址）送入目的寄存器，而不是取变量的段地址与有效地址。这与 LEA 指令有明显的区别。例如：

```
ADDR    DD  12345678H
...
LDS     SI, ADDR              ; SI←1234H, DS←5678H
```

本例的程序流程图和程序的代码段如图 7-7 所示。请读者自行设计程序的数据段。

在将标号 TEXT 的 EA 送 BX 后，就可以通过对 BX 不断地加 1 来遍历数据区中的每一个字母。尽管可以用 ADD 指令来给 BX 加 1，但是本例将采用速度更快、占用存储空间更小的专用"加 1（Increment）"指令 INC，对应 C 语言中的"i++"。

(a) 例7-7的程序流程图

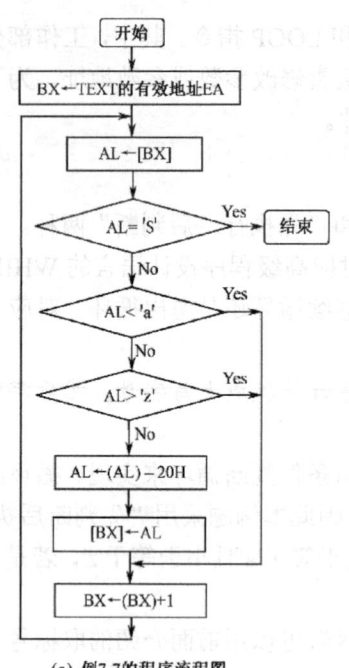

```
CODE SEGMENT
    ASSUME CS: CODE, DS: DATA
START: MOV AX, DATA
    MOV DS, AX
    LEA BX, TEXT
B20: MOV AL, [BX]
    CMP AL, '$'
    JE EXIT        ;若字符是$,转到EXIT
    CMP AL, 'a'
    JB B30         ;转到B30
    CMP AL, 'z'
    JA B30         ;是大写字母,转到B30
    SUB AL, 20H    ;小写字母变大写字母
    MOV [BX], AL   ;替换原先小写字母
B30: INC BX        ;指向下一个字母
    JMP B20
EXIT: MOV AH, 4CH
    INT 21H
CODE ENDS
    END START
```

(b) 例7-7的程序

图 7-7 例 7-7 的程序流程图与程序

8086/8088 还提供了一个"减 1（Decrement）"指令 DEC，对应 C 语言中的"i--"。INC 和 DEC 的使用说明见表 7-16。

表 7-16 INC 和 DEC 指令的使用说明

语句格式	功　能	操 作 数	时钟周期数	字节长度	对标志位的影响
INC opr	opr←(opr)+1	Reg	2～3	1～2	根据结果，设置 OF、SF、ZF、AF 和 PF 对其他标志位的影响无定义
		Men	15+EA	2～4	
DEC opr	opr←(opr)−1	Reg	2～3	1～2	
		Men	15+EA	2～4	

【例 7-8】 编写程序，把以 BLOCK 为首地址的数据区中 100 个连续的 8 位二进制数按正、负数分开，分别送到两个缓冲区 PLUS_DATA（存正数）和 MINUS_DATA（存负数）。假设数据中不存在 0。

答： 判断正/负数的方法是检查数据的最高位是 0 还是 1，可使用逻辑测试指令 TEST 完成。TEST 的使用说明如表 7-17 所示，其对标志位的影响与 XOR 指令相同，见表 7-4。

表 7-17 TEST 指令的使用说明

语句格式	功　能	操 作 数	时钟周期数	字节长度
TEST opr1, opr2	(opr1)∧(opr2)	reg, reg	3	2
		reg, men	9+EA	2～4
		reg, data	5	3～4
		men, data	11+EA	3～6
		acc, data	4	2～3

判断正数的算法如下：使用 TEST 指令测试符号位，然后判断 ZF 标志，即"TEST   AL,

1000 0000B"。若 AL 为正数,则 ZF=1。具体程序如下:

```
        DATA    SEGMENT
                BLOCK       DB  1, -2, 3, -4, …, -100
                PLUS_DATA   DB  100 DUP (?)     ;这100个数据可能全是正数
                MINUS_DATA  DB  100 DUP (?)     ;这100个数据也可能全是负数
        DATA    ENDS
        CODE    SEGMENT
                ASSUME  CS: CODE, DS: DATA
        START:  MOV     AX, DATA
                MOV     DS, AX
                LEA     SI, BLOCK
                LEA     DI, PLUS_DATA
                LEA     BX, MINUS_DATA
                MOV     CX, 100
        GOON:   MOV     AL, [SI]
                TEST    AL, 10000000B
                JNZ     MINUS                    ;转去处理负数
                MOV     [DI], AL                 ;处理正数
                INC     DI                       ;下一正数的存储地址
                JMP     AGAIN                    ;处理完毕转到循环体的结束部分
        MINUS:  MOV     [BX], AL                 ;处理负数
                INC     BX                       ;下一负数的存储地址
        AGAIN:  INC     SI                       ;指向下一待处理的数据
                LOOP    GOON                     ;一个完整的循环结构
                MOV     AH, 4CH
                INT     21 H
        CODE    ENDS
                ENDS    START
```

判断正数也可以采用"逻辑或"指令 OR(其使用说明如表 7-18 所示),相应算法是:将数据送入通用寄存器(如 AX),然后执行"OR AX, AX",如果 SF=0,则数据为正,否则为负。

表 7-18 OR 指令的使用说明

语句格式	功 能	操 作 数	时钟周期数	字节长度	对标志位的影响
OR dst, src	(dst)←(dst)∨(src)	reg, reg	3	2	清除(置0)CF、OF 根据结果,设置 SF、ZF、PF 对 AF 的影响无定义
		reg, men	9+EA	2~4	
		men, reg	16+EA	2~4	
		reg, data	4	3~4	
		men, data	17+EA	3~6	
		acc, data	4	2~3	

指令 TEST、OR、XOR 属于逻辑运算指令,8086/8088 提供的逻辑运算指令还有"逻辑与"指令 AND 和"逻辑非"指令 NOT,它们的使用说明分别如表 7-19 和表 7-20 所示。

OR 指令可以用来将指定位置为 1,如"OR DL, 00000101B"将位 0、位 2 置为 1 和"OR AL, 80H"将 AL 中的最高位置为 1。

XOR 指令可以用来翻转指定位,如"XOR DL, 01000010B"翻转位 1、位 6 和"XOR AL, 01H"翻转 AL 中的最低位。

· 279 ·

表 7-19 AND 指令的使用说明

语句格式	功 能	操 作 数	时钟周期数	字节长度	对标志位的影响
AND dst, src	(dst)←(dst)∧(src)	reg, reg	3	2	清除（置 0）CF、OF 根据结果，设置 SF、ZF、PF 对 AF 的影响无定义
		reg, men	9+EA	2~4	
		men, reg	16+EA	2~4	
		reg, data	4	3~4	
		men, data	17+EA	3~6	
		acc, data	4	2~3	

表 7-20 NOT 指令的使用说明

语句格式	功 能	操 作 数	时钟周期数	字节长度	对标志位的影响
NOT opr	opr←($\overline{opr}$)	Reg	3	2	无影响
		men	16+EA	2~4	

XOR 指令还可以用来比较两个数是否相等。例如实现"比较 AX 中的内容是否等于 12ABH，若相等，则转到 MATCH"的语句为：

```
XOR    AX, 12ABH
JZ     MATCH
```

AND 指令可以用来清除指定位（即将其置为 0，也称为屏蔽指定位），如"AND DL, 11100111B"清除第 4 位和第 3 位。

若想析取 AL 中的高 4 位，其他位置为 0，可以使用以下语句：

```
AND    AL, 0F0H
```

若想单独析取 AX 中的某一位，其他位置为 0，可以用如下语句：

```
MOV    BX, 1
SHL    BX, CL                    ; CL 中的数据指定析取目标位的位置
AND    AX, BX
```

【例 7-9】已知某市的月平均气温（单位：℃）为：-20，-15，-8，1，7，11，19，21，18，10，2，-12。请编程计算该市的年平均气温，并把结果存入 Average 中。

答：本例的算法是：先计算 12 个月的月平均气温的总和（可参考例 7-6），再使用除法指令计算平均气温。由于气温有正数、有负数，因此应使用带符号数除法指令 IDIV。又由于月平均气温为+50℃~-50℃，因此将它们定义为字节型数据。但是为了避免求和时结果溢出，采用字型指令来进行求和与求平均，因此 Average 和除数（12）都定义为字型数据。在求和与求平均前，应分别执行 CBW 和 CWD 指令进行符号位扩展。程序如下：

```
DATA    SEGMENT
        Sign_Dat    DW    -20, -15, -8, 1, 7, 11, 19, 21, 18, 10, 2, -12
        Average     DW    ?
DATA    ENDS
CODE    SEGMENT
        ASSUME CS:CODE, DS:DATA
START:  MOV    AX, DATA
        MOV    DS, AX
        XOR    BX, BX                  ; 清除 BX，准备用作累加器
        MOV    CX, 12                  ; 循环次数送入 CX
        MOV    SI, OFFSET Sign_Dat     ; 数据区首地址送入 SI
Again:  MOV    AL, [SI]
```

```
            CBW                      ; 对 AL 进行符号位扩展
            ADD    BX, AX            ; 气温总和累加于 BX 中
            INC    SI                ; 地址加 1 指向下一个字型数据
            LOOP   Again
            MOV    AL, 12            ; 准备利用 AL 对除数 12 进行符号位扩展
            CBW
            MOV    CX, AX            ; 准备好的除数存入 CX
            MOV    AX, BX            ; 除法指令要求被除数存于 AX 中
            CWD                      ; 16 位除数要求对应 32 位被除数
            IDIV   CX                ; 求平均值, 商在 AX 中, 余数在 DX 中
            MOV    Average, AX
            MOV    AH, 4CH
            INT    21 H
     CODE   ENDS
            END    START
```

在上述五条逻辑运算指令中，NOT 不允许使用立即数，其他四条指令除非源操作数是立即数，至少有一个操作数是寄存器名（即存放在寄存器中），另一个操作数则可以使用任何一种寻址方式。

7.5 字符串操作程序设计

1. 字符串的寻址方式

8086/8088 微处理器隐含使用 DS 和 SI 寄存器存放源字符串的段地址和偏移地址，隐含使用 ES 和 DI 寄存器存放目的字符串的段地址和偏移地址。也就是说，源字符串必须存放在数据段中，目的字符串必须存放在附加数据段中。

处理完一个字符后，SI 和 DI 自动修改以指向串中的下一个字符。字符串处理方向由标志位 DF 决定。DF=0，则 SI 和 DI 自动增量，否则自动减量。若串为字节串，则增量/减量为 1；若串为字串，则增量/减量为 2。

8086/8088 提供了"清除 DF"指令 CLD（使 DF=0）和"置 DF"指令 STD（使 DF=1）。这两条指令都是单字节指令，执行时间为 2 个时钟周期，对除 DF 外的标志位无影响。

在执行字符串处理指令前，要分别设置好 DS、SI、ES、DI 和 CX 寄存器。若决定"正向"处理字符串，则将串的首地址存入 SI/DI，并执行 CLD；否则将串的末地址存入 SI/DI，并执行 STD。

2. 字符串操作指令和重复前缀

文本编辑、数据库应用中常常要处理字符串，8086/8088 微处理器提供了 5 条字符串操作指令：传送串指令（Move String，MOVS）、存回串指令（Store into String，STOS）、取入串指令（Load from String，LODS）、扫描串指令（Scan String，SCAS）和比较串指令（Compare String，CMPS）。它们都是单字节指令，使用说明如表 7-21 所示。其中，MOVS、STOS、LODS 不影响标志位，SCAS 和 CMPS 根据操作结果设置 OF、SF、ZF、AF、PF 和 CF。

在使用这些指令时，应注意：

表 7-21 字符串处理指令的使用说明

语 句 格 式	功 能	时钟周期数
MOVS dst, src MOVSB/MOVSW	(DI)←((SI)) SI←((SI))±1/2, DI←((DI))±1/2	不重复：18 重复：9+17/rep
LODS src LODSB/LODSW	AX←((SI)) SI←((SI))±1/2	不重复：12 重复：9+13/rep
STOS dst STOSB/STOSW	(DI)←(AL)/(AX) DI←((DI))±1/2	不重复：11 重复：9+10/rep
CMPS dst, src CMPSB/ CMPSW	((SI))−((DI)) SI←((SI))±1/2, DI←((DI))±1/2	不重复：22 重复：9+22/rep
SCAS dst SCASB/ SCASW	AX←((DI)) DI←((DI))±1/2	不重复：15 重复：9+15/rep

① 指令格式可带操作数，也可不带操作数。在带操作数的指令中，操作数的作用只是供汇编程序根据操作数类型确定指令处理的对象是字节型还是字型。不带操作数的指令根据其最后一个字母来确定处理对象的类型。B 表示字节型，W 表示字型。

② 读/写对象或扫描值（查找目标）存放在 AL（8 位）或 AX（16 位）中。

③ 指令执行一次只处理一个字符。要想让指令连续地处理一个字符串。可以在指令前面加上重复前缀：REP（重复）、REPE/REPZ（相等/为零重复）或 REPNE/REPNZ（不相等/不为零重复）。重复的次数由 CX 中的值决定。

④ 声明字符串时，宜采用字节型 DB，这样字符串的存储结果与人们的思维习惯相一致。例如，MESSAGE DB 'AB'的存储结果是：MESSAGE 指向的字节单元存储的是 41H（字符 A 的 ASCII 码），下一个字节单元（即 MESSAGE+1 指向的字节单元）存储的是 42H（字符 B 的 ASCII 码）。这里，'AB'被当成两个字节型数据，先存取 A，后存取 B。但是如果声明为字型 DW，存储结果就会有所不同。例如，MESSAGE DW'AB'的存储结果是：MESSAGE 指向的字节单元存储的是 42H，下一个字节单元存储的是 41H。这是因为'AB'被当成一个字型数据，先存取低位字节 B，后存取高位字节 A。

【例 7-10】 在数据段中有一个字符串"Hello World!"，请编写程序将其传送到附加数据段中的以 TEXT 开始的一段数据区中。

答：字符串的长度为 12。因此定义的数据段和附加数据段如下：

```
    DATA    SEGMENT
            MESSAGE    DB    'Hello World! '
    DATA ENDS
    EXTRA   SEGMENT
            TEXT       DB    12 DUP()
    EXTRA ENDS
```

程序的代码段如下：

```
    CODE    SEGMENT
            ASSUME CS:CODE, DS:DATA, ES:EXTRA
    START:  MOV    AX, DATA
            MOV    DS, AX          ; 加载数据段的段寄存器 DS
            MOV    AX, EXTRA
            MOV    ES, AX          ; 加载附加数据段的段寄存器 ES
            LEA    SI, DATA
```

```
            LEA     DI, EXTRA
            CLD                     ;设置处理方向为"正向"
            MOV     CX, 12          ;设置重复次数为 12
            REP     MOVSB           ;重复执行 MOVSB
            MOV     AH, 4CH
            INT     21 H
    CODE    ENDS
            ENDS    START
```

在学习了指令的重复前缀后,我们可以给出指令性语句的标准格式:

[标号:] [前缀] 指令操作符 [操作数] [,操作数] [;注释]。

注意:前缀仅与字符串操作指令配合使用。

3. 字符和字符串的输入与输出

在 8086/8088 汇编语言程序中,数据的输入、输出是以字符形式(ASCII)来完成的。例如数字 0~9,在输入时,将其对应的 ASCII 值减去 30H 再存储在主存中;在输出时,将数值加上 30H 变成 ASCII 值再输出到外设。又如,表示十六进制数'A',在主存中是 00001010B=0AH,在输出时,要加上 37H,变成 ASCII 值 41H,再输出到外设。如果表示字母'A',在主存中存储的就是 01000001B=41H,则可直接输出到外设。

在微型计算机中,输入/输出是通过调用 DOS 操作系统的相关功能模块来实现的。下面介绍基于 21H 号软中断指令的 5 个基本输入/输出功能模块。

(1) 从键盘上输入一个字符

入口参数:AH=01H。

出口参数:AL=输入字符的 ASCII 码。

使用形式:

```
    MOV     AH, 01H
    INT     21H
```

上述指令执行后,将在屏幕上显示一个光标,等待用户敲击键盘。用户敲击键盘后,所敲键的字符显示在屏幕上,同时其 ASCII 值将存入 AL。

(2) 向显示器输出一个字符

入口参数:AH=02H,DL=欲输出字符的 ASCII 值。

出口参数:无

使用形式:

```
    MOV     DL, 'C'
    MOV     AH, 02H
    INT     21H
```

上述指令执行后,将在屏幕的光标位置上显示一个字符 C,DL 中内容不变。

(3) 在显示器上显示一个字符串

入口参数:AH=09H,DS=欲输出字符串的段地址,DX=欲输出字符串的偏移地址。

出口参数:无

使用形式:

```
    MOV     DX, OFFSET STRING
    MOV     AH, 09H
    INT     21H
```

上述指令将 STRING 指向数据区中的 ASCII 值连续地显示在屏幕上，当遇到字符$时停止，不显示$。

(4) 从键盘上输入一个字符串

入口参数：AH=0AH，DS=将存储字符串的数据区（又称为缓冲区）的段地址，DX=缓冲区起始单元的偏移地址。

出口参数：无

使用形式：

```
        BUF     DB      N, N+1 DUP(?)           ; 定义一个能存储 N 个字符的缓冲区
        ...
        MOV     AX, SEG BUF
        MOV     DS, AX                          ; 将 BUF 的段地址装入 DS
        LEA     DX, OFFSET STRING               ; 将 BUF 的偏移地址装入 DX
        MOV     AH, 0AH
        INT     21H
```

上述指令执行后，将在屏幕上显示一个光标，等待用户敲击键盘。用户敲击键盘后，所敲键的字符显示在屏幕上，同时其 ASCII 值依次存入缓冲区，当按"回车"键后，"回车"键的 ASCII 值存入缓冲区，然后退出 DOS 功能模块。

这时，缓冲区的第 1 字节存放缓冲区能够容纳的最大字符数，第 2 字节存放缓冲区实际存放的字符个数（不含"回车"），从第 3 字节开始存放用户输入的字符（最后一个是"回车"）。其中第 2 字节中的数据是由 DOS 功能模块填入的。

如果用户输入的字符数超过了缓冲区能够容纳的最大字符数，机器将响铃报警，而且光标不再向右移动。

(5) 检测键盘状态

入口参数：AH=0BH。

出口参数：如果有键被按下，则 AL=0FFH，否则 AL=00H。

该指令的操作就是检测键盘状态并置 AL。可以用来实现：程序不断地循环执行，当用户按下任意键时，结束程序。例如：

```
        GOON:   ...
                ...
                MOV     AH, 0AH
                INT     21H
                INC     AL
                JNZ     GOON                    ; AL≠0, 表示没有键被按下
```

【例 7-11】 在数据段中有一个字符串"Hello World!"，请编写程序将其显示在显示器。

答：程序如下：

```
        DATA    SEGMENT
                MESSAGE DB      'Hello World!', '$'     ; 字符串以'$'结束
        DATA    ENDS
        CODE    SEGMENT
                ASSUME CS:CODE, DS:DATA
        START:  MOV     AX, DATA
                MOV     DS, AX
                MOV     DX, OFFSET MESSAGE
```

```
            MOV     AH, 09H
            INT     21H                         ; 显示字符串
            MOV     AH, 4CH
            INT     21H
    CODE ENDS
            ENDS    START
```

7.6 宏、条件汇编与重复汇编

1. 宏的定义与引用

MASM 支持在汇编语言源程序中定义并使用"宏（MACRO）"。所谓"宏"，是由程序员定义的一种"虚指令"，这种"虚指令"代表的是采用机器指令书写的一段汇编语言源程序，但是可以在汇编语言源程序中以普通指令助记符的形式出现。

每当遇到程序中的"宏"时，汇编程序就会将该宏代表的汇编语言源程序段替换到宏所在的位置。当某一段汇编语言源程序需要反复使用时，可以引入"宏"来简化程序设计。

宏定义的格式为：

```
    宏名  MACRO [形式参数列表]
    ...                             ; 宏内容，汇编语言指令和伪指令组成的指令序列
    ENDM  [宏名]
```

【例 7-12】 定义一个让屏幕上光标"换行"宏指令 LF。

答：定义如下。

```
    LF      MACRO
            MOV     DL, 00001010B           ; 00001010B 为换行符的 ASCII 值
            MOV     AH, 2
            INT     21H
    ENDM    LF
```

说明：① 宏必须先定义后引用。

② 宏名可以是任一合法的名字，也可以是系统保留字（如指令助记符、伪指令操作符等）。当宏名采用某个系统保留字时，该保留字就被赋予新的含义，而失去原有的意义。

③ 宏可以带形式参数（简称形参），也可以不带。若带，则引用时应给出对应的实际参数（简称实参）。在汇编展开时，形参将被实参代替。多个形参、实参之间用","隔开。

④ 宏可以嵌套定义。

⑤ 在程序中允许对宏重新定义。

【例 7-13】 定义一个 PRINT 宏，来实现向屏幕输出一个字符串。可使用宏 LF。

答：这个宏需带一个形式参数来表示字符串。该形式参数命名为 MESSAGE。定义如下：

```
    PRINT   MACRO MESSAGE
            MOV     DX, OFFSET MESSAGE
            MOV     AH, 9
            INT     21H
            LF
    ENDM
```

定义完毕，就可以在程序中引用了。例如：

```
STRING1    DB    'Please input your name: ', '$'
STRING2    DB    'Thank you!', '$'
...
PRINT      STRING1
PRINT      STRING2
...
```

汇编后，上述两个宏将被展开成：

```
+    MOV    DX, OFFSET STRING1
+    MOV    AH, 9
+    INT    21H
+    MOV    DL, 00001010B
+    MOV    AH, 2
+    INT    21H
+    MOV    DX, OFFSET STRING2
+    MOV    AH, 9
+    INT    21H
+    MOV    DL, 00001010B
+    MOV    AH, 2
+    INT    21H
```

汇编程序在展开得到的指令前加"+"以示区别。可见，最后的目标代码没有简化。

【例 7-14】 定义一个"两个带符号的 16 位操作数相乘，得到一个 16 位结果"宏指令。

答：定义如下：

```
MULTIPLY MACRO OPR1, OPR2, RESULT
         PUSH   DX                 ; 乘法指令需要占用 DX 和 AX
         PUSH   AX                 ; 因此先把它们压入堆栈保存
         MOV    AX, OPR1
         IMUL   OPR2
         MOV    RESULT, AX
         POPQ   AX                 ; 对堆栈做弹出操作，恢复 DX 和 AX 的原先值
         POP    DX                 ; 堆栈的访问特点是"后进先出"
         ENDM   MULTIPLY
```

在例 7-14 中，为了避免引入宏对程序执行结果的影响，因此对宏动用过的寄存器进行了保护，待宏结束前要将动用过的寄存器恢复回原先值。这些操作称为"保护现场"和"恢复现场"，用到的数据结构是堆栈（STACK）。

为此，在程序设计时，要增加一个堆栈段。例如：

```
STACK   SEGMENT                 ; 堆栈段的名为 STACK
        DW      32    DUP(?)    ; 堆栈的深度为 32 个字
STACK   ENDS
```

这时，在 ASSUME 伪指令中要相应增加"SS:STACK"。DOS 也把 STACK 的代码值装入 SS。

访问堆栈用的是"进栈"指令 PUSH 和"出栈"指令 POP，它们与 MOV、XCHG 一起构成了 8086/8088 的通用数据传送类指令。

PUSH 指令的格式为：PUSH SRC，操作是：SP←(SP)–2，(SP)←SRC。

POP 指令的格式为：POP DST，操作是：DST←(SP)，SP←(SP)+2。

这两条指令的操作数类型都是字，可使用除"立即寻址"以外的其他寻址方式。它们的

执行不影响标志位，默认的段寄存器为 SS，偏移地址在 SP 中。

从堆栈操作的过程可以看出，8086/8088 的堆栈属于"递减型满堆栈"，即栈顶地址随栈内数据增多而减小且栈顶地址指向栈顶数据。

8086/8088 的堆栈属于建立在内存中的、通过软件来管理的堆栈。这样的堆栈不仅可以有很大的容量（最大可达 64 KB），还可以通过访问内存的指令来访问，而不仅局限于使用 PUSH 和 POP。

7.8 节中将利用堆栈和访问内存的指令来修改无法用指令直接修改的标志位。

【例 7-15】 定义一个保护现场的宏指令 SAVEREG，现场包括 AX、BX、CX、DX、SI 和 DI。

答： 定义如下。

```
SAVEREG   MACRO
          PUSH   AX
          PUSH   BX
          PUSH   CX
          PUSH   DX
          PUSH   SI
          PUSH   DI
          ENDM
```

相应的恢复现场的宏指令请读者自行写出。

宏的形参可以是指令助记符。例如宏定义：

```
FOO    MACRO  P1, P2, P3
       MOV    AX, P1
       P2     AX, P3
       ENDM
```

宏引用：

```
FOO    WORD_VAR1, SUB, WORD_VAR2
```

宏展开：

```
+    MOV    AX, WORD_VAR1
+    SUB    AX, WORD_VAR2
```

形参还可以是指令助记符的一部分，例如宏定义：

```
LEAP   MACRO  COND, LABEL
       J&COND   LABEL
       ENDM
```

其中，"&"作为指令助记符保留部分和形参部分的连接符。

宏引用：

```
LEAP   Z, HERE
...
LEAP   NZ, THERE
```

宏展开：

```
+    JZ   HERE
...
+    JNZ  THERE
```

事实上，"&"在宏定义中可以认为是一个连接操作符。例如，宏定义如下：

```
MSGGEN  MACRO  LABEL, NUM, NAME
```

· 287 ·

```
            LABEL&NUM    DB    'HELLO MR.&NAME'
            ENDM
```

宏引用如下：

```
    MSGGEN  MESSAGE, 1, SMITH
```

宏展开如下：

```
+       MESSAGE1    DB    'HELLO MR.SMITH'
```

宏名可以与指令/伪指令操作符相同。这时，同名的指令/伪指令操作符就失效了。当需要恢复原本指令/伪指令操作符的功能时，可在适当时候使用伪指令 PURGE 来取消宏定义。

例如，定义了宏 ADD 和 SUB，现在想恢复 ADD 和 SUB 指令，则可使用伪指令：

```
    PURGE  ADD, SUB
```

伪指令 PURGE 可以取消任何宏定义。执行 PURGE 后，它取消的宏指令不再允许引用。

2．含有转移指令的宏

当宏定义中含有转移指令，而这个宏又有可能被多次调用，这时转移的目标地址标号就会重复出现造成混淆。为此，汇编程序引入伪操作 LOCAL 来生成不同的具有"局部性"的目标地址标号，这个标号以"??"开头，取值范围为 0000H～FFFFH。

伪操作 LOCAL 的格式是：

```
    LOCAL  局部标号列表
```

其中，局部标号列表中的各标号用","隔开。**注意**：LOCAL 语句一定要紧跟在 MACRO 伪指令后，即它是宏体的第一条语句；而且 MACRO 与 LOCAL 之间不允许出现注释或";"。

【例 7-16】 定义一个求形参 OPER 绝对值的宏 ABSOL。

答：定义如下。

```
    ABSOL   MACRO OPER
            LOCAL NEXT
            CMP   OPER, 0
            JGE   NEXT
            NEG   OPER              ; NEG 为"取反"指令
    NEXT:   NOP                     ; NOP 为"空操作"指令
            ENDM
```

本例使用了"取反（Negate）指令"NEG（使用说明如表 7-22 所示）和"空操作（No Operation）指令"NOP。NOP 指令（10010000B）占 1 字节，执行需要 3 个时钟周期，不做任何操作，不影响标志位，可用于时间延迟控制或在调试时为未来指令预占空间。

表 7-22 NEG 指令的使用说明

语句格式	功　能	操作数	时钟周期数	字节长度	对标志位的影响
NEG opr	opr ← −(opr)	reg	3	2	根据结果，设置 OF、SF、ZF、AF、PF、CF
		Men	16+EA	2～4	

若调用宏 ABSOL：

```
    ABSOL   VAR
    ...
    ABSOL   BX
```

则宏展开：

```
+       CMP   VAR, 0
```

```
+       JGE     ??0000
+       NEG     VAR
+       ??0000:
+       NOP
...
+       CMP     BX, 0
+       JGE     ??0001
+       NEG     BX
+       ??0001:
+       NOP
...
```

3. 条件汇编

在 C 语言中用"条件编译"来支持程序的调试。在汇编语言中，也可以通过条件汇编来缩短汇编时间。条件汇编的格式为：

```
IFXX  [表达式/符号/参数]            ;条件伪指令
...                                 ;语句段 A
ELSE
...                                 ;语句段 B
ENDIF
```

效果是：如果条件成立（如表达式为真），则汇编语句段 A，否则汇编语句段 B。如果条件汇编中没有 ELSE，当条件不成立时，则不汇编任何语句。

条件伪指令如下。

- IF　表达式：表达式值不等于 0 为真（条件成立）。
- IFE　表达式：表达式值等于 0 为真（条件成立）。
- IF1：第一遍汇编为真（条件成立）。
- IF2：第二遍汇编为真（条件成立）。
- IFDEF　符号：符号已定义为真（条件成立）。
- IFNDEF　符号：符号未定义为真（条件成立）。
- IFB　<参数>："参数为空"为真（条件成立）。
- IFNB　<参数>："参数非空"为真（条件成立）。
- IFIDN　<串 1>,<串 2>："串 1 等于串 2"为真（条件成立）。
- IFDIF　<串 1>,<串 2>："串 1 不等于串 2"为真（条件成立）。

【例 7-17】 定义一个根据不同实参产生无条件转移指令或比较和条件转移指令的宏 GOTO。它的转移目标形参为 TAR，待比较的操作数为 X、Y，条件转移类型为 COND。

答：定义如下。

```
GOTO  MACRO TAR, X, CONG, Y
      IFB     <COND>
      JMP     TAR
      ELSE
      MOV     AX, X
      CMP     AX, Y
      J&COND  TAR
      ENDIF
```

```
        ENDM
```
定义好后，就可以在程序中引用了。例如：
```
    ...
    GOTO  EXIT
    ...
    GOTO  AGAIN TOTAL L 100
    ...
```
汇编后，上述两个宏将被展开成：
```
    +   JMP   EXIT
    ...
    +   MOV   AX, TOTAL
    +   CMP   AX, 100
    +   JL    AGAIN
```
在宏展开时，如果发现满足某个条件想中途退出，就可以使用 EXITM 伪操作语句。它的功能是：退出宏展开，从 ENDM 伪语句后继续。它的一般使用格式是：
```
    IFXX  条件
        EXITM
    ENDM
```
例如，实现"当 CX＝0 时退出宏"可用如下语句：
```
    IFE  CX
        EXITM
    ENDM
```

4．重复汇编

编写程序时，如果需要连续地编写相同的一组语句或字符，就可以使用重复汇编来减少工作量。支持重复汇编的伪指令有：面向重复次数确定的 REPT（Repetition）、面向重复次数不确定的 IRP（Indefinite Repeat）和面向不定长重复字符的 IRPC（Indefinite Repeat）。

REPT 的使用格式为：
```
    REPT 表达式          ；重复次数由表达式的值确定
        ...              ；欲重复编写的语句
    ENDM
```
例如，在源程序中编写如下语句：
```
    X=0
    REPT 3
    X=X+1
    DB X
    ENDM
```
汇编后得到：
```
    +   DB 1
    +   DB 2
    +   DB 3
```
IRP 的使用格式为：
```
    IRP 伪参数, <实参序列>   ；重复次数由实参序列中实参个数确定
        ...                  ；欲重复编写的带有伪参数的语句
        ENDM                 ；每次重复，顺序取实参代替伪参数
```
例如，在源程序中编写如下语句：

```
        IRP  REG, <AX, BX, CX>
             PUSH    REG
             ENDM
```

汇编后得到：

```
        +    PUSH    AX
        +    PUSH    BX
        +    PUSH    CX
```

IRPC 的使用格式为：

```
        IRPC 伪参数, 字符串          ; 重复次数由字符串中字符个数确定
             ...                     ; 欲重复编写的带有伪参数的语句
             ENDM                    ; 每次重复, 顺序取字符代替伪参数
```

例如在源程序中编写如下语句：

```
        IRPC  NAM, ABC
              PUSH    NAM&X
              ENDM
```

汇编后得到：

```
        +    PUSH    AX
        +    PUSH    BX
        +    PUSH    CX
```

7.7 子程序设计

如果在一个程序中的多个地方，或者多个程序中的多个地方用到同一段程序，那么可以将这段程序抽取出来，存放在某一个存储区域。每当需要执行这段程序时，就通过执行调用指令 CALL 将控制流转到这段程序。执行完毕，再通过执行返回指令 RET 返回到原来程序中 CALL 指令的下一条指令。这段被抽取出的程序称为子程序(Subroutine)或过程(Procedure)。调用子程序的程序称为主程序或调用程序。控制流从主程序转到子程序的过程称为子程序调用、过程调用或转子。

子程序调用是按名调用的，因此在设计一个子程序时先要给子程序起个名字。子程序的名字与变量名、标号名的要求是一样的，首先必须是一个合法的标识符，然后应该有一定的含义，以增加程序的可读性。

主程序只关心子程序的功能和名字，不关心子程序的内部细节，即子程序的实现对主程序的程序员是透明的。

在设计子程序时，可以把它与主程序放在同一个代码段中，也可以放在不同的代码段中。在前一种情况下，子程序名的属性为 NEAR；在后一种情况下，子程序名的属性为 FAR。

子程序设计需要考虑以下 4 方面的问题。

(1) 记录断点和恢复断点

为了保证子程序的正确返回，必须保存执行 CALL 指令时程序计数器 PC（在 8086/8066 微处理器中为 CS:IP）的内容（即下一条指令的存储地址），这个内容称为断点。

当子程序名的属性为 NEAR 时，断点只包含 IP；为 FAR 时，断点既包含 IP 又包含 CS。记录断点的方法是将断点压入堆栈。恢复断点的方法则是将堆栈中的断点弹回到 PC 中。

由于每次转子都需要记录断点和恢复断点,因此记录断点的操作就分配给 CALL 指令完成,恢复断点的操作就分配给 RET 指令完成。

(2) 转到子程序

将控制流转到子程序,实质上是将子程序名代表的地址写入 CS:IP,这个操作由 CALL 指令完成。当子程序名的属性为 NEAR 时,只写 IP;为 FAR 时,既写 IP 又写 CS。

(3) 保护现场和恢复现场

如果子程序在执行过程中动用(改动)了某些寄存器,则需要在执行子程序前把这些寄存器的内容保护到堆栈中。待子程序执行后,再从堆栈中恢复这些寄存器的内容。这些寄存器的内容就称为现场。

由于不同的子程序的现场不同,因此保护现场和恢复现场的操作就分配给程序员完成。

保护现场和恢复现场可以在主程序中完成,也可以在子程序中完成。一般提倡在子程序中完成。这样一则支持"书写一次,反复执行",主程序不必每次调用子程序都书写保护现场和恢复现场的代码;二则可以避免用户在调用子程序前忘记保护现场和恢复现场而破坏用户程序中的数据和状态。这样,可以大大减小用户编程出错的概率。

如果子程序中的指令会改变标志位,还应该保护/恢复标志寄存器 FR。为此,8086/8088 专门提供了"标志寄存器进栈指令 PUSHF"和"出栈至标志寄存器指令 POPF"。前者先将 SP 中的内容减 2,再把 16 位 FR 中的内容写入 SP 指向的栈顶字单元;后者先将 SP 指向的栈顶字单元中的内容写入 FR,再把 SP 中的内容加 2。

这两条指令都是不带操作数的单字节指令,PUSHF 的执行时间为 8 个时钟周期,POPF 的执行时间为 4 个时钟周期,PUSHF 指令的执行不影响标志位,POPF 指令执行后,标志位的值由指令的操作数决定。

(4) 参数传递

主程序利用子程序的功能处理的操作数可能是不一样的,子程序的处理结果也需要传回给主程序,因此在主程序和子程序之间需要某种机制来进行参数的传递,可选的机制有用寄存器传递、用主存传递和用堆栈传递。

1. 调用指令 CALL 和返回指令 RET

调用指令的格式为:

```
CALL    子程序名/目标地址
```

说明:若给出子程序名,则称为直接调用;若给出目标地址,则称为间接调用。

操作:若子程序名的属性为 FAR 或目标地址是双字型,则首先依次将 CS 和 IP 的内容压入堆栈,然后将其代表的段地址和偏移地址写入 CS 和 IP。若子程序名的属性为 NEAR 或目标地址是字型,则首先将 IP 的内容压入堆栈,然后将其代表的偏移地址写入 IP。

例如:

```
CALL    NEARPROC              ;段内直接调用
CALL    BX                    ;段内间接调用
CALL    WORD PTR [BX][DI]     ;段内间接调用
CALL    FARPROC               ;段间直接调用
CALL    DWORD PTR [BX]        ;段间间接调用
CALL    DWORD PTR ADDR[BX]    ;段间间接调用
```

返回指令的格式为:

RET [数]

说明：指令格式中的[数]是可选的。不过一旦选择，[数]必须是偶数。

操作：从栈顶弹出一个字到 IP。如果 CALL 指令调用的是 FAR 类型的子程序，则再从栈顶弹出一个字到 CS。如果 RET 指令带有操作数"数"，则再将 SP←(SP)+数，表示当前栈顶的"数"个字作废。

调用指令和返回指令均不影响标志位。

下面是一个显示"WELCOME TO DIGITAL WORLD！"的子程序及主程序：

```
        DATA    SEGMENT
                STRING   DB 'WELCOME TO DIGITAL WORLD', '$'
        DATA    ENDS
        STACK   SEGMENT
                DB  256 DUP(?)
        STACK   ENDS
        CODE    SEGMENT
                ASSUME CS:CODE, DS:DATA, SS:STACK
        START:  MOV    AX, DATA
                MOV    DS, AX
                CALL   DISPLAY              ;调用子程序 DISPLAY
                MOV    AH, 4CH
                INT    21H
        DISPLAY PROC NEAR
                PUSH   DX                   ;保护现场
                PUSH   AX                   ;保护现场
                LEA    DX, STRING
                MOV    AH, 9                ;显示字符串 STRING
                INT    21H
                POP    AX                   ;恢复现场
                POP    DX                   ;恢复现场
                RET                         ;返回主程序
        DISPLAY ENDP
        CODE    ENDS
                END START
```

从上面这个例子可以看出，子程序的框架是：

```
        子程序名 PROC [属性]
               ...
               RET
        子程序名 ENDP
```

2. 主程序与子程序之间的参数传递

（1）通过寄存器传递

【例 7-18】 定义一个子程序 B2D，将带符号 16 位二进制数转换成十进制数，将十进制数的 ASCII 码保存到 BUF 开始的存储单元。

答：由于这个子程序一次只处理一个带符号的 16 位二进制数，因此可以采用寄存器来传递参数。由主程序将待处理的 16 位二进制数存入通用寄存器（如 AX），BUF 的有效地址存入 DI，然后子程序直接处理 AX 中的数据即可，转换结果存入 DI 指示的单元。

最后的主程序和子程序如下：

```
        DATA    SEGMENT
                TABLE   DW      1234H, 5678H, 9ABCH, 0DEF0H
                CONT    DW      10000, 1000, 100, 10, 1         ;用于二进制数向十进制数转换的5个除数
                BUF     DB      4*6 DUP(?)                      ;预留出4个带符号5位十进制数的空间
        DATA    ENDS
        STACK   SEGMENT
                DB      256 DUP(?)
        STACK   ENDS
        CODE    SEGMENT
                ASSUME  CS:CODE, DS:DATA, SS:STACK
        START:  MOV     AX, DATA
                MOV     DS, AX
                LEA     SI, TABLE                               ;待处理数据所在存储区的首地址存入SI
                LEA     DI, BUF                                 ;BUF首地址存入DI
                MOV     CX, 4                                   ;循环4次，处理4个数据
        TRANS:  MOV     AX, [SI]                                ;欲处理的数据存入AX
                CALL    B2D                                     ;调用子程序B2D
                ADD     SI, 2                                   ;指向下一个待处理的数据
                ADD     DI, 6                                   ;为保存下一个结果做准备
                LOOP    TRANS
                MOV     AH, 4CH
                INT     21H
        B2D     PROC NEAR
                PUSH    CX                                      ;保护现场
                OR      AX, AX                                  ;判断数据的正负
                JNS     PLUS                                    ;非负转PLUS
                NEG     AX                                      ;负数则取反
                MOV     BYTE PTR [DI], '-'                      ;向BUF写入结果的符号
                JMP     SHORT CVD
        PLUS:   MOV     BYTE PTR [DI], '+'                      ;写入结果的符号
        CVD:    INC     DI                                      ;指向结果的最高数位
                MOV     CX, 5                                   ;循环5次，分别计算万位到个位的结果
                MOV     BX, OFFSET CONT                         ;准备第一个除数10000
        CVDL:   CWD                                             ;符号位扩展，为除法做准备
                DIV     WORD PTR [BX]                           ;[DX,AX]/[BX]，商在AX中
                ADD     AL, 30H                                 ;商转换成ASCII码
                MOV     [DI], AL                                ;存入BUF区
                INC     DI                                      ;指向BUF区中下一个可用的字节
                MOV     AX, DX                                  ;余数（DX中）送入AX，继续作除法
                ADD     BX, 2                                   ;准备下一个除数
                LOOP    CVDL
                POP     CX                                      ;恢复现场
                RET                                             ;返回主程序
        B2D     ENDP
        CODE    ENDS
                END     START
```

（2）通过堆栈传递

【例 7-19】 定义一个子程序 SUM，求一个数组元素的和。

答： 由于每次调用这个子程序处理的数组可能是不同的，而确定一个数组可以通过数组的首地址及其长度实现，因此本例中主程序采用堆栈将数组的这两个参数传递给子程序。

在本例中，子程序和主程序分别编写在两个代码段中，因此子程序的属性定义为 FAR。具体程序如下：

```
       DATA    SEGMENT
               ARRAY  DW    12H, 34H, 56H, 78H, 9AH, 0BCH, 0DEH, 0F0H
               LEN    EQU   ($ - ARRAY)/2          ;符号常数 LEN 表示数组长度
               SUM    DW    ?
       DATA    ENDS
       STACK   SEGMENT
               DB     256 DUP(?)
       STACK   ENDS
       CODE    SEGMENT
               ASSUME CS:CODE, DS:DATA, SS:STACK
       START:  MOV    AX, DATA
               MOV    DS, AX
               MOV    AX, LEN
               PUSH   AX                            ;将 LEN 压入堆栈
               LEA    AX, ARRAY
               PUSH   AX                            ;将数组首地址 ARRAY 压入堆栈
               CALL   FAR PTR SUM                   ;调用另一个代码段中的子程序
               MOV    AH, 4CH
               INT    21H
       CODE    ENDS
       PROCE   SEGMENT
               ASSUME CS:PROCE, DS:DATA, SS:STACK
       SUM     PROC FAR                             ;定义属性为 FAR 的子程序 SUM
               PUSH   AX                            ;保护现场
               PUSH   BX                            ;保护现场
               PUSH   CX                            ;保护现场
               PUSH   BP                            ;保护现场
               PUSHF                                ;保护现场。此时 SP 比调用前增加 14
               MOV    BP, SP                        ;准备用访问内存的方式访问堆栈
               MOV    CX, [BP+16]                   ;将位于栈顶下 8 个字的 LEN 取入 CX
               MOV    BX, [BP+14]                   ;将位于栈顶下 7 个字的 ARRAY 取入 BX
               MOV    AX, 0                         ;累加器 AX 清 0
       ADN:    ADD    AX, [BX]                      ;不断地累加数组元素
               ADD    BX, 2                         ;指向下一个数组元素
               LOOP   ADN
               MOV    [BX], AX                      ;保存累加和到紧跟着 ARRAY 的 SUM
               POPF                                 ;恢复现场
               POP    BP
               POP    CX
               POP    BX
               POP    AX                            ;恢复现场。执行后栈顶为 ARRAY 和 LEN
```

	RET	4	;返回主程序，并忽略栈顶的4字节
SUM	ENDP		
PROCE	ENDS		
	END	START	

（3）通过地址表传递

当传递的参数较多时，可以先将所有参数依次送入一个称为地址表的存储区，然后把地址表的首地址写入一个寄存器（如 BX）。这样子程序就可以通过该寄存器获得地址表的首地址，进而访问地址表依次读取所有参数了。

【**例 7-20**】 设计一个能够将 8 位或 16 位二进制数转换成 ASCII 码的子程序。在将算术运算结果显示在屏幕上时会用到这个子程序。

答：根据题意，这个子程序被设计成需要从主程序接收三个参数，按照它们在地址表中的存储顺序依次为：待处理数据的有效地址、待处理数据的位数、存储转换结果的地址。

另外，我们希望这个子程序既能够处理 8 位二进制数，又能够处理 16 位二进制数，因此主程序将不再采用"CALL 子程序名"的方式，而采用"CALL 目标地址"的方式。这样就可以从不同位置进入子程序，从而实现不同的处理。例如，调用这个子程序的主程序如下：

DATA	SEGMENT		
	BIN8	DB 12H	；一个 8 位数据
	BIN16	DW 0ABCDH	；一个 16 位数据
	NUM	DB 8, 16	；两种数据的位数
	RESULT	DB 32 DUP(0)	；为两个 8/16 位二进制数留出 2*16 个 ASCII 码空间
	TABLE	DW 3 DUP(0)	；可装三个字形参数的地址表
DATA	ENDS		
CODE	SEGMENT		
	...		
	MOV	TABLE, OFFSET BIN8	
	MOV	TABLE+2, OFFSET NUM	
	MOV	TABLE+4, OFFSET RESULT	
	MOV	BX, OFFSET TABLE	
	CALL	B8	
	...		
	MOV	TABLE, OFFSET BIN16	
	MOV	TABLE+2, OFFSET NUM+1	
	MOV	TABLE+4, OFFSET RESULT+16	
	MOV	BX, OFFSET TABLE	
	CALL	B16	
	...		
CODE	ENDS		

子程序的具体代码如下：

B2A PROC NEAR			
B8:	PUSH	AX	；保护现场
	PUSH	CX	
	PUSH	DX	
	PUSH	DI	；保护现场
	MOV	DI, [BX]	；处理 8 位数据的入口
	MOV	DH, [DI]	
	JMP	TRAN	

```
B16:    PUSH    AX
        PUSH    CX
        PUSH    DX
        PUSH    DI
        MOV     DI, [BX]            ; 处理 16 位数据的入口
        MOV     DX, [DI]
TRAN:   MOV     DI, [BX+2]          ; 取转换数据的位数
        MOV     CL, [DI]
        XOR     CH, CH              ; CH 清 0
        MOV     DI, [BX+4]          ; 取保存转换结果区域的首地址
AGAIN:  ROL     DX, 1               ; 循环右移操作数，将其最高位移至最低位
        MOV     AL, DL
        AND     AL, 01H             ; 取最低位的二进制数
        OR      AL, 30H             ; 将二进制数转换成 ASCII 码
        MOV     [DI], AL            ; 保存结果
        INC     DI                  ; 指向保存结果区的下一位
        LOOP    AGAIN
        POP     DI                  ; 恢复现场
        POP     DX
        POP     CX
        POP     AX                  ; 恢复现场
        RET                         ; 返回主程序
B2A     ENDP
```

上述程序使用了循环左移指令（Rotate Left，ROL），与循环右移指令（Rotate Right，ROR）、带进位循环左移指令（Rotate Left through Carry，RCL）、带进位循环右移指令（Rotate Right through Carry，RCR）的使用说明如表 7-23 所示，其操作如图 7-8 所示。

表 7-23 循环移位指令的使用说明

语句格式	功能	操作数	时钟周期数	字节长度	对标志位的影响
ROL opr, 1 ROL opr, CL	循环左移	reg	2	2	根据结果，设置 OF 和 CF（如果只移 1 位，且移位前后操作数的符号位发生变化，则 OF 置 1，否则置 0；当移位的位数大于 1，OF 不确定） 对其他标志位无影响
		men	15+EA	2~4	
		reg	8+4/位	2	
		men	20+EA+4/位	2~4	
ROR opr, 1 ROR opr, CL	循环右移	reg	2	2	
		men	15+EA	2~4	
		reg	8+4/位	2	
		men	20+EA+4/位	2~4	
RCL opr, 1 RCL opr, CL	带进位 循环左移	reg	2	2	
		men	15+EA	2~4	
		reg	8+4/位	2	
		men	20+EA+4/位	2~4	
RCR opr, 1 RCR opr, CL	带进位 循环右移	reg	2	2	
		men	15+EA	2~4	
		reg	8+4/位	2	
		men	20+EA+4/位	2~4	

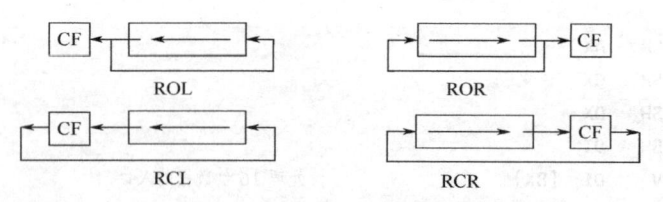

图 7-8 循环移位指令的操作

7.8　8086/8088 微处理器的其他指令与应用

1．处理器控制指令

8086/8088 微处理器设置了三类处理器控制指令：标志位操作指令、与外部事件同步指令、空操作指令 NOP。

标志位操作指令有以下 7 条。

① 清除进位标志 CF 指令 CLC（Clear Carry），功能：CF←0。
② 置进位标志 CF 指令 STC（Set Carry），功能：CF←1。
③ 翻转进位标志 CF 指令 CMC（Complement Carry），功能：CF 取反。
④ 清除方向标志 DF 指令 CLD（Clear Direction），功能：DF←0。
⑤ 置方向标志 DF 指令 STD（Set Direction），功能：DF←1。
⑥ 清除中断标志 IF/关中断指令 CLI（Clear Interrupt），功能：IF←0。
⑦ 置中断标志 IF/开中断指令 STI（Set Interrupt），功能：IF←1。

上述指令不带操作数，单字节长，执行时间均为 2 个时钟周期，只改变指定标志位。

外部事件同步指令有以下 4 条。

① 停机（Halt）指令 HLT：使机器处于暂时停机状态，等待一次外部中断（如键盘上有键被按下）或者 Reset 信号到来才脱离暂停状态，继续执行下面的程序。执行时间为 2 个时钟周期。

② 等待指令 WAIT：使机器处于空转状态，且每隔 5 个时钟周期检查一次 TEST 管脚是否有信号（由高电位降为低电位）。一旦有信号，则脱离空转状态。期间，若有中断发生，则微处理器转去处理中断，中断返回后继续处于空转状态。执行时间为 3 个或更多时钟周期。

③ 总线封锁前缀指令 LOCK：一个前缀，需要与其他指令联合使用，当该前缀指令执行时，系统中所有其他处理器均无法使用数据总线。但封锁时间为它的操作码（指令）的执行时间。

④ 外部协处理器指令的前缀 ESC（Escape），格式如下：

```
ESC men                    ; men 代表一个存储单元
```

功能：将指定存储单元的内容放置到数据总线，供其他处理器（如 8087 浮点运算协处理器）使用。该指令不允许使用立即数和寄存器寻址方式。

上述外部事件同步指令不影响标志位。

2．对标志位的操作

8086/8088 微处理器只提供了对标志寄存器中 DF（第 10 位）、IF（第 9 位）和 CF（第 0 位）三个标志位进行修改的指令。那么，如何修改 OF（第 11 位）、TF（第 8 位）、SF（第 7

位)、ZF(第 6 位)、AF(第 4 位)、PF(第 2 位)标志位呢?

可以把它们放到内存中修改,具体实现有以下两种方法。

① 利用标志进栈(PUSH the Flags)指令 PUSHF 和标志出栈(POP the Flags)指令 POPF。例如,欲清除 TF 标志,可以用如下语句:

PUSHF	;将标志寄存器的内容压入堆栈
MOV BP, SP	;栈顶指针送入 BP 寄存器
AND [BP], 0FEFFH	;将 BP 指向的主存单元的第 8 位置成 0,其余位不变
POPF	;将栈顶单元的内容写入标志寄存器

欲翻转 OF 标志,可以用如下语句:

PUSHF	;标志位入栈
POP AX	;标志位入 AX
XOR AX, 0800H	;在 AX 中将 OF 翻转,其余位不变
PUSH AX	;修改后的标志位入栈
POPF	;标志位出栈存回标志寄存器

② 利用标志寄存器低字节送 AH(Load AH with Flags)指令 LAHF 和 AH 送标志寄存器低字节(Store AH into Flags)指令 SAHF。它们都是单字节指令,执行时间都是 4 个时钟周期,LAHF 指令的执行不影响标志位,SAHF 指令执行后低 8 位标志位的值由指令的操作数决定。例如,欲清除 SF 标志,可以用如下语句:

LAHF	
AND AH, 7FH	;将 BP 指向的主存单元的第 8 位置成 0,其余位不变
SAHF	

欲将标志寄存器低 8 位清 0,可以用如下语句:

| MOV AH, 00H | |
| SAHF | |

3. 中断相关指令

8086/8088 微处理器的所有中断都有一个编号——中断类型号。类型号乘以 4 就是相应的中断服务程序的入口地址在主存中的存储地址。

INT 指令的格式为:INT　TYPE 或 INT。其中,TYPE 为中断类型号,它是一个取值范围为 0~255 的常数或常数表达式,如 INT　21H。

格式中的 INT　TYPE 为双字节指令,执行时间为 52 个时钟周期;INT 为单字节指令,隐含的中断类型号为 3,执行时间为 51 个时钟周期。

INT 指令执行的操作依次为:SP←(SP)–2,(SP)←(FR),SP←(SP)–2,(SP)←(CS),SP←(SP)–2,(SP)←(IP),IP←(TYPE*4),CS←(TYPE*4+2)。

加法运算结果溢出时,要进行中断处理。该中断的类型号为 4。为了加快溢出的处理,8086/8088 专门提供了省略类型号的单字节溢出中断(Interrupt if Overflow)指令 INTO。

INTO 指令执行的操作依次为:若 OF=0,不做任何操作,否则 SP←(SP)–2,(SP)←(FR),SP←(SP)–2,(SP)←(CS),SP←(SP)–2,(SP)←(IP),IP←(10H),CS←(12H)。

当 OF=0 时,INTO 指令的执行时间为 4 个时钟周期,否则为 53 个时钟周期。

INT 和 INTO 指令执行结束后,IF 和 TF 被置 0,其余标志位不变。

为了实现中断返回,每个中断服务程序的最后一条指令都是单字节的中断返回(Return from Interrupt)指令 IRET。

IRET 指令执行的操作依次为：IP←((SP))，SP←(SP)+2，CS←((SP))，SP←(SP)+2，FR←((SP))，SP←(SP)+2。执行时间为 24 个时钟周期。

4. 面向十进制数运算的指令

在 8086/8088 微处理器中，十进制数可以采用压缩的 BCD 码（Packed BCD format）或非压缩的 BCD 码（Unpacked BCD format）来表示。

压缩的 BCD 码用 4 位二进制数来表示 1 位十进制数，整个十进制数表示成一个顺序的以 4 位为一组的二进制数串。例如，0001 0010 0011 0100B 表示 1234D。

非压缩的 BCD 码用 8 位二进制数来表示 1 位十进制数，8 位中的低 4 位为 BCD 码，高 4 位无定义。例如，1234D 表示为 uuuu0001 uuuu0010 uuuu0011 uuuu0100B。

由于数字的 ASCII 码的低 4 位为相应数字的 BCD 码，而高 4 位为 0011，因此数字的非压缩 BCD 码可以采用相应数字的 ASCII 码。

在 8086/8088 的运算器中，表示十进制数的 BCD 码是采用二进制的运算规则来进行运算的，因此在运算结束后需要对运算结果进行调整。为此提供了如下 BCD 码调整指令。

（1）加法的压缩 BCD 码调整指令（Decimal Adjust for Addition，DAA）

DAA 指令的调整操作是：

① 若辅助进位标志 AF=1 或寄存器 AL 的低 4 位在 1010 和 1111 之间（即十六进制数的 A～F 之间），则 AL←(AL)+06H。

② 若进位标志 CF=1 或者 AL 的高 4 位在 1010 和 1111 之间，则 AL←(AL)+60H。

DAA 和下面要介绍的 DAS 指令都是根据结果置 SF、ZF、AF、PF 和 CF，对溢出标志 OF 的影响无定义，不影响 DF、IF 和 TF。例如：

```
    ADD   AL, BL           ; AL=36H, BL=37H, 结果 AL=6DH, AF=0
    DAA                    ; 调整后 AL=73H, AF=1
```

（2）减法的压缩 BCD 码调整指令（Decimal Adjust for Subtraction，DAS）

DAS 指令的调整操作是：

① 若 AF=1 或 AL 的低 4 位在 1010 和 1111 之间，则 AL←(AL)–06H。

② 若 CF=1 或 AL 的高 4 位在 1010 和 1111 之间，则 AL←(AL)–60H。

例如，完成"BCD1=1234H 减去 BCD2=4612H，结果存于 BCD3"的程序为：

```
    MOV   AL, BCD1
    SUB   AL, BCD2         ; 结果 AL=22H, AF=0, CF=0
    DAS                    ; 由于 AF=CF=0, 本指令不用做调整操作
    MOV   BCD3, AL
    MOV   AL, BCD1+1
    SBB   AL, BCD2+1       ; 结果 AL=CCH, AF=1, CF=1
    DAS                    ; 调整后 AL=66H
    MOV   BCD3+1, AL       ; BCD3=6622H
```

注意：BCD3 中的值为 6622，这是–3378 的十进制数的补码。

任意 n 位十进制整数 d 的补码定义为 10^n-d。

（3）加法的非压缩 BCD 码调整指令（ASCII Adjust for Addition，AAA）

AAA 指令的调整操作是：

① 若 AL 的低 4 位在 0 到 9 之间且 AF=0，则 AL 的高 4 位清 0 且 CF←AF。

② 若 AL 的低 4 位在 A 到 F 之间或 AF=1，则 AL←(AL)+06H，AH←(AH)+01H，AL 的高 4 位清 0，CF←AF←1。

AAA 和下面介绍的 AAS 指令都是只影响 CF 和 AF，对 SF、ZF、PF 和 OF 的影响无定义，不影响 DF、IF 和 TF。例如：

```
ADD    AL, BL          ; AX=0535H, BL=39H, 结果 AL=6EH, AF=0
AAA                    ; 调整后 AX=0604H, AF=CF=1
```

（4）减法的非压缩 BCD 码调整指令（ASCII Adjust for Subtraction，AAS）

AAS 指令的调整操作是：

① 如果寄存器 AL 的低 4 位在 0 到 9 之间且 AF=0，则 AL 的高 4 位清 0 且 CF←AF。

② 如果寄存器 AL 的低 4 位在 A 到 F 之间或 AF=1，则 AL←(AL)−06H，AH←(AH)−01H，AL 的高 4 位清 0，CF←AF←1。

例如：

```
SUB    AL, BL          ; AX=0701H, BL=39H, 结果 AL=C8H, AF=1
AAS                    ; 调整后 AX=0602H, AF=CF=1
```

注意：AAA 或 AAS 的使用前提是已经用 ADD/ADC 或 SUB/SBB 完成了两个非压缩 BCD 码的加法或减法运算，且运算结果保存在 AL 中。

（5）乘法的非压缩 BCD 码调整指令（ASCII Adjust for Multiplication，AAM）

AAM 指令的调整操作是：将寄存器 AL 的值除以 10，商存于 AH，余数存于 AL。

AAM 指令和下面介绍的 AAD 指令都是根据 AL 的值置 SF、ZF 和 PF，对 OF、AF 和 CF 的影响无定义，不影响 DF、IF 和 TF。例如：

```
MUL    CL              ; AX=0007H, CL=04H, 结果 AL=1CH
AAM                    ; 调整后 AX=0208H, SF=ZF=PF=0
```

（6）除法的非压缩 BCD 码调整指令（ASCII Adjust for Division，AAD）

前面介绍的调整指令是针对运算结果进行调整的，而 AAD 指令则是将存于 AX 中的被除数从非压缩 BCD 码调整为二进制数。它的操作是：AL←(AH)*10+(AL)，AH←0。

例如：

```
AAD                    ; 设 AX=0804H, 调整后 AX=0054H, SF=ZF=PF=0
DIV    CL              ; 设 CL=02H, 结果 AL=2AH
```

5. 与输入输出相关的指令

① 输入（Input）指令 IN 和输出（Output）指令 OUT（第 8 章介绍）。

② 换码（Translate）指令 XLAT。

在信息处理中常常要将一种编码（源编码）转换成另一种编码（目标编码）。例如，在接收键盘输入时需要将字符的扫描码转换成 ASCII 值，在控制 LED 显示时需要将数字 0~9 转换成 7 段数码管所要求的显示码。为此，8086/8088 设置了"换码"指令 XLAT。

XLAT 指令是通过查找"源编码与其对应目标编码的表格"来进行编码转换的，因此使用这条指令前，应建立一个表格（宽度为 1 字节），表格的内容就是每个源编码对应的目标编码（按源编码的值由小到大排列，并以源编码的值作为查表入口）。表格的首地址要事先存入 BX 寄存器。

该指令的格式为：XLAT 或 XLAT OPR。执行的操作是：AL←((BX)+(AL))。其中，指令操作数 OPR（表格的首地址）是为了提高程序的可读性而书写的，在汇编时将被忽略。

在将待转换的编码存入 AL 后，就执行 XLAT 指令。指令执行结束后，AL 中的值就是转换得到的目标编码。由于 AL 只有 8 位，因此表格的长度不能超过 256。

XLAT 指令是单字节指令（11010011B），执行时间为 11 个时钟周期，不影响标志位。

习 题 7

7-1 什么是汇编语言？什么是汇编程序？什么是汇编语言源程序？为什么说学习汇编语言程序设计很重要？

7-2 当使用 MASM 汇编程序时，汇编语言源程序必须采用_____为后缀名，汇编后得到的目标文件的后缀名是_____，链接后得到的执行文件的后缀名是_____。

7-3 根据 8086/8088 汇编语言的语法，请判断下列标识符是否合法。

( ) AGE   ( ) NAME   ( ) _ID   ( ) PTR   ( ) *PTR
( ) &DAT   ( ) Class1   ( ) 1Class ( ) ?1   ( ) @Lable
( ) EQU   ( ) !Table   ( ) DT

7-4 语句 "ID EQU 163" 和 "ID = 163" 有何差别？

7-5 计算机指令与汇编语言伪指令有何区别？

7-6 请在下列语句前面的括号中填写该语句分配的字节数。

( ) VR1 DW 1   ( ) DAT DB 1, 2, ?, ?
( ) VR2 DW 10 DUP(1, 2, ?)   ( ) VR3 DW 5 DUP(1, 2, 2DUP(?))
( ) STR DB 'How do you do. '

7-7 请判断下列语句是否合法。

( ) MOV AX, BX   ( ) MOV AX, BL   ( ) MOV AX, DATA
( ) MOV AH, BH   ( ) MOV AH, BX   ( ) MOV CS, DATA
( ) ADD AL, BL   ( ) ADD AX, 1234H   ( ) MOV 12H, 34H
( ) XCHG AL, BL   ( ) XCHG AX, DAT   ( ) XCHG DAT, AX
( ) XCHG DX, AX   ( ) XCHG AX, DS   ( ) SHL [BX+DI], CL
( ) MOV DX OFFSSET [SI]

7-8 请判断下列语句段是否有错，并说明原因。

(1) WT DB 'AB'   (2) L DB 15   (3) M EQU 0F000H
    MOV AX, WT   W DB 20   MOV M, AX
                             S DB L*W

7-9 若变量声明伪指令为 DAT_B DB 12H, 34H 和 DAT_W DW 1234H，分别执行 "MOV AX, WORD PTR DAT_B" 和 "MOV AX, DAT_W" 后，AX 中的值是多少？

7-10 在立即寻址中，如果字型操作数的数值为 -128～+127，则操作数的高位字节将是低位字节的符号位扩展。分别执行 "MOV AX, -128" 和 "MOV AX, -127" 后，AX 中的值是多少？

7-11 若变量声明伪指令为 DAT_B DB 12H, 34H, 56H, 78H，分别执行 "MOV AL, DAT_B+1" 和 "MOV AX WORD PTR DAT_B+1" 后，AL 中的值是多少？

7-12 设(DS)=3000H，(SI)=2000H，符号地址 VAR=1000H。请说明指令 "MOV VAR[SI], 0ABCDH" 执行后，数据 ABH 和 CDH 所在内存单元的地址。

7-13 设(DS)=4000H，(BX)=0250H，(SI)=2000H，(BP)=0026H，(SS)=3000H，符号地址 COUNT=1000H。请说明指令"MOV COUNT[BX+SI], 0ABH"和"MOV COUNT[BP], 0CDH"执行后，数据 ABH 和 CDH 所在内存单元的地址。

7-14 面向字型操作数的 MOV 指令的操作码与面向字节型操作数的 MOV 指令的操作码是不同的。假设有如下程序：

```
OPER1   DB   12, 34
OPER2   DW   56
...
MOV     AL, OPER1+1
MOV     BX, OPER2
MOV     CX, OPER1
```

汇编程序在汇编这段源程序时，将第一条 MOV 语句翻译成面向字节型操作数的 MOV 指令的操作码，将第二条 MOV 语句翻译成面向字型操作数的 MOV 指令的操作码，显示第三条 MOV 语句错误，因为它的两个操作数类型不一致。

除了用正文中介绍的类型运算符 PTR 来临时改变一个变量（地址标号）的属性，还可以用伪操作符 LABEL 来为同一个存储区定义具有不同属性的地址标号。例如：

```
B_DAT   LABEL  BYTE
W_DAT   DW     50 DUP(?)
```

为容量为 50 个字的存储区定义了两个地址标号，即字节型的 B_DAT 和字型的 W_DAT。

伪操作符 LABEL 的使用格式为 name LABEL type，type 可以是 BYTE、WORD 和 DWORD。请用 LABEL 改写上面的程序段，以实现将 12 和 34 一次性地存入 CX。

7-15 在使用 CMP 指令比较两个无符号操作数时，为什么只看 CF 就可以得到结论？

7-16 在使用 CMP 指令比较两个有符号操作数 A 和 B 时，若 OF⊕SF=0，则 A>B，否则 A<B。为什么？

7-17 在使用 CMP 指令时，要注意两个操作数的顺序，因为当发生跳转时，条件转移指令的执行时间为 16 个时钟周期。不发生跳转时，条件转移指令的执行时间为 4 个时钟周期。因此在设计欲测试的条件时，应选择使不发生跳转概率高的测试条件。

假设考试不及格（考试分数 SCORE 小于 60）的学生是少数，请设计一个处理学生成绩的程序。要求是：自行给出的 5 名学生考试分数（字节型数据）。判断这些分数是"及格（PASS）"还是"不及格（FALSE）"。若及格，则用 P 代替学生的考试分数，否则用 F 代替学生的考试分数。

7-18 条件转移指令和采用段内直接寻址的无条件转移指令的操作数 OPR，从外在形式上看，是目的地址标号，但汇编后生成的目标代码中却是一个 16 位（NEAR 型）/8 位（SHORT 型）的补码，其值等于当前 IP 的值与目的地址的差。因此，转移指令的操作是：IP←(IP)+OPR。

这样做的好处是：无论代码段被装载到主存中的什么位置，不需改变程序，都能够保证程序的正确执行。

如果是向前跳转，当前 IP 的值与目的地址的差为正数，则可以将其直接填入指令中的操作数字段；否则需要先转换为补码再填入指令中的操作数字段。

若当前 IP 与目的地址的差分别为-1AH 和 010FH，请给出相应的操作数字段的内容。

7-19 在汇编"JMP SHORT OPR"时，OPR 将生成 1 字节的目标代码。而在汇编"JMP OPR"时，OPR 通常生成 2 字节的目标代码。但是，当 JMP 往回跳转时，当前 IP 的值与目的地址的差就已经确定了。若这个差在 0～-128 之间，则汇编程序将为 OPR 生成 1 字节的目标代码，这样就节省了 1 字节。但是如果是向前跳转，就得为 OPR 留出 2 字节，因为此时还无法确定目的地址距当前 IP 有多远。

若"JMP OPR"指令的操作码的存储地址与转移目的地址的差为–127，汇编程序将为 OPR 生成几字节的目标代码？

7-20 请编程实现符号函数 $y=f(x)$，当 $x>0$ 时，$y=1$；当 $x=0$ 时，$y=0$；当 $x<0$ 时，$y=-1$。

7-21 设 X、Y、Z 为三个带符号的字型变量，请编程并将其按照由小到大排序，排序结果重新存回 X、Y、Z。

7-22 请编制一个以十六进制形式显示寄存器 BX 中数据的程序。

7-23 请编制统计字型变量 VAR 中"1"的个数的程序。

7-24 使用除法指令时还应该注意的另一个问题：除法指令要求字节操作时商为 8 位，字操作时商为 16 位。如果在字节操作时，被除数的高 8 位的绝对值大于除数的绝对值，或在字操作时，被除数的高 16 位的绝对值大于除数的绝对值，商就会溢出。当这种情况发生时，8086/8088 微处理器直接转入 0 号中断进行处理。为了避免这种情况的发生，需要在程序中进行溢出判断及处理，请编写判断除法溢出的程序段。

7-25 使用 THIS 运算符还可以为一个程序标号建立两种转移类型：既能按 NEAR 型进行段内转移，又能按 FAR 型进行段间转移。例如：

```
        JUMP_FAR    EQU     THIS FAR
        JUMP_NEAR:  MOV     AX, BX
```

请将语句标号"AGAIN: MOV AX, PTR[SI]"定义为 FAR 型。

第 8 章　计算机外部设备

> 输入千言万语，输出一片真情。
>
> ——四通打印机广告语

计算机外部设备，也称为外围设备，简称外设，是计算机系统的重要组成部分。没有外设，人们就无法使用计算机，计算机也无法工作。

近年来，随着新的人机交互技术（如语音输入、手写输入）和产品（如触摸屏、LED 显示器、无线鼠标）的出现，外设已经成为推动计算机技术发展和计算机普及最活跃的力量。

广义上，外设分为输入设备和输出设备两大类。但是，由于同时担负输入和输出的功能，辅存既属于输入设备，也属于输出设备。因此，狭义上可以把外设分为输入设备、输出设备和输入/输出设备三大类。典型的输入设备是键盘（Keyboard）和鼠标（Mouse），典型的输出设备是显示器（Display/Monitor）和打印机（Printer），典型的输入/输出设备有硬盘和光盘（Optical Disk）。

8.1　输入设备

8.1.1　键盘

1. 概述

键盘，作为帮助人们向机器输入字符的工具，在电子计算机发明前，就已经在广泛使用的打字机（Typewriter）上出现了。时至今日，键盘并没有发生革命性的改变，它的功能仍然局限于输入英文字母和阿拉伯数字。

早期的键盘设计解决的一个重要问题就是键位设计，即字母和数字在键盘上的布局。目前，最常见的键位设计方案是 Christopher Sholes 于 1868 年提出的，最明显的特征是第一行的前 6 个字母是 QWERTY，因此采用该方案的键盘称为"柯蒂（QWERTY）"键盘。

理论上，键位设计追求的目标是提高打字速度，但是面对早期机械式的打字机常常出现的"铅字臂（Typebar）卡死"问题，在柯蒂方案中，常用字母被有意地分隔开，以适当降低打字速度来避免"在键卡死"现象的发生。

进入 20 世纪，机电打字机的发明使得机械式打字机的铅字臂卡死不再成为一个重要的问题，众多的、以提高打字速度为目标的键位设计方案应运而生。其中影响较大的是 1936 年由德沃拉克（August Dvorak）设计的德沃拉克键盘、莫特（Lillian Malt）设计的莫特键盘。

但是，由于受习惯的影响，德沃拉克键盘、莫特键盘至今没有得到广泛的采用。150 多年前提出的、以放慢敲键速度为目的的柯蒂键盘延续至今。这是典型的"先入为主"的例子。

微机键盘的按键数经历了83键（面向IBM PC/XT）、84键（面向IBM PC/XT）、101键和102键（面向386和486）、104键（面向Pentium）、108键等。其中，目前主流的108键的键盘是在104键键盘的基础上，为Windows 98平台增加了"Power""Sleep""Wake UP"和"FN"4个功能键，方便用户操作。

2. 键盘的组成和工作原理

键盘的外观是外壳与按键，内部包括键开关矩阵、扫描电路和微控制器（常用单片机8048）。

键开关按行、列排成一个矩阵，键开关就位于这些行、列的交叉点上，如图8-1所示。键盘的每个按键有"放松"和"按下"两个状态，分别对应键开关的"开"和"关"。

键开关分为触点式和非触点式两类。

触点式开关中有一对金属触点。键按下时，触点接通；松开时，触点断开。早期的键盘都是触点式开关，结构简单，制造成本低，但触点接触存在抖动，且易于损坏，可靠性差。

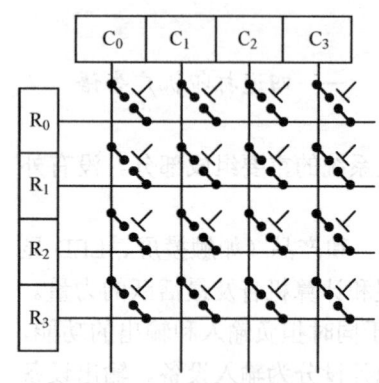

图8-1 矩阵扫描式键盘

非触点式开关内部没有机械接触，是利用按键改变某种电气参数来表示"开/关"的，常见的有利用磁场变化的霍尔效应开关和利用电流和电压变化的电容开关。这种开关不存在抖动问题，且不易损坏，可靠性好。目前，大多数键盘属于基于电容的非触点式键盘。

根据发送给主机的是否是能直接处理的机内信息编码（如ASCII），键盘分为编码键盘和非编码键盘两种。

编码键盘识别出所按下键的位置后，直接由编码电路产生一个唯一对应的信息编码（如ASCII码）送给主机。它的特点是响应速度快，但实现复杂，故现在已经很少使用了。

在非编码键盘中，键盘内部的单片机通过执行固化在其ROM中的键盘管理程序，按照一定的周期（3～5 ms），扫描是否有键被按下。若有，则将其位置码（也叫扫描码）发送给主机。收到位置码后，主机通过键盘中断处理程序将其转换成相应的机内编码（如ASCII）。

扫描的方法有行反转扫描法、逐行扫描法和行列扫描法。

（1）行反转扫描法

这种方法的第一步是先给全体行线发送1，全体列线发送0，然后读键盘行扫描值；第二步反过来，先给全体行线发送0，全体列线发送1，然后读键盘列扫描值。

若没有键被按下，则行扫描值和列扫描值均为全1。若某个键被按下，则行扫描时，该键所在的行线为0；列扫描时，该键所在的列线为0。从行、列扫描值就可确定被按下键所在的位置。

（2）逐行扫描法

这种方法也叫行扫描法，先将所有行和列都置为1，再依次将各列的值清为0，并同时读取行扫描值。

若没有键被按下，则每次读到的行扫描值均为全1，否则被按下键所在行的值为0，再考虑当前清0的列号，便可确定该键的位置。

（3）行列扫描法

这种方法的第一步是置所有行为1，再依次将各列的值清为0，并同时读取行扫描值；第二步反过来，置所有列为1，再依次将各行的值清为0，并同时读取列扫描值。若没有键被按下，则每次读到的行扫描值和列扫描值均为全1，否则根据行扫描值不全为1时0所在列的列号以及列扫描值不全为1时0所在行的行号确定被按下键所在的位置。

非编码键盘的优点是结构简单，并且通过软件能为某些键的功能进行重定义，缺点是速度较慢。但是，由于人击键速度远低于主机处理速度，因此这个缺点并不影响使用。目前，绝大多数键盘是非编码键盘。

为了更好地利用击键状态来表达用户的意愿，每个键的扫描码又分为接通扫描码（Make Code，简称通码）和断开扫描码（Break Code，简称断码）。当键被按下时，发送通码；松开时，发送断码。目前，主流微机键盘PS/2的通码为1字节，断码为2字节。断码的第1字节是F0H，第2字节是该键的通码。

例如，从键盘输入大写英文字母"A"时，其按键过程是，按下左Shift键→按下A键→松开A键→松开Shift键，键盘需要向主机发送6字节的数据，依次是左Shift键的通码12H、A键的通码1CH、A键的断码F01CH、左Shift键的断码F012H。

键盘与主机的通信采用PS/2双向串行通信协议。该协议的数据帧由11~12个二进制数位组成，依次是1个起始位（恒为逻辑0）、8个数据位（低位在前，高位在后）、1个奇偶校验位（采用奇校验）、1个停止位（恒为逻辑1）、1个应答位（仅出现在主机发送给键盘的数据帧中）。由于1个数据帧只能传送1字节的数据，因此输入大写英文字母需要向主机发送6个数据帧。

高级程序设计语言都提供专门的键盘输入语句或函数。例如，C语言的键盘输入函数为scanf。在底层，这些语句或函数都是通过中断调用来实现的。如应用程序通过调用BIOS INT 16H驱动CPU访问键盘接口8042，CPU通过调用INT 09H驱动8042与键盘进行通信。

键盘与主机的接口有AT（大五芯接口）、PS/2（小五芯接口）和USB三种。不过，AT接口已基本被淘汰。这些接口定义了4个有效引脚：双向时钟（KBCLK）、双向数据（KBDATA）、+5 V电源和接地（GROUND）。

8.1.2 鼠标

鼠标是一种指点（Pointing Device）设备。通过移动鼠标，人们可以便捷地在屏幕上实现精确定位，进而实现对计算机及其软件的操控。鼠标是由美国科学家恩格尔巴特（Douglas Engelbart）博士于1968年发明的。当时的鼠标底部装有两个互相垂直的片状圆轮，每个圆轮分别带动一个机械变阻器。当鼠标移动时，圆轮会改变变阻器的电阻值。根据反馈的电流强度，可以计算出鼠标在水平方向和垂直方向的位移，进而产生一组随鼠标移动而变化的动态坐标。系统根据这个动态坐标就决定屏幕上光标（Cursor）所处的位置和移动的方向。因此，鼠标就代替键盘上的"↑""↓""←""→"键，帮助用户将光标定位在他期望的位置上。

当时，这个新装置被称为"X-Y轴位置指示器"。由于它的尾部拖着一条电信号传输线，看起来很像一只小老鼠，故形象地称它为"Mouse"。进入中国后，人们根据它是"鼠（Mouse）"带动"光标"，故称其为"鼠标"。

鼠标极大地改善了人机交互（也叫人机接口），因此美国计算机学会将1997年的图灵奖颁发给了恩格尔巴特博士。可见，改善人机交互永远是计算机科学与技术正确的发展方向。

根据工作原理和内部构造的不同，鼠标分为机械式、光机式和光电式三大类。

1．机械式鼠标

机械式鼠标的底部装有一个塑胶滚球，内部有两个相互垂直的辊轴靠在滚球上。滚轴的末端有译码轮，译码轮上的金属导电片与电刷直接接触。移动鼠标时，胶球滚动带动两个滚轴和译码轮旋转，接触译码轮的电刷随即产生与位移相关的脉冲信号。根据这些信号，系统可以计算出鼠标在 X、Y 方向上的位移数据。这些数据送入主机后，操作系统就将其转换成计算机屏幕上光标的移动。

机械式鼠标的灵敏度低，易于磨损，使用寿命短，现在已基本被淘汰了。

2．光机式鼠标

光机式鼠标将机械式鼠标中易磨损的译码轮和电刷改成非接触的发光二极管（Light Emitting Diode，LED）对射光路元件（由 LED、光敏三极管和一个边缘开槽的光栅轮组成）。鼠标移动时，滚球带动辊柱和光栅轮转动。由于光栅轮上开槽处漏光，未开槽处遮光，因此光敏三极管接收到的 LED 光线是不连续的，从而产生变化的光电脉冲信号，两个光栅轮的脉冲信号分别反映鼠标在 X、Y 方向的位移。

光机式鼠标的使用寿命长，精度有所提高。不过，在外形上，光机式鼠标与机械式鼠标没有区别，不打开鼠标的外壳很难分辨。因此，有人习惯上还称其为机械式鼠标。

3．光电式鼠标

光电式鼠标没有滚球和辊轴，取而代之的是光电元器件，故没有机械磨损，使用寿命长。

早期的光电式鼠标是在两个相互垂直的方向上分别设置 LED 和光敏三极管，组成光电检测电路。在工作时，LED 的光线，照射鼠标底部表面（这就是为什么鼠标底部总会发光的原因），光敏三极管负责接收反射回来的光线。使用这种鼠标，需要配有特制的、带有条纹或点状图案的垫板。光敏三极管是否能接收到 LED 的光线，取决于光线鼠标在垫板上的位置。

例如使用黑白相间格子的垫板时，若鼠标位于黑格子上方，LED 的光线被吸收，光敏三极管接收不到 LED 的光线，否则光敏三极管可以接收到光线，产生脉冲信号。

新型光电式鼠标将光敏三极管改为微型光学摄像镜头，并引入了数字信号处理器 DSP。反射回来的 LED 光线，经过摄像镜头成像，并同时以图像帧的形式送给 DSP 处理。DSP 分析图像序列中帧与帧的差别，计算出鼠标移动的距离与方向。这种鼠标不需要鼠标垫，只要在平面上就能工作，目前逐渐成为主流。

评价鼠标性能最重要的指标是 DPI（Dots Per Inch），表示鼠标每移动一英寸所能检测出的点数，DPI 小，用来定位的点数就少，定位精度就低；反之，用来定位的点数就多，定位精度就高。通常，鼠标的 DPI 为 400 或 800。

评价新型光电鼠标还有一个专用的性能指标——帧速率（也称为扫描频率或刷新频率），表示数字信号处理器 DSP 每秒能够处理的图像帧数。帧速率越高，鼠标的灵敏度越好。

按鼠标上的按键数量分，鼠标分为两键鼠标、三键鼠标、五键鼠标和新型的多键鼠标。

两键鼠标和三键鼠标的左、右按键的功能完全一致。三键鼠标的中间按键仅在某些特殊软件中发挥作用。例如，在 AutoCAD 软件中就可利用中键快速启动常用命令，成倍提高工作效率。五键鼠标多用于游戏，4 键前进，5 键后退，还可以设置为快捷键。多键鼠标是新一代的多功能鼠标，如有的鼠标上带有滚轮，大大方便了上下翻页，有的新型鼠标上除了有滚轮外，还增加了拇指键等快速按键，进一步简化了操作。在 Windows 环境下，应用程序通过调用 BIOS INT 33H 来驱动鼠标。

目前，鼠标与主机的接口主要有 PS/2 和 USB 两种。

8.2 输出设备

8.2.1 阴极射线管显示器

1. 阴极射线管（Cathode Ray Tube, CRT）显示器的组成与工作原理

CRT 显示器由灯丝（Filament）、阴极（Cathode）、控制栅（Control Grid）、聚焦系统（Focusing System）、加速电极（Accelerating Anode）、偏转系统（Deflecting System）、屏幕（Screen）等组成，如图 8-2 所示。

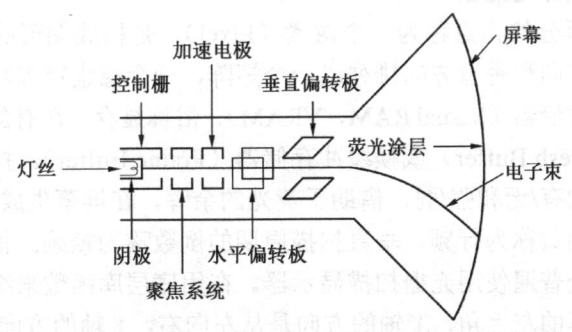

图 8-2 阴极射线管的结构

阴极射线管前端的膨起部分为屏幕（Screen），图形显示在屏幕的表面上。屏幕的内壁涂有荧光粉，故常称其为荧光屏。荧光粉是可以将电能（由电子束携带）转化为光的金属氧化物的统称，不同配方的荧光粉在电子束的轰击下所产生的光色是不同的，而且余辉时间（Persistence）也不相同。余辉时间指荧光粉所发光的亮度降低至其初值 1/10 所用的时间，是衡量荧光粉发光持续时间的参数，分为长余辉（大于 100 ms）、中余辉（1～100 ms）和短余辉（小于 1 ms）三类。CRT 显示器通常采用中余辉荧光粉。

CRT 显示器的工作原理是，加热的灯丝发射出电子束，电子束经过聚焦系统、加速电极、偏转系统，轰击到荧光屏的指定部位，致使荧光粉发光，不同位置的荧光组合成图形。荧光的亮度（Intensity）是由控制栅通过调节其上电压的高低，进而改变电子束的强弱来控制的。

一屏完整的图像称为一帧（Frame）或一场。由于荧光在屏幕上的存留时间很短，为了维持一个稳定的画面，就需要重复显示同一个图像，这个过程称为刷新（Refresh）。电子束每秒重绘屏幕图像的次数，称为刷新频率（Refresh Frequency）、帧频或场频。CRT 显示器的刷新频率通常在 60～120 帧/秒（Hz），最好在 75 Hz 以上，否则屏幕会有闪烁感。视频电子标准协会 VESA 规定 85 Hz 为无闪烁的刷新频率。

CRT 显示器的规格通常用其屏幕对角线的长度来表示，常见的 CRT 显示器有 14、15、17、19 或 21 英寸等。

2. 光栅扫描显示器

按扫描方式的不同，CRT显示器分为光栅扫描（Raster Scan）显示器和随机扫描（Random Scan）显示器。

在随机扫描显示器中，电子束就像一支快速移动的画笔，可随意移动，只扫描荧光屏上要显示的部分。也就是说，电子束的定位及偏转具有随机性。这与示波器的原理类似。由于随机扫描显示器是根据线段的起点与终点绘制线段的，只能显示线框图形，因此随机扫描显示器也称为矢量扫描显示器或画线显示器。

在光栅扫描显示器中，电子束在水平同步信号和垂直水平同步信号的控制下，在屏幕的左上角开始，按"从左向右、从上到下"原则（也叫行优先原则），逐行形成光点，即从最左端向最右端水平地进行扫描，这个过程称为行扫描正程。每扫描完一行，就直接回到下一行最左端位置，开始下一行的扫描，这个过程称为行扫描的回程或水平回归。当扫描到屏幕的右下角时，直接回到屏幕的左上角，开始下一轮扫描，这个过程称为帧回程或垂直回归。在所有的回程期间，要对电子束加上"消隐信号"，使其不在屏幕上产生亮光。这样，屏幕上形成的一条条水平扫描线称为光栅。

屏幕上一个不可再分的光点称为一个像素（Pixel），是构成图形的基本元素。在显示器中，像素分别按水平方向和垂直方向排列成一个矩阵，一个像素矩阵对应一帧图形。存储像素矩阵的部件是视频存储器（Visual RAM，VRAM），俗称显存。在有的文献上，显存也称为刷新缓冲存储器（Refresh Buffer）或帧缓冲存储器（Frame Buffer）。扫描时，显示器根据像素矩阵，控制电子束的有/无和强/弱，借助于荧光的余晖，在屏幕生成一幅完整的图形。

水平扫描周期的倒数称为行频，垂直扫描周期的倒数称为帧频。帧频就是刷新频率。

目前，计算机系统普遍使用光栅扫描显示器。在用底层库函数来编程实现图形界面时，坐标系的原点位于屏幕的左上角，X轴的方向是从左向右，Y轴的方向是从上向下。

3. 显示器的点间距与分辨率

（1）点间距（Dot Pitch）。

点间距（简称点距）是屏幕上两个同色光点中心的最小距离，也称为行距。这个距离越小，光点面积越小，分辨率越高，图像越细腻。目前，常用显示器的点距为0.25~0.28 mm。

（2）分辨率（Resolution）。

严格地说，分辨率是指屏幕单位面积上所能够显示的最大像素个数，称为物理分辨率（Physical Resolution）。像素越多，每个光点的面积就越小，分辨率越高，描绘图形的精细程度就越高。

在实际应用中，人们往往用整个屏幕所能容纳的像素个数来表示分辨率，如某个显示器的分辨率为640×480，称为逻辑分辨率（Logical Resolution）。这种描述并不严密，因为显示器的大小可能不同，即便逻辑分辨率相同，大屏幕的像素面积要大些，其显示图形的精细程度就差。但是，人们已经习惯用逻辑分辨率来描述显示器了。

通常，14英寸显示器的分辨率为640×480或800×600，15英寸显示器的分辨率为800×600或1024×768，17英寸显示器的分辨率为1024×768，19英寸显示器的分辨率为1280×1024。

分辨率的大小取决于电子束聚焦能力、屏幕大小、显存的容量、荧光粉的粒度。聚焦系统通过电场和磁场控制电子束变细，使电子束轰击屏幕形成的亮点尽量小，从而提高分辨率。

4. 单色 CRT 和彩色 CRT

若 CRT 的屏幕上只涂有一种荧光粉，在电子束的作用下只能发一种光色，则这种 CRT 称为单色 CRT（Monochrome CRT）或黑白 CRT（Black/White CRT）。若 CRT 的屏幕上涂有多种荧光粉，在电子束的作用下可以发多种光色，则这种 CRT 称为彩色 CRT（Color CRT）。

对于单色 CRT 显示器，每个像素的浓淡效果（即亮度）称为灰度等级（Gray Scale 或 Gray Level）或灰度值，是从零到某正整数的一种整数值编码。比如帧缓冲器的存储字长为 2，则有 00、01、10 和 11 等 4 级灰度，即帧缓冲器的存储字长为 n，则其灰度等级为 2^n 种。

彩色 CRT 采用 RGB（Red、Green、Blue）颜色模型，分为穿透型（也称为渗透型）和影孔板型（也称为多枪型）。

穿透型彩色 CRT 的原理是，在屏幕内表面涂有两层荧光涂层，一般是红色和绿色。不同速度电子束穿透荧光层的深浅，决定产生的颜色，速度低的电子只能激活外层的红色荧光粉发光显示红色，高速电子可以穿透红色荧光粉涂层而激活内层的绿色荧光粉发光显示绿色，中速电子则可以激活两种荧光粉发出红光和绿光组合而显示橙色和黄色两种颜色。这种显示彩色图像的方法成本较低，但是只能产生有限的几种颜色，一般应用于随机扫描显示器。

影孔板型彩色 CRT 应用于光栅扫描系统，能产生更宽范围的色彩。这种显示屏的内表面涂有很多呈三角形排列的荧光粉，每个像素对应一个由三个荧光点按三角形排列构成的光点组。当每个光点组被激活时，分别发出不同亮度的红、绿、蓝三种基色，三种基色"混合"出该像素的颜色。

在紧靠屏幕内表面荧光粉涂层的后面，通常放置一个影孔板，也称荫罩（Shadow Mask）。荫罩是一块带孔的金属板栅网，上面有很多小圆孔，与屏幕上的三元组一一对应。这种 CRT 的内部有三支电子枪，当三支电子枪发射的三束电子经偏转、聚焦成一组射线并穿过荫罩上的小圆孔的时候，屏幕上与小圆孔相对应的三个荧光点就被激活发光，出现一个彩色的光点。当这三支电子束从一个光点向另一个光点偏转时，它们偏离了当前这个小圆孔，就被荫罩阻断了，直至对准下一个光点所对应的小圆孔。这样，在电子束偏转的过程中，荫罩就确保电子束不会作用在它们不该作用的荧光粉上。

这些小圆孔与三元组中的荧光点和电子枪精确地排列成一条直线，使得三元组中的每个点仅受到一支电子枪所发出的电子的作用，即三只电子枪所产生的三束电子会分别作用在构成同一像素点的三个不同的荧光点上。通过调整每支电子枪发射电子束中所含电子的数目，可以控制其所作用的三个荧光点的发光强度（即亮度）。

如果电子束只有发射和关闭两种状态（即强度只有两个等级），那么只能混合出 8 种颜色，如果每支电子枪发出的电子束的强度有 256 个等级，那么显示器能同时显示 256×256×256 = 16777216 = 16M 种颜色，称为真彩色系统。

5. 逐行扫描与隔行扫描

正常情况下，电子束自顶向下、从左到右、逐行扫过整个屏幕，这种扫描过程称为顺序扫描（Sequential Scan）或逐行扫描。有的显示器为了降低对显存的带宽要求，其电子束采用"隔一行扫描一行"的方式，先扫过奇数行，垂直回扫后，再扫描偶数行，这种扫描过程称为隔行扫描（Interlaced Scan）。

隔行扫描是把一帧完整的画面分成奇数场（由 1，3，5，…奇数行组成）与偶数场（由

0，2，4，…偶数行组成）。每个扫描过程所需刷新周期是顺序扫描的一半。例如，顺序扫描一帧所需的时间是 1/30 s，那么采用隔行扫描后只需 1/60 s 即可显示一屏画面，场频提高了 1 倍（60 Hz），而且相邻两行（一个奇数行和一个偶数行）的像素在半个周期内有相互加强的作用，这样可有效地避免了由于荧光粉发光强度衰减而造成的图形闪烁效应。此外，因降低了对扫描频率的要求而降低了成本。存储于帧缓冲器中的数据量也比逐行扫描减少一半，降低了对视频控制器存取帧缓冲器的速度及数据传输带宽的要求。

在逐行扫描方式下，场频与帧频相同；在隔行扫描方式下，场频是帧频的 2 倍。计算机显示器大都采用逐行扫描方式。

【例 8-1】 某显示器的分辨率为 1024×768，帧频为 75 Hz，水平回扫期和垂直回扫期分别占水平扫描周期和垂直扫描周期的 20%。请计算该显示器的行频、水平扫描周期和每个像素灰度值的读出时间。

答：行频=768 行/帧×75 帧/s÷(1−20%)=72 kHz，水平扫描周期=1/72 kHz=13.3×10^{-6}s =13.3 μs，每个像素灰度值的读出时间=13.3 μs×(1−20%)÷1024=10.4×10^{-9} s=10.4 ns。

6. 显示器的工作模式与颜色深度

显示器的工作模式有两种：字符模式和图形模式。

字符模式也叫字母数字模式（Alpha Number Mode，A/N 模式）。在这种模式下，屏幕被划分为按行、列排列的若干字符窗口（如 80 列×25 行=2000 个字符窗口），字符只能显示在规定了行、列位置的字符窗口中。一个字符窗口包括字符显示点阵和字符间距。例如在单色字符方式下，字符窗口为 9×14 点阵，字符显示点阵为 7×9 点阵。

显存中存放的是字符编码（如 ASCII 或汉字的机内码）及其属性（如加亮或闪烁等）。

图形模式也叫点均可寻址模式（All Points Addressable Mode，APA 模式），显存中存放的是字符的字模码（即显示点阵），字符的显示可以定位于屏幕上的任一点。

显示彩色或单色多级灰度图像时，每个像素点对应的二进制位称为颜色深度。例如，欲表现 256 种颜色，需要 8 位颜色深度；欲表现真彩色（16M 种颜色），需要 24 位颜色深度（即红色 8 位、绿色 8 位、蓝色 8 位）。

7. 显卡与显示器标准

CPU 发出的绘图命令要在屏幕上显示，还需引入图形适配器卡（Graphics Adapter Card），俗称图形显示卡或显卡。显卡主要由图形处理芯片（Graphic Processing Unit，GPU）、随机存取数模转换存储器（Random Access Memory Digital-to-Analog Converter，RAMDAC）、显存 VRAM 组成。

GPU 的任务是将应用程序中定义的图形数字化（Digitizing）成图像（面向光栅显示器的离散的像素颜色值），存放在显存中。尽管这些任务可以由 CPU 来完成，但 GPU 一则可以减轻 CPU 的负担，二则专门设计的 GPU 处理图形的性能要大大高于通用的 CPU，可加速图形的处理。

由于 CRT 显示器接收的显示信号为模拟量（电压值或电流强度），因此显存中的数字量需要转换成为模拟量输出。这个任务就由 RAMDAC 来完成。

显存中的存储单元与屏幕上的像素是一一对应的，即显存中单元数目等于显示器的像素数目（显示器的分辨率）。单元的字长决定了显示颜色的种类，单元的数值对应像素的颜色深度（或灰度级位数）。

显存容量=分辨率×颜色深度（或灰度级位数）。显存容量一般为 1 MB、2 MB、4 MB、8 MB、16 MB、32 MB 等。显存容量越大，可以支持的分辨率越高，可显示的颜色种类越多。

目前，显卡/显示器的标准有 MDA（Monochrome Display Adapter）、CGA（Color Graphics Adapter）、EGA（Enhanced Graphics Adapter）、VGA（Video Graphics Array）、TVGA（Trident VGA）、SVGA（Super VGA）、XGA（eXtended Graphics Array）等。

MDA 为单色字符显示器，字符显示规格为 80 列×25 行，字符窗口为 9×14 的点阵，分辨率为 720×350。

CGA 支持字符和图形两种模式。在字符模式下，显示规格可选 80 列×25 行或 40 列×25 行，但字符窗口仅为 8×8，效果不佳。在图形模式下，单色时分辨率为 640×200，彩色（4 种颜色）的分辨率为 320×200。

EGA 支持字符和图形两种模式。字符窗口为 8×14，效果优于 CGA，接近 MDA。可在 64 种颜色中显示 16 种颜色，分辨率为 640×350。

VGA 的分辨率在显示 16 种颜色时为 640×480，在显示 256 种颜色时为 320×200。这些颜色都是从 256K 种颜色中选出的。VGA 的字符窗口为 9×16。

TVGA 和 XGA 与 VGA 兼容，但显示效果更佳。例如，TVGA 在显示 256 种颜色时分辨率为 800×600，XGA 可以 1024×768 的分辨率显示 65536 种颜色。

【例 8-2】某显示器的最大分辨率为 1024×768，颜色深度为 24 位，请问：它至少需要多大的显存容量？

答：至少需要的显存容量=1024×768×24 b=768×3 KB=2304 KB=2.25 MB。

【例 8-3】（2010 年硕士研究生入学统一考试计算机专业基础综合考试试题）

假定一台计算机的显示存储器用 DRAM 芯片实现，若要求显示分辨率为 1600×1200，颜色深度为 24 位，帧频为 85 Hz，显示总带宽的 50%用来刷新屏幕，则需要的显存总带宽至少约为（　　）。

A．245 Mbps　　　　B．979 Mbps　　　　C．1958 Mbps　　　　D．7834 Mbps

答：显示带宽=每帧的数据总量×帧频/50%=[(1600×1200×24)×85]×2 = 7834 Mbps。故选 D。显示总带宽的 50%用来刷新屏幕，另 50%用来写入下一帧。

【例 8-4】可以采取哪些技术措施来提高显存带宽？

答：可以使用速度更快的 DRAM 芯片或者双端口 DRAM 芯片，也可采用多体交叉结构来组成显存。

8.2.2 平板显示器

平板显示器是平面显示器的统称。与传统的 CRT 显示器相比，平板显示器具有薄、轻、省电（功耗小）、辐射低、无闪烁、无干扰等优点。平板显示器的重量通常仅为 CRT 的 1/6，耗电量约为 CRT 的 1/3，而且色彩清晰，图像失真小，不受磁场影响，无闪烁效应，长时间观看眼睛不易疲劳。目前，平板显示器的全球销售额已超过 CRT。

根据发光原理的不同，平板显示器分为被动发光显示器与主动发光显示器。前者本身不发光，而是利用显示介质被电信号调制后，其光学特性发生变化，对环境光和外加电源（背光源、投影光源）发出的光进行调制，在显示屏上显示出图像，如液晶显示器。后者的显示介质本身发可见光，如 LED 显示器。

1. 液晶显示器（Liquid Crystal Display，LCD）

液晶是一种介于液体和固体之间的特殊物质，由细长晶状颗粒构成，具有液体的流态性质和固体的光学性质，液晶颗粒以螺旋形式排列。在电场的作用下，液晶的排列次序和方向会发生改变。液晶显示器就是利用液晶的这些特性，通过控制所加的电压来控制液晶分子的转动，影响光线的通过，进而形成不同的灰度等级或色彩。

液晶显示器的工作原理是：在两面平行的偏振方向相互垂直的偏振光过滤片之间封装液晶，液晶层的两侧安装透明电极；电极间未加电压时，光束从垂直偏振光板进入液晶层后，将顺着液晶的螺旋被偏转 90°成为水平偏振光，进而将顺利通过水平偏振光过滤片到达屏幕；加电压后，原本螺旋排列的液晶分子将排列成一致的方向，不再能扭转垂直偏振光的方向；这样，垂直偏振光将被水平偏振光过滤片阻挡，无法到达屏幕；通过调节电极两端的电压可以控制液晶分子的转动角度，进而改变光束的旋转幅度，达到控制屏幕亮度的目的。

概括起来，液晶显示的原理是：不加电压，光线顺利通过；加电压后，光线被阻挡。当然也可以改成"加电压，光线顺利通过；不加电压后，光线被阻挡"。但要满足用户的使用习惯——开机后屏幕是亮的，就会很费电。

在彩色 LCD 面板中，每个像素点包含三个液晶单元格，每个单元格前分别有红、绿、蓝的滤光片。这样，通过不同单元格的光线就可以在屏幕上显示不同的颜色了。

液晶显示器主要有两种：一种是为双扫描交错（Dual-Scan Twisted Nematic，DSTN）显示的被动矩阵（无源矩阵）型 LCD，另一种是薄膜晶体管（Thin Film Transistor，TFT）显示的主动矩阵（有源矩阵）型 LCD。目前用得最多的是 TFT-LCD。TFT-LCD 的背部设置有特殊光管，可以主动对屏幕上各独立的像素进行控制，这也是主动矩阵 TFT 的来历。

可视角度、点距和分辨率是衡量 LCD 显示器的基本技术指标。可视角度是指左右两边的可视最大角度的和。点距是指两个液晶颗粒（光点）之间的距离。分辨率是指其真实分辨率，例如，分辨率为 1024×768 的含义就是该液晶显示器含有 1024×768 个液晶像素。

与 CRT 显示器相比，LCD 显示器的主要缺陷是成品率偏低导致成本偏高，冷阴极荧光灯的使用寿命并不算太长，可视角度有限，而且在使用若干年后，许多 LCD 显示屏会变得发黄，亮度也明显变暗。

2. LED 显示器

与 LCD 显示器相比，LED 在亮度、功耗、可视角度和刷新频率等方面，都具有无与伦比的优势。LED 所需的辅助光学组件可以做得很简单，不需很多空间，机身可以做得更轻、更薄，屏幕耐压性能更好；更高的刷新频率使得 LED 在视频方面有更好的性能表现，既可以显示各种文字、数字、彩色图像及动画信息，也可以播放电视、录像、VCD、DVD 等彩色视频信号，多幅显示屏还可以进行联网播出，而且即使在强光下也可以照看不误；LED 使用 6～40 V 的低压进行扫描驱动，因此功耗更低，电池持续时间更长，同时不含对身体健康、环境有害的重金属汞，更加环保。此外，LED 具有使用寿命长的优点，使用寿命可长达 10^4 h，也就是说，即使每天连续使用 10 h，也可以连续使用 27 年。LED 显示器具有的高亮度、高效率、长寿命、视角大、可视距离远等特点，使其特别适合作为室外大屏幕显示屏。虽然现在已有使用 LED 显示屏的笔记本电脑面市，但是相对于同等尺寸 LCD 显示屏的笔记本电脑而言，价格要贵得多。

8.2.3 打印机

按照输出颜色的种类分，打印机分为单色（通常为黑色）打印机和彩色打印机。依照印字原理的不同，打印机分为击打式（Impact）和非击打式（Nonimpact）两种。击打式打印机是最早使用的打印机。

击打式打印机是以机械力量击打字锤（也叫字模），使字锤隔着色带在纸张上打印出字形。根据字模的构成方式不同，击打式打印机分为整字形击打式打印机和点阵式击打式打印机（也称针式打印机）。

整字形击打式打印机配备有可能出现的所有字形的字模，每次击打选择使用一个字模，就可打印出一个完整字形。整字形击打式打印机的打印效果美观自然，而且可以同时复印多份。不过它的字符种类有限，不能打印汉字或图形，且噪声大，印字速率低，易磨损。目前已很少使用了。

非击打式打印机利用物理或化学的方法将油墨直接印刷在纸张上，常见的是激光打印机和喷墨打印机。由于没有击打动作，因此严格来说这类打印机应该称为印刷机。它的优点是噪声低，打印速度较快，适于打印图形与图像。不少产品还可以实现彩色打印。输出数码相机中彩色照片的打印机大多是喷墨打印机。

1. 针式打印机

任何字符都可以看成由一个矩形区域内、有规律分布的许多点（即字模）构成。用钢针打印出点阵，就可形成字符。针式打印机就是依据这个原理研制的。

针式打印机的核心部件是字车（Carriage）和打印头。打印头内部是沿纵向排列的打印针。打印针数量通常有单列的 7 针或 9 针，双列的 14 针（7×2）或 24（12×2）针。字车是打印头的载体，打印头在字车带动下向左横向移动。在移动过程中，打印针撞击色带，从而在打印纸上印出字符。文件每一行的末尾都是一个不可见的字符"回车（Carriage Return，CR）"。打印这个字符时，打印针不动，字车将从当前位置向右横向移动，回到最左端初始位置（Home）。同时，打印纸沿纵向运动一行的距离，从而使打印头对准新一行的起点。故此，键盘上用于在编辑文本时另起一行的"Enter"键被称为"回车"键。

打印机由打印控制器和打印装置组成。打印控制器通过 I/O 总线与 CPU 相连，接收 CPU 发来的命令和打印数据，驱动打印装置工作。从计算机组成的角度看，打印控制器由控制锁存器、命令译码器、数据锁存器和总线缓冲组成。打印装置由微处理器、打印行缓冲器 RAM、字符发生器 ROM、地址计数器、列计数器和打印头驱动电路组成。打印行缓冲器的容量等于存储一行字符所需的最大容量。字符发生器 ROM 中存储不同字体、不同字模格式的字模库。字模格式用 $m×n$ 表示，英文字符的字模格式通常有 5×7、7×7、7×9、9×9 等，常见的汉字字模格式是 24×24。字模的点阵越大，字形就越细腻，但是占用的存储空间就越多。

控制锁存器锁存 CPU 发来的控制命令，如选通、初始化、自动输纸等。这些命令也可能会回送 CPU 用于检测。

CPU发来的数据都是ASCII值，其中有对应可见字符的ASCII值，也有对应控制操纵的所谓不可打印字符的ASCII值。不可打印字符又分为使打印机执行某种操纵动作的字符（如回车CR、换行LF、换页FF等）和Esc命令序列。命令序列由顺序排列的若干命令组成。打印机只有收到一个完整的命令序列，才能完成规定的控制功能。不同厂商生产的打印机，其命令序列的格式可能不一样，因此不同的打印机需要配备不同的打印机驱动程序，这些程序往往是互不兼容的。但是无论如何，每个命令都是以字符"Esc"开头，后面接一个或多个ASCII值。

打印机被CPU启动后，开始接收由CPU发来的数据。这些数据首先送入功能码判断电路。若判断是Esc命令，则送入命令译码器，产生控制打印装置工作的命令信号，否则送入数据锁存器。

数据锁存器逐个保存CPU发来的打印字符，并发送给打印装置。数据锁存器中的内容也可能会回送CPU用于检测。

总线缓冲保存打印装置送来的"打印机忙""缺纸""联机""认可"和"出错"这样的状态信息，供CPU查询。

当打印行缓冲器已满或接收到"回车CR"字符时，则向打印控制器发回"打印机忙"信号，同时启动打印装置工作。CPU收到"打印机忙"信号后，将暂停向打印控制器发送数据。

打印装置工作时，其中的微处理器从打印行缓冲器中取出打印字符的ASCII值，经过计算得到该字符对应的字模存储区的首地址。按地址取出首列的点阵码，驱动打印针，撞击色带，在打印纸上打印出第一列的点阵。然后，列计数器增1，字车向右横移一列的距离，打印下一列，直至打印出一个完整的字符。然后，地址计数器增1，开始打印下一个字。当打印完一行后，缓冲器撤销"打印机忙"信号，开始新的打印过程。

可见，针式打印机是逐列、逐字、逐行，由左向右，由上而下地打印文本。针式打印机的优点是结构简单，维护费用低，耗材省，可打印多层纸张；缺点是体积较大，打印速度较慢，分辨率低，噪声大，打印针容易折断等。

2．激光打印机（Laser Printer）

激光打印机的核心部件是表面镀有一层半导体感光材料的感光鼓。常用的感光材料是硒，因此俗称硒鼓。

激光打印机的工作流程是：

① 硒鼓转动着经过充电电晕丝，使其表面均匀地敷上一层电荷。这个过程叫"充电"。

② 由控制电路控制激光束对硒鼓表面进行扫描照射。对不希望印出颜色的部位打开激光束，对希望印出颜色的部位关闭激光束。这样，被照射过的部位的电荷因产生光电流而消失，未被照射部位的电荷依然存在，形成"潜影"。这个过程称为"曝光"。

③ 硒鼓转动着经过碳粉盒。表面上带电荷的部位将吸附碳粉。这个过程称为"显像"或"显影"。

④ 打印纸从硒鼓和转印电晕丝中间通过。转印电晕丝有比硒鼓更强的磁场，于是碳粉在磁场的作用下，从硒鼓表面"转印"到了打印纸的表面上。这个过程称为"转像"或"转印"。

⑤ 打印纸通过"热辊"。碳粉在高温和高压的联合作用下，熔化、凝固，永久地黏附在打印纸上。这个过程称为"定影"。

⑥ 对硒鼓表面进行放电，使电位回复到初始状态。这个过程叫"清除"。

⑦ 硒鼓转动着经过清洁器，清除表面残留的碳粉。这个过程叫"除像"。

激光打印机分为黑白激光打印机和彩色激光打印机，它们的成像原理是相同的。黑白激光打印机只有一种黑色墨粉，彩色激光打印机使用青（Cyan）、品红（Magenta）、黄（Yellow）颜色模型（简称CMY模型），因此需要这三种颜色的墨粉。又由于CMY配出来的黑色打印效果不理想，因此增加了专门的黑色（Black）墨粉。因此，彩色激光打印机的实际颜色模型为CMYK。

3. 喷墨打印机（Ink-Jet Printer）

喷墨打印机的关键部件是喷墨头。喷墨头分为连续式喷墨头和随机式喷墨头。

无论是否需要在纸张上留下印迹，连续式喷墨头都持续地发射墨滴。若需要在纸张上留下印迹，则墨滴在通过由字符发生器控制的充电电极时，被加上适量的电荷。带电荷的墨滴在通过偏转电场时会改变飞行方向，最终射着在纸张上的某个位置上。充电电荷越多，偏转的角度越大。若不希望在纸张上留下印迹，则不对墨滴充电。墨滴将沿直线飞入喷头对面的墨水回收装置中，然后送回墨盒中，供喷头再次利用。

目前，连续式喷墨头只控制墨滴在垂直方向上的偏转。因此，每打印完一列点阵后，喷墨头平移，逐列打印出一行。其打印过程类似于针式打印机。

随机式喷墨头带有多个喷嘴。每个喷嘴喷出墨滴的飞行方向是固定的。控制电路控制的是让哪个喷嘴喷射墨滴，这与针式打印头类似，受控喷嘴喷出的墨滴，直接在纸张上形成字符或图案。

喷墨打印机也同样分为单色（黑白）喷墨打印机和彩色喷墨打印机，它们的成像原理是相同的。单色喷墨打印机只有一种黑色墨水，彩色喷墨打印机使用CMYK颜色模型，需要青、品红、黄、黑四种颜色的墨水。

无论以上哪种打印机，都配有一个共同的部件——字符发生器，用来将字符编码转换成字模（也叫字符点阵）。

8.3 辅存设备

8.3.1 硬盘

1. 概述

硬盘具有容量大、速度快、价格相对便宜等特点，是计算机系统中最常见的辅存。硬盘属于旋转的磁表面存储设备，由磁盘盘片、磁头、磁盘驱动器（Hard Disk Driver，HDD）和磁盘控制器（Hard Drive Controller，HDC）组成。

世界上第一块硬盘是在1973年由IBM研制的IBM 3340。其特点如下：

① 包含若干绕固定主轴高速旋转的表面平整光滑且涂有磁性材料的金属盘片，盘片和可以沿半径方向移动的磁头共同密封在一个盒子里面，磁头能从旋转的盘片上读出磁信号的变化。

② 不工作时，磁头停靠在位于盘片圆心处的着陆区，与磁盘是接触的。着陆区不存放任

何数据，磁头在此区域启停，不会损伤数据。工作时，由于磁头的外形是经过精巧的空气动力学设计的，盘片的高速旋转带动空气，使磁头处于"飞行状态"，悬停于离盘面 0.2~0.5 μm 的高度。这样，磁头既不会划伤盘面，又能稳定地读取数据。

③ 磁盘以恒定的角速度（Constant Angular Velocity，CAV）旋转。

由于 IBM 3340 拥有两个 30 MB 的存储单元，而当时一种很有名的"Winchester（温彻斯特）来复枪"的口径和装药也恰好包含了两个数字"30"。于是，IBM 的研究人员就将这种硬盘称为"温彻斯特盘"，简称"温盘"。现代硬盘技术基本上来源于温盘。

最初，磁头同时具有读、写功能。这对磁头的制造工艺、技术要求很高。后来，由于读、写操作的内部特性完全不同，磁头写入数据的时间大大长于读取数据的时间，人们就设计了只读磁头和只写磁头。

通常，每个盘片的上下两面都可以进行磁记录，每个盘面都分别设置一个磁头，盘面号就是磁头号。在磁盘上，磁头相对运动经过的圆形轨迹称为磁道（Track）。在一个盘面上，有多个同心圆形状的磁道。磁道由外向里编号，最外边为 0 号，磁道按磁道号来访问。不同盘面的同号磁道形成一个柱面（Cylinder），柱面号就是磁道号。每个磁道又分成若干扇区（Sector）。磁头以扇区为单位对磁盘进行读/写，扇区的典型存储容量为 512 B。主机访问硬盘控制命令中的地址由柱面号、磁头号和扇区号构成。

硬盘处理"读/写请求"的过程如下：

① 将"读/写请求"放入"等待硬盘"的队列中排队。这时，硬盘可能忙也可能闲，但无论如何，该请求不占用硬盘。

② 硬盘控制器将请求从队列头取出，并解析成硬盘操纵命令。从这时开始，硬盘处于"忙"或者"被占用"状态，直至读/写操作结束。

③ 磁头寻道 → 旋转定位 → 读/写数据。

根据将二进制信息转换成磁表面的磁化单元采用的方式不同，磁盘的数据记录方式分为归零制 RZ、不归零制 NRZ、调相制 PM、调频制 FM 和改进调频制 MFM 等。目前，最常用的是 MFM。

2．性能评价

硬盘的性能指标主要有记录密度、容量、平均存取时间。

记录密度分为道密度和位密度。其中，道密度是指盘面径向上单位长度的磁道数目，位密度是指磁道上单位长度存储的二进制位的数目。道密度的单位是 tpi（磁道数/英寸）或 tpm（磁道数/毫米），位密度的单位是 bpi（位/英寸）或 bpm（位/毫米）。

磁盘的存储方式分为低密度和高密度。

低密度时，所有磁道上的扇区数目相同，每个磁道上所存储的位数相同，所以内道的位密度比外道的位密度高。此时，用最大位密度（最内道的位密度）来表征磁盘的位密度。

高密度时，每个磁道的位密度相同，所以外道的扇区数目比内道的扇区数目多。因此，高密度磁盘容量比低密度磁盘容量大。

硬盘在使用前，需要对其进行格式化（通常由厂商完成）。格式化后的硬盘容量较之前会有所降低。格式化后的硬盘容量为数据总容量（即其中数据区的实际容量）。目前，硬盘的容量普遍在 500 GB 以上，甚至 4 TB。

平均存取时间为寻道时间、旋转定位时间（也叫旋转延迟）和读/写数据时间（也叫数据传输时间）之合。其中，寻道时间（Seek Time）是把磁头移到目标磁道所需时间，包括磁头启动和稳定时间。旋转延迟（Rotational Delay）是指将磁道上的目标扇区旋转到磁头下所花费的时间。由于磁头当前位置与目标位置之间的距离存在不确定性，因此寻道时间和旋转延迟只能取统计平均值。寻道时间的平均值为 5～10 ms，具体值由厂商提供。平均旋转延迟取为磁盘旋转一周所花时间的一半。传送时间（Transfer Time）是指磁盘与内存间进行数据传送所花时间。由于一个磁道上的全部数据必须在硬盘旋转一周的时间内传送完毕，因此单位时间内传送的字节数量 $c=n\times r$。式中，n 为一个磁道的字节总数，r 是旋转速度。$1/c$ 就是传送 1 字节的时间，则传送 b 字节所需时间就是 b/c。

【例 8-5】 在一个平均寻道时间为 4 ms、转速为 10000 r/min 的磁盘系统中，每个磁道有 18 个扇区，每个扇区存储 512 B。请问：读取一个完整扇区需要多少时间？

答：平均寻道时间 T_S=4 ms，平均旋转延迟 T_R=(60/10000)/2=3 ms。
旋转速度 r=10000/60=166.7 r/s。
传送一个扇区数据的时间 $T_A=b/(r\times n)$=512/(166.7×18×512)=0.33 ms
读取一个完整扇区花费时间 $T=T_S+T_R+T_A$=7.33 ms。

【例 8-6】（2013 年硕士研究生入学统一考试计算机专业基础综合考试试题）
某磁盘的转速为 10000 r/min，平均寻道时间是 6 ms，磁盘传输速率为 20 MB/s，磁盘控制器延迟为 0.2 ms，读取一个 4 KB 的扇区所需要的平均时间约为（   ）。
A．9ms   B．9.4ms   C．12ms   D．12.4ms

答：读取一个 4 KB 的扇区所需要的平均时间 = 磁盘控制器延迟+平均寻道时间+平均旋转延迟 T_R +传输一个扇区数据的时间 T_A。
T_R=(60/10000)/2=3 ms，T_A =4 KB/20 MB=0.2 ms，则读取一个 4 KB 的扇区所需要的平均时间=0.2 ms+6 ms+3 ms+0.2 ms=9.4 ms。故选 B。

3．与主机的接口

典型的硬盘与主机的接口有面向 PC 的 IDE（Integrated Drive Electronics，电子集成驱动器）、面向服务器的 SCSI（Small Computer System Interface，小型计算机系统接口）和面向带多硬盘系统的高端服务器的光纤通道（Fiber Channel）。

IDE 的前身是 ATA（Advanced Technology Attachment），因此也有人称 IDE 为 PATA。SCSI 具有带宽大、多任务、CPU 占用率低及热插拔等优点，但价格较高，且与 IDE 不兼容。

目前，IDE 已发展成为结构简单、支持热插拔的 SATA（Serial ATA）。使用 SATA 接口的硬盘称为串口硬盘，常见的 SATA 接口执行的是传输速率为 3 Gbps 的 SATA 2.6 标准。SATA 国际组织（SATA-IO）在 2009 年 5 月发布的新标准为传输速率可达 6 Gbps 的 SATA 3.0。

SCSI 的新发展是兼容 SATA 的 SAS（Serial Attached SCSI，串行连接 SCSI）。

4．磁盘阵列

磁盘阵列是冗余的独立磁盘阵列（Redundant Arrays of Independent Disks，RAID）的简称。引入 RAID 的目的是用多个价格较便宜、容量较小、速度较慢的磁盘（即硬盘），组合成一个大容量、高吞吐率、高可靠性（容错性）的磁盘阵列，其核心技术是条带化（Striping）。

条带化技术就是将一块连续的数据分成很多小条（Strip），然后将它们分别存储到不同磁盘上去，使针对单一磁盘上一块连续数据的顺序访问变成针对多个磁盘的并行访问，从而提高数据传输速度和吞吐率。此外，实行条带化后，不同进程同时访问一块连续数据的不同部分也被分散到不同的磁盘上，不会造成磁盘访问冲突，可以实现最大程度的 I/O 并行性。

RAID 的大容量是通过操作系统把物理上由多个磁盘组成的 RAID 整合成单一的逻辑磁盘呈现给用户来实现的；由于 RAID 在存储数据的同时，还存储数据的校验信息，因此一旦某个磁盘出错或损坏，可利用存储在其他磁盘上的校验信息来恢复数据，保证了整个磁盘系统的可靠性。

目前，常见的 RAID 方案有 RAID0～RAID7。

RAID0 仅对数据进行条带化处理，不提供数据冗余。一旦用户数据损坏，损坏的数据将无法得到恢复。因此，RAID0 只能提高容量和吞吐率。

RAID1 采用简单的镜像冗余（即一对一冗余），可靠性很高，数据恢复简单，但成本高。

RAID2 采用海明码校验具有纠 1 位错或检 2 位错的功能。但由于需要的校验盘较多，成本也很高，目前使用很少。

RAID3 采用奇偶校验具有检 1 位错的功能，设置一个校验盘来存储奇偶校验码。

RAID4 也是采用奇偶校验，也是设置一个校验盘来存储奇偶校验码。与 RAID2 和 RAID3 实施的是数据位级的奇偶校验不同，RAID4 实施的是数据块级的奇偶校验。

RAID5 实施的校验方案与 RAID4 相同，不同的是把校验信息均匀地分布在各磁盘上，不设置专门存储校验信息的"校验磁盘"，各磁盘的地位是相同的。这样既提高可靠性（容错性），又避免了访问单一校验盘带来的 I/O 瓶颈。RAID5 成本不高但效率高，应用广泛。

RAID6 在 RAID5 的基础上增加了一个独立的奇偶校验信息块，采用双维块奇偶校验技术——对数据块同时采用两种不同的校验处理并将校验码分别存储在两个磁盘上。这样，即使两个磁盘同时失效也能将数据恢复，保证了数据的完整性，提高了磁盘系统的可靠性和可用性。但是由于计算和验证校验码的时间较长，RAID6 的性能较差，特别是写速度很慢。因此，RAID6 仅应用于要求数据绝对不能出错的少数场合。

在 RAID6 的基础上，RAID7 引入 Cache 来弥补其性能的不足。为了便于实现，Cache 的数据块大小设计成与磁盘数据块大小相同；为了提高可靠性，引入两个独立的 Cache 双工运行。

【例 8-7】（2013 年硕士研究生入学统一考试计算机专业基础综合考试试题）

下列选项中，用于提高 RAID 可靠性的措施有（　　）。

Ⅰ．磁盘镜像　　　　Ⅱ．条带化　　　　Ⅲ．奇偶校验　　　　Ⅳ．增加 Cache 机制

A．仅 Ⅰ、Ⅱ　　　　B．仅 Ⅰ、Ⅲ　　　　C．仅 Ⅰ、Ⅲ 和 Ⅳ　　　　D．仅 Ⅱ、Ⅲ 和 Ⅳ

答：条带化是为了提高吞吐率，Cache 机制是为了提高速度。用于提高 RAID 可靠性的措施有"磁盘镜像"和"奇偶校验"，故选 B。

8.3.2　光盘

光盘的学名为压缩磁盘（Compact Disc，CD），利用激光束在圆盘形介质上实现高密度的信息的存储和读出，俗称激光光盘，简称光盘。用户在计算机上使用光盘必须借助光盘驱动器（简称光驱），而主机是通过光盘控制器来控制光驱、实现与光驱的通信的。因此，光盘存储系统由光盘、光驱和光盘控制器组成。

光盘上有一条由里向外、记录信息的螺旋形光道，光道上分布着连续的扇区，扇区是光盘的信息存储单元。光盘以恒定线速度（Constant Linear Velocity，CLV）旋转，因此扇区按照时间来编址，即扇区地址为分、秒、扇区号，其中扇区号是指在某一秒内访问的扇区编号。

根据激光波长不同，光盘分为 CD、数字多用途光盘（Digital Versatile Disc，DVD）和蓝光光盘（Blu-ray Disc，BD）。CD 的激光波长为 780 nm 的不可见红外光，DVD 采用波长 650 nm 的红光，而 BD 采用波长 405 nm 的蓝色激光。

CD 光盘只使用一面、一个记录层来记录信息，最大容量约为 700 MB；DVD 使用两面来记录信息，每面可以有多个记录层。单面 DVD 的容量为 4.7 GB，最多能刻录约 4.59 GB 的数据（因为 DVD 的 1 GB=1000 MB，而硬盘的 1 GB=1024 MB），双面 DVD 的容量为 8.5 GB，最多约能刻 8.3 GB 的数据。双面双层（只读）DVD 的容量为 17 GB；一个单层 BD 的容量为 27 GB，而双层 BD 的容量可达到 54 GB。

CD 分成只读（或不可擦写）型光盘（CD-Read Only Memory，CD-ROM）、可记录（或可重写）型光盘（CD-Recordable，CD-R 或 CD-ReWritable，CD-RW）。

只读型光盘中的信息由生产厂商预先用压模（Stamper）在基盘上压制而成的，用户只能读出。它的种类有激光唱盘（CD-Digital Audio，CD-DA）、CD-ROM、激光视盘（CD-Video，CD-V）、视频 CD（Video CD，VCD）等。

可记录光盘有一次写入多次读出光盘（CD-Write Once Read Many time，CD-WORM）和可擦除光盘（CD-Erasable，CD-E）两种。

相应地，光驱分为只读光驱和可擦写光驱（刻录机）。CD-WO 俗称空白盘，要想往空白盘写入信息，必须使用刻录机。光驱中的光学读头与盘面不接触，不会发生磨损。与硬盘类似，光驱与主机的接口分为 IDE 和 SCSI 两种。

光盘的基片通常是一种耐热的有机玻璃，表面涂有合金或光磁材料薄膜，直径有 2.5 英寸、5.25 英寸、8 英寸和 12 英寸等。

对于 CD-WORM，写入时，激光束在光盘表面聚焦成一个直径为 1~2 μm 的光点，光点的热量熔化合金薄膜，形成一个小坑，表示"1"，无坑表示"0"。读出时，激光束照射光盘表面，有坑处反射光的强，无坑处反射光的弱，根据反射光强度判定目标位置的信息是 0 还是 1。读取光束的功率仅为写入光束功率的 1/10，不会改变盘面上的信息。

对于可重写的 CD-RW，激光束的照射效果不是形成小坑，而是改变表面光磁材料的极性。欲写入"1"时，发光照射；欲写入"0"时，不发光照射。通过检测光磁材料极性的不同，读出 1 或 0。由于光磁材料的极性是可以反复改变的，因此光盘的内容就可重复擦写了。

8.3.3　U 盘和固态硬盘

与基于磁表面存储器的硬盘不同，U 盘（也称优盘）和固态硬盘（Solid State Disk，SSD）都是基于 Flash 存储器（即闪存）的可读/写、非易失的半导体存储器。

由于 U 盘和固态硬盘中无任何机械式装置，而且闪存的固态存储形态使得它们具有较强的抗撞击性或抗震性，也不用担心被划伤，因此它们都具有抗震动、便于携带、存储容量大、无噪声、能耗低、发热量低、防潮、防磁、耐高低温等特性，使用安全可靠。

U 盘的体积小、重量轻，通过 USB 接口与计算机相连接，支持热插拔，使用寿命可达数年之久。

U 盘的容量一般有 2～64 GB 等（1 GB 已淘汰，因为容量过小）。

固态硬盘的接口及使用方法与普通移动硬盘完全相同，其产品外形和尺寸也与普通移动硬盘完全一致，主要有 1.8 英寸和 2.5 英寸两种规格英寸。容量一般为 32～256 GB，甚至可达 4 TB。

常见的固态硬盘通过 SATA 和 IDE 接口与计算机相连接。其中，SATA 接口支持热插拔（但要注意操作顺序，不建议进行热插拔），而 IDE 接口不支持热插拔。

固态硬盘的读取速度相对机械硬盘更快。固态硬盘的工作温度范围很宽（-10℃～70℃）。

固态硬盘的问题主要是使用寿命和价格。低档的固态硬盘的写入寿命仅为 1 万次，高档的也不超过 10 万次。在容量相同的情况下，固态硬盘的价格要比普通移动硬盘的价格高很多，如 2014 年固态硬盘的市场价为 4.2 元/GB，而普通移动硬盘的市场价为 0.3 元/GB。

习 题 8

8-1 有的文献根据机器的属性将外设分为人可读的（Human Readable）、机器可读的（Machine Readable）和通信（Communication）三类。人可读的设备有打印机和由显示器、键盘和鼠标组成的终端（Terminal）等，机器可读的设备有硬盘、磁带、传感器等，通信设备有网卡、调制解调器（MODEM）和路由器（Router）等。请查阅文献，看看有没有其他的分类方法，或者提出您自己的分类方法。

8-2 人体工程学（Human Engineering）是第二次世界大战后发展起来的一门新学科。它"研究人在某种工作环境中的解剖学、生理学和心理学等方面的各种因素；研究人和机器及环境的相互作用；研究在工作中、家庭生活中和休假时怎样统一考虑工作效率、人的健康、安全和舒适等问题"。人体工程学认为，因工作而引发的疲劳（如长时间操作键盘，会引起手腕、手臂、肩背的疲劳，甚至病痛）的主要原因是工作时人体的姿势不当。要想提高作业效率及能持久地操作，在设计产品时，就应考虑人体的生理、心理特点，使操作者在操纵产品时自然处于舒适、放松的姿势，从而保护操作者的身心健康。根据人体工程学的研究成果，有厂商设计、生产出人体工程学键盘。常见的人体工程学键盘是把普通键盘分成左手键区和右手键两部分，并呈一定角度展开，使操作者不必无意识地夹紧双臂，而是保持一种放松的姿势，这种键盘也称自然键盘（Natural Keyboard）。请查询一款人体工程学键盘，并说明它的特点。

8-3 下列关于键盘的说法中，错误的是（　　）。
A．键盘中没有可执行的程序，也就不存在任何的处理器
B．编码键盘发给主机的是用户所敲键对应的 ASCII 值
C．非编码键盘发给主机的是用户所敲键对应的位置码
D．键盘与主机之间采用的是串行通信

8-4 下列关于打印机的说法中，正确的是（　　）。
A．主机传送给打印机的 ASCII 码都对应用户可见的字符
B．激光打印机属于喷墨打印机的一种
C．彩色打印机需要把彩色图像分解成 R、G、B 三种单色图像
D．点阵式串行打印机是逐列、逐行打印的

8-5 分辨率为 1024×768 的逐行扫描的 CRT 显示器的帧频为 60 Hz，已知水平回扫期占水平扫描周期的 20%，则其每个像素点的读出时间是（　　）ns。
　　A. 13.6　　　　　B. 24.6　　　　　C. 33.6　　　　　D. 57.6

8-6 分辨率为 1024×768 的逐行扫描的 CRT 显示器，像素的颜色数为 256，则刷新存储器的容量至少应为（　　）。
　　A. 512 KB　　　　B. 1 MB　　　　　C. 256 KB　　　　D. 2 MB

8-7 下列关于显示器的说法中，正确的是（　　）。
A. CRT 显示器的功耗比 LCD 显示器的功耗低
B. 只有 LCD 显示器存在"屏幕闪烁"现象，而 CRT 显示器不存在
C. CRT 显示器和 LCD 显示器都需要"刷新"，刷新频率称为帧频
D. LCD 显示器分"逐行扫描"与"隔行扫描"两种，而 CRT 显示器不需"扫描"操作

8-8 下列关于显示器的说法中，错误的是（　　）。
A. 图形显示卡采用的处理器叫 GPU
B. 显示器的工作模式有字符模式和图形模式两种
C. 显示器工作于"图形模式"时，不能显示字符
D. 若颜色深度为 24 位，则可表示 16M 种颜色，称为真彩色

8-9 鼠标主要有哪几种类型？目前广泛使用的光电式鼠标的工作原理是什么？

8-10 显示器的主要指标有分辨率、点距、刷新频率和色彩数，它们的含义是什么？

8-11 简要说明单色液晶显示的工作原理。

8-12 针式打印机由哪些部件组成？简述激光打印机的工作过程，比较针式打印机和激光打印机的特点。

8-13 光盘的种类有哪些？试说明 CD-ROM 光盘的读/写过程。

8-14 《中国教育报》于 2012 年 4 月 9 日报道，宁波市宁海县第一职业中学罗忠义等 6 名高二学生合作发明了"鼠标鞋"，并获得了浙江省第四届学生创新创业大赛学生创造发明类一等奖。"鼠标鞋"由普通的"人字拖"改造而成，"人字拖"前端有左右键功能，左侧装有滚轮，右侧装了了中键，鞋尖处则装有连接计算机的 USB 接口和导线。"鼠标鞋"的设计还考虑了人体工程学原理，让脚自如掌控和使用。"鼠标鞋"研制出来后，设计团队还请来无臂残障人士进行试用。"试用效果不错，他们说完全可以用脚自如操控，使用起来也十分舒适。"罗忠义说，"健全人在使用普通鼠标疲劳的情况下同样可以使用。"请你谈谈从"鼠标鞋"的发明中获得哪些启示。

第 9 章 输入/输出接口

> 两进四合院分为前院和后院，后院又称为内宅。前院由门楼、倒座房组成。
> ——百度百科

输入/输出（Input/Output，I/O）是指主机（CPU 和内存）与外设之间的信息交换。其中，信息从外设流入主机称为输入，反之称为输出。输入/输出由程序中的 I/O 指令驱动，在 CPU 的控制下进行的。没有输入/输出，人们就无法使用计算机，计算机也无法工作。

由于电气性能、通信协议、数据格式和工作速率等方面的不同，这些外设无法直接通过系统总线与 CPU 联系。同时，外设存在技术标准不同、生产年代不同、生产厂商不同等特点。为此，计算机系统中设置了统一的接口（Interface）电路来完成时序和电平匹配、通信控制、数据格式转换、数据码制转换、数据检错/纠错和数据缓冲等工作，并且通过接口屏蔽掉外设在技术标准、生产年代、生产厂商等方面的不同，使得各种外设都能够方便地接入计算机系统。

9.1 I/O 技术的发展

输入/输出技术的发展经历了以下 6 个阶段。

1. 第 0 阶段——无 I/O 技术

在最早的计算机系统中，主机和外设是分离的。操作员以在穿孔机上往纸带上穿孔的形式，编写程序、输入数据，然后把纸带以纸带盘的形式挂在主机上，供其读取、执行，将结果输出到另一个纸带盘上。执行完毕，操作员把这个纸带盘取走。

2. 第 1 阶段——程序查询 I/O 方式

这时，I/O 设备已经接入到计算机系统中，所有 I/O 设备的全部工作都由中央处理单元 CPU 来控制。每个 I/O 设备配有一套独立的逻辑电路接入系统总线，与 CPU 相连，实现 I/O。

当需要与 I/O 设备交换信息时，CPU 先查询 I/O 设备的状态，即读取其逻辑电路中的状态触发器的值；若查询到数据就绪，则交换/处理一个数据字，否则继续查询；交换完一个数据字（也是通过读取状态触发器来确认）后，再启动下一个数据字的交换工作。这个过程重复进行，直至全部数据交换完为止。

在 I/O 过程中，CPU 完全在等待 I/O 设备的响应与操作，不能进行其他工作（如运算），即 I/O 操作与 CPU 运算是以顺序、串行形式进行的。因此，CPU 的工作效率很低。

在这个阶段，I/O 设备的逻辑控制电路与系统总线及其控制器紧密相连，互相配套。增、减或更换 I/O 设备非常困难。好在当时计算机应用很不普及，计算机系统（含主机和外设）都是定制的。更新换代，都是针对整个计算机系统进行的。

3. 第 2 阶段——程序中断方式

为了提高 CPU 的工作效率，人们提出了中断技术。

当执行 I/O 指令时，主机在完成 I/O 接口配置（相当于向 I/O 接口交代 I/O 任务）后，无须等待，即可返回（执行下一条指令），外设的启动和控制由 I/O 接口来完成。

当"数据就绪"后，I/O 接口向 CPU 发出中断请求信号。CPU 响应中断请求，暂停当前程序的执行，转去执行中断处理程序——"交换一个数据字"。交换完毕，返回到原先程序的间断处继续执行。可见，在"程序中断方式"中，CPU 不再等待"数据就绪"，而是与 I/O 设备并行工作实现了"计算与 I/O 的重叠"，CPU 的工作效率显著提高。

4. 第 3 阶段——直接内存存取（Direct Memory Access，DMA）方式

由于"程序中断方式"一次只能处理一个数据字，因此当需要大数据量 I/O 时，CPU 还是不能专注于"计算"。I/O 操作之因此需要 CPU，是因为访问主存的地址、读/写命令是由 CPU 发出的，传送数据的个数是由 CPU 控制的。如果引进一个部件，代替 CPU 向系统总线发出访存地址、读/写命令并控制传送数据的个数，不就能够把 CPU 从烦琐的 I/O 操作中解放出来吗？

这个在系统总线上增加的、能够发出访存地址的部件就是 DMA 控制器。一旦 CPU 往 DMA 控制器中的外设地址寄存器、主存地址寄存器和计数器分别写入外设的地址、数据块在主存中的首地址和数据个数，剩下的 I/O 操作就完全由 DMA 控制器负责了。

该技术称为"直接内存存取"的原因是：为了简化指令，早期计算机不提供主存单元与外设之间的 I/O 指令，只有主存单元与寄存器、寄存器与外设之间的 I/O 指令，主存与外设之间的 I/O 都需要借助处理器中的寄存器（如累加器）来完成。因引入 DMA 控制器后，实现了主存与外设之间的直接数据交换，故称其为 DMA。总之，DMA 技术就是要减少 CPU 对 I/O 过程的干预。

DMA 方式主要用于对磁盘、光盘等外存储器的读/写、屏幕显示刷新、高速数据采集等。

5. 第 4 阶段——通道（Channel）方式

DMA 方式的应用极大地提高了 CPU 的效率，但还存在一些问题。首先，普通的 DMA 控制器是"单路的"，即一个 DMA 控制器一次只能服务于一台外设。尽管后来引入了"多路的" DMA 控制器，但很难满足计算机系统多用户、多任务的要求。其次，由于内部计数器的限制，DMA 控制器一次所能负责传送的数据量是有限的，比如 1KB。因此在处理大数据量 I/O 时，还是需要 CPU 多次介入。能否设计一个可同时处理"多路 I/O"、只需 CPU 介入一次的 I/O 控制器呢？答案是肯定的，就是通道。通道是一个专门负责 I/O 的部件，不仅能代替 CPU 发出访存地址，还可以通过执行由专用的通道指令编写的 I/O 程序，完成对 I/O 接口的配置与控制。因此，严格地说，通道是一个具有特殊功能的协处理器。CPU 通过执行 I/O 指令来控制通道工作。

6. 第 5 阶段——外围处理机（Peripheral Processor Unit，PPU）方式

通道的引入大大减少了 CPU 的 I/O 负担，但它毕竟是受控于 CPU 的协处理器。能不能

将 CPU 的 I/O 负担减到零、让 CPU 不再执行 I/O 指令呢？

答案是肯定的，就是外围处理机 PPU。这是专门面向超级计算机系统的 I/O 设备，通常就是一台小型计算机。在采用 PPU 的计算机系统中，CPU 只执行面向主存的计算任务，主存与外设之间的数据交换、数据块检错、纠错等操作完全由 PPU 负责。

9.2 I/O 接口的组成与工作原理

1. I/O 接口的功能与组成

接口是两个系统或两个部件之间的信息交接的"驿站"，不仅缓存往来的信息，还相互屏蔽掉对方系统的内部细节，提高使用的方便性。面向外设的接口称为 I/O 接口或 I/O 适配器（Adapter）。

接口直接挂接在系统总线或 I/O 总线上，外设接在接口上。CPU 通过控制、操作接口来实现与外设交换信息。接口的主要功能如下。

① 地址识别与设备选择。计算机系统中有多个接口，连接多台外设。这些接口都有自己的地址，并按地址访问。接口接收由地址总线传来的访问地址，判断是否与自己的地址相同。判断结果为相同（即被选中）的接口/外设才能与 CPU 进行数据交换。

② 接收、保存 CPU 的 I/O 控制命令。CPU 控制、操作接口是通过发出各种命令/信号来实现的，而控制总线无法存储这些信号，这些信号只能保存在接口中的控制寄存器中，然后转发给外设。

③ 反映外设的工作状态。为了让 CPU 了解外设的工作状态，接口内设有反映设备工作状态的寄存器/触发器。常见的有表示数据状态为"完成（Done）"或"就绪/准备好（Ready）"的触发器 D 和表示外设状态为"忙（Busy）"或"空闲（Idle）"的触发器 B。

若 D 为 1，则说明输入设备已经完成数据接收（即接口中数据就绪），CPU 可以读接口（即输入数据），否则 CPU 等待。如果 B 为 1，说明输出设备正在工作，CPU 不能与它交换数据，直到 B 为 0 时，CPU 才能读/写数据。

④ 信号转换。外设或接口通信线路的工作逻辑/电平、通信协议、时序可能与计算机系统的标准不同，通过接口可实现电平、协议的转换。

⑤ 数据格式、码制的转换以及数据检错/纠错。有些外设与接口的数据通信是串行的，而接口与 CPU 的数据通信是并行的。为此，接口中要设置移位寄存器，来实现数据格式的串——并转换。有些外设采用的信息编码（如键盘采用的是内部扫描码）与主机采用的信息编码（通常是 ASCII 码）不同，有些外设送来的是带检错/纠错信息的数据码（如奇偶校验码），这些编码都需要经过处理后才能送往系统的数据总线。

⑥ 传送数据。接口的核心功能就是实现主机与外设之间的数据传送。另外，外设与 CPU 在速度上相差较大，通过接口可实现数据缓冲，平衡速度差别。为此，接口设有数据缓冲寄存器，用于暂存数据。数据缓冲寄存器向上与 I/O 总线中的数据总线相连，向下通过局部数据线与外设相连。

⑦ 中断。目前，接口普遍采用"中断"与 CPU 进行数据传送，故必须设置"中断逻辑"。

总之，接口由数据缓冲寄存器（Data Buffer Register，DBR）、状态寄存器、命令寄存器、端口地址译码、控制逻辑和中断逻辑组成，如图9-1所示。

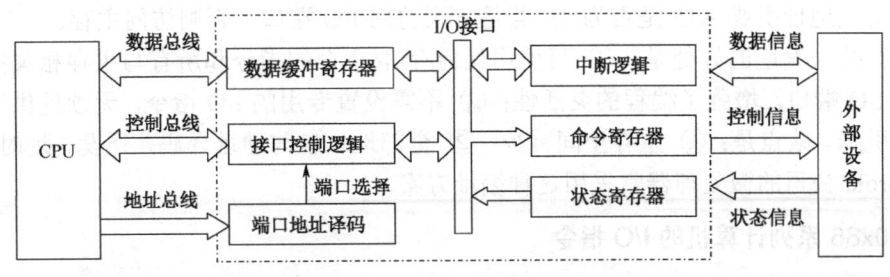

图9-1 I/O接口的基本组成

在用户（主要是指对I/O接口进行编程的程序员）看来，CPU了解外设的状态、控制外设的工作、与外设交换数据，都是通过接口中用户可见（即对用户不透明）的寄存器——端口（Port）——的"读/写"来实现的。这些端口通过总线与CPU互连。

根据其中存放信息的不同，端口分为3种：数据端口（数据缓冲寄存器DBR）、控制端口（命令寄存器）和状态端口（状态寄存器）。

输入时，CPU从端口中将数据读入主存或寄存器；输出时，CPU将信息写入端口。

① 数据端口存放欲交换数据。

② 控制端口中存放的是规定接口或外设当前工作内容和工作方式的控制命令字，是由CPU写入的，"写控制端口"的过程称为"对接口进行编程"。如果一个接口的控制端口是可写的，则称该接口是可编程的，否则是不可编程的。控制端口的内容一般不能读出。

③ 状态端口保存接口和外设的各种状态信息，如外设的忙/闲、数据就绪/不就绪、传输正确/错误等。CPU通过读状态端口的内容了解接口和外设的工作状态。状态端口是只读的。

2. I/O端口的编址

I/O端口是按地址访问的。I/O端口编址的方法有两种：一是I/O独立编址（即与主存储器不统一编址），二是与主存储器统一编址（也称存储器映像I/O）。

（1）I/O独立编址

I/O端口与主存有各自独立的地址空间。例如，在8086/8088微型计算机系统中，主存的地址空间是00000H～FFFFFH，而I/O端口的地址空间是0000H～FFFFH。

采用I/O独立编址，需要设置专用的I/O指令，比如80x86系列微处理器的输入指令IN和输出指令OUT，访问主存的指令是MOV。由于系统中只有一个地址总线，因此此时处理器需要增加一个控制信号引脚来区分地址总线上的地址是针对主存还是针对I/O的，如8086微处理器的M/IO。

由于I/O地址和存储器地址是分开的，I/O独立编址的好处是：① 不占用宝贵的主存空间；② 地址线数较少，地址译码简单，外设寻址时间较短。其缺点是：① 需要设置专用的I/O指令；② 由于I/O指令只提供简单的数据传输功能，增加了程序设计的复杂度和工作量；③ 处理器需提供相应的控制引脚，增加了处理器的引脚数和总线控制逻辑的复杂度。

（2）与主存统一编址

在主存地址空间中划出一部分作为I/O端口的地址范围，即将I/O端口看成主存的一部分。用访问主存的指令来访问I/O端口，区分访问对象是主存还是I/O端口，是由访问地址所处的范围决定的。

例如，将 8000H～FFFFH 划为 I/O 端口的地址范围，则区分访问对象是主存还是 I/O 端口的特征就是地址引脚 A15 是否为 1。若是，则访问 I/O 端口，否则访问主存。

与主存统一编址的好处是：① 可使用任何存/取主存的指令和所有与主存相关的寻址方式来访问 I/O 端口，增强了编程的灵活性；② 不需设置专用的 I/O 指令，无须提供额外的处理器控制引脚。缺点是：① 主存空间减少；② 全部地址参与地址译码，外设寻址时间较长。

Motorola 公司的微处理器常采用这种编址方案。

3．80x86 系列计算机的 I/O 指令

80x86 系列微处理器采用 I/O 独立编址，其设置的专用 I/O 指令为输入指令 IN 和输出指令 OUT。以 8086 为例，它们实现的功能是：累加器 AX（或 AL）与 I/O 端口之间的数据交换。其中，使用 AX 传送的是 1 个字（16 位数据），用 AL 传送的是 1 字节（8 位数据）。

这两个指令有长、短两种格式。长格式为：

```
    IN    AX/AL PORT         ; PORT 为取值范围为 0～255 的端口地址（也叫端口号）
    OUT   PORT AX/AL
```

短格式为：

```
    IN    AX/AL DX
    OUT   DX AX/AL
```

对端口的访问是针对端口号进行的。端口号为一个 16 位二进制数，其取值为 0000H～0FFFFH，即最多可以访问 65536 个端口。其中前 256 个端口（00H～0FFH）可以直接在指令中指定，这就是长格式中的 PORT。此时指令占 2 字节，第 2 字节就是端口号。当端口号大于 256 时，为了减少指令的长度，就采用寄存器间接寻址方式，先将端口号存于寄存器 DX 中（如使用"MOV DX PORT"指令），再调用 IN 或 OUT 指令。此时指令只占 1 字节。

在实际的计算机系统中，8 位端口地址被分配给系统主板上的设备，如时钟、中断控制器和键盘等；而 16 位端口地址被分配给外设的接口，如串行口、并行口、视频和磁盘驱动器等。0000H～03FFH 端口留给系统，0400H～FFFFH 端口留给用户扩展新的外设。

长格式的 IN 指令操作码为 1110010w，短格式的 IN 指令操作码为 1110110w；长格式的 OUT 指令操作码为 1110011w，短格式的 OUT 指令操作码为 1110111w。其中 w 为指令编码中的"字/字节"位，指令操作对象为字时取 1，为字节时取 0。

在执行长格式的 I/O 指令时，其端口号反映在地址总线的 A_0～A_7 上，这时 A_8～A_{15} 为 00000000B。在执行短格式的 I/O 指令时，其端口号（位于 DX 中）反映在地址总线的 A_0～A_{15} 上。对 I/O 指令、I/O 端口而言，A_{16} 及以上地址没有意义。

使用长格式的好处是解释指令的时间短、I/O 速度快。使用短格式的好处：一是可以访问更多的端口，二是可以用相同的指令访问不同的端口。

4．I/O 接口数据传送的控制方法

从 9.1 节可知，I/O 接口数据传送的控制方式有 5 种。本书将介绍其中的程序查询方式、程序中断方式、DMA 方式和通道方式。下面介绍程序查询方式，其余后面介绍。

在采用程序查询方式的 I/O 接口中，设置有"完成（Done）触发器 D"和"忙（Busy）触发器 B"，如图 9-2 所示。以输入指令为例，其工作步骤如下。

① 发出"启动 I/O"信号，清触发器 D 为 0、置触发器 B 为 1。

② 接口发出启动外设的命令。

③ 外设通过数据线路将目标数据送入数据端口。
④ 外设发回"工作完成"信号，置触发器 D 为 1、清触发器 B 为 0。
⑤ 接口发出"就绪"信号，通知 CPU：可以对数据总线进行采样。
⑥ CPU 读取数据。

程序查询是指程序中的 I/O 指令不断地查询/检测"就绪"信号，判断"触发器 D"是否为 1。若是，则与接口交换数据，否则继续查询，如图 9-3 所示。

图 9-2 采用程序查询方式的 I/O 接口

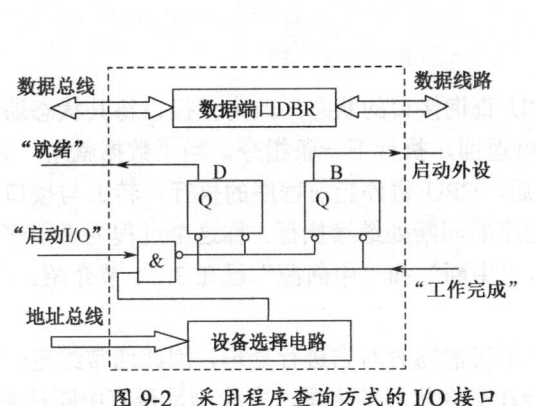

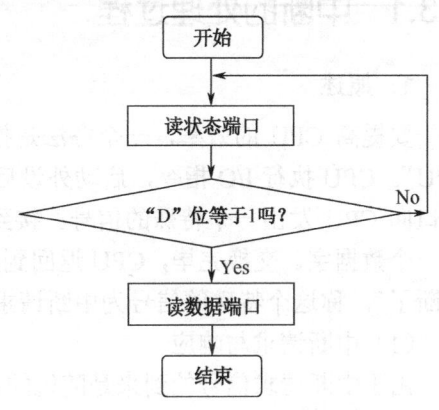

图 9-3 面向输入的程序查询流程

由于 CPU 经常处于"原地踏步"的查询状态，故这种方式下的 CPU 效率很低。

5. I/O 接口的类型

根据接口与外设之间的数据线路上的数据是串行传送还是并行传送的，接口分为串行接口（简称串口）和并行接口（简称并口）。由于接口与系统总线之间总是以并行方式传送数据，因此串口中必须设有实现"串－并"和"并－串"转换的移位寄存器和相应的时序控制逻辑。典型的串口有 Intel 8251、USB、IEEE 1394（Firewire）、SATA 等。典型的并口有 Intel 8255、SCSI、IDE 等。

根据设定接口功能的灵活性不同，接口分为可编程接口（如 Intel 8251、Intel 8255、中断控制器 Intel 8259A）和不可编程接口（如简单的并行接口 Intel 8212）。

根据接口的通用性不同，接口分为通用接口和专用接口。通用接口可应用于多种外设，如 Intel 8255 和 Intel 8251。专用接口是为某种用途或某类外设而专门设计的，如专门控制 CRT 显示器的 Intel 8275 和专门用于键盘与数码管的 Intel 8279。

根据数据传送的控制方式不同，接口分为中断接口（如 Intel 8259A）和 DMA 接口（如 Intel 8237A）。

根据是否同时连接多个设备，接口分为只连接一个设备的点对点接口（如 Intel 8279）和以总线形式连接多个设备的多点接口（如 USB、Firewire、SCSI 和 IDE）。

【例 9-1】（2011 年硕士研究生入学统一考试计算机专业基础综合考试试题）

某计算机处理器主频为 50 MHz，采用定时查询方式控制设备 A 的 I/O，查询程序运行一次所用的机器周期数至少为 500 个。在设备 A 工作期间，为了保证数据不丢失。每秒需对其查询至少 200 次，则 CPU 用于设备 A 的 I/O 的时间占整个 CPU 时间的百分比至少是（　　）。

A．0.02%　　　　B．0.05%　　　　C．0.20%　　　　D．0.50%

答：CPU 每秒用于设备 A 的 I/O 的时间至少是(500×200)/50 MHz=0.002 s。因此 CPU 用于设备 A 的 I/O 的时间占整个 CPU 时间的百分比至少为 0.20%，故选择 C。

9.3 中断系统

9.3.1 中断的处理过程

1. 概述

要提高 CPU 的效率，一个办法是把"CPU 查询接口的状态"改为"接口将其状态通知 CPU"。CPU 执行 I/O 指令，启动外设后，即可返回，执行下一条指令。当"数据就绪"时，接口向 CPU 发出一个特殊的信号。接到信号后，CPU 暂停当前程序的执行，转去与接口交换一个数据字。交换完毕，CPU 返回到原先程序的间断处继续执行。称这个过程为"程序被中断了"，称这个特殊的信号为中断请求信号。"中断"和"中断源"已在 3.2.1 节介绍。

（1）中断请求与响应

由于中断请求信号的到来是随机的，CPU 不可能随时对它进行处理，因此通常约定：中断可以中断程序，但不能中断指令。CPU 只会在指令执行的末尾，去检测是否有中断请求。若有，并且处理器处于允许响应的状态，则响应中断请求，否则执行下一条指令。

如果同时有多个中断请求，则响应其中优先级最高的那个。

为此，控制总线要增加引脚 INTR（接收中断请求（Interrupt Request）信号）和引脚 INTA（发出中断响应（Interrupt Acknowledge）信号）。为了增加控制的灵活性，CPU 内部通常设有 EINT（Enable Interrupt，中断允许）标志。若 EINT=1，表示允许响应中断请求，否则不允许。可以通过 STI（开中断（Set Interrupt））指令将 EINT 置为 1，也可以通过 CLI（关中断（Clear Interrupt））指令将 EINT 清成 0。

综上所述，CPU 响应中断的条件有以下 3 方面：① 收到中断请求；② CPU 处于"开中断"状态（即 EINT=1）；③ 当前指令刚刚执行完毕。

响应中断请求后，CPU 将进入中断周期。这是一个特殊的执行周期，为此 CPU 内部还需要设置一个中断状态触发器"INT"。处理器通过将"INT"置成 1，表示响应中断，进入中断周期。

在该周期内，CPU 将完成下列操作。

① 发出中断响应信号。中断源在接到这个信号后，将中断类型码发给 CPU。

② 将程序断点（当前 PC 值）和标志位寄存器 FR（目前主流的 CPU 已经将其提升为程序状态字寄存器 PSWR）保存到一个特定的地方（如堆栈或专门的寄存器）。

③ 关中断：将 EINT 清为 0。

④ CPU 接收中断类型码，并据此生成中断处理程序的首地址（也叫入口地址）。

⑤ 将中断处理程序的首地址送入 PC，同时将中断处理程序的状态字写入 PSWR。

至此，CPU 就完成从当前程序转去执行处理中断的过程，开始执行中断处理程序。

因上述操作是用户不可见的，故称为一条"中断隐指令"完成了这些操作。

(2) 中断的一般处理过程

中断的处理过程一般为：中断请求→中断判优→中断响应→中断服务→开中断→中断返回。

① 中断请求。通过引脚 INTR，中断源向 CPU 发出中断请求信号。

② 中断判优。由于 CPU 一个时刻只能处理一个中断请求，当有多个 INTR 同时到来时，就需要根据优先级对它们进行排队，挑选出优先级最高的 INTR 送 CPU，这个过程叫中断判优。中断判优可以用软件完成，但速度慢。由于中断处理要求速度快，因此目前中断判优都由硬件来完成。中断判优的实现参见下面的"中断服务程序入口地址的形成"。

③ 中断响应。若 EINT=1，则 CPU 会在每条指令执行的末尾，扫描 INTR。若有中断请求，则 CPU 将置 INT=1，进入中断周期—执行"中断隐指令"。

④ 中断处理。中断处理由预先编制的中断服务程序完成。中断服务程序的处理流程是：保护现场、中断服务和恢复现场。

现场（Context），也叫上下文，是指当前通用寄存器的内容。保护现场就是用"入栈"指令 PUSH，把中断服务程序中动用的寄存器内容逐个压入堆栈。恢复现场是按与入栈顺序相反的顺序，用出栈指令 POP 将保护的内容逐个恢复到原来的寄存器中。说明：保护现场和恢复现场的操作是不能被打断的"原子操作"，在这两个过程中，必须保持"关中断"状态。

注意：有的文献把指令不可访问的寄存器（PC 和 PSWR）的内容统称为断点，把指令可访问的寄存器（即通用寄存器）的内容称为现场。中断隐指令的功能概括成：发出中断响应信号，保护断点，关中断，将中断处理程序的入口地址送入 PC、状态字写入 PSWR。

⑤ 开中断。执行"开中断"指令将 EINT 置为 1。

⑥ 中断返回。中断处理程序的最后一条指令是"中断返回 IRET"——将程序断点"弹回" PC 和 PSWR（也叫"恢复断点"）。这样 CPU 就回到原先程序，执行响应中断的那条指令的下一条指令。

通过"恢复现场"和"恢复断点"，程序仿佛没有被中断一样，做到了"无论是否被中断，被中断过多少次，程序的执行都能得到不变的、唯一的结果"。

【例 9-2】（2012 年硕士研究生入学统一考试计算机专业基础综合考试试题）

在响应外部中断的过程中，中断隐指令完成的操作，除保护断点外，还包括（　　）。

I. 关中断　　II. 保存通用寄存器的内容　　III. 形成中断服务程序入口地址并送 PC

A. 仅 I、II　　B. 仅 I、III　　C. 仅 II、III　　D. I、II、III

答：只有保存通用寄存器的内容是由中断处理程序负责完成的，其余的由中断隐指令完成，故选 B。

【例 9-3】（2012 年硕士研究生入学统一考试计算机专业基础综合考试试题）

中断处理和子程序调用都需要压栈以保护现场，中断处理一定会保存而子程序调用不需要保存其内容的是（　　）。

A. 程序计数器　　　　　　　　B. 程序状态字寄存器
C. 通用数据寄存器　　　　　　D. 通用地址寄存器

答：中断处理需要保存而子程序调用不需要保存其内容的是程序状态字寄存器，故选 B。

2. 多重中断

中断请求的发生和到来是随机的。在处理中断的过程中，完全可能有新的、优先级更高的中断请求到来。当这种现象发生时，若允许 CPU 暂停现行的中断服务程序，转去处理新的中断请求，这种现象称为多重中断或中断嵌套，否则为单重中断。

事实上，CPU 并不能区分中断请求信号的优先级，无论是哪个中断源发来的中断请求信号，在 CPU 看来都是一样的。实现多重中断的关键是在保护完现场后，开中断。

多重中断和单重中断的中断处理流程如图 9-4 所示。

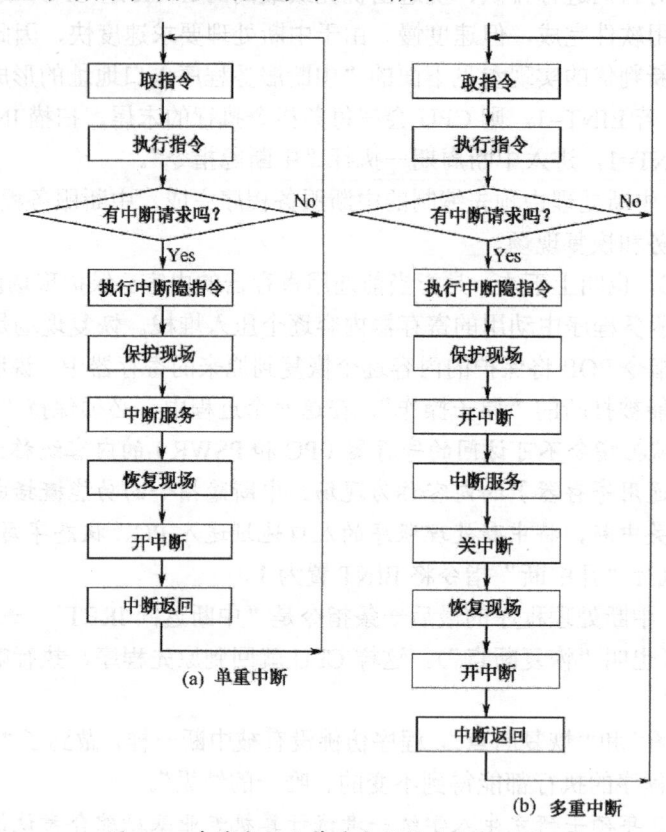

图 9-4 多重中断和单重中断的中断处理流程

【例 9-4】（2010 年硕士研究生入学统一考试计算机专业基础综合考试试题）

在单级中断系统中，中断服务程序执行顺序是（　　）。

　Ⅰ．保护现场　　　　Ⅱ．开中断　　　　Ⅲ．关中断　　　　Ⅳ．保存断点
　Ⅴ．中断事件处理　　Ⅵ．恢复现场　　　Ⅶ．中断返回

　A．Ⅰ→Ⅴ→Ⅵ→Ⅱ→Ⅶ　　　　　　　　B．Ⅲ→Ⅰ→Ⅴ→Ⅶ
　C．Ⅲ→Ⅳ→Ⅴ→Ⅵ→Ⅶ　　　　　　　　D．Ⅳ→Ⅰ→Ⅴ→Ⅵ→Ⅶ

答：有的学者把单重中断称为单级中断。相应地，多重中断被称为多级中断。

在多级中断系统中，中断服务程序执行顺序是：保护现场→开中断→中断事件处理→关中断→恢复现场→开中断→中断返回。在单级中断系统中，中断服务程序执行顺序是：保护现场→中断事件处理→恢复现场→开中断→中断返回。其区别就在于"中断事件处理"过程中是否开中断。故选择 A。

3．中断服务程序入口地址的形成

形成中断入口地址的方法可分为软件查询法和硬件向量法。

软件查询法是用一个中断管理程序,按照优先级由高到低的顺序,依次查询每一个中断源是否有中断请求。若有,则直接转去执行与其对应的中断服务程序,否则继续往下查询,如图 9-5 所示。

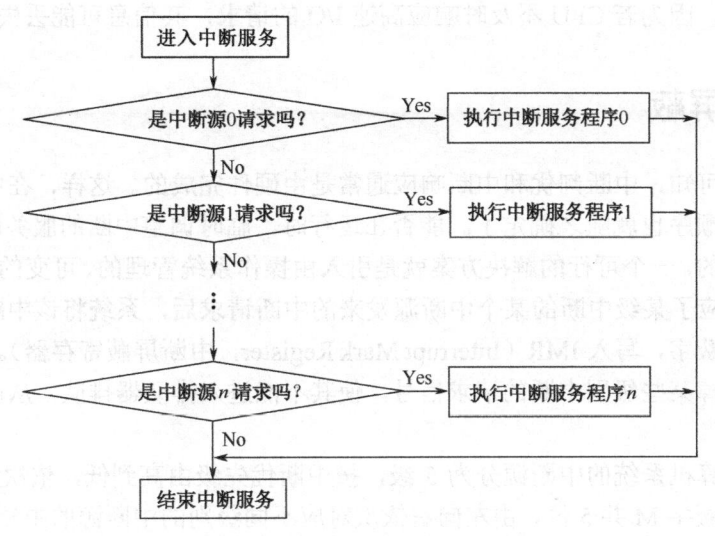

图 9-5 软件查询中断的处理流程

该方法的优点是,不需增加硬件,可以灵活改变中断源的优先级。其缺点是,占用 CPU 时间,处理速度慢,优先级低的中断请求需要等待较长时间才能开始中断服务。

目前常用的是硬件向量法,即中断源在接收到中断响应信号 INTA 后,由硬件生成一个特定的地址——向量地址(也称中断类型号),再将向量地址通过数据总线送给 CPU。CPU 再依据向量地址,以某种方式(如间接寻址或向量地址直接送入 PC)转去执行中断服务程序。

若用间接寻址方式,则主存单元中存储的是中断服务程序入口地址(也称中断向量)。主存中,中断向量是连续存储的,其所占区域称为中断向量表。若将向量地址直接送入 PC,则主存单元中存储的是以中断服务程序入口地址为操作数的无条件转移指令。

硬件向量法的一个实例如图 9-6 所示,其中 INTI 为 CPU 发出的中断查询(Inquire)信号,IS 为中断选中(Selected)信号。

图 9-6 硬件向量法的一个实例

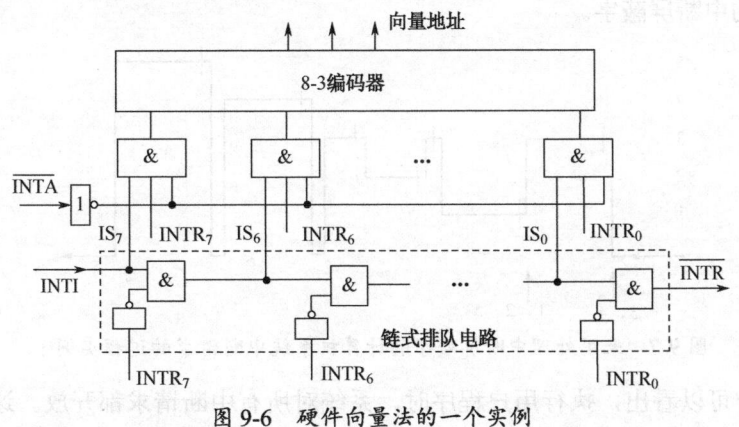

图 9-6 中,中断请求信号 $INTR_7$,$INTR_6$,…,$INTR_0$ 按照优先级由高到低,接入一个优

先级排队电路。在电路中，当出现优先级高的中断请求信号时，优先级低的中断请求信号将被封锁，即无法获得有效的中断选中信号。

当链式排队电路处理的都是 I/O 中断时，速度高的 I/O 设备的中断请求信号应接在优先级高的输入引脚，因为若 CPU 不及时响应高速 I/O 的请求，其信息可能丢失。

9.3.2 中断屏蔽

从上述介绍可知，中断判优和中断响应通常是由硬件完成的。这样，在中断优先级确定后，中断响应的顺序也就随之确定了。能否在运行时，临时调整中断的服务顺序呢？

回答是肯定的，一个可行的解决方案就是引入由操作系统管理的、可变的"中断屏蔽字"。

在 CPU 响应了某级中断的某个中断源发来的中断请求后，系统将该中断源所属中断级别对应的中断屏蔽字，写入 IMR（Interrupt Mark Register，中断屏蔽寄存器）。CPU 根据中断屏蔽字决定屏蔽掉某些级别中断的请求信号，使其不能进入排队器排队，从而间接地改变中断响应顺序。

例如，某计算机系统的中断源分为 5 级，按中断优先级由高到低，依次为第 1、2、3、4、5 级，中断屏蔽字 M 共 5 位，由左向右依次对应不同级别的中断源的中断请求。设 Mi 为 0 表示屏蔽，为 1 表示开放，则响应顺序与服务顺序一致的中断屏蔽字如表 9-1 所示，其中同一级别的中断肯定是相互屏蔽的。另外，普通程序（或用户程序）的中断屏蔽字为全 1。

表 9-1 中断屏蔽字举例 1

中断级别	M_1	M_2	M_3	M_4	M_5
第 1 级	0	0	0	0	0
第 2 级	1	0	0	0	0
第 3 级	1	1	0	0	0
第 4 级	1	1	1	0	0
第 5 级	1	1	1	1	0

若在运行用户程序时，同时出现第 3、4 级中断请求，而在处理第 3 级中断未完时，又同时出现第 1、2、5 级中断请求，则系统处理中断请求的过程如图 9-7 所示，图中小竖线表示装入当前程序的中断屏蔽字。

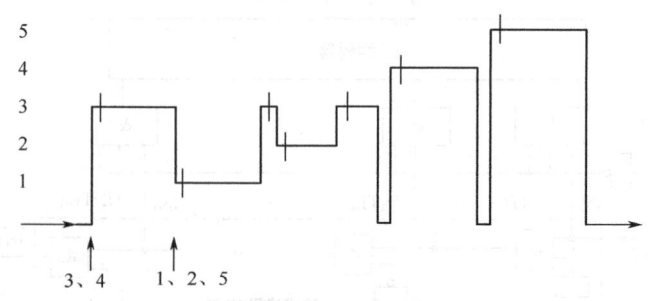

图 9-7 采用处理中断屏蔽字的计算机系统中断请求的过程实例 1

从图 9-7 中可以看出，执行用户程序时，系统对所有中断请求都开放。这时，同时出现第 3、4 级中断请求，则系统先响应第 3 级中断请求。进入第 3 级中断处理的第一件事是装入其中断屏蔽字。根据表 9-1，第 3 级中断屏蔽第 4、5 级中断请求，故不响应第 4 级中断请求,但是当第1、2、5级中断请求到来时,响应第1级中断请求。处理第1级中断时,所有的中断请求都屏蔽,故第1级中断得以顺利地处理完,然后恢复现场、返回其间断处(第3级中断处理程序的断点)。由于第2级中断请求依然存在,因此系统一旦返回到第3级中断处理程序,系统将立即"听到"第2级中断请求。

事实上,计算机并不能区分中断请求信号的优先级。除非"听不到"中断请求,只要系统能"听到",一般是要响应的。因此,系统立即响应第2级中断请求。第2级中断,只对第1级中断请求开放,而这时第1级中断请求在得到响应后已经撤销了。因此第2级中断顺利地处理完,返回到第3级中断处理程序。第3级中断,只对第1、2级中断请求开放,而这时又没有第1、2级中断请求。因此第3级中断总算得以顺利处理完,返回到其间断处(用户程序的断点)。

这时,第4、5级中断请求依然"坚持着",因此系统立即响应第4级中断请求。第4级中断屏蔽了同级和第5级中断请求,而它开放的第1、2、3级中断又没有请求,因此它顺利地处理完,返回其间断处。最后就剩下第5级中断请求,则系统响应之,并在处理完毕后返回,继续执行用户程序。

现要求实际的中断处理次序为 4→1→3→5→2,则各级中断处理程序的中断级屏蔽位应设计为如表9-2所示的形式。对于同样出现的中断请求,其中断处理过程如图9-8所示。

表9-2 中断屏蔽字举例2

中断级别	M_1	M_2	M_3	M_4	M_5
第1级	0	0	0	1	0
第2级	1	0	1	1	1
第3级	1	0	0	1	0
第4级	0	0	0	0	0
第5级	1	0	1	1	0

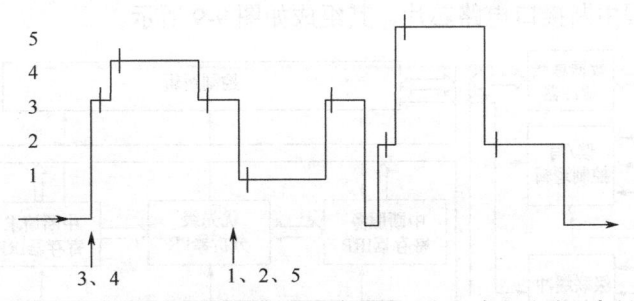

图9-8 采用处理中断屏蔽字的计算机系统中断请求的过程实例2

中断屏蔽技术提升了多重中断(或中断嵌套)技术:

① 在多重中断中,每级中断只对应一个中断源。CPU只设置一个接收中断请求信号的引脚;而在采用可变中断屏蔽字的中断系统中,每一级中断可对应多个中断源。CPU需要设置多个、分别对应不同中断级别的中断请求信号输入引脚。有人将后者称为二维中断结构。

② 在采用可变中断屏蔽字的中断系统中,中断屏蔽寄存器IMR的内容是程序现场的一个重要组成部分。另外,在保护好现场后,要往IMR内装入新的中断屏蔽字。

③ 在多重中断中,当优先级高的中断请求频繁出现时,优先级低的中断请求要么得不到响应,要么得到响应却得不到服务。这种现象被称为"饥饿(Starvation)"或"饿死"。

采用可变中断屏蔽字后,尽管中断响应顺序是固定的,但可以通过动态地改变中断屏蔽字,改变中断服务的顺序,避免"饥饿"现象发生。

以 IBM 公司大型计算机的中断源分级为例,中断优先级由高到低,依次为:重新启动中断(Reset 键被按下)、机器检验中断(如处理器、内存出错)、程序性中断(如计算溢出、除数为零)、访问管理程序中断、外部事件中断(如主板的定时器、计数器引出的中断)、I/O 中断。

至此,可以看出要支持中断,CPU 内部必须增加相关的硬件逻辑,如接收中断请求信号的引脚 INTR、发出中断响应信号的引脚 INTA、中断状态触发器 INT、中断允许标志 EINT、中断请求触发器 INTR 和中断屏蔽寄存器 IMR。同时,需要设置与中断相关的指令,如开中断指令 STI、关中断指令 CLI 和中断返回指令 IRET 等。此外,主存中必须存储事先编好的、针对不同中断请求的处理程序。实现中断功能的全部软件与硬件总称为"中断系统"。

【例 9-5】(2011 年硕士研究生入学统一考试计算机专业基础综合考试试题)

若机器共有 5 级中断 $L_4 \sim L_0$,中断屏蔽字为 $M_4M_3M_2M_1M_0$,$M_i=1$($0 \leqslant i \leqslant 4$)表示对 L_i 级中断进行屏蔽。若中断响应优先级由高到低的顺序为 $L_0 \rightarrow L_1 \rightarrow L_2 \rightarrow L_3 \rightarrow L_4$,且要求中断处理优先级由高到低的顺序为 $L_4 \rightarrow L_0 \rightarrow L_2 \rightarrow L_1 \rightarrow L_3$,则 L_1 的中断处理程序中设置的中断屏蔽字是( )。

A. 11110　　　　B. 01101　　　　C. 00011　　　　D. 01010

答:求解本题只需考虑中断处理优先级。L_1 只屏蔽 L_1 和 L_3,根据中断屏蔽字为 $M_4M_3M_2M_1M_0$,得 L_1 的中断屏蔽字 01010。故选择 D。

注:在本题中,中断屏蔽字的顺序与大多数教科书相反。

9.3.3　中断控制器 8259A

Intel 公司生产的 8259A 是集中断源识别、中断优先权排队、中断屏蔽、中断向量提供等功能于一体的可编程中断接口电路芯片,其组成如图 9-9 所示。

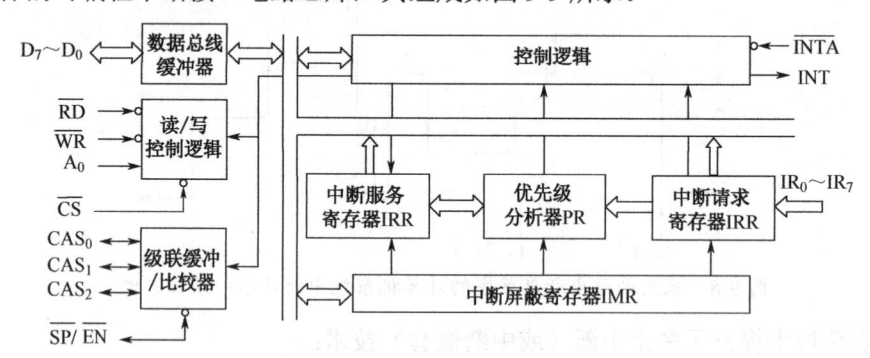

图 9-9　8259A 的组成与主要引脚

每片 8259A 可管理 8 个中断源,即有 $IR_0 \sim IR_7$ 共 8 个中断请求信号输入引脚。当 IR_i 引脚输入一个高电位时,触发 8 位的 IRR(Interrupt Request Register,中断请求寄存器)中的对应位 IRR_i 置 1,表示第 i 个中断源有中断请求。

触发方式有"上升沿"和"电平"两种。采用"上升沿"触发,触发后可一直保持高电位;采用"电平"触发,触发后要及时撤销高电位,否则会在进入中断服务后,引起不该有的中断请求。

中断请求的信息将送入优先级分析器 PR，由它选出优先级最高的中断请求。各 IRi 的优先级是可以由用户通过编程来设定的。在默认情况下，IR0 优先级最高，IR7 优先级最低。中断请求信息经上述处理后，汇集成一个公共的中断请求信号通过输入引脚 INT，发给 CPU。

若 CPU 决定响应中断请求，则通过 $\overline{INTA}$ 引脚将 8259A 发来连续两个负脉冲作为响应信号。第 1 个负脉冲通知 8259A：CPU 已决定响应中断请求，请将 PR 分析出来的最高级中断请求写入 ISR（Interrupt Service Register，中断服务寄存器）中的对应位，即将该位置 1。这样，ISR 就可以生成该中断的中断向量（即中断类型码）。第 2 个负脉冲到达时，8259A 把中断类型码通过数据总线缓冲器送到数据总线上，供 CPU 读取。若 8259A 采用自动中断结束方式，则此时会将刚刚置为 1 的 ISR 位清为 0，这样 CPU 就可以像中断处理结束、返回到主程序那样，响应其他中断请求了。

自动中断结束方式是最简单的中断结束方式，其他方式还有：普通中断结束方式和特殊中断结束方式。本书不再详述。

8 位的 ISR 用来存放当前正在进行处理的中断请求。IRR_i 被响应后，ISR_i 置 1。中断处理结束时，ISR 的相应位被清 0。

当允许中断嵌套时，PR 选出的中断请求要与 ISR 中的内容相比较。若 ISR 中正在服务的中断优先级低，则向 CPU 发中断请求信号 INT，并在得到中断响应信号后将 ISR 中相应的位置 1。否则不发中断请求信号。

8 位的中断屏蔽寄存器 IMR 用来实现中断屏蔽。屏蔽方式有两种：简单屏蔽和特殊屏蔽。简单屏蔽是指：若 $IMR_i=1$，则 IRR_i 将被屏蔽，即其中断请求信号不能参与优先级比较，不能发往 CPU。特殊屏蔽是指：若 $IMR_i=0$，则 IRR_i 将可以中断任何优先级更高的中断服务程序，即允许优先级低的中断请求中断优先级高的中断服务程序。

IMR 的内容是由用户通过编程来设置的。

8259A 的控制逻辑负责接收 PR 在综合考虑 IRR、ISR 和 IMR 后，发来的"有中断请求"信号，然后向 CPU 的"可屏蔽中断请求输入"引脚 INTR 发出 INT 信号。若此时 CPU 的中断允许标志 IF=1，则在 CPU 执行完当前指令后，给 8259A 回送中断响应信号 $\overline{INTA}$。

控制逻辑中设有一组初始化命令寄存器和一组操作命令寄存器，分别用来接收用户写入的初始化和操作命令信息，这称为对 8259A 进行编程。

对 8259A 进行编程，是在读/写控制逻辑的控制下，由 $\overline{CS}$、A0 和 $\overline{WR}$ 输入信号和数据总线缓冲器共同完成的。其中，A_0 用来对 8259A 的两个可编程端口进行选择。

当然，CPU 也可以通过 $\overline{CS}$、A_0、$\overline{RD}$ 和数据总线缓冲器读 8259A 中相关寄存器的内容，以了解其工作状态。

当需要管理多于 8 个的中断请求时，可通过多片（2~9）8259A 级联的方式，组成两级主从式中断控制系统，管理 15（2 片）~64（9 片）个中断。此时，这些 8259A 芯片的级联信号 CAS_0~CAS_2 全部对应并联在一起，表示构成一个主从式级联控制结构。当 8259A 作为主片时，CAS_0~CAS_2 为输出信号，用于发送从片识别码，哪一个从片的识别码与其一致，该从片的中断请求就被允许；当 8259A 作为从片时，CAS_0~CAS_2 为输入信号，用于接收识别码。主片负责向 CPU 发中断请求，从片负责接收外部中断请求，汇合成一个请求送往主片，并在得到响应后，将中断类型号发给 CPU。

$\overline{SP}/\overline{EN}$：从片编程/允许缓冲器信号。当工作在缓冲方式时，该信号是输出信号，作为允许缓冲器接收和发送的控制信号（$\overline{EN}$）；当工作在非缓冲方式时，该信号是输入信号，用来指明该 8259A 是主片（$\overline{SP}$=1）或从片（$\overline{SP}$=0）。

9.3.4　8086/8088 微处理器的中断系统

1. 概述

8086/8088 微处理器的中断源分为两类：位于处理器外部、由硬件引起的硬件中断（或外部中断）和来自处理器内部、由某条指令的执行或某个标志位的设置而引起的软件中断（或内部中断）。

硬件中断又分为不可屏蔽中断和可屏蔽中断。它们的请求信号分别由不可屏蔽中断请求输入引脚 NMI 和可屏蔽中断请求输入引脚 INTR 输入到处理器中。

当有不可屏蔽中断请求信号到来时，处理器会在结束当前指令的执行后，立即转去执行不可屏蔽中断处理程序。通常，把系统电源掉电设为不可屏蔽中断。

屏蔽是通过标志寄存器中的中断允许标志 IF 来实现的。处理器会在每条指令执行的末尾，扫描 INTR 引脚。当检测到请求信号时，则检查 IF。若 IF=1，则表示屏蔽中断、不响应，否则响应。响应信号通过 $\overline{INTA}$ 引脚发给中断源。

软件中断有 5 类：除法错误（溢出或除数为 0）、定点加法溢出、断点中断、单步中断和中断指令 INT n。其中，断点中断是由一个不带操作数的单字节指令 INT 3 引起的，用于调试程序。当执行 INT 3 时，系统会暂停程序的执行。这时程序员可以检查有关寄存器和存储单元的内容。

单步中断，也叫陷阱（Trap）中断，用于跟踪程序的执行，以调试程序。每条指令执行的末尾，系统将检查 TF。若 TF=1，则产生此中断，暂停程序的执行，显示通用寄存器及标志寄存器的值。

软件中断不会发出请求信号，也不需要响应信号。除单步中断外，内部中断无法用软件禁止。

可用 STI 或 CLI 指令置 IF 为 1 或 0，但没有专门指令直接修改 TF。

无论是硬件中断还是软件中断，响应中断后，8086/8088 微处理器进入中断周期。在中断周期内，8086/8088 微处理器将执行的操作如下：

① 发出连续两个总线周期的中断响应信号 $\overline{INTA}$，第一个信号通知外设接口"它的中断请求已经得到允许"，外设接口在接到第二个信号后将其中断类型号放到数据总线上，供 CPU 读取。

② 将标志寄存器 FR 压入堆栈，将 IF 和 TF 清为 0。

③ 依次将寄存器 CS 和 IP 压入堆栈。

④ 根据中断类型号找到中断处理程序的入口地址，并将其写入寄存器 CS 和 IP。

2. 中断向量和向量表

8086/8088 微处理器的 20 位指令地址是由 CS 寄存器中 16 位的段地址左移 4 位，加上 IP 寄存器中 16 位的段内偏移地址而得的，因此其中断处理程序的入口地址就表示为所谓的中断向量"CS:IP"。

8086/8088 微处理器被设计成最多能管理 256 个中断。这些中断的中断向量组成中断向量表。由于每个中断向量长 4 个字节，因此中断向量表的大小为 1024 字节（即 1 KB）。中断向量表存放在内存的高端，地址空间为 00000H～003FFH。

8086/8088 微处理器管理中断是通过中断类型号（0～255）来实现的。前 32 个中断向量为系统专用。其中，0 号是"除法错误"中断，1 号是"单步"中断，2 号是"非屏蔽"中断，3 号是断点中断或 INT 3，4 号是"溢出"中断或 INTO。中断类型 5～31，系统保留使用。

当执行到 INTO 指令时，系统检查溢出标志 OF。若 OF=1，系统调用类型号为 4 的中断处理程序，否则不做任何操作。例如：

```
ADD    AX, 0AFFH
INTO
```

3. 中断指令 INT n 和中断返回指令 IRET

广义的 INT n 指包括了 INT 3（即断点中断）和 INT 4（即 INTO）。但除 INT 3 和 INTO 为单字节指令外，其余 INT n 指令为 2 字节的指令，第 1 字节是操作码，第 2 字节是操作数。操作数 n 为中断类型号，当执行 INT n 时，系统根据类型号 n 找到中断处理程序的入口地址。中断指令主要用于系统定义（如 BIOS 中断，DOS 调用中断）或用户定义的软件中断。

中断返回指令 IRET 的功能是顺序地从堆栈中弹出 3 个字，然后依次送入寄存器 IP、CS 和 FR。

中断优先级，由高到低，依次为：软件中断（不含单步中断）、不可屏蔽中断、可屏蔽中断、单步中断。软件中断的优先级，由高到低，依次为：除数为 0、中断指令、溢出中断。

【例 9-6】（2012 年硕士研究生入学统一考试计算机专业基础综合考试试题）

在下列选项中，在 I/O 总线的数据线上传输的信息包括（ ）。

Ⅰ. I/O 接口中的命令字　　Ⅱ. I/O 接口中的状态字　　Ⅲ. 中断类型号

A．仅 Ⅰ、Ⅱ　　　　B．仅 Ⅰ、Ⅲ　　　　C．仅 Ⅰ、Ⅲ　　　　D．Ⅰ、Ⅱ、Ⅲ

答：CPU 通过数据线将命令字写入 I/O 接口，接口中的状态字和中断类型号通过数据线送给 CPU，故选 D。

【例 9-7】（2012 年硕士研究生入学统一考试计算机专业基础综合考试试题）

在下列选项中，不可能在用户态发生的事件是（ ）。

A．系统调用　　　　B．外部中断　　　　C．进程切换　　　　D．缺页

答：只有进程切换是由操作系统负责完成的，故选 C。

9.4　DMA 技术

尽管中断技术避免了 CPU 在 I/O 过程中"原地踏步"地等待，但每传送一个数据字，CPU 就要中断一次，每次都要执行十几条指令来保护现场、恢复现场、中断返回。CPU 的效率还是不高。为此，人们又提出了 DMA 技术，引进 DMA 控制器（DMA Control，DMAC），进一步提高 CPU 的效率。

1. DMAC 的组成与工作原理

DMAC 主要由主存地址寄存器（Address Register，AR）、字计数器（Word Counter，WC）、设备地址寄存器（Device Address Register，DAR）、中断逻辑、控制/状态逻辑组成，如图 9-10 所示。DMAC 的其他信号，如面向主存和 I/O 接口的"读/写"命令、片选信号，图中省略。

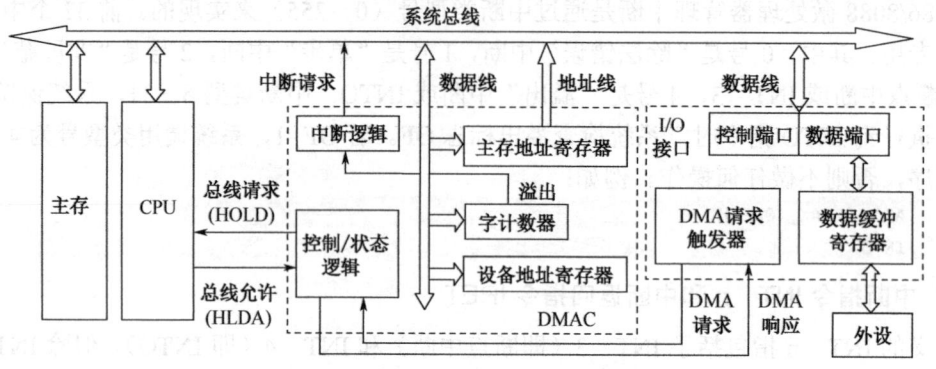

图 9-10 DMAC 的组成及工作原理

DMAC 的工作过程分为预处理、数据传输、后处理三个阶段。

① CPU 执行 I/O 指令的过程就是对 DMAC 进行预处理的过程。其间，CPU 选择 DMAC 和 I/O 接口，然后将外设的地址、数据块在主存中的首地址和数据个数分别写入设备地址寄存器 DAR、主存地址寄存器 AR 和字计数器 WC。I/O 接口启动外设。

② 数据传输是在 DMAC 的控制下，在主存与 I/O 接口之间完成一个数据块的传输。在 DMAC 工作的过程中，CPU 执行程序的后继指令，实现了"计算与 I/O"的重叠。

③ 后处理是指，当 WC 中规定的数据个数传输完（即 WC 发出溢出信号）后，DMAC 向 CPU 发出中断请求。CPU 将暂停程序的执行，对 DMA 工作进行结束处理。若数据有错，将重发；若尚有数据需要传送，则再次启动新一轮 DMA，否则通过向 DMAC 发出"结束操作（End Of Process）"信号 EOP，停止其工作。后处理是由 CPU 来完成的。

2. DMA 的数据传送过程

DMA 数据传送的模式主要有单字传送、成组传送、请求传送。下面以单字传送为例，说明 DMA 的数据传送过程。

① 当数据就绪后，I/O 接口向 DMAC 发出"DMA 请求（DMA Request）"信号 DREQ。

② 接到 DREQ 信号后，DMAC 向 CPU 发出"占用总线请求"信号 HOLD。HOLD 信号在整个数据传送过程中要保持有效。

③ CPU 在当前总线周期结束后，根据约定的方式，决定是否让出总线控制权。若让出，则 CPU 向 DMAC 发出"总线允许"信号 HLDA。

④ DMAC 获得总线控制权后，向 I/O 接口输出"DMA 应答（DMA Acknowledge）"信号 DACK。

⑤ DMAC 向系统总线发出读/写命令和访存地址，同时 I/O 接口与系统总线进行数据交换。

⑥ DMA 数据传送结束后，AR 和 WC 将分别增 1（或减 1）。

⑦ DMAC 撤销 HOLD 信号，释放总线（即将总线控制权归还给 CPU）。

3. CPU 与 DMAC 分享主存/系统总线的方式

CPU 执行指令，需要占用系统总线、访问主存。DMAC 要完成 DMA 操作，也要占用系统总线、访问主存。DMAC 占用总线的方式通常有：停止 CPU 使用总线、周期挪用、交替使用三种。

（1）停止 CPU 使用总线方式

这是最简单的一种方式。当 DMAC 收到 CPU 的 HLDA 信号后，将一直占用总线，直至全部数据传送完毕。在这种方式下，CPU 让出总线控制权的时间，取决于 DMAC 保持 HOLD 信号有效的时间。它既可用于"单字传送"，也可用于"成组传送"。

但是，在 DMA 的过程中，CPU 的访存操作将被"阻塞"，影响 CPU 效能的发挥。另外，由于 I/O 设备速度慢，在这种方式下，相当多的总线周期是空闲的，内存的利用率低。

（2）周期挪用（Cycle Stealing）方式

周期挪用，也叫周期窃取，是指：DMAC 在 CPU 不使用总线时，"窃取" 1 个总线周期，来传送 1 个数据字。传送完毕，立即释放总线。这种方式几乎不影响 CPU 的工作，因此应用最广泛。那么，在 DMAC 请求占用总线时，CPU 可能出于三种状态：不占用总线/不访存、占用总线/正在访存、请求总线/即将访存。在第一种状态下，CPU 立即发出 HLDA 信号，让出总线；在第二种状态下，CPU 会在当前总线周期结束后，发出 HLDA 信号；在第三种状态（即 CPU 和 DMAC 同时申请总线）下，CPU 立即发出 HLDA 信号，让出总线，因为 DMA 请求优先级更高。

（3）交替使用方式

如果 CPU 的工作周期比主存的访问周期长得多，则可采用 CPU 与 DMA 控制器交替使用总线的方式。例如，CPU 的工作周期为 1 μs，主存的访问周期为 0.5 μs，则可将 CPU 的工作周期等分成 C_1 和 C_2 两个子周期，并规定在 C_1 期间，DMAC 使用总线；在 C_2 期间，CPU 使用总线。

在这种方式下，DMAC 不需申请总线使用权，也不需要释放总线。无论是否有 DMA 任务，C_1 子周期都是专供 DMAC 使用，DMA 传送对 CPU 的工作没有任何影响，故称为"透明的 DMA 方式"。

【例 9-8】（2009 年硕士研究生入学统一考试计算机专业基础综合考试试题）

某计算机的 CPU 主频为 500 MHz，CPI 为 5（即执行每条指令平均需要 5 个时钟周期）。假定某外设的数据传输率为 0.5 MB/s，采用中断方式与主机进行数据传送，以 32 位为传输单位，对应的中断服务程序包含 18 条指令，中断服务的其他开销相当于 2 条指令的执行时间。请回答下列问题，要求给出计算过程。

（1）在中断方式下，CPU 用于该外设 I/O 的时间占整个 CPU 时间的百分比是多少？

（2）当该外设的数据传输率达到 5 MB/s 时，改用 DMA 方式传送数据。假定每次 DMA 传送块的大小为 5000 B，DMA 预处理和后处理的总开销为 500 个时钟周期，则 CPU 用于该外设 I/O 的时间占整个 CPU 时间的百分比是多少（设 DMA 和 CPU 之间没有访存冲突）？

答：（1）每秒钟内需要中断的次数= 0.5 MB/s/(32 bit/8)= 0.125 MHz。

在一秒钟内完成这么多次中断，需要的时间=0.125 MHz×[(18+2)×5]/500 MHz=0.025 s。则在中断方式下，CPU 用于该外设 I/O 的时间占整个 CPU 时间的百分比是 2.5%。

（2）每秒钟内需要 DMA 的次数= 5 MB/s/5000 B=1000。

在一秒钟内完成这么多次 DMA，需要的时间=1000×500/500 MHz=0.0001 s。则在 DMA 方式下，CPU 用于该外设 I/O 的时间占整个 CPU 时间的百分比是 0.1%。

【例 9-9】(2012 年硕士研究生入学统一考试计算机专业基础综合考试试题)

假定某计算机的 CPU 主频为 80 MHz，CPI 为 4，并且平均每条指令访存 1.5 次，主存与 Cache 之间交换的块大小为 16 B，Cache 的命中率为 99%，存储器总线带宽为 32 位。请回答下列问题。

(1) 该计算机的 MIPS 数是多少？Cache 平均每秒缺失的次数是多少？在不考虑 DMA 传送的情况下，主存带宽至少达到多少才能满足 CPU 的访存要求？

(2) 假定在 Cache 缺失的情况下访问主存时，存在 0.0005%的缺页率，则 CPU 平均每秒产生多少次缺页异常？若页面大小为 4 KB，每次缺页都需要访问磁盘，访问磁盘时，DMA 传送采用周期挪用方式，磁盘 I/O 接口的数据缓冲寄存器为 32 位，则磁盘 I/O 接口平均每秒发出的 DMA 请求次数至少是多少？

(3) CPU 和 DMA 控制器同时要求使用存储器总线时，哪个优先级更高？为什么？

(4) 为了提高性能，主存采用 4 体交叉存储模式，工作时每 1/4 存储周期启动一个体。若每个体的存储周期为 50 ns，则该主存能提供的最大带宽是多少？

答：(1) CPU 主频为 80 MHz，表示每秒钟有 80M 个时钟周期。

CPI 为 4，表示平均执行 1 条指令需要 4 个时钟周期。

因 CPU 平均每秒执行的指令条数为 80M/4=20M，故该计算机的 MIPS 数为 20。

平均每条指令访存 1.5 次，Cache 的命中率为 99%，平均每秒执行 20M 条指令。

Cache 平均每秒缺失的次数为 20M×1.5×(1-99%)=300000。

Cache 平均每秒缺失 300000 次，每次 CPU 需要访问主存中的一块。

此时，主存传输带宽为 16 B×300K/s=4.8 MB/s。在不考虑 DMA 传输的情况下，主存带宽至少达到 4.8 MB/s 才能满足 CPU 的访存要求。

(2) 平均每秒 Cache 缺失/访问主存 300000 次，而访问主存存在 0.0005%的缺页率，则 CPU 平均每秒产生"缺页"异常次数为 300000×0.0005%=1.5 次。

每秒要通过 DMA 读入 1.5 个页面（即 1.5×4 KB）；而存储器总线宽度为 32 位（4 字节），因此每传送 4 B 数据，磁盘控制器就要发出一次 DMA 请求。

故磁盘 DMA 平均每秒请求的次数至少为 1.5×4 KB/4 B=1.5K=1536 次。

(3) CPU 和 DMA 控制器同时要求使用存储器总线时，DMA 请求优先级更高。因为若 DMA 请求得不到及时的响应，I/O 传输数据可能会丢失。

(4) 4 体交叉存储模式，每 1/4 存储周期启动一个体传输 32 位（4 B）。每个体的存储周期为 50 ns，则能提供的最大带宽为 4 B/(50 ns/4)=320 MB/s。

【例 9-10】(2013 年硕士研究生入学统一考试计算机专业基础综合考试试题)

下列关于中断 I/O 方式和 DMA 方式比较的论述中，错误的是（　　）。

A. 中断 I/O 方式请求的是 CPU 处理时间，DMA 方式请求的是总线使用权

B. 中断响应发生在一条指令执行结束后，DMA 响应发生在一个总线事务完成后

C. 中断 I/O 方式下数据传送通过软件完成，DMA 方式下数据传送由硬件完成

D. 中断 I/O 方式适用于所有的外部设备，DMA 方式仅适用于快速外部设备

答：在上述论述中，仅"中断 I/O 方式适用于所有的外部设备"有错误，故选择 D。

因为对高速外设采用中断 I/O 方式，效率很低，所以不适用。

9.5 通道技术

1. 概述

由于 CPU 管理 DMA 控制器的指令都是一些简单的指令，如果把这些指令剥离出来，交由一个简单的微处理器来执行，则可以减轻 CPU 在 I/O 上的负担，使其专注于计算。

这就是早期 IBM 公司为面向多用户的大型计算机系统而提出"通道技术"的原因。通道（严格来说，应称为通道处理器）的实质是将简单的微处理器与 DMA 控制器集成在一起。

通道技术的实现需要对 CPU 进行改进并设置一个专门的通道。其中，对 CPU 进行改进包括：

① 将 CPU 的工作状态分为运行操作系统的管态和运行用户程序的目态，并提供访管指令。

② 为了在多用户的环境下，保护用户的信息安全，规定操纵外设的 I/O 指令为特权指令，只能在管态下由操作系统执行。

③ 设计并实现一条"广义 I/O"指令供用户使用。该指令由访管指令和若干参数（包括外设地址、数据块在主存中的首地址和数据长度）组成。这时，访管指令的操作数被设置成操作系统中负责 I/O 的管理程序的入口地址。

④ 设计并实现一条"启动 I/O"指令。这是一条特权指令，负责检测并启动指定的通道。

通道除了具备基本的 I/O 指令外，还应具有一条"无链通道指令"（或"断开通道指令"）。可见，引入通道，涉及定义/更改指令集，因此对体系结构设计者、系统程序员是不透明的。

IBM 公司称"通道指令"为 CCW（Channel Command Word，通道命令字）。

通道的功能包括：

① 接收 CPU 发来的输入/输出指令，根据命令要求选择一台指定的外设与通道相连接。

② 执行 CPU 为通道组织的通道程序，根据需要向设备控制器发出各种控制命令。

③ 给出外设的相关地址。

④ 给出主存缓冲区的地址。

⑤ 控制外设与主存缓冲区之间数据交换的个数。

⑥ 指定传送工作结束时要进行的操作。

⑦ 检查外设的工作状态，是正常还是故障。

⑧ 在数据传送过程中完成必要的格式转换。

通常，一个计算机系统设置有面向优先级高的高速外设的选择通道、面向普通高速外设的数组多路通道和面向低速外设的字节多路通道。

选择通道是指一次只服务一台设备的通道。在该设备 I/O 结束前，通道不会服务其他设备，即该设备独占通道。

多路通道是能同时服务多台设备的通道。多台设备用轮流的方式使用多路通道。例如，数组多路通道是指一个设备传送完一个数组（即一个定长的数据块）后，通道将切换到下一个设备。而字节多路通道是指一个设备传送完 1 字节后，通道将切换到下一个设备。

2. 工作过程

通道的工作过程如图 9-11 所示。当用户程序执行"广义 I/O"指令中的访管指令时，将产生一个自愿中断来"陷入"管态。CPU 响应此中断，执行负责 I/O 的管理程序。该管理程序根据"广义 I/O"指令提供的参数，采用通道指令，编制针对某个通道的通道程序，通道程序的功能就是传统 CPU 中 I/O 指令的功能。通道程序的最后一条指令是"无链通道指令"，它的功能是：停止通道工作，并向 CPU 发出中断请求。

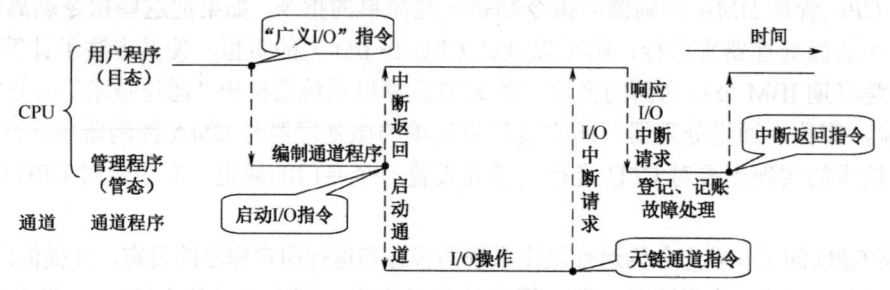

图 9-11 通道的工作过程

通道程序编制好后，存放于主存中分配给相应通道的缓冲区内。之后，CPU 将通道程序的入口地址写入主存中的"通道地址字"单元，然后执行"启动 I/O"指令。

通道启动好后，CPU 返回用户程序。这时，通道执行通道程序，进行 I/O 操作直至执行"无链通道指令"。该指令的功能是向 CPU 发出"I/O 中断请求"信号。CPU 响应中断请求后，再次进入管态，执行相应的管理程序对本次 I/O 操作进行处理。处理完毕后，CPU 返回，继续执行用户程序。

综上所述，引入通道后，每完成一次 I/O 只需 CPU 干预两次，进一步提高了"计算与 I/O"的重叠。

习 题 9

9-1 简述 I/O 接口电路的功能和基本组成。

9-2 什么是 I/O 接口？什么是 I/O 端口？它们之间有什么关系？

9-3 I/O 接口的编址方式有哪几种？各有什么特点？

9-4 CPU 与 I/O 接口数据传送主要有哪几种方式？试比较它们的优缺点。

9-5 解释下列术语：中断、中断源、断点、中断向量、单重中断、多重中断。

9-6 8086/8088 微机系统的硬件中断分为_____和_____，软件中断有哪些？

9-7 分别简述单重中断和多重中断的中断处理过程。

9-8 已知中断向量表 0020H～0023H 单元中依次存放着 40H、00H、00H、01H，在 9000H:00A0H 处有一条 INT 8 指令。如果在 SP=0100H、SS=0300H、标志寄存器 F=0240H 时执行 INT 8 指令，指出刚进入中断服务程序时，SS、SP、CS、IP 寄存器和堆栈栈顶 3 个字的内容分别是多少？（画图表示）

9-9 在中断处理过程中为什么要中断判优？有几种方法实现？若想改变原定的中断处理优先顺序可采取什么措施？（2013 年哈尔滨工业大学硕士研究生入学考试试题）

9-10 在计算机技术中，有一个与"中断"相似的概念叫"异常（Exception）"。所谓异常是指在指令执行过程中，发生的影响指令执行的事件。比如在采用页式虚拟存储器的计算机上，取指令、取操作数时，可能发生的"缺页故障"。一旦出现异常，处理器要立即进行处理。因此"异常"无须经过"请求""判优""响应"就直接处理。异常处理完毕，CPU将重新执行引起异常的指令。

下列关于"中断和异常"的说法中，错误的是（　　）。

A．与"中断"一样，"异常"也要经过"请求""判优""响应"后才得到处理
B．与"中断"不同，"处理异常"可以发生在执行指令的各阶段
C．异常处理完毕，CPU重新执行引起异常的指令
D．"处理异常"包括"保护现场""异常处理""恢复现场""返回"四个阶段

9-11 简述DMA的工作过程，并说明中断和DMA的应用场合。

9-12 说明通道的工作过程。

9-13 根据使用通道的方式，通道分为_____、_____和_____。

附录 A 图灵机模型

图灵机由一条两端可无限延长的带子、一个读/写头和一组控制读/写头工作的控制器组成，如图 A-1 所示。其中，带子上有无穷多个可读、可擦/写的小格（它对应现实计算机的存储器）。读/写头可以沿带子移动并对带上的某个小格进行读/写（类似磁带录音机中磁头和磁带的关系）。

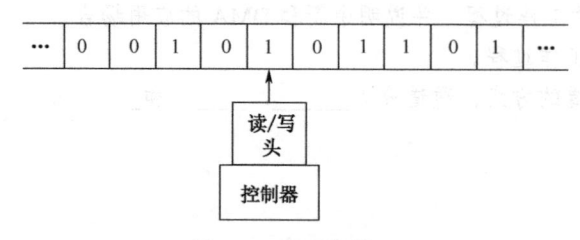

图 A-1 图灵机模型

每个图灵机有一个状态集 S、一个针对控制器的命令集 C 和一个针对带子的符号集 T。其中，状态集 S 至少包括一个开始状态 S_0 和一个结束状态 S_T；符号集 T 至少包括一个"空"符号。对于最简单的图灵机，T 包括两个符号——"空"和"满"，分别用 0 和 1 表示。

控制器的命令可表示为：（当前状态，读出符号）→（写入符号，移动矢量，新状态）。

图灵机启动时，控制器进入开始状态，然后控制器根据当前状态和读/写头所对准小格内的符号，决定下一步的操作（也称动作）。每一步操作首先把某个符号写到读/写头当前对准的那个小格内，取代原来的那个符号（注意：前后两个符号可以相同）；然后移动读/写头，移动的方向可以是向左或右，移动距离只能是 1 或 0（即不移动）；最后，根据控制器的命令用某个状态（可以是原状态）取代当前的状态，使图灵机进入一个新状态。

一旦图灵机的运行进入一个状态，而且这个状态是一个结束状态，那么，图灵机就停机，计算任务宣告完成，此时带子上的内容就是计算的输出结果。

附录 B 近年图灵奖获得者

历年图灵获奖得者列表如表 B-1 所示。

表 B-1 历年图灵奖获得者列表

年份	获奖者	获奖理由
2019	Patrick Hanrahan Edwin Catmull	对三维计算机图形学的奠定性贡献，以及这些技术对计算机图形成像在电影制作和其他方面应用的革命性影响
2018	Yoshua Bengio、Geoffrey Hinton、Yann LeCun	给人工智能带来的重大突破，这些突破使深度神经网络成为计算的关键组成部分
2017	John L. Hennessy David A. Patterson	开创一种系统的、定量的方法来设计和评价计算机体系结构，并对 RISC 微处理器行业产生了持久的影响
2016	Tim Berners-Lee	发明世界第一个网页浏览器万维网（World Wide Web，WWW），允许网页扩展的基本协议和算法
2013	Leslie Lamport	在提升计算机系统的可靠性以及稳定性方面做出杰出贡献，使分布式计算系统看起来混乱的行为变得清晰、定义明确且具有连贯性
2012	Shafi Goldwasser Silvio Micali	开创了可证明安全性这一领域的先河，创造了将加密由艺术变为科学的数学结构，奠定了现代密码学的数学基础
2011	Judea Pearl	对人工智能领域的基础性做出贡献，提出概率和因果性推理演算法，彻底改变了人工智能最初基于规则和逻辑的方向
2010	Leslie Valiant	对众多计算理论（包括 PAC 学习、枚举复杂性、代数计算和并行与分布式计算）做出变革性的贡献
2009	Charles Thacker	对第一台现代个人计算机 Xerox PARC Alto 的先驱性设计与实现，以及在局域网（包括以太网）、多处理器工作站、窥探高速缓存一致性协议和平板 PC 等方面做出重大发明和贡献
2008	Barbara Liskov	在计算机程序语言、系统设计，特别是在数据抽象、容错系统设计和分布式计算的理论和工程设计方面做出的杰出贡献
2007	Edmund M. Clarke Allen Emerson Joseph Sifakis	对将模型检查发展为被硬件和软件业中所广泛采纳的高效验证技术做出贡献。三个人的贡献被称为"在发现计算机硬件和软件中设计错误的自动化方法方面的工作"
2006	Fran Allen	对于优化编译器技术的理论和实践做出的先驱性贡献，这些技术为现代优化编译器和自动并行执行打下了基础
2005	Peter Naur	对 Algol 60 程序设计语言做出贡献。Algol 60 语言定义是许多现代程序设计语言的原型
2004	Vinton G. Cerf Robert E. Kahn	对互联网做出开创性贡献，包括设计和实现了互联网的基础通信协议 TCP/IP 以及在网络方面卓越的领导
2003	Alan Kay	在面向对象语言方面提出原创性思想，领导了 Smalltalk 开发团队，对 PC 做出基础性贡献。名言：预测未来的最好方法是创造它
2002	Ronald L. Rivest Adi Shamir Leonard M. Adleman	在公共密钥理论和实践方面完成基础性工作
2001	Ole-Johan Dahl Kristen Nygaard	由于面向对象编程始发于他们基础性的构想，这些构想集中体现在他们所设计的编程语言 SIMULA I 和 SIMULA 67 中
2000	姚期智	在计算理论方面做出贡献，包括伪随机数的生成算法、加密算法和通信复杂性

续表

年份	获奖者	获奖理由
1999	Frederick P. Brooks, Jr.	在计算机体系架构、操作系统以及软件工程方面做出具有里程碑式意义的贡献。著作有《人月神话》
1998	James Gray	在数据库、事务处理研究和相关系统实现技术领导工作
1997	Douglas Engelbart	提出了激动人心的交互式计算机未来构想以及发明了实现这一构想的关键技术——鼠标
1996	Amir Pnueli	在计算机科学中引入时序逻辑以及在编程和系统认证方面做出杰出贡献
1995	Manuel Blum	在计算复杂性理论、密码学以及程序校验方面做出基础性贡献
1994	Edward Feigenbaum Raj Reddy	他们所设计和建造的大规模人工智能系统,证明了人工智能技术的重要性和其潜在的商业价值
1993	Juris Hartmanis Richard E. Stearns	他们的论文奠定了计算复杂性理论的基础
1992	Butler W. Lampson	对个人分布式计算机系统及其实现技术做出贡献,包括工作站、网络、操作系统、编程系统、显示、安全和文档发布
1991	Robin Milner	在可计算函数逻辑(LCF)、ML 和并行理论(CCS)这三个方面做出突出和完美的贡献
1990	Fernando J. Corbato	组织和领导了多功能、大规模、时间和资源共享的计算机系统的开发
1989	William Kahan	设计了计算机浮点数表示标准——IEEE 标准 754
1988	Ivan Sutherland	在计算机图形学方面做出开创性和远见性贡献,其所建立的技术历经二三十年依然有效
1987	John Cocke	在编译器设计和理论、大规模系统架构以及 RISC 等方面做出重要贡献
1986	John Hopcroft Robert Tarjan	在算法及数据结构设计和分析方面做出基础性贡献
1985	Richard M. Karp	在算法理论方面,特别是 NP-completeness 理论方面,做出连续不断的贡献
1984	Niklaus Wirth	开发了 EULER、ALGOL-W、MODULA 和 PASCAL 一系列崭新的程序设计语言
1983	Ken Thompson Dennis M. Ritchie	对通用操作系统理论研究,特别是 UNIX 操作系统的实现做出贡献
1982	Stephen A. Cook	他于 1971 年发表的论文,奠定了 NP-Completeness 理论的基础
1981	Edgar F. Codd	在数据库管理系统的理论和实践方面做出基础性和连续不断的贡献,被誉为"关系数据库之父"
1980	C. Antony R. Hoare	在编程语言的定义和设计方面做出基础性贡献
1979	Kenneth E. Iverson	在编程语言的理论和实践方面,特别是 APL,进行了开创性工作
1978	Robert W. Floyd	在开发高效、可靠的软件方法论方面做出贡献,建立了分析理论、编程语言的语义学、自动程序检验、自动程序综合和算法分析等多项计算机子学科
1977	John Backus	在高级语言方面做出具有广泛和深远意义的贡献,特别是在 FORTRAN 语言方面
1976	Michael O. Rabin Dana S. Scott	他们的论文《有限自动机与它们的决策问题》被证明具有巨大的价值
1975	Allen Newell Herbert A. Simon	在人工智能、人类识别心理和表处理方面做出基础性贡献
1974	Donald E. Knuth	在算法分析和程序语言设计方面做出重要贡献,编著了著名的《计算机程序设计的艺术》
1973	Charles W. Bachman	在数据库方面做出杰出贡献
1972	E.W. Dijkstra	对开发 Algol 语言做出原理性贡献
1971	John McCarthy	其讲稿 "The Present State of Research on Artificial Intellegence" 对人工智能领域做出贡献
1970	J.H. Wilkinson	在数值分析方面进行了研究工作
1969	Marvin Minsky	人工智能理论及其软件
1968	Richard Hamming	进行了计数方法、自动编码系统、检测及纠正错码方面的工作
1967	Maurice V. Wilkes	设计和制造了第一台内部存储程序的计算机 EDSAC
1966	A.J. Perlis	在先进编程技术和编译架构方面做出贡献

附录 C 数制及其转换

1．十进制数

十进制数采用 0，1，…，9 十个不同的数码，计数时采用"逢十进一"及"借一当十"的原则。不同数位具有不同的位权，即第 i 位的位权为 10 的 i 次幂（10^i）。相应地，称十进制以 10 为基值。一个十进制数 N 可以按位权展开为

$$(N)_{10} = \sum_{i=-m}^{n-1} a_i \times 10^i$$

式中，a_i 为十进制数的第 i 位上的数值；n、m 为正整数，n 表示整数部分数位，m 表示小数部分数位。

2．二进制数

二进制数只有 0 和 1 两个数码，计数原则为"逢二进一"及"借一当二"。

二进制的基值是 2，每个数位的位权值为 2 的幂。二进制数可以按位权展开为

$$(N)_2 = \sum_{i=-m}^{n-1} a_i \times 2^i$$

式中，a_i 为 0 或 1；n、m 为正整数，n 表示整数部分数位，m 表示小数部分数位；2^i 为第 i 位的位权值。

例如，$(1011.01)_2 = 1 \times 2^3 + 0 \times 2^2 + 1 \times 2^1 + 1 \times 2^0 + 0 \times 2^{-1} + 1 \times 2^{-2}$。

3．八进制数

八进制数有 0～7 八个数码，计数原则为"逢八进一"及"借一当八"。

八进制的基值为 8，每个数位的位权值为 8 的幂。八进制数可以按位权展开为

$$(N)_8 = \sum_{i=-m}^{n-1} a_i \times 8^i$$

式中，a_i 为八进制数的第 i 位上的数值；n、m 为正整数，n 表示整数部分数位，m 表示小数部分数位。

例如，$(17.3)_8 = 1 \times 8^1 + 7 \times 8^0 + 3 \times 8^{-1}$。

4．十六进制数

十六进制数有 0～9、A～F 十六个数码符号，其中 A～F 六个符号依次表示 10～15。计数原则为"逢十六进一"及"借一当十六"。十六进制的基值为 16，每个数位的位权值为 16 的幂。十六进制数可以按位权展开为

$$(N)_{16} = \sum_{i=-m}^{n-1} a_i \times 16^i$$

式中，a_i 为十六进制数的第 i 位上的数值；n、m 为正整数，n 表示整数部分数位，m 表示小数部分数位。

例如，$(AB.C)_{16} = A \times 16^1 + B \times 16^0 + C \times 16^{-1} = 10 \times 16^1 + 11 \times 16^0 + 12 \times 16^{-1} = 171.75$。

在实际应用中，十六进制数、八进制数、十进制数、二进制数分别用后缀 H、O（或 Q）、D、B 表示。不带后缀时，默认为十进制数。

例如，十进制数$(1234)_{10}$=1234D=1234，二进制数$(1011.01)_2$=1011.01B，八进制数$(17.3)_8$=17.3O，十六进制数$(AB.C)_{16}$= AB.CH。

5．不同进制数的转换

（1）将 R 进制数转换成十进制数。

将 R 进制数转换为等值的十进制数，只要将 R 进制数按位权展开，再按十进制运算规则运算即可，如表 C-1 所示。

表 C-1 二、八、十、十六进制数关系对照表

十进制	二进制	八进制	十六进制	十进制	二进制	八进制	十六进制
0	0	0	0	12	1100	14	C
1	1	1	1	13	1101	15	D
2	10	2	2	14	1110	16	E
3	11	3	3	15	1111	17	F
4	100	4	4	16	10000	20	10
5	101	5	5	17	10001	21	11
6	110	6	6	18	10010	22	12
7	111	7	7	19	10011	23	13
8	1000	10	8	20	10100	24	14
9	1001	11	9	32	100000	40	20
10	1010	12	A	100	1100100	144	64
11	1011	13	B	1000	1111101000	1750	3E8

【例 C-1】 将二进制数$(11010.011)_2$ 转换成十进制数。

解：$(11010.011)_2 = 1\times 2^4+1\times 2^3+0\times 2^2+1\times 2^1+0\times 2^0+0\times 2^{-1}+1\times 2^{-2}+1\times 2^{-3}$
$=16+8+0+2+0+0+0.25+0.125=(26375)_{10}$

【例 C-2】 将八进制数$(137.504)_8$ 转换成十进制数。

解：$(137.504)_8=1\times 8^2+3\times 8^1+7\times 8^0+5\times 8^{-1}+0\times 8^{-2}+4\times 8^{-3}=64+24+7+0.625+0+0.0078125$
$=(95.6328125)_{10}$

【例 C-3】 将十六进制数$(12AF.B4)_{16}$ 转换成十进制数。

解：$(12AF.B4)_{16}=1\times 16^3+2\times 16^2+10\times 16^1+15\times 16^0+11\times 16^{-1}+4\times 16^{-2}$
$=4096+512+160+15+0.6875+0.015625=(4783.703125)_{10}$

（2）将十进制数转换成 R 进制数。

将十进制数的整数部分和小数部分分别进行转换，然后合并起来。

十进制数整数转换成 R 进制数，采用逐次除以基数 R 取余数的方法，其步骤如下：

① 将给定的十进制数除以 R，余数作为 R 进制数的最低位。

② 把前一步的商再除以 R，余数作为次低位。

③ 重复②步骤，记下余数，直至最后商为 0，最后的余数即为 R 进制的最高位。

【例 C-4】 将十进制数$(53)_{10}$ 转换成二进制数。

解：由于二进制数基数为 2，所以逐次除以 2，取其余数（0 或 1）：

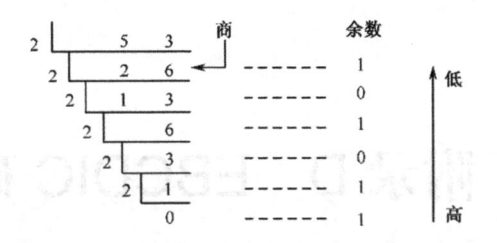

```
2 | 53        商          余数
  2 | 26  ←  ------  1   ↑低
    2 | 13    ------  0
      2 | 6   ------  1
        2 | 3  ------  0
          2 | 1 ------  1
            0  ------  1   高
```

所以 $(53)_{10}=(110101)_2$

将十进制整数转换成二进制数简便方法是：将十进制数分解成若干 2 的整数次幂之和，则 2 的整次幂所在位为 1，其余位为 0。

例如，$(53)_{10}=32+16+4+1=2^5+2^4+2^2+2^0=(110101)_2$。

【例 C-5】 将十进制数$(53)_{10}$转换成八进制数。

解：由于八进制数基数为 8，所以逐次除以 8，取其余数。

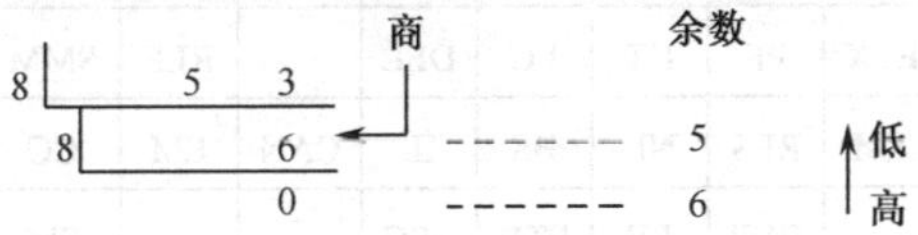

```
8 | 53       商        余数
  8 | 6   ←  ------  5  ↑低
    0       ------  6   高
```

所以 $(53)_{10}=(65)_8$

十进制纯小数转换成 R 进制数，采用将小数部分逐次乘以 R，取乘积的整数部分作为 R 进制的各有关数位，乘积的小数部分继续乘以 R，直至最后乘积为 0 或达到一定的精度为止。

【例 C-6】 将十进制小数$(0.375)_{10}$转换成二进制数。

解：

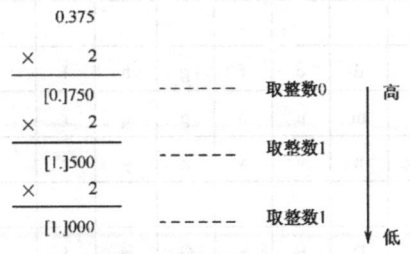

```
        0.375
     ×    2
      [0.]750   ------  取整数0    高
     ×    2
      [1.]500   ------  取整数1
     ×    2
      [1.]000   ------  取整数1    ↓低
```

所以 $(0.375)_{10}=(0.011)_2$

注：有时，只能将十进制小数近似转换成二进制小数。

（3）基数 R 为 2^k 时各进制之间的互相转换。

由于 3 位二进制数构成 1 位八进制数，4 位二进制数构成 1 位十六进制数，以二进制数为桥梁，即可方便地完成基数 R 为 2^k 时各进制之间的互相转换。

例如，二进制数转换成八进制数，用"三位并一位法"；二进制数转成十六进制数，用"四位并一位法"。

例如，$(11010111.01101)_2=$ 011 010 111.011 010
                      $=$ 3   2   7 . 3   2
                      $=(327.32)_8$

例如，$(11010111.11011)_2=$ 1101 0111.1101 1000
                      $=$ 13   7 . 13   8 $=(D7.D8)_{16}$

反之，八进制数转换成二进制数，用"一位拆三位法"；十六进制数转换成二进制数，用"一位拆四位法"。

附录 D EBCDIC 码

EBCDIC 码如表 D-1 所示。

表 D-1 EBCDIC 码

区位 \ 数位	0000	0001	0010	0011	0100	0101	0110	0111	1000	1001	1010	1011	1100	1101	1110	1111
0000	NUL	SOH	STX	ETX	PF	HT	LC	DEL		RLF	SMM	VT	FF	CR	SR	SI
0001	DLE	DC1	DC2	TM	RES	NL	BS	IL	CAN	EM	CC	CU1	IFS	IGS	IRS	IUS
0010	DS	SOS	FS		BYP	LF	ETB	ESC			SM	CU2		ENQ	ACK	BEL
0011			SYN		PN	RS	UC	EOT			CU3	DC4	NAK			SUB
0100	SP									[	.	<	(	+	!	
0101	&									]	$	*	)	;	^	
0110	-	/										,	%	_	>	?	
0111									'	:	#	@	`	=	"	
1000		a	b	c	d	e	f	g	h	I						
1001		j	k	l	m	n	o	p	q	r						
1010		~	s	t	u	v	w	x	y	z						
1011																
1100	{	A	B	C	D	E	F	G	H	I						
1101	}	J	K	L	M	N	O	P	Q	R						
1110	\		S	T	U	V	W	X	Y	Z						
1111	0	1	2	3	4	5	6	7	8	9						

表 D-1 中缩略词的含义如下：

PF（Punch off）打孔机停机

LC（LowerCase）小写

UC（UpperCase）大写

RLF（Reverse Line Feed）反向馈列/反向换行

SMM（Start Manual Message）人工报文启动

TM（Tape Mark）磁带标记

RES（REStore）恢复

NL（New Line）换行

IL（IdLe）空闲
CC（Cursor Control）光标控制
CU1（Customer Use 1）定制用途1
CU2（Customer Use 2）定制用途2
CU3（Customer Use 3）定制用途3
PF（Punch off）打孔机停机
LC（LowerCase）小写
UC（UpperCase）大写
RLF（Reverse Line Feed）反向馈列/反向换行
SMM（Start Manual Message）人工报文启动
TM（Tape Mark）磁带标记
RES（REStore）恢复
NL（New Line）换行
IL（IdLe）空闲
CC（Cursor Control）光标控制
CU1（Customer Use 1）定制用途1
CU2（Customer Use 2）定制用途2
CU3（Customer Use 3）定制用途3
IFS（Interchange File Separator）交换文件分隔符
IGS（Interchange Group Separator）交换组分隔符
IRS（Interchange Record Separator）交换记录分隔符
IUS（Interchange Unit Separator）交换单元分隔符
DS（Digit Select）数位选择
SOS（Start Of Significance）有效位开始
FS（Field Separator ）字段分隔符
BYP（BYPass）旁路符
SM（Set Mode）置位方式
ENQ（ENQuiry）查询
PN（Punch oN）打孔机启动
RS（Record Separator ）记录分隔符

NUL、SOH、STX、ETX、HT、DEL、VT 、FF、CR、SO、SI 、DLE、DC1、DC2、DC4、BS、CAN、EM、LF、ETB、ESC、ACK、NAK、BEL、SYN、EOT、SUB、SP 的含义参见图2-14。

· 353 ·

附录 E　8086/8088 指令格式

8086/8088 指令格式分为 3 种。

（1）单字节指令。其指令码就是操作码。这类指令无操作数或在操作码中隐含操作数。

（2）标准指令格式。这类指令可以是单操作数或双操作数。若为双操作数，则前一个为目的操作数，后一个为源操作数。标准指令格式如图 E-1 所示。

```
 7 6 5 4 3 2 1 0   7 6 5 4 3 2 1 0   1~2字节      1~2字节
┌─────────────┬─┬─┬─────┬─────┬─────┐┌─────────┐┌─────────┐
│   OP_Code   │D│W│ MOD │ REG │ R/M ││DATA/DISP││DATA/DISP│
└─────────────┴─┴─┴─────┴─────┴─────┘└─────────┘└─────────┘
```

注：DATA 表示可能带有的立即数，DISP 表示可能带有的位移量

图 E-1　8086/8088 的标准指令格式

图 E-1 中，第 1 字节的高 6 位为操作码，低 2 位为方向位 D 和字位 W。D=0 时，表示 REG 字段指明的寄存器为源操作数，否则为目的操作数；W=0 时，表示操作数的长度为字节，否则为字。

第 2 字节为方式字节。MOD 为方式字段。MOD=00，表示操作数来自主存，寻址方式中无位移量；MOD=01，表示操作数来自主存，指令后边带有 8 位的位移量；MOD=10，表示操作数来自主存，指令后边带有 16 位的位移量；MOD=11，表示操作数来自寄存器。

REG 是寄存器字段，它与 W 位配合决定使用哪个寄存器，见表 E-1。

表 E-1　REG 字段编码表

REG	W=1	W=0
000	AX	AL
001	CX	CL
010	DX	DL
011	BX	BL
100	SP	AH
101	BP	CH
110	SI	DH
111	DI	BH

R/M 为寄存器/存储器字段，它与 MOD 字段配合决定第二个操作数所在的寄存器（当 MOD=11）或者存储器操作数偏移地址的计算方法，见表 E-2。

表 E-2 中各种寻址方式隐含使用规定的段寄存器。例如，BP 寻址要使用 SS，其他存储器寻址要使用 DS，指令寻址要使用 CS。为了增加寻址的灵活性，可以在指令前面增加一字节的"跨段前缀"，其格式为

```
 7 6 5 4 3 2 1 0
┌─────┬─────┬─────┐
│0 0 1│ REG │1 1 0│
└─────┴─────┴─────┘
```

表 E-2 方式字节各字段组合编码表

R/M	存储器方式（MOD≠11）			寄存器方式	
	偏移地址的计算方法			W=1	W=0
	MOD=00	MOD=01	MOD=10	MOD=11	
000	(BX)+(SI)	(BX)+(SI)+$DISP_8$	(BX)+(SI)+$DISP_{16}$	AX	AL
001	(BX)+(DI)	(BX)+(DI)+$DISP_8$	(BX)+(DI)+$DISP_{16}$	CX	CL
010	(BP)+(SI)	(BP)+(SI)+$DISP_8$	(BP)+(SI)+$DISP_{16}$	DX	DL
011	(BP)+(DI)	(BP)+(DI)+$DISP_8$	(BP)+(DI)+$DISP_{16}$	BX	BL
100	(SI)	(SI)+$DISP_8$	(SI)+$DISP_{16}$	SP	AH
101	(DI)	(DI)+$DISP_8$	(DI)+$DISP_{16}$	BP	CH
110	$DISP_{16}$	(BP)+$DISP_8$	(BP)+$DISP_{16}$	SI	DH
111	(BX)	(BX)+$DISP_8$	(BX)+$DISP_{16}$	DI	BH

其中，REG=00，01、10、11 分别表示 ES、CS、SS、DS。

（3）这种格式是标准指令格式的一个特例，即不含方式字节。采用立即寻址和直接寻址的指令使用这种格式，在操作码后直接给出操作数或内存地址。

附录 F　相联存储器

相联存储器是一种具有并行检索和比较功能的存储器，它的基本结构如图 F-1 所示。

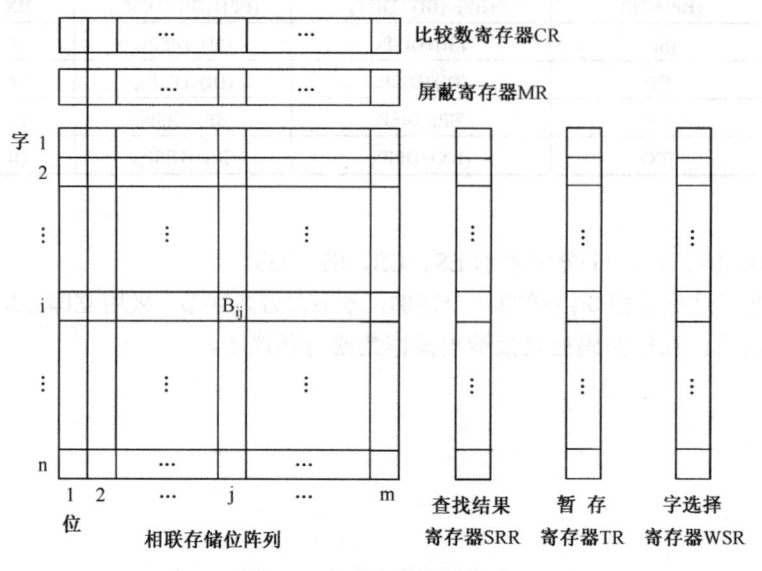

图 F-1　相联存储器的组成

从图 F-1 可以看出，相联存储器的核心是一个 n 字×m 位的相联存储位阵列，其中每一位单元 B_{ij} 是一个与比较逻辑门和读/写控制电路相连的触发器，如图 F-2 所示。可以对每位单元进行清零、读出、写入或与外部比较数进行比较等操作，当不希望某些位单元参与对其所在字进行的某种操作时，可以将屏蔽寄存器中对应位清 0 即可。

比较数寄存器 CR 用来存放欲比较（查找）的关键字，关键字可以是一个完整的存储字或存储字的一些片断（位片）。当关键字由位片组成时，屏蔽寄存器中不属于关键字对应位的那些位被清零，即被屏蔽而不参加比较。

查找结果寄存器 SRR 长 n 位，用来存放本次查找的结果。如果在查找过程中发现相联存储位阵列中的第 i 个字的内容与关键字的内容相同时，查找结果寄存器 SRR 的第 i 位被置 1，否则置零。

相联存储器中可以设置一个或多个暂存寄存器 TR，用来保存前一次或前几次的查找结果。这样，处理器就可以通过对若干次查找结果进行"与、或、非"等逻辑运算来实现复杂的查找功能。

参与比较的位是可以选择的。同样，参与比较的字也是可以选择的。如果第 i 个字参加本次比较，则字选择寄存器的第 i 位被置 1，否则清零。

相联存储器可以实现的比较操作有：大于、小于、等于、不等于、求最大值和求最小值等。

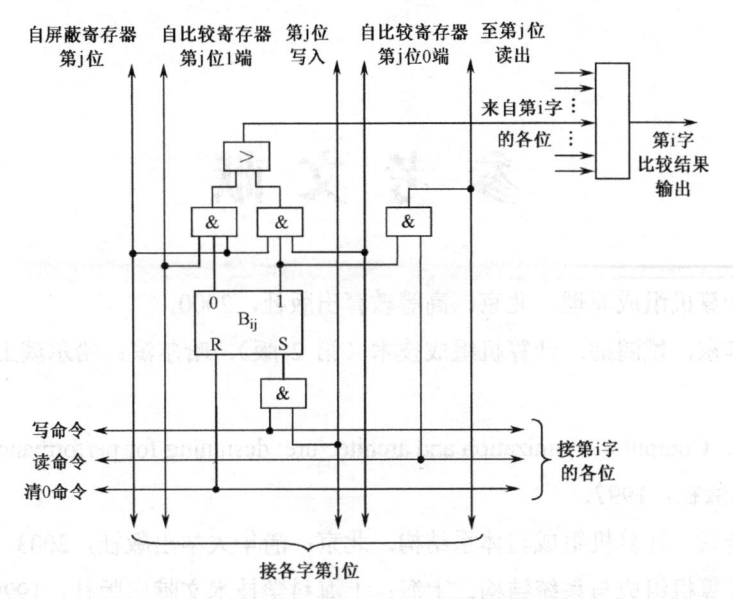

图 F-2　相联存储器位单元的逻辑电路

相联存储器的工作原理符合人类的思维习惯，而且是一种并行存储器，可以简化编程。但是相联存储器目前最大的问题是硬件成本高，尤其是当容量增大时，成本显著增加。

参 考 文 献

[1] 唐朔飞. 计算机组成原理. 北京：高等教育出版社，2000.

[2] 季振洲，李东，姚鸿勋. 计算机组成技术（第 2 版）. 哈尔滨：哈尔滨工业大学出版社，2003.

[3] Stallings W. Computer organization and architecture: designing for performance,4th ed. 北京：高等教育出版社，1997.

[4] 王诚，宋佳兴. 计算机组成与体系结构. 北京：清华大学出版社，2003.

[5] 胡越明. 计算机组成与系统结构. 上海：上海科学技术文献出版社，1999.

[6] 侯炳辉，来珠，曹慈惠. 计算机原理与系统结构. 北京：清华大学出版社，1991.

[7] 田艾平，王力生，卜艳萍. 微型计算机技术. 北京：清华大学出版社，2005.

[8] Linda Null，Julia Lobur. 计算机组成与体系结构（英文版）. 北京：机械工业出版社，2004.

[9] 张基温. 计算机组成原理教程. 北京：清华大学出版社，1998.

[10] 俸远祯，王正智，徐洁，俸智丹. 计算机组成原理与汇编语言程序设计. 北京：电子工业出版社，1997.

[11] 李学干. 计算机系统结构（第 3 版）. 西安：西安电子科技大学出版社，2000.

[12] 孙强南，孙昱东. 计算机系统结构（第 2 版）. 北京：科学出版社，2000.

[13] John L. Hennessy，David A. Patterson. 计算机组织与设计：硬件/软件接口（英文版）（第 2 版）. 北京：机械工业出版社，1999.

[14] 马忠梅，马广云，徐英慧，田泽. ARM 嵌入式处理器结构与应用基础. 北京：北京空航天大学出版社，2002.

[15] Andrew S. Tanenbaum. 刘卫东，宋佳兴，徐格，译. 计算机组成：结构化方法（第 5 版）. 北京：人民邮电出版社，2006.

[16] 李芷，杨文显，卜艳萍. 微机原理与接口技术. 北京：电子工业出版社，2007.

[17] 包健，冯建文，章复嘉. 计算机组成原理与系统结构. 北京：高等教育出版社，2009.

[18] 袁春风. 计算机组成与系统结构. 北京：清华大学出版社，2010.

[19] 秦磊华，吴非，莫正坤. 计算机组成原理. 北京：清华大学出版社，2011.